中国地质调查局成果 CGS2016-078
"青海省地质调查综合研究"项目资助
"柴达木周缘及邻区成矿带地质矿产综合调查"项目资助

青海省金属矿产成矿条件和成矿预测

贾群子　　杜玉良　　栗亚芝　　李金超　　孔会磊　　国显正
南卡俄吾　邹湘华　　宋忠宝　　陈向阳　　全守村　　张雨莲　编著
陈　博　　张　斌　　张晓飞　　郭周平　　叶　芳　　高燕玲

内 容 提 要

本书以当代区域成矿学理论为指导,应用构造-成岩-成矿的研究思路,研究了青海省区域成矿地质背景、成矿地质条件,划分了构造单元;系统地阐述了中酸性侵入岩的时空分布特征,并探讨了其形成的构造环境及与成矿的关系;阐明了铜、镍、金、铁、铅、锌等矿产的主要成矿类型及特征,总结了其时空分布规律,划分了成矿区带,建立了区域成矿系列;在充分收集研究区内已有的地质、矿产、物化探、遥感及科研等成果资料的基础上,在全区开展了铜、镍、金、铁、铅、锌等矿种的成矿预测;论述了寻找铜、镍、金、铁、铅、锌等矿产的主攻类型和目标区,提出了青海省地质矿产调查工作思路及部署建议。

本书为地学界了解青海省主要金属矿产的成矿地质背景、成矿条件、成矿特征、成矿规律和调查工作选区提供了翔实的资料,可供从事国土资源管理、区域地质、构造、岩石、矿床等方面的调查、科研人员和大专院校师生参考。

图书在版编目(CIP)数据

青海省金属矿产成矿条件和成矿预测/贾群子等编著. —武汉:中国地质大学出版社,2016.12

ISBN 978-7-5625-3891-2

Ⅰ.①青…

Ⅱ.①贾…

Ⅲ.①金属矿床-成矿预测-研究-青海

Ⅳ.①P618.201

中国版本图书馆 CIP 数据核字(2016)第 215206 号

青海省金属矿产成矿条件和成矿预测	贾群子 等编著
责任编辑:唐然坤 王 敏	责任校对:戴 莹

出版发行:中国地质大学出版社(武汉市洪山区鲁磨路388号)	邮编:430074
电 话:(027)67883511	传 真:(027)67883580	E-mail:cbb@cug.edu.cn
经 销:全国新华书店	Http://www.cugp.cug.edu.cn

开本:880毫米×1 230毫米 1/16	字数:582.12 印张:18.25 插页:1
版次:2016年12月第1版	印次:2016年12月第1次印刷
印刷:武汉市籍缘印刷厂	印数:1—1 000 册

ISBN 978-7-5625-3891-2	定价:218.00元

如有印装质量问题请与印刷厂联系调换

前 言

青海省位于我国西部腹地，地处青藏高原的北部，横跨秦祁昆和特提斯两大成矿域，分布有祁连山、柴达木盆地北缘、东昆仑、巴颜喀拉山、三江北段和柴达木盆地等成矿区带。省内成矿地质条件优越，矿产资源丰富，是我国能源、有色金属、贵金属和盐类矿产的重要蕴藏地。"十一五"规划实施期间，国家高度重视青藏地区地质工作，国土资源部与青海省紧密合作，持续加大投入，全面开展了青海片区地质矿产调查和评价专项与找矿突破战略行动。为深化部省合作协议和推进青海地质找矿工作，中国地质调查局相继设立了"青海省地质调查综合研究"（项目编码：1212010918044、1212011121205；起止时间：(2009—2012年)和"柴达木周缘及邻区成矿带地质矿产综合调查"（项目编码：12120113029000、12120115021501；起止时间：2013—2015年）两个工作项目，旨在提高青海片区的总体研究水平，深化重要成矿带成矿地质条件、成矿规律研究和找矿方向的认识，研究解决制约找矿的重大地质问题，优选青海省地质调查重点工作区，统一规划部署和组织实施青海省地质矿产调查工作。

本书是在《青海省地质调查综合研究》和《柴达木周缘及邻区成矿带地质矿产综合调查》两份成果报告的基础上，经提炼、修改和补充而完成的专著。本书对全区地层、区域构造、地球物理、地球化学等特征进行了论述，研究了区域地质背景和成矿环境，划分了构造单元；阐述了区内侵入岩尤其是花岗岩的时空分布规律和地质-地球化学特征及其与成矿的关系；以铜、镍、金、铁、铅、锌等为主攻矿种，对区内的代表性矿床进行了详细的解剖，并归纳了各类矿床的成矿特征和控矿因素；总结了区域矿产的时空分布规律，划分了成矿区带，综述了各(区)带的主要特征，分析了构造演化与矿床形成的制约关系；利用最新的地质调查成果资料对区内的铜、镍、金、铁、铅、锌等矿产进行了成矿预测，圈定了成矿预测区；指出了寻找铜、镍、金、铅、锌、铁等矿产的找矿远景区和成矿预测区，探索提出了青海地质矿产调查工作思路及部署建议。本书充分应用了前人工作成果资料和作者7年来的工作收获，是迄今为止该地区区域成矿研究的最新系统总结。

本书为一项集体研究成果。各章执笔分别为：前言——贾群子、杜玉良；第一章——贾群子、栗亚芝、孔会磊、陈博；第二章——李金超、孔会磊、南卡俄吾、张斌；第三章——孔会磊、栗亚芝、李金超、全守村、张晓飞；第四章——贾群子、国显正、陈向阳、郭周平；第五章——贾群子、邹湘华、宋忠宝；第六章——栗亚芝、孔会磊、张雨莲；结论——贾群子、杜玉良。全书由贾群子、杜玉良统编定稿，由叶芳完成相关岩矿石光、薄片鉴定工作，高燕玲完成了部分图件的计算机制图工作。

研究工作是在中国地质调查局、中国地质调查局西安地质调查中心的组织领导，以及相关部门、有关科技人员的大力支持和指导下完成的。在工作过程中，青海省国土资源厅、青海省地质调查局等单位的主管领导和技术专家参与了部署研究与工作协调等；青海省地质矿产勘查开发局、青海省有色地质矿产勘查局、青海省核工业地质局、青海省环境地质局、青海省地质调查院、青海省第一地质矿产勘查院、青海省第三地质矿产勘查院、青海省第四地质矿产勘查院、青海省第五地质矿产勘查院、青海省柴达木综合地质勘查院、青海省有色地质矿产勘查局地质勘查院、青海省有色地质矿产勘查局八队、青海省有色地质矿产勘查局七队，以及在青海承担地质矿产调查评价项目的相关地勘、院校等单位领导和同行们都对项目给予了极大支持和热情帮助。本书吸取和利用了历年在青海地区工作的青海省地质矿产勘查开发局、青海省有色地质矿产勘查局、青海省地质调查院等单位和各方面地质工作者的成果及资料，在此一并表示衷心的感谢！

著者

2016年4月

目　录

第一章　成矿地质背景 (1)
第一节　大地构造格架及分区 (1)
一、秦祁昆造山系（Ⅰ） (1)
二、三江造山系（Ⅱ） (9)
第二节　区域含矿地层 (13)
一、前寒武系 (13)
二、下古生界 (15)
三、上古生界—新生界 (17)
第三节　区域断裂构造 (21)
一、一级断裂 (21)
二、二级断裂 (23)
三、三级断裂 (25)
第四节　区域地球物理特征 (26)
一、区域重力 (26)
二、区域航磁 (27)
第五节　区域地球化学特征 (29)
一、元素分布特征 (29)
二、异常分带特征 (29)

第二章　岩浆作用及成矿 (33)
第一节　火山岩及含矿性 (36)
一、前寒武纪火山岩 (36)
二、早古生代火山岩 (38)
三、晚古生代火山岩 (44)
四、中生代火山岩 (48)
五、新生代火山岩 (55)
第二节　基性—超基性侵入岩 (56)
一、祁连基性—超基性岩带 (56)
二、柴北缘基性—超基性岩带 (57)
三、东昆仑基性—超基性岩带 (57)
四、布青山-阿尼玛卿山基性—超基性岩带 (60)
五、西金乌兰-通天河基性—超基性岩带 (60)
第三节　中酸性侵入岩 (61)
一、前寒武纪中酸性侵入岩 (61)
二、加里东期中—酸性侵入岩 (62)
三、海西期中酸性侵入岩 (66)

四、印支期中酸性侵入岩 (72)
　　五、燕山期中酸性侵入岩 (83)
　　六、喜马拉雅期中酸性侵入岩 (85)
　　七、中酸性岩浆岩的综述 (88)
 第四节　岩浆岩同位素年龄与构造热事件及成矿关系 (88)
　　一、岩浆岩同位素年代记录与地质演化 (88)
　　二、岩浆活动与成矿关系 (92)
　　三、岩浆作用与构造热事件关系 (93)

第三章　主要矿床类型和特征 (95)

 第一节　区域矿产概况 (95)
　　一、总体特征 (95)
　　二、矿产地分布情况 (95)
 第二节　金属矿产主要矿床类型和特征 (96)
　　一、岩浆型 (97)
　　二、接触交代型 (100)
　　三、海相火山岩型 (110)
　　四、斑岩型 (115)
　　五、热液型 (129)
　　六、构造蚀变岩型 (134)
　　七、喷流沉积型 (144)
　　八、沉积型 (147)
　　九、沉积变质型 (148)
　　十、陆相火山岩型 (151)

第四章　成矿地质条件和成矿规律 (152)

 第一节　区域控矿因素分析 (152)
　　一、地层岩性控矿作用 (152)
　　二、构造控矿因素 (154)
　　三、侵入岩的控矿作用 (155)
　　四、变质作用因素 (157)
 第二节　成矿系列 (157)
　　一、与海相火山活动有关的成矿系列 (158)
　　二、与陆相火山活动有关的成矿系列 (158)
　　三、与火山-沉积变质岩系有关的成矿系列 (158)
　　四、以沉积岩系为容矿岩石的喷气沉积成矿系列 (159)
　　五、与中酸性中浅成侵入活动有关的成矿系列 (159)
　　六、与中酸性浅成侵入活动有关的成矿系列 (159)
　　七、造山型金矿系列 (159)
　　八、与铁质基性—超基性岩浆侵入活动有关的成矿系列 (160)
　　九、与镁质基性—超基性岩有关的成矿系列 (160)
　　十、以碳酸盐岩为容矿岩石的热液成矿系列 (160)
 第三节　成矿区带 (160)
　　一、成矿区带划分原则及分级命名 (161)

  二、划分结果 …………………………………………………………………………………… (161)
  三、成矿区带主要特征 …………………………………………………………………… (161)
 第四节　区域构造演化与成矿作用 …………………………………………………………… (204)
  一、前寒武纪前造山阶段与成矿 ………………………………………………………… (204)
  二、早古生代洋陆转换阶段与成矿 ……………………………………………………… (207)
  三、晚古生代—中生代俯冲碰撞造山阶段与成矿 ……………………………………… (208)
  四、晚中生代后碰撞造山阶段与成矿 …………………………………………………… (209)
  五、新生代后造山阶段与成矿 …………………………………………………………… (209)

第五章　成矿预测 ………………………………………………………………………………… (210)
 第一节　成矿预测区圈定原则及方法 ………………………………………………………… (210)
  一、成矿预测区圈定原则 ………………………………………………………………… (210)
  二、成矿预测区圈定方法和分类 ………………………………………………………… (211)
 第二节　主要成矿预测区圈定 ………………………………………………………………… (211)

第六章　找矿工作思路及部署建议 ……………………………………………………………… (251)
 第一节　选区总体思路和部署原则 …………………………………………………………… (251)
  一、总体思路 ……………………………………………………………………………… (251)
  二、部署原则 ……………………………………………………………………………… (251)
  三、找矿远景区优选 ……………………………………………………………………… (252)
 第二节　"十三五"工作部署建议 …………………………………………………………… (261)
  一、基础地质调查 ………………………………………………………………………… (261)
  二、优势与重要矿产勘查 ………………………………………………………………… (262)
  三、科技创新 ……………………………………………………………………………… (263)
 第三节　整装勘查工作 ………………………………………………………………………… (263)
  一、主要工作部署思路 …………………………………………………………………… (263)
  二、整装勘查工作部署建议 ……………………………………………………………… (264)

第七章　结　论 …………………………………………………………………………………… (271)
  一、取得的主要成果及认识 ……………………………………………………………… (271)
  二、存在的问题 …………………………………………………………………………… (272)

主要参考文献 ……………………………………………………………………………………… (274)

第一章 成矿地质背景

青海位于青藏高原的北部,地处印度板块与欧亚板块的交汇部位,横跨秦祁昆和特提斯两大成矿域。自元古宙以来,该地区经历了多次裂解与造山过程,各时代地层发育齐全,岩石类型复杂多样,岩浆活动频繁,地质构造发育,岩石变质变形强烈,为该地区成矿提供了丰富的物质来源和成矿空间,形成了以铜、镍、铅、锌、铁、金、钾盐等为主的矿产资源,是我国最具找矿潜力的地区之一。

本章重点对青海省大地构造格架和分区、区域含矿地层、区域断裂构造及区域地球物理和地球化学特征进行介绍,有关岩浆作用将在第二章进行重点论述。

第一节 大地构造格架及分区

青海地处青藏高原东北部,属特提斯构造域(李荣社等,2011;潘桂棠等,2012)。其大地构造的基本特征:由一系列不同时代、不同造山机制的造山带和结合带及其被卷入的且经过强烈改造的地块(基底残块)镶嵌而成的复杂造山系,自古元古代以来,经历了长期而复杂的造山过程(青海省地质矿产勘查开发局,2013)。依据青海省地质矿产勘查开发局(2013)和潘桂棠等(2009,2012)的板块构造划分方案,结合李荣社等(2008)、张雪亭等(2007)和校培喜等(2014)等的划分方案及区域成矿特点,本次研究以昆南断裂带为界,将青海省境内划分为秦祁昆造山系和三江造山系2个一级构造单元,并划分出12个二级构造单元和32个三级构造单元(表1-1,图1-1)。

本次构造单元划分与青海省地质矿产勘查开发局(2013)和潘桂棠等(2009,2012)的划分方案在一级、二级、三级构造单元数量相同,但在构造单元归属上存在差异:一是把昆南断裂作为秦祁昆造山系与三江造山系分界断裂,而后两者则是以昆仑山口-甘德断裂为分界断裂;二是在三级构造单元划分上,将宗务隆山陆缘裂谷、鄂拉山陆缘弧和赛什塘-兴海蛇绿混杂岩归到秦岭弧盆系中,而后两者则把宗务隆山陆缘裂谷归为中-南祁连弧盆系,而把鄂拉山陆缘弧和赛什塘-兴海蛇绿混杂岩归为东昆仑弧盆系;三是在个别构造单元名称上有所不同;四是在构造单元论述中充分考虑成矿作用的特点。

一、秦祁昆造山系（Ⅰ）

秦祁昆造山系位于昆南断裂带以北的广大区域。晚前寒武纪—早古生代时期地质构造演化受控于北侧古亚洲洋与南侧原特提斯洋的双向俯冲制约,类似于当今东南亚多岛弧盆系受控于太平洋与印度洋双向俯冲制约的动力学体系。它经历了大陆裂开、多岛弧、弧后海底扩张与弧后盆地萎缩、俯冲消亡,以及弧-弧、弧-陆碰撞的演化历史。碰撞之后该区大部分地区于泥盆纪转化为陆地,成为泛华夏大陆群华北陆块西南缘的一部分(潘桂棠等,2012),包括北祁连弧盆系(I_1)、中-南祁连弧盆系(I_2)、全吉地块(I_3)、阿尔金弧盆系(I_4)、柴北缘结合带(I_5)、柴达木地块(I_6)、东昆仑弧盆系(I_7)、秦岭弧盆系(I_8)8个二级构造单元。

(一) 北祁连弧盆系（I_1）

该单元的南界是沿托莱河、大通河和大坂山分布的中祁连北缘(柯柯里-默勒-麻庄)深大断裂带,与之南的中-南祁连弧盆系(I_2)相邻。主体组分是寒武纪—志留纪的地层和岩石,其上为晚泥盆世及其后各期山间或山前断坳型内陆盆地的山麓河流相和湖沼相等沉积物质分布,其中只有石炭纪处在陆表海海域之内接受了滨海陆棚相物质的沉积。北祁连弧盆系可划分为走廊弧后盆地(I_1^1)、走廊南山岛弧(I_1^2)和北祁连蛇绿混杂岩带(I_1^3)3个三级构造单元。

表1-1 青海省构造单元划分

一级构造单元	二级构造单元	三级构造单元
I 秦祁昆造山系	I_1 北祁连弧盆系	I_1^1 走廊弧后盆地(O—S)
		I_1^2 走廊南山岛弧(∈—O)
		I_1^3 北祁连蛇绿混杂岩带(O—S)
	I_2 中-南祁连弧盆系	I_2^1 中祁连岩浆弧(O—D_1)
		I_2^2 疏勒南山-拉脊山蛇绿混杂岩带(O—S)
		I_2^3 南祁连岩浆弧(O—D_1)
	I_3 全吉地块	I_3^1 欧龙布鲁克被动陆缘相(∈—O)
	I_4 阿尔金弧盆系	I_4^1 阿帕-茫崖(蛇绿)构造混杂岩带(∈—S)
	I_5 柴北缘结合带	I_5^1 滩间山岩浆弧(O)
		I_5^2 柴北(蛇绿)构造混杂岩带(∈—S)
		I_5^3 鱼卡-沙柳河高压—超高压变质相(Pz_1)
	I_6 柴达木地块	I_6^1 柴达木盆地
	I_7 东昆仑弧盆系	I_7^1 祁漫塔格北坡-夏日哈岩浆弧(O—S)
		I_7^2 祁漫塔格蛇绿混杂岩带(Pz)
		I_7^3 中昆仑岩浆弧(Pt_3—Pz_1)
		I_7^4 东昆仑南坡俯冲增生杂岩带(Pz_1)
	I_8 秦岭弧盆系	I_8^1 宗务隆山陆缘裂谷(D—P)
		I_8^2 鄂拉山陆缘弧(T)
		I_8^3 赛什塘-兴海蛇绿混杂岩带(P—T)
		I_8^4 泽库前陆盆地(T_{1-2})
		I_8^5 西倾山-南秦岭陆缘裂谷带(Pz_1)
II 三江造山系	II_1 阿尼玛卿结合带	II_1^1 西大滩-布青山蛇绿混杂岩带(P_{1-2})
		II_1^2 玛多-玛沁增生楔(P_2—T_2)
	II_2 巴颜喀拉地块	II_2^1 可可西里-松潘前陆盆地(T_3)
	II_3 三江弧盆系	II_3^1 甘孜-理塘蛇绿混杂岩带(P_2—T_2)
		II_3^2 西金乌兰湖-金沙江-哀牢山蛇绿混杂岩带(C—T_2)
		II_3^3 治多-江达-维西-绿春陆缘弧带(P_2—T_{1-2})
		II_3^4 昌都-兰坪双向弧后前陆盆地(Mz)
		II_3^5 开心岭-杂多-景洪岩浆弧(P_2—T_2)
		II_3^6 乌兰乌拉湖-澜沧江蛇绿混杂岩(P_2—T_3)
	II_4 羌塘弧盆系	II_4^1 羌北地块(弧后前陆盆地,T_3—J)
		II_4^2 唐古拉-左贡地块

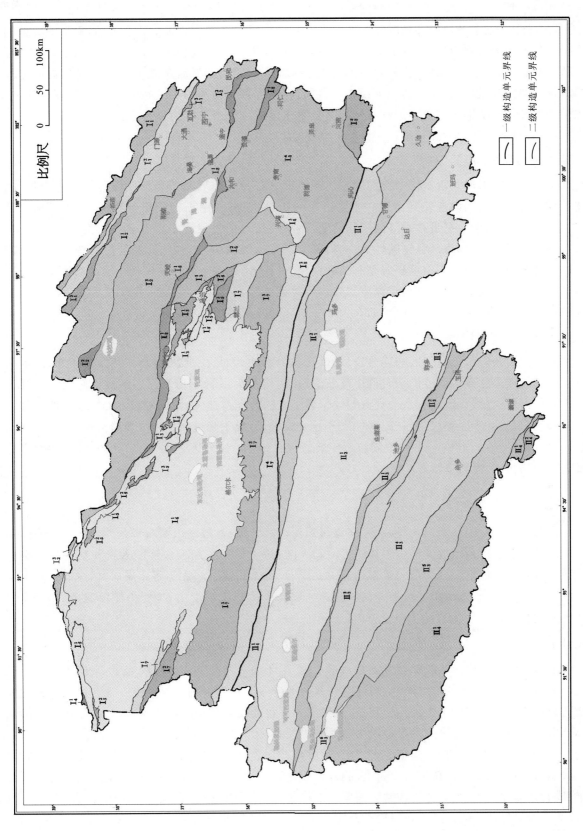

图 1-1 青海省构造单元划分图

1. 走廊弧后盆地（I₁¹）

该单元位于青海祁连山北部，南以黑河断裂为界，呈北西西向带状分布。奥陶系为火山岩-碎屑岩建造，在甘肃的东部景泰老虎山和西部摆浪沟—九个泉—白泉门一带由于弧后扩张强烈，而形成完整的蛇绿岩套。其底部为斜辉橄榄岩，向上为堆晶辉石岩和辉长岩，中部为被辉绿岩墙和辉石斜煌斑岩脉穿插的块状及枕状熔岩，上部为凝灰岩及硅质板岩（夏林圻等，2001）。弧后盆地铜多金属硫化物矿床发育，与弧后扩张脊蛇绿岩一致。志留纪火山作用微弱，仅下志留统有中、酸性火山岩，以陆源碎屑为主，在上志留统有砂页岩型铜矿产出。泥盆纪陆相磨拉石建造在该带南缘广为分布。石炭纪该单元沉积为海陆交互相，自二叠纪开始为陆相沉积。

2. 走廊南山岛弧（I₁²）

走廊南山岛弧沿黑河—清水沟—黑沟河—门源一带呈北西西向展布于黑河断裂与托勒山南坡-大坂山北缘断裂之间，东、西两端外延出省。主要由阴沟组、中堡群及南石门子组等组成，为一套岛弧杂岩，形成于早—中奥陶世。据夏林圻等（2001）研究，典型岛弧火山岩发育于永登县石灰沟地区，其下部为岛弧拉斑玄武岩系，中部为岛弧钙碱性火山岩系，上部为岛弧橄榄粗安岩，后者是代表岛弧成熟阶段的标志。该岛弧带内发现与火山沉积岩系有关的铜、金矿床、矿点数十处。在该带出露的柴达诺等中酸性岩体都属钙碱性系列，其形成与岛弧深成岩浆作用关系相当密切。该岛弧同其北弧后盆地的界线在某些地段可能存在过渡关系，难以划分，而在大部分地区则以断裂为界。

3. 北祁连蛇绿混杂岩带（I₁³）

北祁连蛇绿混杂岩带分布于北祁连西段，北以托勒山南坡-大坂山北缘断裂与岛弧带相邻，南界为中祁连北缘断裂或推测界线。该混杂岩群由黑茨沟组、阴沟组火山岩及超基性岩组成。在沉积特征上具有海沟相的滑塌堆积特征，在构造上具有俯冲保留下来的叠瓦构造（冯益民等，1996）。该地既有裂谷型双峰式火山岩，又有洋壳型火山岩、超基性岩等混杂堆积，形成于晚奥陶世末。发育高压蓝闪石片岩、多硅白云母等。K-Ar 和 ^{39}Ar-^{40}Ar 等同位素年龄值多在 450～420Ma 之间。产有喷气沉积型铜多金属矿及岩浆型铬铁矿、滑石菱镁矿矿床（点）多处。

（二）中-南祁连弧盆系（I₂）

该单元北以北祁连南缘断裂为界，南界在青海湖东以宗务隆-青海南山断裂带为界。地层主要由前寒武纪变质地层及志留系组成。早古生代时为活动大陆边缘，加里东期中酸性侵入岩和基性超基性岩发育。矿产主要有与加里东期构造岩浆作用有关的铜镍、钨、钼、铅、锌、铌钽等金属矿，构造蚀变岩型金矿及与沉积有关的煤、非金属矿。可划分为中祁连岩浆弧（I₂¹）、疏勒南山-拉脊山蛇绿混杂岩带（I₂²）和南祁连岩浆弧（I₂³）3 个三级构造单元。

1. 中祁连岩浆弧（I₂¹）

该岩浆弧是一个陆块与岩浆弧叠置的构造单位，相当于前人习称的中祁连隆起带，夹持于北祁连缝合带与疏勒南山-拉脊山缝合带之间，呈岛链状北西西向分布于托勒南山—大通山一带。西端出省后被阿尔金断裂切错后可能对应于中阿尔金陆块；东延出省后可能与秦岭中间陆块相接，呈岛弧体状态出现于秦祁昆多岛洋内。区内出露的最老地层为古元古界托赖岩群和湟源群：前者分布于西段托勒南山一带，原岩为一套活动型泥砂质岩-中基性火山岩-镁质碳酸盐岩沉积组合，以角闪岩相变质岩为主；后者分布于大通山一带，沉积组合特征与前者类同，以低绿片岩相为主。区内侵入岩以加里东期和海西早期为主，构成岩浆弧的主体，系北祁连洋盆向南俯冲的产物。主要岩石类型有奥陶纪的闪长岩、石英闪长岩、二长花岗岩等钙碱性俯冲型弧花岗岩类及晚志留世—早泥盆世花岗闪长岩类、黑云母二长花岗岩、二云母花岗岩、正长花岗岩等碰撞型和后碰撞型花岗岩。主要矿产有产于前寒武纪地层的石英岩，与加里东期构造岩浆作用有关的钨、钼、铅、锌、铌钽等金属矿，及与陆内阶段沉积有关的煤、非金属矿。

2. 疏勒南山-拉脊山蛇绿混杂岩带（ I_2^2 ）

疏勒南山-拉脊山蛇绿混杂岩带以中祁连南缘深断裂为主断层，构成中祁连陆块与南祁连陆块的分界线。大体以日月山-刚察古转换断层（高延林，1998）为界，分为东、西两段，即拉脊山和疏勒南山。

东段拉脊山一带，缝合带的主要组成为中上寒武统深沟组、六道沟组，下奥陶统下部花抱山组和上部阿夷山组，中奥陶统茶铺组，上奥陶统药水泉组，志留系巴龙贡噶尔组等。其中，中上寒武统中产出有大量镁铁—超镁铁质岩，但规模小，既有镁质，也有铁质，含铬、铜、镍、钴、金、磷及稀土等矿化。这些镁铁—超镁铁质岩与中上寒武统中大量发育的火山岩是否构成蛇绿岩存在争议。大多数人认为拉脊山属于裂陷槽或裂谷环境，有不典型的蛇绿岩出现，为陆间裂谷型小洋盆（邓清录等，1995；左国朝等，1996；夏林圻等，1998；邱家骧等，1997，1998），但也有人提出了弧后盆地的看法（高延林，1998；潘桂棠等，1997；张雪亭等，2007），形成于弧后扩张环境。该区产有与镁铁质基性—超基性岩有关的铁、镍铜钴金、稀土磷矿床。后期花岗岩类很发育，以石英闪长岩、花岗闪长岩为主，区内的金矿产等多与其有关。此外，带内分布有与火山喷气沉积作用有关的铜矿点多处。

西段疏勒南山等地工作程度低，出露的奥陶系及与之同带分布的镁铁—超镁铁质岩可能属拉脊山蛇绿混杂岩带西延记录。与拉脊山地区不同的是，西部地区缝合带主要由奥陶系（吾力沟群、盐池湾群）组成，未见寒武系出露，纳尔扎山—木里及疏勒南山地区下奥陶统（吾力沟群）主要为中基性火山岩夹结晶灰岩和砂岩，中奥陶统（盐池湾群）以碎屑岩为主夹灰岩，含丰富的三叶虫化石，上奥陶统为中性、中基性火山岩和火山碎屑岩，火山岩同样具钙碱性弧火山岩的特点。西段沿中祁连陆块南缘断续展布的镁铁—超镁铁质岩主要呈构造岩块产于奥陶系中，少部分则分布在北侧前寒武纪结晶基底岩系中，这些地区镁铁—超铁镁铁质岩的主要岩性有纯橄岩、橄辉岩、辉橄岩、辉长岩等。西延至甘肃省境内以岛弧建造为主要特色的奥陶系主要沿党河南山分布，蛇绿岩主要分布在党河北部，如大道尔吉蛇绿岩带（鲍佩声等，1989；左国朝等，1996）。

3. 南祁连岩浆弧（ I_2^3 ）

呈北西西向介于中祁连南缘断裂（疏勒南山-拉脊山缝合带主断裂）与宗务隆-青海南山断裂之间，沿居洪图—阳康—化隆一带分布。构成岩浆弧主体的古元古代结晶岩系仅在东段刚察—化隆一带有所出露，主要地层为古元古界托赖岩群和湟源群；中段和西段阳康—居洪图地区主要为下奥陶统吾力沟群钙碱性火山岩沉积组合和志留系巴龙贡噶尔组火山质复理石沉积。该单元北部发育加里东期和海西早期中酸性岩体，形成于俯冲和碰撞期，与其有关的矿产主要是钨、铅、锌等。东南部基性超基性呈零星带状分布，形成于加里东期（张照伟等，2009），产有铜镍硫化物矿床。

（三）全吉地块（ I_3 ）

该单元即前人所称的丁字口-欧龙布鲁克陆块或欧龙布鲁克隆起带，位于柴北缘丁字口—德令哈一带，北以在鱼卡以东的宗务隆山南缘断裂为界，在花海子以西以宗务隆-青海南山断裂为界；南以柴达木盆地北缘隐伏断裂带为界，呈"S"形展布。主要分布古元古界金水口岩群（达肯大坂岩群），中元古代以来大部分地区处于隆起剥蚀地位，局部有中元古界小庙组和狼牙山组（相当于万洞沟群）及震旦系出露，寒武系及奥陶系分布有限，金水口岩群为片麻岩-碳酸盐岩变质建造，有火山岩的成分，发育韧性剪切带。见加里东期和海西期花岗岩类侵入。在花岗岩与前寒武纪地层的出露区，形成钨钼矿化。

（四）阿尔金弧盆系（ I_4 ）

该单元地跨新疆、青海，主体在新疆，包含了红柳沟-拉配泉（蛇绿）构造混杂岩带、阿中地块和阿南（蛇绿）构造混杂岩带等次级构造单元（校培喜等，2010）。该带组成较为复杂，包括了南华纪陆间裂谷海盆火山-碎屑岩建造、震旦纪—寒武纪有限洋盆碎屑岩-火山岩建造、奥陶纪弧盆火山岩-碎屑岩-碳酸盐岩建造，以及与有限洋盆演化有关的基性—超基性岩、俯冲-碰撞花岗岩、后碰撞基性杂岩-中酸性侵入岩组合和高压—超高压变质岩等。青海省境内仅出露阿南(蛇绿)构造混杂岩的东北角,地层主要为寒武系—奥陶系滩间山群($\in$OT)基性火山岩,岩体为奥陶纪闪长岩。

(五)柴北缘结合带(I_5)

该带位于柴达木盆地北缘,西段北侧被宗务隆山-青海南山断裂斜截与南祁连相邻,从滩间山向东南延伸则被鱼卡-乌兰断裂所截与欧龙布鲁克带相邻,南界以柴北缘断裂为界与柴达木陆块相接,总体走向北西。东段由于强烈的岩浆活动使柴北缘结合带和东昆仑弧盆系的界线变得模糊。该带成矿地质条件优越,是铅锌、金等矿产的富集区之一。该带可划分为滩间山岩浆弧(I_5^1)、柴北(蛇绿)构造混杂岩带(I_5^2)和鱼卡-沙柳河高压—超高压变质带(I_5^3)3个三级构造单元。

1. 滩间山岩浆弧(I_5^1)

该岩浆弧位于柴达木盆地北缘,大致沿赛什腾山、锡铁山、阿木尼克山、牦牛山一线呈北西向展布。北部以全吉地块相邻,南部与柴北(蛇绿)构造混杂岩带为邻。下古生界寒武系—奥陶系滩间山群火山-沉积组合广布全区,火山岩为岛弧火山岩(许志琴等,2003)。东段德令哈市—沙柳河的滩间山群以中基性火山岩-火岩碎屑岩为主,次为变质碎屑岩及碳酸盐岩,地层体普遍经历了绿片岩相变质及强烈的韧性剪切变形;西段的滩间山群为一套浅变质的中基性、酸性火山岩,火山碎屑岩及正常沉积碎屑岩、大理岩地层体。带内岩浆侵入活动以加里东期和海西期—印支期花岗岩类为主,东段出现较多的印支期、燕山期花岗岩类岩体,西段在牛鼻子梁一带出露基性超基性岩,其锆石U-Pb年龄为361.5±1.2Ma(刘会文等,2014),时代为晚泥盆世。带内产有锡铁山铅锌矿床、滩间山金矿床、青龙沟金矿床、小赛什腾山铜矿床及牛鼻子梁铜镍矿等,是铅锌、铜(镍)、金等矿产的富集区之一。

2. 柴北(蛇绿)构造混杂岩带(I_5^2)

该带西起丁字口,向东经苏干湖、鱼卡、滩间山、沙柳河一带,呈反"S"形展布,继续东延被哇洪山-温泉断裂截切。北与滩间山岩浆弧为邻,南以柴北缘断裂为界与柴达木地块分开。主要地层为金水口岩群和寒武系—奥陶系滩间山群。以发育洋壳残片、俯冲增生楔、火山岛弧、高压—超高压变质带、中新元古代碰撞型花岗岩及被肢解的巨型韧性剪切带为其主要特征。该带除了加里东期与俯冲有关的中酸性岩浆活动外,还有海西期—印支期的基性超基性、中酸性岩浆活动。该带内有金、铬铁矿等矿产产出。

3. 鱼卡-沙柳河高压—超高压变质带(I_5^3)

该带从西向东在鱼卡河、胜利口、绿梁山、锡铁山、野马滩、沙柳河等断续出露。榴辉岩主要呈透镜状赋存于金水口岩群、中元古代花岗闪长质片麻岩体及新元古代二长花岗质片麻岩中,另在胜利口和柳园沟一带的金水口岩群中也有少量榴辉岩呈透镜或似层状产出。榴辉岩透镜体一般长3~10m,宽0.5~3m,与围岩呈镶嵌式接触,界线清楚。单体长轴方向与围岩的片理、片麻理走向一致。

(六)柴达木地块(I_6)

柴达木地块被围限于阿尔金断裂(省外)、柴北缘断裂、东昆北断裂之间,东端被鄂拉山所限定。主体被柴达木后造山前陆盆地盖覆,且由元古宙结晶岩席和岩浆岩席组成的块体。长期以来被视为中间地块或稳定的地台(黄汲清,1977;李春昱等,1982;青海省地质矿产局,1991)。陆块内广泛发育的古元古界金水口岩群为陆块的主体,其原岩为一套滨-浅海相活动型泥砂质岩-中基性火山岩-碳酸盐岩沉积组合,以区域动力热流变质作用形成的角闪岩相为主,变形强烈,构造形式复杂;透入性片麻理横向置换强烈,原始层理保存无几,属层状无序变质地层。下古生界仅在阿卡托山北坡有少量出露,主体为一套钙碱性火山岩组合。盖层侏罗系呈北北东向断续分布于山间或山前盆地内,为一套含煤碎屑岩沉积组合;白垩纪该区成为剥蚀区,缺失相应的沉积记录;古近系为一套类磨拉石沉积,属柴达木后造山前陆盆地之西北部外延部分。该区第四纪的盐湖产钾盐、镁盐、石盐、芒硝、石膏、硼矿、锂矿、锶矿等;该处年代或地层时间不一致,古近系—新近系产石油、天然气、钾、硼、锂矿等矿产。

（七）东昆仑弧盆系（I_7）

该单元相当于东昆仑造山带，是一个经历多旋回构造演化的复杂造山带，位于格尔木隐伏断裂以南、昆南断裂以北和鄂拉山断裂带以西的广大地区，包含了祁漫塔格北坡-夏日哈岩浆弧（I_7^1）、祁漫塔格蛇绿混杂岩带（I_7^2）、中昆仑岩浆弧（I_7^3）和东昆仑南坡俯冲增生杂岩带（I_7^4）4个三次级构造单元。

1. 祁漫塔格北坡-夏日哈岩浆弧（I_7^1）

该岩浆弧呈近东西向分布于祁漫塔格山北坡至夏日哈一带。南以祁漫塔格蛇绿混杂岩带与中昆仑岩浆弧分隔。西段祁漫塔格北界为东昆北断裂的北支从而与柴达木盆地分开，东段夏日哈一带的北界由柴北（蛇绿）构造混杂岩带限定，中段因新生界覆盖而失去连续性。

西段祁漫塔格北以格尔木隐伏断裂为界，南以阿达滩为界，主体地层为奥陶系祁漫塔格群，岩性为碎屑岩、火山岩和碳酸盐岩组合，其中火山岩属钙碱性系列，具岛弧型特征。中、酸性侵入岩比较发育，为加里东晚期的二长花岗岩、花岗闪长岩和闪长岩，加里东期奥陶纪花岗闪长岩为俯冲型，与祁漫塔格小洋盆向北消减有关，志留纪闪长岩、英云闪长岩及二长花岗岩属碰撞型；晋宁期碰撞型花岗岩可能与罗迪尼亚大陆的拼合有关。其次则以海西中、晚期二长花岗岩和花岗闪长岩为主，以及晚三叠世喷发活动后期的次火山相-浅成相的花岗闪长岩、二长花岗岩和钾长花岗岩等岩体，海西期除泥盆纪的石英闪长岩、花岗闪长岩成生于板内伸展环境外，而石炭纪和二叠纪的一些俯冲型中酸性侵入岩同位素年龄值多集中在285~246Ma之间，可能与古特提斯洋的向北消减有关，印支期花岗岩类属碰撞型或后碰撞型。带内的主要矿产有金、铜、锡等。

东段夏日哈一带南、北分别被东昆北断裂和柴达木北缘断裂所限定。以呈岩基产出的印支期中—酸性侵入岩和晚三叠世的大陆型中酸性—酸性火山岩占据大部空间，且其中有较多呈岩株产出的印支期和燕山期的钾长花岗岩体。西北部有较多造山期的寒武系碎屑岩和火山岩地层分布（含加里东晚期斜长花岗岩体），东南部则有元古宙的岩块或块体包容在岩体之中。本段盖层始于晚泥盆世，为陆相碎屑岩和中酸性火山岩岩石组合，之上则是被花岗岩类岩体包容，且分布较广的滨浅海相石炭纪碎屑岩和碳酸盐岩地层，以及零星分布的新近系和第四系。该段内主要矿产有铁、铜、钼等。

2. 祁漫塔格蛇绿混杂岩带（I_7^2）

该带位于阿达滩断裂和那陵郭勒河（东昆北断裂）之间。西起滩北雪峰，沿祁漫塔格山脉北坡向东经狼牙山、开木棋陡里格至苏海图，隐伏于柴达木盆地南缘新生代沉积物中。

该带以中酸性岩体、滩间山群及分布于其中的镁铁质—超镁铁质岩为主体。中酸性岩浆侵入活动较为强烈，侵入体分布较广，时代有志留纪、泥盆纪、石炭纪、三叠纪、侏罗纪等，以三叠纪侵入岩最为发育，其组合形式主要为中性—酸性复式岩体，在与古生界的接触带形成矽卡岩型多金属矿床。该带滩间山群的岩石组合与祁漫塔格北坡-夏日哈岩浆弧相似。镁铁质、超镁铁质岩主要分布在野马泉以西的阿达滩沟脑、十字沟、玉古萨依等地，以十字沟东岔剖面出露较全。这些镁铁—超镁铁质岩和基性熔岩，毫无例外地均呈大小不等、形态各异的岩块构造侵位于祁漫塔格群碎屑岩岩组中。该带的主要矿产有铁、铅锌、铜、钴、金、钨等。

3. 中昆仑岩浆弧（I_7^3）

该带即泛称的东昆仑中部或昆中结晶岩带，北以昆北断裂与祁漫塔格北坡-夏日哈岩浆弧和柴达木断坳盆地毗邻，南界为泛称的昆中断裂，西端延入新疆，东端被哇洪山-温泉断裂截切。带内出露主要地层为古元古界金水口岩群，原岩为泥砂质碎屑岩-基性火山岩-碳酸盐岩建造，变质程度以角闪岩相为主，局部为麻粒岩相。基性—超基性侵入岩总体上在昆中地区零星分布，岩体规模较小，综合分析研究前人资料，初步确定该构造单元的基性—超基性岩地质构造背景主要是裂谷型，按照岩体侵位时代可以划分为中新元古代和晚古生代两期：前者主要分布在大灶火和白日其利一带，后者分布在哈西亚图、西绥拉海沟、夏日哈木和喀雅克登一带，平面上多为不规则状的小岩株。夏日哈木辉长岩锆石 U-Pb 年龄为 393.5±3.4Ma(李世金等,2012),形成于中泥盆世。中—酸性侵入岩体的广泛发育,形成岩基与岩株产出形态并存的侵入岩带。组成岩带的岩体,除元古宙的变质侵入体不在其列之外,主要形成于加里东、海西和印支三大侵入期。其中加里东中、晚期侵入岩体,虽只在卡而却卡、大格勒、大灶火河上游圈出个别的二长花岗岩和花岗闪长岩岩体,但随着工作程度的提高,此期岩体的数量一定会有所增多,分布也会更广;海西期岩体相对发育(主要是二长花岗岩、斜长花岗岩、花岗闪长岩和闪长岩及基性—超基性杂岩等岩石类型,但局部出现英云闪长岩),其形成与之南海西—印支造山系生成早期阶段的海陆变异引发的重力均衡作用有关;印支期侵入岩在区内大面积分布,岩性包括闪长岩、石英闪长岩、二长花岗岩和钾长花岗岩等,形成于造山期后的陆内环境。该区西部苏海图河西—夏日哈木—拉陵灶火河东一带有榴辉岩、榴闪岩出露,断续出露长约 20km(祁生胜等,2014);东部的朗木日上游元古宙变质地质体中也发现了榴辉岩、榴闪岩(陕西省核工业地质调查院,2015),在其东南部温泉北部有榴辉岩出露(Meng et al.,2013),榴辉岩属 B 型,共同构成东昆仑超高压变质带,基本确定本次高压变质的峰期时代为志留纪—早泥盆世。该高压变质带的发现,表明东昆仑在早古生代发生了深俯冲作用。该区的主要矿产有金、铁、铜、镍、铅锌、锡、钨等。

4. 东昆仑南坡俯冲增生杂岩带(I_7^4)

该带沿东昆仑山主脊两侧横亘于青海省中部,西起塔鹤托坂日,向东经大干沟、清水泉、吉日迈被温泉-哇洪山断裂切断后,隐伏于赛什塘-兴海蛇绿混杂岩带,北以昆中断裂带与中昆仑岩浆弧相邻,南以昆南断裂带与阿尼玛卿结合带接壤。该构造单元沉积建造类型较为复杂,构造岩浆活动十分频繁,具有增生杂岩带特征,成矿地质条件十分有利,是寻找金、铜、钴等多金属矿产的有利地区。

该带地层复杂,主要有前寒武系苦海岩群、万宝沟群,寒武系沙松乌拉组,奥陶系纳赤台群,泥盆系阿木尼克组,石炭系哈拉郭勒组,二叠系马尔争组等。镁铁—超镁铁质岩主要分布在塔托—拉玛托洛胡、诺木洪郭勒—乌托—清水泉—吉日迈等地,是否为蛇绿岩及其时代归属(中新元古代、早古生代)还存在争论(高延林等,1988;姜春发等,1992;潘裕生,1996,2001;Yang et al.,1996;朱云海,1999;王秉璋等,2001;陆松年等,2002)。中酸性侵入岩岩浆活动与昆北和昆中地区对比,活动强度减弱,侵入岩体分布主要局限在昆中断裂南侧和昆南断裂北侧附近,多呈岩株产出,岩石类型主要为花岗闪长岩、二长花岗岩,亦有少量的石英闪长岩和闪长岩。

(八)秦岭弧盆系(I_8)

该弧盆系形态不规则,北界断层为宗务隆山-青海南山断裂,南界西部为宗务隆山南缘断裂,向东与温泉-哇洪山断裂交接,南界东部为东昆南深断裂。秦岭弧盆系可划分为宗务隆山陆缘裂谷(I_8^1)、鄂拉山陆缘弧(I_8^2)、赛什塘-兴海蛇绿混杂岩带(I_8^3)、泽库前陆盆地(I_8^4)和西倾山-南秦岭陆缘裂谷带(I_8^5)5 个三级构造单元。

1. 宗务隆山陆缘裂谷(I_8^1)

该带呈窄条状展布于南祁连与柴北缘之间,受宗务隆山-青海南山断裂和宗务隆山南缘断裂控制,西端尖灭于鱼卡河一带,东端于都古寺一带延展出省。该带为海西期早期的裂谷,沉积地层为中吾农山群碎屑岩-海相中基性火山岩建造。其形态为西秦岭的一个楔子插入祁连山,是古特提斯洋伸向祁连山的一个分支(李兴振等,1995)。该带中的大规模韧性剪切带及海西晚期—印支期花岗岩类侵入体的同时存在,是造山过程的反映。已有少量勘查资料显示,区内发育与晚古生代裂陷过程有关的喷气沉积型多金属矿床(如蓄积山铅银矿)及与岩浆侵入作用有关的金多金属矿化(如双朋西铜金矿床、谢坑金铜矿床)。

2. 鄂拉山陆缘弧(I_8^2)

该带西以哇洪山-温泉断裂为界,东部为共和盆地,北部与宗务隆山陆缘裂谷为邻,南部为赛什塘-兴海蛇绿混杂岩带,空间上呈北北西向展布。其动力学背景可能与赛什塘-兴海洋盆向北西方向俯冲消减有关。该带的主要地层为中吾农山群碎屑岩-海相中基性火山岩系和三叠系鄂拉山组陆相火山-沉积岩系。岩浆岩主要为印支期中酸性侵入体，具有高钾钙碱性岩浆弧的特点（罗照华等，1999）。该区的主要矿产有铅锌、锡、金等。

3. 赛什塘-兴海蛇绿混杂岩带（I_8^3）

该带被区域性断裂所围限，西界为苦海盆地，北界为清水泉（沟里）-拉玛托洛断层，南界或东界受苦海东侧弧形断裂和温泉-南木塘-唐乃亥弧形断裂的联合控制。区内出露地层主要是古元古界金水口岩群中深变质岩系和石炭系—二叠系以浊积岩相沉积体为主的地层。镁铁—超镁铁质岩、基性熔岩在苦海周边及赛什塘西北部赛日科龙洼、雅日一带广泛分布，为肢解破碎的洋壳残片，现今已是不具完整层序的各种形态、规模的蛇绿岩岩片（块），形成于成熟裂谷-初始洋盆之间的过渡环境，部分可能形成为岛弧或弧后盆地，苦海地区辉长岩辉石$^{40}Ar-^{39}Ar$法坪年龄值为$368.6±1.4Ma$，证实裂陷时限可能至少始于晚泥盆世（王秉璋等，2000）。中酸性岩体出露较少，主要为泥盆纪和侏罗纪花岗闪长岩。该区是青海省有色金属资源基地，主要矿产有铜、铅锌等。

4. 泽库前陆盆地（I_8^4）

该前陆盆地北与宗务隆山陆缘裂谷为邻，南与西倾山裂带和布青山蛇绿混杂岩带接壤。出露地层主要为下—中三叠统隆务河组和古浪堤组，总体具有早期复理石、晚期磨拉石的典型双幕式堆积序列，为较典型前陆盆地充填序列。在较广区域内的不同层位上有少量的层凝灰岩呈夹层出现，除此之外基本上没有火山物质参与沉积活动，这是该前陆盆地与东昆仑南坡的同时期前陆盆地的主要不同点。带内岩浆侵入活动以三叠纪为主，岩体以花岗闪长岩、二长花岗岩、花岗岩及浅成中—酸性侵入岩为主。区内主要矿产有金、锑、汞、铅锌、铜等。

5. 西倾山-南秦岭陆缘裂谷带（I_8^5）

该带是沿白龙江分布的叠部-武都古陆带的西端。它的北界是叠山北坡断裂带西延在宁木特之南通过的尕科河（血日格）-赛尔龙断裂，南界抵青海省界。它可能是扬子古陆的裂解产物，成生于秦祁昆晚加里东造山系形成过程对扬子古陆边缘的碎裂作用。之后可能被卷入到鲸鱼湖-阿尼玛卿缝合带中，或者是古特提斯闭合后因构造反向引起的移置体。

该带主要由泥盆系—中三叠统连续的陆棚浅海相碳酸盐岩夹碎屑岩组成，其上有白垩系陆相地层零星分布。区域上，在泥盆系之下出露有震旦系—志留系的滨海-浅海相稳定型碎屑岩和碳酸盐岩地层，且以志留系分布最广。该区岩浆作用极不发育。带内矿产有锑汞及铁矿等。

二、三江造山系（Ⅱ）

三江造山系位于昆南断裂带以南的广大区域，呈北西西向展布于昆南断裂带与龙木错-双湖-澜沧江缝合带之间，向南、向西、向东外延出省。主体是由泛华夏大陆西南边缘晚古生代多岛弧盆系转化形成的造山系，经历了晚古生代—中生代多岛弧盆系发育、弧后扩张、弧-弧或弧-陆碰撞的地质演化历史（潘桂棠等，2012）。其包括阿尼玛卿结合带（$Ⅱ_1$）、巴颜喀拉地块（$Ⅱ_2$）、三江弧盆系（$Ⅱ_3$）和羌塘弧盆系（$Ⅱ_4$）4个二级构造单元。该造山系与北部的秦祁昆造山系相比，地质调查和研究程度均较低。

（一）阿尼玛卿结合带（$Ⅱ_1$）

阿尼玛卿结合带北以昆南断裂带与东昆仑南坡俯冲增生杂岩带相邻，南以昆仑山口-甘德断裂为界与巴颜喀拉地块接壤。该构造单元可进一步划分为西大滩-布青山蛇绿混杂岩带（$Ⅱ_1^1$）和玛多-玛沁增生楔（$Ⅱ_1^2$）两个三级构造单元。

1. 西大滩-布青山蛇绿混杂岩带（$Ⅱ_1^1$）

北界断层即为东昆南断裂，南界断层即为布青山南缘断裂。省内西起布喀达坂峰向东大至沿东昆南活动断层经库赛湖、鲸鱼湖后与东昆南活动断裂分离，向东经布青山、德尔尼止于江千北部。

前寒武系变质岩岩块主要见于玛沁及布青山一带，布青山地区为中深变质岩系，岩石组合及变质作用特征与金水口岩群类似,可能代表了构造带的基底;玛沁地区略有不同,主要有两种岩石组合,一种为斜长角闪岩-大理岩组合,另一种为绿片岩组合,其中斜长角闪岩的 Sm-Nd 等时线测年值为 1097.8±13.9Ma、1443±28Ma,反映出中新元古代的时代特征。二叠系尤其是下二叠统广泛发育于整个西大滩-布青山蛇绿混杂岩带,为碎屑岩-中基性火山岩-灰岩组合。下部以碎屑岩为主,显复理石层序,向上相变为礁灰岩和(或)中基性火山岩,局部发育深海硅质岩。其中,布青山等地出露的玄武岩是布青山蛇绿混杂岩带的重要组成部分之一。带内规模较大的稳定类型沉积岩为树维门科组,以构造岩片或推覆体产出,这套以中二叠统礁灰岩为主体的地层几乎遍及整个缝合带。镁铁—超镁铁质岩以及玄武岩的产出非常广泛,这些岩石均呈构造岩块产于复理石基质中。带内中—酸性侵入岩体不甚发育,仅有海西晚期、印支期和燕山期岩株状岩体零星分布。该带产出的矿产主要为铜、钴、镍、金等。

2. 玛多-玛沁增生楔(II_1^2)

该增生楔呈北西西向分布于昆仑山口—查哈西里—昌马河—门堂一带,东延出省,北以布青山南缘断裂为界,南以昆仑山口-甘德断裂为界。区内主体地层为下三叠统(部分地区可能有中三叠统),被厘定为昌马河组,与石炭系—二叠系呈断层接触。总体为一套由砂岩、板岩组成的泥砂质复理石沉积,夹少量灰岩,偶见火山岩,自下而上板岩增多,未见底,厚度变化较大,为 900~3200m 不等。在其南、北两侧多处含灰岩外来岩块,沉积韵律发育,鲍马层序不完整,大地构造相为汇聚构造相类的俯冲增生楔相或为弧前复理石增生楔。变质程度为低绿片岩相,发育一系列紧闭的等厚褶皱,倒向多为南。石炭系—二叠系布青山群马尔争组,多沿南部边界断裂呈断块产出,岩性组合为灰岩、中基性火山岩夹砂岩、硅质岩,属火山-硅质岩建造、海相碳酸盐岩建造、复理石建造。区内燕山期中酸性侵入岩较发育,岩石类型有石英闪长岩、花岗闪长岩、二长花岗岩,锆石 U-Pb 同位素年龄值 191~187Ma[中国地质大学(武汉),2003],多呈岩株状产出,少有岩基者,形成于后造山期陆壳加厚环境,可能与壳-幔之间或上地壳层间的韧性滑脱深熔有关。该区主要矿产为金、锑等。

(二)巴颜喀拉地块(II_2)

巴颜喀拉地块主体夹持于昆仑山口-甘德断裂和可可西里-金沙江断裂之间,展布为北西西向,东、西两端分别进入甘肃和新疆。

广泛发育的三叠系巴颜喀拉山群是区内的主体地层,下、中、上三统齐全,为连续性沉积,自下而上为砂岩→板岩→砂岩,厚度在 15 000m 左右。该套地层已广泛发生褶皱及低绿片岩相变质作用,且逆冲和变形作用强烈。二叠系布青山群在该区也有出露,多与巴颜喀拉山群为断层接触。变形变质作用发生在晚三叠世末—早侏罗世。区内侵入岩有印支、燕山及喜马拉雅三期,多为岩株状产出,岩基状少见。其中印支期辉长岩与岩浆旋回早期伸展作用有关,可能是区域上炉霍-道浮三叠纪裂谷的同期产物,而广泛发育的印支期—燕山期中酸性花岗岩类,属后造山期陆壳加厚型,与地壳层间韧性滑脱相联系。区内断裂构造十分发育,北西西向为主构造,常密集成束分布,主要表现为逆冲兼走滑的脆性断层,形成时间早,活动期长,规模较大,多为区域性壳型大断裂和一般断裂;北东—北东东向和北西向两组断裂不发育,居从属地位,一般形成时间晚、规模小、活动期短,常切错北西西向主干断裂,具扭性断裂特点。该带的主要矿产为金、锑等。

(三)三江弧盆系(II_3)

该单元北以甘孜-理塘断裂为界,南大体以龙木错-双湖-澜沧江断裂为界。包括甘孜-理塘蛇绿混杂岩带(II_3^1)、西金乌兰湖-金沙江-哀牢山蛇绿混杂岩带(II_3^2)、治多-江达-维西-绿春陆缘弧带(II_3^3)、昌都-兰坪双向弧后前陆盆地(II_3^4)、开心岭-杂多-景洪岩浆弧(II_3^5)、乌兰乌拉湖-澜沧江蛇绿混杂岩带(II_3^6)6 个三级构造单元。

1. 甘孜-理塘蛇绿混杂岩带(II_3^1)

该带在省区呈北西西沿立新—歇武一带分布,长约 245km,宽为 0.5~15km 不等。向西延伸于立新一带与西金乌兰湖-金沙江-哀牢山蛇绿混杂岩带交汇;向东出图后呈北北西向,经甘孜、理塘南下至三江口。涉及的地层单位为巴塘群下碎屑岩岩组混杂岩段。区域上蛇绿岩主要由洋脊拉斑玄武岩、苦橄玄武岩、镁铁质与超镁铁质堆晶岩、辉长岩、辉绿岩墙、蛇绿岩(变质橄榄岩)及放射虫硅质岩等组成。在理塘西的禾尼见到较完整剖面,由下而上为:堆晶杂岩(橄榄堆晶岩、单辉橄榄岩、斜长堆晶岩)、辉绿岩、枕状熔岩和放射虫硅质岩(莫宣学等,1993),相当于E-MORB型。它们也多呈被肢解的构造岩块及外来的奥陶系—三叠系的灰岩块混杂,其他沉积岩块及复理石砂板岩楔、裂谷型碱性玄武岩等组成蛇绿构造混杂岩带。甘孜-理塘蛇绿岩的形成时代为晚二叠世至早、中三叠世(张旗等,1992;刘增乾等,1993;莫宣学等,1993),是古特提斯最晚期的蛇绿岩,洋盆在晚三叠世闭合(张旗等,1992)。该区具有形成海相火山岩型铜多金属矿的条件。

2. 西金乌兰湖-金沙江-哀牢山蛇绿混杂岩带(II_3^2)

该带在青海省内西起西金乌兰东南方向,经苟鲁山克措、治多、玉树进入四川境内。北界断裂为西金乌兰-歇武断裂,南界为乌兰乌拉-玉树断裂。带内地层体曾被称之为通天河蛇绿混杂岩(青海省地质矿产局,1997)、西金乌兰群(张以弗等,1997)。该套地层体是由不同古构造沉积背景中形成的多种地层(或岩石)体混合而成,除新生界外,缝合带主要组成有以下几种:前寒武系基底岩块为宁多组,仅见于西部西金乌兰湖及东部玉树一带,主要由一套高绿片岩相-角闪岩相的(云母)石英片岩组成,尚无可靠资料确定其形成时代;缝合带主体为石炭系—二叠系西金乌兰群,为弧前复理石增生楔,构成蛇绿构造混杂岩的基质,以泥砂质浊积岩相复理石为主,其中含有大量外来岩块,主要有镁铁—超镁铁质岩、基性熔岩、放射虫硅质岩、灰岩岩块;在治多、直门达等地可能还存在一些具有岛弧建造特征地层体呈构造岩片产出。

带内镁铁—超镁铁质岩及基性熔岩主要发育于哈秀-玉树带及西金乌兰湖-苟鲁山克措带,它们被认为是肢解的蛇绿岩残片(边千韬等,1996)。蛇绿岩组成较复杂,主要岩石类型有变质橄榄岩、以块状辉长岩为主的堆晶杂岩、基性岩墙及枕状熔岩,上述放射虫硅质岩与蛇绿岩是紧密共生的。上二叠统—下三叠统海滩亚相汉台山组石英砂岩角度不整合于石炭纪—二叠纪蛇绿构造混杂岩之上,其中底砾岩中含有硅质岩、玄武岩、辉长岩等下伏蛇绿岩的砾石,因此这套地层通常被作为磨拉石(任纪舜等,2004)。出露最广泛的地层体是上三叠统,苟鲁山克措以西不含火山岩且为以碎屑岩为主的卡尼-诺利期地层,被厘定为苟鲁山克措组,其下部为发育鲍马序列的浊积岩(朱迎棠等,2004),上部为滨浅海相碎屑岩,似具有前陆盆地的双幕式沉积特征;苟鲁山克措以东至玉树则为含有大量中基性火山岩、火山碎屑岩滨-浅海沉积被厘定为巴塘群。在这些地区巴塘群与西金乌兰群多以叠瓦岩片的形式交织在一起,彼此难以区分,一些地区可以看到巴塘群角度不整合于西金乌兰群之上。上三叠统与下伏地层的角度不整合界面在青海南部地区是十分广泛的。该带的主要矿产有铜、铅锌、金等。

3. 治多-江达-维西-绿春陆缘弧带(II_3^3)

该陆缘弧带北以乌兰乌拉-玉树断裂为界,南以黑熊山-巴塘断裂为界。带内出露的最老地层为中三叠统,仅在结隆一带呈断块状零星分布,为一套陆源含灰岩的细碎屑浊积岩,大地构造相属碰撞构造相类的弧后前陆盆地。广布的上三叠统以钙碱性火山岩为主,间有浊积岩及孤立的碳酸盐岩沉积,通常称为巴塘群。巴塘群为该火山弧带的标志性建造。带内北西西向逆冲兼走滑断裂发育,并沿断裂部位发育一系列走滑拉分盆地,盆地内发育古近系—新近系山麓河湖相红色为主含膏盐和碳酸盐岩复陆屑碎屑岩沉积组合。该带的主要矿产为铁、铅锌、金等。

另在带内还见有少量呈岩株状产出的在印支期后的造山期中受伸展机制控制的辉长岩和闪长岩。

4. 昌都-兰坪双向弧后前陆盆地(II_3^4)

该盆地北以黑熊山-巴塘断裂为界,南以沱沱河-巴日曲断裂为界,根据建造特点可分为以下三部分(青海省地质矿产局,2013)。

(1)杂多碳酸盐岩、碎屑岩建造:形成于陆表海,多呈断块形式分布于索加—杂多—囊谦一带。涉及的地层单位主要为杂多群,另在囊谦地区见有少量的加麦弄群,二者为连续沉积。

(2）达哈贡玛-日阿涌陆源碎屑浊积建造、火山岩建造、碳酸盐岩建造、砂泥岩建造：形成于弧后盆地环境，呈北西西向分布于该区中、东段达哈贡玛—日阿涌一带。涉及的地层为开心岭群诺日巴尕尔保组、九十道班组和乌丽群那益雄组、拉卜查日组。

（3）野牛坡-下拉秀砂砾岩建造、火山岩建造、碳酸盐岩建造、砂泥岩（含煤）建造等：形成于弧后前陆盆地环境，涉及的地层单位为结扎群甲丕拉组、波里拉组、巴贡组，雁石坪群的索瓦组、雪山组，风火山群的错居日组、桑恰山组。受欧亚板块与印度板块陆陆碰撞的影响，区内燕山期和喜马拉雅期中酸性侵入岩发育。该区的主要矿产为铜、钼、铅锌、铁、金及煤等。

5. 开心岭-杂多-景洪岩浆弧（II_3^5）

该岩浆弧呈北西西向展布于开心岭—杂多一带，北以沱沱河-巴日曲断裂为界，南以乌兰乌拉湖-澜沧江断裂为界。带内的主体组分是石炭系和二叠系。其中，下石炭统被厘定为杂多群，分布较广，与二叠系呈角度不整合接触，为一套浅海相碎屑岩-碳酸盐岩和海陆交互相含煤碎屑岩沉积组合，局部有中或中酸性火山岩呈透镜层产出，厚度在5800m左右，变质轻微，发育一系列北西西向、中等开阔、圈闭端较明显的褶皱，以南西倒向为主，属陆表海或海陆交替沉积相。

上石炭统—中二叠统开心岭群自下而上依次为扎日根组、诺日巴尕日保组及九十道班组。扎日根组分布局限，仅在扎日根、诺日巴纳保等地有少量出露，为一套碳酸盐缓坡相沉积，属陆缘裂陷盆地相。诺日巴尕日保组和九十道班组为一套浅海碎屑岩-中基性火山岩-碳酸盐岩（礁体）沉积组合，火山岩发育程度各处不一，即便同一分布带也很不均一，既有钙碱性系列，又有碱性系列，甚至还有钾玄岩系列。区内主要矿产为铅锌、铜、铁等。

6. 乌兰乌拉湖-澜沧江蛇绿混杂岩（II_3^6）

该单元北界为八一湖-岗齐曲断裂带，南界为镇湖岭-斜日贡尼断裂带，南北宽15～20km，与东南部澜沧江蛇绿混杂岩属同一条带。据伊海生等（2004）研究，蛇绿混杂岩由强烈剪切基质夹杂不同时代的构造岩块、变形地质体或蛇绿岩构造残体及糜棱岩、构造岩片等不同类型的构造岩类组成。该带蛇绿岩组合多被肢解，目前仅见有一系列强烈蚀变的基性玄武岩和少量辉绿岩，以及与岛弧岩浆作用有关的基性火山岩，以孤立的构造残片或透镜体产出，缺乏超镁质岩、堆晶辉石岩、辉长岩。外来岩块由二叠系灰岩和砂岩组成，岩石十分破碎，产状紊乱，大小不一，地层原始叠覆关系遭到破坏，表现为一系列多级构造——岩片斜列或无序的叠置系统。西部靠近青藏边界的狮头山一带见高压变质岩出露。

（四）羌塘弧盆系（II_4）

该单元位于青海南部雁石坪-尼日阿错改断裂以南。青海省内可划分羌北地块（弧后前陆盆地，II_4^1）和唐古拉-左贡地块（II_4^2）两个三级构造单元。

1. 羌北地块（弧后前陆盆地，II_4^1）

该地块主体呈北西西向展布于雁石坪-尼日阿错改断裂（西段北界为乌兰乌拉湖-玉树断裂）与龙木错-双湖-澜沧江蛇绿混杂岩带，占据小唐古拉山。本单元几乎全被中、上侏罗统覆盖，中、上侏罗统由浅海相、滨海相及陆相红色碎屑岩、碳酸盐岩夹膏盐层组成，角度不整合于下伏地层之上，沉积中心雀莫错一带厚约600m，其构造层序由"三砂二灰"5个层序构成，是幕式沉积的典型代表。其总体上是前陆盆地晚期阶段的产物，以浅海相磨拉石建造沉积为主。区内岩浆侵入活动有燕山和喜马拉雅两期，多呈岩株状产出，前者岩石类型为英云闪长岩、闪长岩、花岗闪长岩、二长花岗岩、钾长花岗岩及正长岩，形成于后造山期陆壳加厚环境；后者不发育，仅见碱性花岗岩，形成于非造山期大陆抬升环境。区内主要矿产为铁、铜、铅锌、水晶等。

2. 唐古拉-左贡地块（II_4^2）

该带位于龙木错-双湖-澜沧江（热涌阿保）断裂以南，主体在西藏境内。青海出露主要地层为古元古界和石炭系。中元古界宁多组的石英片岩-大理岩-斜长角闪片岩变质岩石构造组合是由陆缘裂离出来的地块碎片。石炭系卡贡群以板岩、硅质岩、灰岩为主,夹玄武岩、流纹岩。岩石横向相变不稳定,火山岩具双峰式特点,缺失中性岩。该带有印支期二长花岗岩等侵入体产出。

第二节 区域含矿地层

青海省地处青藏高原北部,涉及秦祁昆和巴颜喀拉-羌北地层区。从太古宙至新生代各时期地层均有出露,地层层序比较完整(表1-2)。据其出露、分布以及岩相和结构,可以分成北部和南部差别显著、特色鲜明的两个地层区。在地域上,北部包括祁连山、东昆仑、西秦岭、阿尔金山南坡,地层出露齐全,地层以前寒武系、下古生界至中生界为分布主体;南部包括可可西里山、巴颜喀拉山、阿尼玛卿山和唐古拉山,地层以上古生界和中生界为主体。依据《青海省区域地质概论》中《1∶100万青海省地质图说明书》(张雪亭等,2007)《青海省第三轮成矿远景区划研究及找矿靶区预测》(青海省地质矿产勘查开发局,2003)《青海省矿产资源潜力评价报告》(青海省地质矿产勘查开发局,2013)和本次研究成果,由老到新对省内主要含矿地层或赋矿岩层叙述如下。

一、前寒武系

前寒武系主要包括古元古界、中元古界和新元古界,集中分布于青海省北半部的中祁连山和柴达木盆地周缘,其次在北祁连山和东昆仑山南坡、唐古拉山北坡也有零星出露。古元古界为一套中、深变质岩系;中元古界为一套绿片岩相变质岩系;新元古界变质程度低,为一套浅变质的沉积岩系。

(一)古元古界

古元古界是一套中、高级变质岩系,以构造块体形式出露,呈现与区域构造线方向近于一致的岛链状分布特征,主要分布在青海省北部的祁连山、柴北缘和东昆仑等地区。

1. 托赖岩群(Pt_1T)

托赖岩群分布于中祁连山的托勒南山、走廊南山、冷龙岭以南,呈带状不连续分布。与周边地层多为断层相接触,或被岩浆岩侵吞,或被中生代、新生代地层不整合超覆,上未见顶,下未见底,基本上呈有层无序的孤立地质体(?)。岩性以片麻岩、片岩、大理岩为主,局部夹石英岩,厚度大于6568m。其原岩为砂泥岩-中基性火山岩-镁质碳酸盐岩建造。赋存大型白云岩矿床以及萤石矿床等,在与加里东期花岗岩的接触带有钨矿体产出。

2. 金水口岩群(Pt_1J)

金水口岩群(过去称达肯大坂岩群)出露于柴北缘、东昆仑等地区,底界关系不清。岩性为灰色条痕条带状混合岩、眼球状混合岩、黑云变粒岩、黑云角闪片麻岩、斜长角闪岩、含董青石砂线石斜长片麻岩夹白云石大理岩、镁橄榄石大理岩、二辉麻粒岩、黑云变粒岩,厚度2700余米。其原岩为泥砂质、泥钙质夹中基性火山岩。该岩群是东昆仑金、石墨、玉石、铁矿等的重要围岩,在与海西—印支期中酸性岩体的接触带有矽卡岩型多金属矿体产出。2013年在该套地层中新发现那西郭勒沉积变质型铁矿床。

3. 湟源群(Pt_1H)

1)刘家台组(Pt_1l)

刘家台组分布于湟源一带,平安北局部也有出露。下部以含碳质石英云母片岩为主,夹大理岩;上部为中、粗粒大理岩。其底界不明,厚度大于1082m。变质程度较低,为低角闪岩相-低绿片岩相,其原岩建造为碳质泥质碎屑岩-碳酸盐岩建造,形成于浅海环境。与地层有关的矿产有白云岩、大理岩等非金属矿产。

2)东岔沟组(Pt_1d)

东岔沟组分布于湟源、娘娘山、宝库河及乐都北山等地,因在湟中县东岔沟一带出露完整而得名。其下与刘家台组为整合接触,其上被长城系磨石沟组不整合超覆。主要岩石组合为石英片岩、千枚岩、大理岩夹角闪片岩及石英岩,厚度大于1797m。东岔沟组比刘家台组的变质程度要低,可能仅限于低绿片岩相,其原岩建造为碎屑岩-泥砂岩-碳酸盐岩建造,形成于浅海环境。在化隆尕磨滩发现有石英岩矿床,在乐都下杨家、上杨家、大泉石沟、互助下路沟等地见有沉积变质的铁矿化,在乐都大峡有磷矿化。

(二)中元古界

中元古界在青海省北部区分布,是元古宇出露最广的地层单位。

1. 长城系—蓟县系托莱南山群

托莱南山群分布于北祁连及中祁连的托勒山、疏勒南山一带,底界不明,顶界与青白口系其它大坂组平行不整合接触,分为南白水河组(Chn)和花儿地组(Jxh),其时代分别为长城纪和蓟县纪。南白水河组主要岩性为紫色、紫红色夹灰黑色、灰绿色砂质板岩,粉砂质板岩,石英砂岩夹粉砂岩及灰岩透镜体,局部夹硅质岩,由北西向南东厚度33～4203m不等。变质程度为高绿片岩相,原岩为泥砂岩-碳酸盐岩建造,形成环境为陆缘盆地内侧沉积。

花儿地组岩石组合以灰岩、白云岩为主,局部夹板岩。底部以大套厚层灰岩始现与南白水河组分界;顶部以灰岩、白云岩消失与其它大坂组接触,厚度361～2983m不等。花儿地组为陆缘浅海环境沉积,镁质碳酸盐岩-泥砂岩建造,形成良好的白云岩、石灰岩矿层,产微古植物及叠层石。在甘肃境内花儿地组有沉积变质型铁矿产出。

2. 长城系湟中群(ChH)

1)磨石沟组(Chm)

磨石沟组与上覆青石坡组为整合接触,其岩性主要为一套乳白色、灰白色、灰黑色及肉红色厚—块层状石英岩,石英岩状砂岩,夹变泥质石英砂岩、板岩、云母石英片岩、绿泥片岩等,底部有石英砾岩。见交错层理、波痕及干裂构造,厚度679～1800m。变质程度为低绿片岩相,原岩为石英碎屑岩-泥砂岩建造。成分及结构成熟度较高,形成于坳陷盆地外侧环境。该套地层是石英岩最重要的含矿层位,不仅产地多,储量大,而且品位高,质地纯净,SiO_2含量达97%以上。窑沟中型和斜沟特大型石英岩矿床为该地层之代表性矿床。

2)青石坡组(Chq)

青石坡组岩性主要为一套灰色粉砂质板岩、石英粉砂岩,夹中细粒石英砂岩及钙质板岩,含磷碳质板岩,厚度1819.9m。青石坡组变质程度属低绿片岩相,形成于坳陷盆地的内侧环境,原岩为泥砂岩-碎屑岩-含磷建造。黑沟峡磷矿、秀马沟磷矿均赋存于该套地层中,是青海省重要含磷地层之一。

3. 长城系小庙组(Chx)

小庙组分布于柴北缘(与该区中元古界万洞沟群下部相当)和柴南缘地区的一套中级变质岩系。小庙组是以石英质岩石为主的变质岩系,与下伏金水口岩群呈断层或韧性断层接触,与上覆狼牙山组为整合接触。岩性组合为:灰白色石英岩、二云石英岩、黑云长石石英岩、白云石英片岩夹白云石大理岩,下部夹条带混合岩,含石榴石二云石英片岩及黑云斜长片麻岩,白沙河上游尚见变粒岩,厚度大于714.7m。产有金矿床、淋积铁矿等。

4. 蓟县系狼牙山组(Jxl)

狼牙山组主要分布于东昆仑祁漫塔格和清水河—洪水河地区。岩石组合为:灰—深灰色泥质灰岩、粉晶灰岩、鲕粒灰岩、白云质灰岩、灰质白云岩、细晶白云岩、硅质白云岩互层,夹石英粉砂岩、黏板岩、千枚岩、硅质岩,局部夹碳质磷块岩、硅质岩和铁矿层,厚度变化较大,最大可达6000余米,富含叠层石和微古植物化石。主要产出虎头崖热液型多金属矿床,其次有狼牙山、巴音郭勒河北、清水河-洪水河沉

积-变质型铁矿床(点)。

(三)中元古界—新元古界万宝沟群($Pt_{2-3}W$)

万宝沟群主要分布于秦祁昆地层区的东昆仑山南坡的雪山峰、纳赤台、托索河等地,顶底界线不明。该套地层以断块出露,区域岩性变化较大,总体上,下部为浅灰—灰绿色蚀变玄武岩、蚀变安山玄武岩、安山岩、片理化凝灰岩、熔岩凝灰岩、层凝灰岩,夹灰色变砂岩、板岩、灰白色灰岩、大理岩,局部地段互层出现;上部为浅灰—灰白色结晶白云岩、结晶硅质白云岩、白云质大理岩夹大理岩、结晶灰岩、千枚岩、板岩、变砂岩。该套地层是金、铜、玉石等矿产的围岩。

二、下古生界

下古生界有活动型和稳定型两种沉积类型,以前者为主,主要分布于祁连山和东昆仑山地区,在唐古拉山北部地区也有零星分布。

(一)寒武系

1. 黑茨沟组($\in_2 h$)

黑茨沟组呈断块零星出露于走廊南山南坡、托勒山东段以及大通县毛家沟。区域上与阴沟组呈断层接触或平行不整合接触,或与香毛山组整合接触,其下未见底。其主要为一套中基性火山熔岩、酸性火山熔岩(细碧角斑岩系)、火山碎屑岩,夹细碎屑岩及含少许动物化石的碳酸盐岩透镜体地层序列。地层内产三叶虫化石及微古植物,形成于陆缘裂谷带。郭米寺、下沟、尕大坂以及甘肃白银厂等块状硫化物铜多金属矿床产于该套地层之中,该地层是北祁连铜多金属矿产重要的赋矿层位。

2. 深沟组($\in_2 s$)

深沟组下部以基性—中基性火山岩为主夹碎屑岩;上部以碎屑岩、碳酸盐岩、硅质岩为主,夹中基性火山岩;底部出露不全;顶部以碎屑岩、碳酸盐岩、硅质岩消失,或与六道沟组平行不整合分界,厚415.2~1351.44m。该组是铜多金属矿产的赋矿地层。

3. 六道沟组($\in_3 l$)

六道沟组分布于青海湖以北及日月山、拉脊山一带。其为一套浅变质火山岩-碎屑岩建造,岩石组合为中基性火山岩与陆源碎屑岩、碳酸盐岩呈分段集中互层状组合,厚2725m。其下与深沟组为平行不整合或整合关系,其上与奥陶系花抱山组为平行不整合接触关系。火山岩有基性→中基性→中酸性的变化趋势,据岩石化学、稀土元素等多种图解判别分析,从大陆板内到大洋脊、火山岛弧各种火山岩类型都有。以铜、金为主的多金属矿(化)点多产于火山岩中,虽然目前未发现大、中型矿床,但成矿条件有利。

(二)奥陶系

1. 阴沟组($O_1 y$)

阴沟组分布于走廊南山北坡、托勒山、冷龙岭等地,下伏与香毛山组呈整合关系。阴沟组在青海境内三分性明显,下部灰—灰黑色砂岩夹灰岩(扁豆体)、凝灰岩;中部灰绿色细碧岩、安山岩、细碧质火山角砾岩、凝灰岩、砂岩、硅质岩、大理岩;上部灰黑色、灰绿色砂岩,板岩夹灰岩及硅质岩,局部夹菱铁矿及磁铁矿,厚度大于590m。国内研究者对阴沟组火山岩做了大量的工作,进行了详尽的论述,均认为其是典型的蛇绿岩建造。其形成于洋盆环境,代表了洋壳岩石记录。一批铜多金属硫化物矿床(点)赋存其中,与火山作用有着十分密切的关系,是北祁连火山岩型矿床的主要赋矿地层之一。

2. 祁漫塔格群(OQ)

祁漫塔格群主要分布在祁漫塔格和东昆仑西段北坡及夏日哈一带。祁漫塔格群自下而上分为碎屑岩岩组、火山岩岩组和碳酸盐岩岩组。碎屑岩岩组主要分布在祁漫塔格北坡红土岭东、小盆地等地,在东昆仑西段也有零星出露。岩石组合为深灰色绢云母千枚岩、变粉砂质板岩、长英质角岩化粉砂岩、变质岩屑石英杂砂岩,夹浅灰色结晶灰岩、钙质石英砂岩等。火山岩岩组主要分布在祁漫塔格北坡、夏日哈等地。岩石组合为玄武岩、安山岩、流纹岩、英安岩及凝灰岩等。碳酸盐岩岩组分布地区较广,岩石组合为大理岩、透闪石大理岩、不纯灰岩、硅质结晶灰岩、含白云石粉晶灰岩、白云岩,夹粉砂岩等。在该套地层与印支期花岗岩体接触带有矽卡岩型铁多金属矿产出,典型矿床有尕林格、肯德可克铁多金属矿床和卡而却卡铜多金属矿床等。

3. 纳赤台群(ON)

纳赤台群受东西向断裂控制,呈条块分布,底界不明,顶部被下志留统赛什腾组平行不整合覆盖。主要分布在东昆仑西段主脊分水岭北、雪鞍山、开木棋陡里格沟脑、纳赤台、驼路沟等地。据1:5万区调资料(青海省地质调查院,2003),该岩群岩性组合可分为3个岩性组:一岩组为浅灰绿色英安质凝灰岩、灰—深灰色含凝灰质的含砾粗砂岩、凝灰质岩屑长石砂岩、长石岩屑砂岩、浅灰绿色粉砂质黏土岩、泥岩、粉砂岩以及深灰—灰绿色复成分砾岩、长石石英砂岩及灰岩透镜等;二岩组为灰绿色安山岩、流纹英安岩、英安—安山质角砾熔岩夹安山质凝灰熔岩,开木棋陡里格沟脑一带由灰绿色杏仁状玄武岩和粗玄岩组成,亦发育枕状构造;三岩组为灰绿色粉砂质细粒长石砂岩、灰—深灰色粉砂岩、深灰色含砾长石石英砂岩及灰白色灰岩,夹紫红色钙质砂岩、凝灰质粉砂岩、灰色砾岩。该套地层是铜、钴、金等矿产的围岩。

4. 扣门子组(O_3k)

扣门子组主要分布于北祁连南缘的祁连县至门源一带,整合于大梁组之上,推测平行不整合于肮脏沟组之下,岩性组合以中基性火山岩、中酸性火山岩为主,夹厚—薄层灰岩、砾状灰岩、硅质岩及各类碎屑岩,厚501~2373m不等。其为浅变质的中基性、中酸性火山岩-碳酸盐岩建造,形成于陆缘浅海环境或裂陷盆地环境。该套地层中产有红沟铜矿床、松树南沟铜金矿床等。

(三)寒武系—奥陶系

寒武系—奥陶系指分布于柴北缘赛什腾山—锡铁山、布赫特山—察汗乌苏河以及柴南缘的祁漫塔格—大灶火河的滩间山群($\in OT$)。岩性组合下部为灰—灰绿色变长石砂岩、石英砂岩、绢云母千枚岩、凝灰质砂岩、结晶灰岩夹中基性火山岩;上部灰绿色片理化蚀变安山岩、蚀变玄武岩、片理化绿帘石化安山岩、片理化凝灰岩夹灰绿色绢云石英片岩、绿泥片岩、长石岩屑砂岩、凝灰质长石砂岩、结晶灰岩、大理岩。滩间山群是青海省主要含矿地层之一,主要产有以锡铁山为代表的喷气沉积型铅锌矿床及构造蚀变岩型金矿。

(四)志留系

1. 肮脏沟组(S_1a)和泉脑沟山组(S_2q)

两岩组分布于走廊南山、冷龙岭、大坂山、尕大坂等地。两岩组整合接触,下伏与上奥陶统扣门子组不整合接触。肮脏沟组(S_1a)岩性组合为灰色、灰绿色、紫红色砂砾岩,含砾砂岩,砂岩,板岩,页岩互层,夹灰绿色凝灰岩、凝灰质砂岩、安山岩,底部砾岩,出露厚度大于1696m,产笔石化石。泉脑沟山组(S_2q)岩性组合为灰色、灰绿色、紫红色粉砂岩,板岩,页岩,千枚岩,夹泥灰岩、灰岩及凝灰岩扁豆体,出露厚1767m,产双壳类、腕足等化石。区域上有砂页岩型铜矿产出。

2. 巴龙贡噶尔组(Sb)

巴龙贡噶尔组主要分布于南祁连山青海湖以西地区,呈大面积出露。与下伏多索曲组为断层接触,上被阿木尼克组不整合覆盖。岩性以灰紫色、灰色、浅灰色粗—中粒复矿物碎屑岩为主,夹板岩、粉砂岩,局部夹火山岩的岩石组合,厚度大于625m。其为浅变质的粗碎屑岩-泥砂岩-中性火山岩建造,形成于陆内断陷带或陆内坳陷带环境。该套地层是金、钨等矿产的围岩。

三、上古生界—新生界

(一) 泥盆系

陆相泥盆系普遍缺失中、下统,上泥盆统分布也很局限,且多为磨拉石建造,局部仍有火山活动,出露的地层有北祁连、拉脊山上泥盆统老君山组(D_3l),中南祁连和柴北缘上泥盆统牦牛山组(D_3m)及上泥盆统—下石炭统阿木尼克组(D_3C_1a)等。近期在柴北缘上泥盆统牦牛山组发现了多金属矿体。

青海省地质调查院(2013)在祁漫塔格进行1:25万布伦台幅(J46 C 004002)、大灶火幅(J46 C 004003)区调修测时,根据岩石组合及特征、分布规律、同位素资料等,将前人划分的上泥盆统牦牛山组重新厘定为顶志留统—下泥盆统契盖苏组(S_4D_1q)。该套地层的时代需进一步研究。

(二) 石炭系

东昆仑祁漫塔格地区石炭系自下而上划分为下石炭统石拐子组(C_1s)、大干沟组(C_1dg)及上石炭统缔敖苏组(C_2d)3个岩石地层单位,与下伏上泥盆统哈尔扎组、牦牛山组呈不整合接触。石拐子组下部为深灰色细砂岩、含砾长石砂岩、长石硬砂岩;上部为生物碎屑灰岩、鲕状灰岩、粉晶灰岩、碎屑白云岩、硅质岩,夹少量长石砂岩,厚443m,产珊瑚、腕足化石。

1. 大干沟组(C_1dg)

大干沟组下部为灰色、深灰色(局部杂色)石英砾岩,白云质黏板岩,钙质砂岩,粉砂岩;上部为深灰色、灰色碎屑灰岩,生物灰岩,结晶灰岩,白云质灰岩,局部互层出现,厚度各地不等,厚100~774m,产珊瑚、腕足、蜓科、植物化石。虎头崖地区、黑沙山南岩体侵入于大干沟组地层内,在岩体接触带发现磁铁矿矿体。

2. 缔敖苏组(C_2d)

缔敖苏组岩性为浅灰—灰白色生物碎屑灰岩、粉晶灰岩,底部为灰色砾岩、砂岩,厚333~801m,含蜓、腕足、珊瑚等化石。该套地层与成矿关系非常密切,在虎头崖(迎庆沟)、巴音郭勒河矿区、野马泉矿区、四角羊沟矿区等地,与花岗闪长岩、二长花岗岩、正长花岗岩的接触部位形成矽卡岩型铁多金属矿体,远离接触带在构造蚀变带中产有热液型多金属矿体。

东昆仑南缘石炭系可分下石炭统哈拉郭勒组(C_1hl)和上石炭统—下二叠统浩特洛哇组(C_2P_1ht)。前者为碎屑岩夹碳酸盐岩、火山岩建造;后者为碎屑岩-碳酸盐岩夹火山岩建造。

西倾山区出露的岩石地层单位为石炭系—二叠系尕海群(CPG),岩性比较单一,由灰岩夹砂岩组成。

3. 杂多群(C_1Z)

杂多群由上、中、下三部分组成,下部为紫红色粉砂质泥岩夹砂岩、砾岩和结晶灰岩透镜体;中部为灰色石英砂岩、粉砂岩、板岩的间互层,夹结晶灰岩、碳质板岩、煤层,局部夹安山岩和凝灰岩的透镜层;上部为灰色、灰白色微晶灰岩和生物碎屑灰岩,夹泥质灰岩和少量石英砂岩。杂多群厚度达2000多米,产珊瑚、腕足及植物化石。该地层是三江北段铅锌矿床重要的赋矿围岩,产有莫海拉亨等铅锌矿床。

4. 布青山群(C_2P_2B)

布青山群出露在阿尼玛卿山一带,自下而上划分为上石炭统—中二叠统树维门科组(C_2P_2s)、中二叠统马尔争组(P_2m)。树维门科组岩性组合为灰色和浅玫瑰色细晶灰岩、生物灰岩、礁灰岩、古孔藻黏结灰岩、生物碎屑泥晶灰岩、微晶白云岩,夹少量灰色含砾砂岩、石英砂岩,厚度大于517.59m,生物非常丰富。马尔争组岩性组合为灰绿—深灰色玄武岩、安山岩、流纹岩,及灰色千枚岩、灰紫色长石石英砂岩、含砾砂岩、生物灰岩夹硅质岩,下部火山岩较多,厚4810.2m,含蜒科、珊瑚、腕足等化石。马尔争组产有牧羊山铜矿床、马尼特金矿床、德尔尼铜钴锌矿床等。

5. 开心岭群(C_2P_2K)

开心岭群分布在乌丽—杂多一带。自下而上划分为上石炭统—下中二叠统扎日根组(C_2P_2z)、诺日巴尕日保组(P_2nr)、九十道班组(P_2j)3个岩石地层单位。扎日根组由浅灰—深灰色白云质生物灰岩、泥晶灰岩夹角砾状灰岩组成,厚349m,含丰富的蜒科化石。诺日巴尕日保组由灰绿色、灰色长石石英砂岩,岩屑长石砂岩,长石砂岩,复矿粉砂岩,黏土岩,偶夹生物碎屑灰岩及蚀变玄武岩组成,厚1112.77m,产有扎日根-开心岭铁矿床、然者涌铅锌银矿床、东莫扎抓铅锌矿床、纳日贡玛铜钼矿床等。九十道班组由深灰—灰色粉晶灰岩、生物亮晶灰岩、砾屑灰岩夹灰色长石岩屑砂岩组成,厚338.57m,是多才玛、巴斯湖等铅锌矿床的含矿围岩。

(三)二叠系

乌丽-杂多分区二叠系地层为上二叠统乌丽群。自下而上可分为那益雄组(P_3n)和拉卜查日组(P_3l),两组间整合接触。前者由深灰色岩屑砂岩、黏土岩夹煤和灰岩及底部的紫红色石英质砾岩组成,厚度446.34m,含蜒科、植物化石;后者岩性组合为灰—深灰色粉晶、泥晶、生物碎屑灰岩夹粉砂质黏土岩、长石砂岩及薄煤层,厚380~546m,含蜒科、腕足、双壳类等化石。

(四)三叠系

1. 下—中三叠统

1)下—中三叠统隆务河组($T_{1-2}l$)

隆务河组岩性组合为灰色、深灰色变复成分砾岩,细砾岩,变不等粒含砾凝灰质长石岩屑砂岩,含砾粗砂岩,长石岩屑砂岩,粉砂质泥岩,板岩,底部灰紫色、紫红色粉砂岩,板岩,局部见安山岩、流纹岩。该地层中含石炭系—二叠系灰岩、砂岩外来岩块,厚度大于11 327m,产双壳类化石。该套地层是瓦勒根和加吾金矿床的围岩。

2)下—中三叠统古浪堤组($T_{1-2}g$)

古浪堤组岩性组合:灰色、深灰色粗粒长石石英砂岩,粉砂岩,板岩,碳质板岩夹砾屑灰岩及复成分砾岩透镜体,厚度大于3549m,产双壳类、菊石及遗迹化石。该套地层是江龙牧业铅多金属矿体的围岩。

3)下—中三叠统昌马河组($T_{1-2}c$)

昌马河组与下伏地层关系不清,主要分布于巴颜喀拉山北部昆仑山口—玛多—久治一带,除巴颜喀拉山主峰一带有零星分布。岩性组合:以灰色为主,次为灰绿色、褐色粗—细粒杂砂质长石砂岩,长石石英砂岩,石英砂岩,钙质板岩夹粉砂岩,板岩及少量灰岩,偶见凝灰质砂岩,下部局部出现砾岩,多外来岩块(C—P)。地层厚度各地不一,厚901~3261m,产菊石化石。该地层是大场金矿的主要围岩。

4)下—中三叠统浩斗扎阔尔组($T_{1-2}hd$)

浩斗扎阔尔组分布于西倾山地区。岩性组合为灰—灰白色块状结晶灰岩、鲕状灰岩、角砾状结晶灰岩、白云岩,夹少量石英砂岩、长石石英砂岩、钙质砂岩、板岩,上部碎屑岩增多,厚2013m,产双壳类化石。

5)下—中三叠统闹仓坚沟组($T_{1-2}n$)

闹仓坚沟组岩性为灰色、灰绿色长石砂岩,岩屑砂岩,粉砂岩,黏土质板岩,或为页岩、灰岩、生物碎屑灰岩、泥质灰岩的间互层或韵律互层,灰岩有时呈段出现,间有英安质或流纹质凝灰岩、火山角砾岩、玄武岩或安山玄武岩呈透镜层产出,总厚1513~1784m,产中三叠世早期头足、腕足和双壳等生物化石。该地层是开荒北金矿的围岩。

6）中三叠统希里可特组（T_2x）

希里可特组与下伏闹仓坚沟组整合接触。该组地层紫红色或灰黑色长石岩屑砂岩、粉砂岩、粉砂质板岩或页岩的间互层，夹灰岩、硅质岩和少量中酸性或酸性凝灰岩、火山角砾岩，产中三叠世晚期（相当拉丁期）双壳类化石。

2. 上三叠统鄂拉山组（T_3e）

鄂拉山组主要分布于东昆仑祁漫塔格和鄂拉山地区。与下伏下—中三叠统隆务河组、古浪堤组不整合接触，与上覆下白垩统河口组、白垩系多福屯组不整合接触。该组由下部中基性火山岩及碎屑岩组成，岩性组合为辉石安山岩、安山岩、玄武安山岩，夹凝灰岩、凝灰质板岩、长石砂岩、安山质火山角砾岩、安山质火山集块岩；中部中酸性火山岩，岩性组合为灰白—灰绿色英安质熔岩角砾岩、火山集块角砾岩、英安岩、凝灰岩；上部安山质火山岩，岩性组合为灰绿色安山质熔岩角砾岩、安山质火山集块岩、凝灰岩，厚大于3188.05m，含植物化石。该地层产有鄂拉山口银多金属矿床。

3. 上三叠统结扎群

上三叠统结扎群分布于乌兰乌拉湖—沱沱河—囊谦一带，可分为甲丕拉组（T_3jp）、波里拉组（T_3b）和巴贡组（T_3bg）。

1）甲丕拉组（T_3jp）

上三叠统甲丕拉组下部为以灰绿色夹紫红色为主的杂色长石石英砂岩、岩屑砂岩、石英粉砂岩、泥钙质粉砂岩、灰绿色泥岩与灰绿色层状变玄武岩、安山岩互层，夹灰岩透镜体，上部安山岩、玄武岩增多，下部灰绿色复成分砾岩夹含砾中粒岩屑砂岩、长石石英砂岩，厚132.2～495.3m，产腕足、菊石等化石。该组中的灰岩是纳保扎陇铅锌矿床的赋矿围岩。

2）波里拉组（T_3b）

波里拉组岩性组合为灰黑色、灰色、肉红色凝块隐晶灰岩，不纯灰岩，生物介壳凝块灰岩，角砾状碎屑灰岩夹白云岩、灰质白云岩及岩屑石英砂岩、粉砂岩、钙质页岩，厚726～2000m，化石极为丰富。其是东莫扎抓铅锌矿床的赋矿围岩之一。

4. 上三叠统巴塘群（T_3B）

巴塘群分布于西金乌兰—苟鲁山克措—玉树一带。与下伏结隆组断层接触，自下而上划分为3个非正式的岩石地层单位（岩性组）：①变砂岩夹板岩岩组，由变岩屑砂岩、长石岩屑砂岩夹板岩、硅质岩，及少量灰岩、安山岩组成，厚1348.6m，产菊石；②火山岩灰岩岩组下部为灰色灰岩，中部为灰绿色蚀变安山岩、流纹岩、玄武岩、硅质岩、晶屑凝灰岩、凝灰熔岩夹粉砂岩、生物灰岩，上部为灰色—灰白色灰岩与砂、板岩互层，厚3976.1m，产双壳类、腕足、菊石等化石；③砂岩板岩互层岩组为灰色、深灰色石英砂岩、长石石英砂岩，粉砂岩，泥质页岩，板岩夹灰岩透镜体，厚791～2028m，产双壳、腕足及植物化石碎片。其中中部的火山沉积岩系是区内海相火山岩型铜多金属矿床的围岩。

（五）侏罗系

1. 陆相侏罗系

陆相侏罗系正常沉积型分布在东昆仑山南坡和阿尼玛卿山北麓及其以北地区，其中阿尔金山的阿哈提山、柴达木盆地的北缘和祁连山内的疏勒河—大通河谷地边缘，是区内侏罗系出露多、分布集中的分布带。其中窑街组含煤厚度较大，一般可达60～70m，最厚达100m，窑街组及大煤沟组不仅是含煤层，还是储油的地层。

2. 海相侏罗系

中侏罗统雀莫错组（J_2q）：下部紫红色厚层复成分砾岩偶夹凝灰质砂岩、含角砾熔岩凝灰岩，局部夹煤层；中部紫灰色含砾砂岩、岩屑石英砂岩、杂砂岩夹铁质砂岩、灰岩及石膏；上部灰绿色细粒岩屑石英砂岩、泥钙质粉砂岩,局部夹菱铁矿砂岩。该组厚689～1138m,含双壳类和腕足类化石,是楚多曲铅锌矿床的围岩。

(六)白垩系

1. 北部分散出露的白垩系

该地层分布于断陷盆地及其周边大型内陆盆地的边缘,黑河流域、西宁-民和、贵德、化隆-循化、大柴旦-德令哈等盆地,岩性组合和层序特征非常相似。该地层有黑河流域新民堡群下沟组(K_1x)、中沟组(K_1z);西宁-民和盆地河口组(K_1h)、民和组(K_2m);柴达木盆地的北缘大柴旦—德令哈一线的犬牙沟组(K_1q)等。其形成于山前(山间)断陷盆地的河湖相沉积环境,主要为碎屑岩-泥岩建造,普遍含石膏层,产鱼类、介形类、双壳类等化石。

2. 西南部的白垩系

该地层分布于巴颜喀拉山、沱沱河等地区的白垩系风火山群,自下而上分为下白垩统错居日组(K_1c)、下—上白垩统洛力卡组($K_{1-2}l$)、上白垩统桑恰山组(K_2s),分别为(含铜)碎屑岩-泥岩建造、(含石膏岩)碳酸盐岩建造和碎屑岩-泥岩建造。在错居日组中产有风火山砂岩型铜矿和扎木曲(约改)斑岩型铅锌矿床。

(七)古近系和新近系

1. 沱沱河组($E_{1-2}t$)

沱沱河组岩性以紫红色复成分砾岩为主,夹含砾不等粒岩屑砂岩、粉砂岩,顶部夹生物碎屑灰岩,厚606m,含介形虫化石。该套地层是沱沱河地区铅锌、铜矿体的含矿围岩之一,产有扎木曲(约改)斑岩型铅锌矿床和多才玛热液型铅锌矿床(茶曲怕查矿段)等。

2. 雅西错组(E_3y)

雅西错组岩性为紫色、灰紫色长石岩屑砂岩,长石石英砂岩,粉砂质泥岩夹生物微晶灰岩、泥晶灰岩、硅质灰岩及少量复成分砾岩,顶部颜色变为灰色。厚984.20m,产介形类、轮藻、孢粉等化石。

3. 五道梁组(E_3N_1w)

五道梁组岩性以橘红色泥岩为主夹灰白色盐岩、石膏及砂岩,厚1305m,含孢粉、介形虫。该地层中赋存多才玛铅锌矿体。

4. 查保马组(N_1c)

查保马组岩性组合为灰色—褐黑色粗面岩、气孔状石英粗面岩、石英粗安岩、橄榄白榴响岩、流纹岩,底部局部有角砾岩、集块岩及次火山岩,厚293～320m。该套火山岩为陆相,以溢流产物为主,为中心式喷发,形成熔岩被、熔岩穹等火山地貌。该套地层是那日尼亚铅矿床的围岩。

柴达木盆地古近系和新近系由下向上分布有干柴沟组(E_3N_1g)、油砂山组(N_2y)和狮子沟组(N_2s),为绿灰、棕红、黄绿等杂色砂岩,粉砂岩,砂质泥岩,泥岩或页岩的间互层或韵律互层,夹砾岩、泥灰岩,与古近系整合接触,其上被下更新统不整合覆盖,厚4000m左右,产新近纪介形类、轮藻、腹足、植物和鱼类等生物化石。盆地中古近系和新近系产石油、天然气、锶、钠、镁、钒及盐类等矿产。

(八)第四系

第四系在青海省境内分布极为广泛,皆为陆相,具有明显的高原特色,除早更新世沉积大部分固结成岩外,其余皆为松散沉积物。其成因类型比较复杂,有冲积、洪积、风积、湖积、化学沉积、沼泽沉积、冰碛、冰水沉积等,以柴达木盆地、哈拉湖周边、通天河流域等地分布最广。

冲积、洪积主要分布于山前、河谷地带;风积主要分布于柴达木盆地及其周边;湖积、化学沉积、沼泽沉积主要分布于柴达木盆地、哈拉湖、共和盆地；冰碛、冰水沉积分布于祁连山和青南高寒山区。全新统其沉积类型除有人工堆积及坡积外，与更新统的沉积类型基本相似。第四系更新统、全新统在各种气候条件的沉积物齐全，是砂金、盐类矿产、泥炭矿、工业或民用地下水的主要含矿层，特别是当前我国急缺的钾、锂盐矿的含矿层。

通过以上的论述，青海省含矿地层或围岩较多，但金属矿产含矿地层主要为古元古界、中元古界、寒武系、奥陶系、石炭系、二叠系、三叠系等。

第三节 区域断裂构造

青海省断裂构造十分发育，除柴达木盆地外，多密集分布。主断裂（带）控制了构造和地层区划，而且对岩带和矿带划分也起重要的控制作用。它们大多具有长期的发育历史，既有继承复活性，又有改造新生性。因此，同一断裂的产状、性质、所处构造层次等在三维空间上都有较大的变化。在综合分析青海省地质、地球物理资料、时空分布特征及不同动力学体系主应力场的基础上，将区内断裂划分为3个级别（张雪亭等，2007）。

一、一级断裂

一级构造分区（造山带）的边界断裂有3条，即东昆中、东昆南、龙木错-双湖-澜沧江断裂（图1-2）。

1. 东昆中断裂

东昆中断裂为东昆中逆冲-走滑构造带的主断裂，为东昆中带与东昆南带的分界线，在青海省境内为近东西向。其向西经塔鹤托板日延入新疆，可能与奥依塔格-库地断裂相接；向东沿喀雅克登塔格北坡延伸，经大干沟南—诺木洪小庙南—乌妥—清水泉北一带，在东部被哇洪山-温泉断裂所截切，地表延长约900km，宽2.5~30km不等，被公认为是一条长期活动的超岩石圈断裂。它不但在地表上宏观标志明显，航卫片影像线性清楚，而且又是一条明显的地球物理场分界线。重磁特征表明东经98°以西与地表断裂基本吻合，以东受一系列南北向断裂错动，自西向东逐段向南位移。东经98°以西表现为十分醒目和完整的巨大重力梯级带，以东表现为等值线性相对密集带。断裂总体北倾，倾角82°~84°，表现为北盘的元古宇逆冲于南盘的古生界或中生界之上。沿断裂带，糜棱岩类构造岩及挤压片理发育，出现S-C组构、旋转碎斑等显微组构，多指向左行斜冲。在清水泉、拉玛托洛湖等地昆中断裂南侧，出现构造混杂堆积。

2. 东昆南断裂

东昆南断裂为鲸鱼湖-阿尼玛卿主缝合带的主断裂，为东昆南带与巴颜喀拉带的分界线，也是（北）古特提斯洋的主边界断裂。该断裂西起布喀达坂峰南坡，向西出省后与西昆中断裂（康西瓦-苏巴什断裂）相接；向东沿博卡雷克塔格山、西大滩、东大滩、托素湖，向东延至玛沁以东地区，向东出省后与勉略断裂相连，青海境内长约1150km。断裂总体北倾，倾角46°~70°。作为东昆南逆冲-走滑构造带的主断裂，东昆南断裂是曾经有过洋盆尔后消失陆-陆碰撞缝合的遗迹，是一个岩石圈不可连续面。在整个逆冲-走滑构造带的形成演化过程中，乃至东昆仑地壳结构的构建过程中发挥了重要的控制作用。它不仅是一条宏观标志明显、航卫片影像清楚明显、活动期长的格架型复合断裂，而且也是一条地球物理场分界线，在对东昆仑地球物理模型塑造过程中同样做出了巨大贡献。沿断裂发育碎裂岩、构造角砾岩和糜棱岩等，在东大滩、西大滩、秀沟、托素湖、德尔尼缝合带北侧发育宽2~3km的高压变质带，由各种片岩、片麻岩和混合岩组成，在玛积雪山、德尔尼等地有蓝闪石片岩出露。沿秀沟及东、西大滩一带，发育多条韧脆性大型剪切带，并控制东大滩锑金矿床、开荒北金矿床以及多处Au-Sb-As组合异常沿这些剪切带分布。

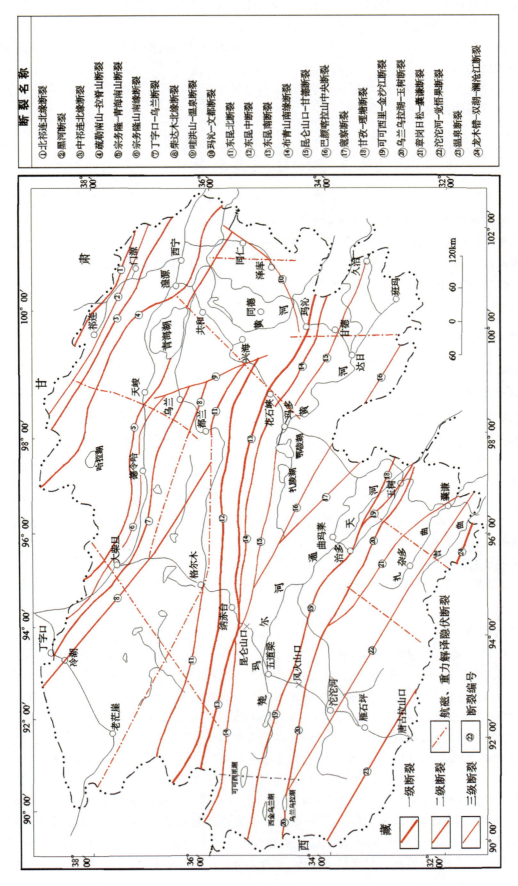

图 1-2 青海省主要断裂分布（据张雪亭等，2007 修改）

3. 龙木错-双湖-澜沧江断裂

该断裂为龙木错-双湖-澜沧江逆冲-走滑构造带的主断裂,向西出省后经红其拉甫可能与中帕米尔和南帕米尔之间的喀喇昆仑主断裂相接;向东出省后经澜沧江与昌宁断裂相连,以此分开华南板块和藏滇板块,它也是泛华夏陆块群与核心冈瓦纳(东冈瓦纳)的分界断裂,早古生代可能是二者缝合带的遗迹,也是加里东运动不整合面分布区的南界。该断裂在青海省内长约70km,总体倾向南西,倾角50°~80°,深度切割岩石圈。

二、二级断裂

二级断裂多为造山带二级构造分区的边界断裂,其规模一般为岩石圈断裂或超岩石圈断裂,本区共发育有12条,包括北祁连北缘断裂、中祁连北缘断裂、疏勒南山-拉脊山断裂、宗务隆-青海南山断裂、丁字口-乌兰断裂、柴达木北缘断裂、东昆北断裂、布青山南缘断裂、甘孜-理塘断裂、可可西里-金沙江断裂、乌兰乌拉湖-玉树断裂、温泉断裂。

1. 北祁连北缘断裂

该断裂为北祁连新元古代—早古生代缝合带北部边界断裂,其北侧为肃南-古浪早古生代中晚期岩浆弧带。主断裂沿走廊南山—冷龙岭一线展布,走向北西,倾向北东,倾角较陡,两端延入甘肃,青海省内长约260km,沿断裂基性、超基性岩和蛇绿岩混杂体成带分布,断裂标志明显,早期属岩石圈断裂,后期演化为壳型断裂。该断裂为一向北推覆的逆断层,向下延伸不大;大地电磁测深资料表明,电性层错断明显,错距约24km;布格重力异常变化明显,异常值达20×10^{-5} m/s^2,错距约1.5km;地震测深显示明显,地层反射的中断或错断,并反映有上陡下缓、向南倾斜的深部形态,沿断裂为一地震多发带。

2. 中祁连北缘断裂

该断裂为北祁连新元古代—早古生代缝合带的主边界断裂,断裂西起托莱河谷,东经托勒南山、大坂山南坡入甘肃境内,呈北西-南东向延伸,断面北东倾,青海省内长约500km。其构成北祁连与中祁连分界,形成于早奥陶世,属于张性断裂,加里东晚期进入挤压阶段,燕山—喜马拉雅期再次复活。据大地电磁测深资料,该断裂深部产状较陡有转向之势,沿断裂带为磁重力梯度带,沿带北侧有蛇绿岩、蛇绿混杂岩(体)出露及大量的基性、超基性岩分布,断裂南侧为中祁连陆块,是一条规模大、深度至莫霍面的岩石圈断裂或超岩石圈断裂,为地震多发带。

3. 疏勒南山-拉脊山断裂

该断裂系疏勒南山-拉脊山早古生代缝合带主断裂,呈北西—北西西向展布,东、西两端延入甘肃,青海省内长630km,为北侧南西倾、南侧北东倾的俯冲断层,倾角50°~70°,电磁地震测深反映深部断面陡倾,下延30~39km为一岩石圈断裂。拉脊山一带有蛇绿岩、蛇绿岩混杂体出露,基性、超基性岩发育,该断裂是中祁连陆块与南祁连陆块的分界线。

4. 宗务隆-青海南山断裂

该断裂为宗务隆山-青海南山晚古生代—早中生代裂陷槽北缘主边界断裂,为西秦岭印支造山带和祁连加里东造山带间的边界断裂。向东延伸出省后与北秦岭南缘主边界断裂相接,北侧为南祁连陆块。断裂西始土尔根大坂,东经宗务隆山、青海南山、循化南进入甘肃,走向北西西,倾向南,青海省内长大于650km。天峻南沿断裂有基性、超基性岩分布,布格重力异常图上在大柴旦以东呈北西向梯度带,以西为磁场分界线,南侧为正磁异常区,北侧为负磁异常区,是一条断面近直立微向南倾、自西向东逐渐变深的超岩石圈断裂。

5. 丁字口-乌兰断裂

该断裂可看作是柴北缘缝合带的北缘边界断裂,为欧龙布鲁克陆块南缘边界断裂,西始丁字口—托素湖—乌兰,东端被哇洪山-温泉断裂截切,走向北西,断续长约450km。地震测深成果反映北侧为基底隆起区,南侧为基底坳陷区。沿断裂为重力梯度带,布格重力异常上延求导计算结果显示断裂倾角近于直立,下延至莫霍面,为岩石圈断裂,是欧龙布鲁克陆块与丁字口-阿木尼克山-牦牛山新元古代—早古生代晚期岩浆弧带或柴北缘缝合带的分界。

6. 柴达木北缘断裂

该断裂为柴北缘缝合带的主边界断裂,沿阿卡托山—冷湖镇—赛什腾山—锡铁山—沙柳河一带分布,西端延入新疆,东端被哇洪山-温泉断裂切错后,可能没于共和盆地,继而东延出省与商丹缝合带交会。在青海省内大部分呈隐伏状态,除阿卡托山-冷湖镇段呈北东东向展布外,赛什腾山-沙柳河主体段呈北西西向延伸,断续长约680km。赛什腾山和锡铁山之间基性、超基性岩成群分布,多处有榴辉岩产出,阿尔茨托山蛇绿岩带长达10余千米。地震测深资料反映出该断裂是一条总体向北陡倾、倾角46°~70°不等的岩石圈断裂,是柴北缘缝合带与柴达木陆块的分界,控制着柴北缘一系列金属矿床的展布。

7. 东昆北断裂

该断裂为祁漫塔格-都兰新元古代—早古生代缝合带的主边界断裂,是分隔东昆北和东昆中构造带的一条区域性东西向断裂,西始青新边境,向东经格尔木、诺木洪、香日德山前地带,东延被哇洪山-温泉断裂截切,断裂大部分由于第四系覆盖呈隐伏状态,其中间地段的连线主要由区域物探资料推断。东昆北断裂走向近东西,在青海省内断续长630km,主断面倾向多变,以南倾为主,倾角40°~70°不等,东、西两段断裂标志明显,布格重力值线密集或梯度带特征清晰,深部南倾延伸至莫霍面,为岩石圈断裂,其南侧为东昆中陆块。沿断裂有连续性较好的条带状和串珠状航磁异常。大地电磁测深显示,电性层在断裂两侧发生错动。该断裂在加里东期就已开始活动,控制了奥陶纪裂陷槽的发生与发展,之后又经历了多期活动,在燕山期—喜马拉雅期,制约着柴达木中新生代坳陷的形成与发展,并显示一定的左行走滑,形成诸如巴音郭勒呼都森断陷谷地等。

8. 布青山南缘断裂

该断裂为鲸鱼湖-阿尼玛卿晚古生代—早中生代缝合带的南侧断裂,西始巍雪山,东延经太阳湖、昆仑山口北、布青山南坡进入甘肃,南侧为可可西里-松潘甘孜残留洋。该断裂走向北西—北西西,倾向北东,倾角40°~70°,青海省内长达千余千米。沿断裂北侧在马尔争以东,基性岩、超基性岩、蛇绿混杂岩成带分布。花石峡—青珍南一带地震活动频繁,地震测深反映花石峡南断裂深达70km,伸入地幔,为一岩石圈断裂,9km深度内断面北倾,9km以下有向南倾之势,但倾角甚陡。

9. 甘孜-理塘断裂

该断裂系甘孜-理塘缝合带主边界断裂。青海省内呈北西西向分布于立新—歇武一带,向西于立新一带与可可西里-金沙江断裂交会,向东于歇武一带出省后与甘孜-理塘断裂的主体部分相连。区内长约140km,南西倾,倾角50°~80°不等,发育100m的挤压破碎带。沿断裂发育蛇绿混杂岩。区域资料表明,断裂以北为松潘-甘孜地块(或可可西里-松潘甘孜残留洋),以南为甘孜-理塘蛇绿岩带和中咱-中甸微陆块。在地史演化过程中,该断裂对其南、北两侧的地质事件和地质体构成均有不同程度的影响及控制。沿断裂为一重力梯度带,总体为一压性-压剪性岩石圈断裂,强烈活动期为古生代—新生代。

10. 可可西里-金沙江断裂

该断裂又称西金乌兰湖-金沙江断裂,总体上可视为可可西里-金沙江晚古生代—早中生代缝合带的南缘主边界断裂,其北侧为巴颜喀拉地块。西始新疆岗扎日南,东经西金乌兰湖、风火山、治多、玉树,东延出省境即为金沙江-红河深断裂带。该断裂在青海省内长750km,走向北西—北西西,倾向南,沿带有蛇绿岩、蛇绿混杂岩及基性、超基性岩成群成带分布。航磁图上显示为一条磁场线性分界带,直接与地面展布的深断裂相吻合,北侧为可可西里-巴颜喀拉平静磁场区,南部为升高变化的唐古拉磁场区。大地电磁测深成果反映地表10km以下在低电阻率异常中存在一高阻异常,异常等值线从风火山向南倾斜,电性层位明显不连续表明深部断裂的存在,该断裂为一断面向南倾斜的岩石圈断裂。

11. 乌兰乌拉湖-玉树断裂

该断裂是吓根龙-巴塘滞后火山弧带南缘断裂,在东经94°的东南侧与下拉秀复合型弧后前陆盆地分界,东经94°的西南侧为开心岭-杂多岛弧带。断裂西始省境岗盖日,东延经乌兰乌拉湖、二道沟、玉树,进入西藏,走向北西-南东,倾向北东,倾角40°～70°不等。西部岗盖日附近有蛇绿混杂岩,乌兰乌拉山有蛇绿岩出露,断裂约形成于晚古生代早期,可能是与可可西里-金沙江断裂配套的反向逆冲岩石圈断裂。

12. 温泉断裂

该断裂位于唐古拉山口北、温泉一带,呈北西-南东走向,在青海省内长近360km,航磁图上反映沿断裂为磁力梯级带,平面上重力异常反映并不明显,但对中心剖面布格重力异常做上延求导时却得到明显的断裂存在迹象。其产状近地表为向南倾斜,10km以下总体向北倾,倾角67°左右,向下延伸至莫霍面以下,深度达70km,是一条规模较大的岩石圈断裂。由于地表被大片侏罗纪地层覆盖,断裂呈半隐伏状态,据区域资料,该断裂西延与龙木错-双湖断裂连接,向南东经囊谦拐向东南与澜沧江断裂贯通,它应是龙木错-双湖-澜沧江断裂带的分支断裂。断裂带形成雁石坪-杂多地震带,地震带长600km,百年内发生6.0～6.9级地震7次,具板缘地震特点。

三、三级断裂

除上述一、二级断裂外,其他一些区域性大断裂、走滑断裂等均属此类。它们有的为三级构造分区的边界断裂,有的是某一断裂的配套组分,其规模大都属壳断裂,主要包括以下9个断裂。

1. 黑河断裂

该断裂西起甘青边界,向东经野牛沟-扎麻什-仙米,东延入甘肃,在青海省内长400km,走向北西,倾向南,倾角65°左右。南侧早古生代地层逆冲于北侧中新生代地层之上,沿带基性岩、超基性岩屡见不鲜,野牛沟—扎麻什一带有榴辉岩及成带的蓝片岩分布。断裂约形成于早古生代,中新生代有复活,控制黑河谷地、门源谷地的展布,沿带地球物理场特征明显,发育大型磁重力梯度带,早期为岩石圈断裂,但在其演化的后期已转化为壳型断裂。

2. 宗务隆山南缘断裂

该断裂为宗务隆山-青海南山晚古生代—早中生代裂陷槽南缘断裂,南侧哇洪山以东为泽库弧后前陆盆地,以西为欧龙布鲁克陆块。断裂呈北西西向延伸,倾向北东,倾角50°～60°。航磁图上为负磁梯度带,在埋深25km处大地测深等值线呈弧形弯曲,方向指向北东,说明断裂在此深度发生转折弯曲,电性层位的错动佐证了断裂的存在,重力上延求导计算结果断裂产状近直立。以上特征说明该断裂为一壳型断裂,至今仍有地震活动。

3. 哇洪山-温泉断裂

该断裂是鄂拉山左行走滑断裂带的主干断裂,沿茶卡西—哇洪山东缘—温泉一线展布,断裂带呈北北西向横切昆仑山与秦岭,为两者的分界断裂。其地表显示清晰,长约200余千米,介于鄂拉山造山带与宗务隆山-兴海坳拉槽之间,航磁图上西侧为强度较高、大小不等的航磁异常密集区,多为高山。东侧为航磁异常平静区,多为盆地,偶见丘陵或山岭。该断裂是一条挤压逆冲兼左行走滑的断裂,其影响深度不大,形成于早古生代末期,海西—印支期活动性增强,形成西隆东坳活动差异的构造分区。断裂总体走向为330°～340°,主断裂为鄂拉山断裂,倾向北东,倾角40°～60°。沿断裂中酸性侵入岩十分发育,呈北北西向延伸。断裂面擦痕清楚,断层泥多见强烈片理化、透镜化和糜棱岩化,断层角砾岩和破碎带宽250m,泉水断续出露。该断裂北起乌兰东,经哇洪山南至温泉与托素湖-玛沁北西向断裂交接,控制了鄂拉山及都兰地区印支期中酸性侵入岩活动及地层分布。

4. 玛沁-文都断裂

该断裂始于玛沁,向北东延伸经多禾茂—同仁—文都,倾向北西,倾角60°～70°,长达240km。沿断裂挤压破碎带发育,带内见有大量方解石脉穿插,并有铜蓝、孔雀石等铜矿化显示,断层角砾岩、断层泥随处可见,该断裂在文都附近将宗务隆山-青海南山断裂错开数千米,是一条规模较大的左行走滑断层。

5. 昆仑山口-甘德断裂

该断裂为昆仑山口-昌马河A型俯冲带主断裂,西始昆仑山口西,东延经鄂陵湖北、玛多、甘德北延入甘肃,走向北西西,倾向北东,倾角一般45°~62°,中段由两条近平行的分叉断裂组成,夹持马尔争组,呈断块产出,沿断裂滑塌-构造混杂体发育。地球物理资料反映断裂切割深度有15km,为韧脆性壳型断裂,构成昆仑山口-昌马河俯冲增生楔与巴颜喀拉双向边缘前陆盆地的分界,亦是一条地震活动带。

6. 巴颜喀拉山中央断裂

该断裂又称卡巴扭尔多-下红科断裂,西起卡巴扭尔多,东延经巴颜喀拉山口北、下红科,东延入四川,走向北西,北东倾,倾角40°~70°不等。大地电磁测深反映,断裂处于电阻率变化曲线密集梯度带上,断面向北陡倾,倾角80°左右,影响深度9~10km。被该深度水平上的低阻层吸收后,与其他上层次级滑脱面一起组成一个上陡下缓的浅层次逆冲滑脱带。该断裂是一条形成于印支期、现今仍在活动的逆冲兼左行走滑的韧脆性区域壳型断裂。

7. 寇察断裂

该断裂西始错坎巴昂日东,经寇察东延出省境,再经四川长须干玛、炉霍至鲜水河,在青海省内长约270km。大地电磁测深成果证实该断裂切割深度10~11km,断面近于直立或略偏南西陡倾。鲜水河一带7级地震发生过3次,是一条新生代以来仍在活动的超千余千米的区域性大断裂。

8. 章岗日松-囊谦断裂

该断裂为下拉秀弧后前陆盆地与开心岭-杂多岛弧带的分界断裂,亦称子曲河断裂。其走向北西,主断面倾向南西,倾角60°~70°,在青海省内长约400km,西端与乌兰乌拉湖-玉树断裂斜交,南东延入西藏。沿断裂断谷、垭口线状分布,切断中更新世以前所有地层,挽近期有地震发生,是一条具多期活动的区域性大断裂。

9. 沱沱河-觉悟果断裂

该断裂大体是开心岭-杂多岛弧带与雁石坪弧后前陆盆地的分界,由数条大小不一、倾向不定、彼此交切的断裂组合而成。主断裂走向北西,倾向南西,倾角40°~70°不等,断续长约400km,西端与乌兰乌拉湖-玉树断裂斜交,南东延入西藏,断裂标志较明显。沿断裂历史上地震多发,它对唐古拉山北坡中新生代盆地的形成与演化起一定的控制作用,是一条区域性大断裂。

第四节　区域地球物理特征

一、区域重力

青海省全境均处于布格重力异常的负值区内,北高南低(图略)。从北部的阿尔金、祁连约$-300\times10^{-5}\mathrm{m/s^2}$变到南部唐古拉的$-570\times10^{-5}\mathrm{m/s^2}$,相差达$270\times10^{-5}\mathrm{m/s^2}$,它主要反映了青海地区莫霍面由北向南逐渐加深,且整个莫霍面的平均深度也远大于全球平均深度,大致在50~80km的深度范围内变化。

横贯青海省有两条最重要的梯级带,即阿尔金-北祁连重力梯级带和东昆仑重力梯级带。该两大重力梯级带由西昆仑梯级带向东分为两支,再向东进入甘肃后又合二为一。

阿尔金-北祁连重力梯级带处于塔里木-华北陆块与秦祁昆(东昆仑-祁连-北秦岭)晚加里东造山系的分界部位。其走向由阿尔金的北东东向至哈拉湖北的近东西向,向东至祁连为北西西向,再向东梯级带变得极为复杂,大致分为3支:中支大致通过祁连县南,以海晏、贵南县北、同仁县北,以北西328°的方向延至甘肃省夏河县方向;南、北两支等值线走向变化很大,主要为近南北和近东西向,由此圈闭一系列局部重力高和重力低值区。该梯级带重力值变化巨大,从-255×10^{-5} m/s^2,向南减到-400×10^{-5} m/s^2,差值达145×10^{-5} m/s^2,其最大梯度为每千米1.6×10^{-5} m/s^2。

东昆仑重力梯级带横穿青海省中部,它处于秦祁昆晚加里东造山系与巴颜喀拉晚印支造山带之间。西段(大致在东经92°以西)梯级带走向为北西向,且向西实际上已逐渐同阿尔金-祁连梯级整体会合。该段梯级带宽度大,约为120km,最大梯度为每千米1.2×10^{-5} m/s^2。该带向东逐渐转为北西西向,带宽变窄,梯度加大,其最大梯度值在纳赤台附近,为每千米2.0×10^{-5} m/s^2。该带向东延至东经97°20′附近逐渐分为2支:南支转为北西-南东向东延;北支转向北东,经都兰至茶卡盐湖而后转为北西西向,至共和县又大致转为北东,南北向至阿尼玛卿山西段与南支合并,且以南东向东延出省。

在阿尔金祁连与东昆仑两大梯带之间的广大秦祁昆晚加里东造山系,存在着三大相对重力低值区(带)。

(1)哈拉湖重力低值区,形为椭圆状,长轴走向为北西西,长可达300km,短轴长约150km,其重力异常圈闭为-40×10^{-5} m/s^2,该重力低值区基本相当于南祁连造山亚带。在该重力低值区中尚存在2个相对重力高,一是在东经97°附近,呈南北向;二是天峻至大通河南的纳果达,为北北西向。

(2)柴达木盆地南缘相对重力低值带。该带西起芒崖,东至夏日哈西北东经97°50′附近。异常圈闭为$-15\times10^{-5}\sim-10\times10^{-5}$ m/s^2。重力低总体走向,东经94°以西为北西向,以东为近东西向。异常带一般宽30~40km。这些均显示了柴达木盆地新生代沉积厚度北小南大的特点。

(3)鄂拉山相对重力低,该重力低总体呈边长约为130km的平行四边形。该重力低值区中部大河坝至乌兰方向存在一相对重力高,将该重力低分为南、北两部分。北部重力低值区为共和新生代盆地,其走向为由东向西,由东西向转为北北西向;南部重力低值区为都兰造山亚带,走向为北西向,最大异常圈闭约-20×10^{-5} m/s^2。

纵观秦祁昆晚加里东造山系区域重力场,大致以香日德—都兰—祁连县为界,以西和以东重力场的面貌有很大的区别:以西异常较为连续,等值线基本呈北西和东西两个方向延伸,相对重力高和重力低规模均较大;而以东异常等值线走向变化极为剧烈,且几乎各方向均有,相对重力高和重力低规模较小,更显得尤为破碎,这反映出东部后期构造运动的改造作用更为强烈。

二、区域航磁

青海省航磁异常整个处于一个低背景区中,但各区 ΔTa 的区域背景场又略有不同(图1-3)。其大致北通过海晏县,南过杂多县为界,以西背景场较高,为高磁力区,一般在-25nT附近;以东背景场较低,为低磁力区,一般在-50nT左右。柴达木盆地显示出一个面积约150 000km^{2}的大面积稳定正磁异常区,平均强度约40nT。这一正磁异常区在卫星磁力图上亦有显示,说明整个柴达木深部存在着巨厚的古元古代和太古宙的老磁性基底,后者可能占主要地位。在三江北西段的南部青海沱沱河一带亦存在一面积较大的正磁异常区,强度较前者偏弱,西部偏强,东部逐渐变弱,但该区卫星磁力图上没有任何显示,这说明该区的高磁力反映出局部有基、中性火山岩的石炭系至二叠系的存在。

在上述两个正磁力异常区之间及其以东的整个巴颜喀拉及三叠系广泛分布的地区,磁场均显示为约-25nT的平静场区,这说明整个巴颜喀拉地区被巨厚的磁性极弱的正常碎屑岩沉积新覆盖,且深部同样可能具有磁性老基底存在。在祁连地区、西宁和化隆一带尚存在有小面积的相对正磁力异常区,这预示着该区也同样存在有古元古代的基底地层,甚至也包含了部分太古宙的老磁性基底小残块。而北祁连地区展布着走向北西、呈长条形的正磁异常带,绵延数百千米,它们主要反映了基性—超基性侵入岩和中酸性侵入岩体的存在。此外,在黄南地区的泽库一线和玛沁地区亦存在两条省内长度不大的弱正磁异常带,其走向为北西西向,它们分别由中酸性侵入岩带和超基性岩带引起。青海省航磁异常整体处于一个低背景区中,但各区 ΔTa 的区域背景场又略有不同。

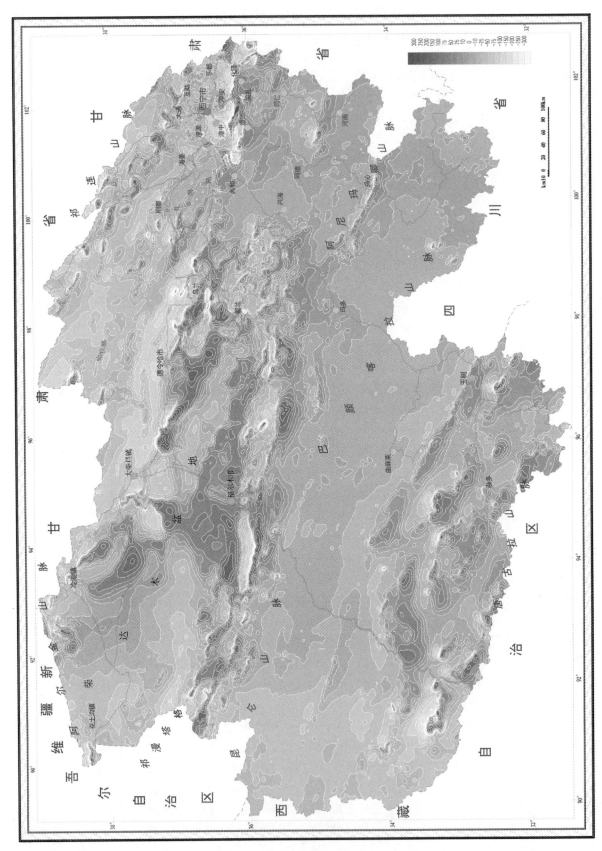

图 1-3 青海省航空磁力异常 ΔTa 平面图

第五节 区域地球化学特征

根据《青海省矿产资源潜力评价地球化学资料应用成果报告》(青海省地质矿产勘查开发局,2011)将青海省区域地球化学特征介绍如下。

一、元素分布特征

1. 青海阿尔金-祁连成矿省

本区内以富 Ba、Cr、Co、Ni、MgO、Na_2O,贫 As、Cd、Pb、Sb、Hg 为特征,其他元素均呈现背景特征,这些特点与地层、岩体分布一致。主要成矿元素有 Cr、Au、Pb、Sb、Ni,其他元素变化幅度均较小,富集可能性很小。

2. 青海东昆仑成矿省

本区内以富 W、Sn、Au、Mo、Sr、Nb、Na_2O,贫 As、B、Hg 为特征,其他元素均呈现背景特征,这些特点与东昆仑中酸性岩浆作用较强相一致。主要成矿元素有 Au、Cu、Sb、W,其他元素变化幅度均较小,总体富集可能性很小,局部有富集的可能。

3. 青海巴颜喀拉成矿省

本区内以富 Hg、Li、SiO_2,贫 Cd、Pb、Sr、CaO 为特征,其他元素均呈现背景特征,这些特点与巴颜喀拉地区新生代断裂多、岩性主要为一套砂板岩相一致。主要成矿元素有 Au、Hg,其他元素变化幅度均较小,总体富集可能性很小,局部有富集的可能。

4. 青海三江成矿省

本区内以富 Ag、As、B、Bi、Cd、Pb、Sb、Cu、Zn、CaO,贫 Al_2O_3、Cr、K_2O、Na_2O 为特征,其他元素均呈现背景特征,这些特点与三江北段被认为青海省最重要多金属成矿带的结论是一致的。从各个区内数据统计来看,Cu 元素分布比较均匀,事实上在 4 个地球化学区铜的成矿事实均不少,成矿类型也较复杂,这也反映出分区过大可能导致地球化学信息提取失去指导意义,在预测时要注意这一点。

秦岭成矿省的地球化学不具有典型特征,因其邻近东昆仑和巴颜喀拉成矿省,故将该部分融合到以上两成矿省特征描述中。主要异常地区涉及位于东昆仑 Cu、Au、Bi、As、Sb、Sn、Y、W、Pb、Cd 异常区的黄南地区 Au、Sb、Bi、Cu、U 异常亚区,以及巴颜喀拉 Au、Sb、Hg、As、W、Mn、Ni 异常区的玛多-河南-班玛 Hg、Au、As、Sb、Cd、Ni、W、Sn、U 异常亚区中铁-赛尔龙 As、Hg、W 异常次带。

二、异常分带特征

根据地球化学异常集群展布趋势及其属性与矿产地集群、地质背景关联,参考指示矿物学特征,划分出 4 个异常区带和 16 个亚区带。

1. 阿尔金-祁连 Au、Cu、Ni、W、Ba、Sb、Mo、As、Cr 异常区

1) 托勒山-冷龙岭 Au、Cu、Ni、Sb、W、Mo、As、Hg、Cr 异常亚带

异常亚带主要在北祁连弧盆系,部分跨中祁连隆起带,北西向展布,与托勒山-冷龙岭缝合带走向基本一致。该亚带进一步可分为 3 个带,主带(托勒山至冷龙岭,托莱牧场至川刺沟段)以 Ni、Cu、Au、Cr、Hg 为主,北次带(在青甘界附近)以 Cu、Mo、W 为主,长英质岩浆和断裂各种控制的低温热液活动痕迹明显;南次带(硫磺山至花石山)以 Au、Sb、As、Mo、W 为主,异常受线性构造控制的低温热液活动迹象明显。在整个亚带,作为主元素出现频数较大的依次为 Au(10)、Cu(9)、Ni(7)、Sb(6)、W(6)、Mo(6)、As(5)、Hg(5)、Cr(3)。

2) 阿尔金山 Cu、Ba、Ni、Mo、La、Au 异常亚带

该异常亚带与阿尔金山脉走向一致,呈北东-南西向展布,北至省界,南受沙地覆盖限制,带宽不明。异常带展布与阿尔金构造带青海部分相一致。该亚带异常普遍偏弱。集群属性特征暗示,有较老的蛇绿岩残片分布(Ni、Cr),有长英质岩浆影响[Mo(W)、La(Nb)]和后期温热液活动加入[Ba、Cu、Au(Sb)]。作为主元素出现频数较大的依次为Cu(3)、Ba(3)、Mo(2)、La(2)、Au(2)、Ni(2)。

3)丁字口-滩间山-锡铁山Cu、Ba、Sr、Ni、Mo异常亚带

该亚带呈北西-南东向展布,南西侧被沙地覆盖,由一个主带及其北东侧副带组成,与柴达木北缘俯冲带中西段基本一致。主元素和异常特征组合都暗示,绿岩残片特征(Ni、Cr、Ti、Cu)明显,有长英质岩浆(Mo、Nb、Y、F)和后期热液(Pb、Ba)参与;Sr作为主元素的异常中都包含煤矿点,Sr异常暗示与潟湖相环境灾变聚煤有关。在整个亚带,作为主元素出现频数较大的有Cu(3)、Sr(3)、Ba(3)、Ni(2)、Mo(2)。

4)哈拉湖-青海湖-大坂山Sb、Au、Ni、W、P、As异常亚带

该亚带呈北西-南东向展布。该带中新生代分布面积较大,风成沙(西端)、风成黄土(中东段)覆盖较厚。从中新生代盆地东、西两端的较老地层及侵入岩浆岩残段来看,似乎在盆地形成前期有北北东或近南北向断裂活动,而中新生代的内生成矿活动又很弱。

反映内生成矿活动的地球化学异常总是跟随作为中新生代盆地东西"隔挡"的老地层残段,而盆地内部多是些很弱的异常。在整个异常亚带,32个异常中被判具较高级别的异常(甲、乙类)不多。其中,甲类3个,乙2和乙3类14个。作为主元素出现频数较大的是Sb(5)、Au(4)、Ni(3)、W(3)、P(3),As出现两次。尽管异常强度较弱,但Au、Sb、As异常值得关注。

5)大柴旦-拜兴沟-青海南山Au、W、Sn、Cu、Ba、Bi、Be、Mo、Co、Cd异常亚带

异常带整体呈北西向展布,其异常重心在宗务隆山裂陷槽两边呈不对称摆动。经归纳整个亚带共34个异常,作为主元素出现频数较大的依次是Au(6)、W(5)、Sn(4)、Cu(4)、Ba(4)、Bi(3)、Be(3)、Mo(2)、Co(2)、Cd(2),其他Fe_2O_3、Ni、Cr、Ti、Pb、Ag、As、Hg、Li、Zr、Rb等都有一次出现。长英质岩浆活动痕迹(W、Sn、Bi、Be、Mo异常)明显,低温热液活动痕迹(Au、Ba、Hg异常)次之,局部有绿岩残片痕迹(Ni、Cr、Ti异常)。

6)拉脊山Ni、Cr、Au、Cu、P异常亚区

该异常亚区近东西向分布,呈宽带状,主体在拉脊山裂谷带及其以南分布。近东西向展布,但西端有转向北西弧形上翘、南东端有转向南东弧形下压的趋势。从异常集群展布形态和异常簇群属性可以划分为北主带和南次带。北主带绿岩特征明显,南次带受长英质岩浆影响明显。在整个亚带,作为主元素出现频数较大的有Au(4)、Ni(3)、Cr(3)。

2. 东昆仑Cu、Au、Bi、As、Sb、Sn、Y、W、Pb、Cd异常区

1)祁漫塔格地区Cu、Sn、Bi、Pb、Sb、Y异常亚区

该异常亚区基本上与东昆仑西部的祁漫塔格断褶带/沟弧系和昆中断隆/岩浆弧相一致。

异常集群属性特征受印支期中酸性岩浆活动影响明显,围绕印支期岩浆活动域有较明显的全域性组分分带现象,可分为祁漫塔格Cu、Bi、Sn、Pb、Y异常集群和塔鹤托板日-向阳沟Cu(Co、As、La)异常次带。祁漫塔格Cu、Bi、Sn、Pb、Y异常集群主要受乌兰乌珠花岗岩基及其南北两个断裂束和绿岩带联合控制;塔鹤托板日-向阳沟Cu(Co、As、La)异常次带与海西期岩基-岩株规模的花岗闪长岩和二长花岗岩侵入古元古界金水口岩群及奥陶系纳赤台群有关。

2)都兰-鄂拉山地区Bi、W(Sn)、Ni、Cd(Pb)、Au(Ag)、Cu(As、Hg、Sb)异常亚区

该异常亚区北西起自尕海,南东止于(河南县)冬哲黑南,西起自下颚当,东止于冬哲黑南,西止于沙地,构成一个北西发散、南东收敛的三角区。北西端的都兰—什多龙地区是一个长英质岩浆侵入活动强烈的地区,其余部分为岩浆活动适度或较弱。在整个亚区,作为主元素出现频数较大的有Bi(6)、W(6)、Cd(4)、Au(4)、Cu(3)、Ag(2)、Sn(2)、Sb(2)、As(2)、Pb(2)、Hg(2)、Ni(2)。

3)东昆仑Au、Sb、As、La、Cu、Sn、Y异常亚带

蘑菇峰至布青山:位于昆南断裂以北,30个异常呈狭长带状近东西向展布。依据与控制带状因素

有关联的异常簇群属性差异,从西到东可分为3段。

蘑菇峰至库赛湖段:8个异常,以Sn、As、Sb为主,出现Be、W、Cu,长英质岩浆侵入和低温热液活动影响痕迹明显。

黑山至驼路沟段:5个异常,以Au为主,有Cu、Mo、Cd、Sb、Au、Cu(Co),已有矿床级成矿事实。

磁铁山至布青山段:17个异常,作为主元素出现频数较大的有Au(3)、La(3)、Y(2)、As(2)、Sb(2),Ni、Cu、Ti、Cr、Cd、U、Ba、Hg都有一次出现。

从它们的指示功能来看,金(Au、As、Sb)有最大成矿潜力,稀土元素(La、Y、U)次之,有绿岩残片痕迹(Ni、Cr、Ti异常)。东昆仑是出露规模最大、时代跨度最长的中酸性岩浆岩带,金有最多的成矿事实,证实金与中酸性岩浆活动成矿关系密切;稀土异常应是长英质岩浆活动的贡献,而对其他元素异常,长英质岩浆活动的重大影响很难看得出来,因为最具标志性的Sn、W、Bi异常未能占据主元素的位置。

4)黄南地区Au、Sb、Bi、Cu、U异常亚区

该异常亚区展布趋势,似乎受北西-南东向、近南北向多组区域断裂带控制,印支期花岗岩岩基对其附近异常物质属性有一定影响。受北西-南东向构造控制的异常有4个,同时还受长英质岩浆活动影响较重。受近南北向构造控制异常有9个。

总体上,13个异常中作为主元素出现频数较大的是U(3)、Bi(2)、Au(2)、Sb(2)、Cu(2)、Sn、W、Ag、Pb、Hg、Sr各出现一次。这种特征,暗示长英质岩浆(U、Bi、Sn、W)影响明显;可能有与岩浆作用有关的热液参与,对金、砷、锑多金属异常及其矿产地形成有着非常重要的贡献。

3. 巴颜喀拉Au、Sb、Hg、As、W、Mn、Ni异常区

1)昆仑山口-大场-玛多Sb、Au、As、W(La)异常亚区

该异常亚区北西起自昆仑山口,南东止于玛多,作为主元素出现频数较大的有Sb(4)、Au(3)、As(2)、La(2)、Cu、Pb、W、Bi、Be、Nb、B各出现一次。异常特征暗示锑、金成矿,金有最多的成矿事实;局部有长英质岩浆活动的痕迹(W、Bi、La、Nb、Be异常)。从异常特征组合来看,局部有绿岩残片的痕迹(Ni、Co、Cr、Ti异常)。

2)玛多-河南-班玛Hg、Au、As、Sb、Cd、Ni、W、Sn、U异常亚区

北界为冬给错纳湖—长虫山—代尔龙—冬哲黑一线至省界,与都兰-鄂拉山Bi、W(Sn)、Ni、Cd(Pb)、Au(Ag)、Cu、(As、Hg、Sb)异常亚区为邻。南界为玛多南(黄河)—达日—班玛一线至省界,与巴颜喀拉山-吉卡Mn、Au、Hg、W、Sn异常亚带为邻。西邻昆仑山口-大场-玛多Sb、Au、As、W(La)异常亚区,东至省界。大体分为北西方向收敛、南东方向发散的3个次级异常带。

中铁-赛尔龙As、Hg、W异常次带:11个异常,作为主元素出现频数依次为As(4)、Hg(2)、W(2)、Au(1)、Sb(1)。钨的出现与小的花岗岩岩体有关,其余的都与断裂构造有关。

尕巴玛热-下藏科As、Sb、Ni、Au、Hg异常次带:18个异常(4个在甘肃),作为主元素出现频数较大的依次是As(4)、Sb(4)、Ni(4)、Au(3)、Hg(3)、La、U、W各出现一次。异常特征暗示绿岩残片痕迹明显,锑、金具成矿优势;与绿岩环境有关,有铜钴矿床(德尔尼)、矿点级成矿事实;与破碎蚀变岩有关,金有矿床(东乘公玛)等矿点级成矿事实。

多确-年保玉则Au、Hg、Sn异常次带:14个异常。作为主元素出现频数较大的依次是Au(5)、Hg(4)、Sn(2)、Rb、Bi、As、U、Mo各出现一次。异常特征暗示金、汞具成矿优势;与长英质岩浆活动有关的锡的找矿前景值得注意。

整个异常亚区的43个异常中,作为主元素出现频数较大的有Hg(9)、As(9)、Au(9)、Sb(5)、Ni(4)、W(2)、Sn(2)、U(2)。异常特征暗示汞、砷、金、锑具成矿优势;有绿岩残片痕迹(Ni异常,阿尼玛卿带);局部有长英质岩浆活动影响痕迹(W、Sn异常)。

3)巴颜喀拉山-吉卡Au、Sb、W、Mn、Li、Hg异常亚带

整个异常亚带可以分为4段,高台湖至曲麻河段Li、Cu稍显优势;沿巴颜喀拉山及其北坡Hg、Mn、W具优势;秋智至吉卡Au、Sb、Mn具优势;若亚那足到四川的安奴贡玛Au、Sb具优势。

整个亚带47个异常中,作为主元素出现频数较大的有Au(7)、Sb(7)、W(6)、Mn(5)、Li(3)、Hg(3)、Ag(2)、Cu(2)、Bi(2)、Ti(2)、As、Ba、Be、Mo、P、U、Y各出现一次。异常特征暗示金、锑、钨、锰、锂、汞具成矿优势;金有矿床级(5处)成矿事实;锂有锂盐(治多盐湖)和锂铍铌钽(称多草陇)矿点级成矿事实;锑有矿化点线索。

4. 三江北段 Pb、As、Ni、Ba、Mo、Fe_2O_3、Cu、Sb、Ag、Bi、Cd 异常区

1) 纳日贡玛-宁多 As、Pb、Fe_2O_3、Ni、Cu、Mo、Ba、Zn、Cd、Sb、Ag 异常亚带

该异常亚带总体呈北西-南东向带状,北西端略有收敛,南东向略有发散,可能与构造因素有关,异常排列结构较为复杂。从异常物质属性及其似线状排列走势来看,大致可分北、中、南3个次带。北次带从里熊山至夏达;中次带从察日错经纳日贡玛至宁多;南次带从乌兰乌拉山经杂多至江达。从异常分布密集程度来看,可分为乌兰乌拉-啊日日纠集群和纳日贡玛-宁多两个集群。总体受北西-南东向构造控制,局部还有跨越异常亚带的近东西向构造控制。

北次带(里熊山-夏达 Ni、Fe_2O_3、Cr、Cu、Mn、Pb 异常次带):大体相当于金沙江缝合带的青海部分。从异常表现来看节约湖至帮曲西,有幔源物质加入的沉积和热液活动痕迹明显,以 Fe_2O_3、Ni、Pb、Ba、F 为主;帮曲至隆宝西,很少有幔源物质痕迹,以 Mn、As、W 为主;隆宝至相古,蛇绿岩残片痕迹明显,以 Ni、Cr、Cu 为主。整个北次带的30个异常中,作为主元素出现频数较大的有 Ni(8)、Fe_2O_3(4)、Cu(4)、Cr(3)、Mn(5)、Pb(3)、W、Zn、As、Sb、Ba、F 各出现两次,Co、Ag、Au、Ti 各出现一次。

中次带(乌丽-纳日贡玛-宁多 Pb、As、Cu、Zn、Hg 异常次带):从异常表现来看,乌丽-曲柔尕卡段以 As、Fe_2O_3、Ba、Pb 为主;纳日贡玛-下拉秀段以 Pb、Hg、Cu、Zn、Cd 为主,特别是 Cu(Mo)有较大异常面积。整个中部次带22个异常中,作为主元素出现频数较大的有 Pb(5)、As(4)、Cu(3)、Zn(3)、Hg(3)、Fe_2O_3、Cd、Sb、Ba 各出现两次。

南次带(乌兰乌拉山-杂多-江达 As、Fe_2O_3、Cd、Mo、Sr 异常次带):从异常表现来看,乌兰乌拉湖-索加,以 Ba、As、Cd、Pb、Fe_2O_3 为主;查日纳育-毛庄以 As、Mo 为主。整个南次带28个异常中,作为主元素出现频数较大的有 As(7)、Fe_2O_3(4)、Cd(3)、Mo(3)、Sr(3)、Cu、Pb、Ag、Ba 各出现两次。

整个亚带80个异常中,作为主元素出现频数较大的有 As(13)、Pb(10)、Fe_2O_3(10)、Ni(9)、Cu(9)、Mo(7)、Ba(6)、Zn(5)、Cd(5)、Sb(5)、Ag(4)、Cr、W、Sr、Hg 都有3次出现。Cr 和 Ni 异常结合暗示蛇绿岩存在;Fe_2O_3 和 Ni 异常的大部分应与火山-沉积环境有关,不乏铁矿的形成。最值得关注的是与各种成因热液活动有关的 Pb、Zn、Cd、Sb、Ag 异常以及与斑岩-矽卡岩有关的 Cu、Mo 异常。Ba、Sr 异常还有部分 Mo 异常,除了热液成因的,还应有蒸发成因的。As、Sb、Ba、Ag 异常集合起来特征明显,暗示该区域剥蚀程度不大。

2) 雁石坪-打旧 Pb、Zn、Au、Mo、Hg 异常亚带

该异常亚带位于雁石坪—打旧一带,呈近北西西向展布,异常以替木通为界可分为两段。

替木通以西有18个异常,作为主元素出现频数较大的有 Sb(4)、Pb(4)、As(2)、Zn(2)、Hg(2),暗示低温层控优势。特征组合中,出现频数最大的是 Li(7,38.9%),其次是 Ba(6)、Pb(5)、Sb(5)。Li 或 Sr 出现的有10个异常(55.6%),这主要与燕山晚期—喜马拉雅期火山活动加热蒸发和新生代干旱蒸发有关。替木通以东有15个异常,作为主元素出现频数较大的有 Pb(4)、Zn(3)、Au(3)、P(2)、Mo(2),暗示 Pb、Zn、Au 优势。即使作为特征组合成员,Li 的出现次数仅为两次(13.3%)。

整个亚带33个异常中,作为主元素出现频数较大的有 Pb(8)、Zn(6)、Au(4)、Mo(3)、Hg(3)。

3) 唐古拉山-龙亚拉-君达 Sb、Bi、Ag、Ni、W、Pb、Au、U、Ba 异常亚带(Ⅳ-3)

该异常亚带主要分在唐古拉山南坡,可以分为3段。洋姜湖-如木称错段:12个异常,以 Ni、U、La、Sb 优势,偏基性含放射稀土火山活动痕迹明显。如木称错-岗陇日段:14个异常,以 Bi、W、Ag、Sb 优势,暗示长英质岩浆侵入活动参与明显。查曲以东段:4个异常,其中3个在西藏)。整个亚带30个异常中,作为主元素出现频数较大的有 Sb(6)、Bi(5)、Ag(4)、Ni(3)、W(3)、Pb(3)、Au(3)、U(3)、Ba(3)。

第二章 岩浆作用及成矿

青海省岩浆活动始于古元古代,可延续至新近纪。岩浆活动强烈而且频繁,形成的构造环境多样,持续时间长,岩石类型齐全,与成矿关系极为密切。既有地质历史中地幔演化的深成镁铁—超镁铁质岩和岩浆分异喷发的火山岩,又有造山作用过程中陆壳生长的花岗岩类及火山岩。其中,区内的深成侵入活动频繁而强烈,岩石类型复杂,从超基性—基性—中性—酸性以及碱性都有发育,均定位于不同期次构造岩浆旋回环境中,尤以中酸性岩分布广,规模大,成为岩浆活动的主体。火山喷发活动环境中,海相、陆相皆有,火山岩随着沉积地层广为分布,与构造环境紧密相关。就岩浆活动的程度和岩浆形成的规模而言,晋宁末期、早古生代奥陶纪—志留纪、晚古生代、中生代及新生代古近纪和新近纪,为岩浆活动的高峰期。青海省内的一些重要矿床如锡铁山铅锌矿床、郭米寺铜多金属矿床、红沟铜矿床、浪力克铜矿床、玉石沟铬铁矿矿床、尕林格铁矿床、肯德可克铁钴金矿床、卡而却卡铜钼矿床、夏日哈木铜镍矿床、德尔尼铜钴锌矿床、拉水峡铜镍矿床、纳日贡玛铜钼矿床、赵卡隆铁铅锌矿床、尕龙格玛铜铅锌矿床等均与岩浆作用有关。一些造山型金矿床也与岩浆岩尤其中酸性侵入岩有直接或间接的成因联系。

青海省岩浆岩的分布、同位素年龄峰值、形成环境及与其有关的矿床见表2-1。

表2-1 青海省岩浆岩岩石组合(年龄)及构造环境

时代 (Ma)	岩性组合及 形成环境	祁连	东昆仑 (含柴北缘)	秦岭	巴颜喀拉	三江
新近纪 (N) 23.03~ 2.58	岩性组合					ξN、ΛN、AN、BN
	峰值年龄与构造环境	造山期后	造山期后	造山期后	后碰撞-后造山	10~8Ma;后碰撞-后造山
	与成矿有关岩性和代表性矿床					
古近纪 (E) 65.5	岩性组合	ηE	δE		γδE、ξγE	ηγE、δμE、ξγE、γδE、γπE、BE、ΓE
	峰值年龄与构造环境	50Ma;造山期后	60~65Ma;造山期后	造山期后	50~25Ma;后碰撞-后造山	50~30Ma;后碰撞-后造山
	与成矿有关岩性和代表性矿床				γπ(藏麻西孔银矿)	γπ(纳日贡玛铜钼矿)、Γ(莫海拉亨铅锌矿、东莫扎抓铅锌矿)、γπ(陆日格铜钼矿)
白垩纪 (K) 145	岩性组合		ηγK、ξγK、νK	γδK、δK	ηγK、γδK、δμK、δiK、BK	δiK、ηγK、ξγK、ρK、BK
	峰值年龄与构造环境	造山期后	140~115Ma;造山期后	130~120Ma;造山期后	135~115Ma;造山期后	120~90Ma;造山期后
	与成矿有关岩性和代表性矿床			AK、BK	Γ(扎西尕日铜矿)	Γ(木乃铜银矿)

续表 2-1

时代(Ma)	岩性组合及形成环境	祁连	东昆仑(含柴北缘)	秦岭	巴颜喀拉	三江
侏罗纪(J) 201.3	岩性组合	ηγJ	ηγJ、γδJ、δηJ、δJ、βμJ、γπJ	ηγJ、γδJ、ξγJ、βμJ、AJ	δoJ、γδJ、ηγJ、δηJ、δJ、BJ、ΓJ	δiJ、νJ、ξγJ、γπJ、BJ、AJ
	峰值年龄与构造环境	150Ma；造山期后	199～190Ma；碰撞及造山期后	199～185Ma；碰撞及造山期后	190～180Ma；碰撞	200～180Ma；碰撞
	与成矿有关岩性和代表性矿床		γπ(什多龙铅锌矿)		Γ(东大滩金锑矿)	γπ(解嘎热液型铅锌矿)、A(小唐古拉山铁矿)
三叠纪(T) 252.17	岩性组合	γδT、ηγT	γδT、δoT、ηγT、δT、ξγT、νT、δμT、ξγT、δηρT、γoT、δiT、BT、AT、ΛT	ηγT、γδT、δoT、νT、δiT、γπT、BT、AT、ΛT	ηγT、δoT、γδT、ΓT、AT、ΛT	δoT、ηγT、γδT、BT、AT、ΛT
	峰值年龄与构造环境	235～220Ma；造山期后	250～220Ma；早期俯冲、晚期碰撞	232～217Ma；早期俯冲，晚期碰撞	230～200Ma；俯冲及碰撞	230～210Ma；造山期后
	与成矿有关岩性和代表性矿床	γδ(双朋西铜矿)	δo(五龙沟金矿)、γδ(虎头崖)、γγ(野马泉)、δo(尕林格-四羊角-牛苦头)、γπ(乌兰乌珠尔铜锡矿)	γπ(瓦勒根金多金属矿)、B、δoπ(赛什塘铜矿)、B-A(恰冬铜矿)、B(鄂拉山口铅锌矿)	Γ(大场金矿)、Γ(东乘公麻金矿)	B(赵卡隆铁矿)、Λ(尕龙格玛铜矿)
二叠纪(P) 299	岩性组合	γδP、δoP	γδP、δoP、ηγP、νP、βμP、BP、γoπP	γδP、νP、δoP	νP、βμP、ηγP、BP、AP、ΣP	νP、δoP、δP、BP、AP
	峰值年龄与构造环境	280～270Ma；造山期后	270～250Ma；俯冲	268～263Ma；俯冲	270～260Ma；俯冲及碰撞	275～255Ma；俯冲及碰撞
	与成矿有关岩性和代表性矿床				Σ(德尔尼铜矿)、B(牧羊山铜矿)	B(旦荣铜矿)、Γ(下吉沟铅锌矿)
石炭纪(C) 358.9	岩性组合	γδC、ηγC、δoC、βμC	γδC、δoC、ξγC、ηγC、νC、βμC、δμC、γoπC、γδπC	BC	βμC、νC、γδC、νC、B∈	νC、γδC、Λ∈、B∈
	峰值年龄与构造环境	320～300Ma；造山期后	358～338Ma；造山期后	330(±)Ma；造山期后	350～340Ma；大洋扩张	350～345Ma；大洋扩张
	与成矿有关岩性和代表性矿床		γoπ(滩间山金矿)、δμ(青龙沟金矿)、γδπ(小赛什腾山铜矿)	B(蓄积山铅银矿)		
泥盆纪(D) 419.2	岩性组合	ηγD、γδD、δoD、δD、δμD	γδD、ηγD、νD、ξγD、δD、δiD、ΣD、βμD、σD、AD、ΛD、BD	νD、βμD、γδD、ρD	δiD、ηγD	νD
	峰值年龄与构造环境	400～370Ma；后碰撞及造山	408～386Ma；后碰撞及造山	394～374Ma；后碰撞及造山	370～360Ma；裂谷期	裂谷期
	与成矿有关岩性和代表性矿床	ηγ(大峡钨矿)、γδ(尕子黑钨矿)	Σ(夏日哈木铜镍矿)、Σ(牛鼻子梁铜镍矿)、γδ(卡而却卡铜多金属矿)			
志留纪(S) 443.8	岩性组合	γδS、δoS、ηγS、δiS、γoS	γδS、δoS	ηγS	γδS	
	峰值年龄与构造环境	440～420Ma；俯冲及碰撞	425～417Ma；俯冲及碰撞	420(±)Ma；俯冲及碰撞	436(±)Ma；性质不明	
	与成矿有关岩性和代表性矿床	Σ(拉水峡铜镍矿)、γo(赛坝沟金矿)	B(驼路沟金钴矿床)			

续表 2-1

时代(Ma)	岩性组合及形成环境	祁连	东昆仑(含柴北缘)	秦岭	巴颜喀拉	三江
奥陶纪(O) 485.4	岩性组合	γδO、ηγO、δiO、δoO、ξγO、AO、ΛO、BO	γδO、δoO、ηγO、νoO、νO、δO、γoO、AO、ΛO、BO、ΣO	γδO、νO	νO	
	峰值年龄与构造环境	480～460Ma；俯冲	475～460Ma；俯冲	470～465Ma；俯冲	449(±)Ma；性质不明	
	与成矿有关岩性和代表性矿床	δoμ(浪力克铜矿)、B(红沟铜矿)、Σ(元石山铁镍矿)	B-Λ(锡铁山铅锌矿)、B(绿梁山铜矿)			
寒武纪(∈) 541	岩性组合	ηγ∈、βμ∈、ρ∈、Λ∈、B∈	δo∈、ηγ∈、ν∈、γδ∈	γδ∈	βμ∈、δ∈、δo∈	
	峰值年龄与构造环境	510～490Ma；大洋扩张	523～503Ma；大洋扩张	505(±)Ma；大洋扩张	500～490Ma；性质不明	
	与成矿有关岩性和代表性矿床	Σ(玉石沟铬铁矿)、B-Λ(尕大坂铜多金属矿、郭米寺铜矿、弯阳河铅锌矿、下沟铅锌多金属矿)				
新元古代(Pt₃) 1000	岩性组合	ηγPt₃、δPt₃、νPt₃、ρPt₃	δoPt₃、νPt₃、γδPt₃、δiPt₃、βμPt₃			
	峰值年龄与构造环境	550～544Ma；早期汇聚重组，晚期裂解	960～880Ma；早期汇聚重组，晚期裂解			
	与成矿有关岩性和代表性矿床	B-Λ(大沙龙铁矿)、B-Λ(小沙龙铁矿)				
中元古代(Pt₂) 1600	岩性组合	γoPt₂	ρPt₂、νPt₂、δoPt₂、ηγPt₂、δiPt₂、ξγPt₂	γδPt₂		
	峰值年龄与构造环境	1250Ma；古大陆裂解	1160～1010Ma；古大陆裂解	1110(±)Ma；古大陆裂解		
	与成矿有关岩性和代表性矿床		B(清水河铁矿)			
古元古代(Pt₁) 2500	岩性组合	ξγPt₁	γPt₁、νPt₁、ηγPt₁			ηγPt₁
	峰值年龄与构造环境	2470(±)Ma；陆核生长	陆核生长			陆核生长
	与成矿有关岩性和代表性矿床					

σ.橄榄岩；ψι.辉石岩；ν.辉长岩；νo.苏长岩；βμ.辉绿岩；Σ.超基性侵入岩；Γ.酸性侵入岩(未分)；ξ.正长岩；η.二长岩；δ.闪长岩；ξγ.正长花岗岩；γ.花岗岩；ηγ.二长花岗岩；γδ.花岗闪长岩；γo.斜长花岗岩；δi.英云闪长岩；δo.石英闪长岩；δη.石英二长岩；δηo.石英二长闪长岩；ρ.伟晶岩；B.未分基性火山岩；A.未分中性火山岩；Λ.未分酸性火山岩；各类岩性代号加π、μ分别表示斑岩和玢岩

第一节 火山岩及含矿性

青海省火山活动频繁,从元古宙到新近纪都有火山喷发。早古生代火山活动最为强烈且全为海相;晚古生代到中生代早期(三叠纪),既有海相又有陆相,其中晚泥盆世和晚三叠世是青海省规模最大的两期陆相火山活动期;中生代中期到新近纪多为陆相喷发,仅在三江地区见少量中晚侏罗世火山岩分布;第四纪以来火山活动处于间歇期。各时期火山活动的规模、强度和所处构造位置以及火山岩特征,均有明显的差别,总体而言自北向南具有形成时代逐渐变新,从早到晚由海相变为陆相的火山喷发特点。

古生代以前的火山岩多分布在秦祁昆造山系,其中古元古代火山岩已变质成斜长角闪片岩,其原岩为高铝玄武岩和碱性玄武岩;中—新元古代火山岩以玄武岩为主,多分布在柴北缘及东昆南一带,分布局限。三江地区仅有少量海相火山岩出露。

早古生代海相火山岩广泛分布于秦祁昆造山系的北祁连、南祁连、拉脊山、柴北缘、东昆仑等地区,其中寒武纪海相火山岩分布于中-北祁连及拉脊山一带,以中晚寒武世火山岩为主。奥陶纪火山岩分布广泛,秦祁昆构造岩浆省内普遍分布,且形成环境复杂,大陆裂谷、洋盆、洋陆俯冲岩石构造组合均有,次为碰撞岩石构造组合。

晚古生代火山岩分布集中于秦祁昆及三江造山系内部构造岩浆岩带中,其中晚泥盆世分布在柴达木盆地南北缘,二叠纪海相火山岩则集中分布于宗务隆—鄂拉山、布青山—阿尼玛卿及西金乌兰—玉树、杂多—唐古拉等地区,石炭纪火山岩较为零星。

中生代火山岩地域分布特点明显。昆仑地区早中三叠世为海相火山岩,呈夹层产出;晚三叠世为陆相火山岩,呈大面积成带分布;侏罗纪—白垩纪局部出现少量陆相火山岩。三江地区除杂多地区出现少量早三叠世陆相火山岩外,全部为海相火山岩,其中晚三叠世海相火山岩分布较广,侏罗纪—白垩纪火山活动微弱。

新生代火山岩则集中分布于三江地区,全为陆相火山岩,其中沿乌兰乌拉湖断裂两侧出现大面积的始新世陆相火山岩,而中新世和上新世陆相火山岩分布局限于唐古拉—可可西里地区。

一、前寒武纪火山岩

前寒武纪火山岩分布于祁连、柴北缘、东昆仑及宗务隆—鄂拉山一带,依据地层时代及同位素年龄可划分为古元古代、中—新元古代、新元古代火山岩3个时期,主要形成于原始古陆裂解及陆块汇聚环境。

(一)古元古代火山岩

古元古代火山活动较弱,火山岩不甚发育,零星分布于祁连、东昆仑、宗务隆—鄂拉山,呈不稳定的夹层赋存于托赖岩群、金水口岩群片麻岩组中。岩性组合为一套深灰—灰黑色层状无序的中深变质岩系,岩性主要为灰—灰黑色斜长角闪片岩和角闪斜长片岩、斜长角闪岩等,原岩为一套海相喷发的基性火山岩。火山岩属钙碱性系列-拉斑玄武岩系列,主要为钙碱性岩。古元古代火山岩在变质岩系中呈不稳定的夹层多次出现,反映出具有多期间歇性活动特点。该套斜长角闪片岩中 Sm-Nd 法年龄为 2539 ± 140 Ma,时代属古元古代。古元古代火山岩为原始古陆裂解的产物。

(二)中—新元古代火山岩

1. 中—新元古界万宝沟群火山岩

中—新元古界万宝沟群火山岩呈层状、似层状、透镜状产于万宝沟群下部火山岩岩组中,分布于东昆南构造混杂岩中，均呈构造块体分布，为一套海相的基性—中基性火山岩，主要岩石类型为玄武岩、玄武安山岩、安山岩、灰绿色蚀变玄武质熔结角砾岩、浅灰绿色沉凝灰岩，少量粗面岩等，总体上以玄武岩为主。火山岩系中夹有硅质岩、灰岩及少量正常碎屑岩，总体来看，为喷溢-沉积相。喷溢相主要为基性—中基性的熔岩，具流动构造，因后期构造破坏保留不好，不易辨认，分布广，分布在万宝沟、小南川、拖拉海沟及没草沟等地。沉积相分布较广，空间上与喷溢相呈渐变关系，岩性为灰岩、砂质灰岩、泥质岩、泥钙质砂岩、钙质黏土岩、硅质岩等。岩石 SiO_2 含量 44.62%～62.04%（表2-2），应属超基性—基性—中基性岩类，变化范围大，但总体以基性岩类为主。岩石 TiO_2 含量介于 0.61%～3.29% 之间，普遍较高，为高钛岩石。绝大多数样品 $Na_2O>K_2O$，里特曼指数(δ)为 0.82～4.57，大多数小于 3.3，主要属钙碱性岩，在 TAS 图解中样品主要位于玄武岩区（图2-1）。总体分析万宝沟群火山岩属洋岛玄武岩，部分可能为洋中脊玄武岩。魏启荣等(2007)在万宝沟群玄武岩中获锆石 SHRIMP U-Pb 年龄为 1343±30Ma，变玄武岩中获锆石 SHRIMP U-Pb 年龄为 1348±23Ma(1:25万不冻泉幅)，Sm-Nd 等时线年龄为 1441±230Ma、670±15Ma(1:5万万宝沟幅)。前人在黑海北山该套地层的火山岩中测得 K-Ar 同位素年龄为 718.4Ma 和 1056.95Ma(1:20万开木棋陡里格幅，1986)，主体时代为中—新元古代，但作为构造地层体其中可能混杂有古生代地层块体。

表2-2 万宝沟群火山岩岩石化学成分分析结果(%)

序号	岩石名称	SiO_2	TiO_2	Al_2O_3	Fe_2O_3	FeO	MnO	MgO	CaO	Na_2O	K_2O	P_2O_5	LOI	总计
1	片理化粗安岩	62.04	0.61	14.09	1.92	2.81	0.15	1.63	7.56	3.08	4.2	0.14	2.15	100.38
2	蚀变粗面玄武岩	50.14	3.25	15.58	3.08	7.27	0.14	3.10	8.19	5.64	0.45	0.32	3.39	100.55
3	蚀变糜棱玄武岩	48.86	2.21	12.76	2.37	12.1	0.22	5.51	9.97	2.70	0.42	0.28	1.93	99.33
4	糜棱岩化玄武岩	48.62	3.06	12.14	0.75	12.67	0.24	4.86	9.38	3.34	0.46	0.34	4.47	100.33
5	蚀变玄武岩	48.38	2.86	13.14	12.62	1.56	0.20	5.28	10.38	3.36	0.35	0.32	1.91	100.33
6	强蚀变玄武岩	48.32	2.80	12.00	4.25	10.26	0.18	5.52	9.31	2.75	0.40	0.22	3.58	99.59
7	糜棱岩化玄武岩	47.84	2.63	12.03	2.32	9.95	0.24	4.72	11.09	2.92	0.29	0.26	5.33	99.60
8	全蚀变玄武岩	47.40	3.20	13.45	3.53	10.94	0.20	4.62	10.52	2.12	0.45	0.30	3.10	99.83
9	钙化玄武岩	47.44	2.96	12.89	2.55	11.16	0.20	4.74	11.09	1.90	0.71	0.27	3.47	98.74
10	强蚀变玄武岩	47.18	2.57	13.99	1.65	10.12	0.23	4.98	10.88	2.66	0.30	0.29	4.11	98.96
11	强蚀变玄武岩	47.05	3.28	13.05	2.04	11.74	0.22	4.83	10.73	2.96	0.56	0.34	3.35	100.15
12	糜棱岩化玄武岩	46.92	3.29	12.38	1.53	13.02	0.24	4.98	9.53	0.82	0.39	0.39	3.83	99.93
13	强蚀变玄武岩	44.62	3.29	12.86	2.47	12.07	0.24	5.81	12.54	1.66	0.24	0.33	3.68	99.81
14	玄武岩	47.65	1.98	13.64	1.63	11.18	0.17	5.66	9.08	2.42	0.56	0.23	5.26	99.46
15	玄武岩	48.27	1.68	12.38	3.62	10.45	0.25	5.22	10.42	2.28	0.13	0.18	3.12	98.66
16	玄武岩	48.41	2.70	12.25	2.53	12.85	0.25	5.34	9.41	2.59	0.32	0.22	2.68	99.65
17	玄武岩	47.73	1.84	13.04	2.71	10.85	0.23	5.83	10.88	1.91	0.37	0.15	3.01	98.55
18	玄武岩	47.65	1.67	12.85	3.50	11.05	0.23	6.58	9.85	1.17	1.34	0.15	3.43	99.49
19	玄武岩	47.90	1.73	13.24	3.03	10.87	0.25	6.50	10.41	1.75	0.82	0.17	2.99	99.66

资料来源：序号1～14据1:5万万宝沟幅没草沟幅青办食宿站幅区调报告；序号15～19据1:25万冬给错纳湖幅区调报告

2. 长城系湟中群青石坡组火山岩

长城系湟中群青石坡组火山岩分布于中祁连陆块南缘，呈夹层产于青石坡组中、下部，其岩性主要为暗绿色变石英辉绿岩（可能为潜火山岩）、变安山岩及少量变中性熔岩凝灰岩。说明青石坡组沉积的早、中期曾有过火山喷发活动，总之其属于一套以砂泥质岩为主夹火山岩的类复理石建造。

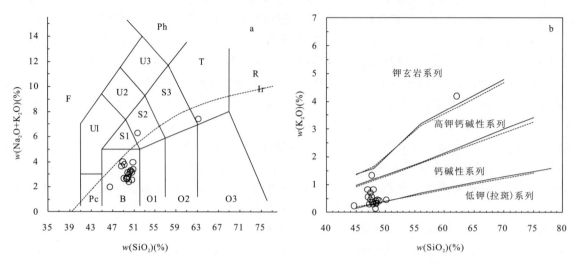

图 2-1 万宝沟群火山岩 TAS 图解(a)及 K_2O-SiO_2 图解(b)

Pc. 苦橄玄武岩；B. 玄武岩；O1. 玄武安山岩；O2. 安山岩；O3. 英安岩；R. 流纹岩；S1. 粗面玄武岩；S2. 玄武质粗面安山岩；
S3. 粗面安山岩；T. 粗面岩、粗面英安岩；F. 副长石岩；U1. 碱玄岩、碧玄岩；U2. 响岩质碱玄岩；U3. 碱玄质响岩；Ph. 响岩；
Ir. Irvine 分界线，上方为碱性，下方为亚碱性

(三)新元古代火山岩

新元古代火山岩零星分布于柴北缘的滩间山北、东昆仑北五龙沟中下游一带。出露于青白口系丘吉东沟组中，呈夹层赋存于地层中，较集中分布于俄博山克拉通边缘盆地的乌拉斯特、呼德生及啊日冬等地段，该期火山活动弱。岩石变质程度为低绿片岩相，绿泥钠长片岩类原岩恢复为基性火山岩类。在 TAS 分类图上样品均位于玄武岩及粗面玄武岩区。火山岩旋回韵律表现出从底到顶火山活动由弱到强，且具喷发→沉积→喷发的火山韵律特征。总体来看，该期火山岩为拉斑玄武岩系列，属碱性岩，具低 TiO_2 的岩石化学特征，显示火山弧构造环境的特点。

二、早古生代火山岩

该期火山岩分布较广，分布于北祁连、南祁连、拉脊山、柴北缘、东昆仑等地区，火山活动时期为寒武纪—奥陶纪。另在中祁连大通东毛家沟一带有少量中寒武世火山岩，南祁连有少量奥陶纪—志留纪火山岩。该期火山岩主要为大陆裂谷、洋盆、洋陆俯冲岩石构造组合，次为碰撞岩石构造组合。

(一)寒武纪—奥陶纪火山岩

下寒武统沙松乌拉组火山岩：呈北西西向条带状分布于东昆仑沙松乌拉山以南一带，岩石主要由玄武岩-英安岩-粗面岩-流纹岩组合组成，为海相爆溢相，呈少量夹层状分布，为碱性系列，形成环境为陆缘裂谷。

中寒武统黑茨沟组火山岩：该组火山岩呈北西-南东向、条带状分布于走廊南山以北、野牛沟、祁连、峨堡以南，火山岩分布与区域构造线一致。该组为一套海相沉积的碎屑岩及火山岩建造，与各地层均为断层接触，缺失顶底。夏林圻等(1995)对川刺沟和玉石沟的基性火山熔岩 Sm-Nd 等时线和 Rb-Sr 等时线法测年分别为 495.11±13.78Ma 和 521.48±23.79Ma。火山岩分异性较好，酸性、中性、基性火山岩均有分布。该组以喷发相为主，局部为爆发相，潜火山岩不发育，最后以喷发-沉积相而告终。该组火山岩横向上有所变化，在不同地段出露不同，在西北部的走廊南山地区以基性火山岩为主，在西南部的托勒山西部局部地区以中酸性火山岩为主，在玉石沟—川刺沟—峨堡地区又以基性火山岩为主。火

山喷发活动总体上先基性后酸性,火山喷发韵律明显,显示出喷发活动频繁,并有短暂喷发间断。其属喷溢相-爆发崩塌相,呈夹层状产出,岩性为橄榄玄武岩、玄武岩、细碧岩、安山玄武岩、玄武安山岩、安山岩、英安岩、流纹岩等,含赤铁矿层。黑茨沟组火山岩属钙碱性系列,少数为碱性岩。构造环境为大陆裂谷。在该套火山岩中产有郭米寺、尕大坂等火山岩型铜多金属矿。

中寒武统深沟组火山岩:主要分布于拉脊山中段。火山岩活动较弱规模小,沿拉脊山南、北两侧分布。北侧火山岩厚度大,南侧厚度小。下部以熔岩为主,上部则以沉积岩为主,仅见少量熔岩夹层。火山岩为玄武岩、细碧岩化玄武岩、安山玄武岩、粗面玄武岩、粗安岩、玄武安山岩夹中基性角砾熔岩、熔岩角砾岩、集块熔岩等。火山活动具喷溢-爆发多次活动的规律。深沟组以钙碱性系列为主,少量拉斑玄武岩系列,构造环境为陆缘裂谷环境。

上寒武统六道沟组火山岩:该组火山岩广布于拉脊山主脊及其两侧,呈近东西向展布,以拉脊山中段最为发育。火山岩有玄武岩、碱性橄榄玄武岩、橄榄拉斑玄武岩、玄武安山岩、玄武质粗面安山岩、安山岩、高镁安山岩、橄榄粗安岩、粗安岩、英安岩、流纹岩。除此之外还有拉斑玄武质细碧岩、粗玄质细碧岩、玄武安山质细碧岩或玄武安山质细碧角斑岩、安山质角斑岩、角闪安山质角斑岩、英安质石英角斑岩等。其中玄武岩、玄武安山岩、安山岩、英安岩、流纹岩为亚碱性系列,玄武质粗面安山岩、粗面安山岩为碱性系列。火山岩类似于过渡型洋中脊玄武岩,微量元素特征主要类似于过渡型洋中脊玄武岩,兼有板内碱性玄武岩特征。相当数量安山岩具有高硅、高镁的特征,成分类似玻安岩,邱家骧等(1997,1998)也证实了玻安岩的存在。

奥陶系祁漫塔格群火山岩:该组火山岩赋存于祁漫塔格群火山岩岩组中,属海相火山岩,主要分布在那陵郭勒河断裂两侧拉陵高里河、黑山—开木棋河、吐鲁格图一带。火山岩以裂隙式喷发为主,从火山岩的分布来看奥陶纪早期(碎屑岩夹火山岩岩组)火山活动微弱,并出现多期次喷发间歇;中期(火山岩岩组)火山活动强烈,且分布广泛;晚期(碳酸盐岩岩组)火山活动微弱,且逐渐趋于熄灭。火山岩以溢流相玄武岩、安山岩及玄武安山岩为主,局部发育火山角砾岩、英安质凝灰岩等。岩石化学特征反映祁漫塔格群火山岩为拉斑玄武岩系列,总体处于挤压环境下局部伸展的弧后盆地环境。该群火山岩岩组中获得锆石U-Pb年龄为428 ± 14Ma(1∶5万拉陵灶火幅)。

下奥陶统阿夷山组火山岩:该组火山岩分布于拉脊山中段北侧的阿夷山一带,火山岩呈北西西向延伸,线性分布,火山岩以层状、似层状分布。在阿夷山该岩组底部为一层酸性熔岩,中部以砂、砾岩为主夹中性熔岩,顶部为火山角砾岩。在东沟该岩组岩石组合下部为酸性熔岩,上部为中性熔岩。该组火山岩以喷溢相为主,爆发相较少。岩石为橄榄拉斑玄武岩、玄武安山岩、安山岩、粗面岩、英安岩、流纹岩、钠质霏细岩、角砾状钠质霏细岩等,以中性熔岩为主。该组火山岩以钙碱性系列为主,少量拉斑玄武岩系列和碱性系列。其形成环境一般为岛弧环境。

下奥陶统阴沟组火山岩:分布于北祁连托勒牧场南东、玉石沟、大坂山、冷龙岭、仙米、甘禅口,呈北西西—南东东向展布,其南、北两侧与各时代地层呈断层接触,未见顶底。火山喷发以裂隙式喷溢为主,局部有中心式爆发。以中基、基性火山岩为主,火山岩地层厚度较大。裂隙式喷溢,岩性简单,分布广泛。爆发相的火山岩岩性变化大,有喷发间断,显示了火山喷发韵律多又明显的特征。该群火山岩具低绿片岩相变质,岩石有变玄武岩、变安山玄武岩、变安山岩、变英安岩、变流纹岩等。主要岩石组合为一套块层状、枕状基性熔岩,少量中酸性熔岩和部分火山碎屑岩及少量沉火山碎屑岩,夹正常沉积碎屑岩等,另有少量潜火山岩相呈脉状产出。火山岩的SiO_2含量为48.94%~60.97%,TiO_2含量较低,为0.24%~0.66%,Al_2O_3含量较高,为12.02%~16.00%(表2-3),各岩石中均为$Na_2O>K_2O$,里特曼指数$\delta=0.87\sim3.74$,大部分为钙碱性岩。下奥陶统阴沟组火山岩总体上形成于岛弧环境(张招崇等,1997;贾群子等,2007)。与火山活动密切相关的矿产地有托勒山的阴凹槽及冷龙岭的直河、俄博梁、红腰线等矿床(点)。

下奥陶统吾力沟组火山岩:断续分布南祁连宰力木克中部一带,展布方向与北西向断裂一致。其上被上泥盆统—下石炭统超覆,主要为正常沉积岩夹火山岩,以基性—中酸性火山碎屑岩为主,局部地段上岩组中有中基性火山岩喷发。其为海相爆发崩塌相,厚度最大613m,岩性为杂色凝灰质角砾岩、安山质角砾岩、凝灰岩夹流纹—英安质晶屑玻屑凝灰岩。其为洋陆俯冲构造环境。

表 2-3 阴沟组火山岩岩石化学成分分析结果(%)

序号	岩石名称	SiO_2	TiO_2	Al_2O_3	Fe_2O_3	FeO	MnO	MgO	CaO	Na_2O	K_2O	P_2O_5	LOI	总计
1	安山岩	60.97	0.38	14.03	2.60	6.28	0.11	4.57	1.80	4.91	0.10	0.03	3.93	99.71
2	安山岩	58.14	0.48	12.02	9.14	3.90	0.10	4.20	1.43	3.57	0.26	0.06	6.42	99.72
3	安山岩	60.35	0.29	12.92	2.26	2.85	0.10	0.30	7.25	7.03	0.18	0.07	6.11	99.71
4	玄武岩	48.94	0.24	12.44	1.71	6.74	0.14	14.34	8.08	1.93	0.56	0.02	4.74	99.88
5	安山岩	54.56	0.66	15.01	4.42	7.70	0.14	4.81	3.29	6.14	0.30	0.08	2.64	99.75
6	玄武岩	52.08	0.56	16.00	3.40	8.08	0.19	6.26	3.94	6.04	0.12	0.06	3.01	99.74

资料来源:余吉远等,2010

中奥陶统茶铺组火山岩:该组火山岩仅出露于拉脊山西段昂思多沟脑、才毛吉峡和中段的泥旦山一带,呈近东西向断续分布。其北界与下伏上寒武统六道沟组熔岩夹结晶灰岩呈角度不整合,其上与上泥盆统不整合接触。该组岩石组合底部为复成分砾岩,下部为砂岩、板岩夹砾岩,中部为基性、中基性熔岩夹板岩,上部为中、基性熔岩与板岩互层。基性熔岩为少量橄榄拉斑玄武岩、橄榄粗安岩。该组火山岩里特曼指数δ值均大于3.3,为碱性岩石。岩石特点表明其主体形成于洋盆构造环境。

上奥陶统多索曲组火山岩:断续分布于南祁连木里乡以南的多索曲上游,浪琴东北的沙柳河上游,呈北西-南东向带状展布。由西北向东南各处火山岩岩性有所差异,在多索曲一带以中性、中酸性火山碎屑岩为主,爆发相活动占优势,少量喷溢相。岩石类型有安山质和英安质凝灰角砾岩、角砾凝灰岩、凝灰岩、安山岩等。在多索曲晚奥陶世喷发活动可由两个喷发旋回组成,两个喷发旋回均显示火山活动早期以较强烈爆发为主,晚期喷溢并伴有微弱的爆发活动。在沙柳河火山岩下部为基性—中性熔岩、玄武岩、安山岩、杏仁状安山岩等,间夹有少量火山碎屑岩,上部火山岩较发育,为安山岩、杏仁状安山岩、凝灰岩、层凝灰岩等。多索曲一带的火山岩里特曼指数δ值为1.67~3.03,属钙碱性岩,为陆缘弧构造环境。

上奥陶统扣门子组火山岩:分布于北祁连油葫芦大山、大坂山北坡一带,呈北西-南东方向展布,其展布方向与区域构造线方向基本一致。在大坂山东南部的麻当沟凝灰岩中获得Rb-Sr等时线测年425±12Ma。火山岩总体为一套基性—中酸性的火山岩组合,以喷溢相为主,岩石有枕状(块状)玄武岩、杏仁状玄武安山岩、英安岩、流纹英安岩等。岩石TiO_2含量普遍较低,$Na_2O>K_2O$,里特曼指数δ值均小于3.3,以中钾钙碱性岩石为主。AFM图判别主要位于钙碱性系列区。火山岩微量元素配分型式具典型钙碱性火山弧型式,为岛弧和活动大陆边缘火山岩的特征。该套火山岩系产有红沟等海相火山岩型铜矿。

上奥陶统药水泉组火山岩:药水泉组零星分布于拉脊山的才毛吉峡、窑路湾一带。该组地层呈东西向延伸,南、北两侧均为东西向断层所截。下岩组为一套陆源碎屑岩、凝灰质碎屑岩,夹少量变玄武岩、变安山岩;上岩组为凝灰质碎屑岩、陆源碎屑岩夹变安山岩。在TAS图中岩石位于玄武岩、安山岩。岩石中$Na_2O>K_2O$。在AFM图中岩石位于钙碱性系列,其构造环境为洋陆俯冲型。

寒武系—奥陶系滩间山群火山岩:滩间山群火山岩分布十分广泛,在阿尔金、赛什腾—乌兰、东昆仑一带均有分布。阿尔金地区滩间山群火山岩主要分布于茫崖以北、花土沟北采石岭一带,被侏罗系大煤沟组不整合覆盖。火山岩沿北东东向长条状产出。该群下部为砂岩、粉砂岩、砾岩夹基性火山岩及中酸性火山碎屑岩,上部为中基性火山岩,从下到上由多个韵律组成,由爆发相到喷溢相组成一个完整喷发旋回。火山岩由熔岩及火山碎屑岩组成,岩石为玄武岩、玄武安山岩、英安岩、流纹英安岩、流纹岩及凝灰熔岩、熔岩凝灰岩、火山角砾岩等。赛什腾山、锡铁山一带的滩间山群可分为小赛什腾山、赛什腾山、绿梁山及锡铁山4个火山喷发区,4个喷发区构成北西西-南东东向串珠状展布的火山喷发带。火山喷发区岩石组合有所差异,小赛什腾山区火山岩由玄武岩、安山岩、英安岩、流纹岩组成;赛什腾山区火山岩分布广泛,由玄武安山岩、安山岩、安山质凝灰岩、安山质火山集块岩组成;绿梁山火山岩区主要有安山质凝灰岩、安山岩、玄武岩;锡铁山区为安山岩、安山质晶屑凝灰岩、安山玄武岩、玄武岩、枕状玄武岩、球粒玄武岩等,一般上部以火山熔岩为主,下部为火山碎屑岩。东昆仑带寒武系—奥陶系滩间山群火山岩分布于祁漫塔格—都兰的野马泉、拉陵灶火、都兰一带,在小灶火河见上泥盆统牦牛山组不整合接触。火山岩由基性、中酸性火山岩组成。基性火山岩岩石类型单一,以玄武岩类为主,为枕状玄武岩、初糜棱玄武岩。中酸性火山岩岩石类型主要为安山岩、英安岩、流纹岩及少量凝灰岩等。火山岩局部可见喷溢相和爆发相相间的韵律,略显示由弱到强的喷发特点。滩间山群火山岩中 $Na_2O>K_2O$(表2-4),里特曼指数 δ 值为 0.46~2.94,均小于 3.3,为钙碱性系列,属岛弧及活动陆缘环境的产物。

表2-4 滩间山群火山岩岩石化学成分分析结果(%)

序号	岩石名称	SiO_2	TiO_2	Al_2O_3	Fe_2O_3	FeO	MnO	MgO	CaO	Na_2O	K_2O	P_2O_5	LOI	总计
1	/	53.17	0.67	14.53	8.12		0.14	7.47	6.49	3.42	1.85	0.15	4.79	100.80
2	辉石安山岩	60.35	0.60	15.50	6.56		0.13	2.82	5.85	5.12	0.68	0.11	2.53	100.25
3	变凝灰岩	50.01	0.72	16.71	9.39		0.16	6.24	10.69	2.19	0.25	0.14	2.69	99.19
4	凝灰岩	43.62	0.89	22.59	2.99	5.53	0.13	4.07	13.18	2.31	0.32	0.13	3.57	103.03
5	流纹质凝灰岩	74.04	0.24	12.85	0.93	1.39	0.05	1.14	0.53	5.99	1.14	0.06	1.21	100.46
6	变安山岩	50.48	0.53	14.23	10.05		0.19	9.06	11.36	1.71	0.26	0.05	2.17	100.09

资料来源:据1:25万都兰幅区调报告

部分寒武系—奥陶系滩间山群火山岩系与基性、超基性岩构成柴北缘蛇绿岩建造,是柴北缘的主要含矿层。在其下部火山-沉积岩系中,已发现著名的锡铁山铅锌矿,是青海省的重要工业基地,除此尚有青龙滩含铜硫铁矿矿床和双口山铅锌矿床等。在阿尔茨托山也发现多处多金属矿产地,如东沟和吉给申铜铅锌多金属矿。同时,近几年在该套火山岩地层发现多处构造蚀变岩型和石英脉型金矿,如野骆驼泉和红柳沟等,虽然其成矿时代晚于该套火山岩,二者之间没有直接的成生关系,但火山岩可能是金矿的物源之一。韩英善(2000)测得都兰托莫尔日特地区滩间山群火山岩 Rb-Sr 等时线年龄为 447±22Ma;赵风清等(2003)在锡铁山地区滩间山群的变英安岩获得锆石 U-Pb 年龄为 486±13Ma;王惠初等(2003)在侵入滩间山群下部变玄武岩的辉长岩岩体中采样获得了 496.3±6.2Ma 的单颗粒锆石 U-Pb 年龄,并在变玄武岩中获得了 542Ma 单颗粒锆石 U-Pb 不一致线下交点年龄;朱小辉(2011)通过 LA-ICP-MS 锆石 U-Pb 定年认为柴北缘地区滩间山群火山岩形成于早古生代,时代介于 534~468Ma,表明滩间山群是寒武纪—奥陶纪的产物。

奥陶系纳赤台群火山岩:分布于布伦台、纳赤台、哈图、诺木洪郭勒、埃肯德勒斯特以北、沟里乡以西。由西向东纳赤台群沿断裂带断续出露,其火山岩主要分布于3个不同地段,不同地段火山岩组合、火山岩活动强度等有所差异。西部在布伦台以南的雪鞍山—开木棋陡里格出露少量火山岩,火山岩仅在局部地段呈稳定夹层产出,火山熔岩数量明显比火山碎屑岩多。火山岩为海相裂隙式产物,以基性喷溢相为主,后期出现较弱的中酸性火山岩,岩石类型为橄榄玄武岩、杏仁状玄武岩、少量安山岩、凝灰岩。中部火山岩呈北西-南东向分布于昆中断裂以南纳赤台一带的没草沟、哈萨坟沟口、万宝沟脑等地,为中基性—中酸性火山岩,并伴有少量硅质岩、灰岩和正常碎屑岩,与围岩为断层接触。火山活动由爆发→喷溢→沉积构成多个旋回。火山岩由爆发相、喷溢相、喷发-沉积相组成。爆发相由英安质凝灰岩类、玄武安山质凝灰岩、火山角砾岩组成。喷溢相以玄武安山岩、安山岩为主,其次为英安岩和少量流纹岩。东部纳赤台群分布于昆中早古生代构造混杂岩带中,火山岩出露面积较大,位于埃坑德勒斯特北东一带,其中在诺木洪郭勒出露最好。根据岩石组合,将其分为变碎屑岩组合、变火山岩组合、玄武岩组合、超镁铁岩组合和碳酸盐岩组合。不同组合,其岩石类型、变质变形程度均有明显差别,同种组合在不同的构造部位,其变质变形程度也有很大差异。而在诺木洪郭勒,玄武岩组合变形较弱,火山岩出露厚度较大,火山岩主要由玄武岩组成,岩石中枕状构造发育。变火山岩组合主要见于诺木洪郭勒,位于玄武岩组合南侧,与玄武岩组合间呈断层接触,岩组合较复杂,除火山岩外,还有硅质岩、灰岩、凝灰岩、碎屑岩等以夹层或互层的形式存在,岩石变质变形较强,常具较强的片理化。在该套火山岩中产有骆驼沟钴金矿床。

综上所述,奥陶系纳赤台群火山岩分布广泛,岩石类型复杂,熔岩和火山碎屑岩均较发育。岩石组合主要为玄武岩、粗面安山岩、玄武质粗面安山岩、玄武安山岩、安山岩、英安岩、流纹岩及各类凝灰岩、火山角砾岩。在TAS图(图2-2)中主要位于玄武岩、玄武安山岩、安山岩、英安岩、流纹岩、粗面安山岩、玄武质粗面安山岩区内。在AFM图中主要为钙碱性系列,少量拉斑玄武岩系列(表2-5)。综上所述,纳赤台群火山岩为俯冲弧构造环境,部分具洋中脊构造环境的特点。

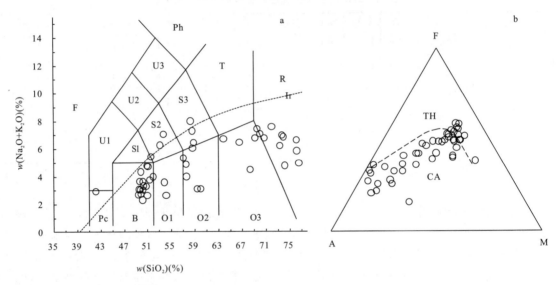

图2-2 纳赤台群火山岩TAS图解(a)及AFM图解(b)

注:a图图例同图2-1;b图中TH为拉斑玄武岩系列,CA为钙碱性系列

表2-5 纳赤台群火山岩岩石化学成分分析结果(%)

序号	岩石名称	SiO_2	TiO_2	Al_2O_3	Fe_2O_3	FeO	MnO	MgO	CaO	Na_2O	K_2O	P_2O_5	LOI	总计
1	玄武安山岩	53.00	1.30	13.69	3.17	6.10	0.11	4.23	6.25	4.55	0.38	0.13	6.85	99.76
2	玄武岩	51.14	1.12	13.61	0.27	9.18	0.18	5.48	10.53	3.19	0.21	0.11	4.41	99.43
3	粗玄岩	48.80	1.00	13.46	3.94	7.77	0.19	8.04	10.44	2.78	0.44	0.10	2.82	99.78
4	玄武岩	48.06	1.05	13.45	1.96	9.53	0.20	8.13	8.97	2.90	0.22	0.10	5.21	99.78
5	玄武岩	50.42	1.09	12.23	2.40	9.07	0.18	7.39	10.23	3.81	0.05	0.10	2.74	99.71
6	玄武岩	48.61	1.06	13.39	1.88	8.68	0.19	7.41	12.57	2.65	0.30	0.10	2.95	99.79
7	玄武岩	48.60	1.21	13.53	2.61	10.20	0.23	6.87	11.41	2.30	0.37	0.11	2.34	99.78
8	粗玄岩	49.07	1.00	14.06	1.62	9.35	0.19	7.65	12.58	2.06	0.19	0.08	1.95	99.80
9	玄武岩	48.59	1.33	13.43	2.67	10.58	0.22	7.34	9.03	2.56	0.95	0.12	2.59	99.41
10	微晶玄武岩	47.76	0.73	11.52	3.59	5.08	0.14	4.41	18.38	4.04	0.11	0.06	3.97	99.79
11	玄武岩	50.07	1.51	13.50	3.30	9.33	0.20	6.99	10.61	2.20	0.38	0.14	2.70	100.93
12	枕状玄武岩	48.09	1.54	13.12	2.87	10.86	0.22	6.70	11.22	2.34	0.28	0.14	2.91	100.29

续表 2-5

序号	岩石名称	SiO_2	TiO_2	Al_2O_3	Fe_2O_3	FeO	MnO	MgO	CaO	Na_2O	K_2O	P_2O_5	LOI	总计
13	枕状玄武岩	48.29	1.26	13.59	2.33	10.69	0.22	6.73	10.57	2.55	1.01	0.14	3.23	100.61
14	玄武岩	48.27	1.10	13.95	1.91	9.92	0.20	7.36	11.57	2.29	0.70	0.16	2.98	100.41
15	粗面玄武岩	50.28	1.05	18.05	2.80	6.34	0.19	4.06	5.55	3.45	2.47	0.32	6.41	100.97
16	玄武岩	48.54	0.84	16.37	1.40	7.35	0.15	7.68	8.33	3.71	0.83	0.19	4.13	99.52
17	玄武岩	46.75	0.42	9.60	4.01	5.15	0.17	11.01	13.97	2.17	0.69	0.13	5.59	99.66
18	蚀变玄武岩	48.62	0.37	8.93	5.44	4.16	0.20	7.23	16.08	3.29	0.25	0.14	5.29	99.99
19	玄武质粗面安山岩	54.86	0.95	15.73	0.76	5.30	0.10	3.58	5.34	4.18	2.62	0.20	6.12	99.74
20	安山岩	62.43	0.97	15.59	0.65	5.43	0.13	1.98	3.74	3.90	2.63	0.38	1.91	99.74
21	玄武岩	49.28	1.23	16.02	1.75	6.58	0.15	7.55	9.14	2.61	1.94	0.20	3.30	99.75
22	玄武安山岩	53.05	0.65	15.30	1.46	5.35	0.12	4.40	7.22	3.77	0.72	0.19	7.55	99.78
23	玄武质粗面安山岩	50.54	0.70	19.31	0.78	9.02	0.13	3.86	2.89	5.68	0.94	0.16	5.81	99.81
24	英安岩	63.65	0.46	15.04	1.75	3.40	0.12	1.98	3.17	4.84	1.31	0.16	4.14	99.82
25	粗面玄武岩	47.89	0.80	18.62	1.31	9.58	0.18	6.14	2.98	4.01	1.02	0.26	6.97	99.76
26	玄武质粗面安山岩	55.12	1.61	16.23	1.40	5.45	0.12	2.99	4.38	4.19	1.85	0.46	6.47	100.25
27	玄武质粗面安山岩	55.01	0.51	14.74	4.70	0.82	0.09	2.63	8.29	7.25	0.29	0.09	6.34	100.76
28	玄武安山岩	55.36	0.71	15.93	2.30	6.93	0.15	5.16	5.68	3.28	0.54	0.14	3.56	99.74
29	玄武岩	51.49	0.63	14.87	2.44	5.03	0.13	4.91	12.96	1.60	0.90	0.11	4.81	99.88
30	蚀变晶屑凝灰岩	71.78	0.29	11.96	1.75	1.12	0.045	0.94	2.62	1.18	5.44	0.032	2.54	99.70
31	流纹质角砾熔岩	74.63	0.32	12.40	1.08	0.98	0.028	0.78	1.36	2.98	3.47	0.039	1.85	99.93
32	蚀变流纹岩	74.83	0.13	13.54	1.93	0.56	0.036	0.98	2.02	3.68	0.14	1.46	99.72
33	蚀变流纹岩	72.20	0.13	16.62	0.94	1.24	0.044	1.25	0.28	1.26	3.36	0.065	2.48	99.87
34	蚀变流纹岩	74.13	0.07	12.71	0.18	2.16	0.021	1.15	1.71	0.23	4.52	0.022	3.35	100.20
35	蚀变流纹岩	68.06	0.32	15.17	1.56	0.86	0.04	1.08	2.87	4.50	2.35	0.13	2.63	99.82
36	玄武质玻屑凝灰岩屑凝灰岩	39.18	2.39	16.88	2.53	13.65	0.28	8.38	6.92	0.60	2.14	0.26	6.86	100.07
37	玄武安山质凝灰岩	56.54	0.94	14.82	1.82	6.79	0.15	4.47	6.54	2.14	0.80	0.17	4.58	99.76
38	安山质晶屑凝灰岩	57.55	0.87	15.12	20.00	6.90	0.11	4.75	5.51	2.10	0.86	0.19	4.05	100.01
39	英安质晶屑凝灰岩	63.59	0.59	10.61	0.98	0.92	0.039	3.24	5.56	6.04	0.16	7.96	99.87
40	玄武安山岩	56.14	1.03	14.97	2.22	4.63	0.14	3.10	7.56	4.76	1.02	0.20	4.24	100.01
41	英安岩	67.30	0.63	13.01	2.64	1.87	0.10	0.23	3.71	3.12	4.04	0.14	2.59	99.38
42	流纹岩	69.99	0.25	13.05	1.87	2.10	0.082	0.19	2.33	2.68	4.68	0.075	2.04	99.34
43	英安岩	64.90	0.47	12.71	0.73	4.53	0.10	3.67	3.52	2.64	1.60	0.13	5.08	100.08
44	英安岩	69.42	0.44	13.62	0.79	3.37	0.10	1.65	2.01	2.92	3.68	0.12	1.72	99.87
45	英安岩	71.26	0.35	13.32	1.38	2.49	0.075	0.83	1.46	1.62	4.40	0.077	2.59	99.85
46	流纹岩	72.13	0.24	12.87	0.65	2.73	0.10	0.31	2.16	3.20	3.60	0.055	2.08	100.07

资料来源：序号1~10及序号16~25据1:25万阿拉克湖幅区调报告；序号11~15及序号26~29据1:5万海德郭勒等8幅区调报告；序号30~35据1:5万水泥厂幅忠阳山幅黑刺沟幅区调报告；序号36~46据1:5万万宝沟幅没草沟幅青办食宿站幅区调报告

东昆仑诺木洪郭勒一带获得纳赤台群玄武岩锆石SHRIMP U-Pb年龄419±5Ma，变质火山岩组合中的玄武岩锆石U-Pb年龄为401±6Ma(1:25万阿拉克湖幅；朱云海等，2005)。在大灶火沟及小库赛湖北分别获得431.5±1.4Ma、431.2±3Ma的锆石U-Pb年龄(1:25万布伦台幅大灶火幅区调修测)。在万宝沟脑及低山头西支沟脑的英安岩样品给出年龄分别为 416Ma、438Ma、488Ma(1∶5 万万宝沟幅)。张耀龄等(2010)在格尔木南水泥厂地区出露的纳赤台群石灰厂组流纹岩获得锆石 SHRIMP U-Pb 年龄 450.4±4.3Ma。

(二)志留纪火山岩

志留系巴龙贡噶尔组火山岩:分布于南祁连的土尔根大坂山南、布哈河北侧及青海湖以西的石乃亥。火山岩呈夹层产出,主要为片理化酸性火山碎屑岩,在局部见呈透镜状产出的英安岩。英安岩 Rb-Sr 等时线年龄值为 409±10Ma。火山岩为钙碱性系列,$^{87}Sr/^{86}Sr$ 初始比值为 0.716 707,表示其物质来源于壳源,为同碰撞构造环境。

志留系赛什腾组火山岩:该组分布于柴北缘及东昆仑,在柴北缘赛什腾组分布于赛什腾山东南公路沟东—海合沟东,呈北西-南东向狭长带状展布。所见岩石组合主要为灰紫色片状砾岩夹砂岩、千枚岩夹灰绿色片理化蚀变安山岩,火山岩呈透镜体夹于砾岩中。东昆仑南部志留系赛什腾组火山岩分布于昆仑河(野牛沟)中上游南、北两侧,该组呈不规则北西向展布。火山岩主要为酸性凝灰熔岩、中酸性凝灰熔岩,少量流纹岩、中酸性凝灰角砾岩。火山岩以不稳定的夹层产于志留系海相碎屑岩之中。自下而上可分为 4 个不同的韵律层,表明志留纪火山活动具有多次喷发(溢)-间歇的特点及活动强度弱→强→弱的演化趋势。

三、晚古生代火山岩

该期火山岩分布较广,由北向南分布于宗务隆—鄂拉山、赛什腾—乌兰、祁漫塔格—都兰、东昆北、巴颜喀拉、西金乌兰—玉树、杂多—唐古拉及索加—左贡一带。火山活动时期为泥盆纪—二叠纪,该期火山岩主要为大陆裂谷、洋陆俯冲岩石构造组合,次为洋盆、碰撞、后碰撞岩石构造组合。

(一)泥盆纪火山岩

上泥盆统牦牛山组火山岩:在柴北缘及东昆仑地区均有分布。柴北缘牦牛山组火山岩分布于赛什腾山、阿木尼克山、乌兰西牦牛山一带,火山岩呈北西-南东向条带状或狭长带状延展,呈透镜状产出。在赛什腾一带火山岩为中基性、中性熔岩,间夹凝灰岩和火山角砾岩。其以喷溢相为主,爆发相次之,岩石以熔岩为主,火山碎屑岩较少。熔岩有玄武岩、玄武安山岩,火山碎屑岩主要为安山质火山角砾岩;在阿木尼克山牦牛山组与上覆下石炭统呈平行不整合接触。火山岩岩石类型主要有玄武岩、安山岩、钠长粗面岩及流纹质火山碎屑岩;乌兰西火山岩被石炭系城墙沟组不整合,呈北西向条带状展布。该套火山岩总体面貌显示陆相火山喷发特征,属裂隙-中心式喷发。火山活动显示西强东弱,由两个不完整的喷溢-喷发韵律组成,构成一个喷发旋回。岩性主要为流纹岩、英安岩、安山岩、凝灰熔岩、集块岩、火山角砾岩及凝灰岩。中基性熔岩为后碰撞陆内拉张构造环境。阿木尼克山地区该套火山岩系中产有达达肯乌拉山铅锌矿。

东昆仑地区牦牛山组火山岩分布于拉陵灶火中上游、夏日哈一带,呈北西西—北东向条带展布,是一套以火山岩为主的陆相碎屑-火山岩建造,火山岩沿断裂构造裂隙式喷溢。不同地段岩性组合有所不同,在拉陵灶火一带下部为碎屑岩,上部由火山岩组成,岩石有中性火山角砾熔岩、橄榄玄武岩、安山岩、流纹英安岩。在夏日哈一带,岩性为中酸—酸性火山碎屑岩(夹熔岩),火山碎屑岩为安山质凝灰熔岩、英安质角砾凝灰熔岩及流纹英安质凝灰熔岩等。东昆仑北带火山岩分布于巴音郭勒河上游,格尔木河中上游东、西大干沟两侧。该组呈北西西-南东东向展布,为一套陆相火山岩建造。火山岩早期以爆发相为主,晚期以喷溢相为主。巴音郭勒河上游一带火山岩岩石有玄武岩、安山岩、流纹英安岩、酸性凝灰熔岩、熔岩、火山角砾岩。灶火河源头—格尔木河中上游东、西大干沟两侧火山岩岩石有安山岩、英安岩、流纹岩、英安质凝灰熔岩、流纹质凝灰熔岩、碎屑熔岩、火山碎屑岩等。格尔木河中上游东、西大干沟两侧具拉张构造环境的碱性玄武岩发育较少,主要发育钙碱性酸性岩及火山碎屑岩,可能为拉张构造环境晚期受挤压的产物。火山岩的 SiO_2 含量为 56.54%～76.50%，TiO_2 含量较低，为 0.10%～0.48%，里特曼指数 δ 为 1.01～3.86，大部分为钙碱性岩。在硅-钾图解中主要位于钙碱性及高钾钙碱性系列，在 TAS 图解中主要位于流纹岩区（图 2-3，表 2-6）。

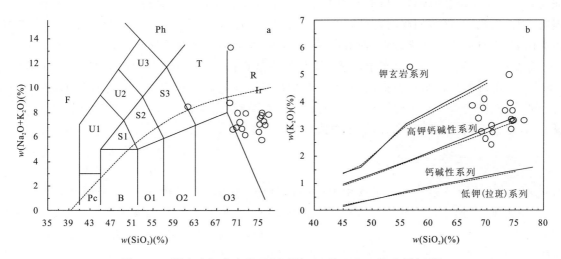

图 2-3 牦牛山组火山岩 TAS 图解（a）及 SiO_2 - K_2O 图解（b）

注：a 图中图例同图 2-1

表 2-6 牦牛山组火山岩岩石化学成分分析结果（%）

序号	岩石名称	SiO_2	TiO_2	Al_2O_3	Fe_2O_3	FeO	MnO	MgO	CaO	Na_2O	K_2O	P_2O_5	LOI	总计
1	流纹凝灰质集块岩	76.50	0.14	11.68	0.99	0.94	0.10	0.47	0.82	3.04	3.32	0.027	1.34	99.37
2	流纹质凝灰岩	74.13	0.21	12.73	1.87	1.20	0.08	0.62	1.01	2.96	3.96	0.041	1.61	100.42
3	流纹岩	73.94	0.12	11.39	1.64	1.22	0.12	0.62	1.87	2.44	5.00	0.033	1.78	100.17
4	火山角砾岩	74.47	0.26	12.92	1.86	0.99	0.10	0.75	1.62	3.04	3.30	0.058	2.30	101.67
5	流纹岩	74.27	0.16	12.46	0.90	0.95	0.11	0	1.94	4.60	3.00	0.046	1.69	100.13
6	流纹质凝灰岩	73.21	0.24	13.31	1.24	1.15	0.11	0.57	1.58	1.88	3.68	0.052	2.41	99.43
7	流纹质凝灰岩	74.66	0.17	11.61	1.18	1.08	0.08	0.73	1.73	3.48	3.32	0.052	2.00	100.09
8	英安质凝灰岩	68.98	0.34	14.38	1.37	1.88	0.13	1.22	2.59	3.68	2.90	0.053	1.95	99.47
9	流纹岩	74.53	0.14	12.92	0.46	1.08	0.13	0.57	0.93	4.16	3.68	0.027	0.86	99.49
10	英安质凝灰岩	70.81	0.32	14.15	1.83	1.95	0.071	0.78	2.16	4.00	3.12	0.076	1.26	100.53
11	流纹岩	74.31	0.10	12.08	1.12	1.11	0.12	0.12	1.84	3.72	3.36	0.027	1.59	99.50
12	英安质凝灰岩	69.68	0.37	14.96	1.67	1.68	0.11	1.29	3.08	3.92	2.64	0.082	1.21	100.69
13	英安质凝灰岩	70.72	0.26	14.26	1.38	1.54	0.10	0.67	3.06	4.12	2.42	0.038	1.15	99.72
14	英安质凝灰岩	68.43	0.40	8.09	2.70	1.38	0.044	1.38	2.68	9.65	3.40	0.14	1.53	99.82
15	英安岩	70.94	0.48	12.20	1.16	2.78	0.64	0.83	2.96	3.12	2.88	0.11	2.60	100.70
16	安山岩	56.54	0.48	12.54	1.17	2.75	0.12	1.34	9.00	2.49	5.28	0.12	7.72	99.55
17	英安岩	67.37	0.28	13.46	1.10	2.30	0.021	0.80	3.06	4.64	3.86	0.12	2.61	99.62
18	弱蚀变流纹岩	75.90	0.31	12.10	1.04	1.04	0	0.19	0.56	0.25	7.45	0.06	0.66	99.56
19	流纹斑岩	69.22	0.36	13.74	0.02	3.53	0.048	1.81	1.00	3.96	3.77	0.10	1.96	99.52
20	凝灰岩	69.44	0.19	12.53	1.70	0.86	0.18	0.80	2.44	3.47	4.11	0.08	4.01	99.81

资料来源：序号 1～15 据 1∶5 万宝沟幅没草沟幅青办食宿站幅区调报告；序号 16～19 据 1∶5 万饮马峡站幅饮马峡站南幅区调报告；序号 20 据 1∶25 万都兰幅区调报告

陆露等(2010)获得东昆仑水泥厂地区牦牛山组磨拉石建造中不同层位中流纹岩的锆石 U-Pb 年龄 423~400Ma,为晚志留世—早泥盆世,代表了牦牛山组沉积时代的下限。张耀龄等(2010)对格尔木南锯齿山一带牦牛山组上部火山岩段的英安岩进行了锆石 SHRIMP U-Pb 测年,获得 406.1±2.9Ma 的年龄。

泥盆系鱼卡组火山岩:分布于鱼卡河中上游以北的阿尔善布拉格—大头羊沟以北地区,近东西—北西向展布,为一套浅海-滨海相碎屑岩夹火山岩组成的火山-沉积建造。在伊克拜勒且尔下部为碎屑岩,上部为火山岩,岩石为杏仁状玄武岩、安山岩、英安岩等,属裂隙式喷发类型。

上泥盆统哈尔扎组火山岩:分布于东昆仑地区红柳泉以南,总体以北西西向展布,赋存于哈尔扎组中,与下伏上泥盆统黑山沟组整合接触,与上覆石炭系呈断层接触。火山岩多以不规则的透镜状产出,熔岩有玄武岩、英安岩等。火山碎屑岩又可细分为流纹质熔结角砾岩、火山角砾岩和凝灰岩。该套火山岩属碱性、亚碱性系列,为后碰撞陆内拉张构造环境的产物。

(二)石炭纪—二叠纪火山岩

石炭系—中二叠统土尔根大坂组火山岩:分布于鱼卡、巴音山、天峻南山、哇洪山及兴海—苦海一带,总体上呈平卧"S"形条带状分布。巴音山一带土尔根大坂组火山岩为蚀变玄武岩、安山岩。天峻南山火山岩较发育,为蚀变玄武安山岩、变安山岩、变玄武岩,向南东哇洪山—玛温根山以变碎屑岩为主夹灰岩及酸性火山岩,兴海—苦海一带为基性熔岩。兴海—苦海一带基性熔岩稀土配分曲线呈富集型。基性熔岩与镁铁—超镁铁质岩共生,成因主要为成熟裂谷-初始洋盆之间的过渡环境,部分可能形成于岛弧或弧后盆地,裂陷时限可能至少始于晚泥盆世(王秉璋等,2000)。

石炭系—中二叠统果可山组火山岩:主要分布于巴音山—茶卡一带,与甘家组为断层接触,呈近东西—北西向展布。其为浅海相碎屑岩、碳酸盐岩夹火山岩的沉积建造。其中,灰色中厚层状灰岩与杏仁状安山玄武岩互层,并见有玄武安山岩,少量角砾安山岩。

石炭系—中二叠统甘家组火山岩:分布于巴音山、关角、哇玉香卡、哇洪山—玛温根山一带,火山岩在哇洪山—玛温根山一带较发育。下部为中性火山岩及火山碎屑岩,中上部为碎屑岩夹灰岩,岩石类型为玄武安山岩、辉石安山岩、石英安山岩、安山质凝灰熔岩。韵律较发育,具爆发→溢流→间歇变化。玄武安山岩为中钾钙碱性系列,具弧火山岩特征。表明坳拉槽自天峻南山向南至兴海—苦海一带可能有初始洋壳,中二叠世具有向西俯冲的迹象。

石炭系—二叠系西金乌兰群火山岩:分布于西金乌兰湖北、荀鲁山克措、治多、玉树、直门达一带,向东南出省。该群呈北西-南东向带状断续分布,与围岩为断层接触,火山岩呈构造岩块产出。岩石以玄武岩、安山岩为主,分布较广泛,其次为英安岩、流纹岩、凝灰岩、火山角砾岩等。火山岩属海相裂隙式喷发类型。岩石主要为中钾钙碱性系列,少数为低钾和高钾钙碱性系列。西金乌兰群火山岩主要为洋盆构造环境,局部地段火山岩表现出弧火山岩的特征。

下石炭统杂多群火山岩:分布于巴茸浪纳、杂多、多普玛。火山岩主要赋存于杂多群碎屑岩岩组中,呈北西-南东向展布,火山活动较为强烈,形成一套巨厚的火山岩系。火山岩总体呈带状分布,呈层状、透镜状赋存于正常海相沉积地层中,为海相裂隙式喷发。同一地区岩性较单一,但区域上火山岩的岩石类型及分布特点变化较大,局部形成厚度较大的火山地层,是以溢流相为主间有爆发相的海相火山岩。熔岩有玄武岩、流纹英安岩、流纹岩,火山碎屑岩有流纹质晶屑岩屑凝灰岩、英安质凝灰角砾岩、英安质凝灰熔岩等(表 2-7)。在 TAS 图解中主要位于玄武安山岩、玄武粗安岩、流纹岩区。稀土元素配分曲线为轻稀土富集型(图 2-4),与岛弧拉斑玄武岩的特征相似,为中—高钾钙碱性岩石。下石炭统杂多群火山岩为活动大陆边缘环境的产物。

下石炭统哈拉郭勒组火山岩:分布于东昆仑南带的分水岭、黑海,东温泉的八宝滩、哈拉郭勒、冬给措纳湖一带,与上石炭统—下二叠统浩特洛哇组为平行不整合接触。火山岩出露面积小,以夹层产出。火山岩为海相基性—中性—酸性火山熔岩夹火山碎屑岩类,火山熔岩主要岩性有英安岩、安山岩、玄武安山岩、玄武岩等,火山碎屑岩主要有晶屑玻屑凝灰岩、含角砾凝灰岩、含火山角砾安山质凝灰岩等。岩石为碱性系列,形成环境为陆缘裂谷构造环境。

表 2-7 杂多群火山岩岩石化学成分分析结果(%)

序号	岩石名称	SiO_2	TiO_2	Al_2O_3	Fe_2O_3	FeO	MnO	MgO	CaO	Na_2O	K_2O	P_2O_5	LOI	总计
1	晶屑玻屑凝灰岩	79.37	0.26	12.34	0.39	0.63	0.06	0.41	0.41	0.06	2.78	0.04	3.03	99.78
2	酸性熔岩	77.84	0.21	11.85	0.48	0.45	0.03	0.35	1.52	0.38	3.33	0.04	3.42	99.90
3	蚀变玄武岩	53.58	2.11	14.89	3.63	6.38	0.18	3.50	6.30	3.54	2.15	0.90	2.49	99.65
4	英安质凝灰熔岩	68.84	0.48	14.79	1.48	2.26	0.11	1.00	2.04	3.67	3.50	0.14	1.61	99.92
5	蚀变英安岩	52.76	1.23	16.36	1.53	6.05	0.11	4.24	8.08	2.69	2.11	0.34	4.14	99.64
6	碱长流纹岩	74.37	0.24	12.98	0.96	0.70	0.05	0.37	1.22	3.34	3.47	0.05	1.89	99.64
7	石英粗安岩	69.28	0.47	12.60	2.36	1.05	0.07	1.97	2.23	2.38	5.90	0.37	1.65	99.76
8	含霓辉石粗面岩	70.34	0.27	14.93	0.95	1.78	0.06	0.37	1.48	3.00	5.00	0.06	1.81	100.05
9	玄武岩	47.42	0.91	15.26	2.40	4.27	0.11	6.48	6.96	5.53	0.26	0.57	8.50	98.67
10	凝灰岩	46.18	0.92	14.47	1.58	6.74	0.108	6.41	7.07	3.76	1.08	0.849	9.60	98.77

资料来源:序号1~18据1:25万杂多幅区调报告;序号19~20据1:25万直根尕卡幅区调报告

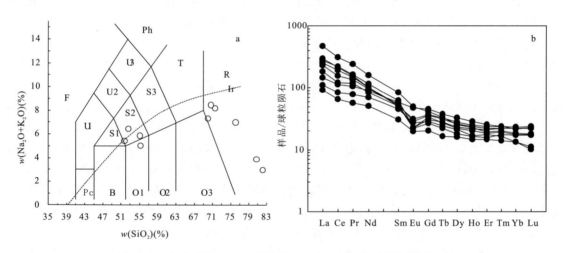

图 2-4 杂多群火山岩 TAS 图解(a)及稀土元素配分曲线图(b)
注:a图图例同图2-1

上石炭统加麦弄群火山岩:分布于杂多—唐古拉东南部结多乡—东坝乡一带,呈北北西-南东东向断续出露,呈零星的火山夹层或透镜体分布于加麦弄群的下部碎屑岩岩组中,为溢流相-爆发相的海相火山岩。熔岩有流纹岩、英安岩、安山岩及玄武岩等,岩石具弧钙碱性火山岩的特征。火山碎屑岩有火山角砾岩、凝灰岩、火山角砾熔岩等。其为活动大陆边缘环境的产物。

上石炭统—下二叠统浩特洛哇组火山岩:主要分布于东昆南构造带,火山活动较弱,出露面积小,火山岩多以夹层形式存在地层之中。其为海相喷溢相的产物,呈夹层状分布,岩性为安山岩、英安岩、安山质火山角砾岩及凝灰岩。岩石里特曼指数 δ 均小于3.3,为钙碱性岩石。岩石主体钙碱性系列,其特点为洋陆俯冲构造环境。

中二叠统马尔争组火山岩:主要分布于阿尼玛卿的巍雪山北、雪水河、马尔争、布青山、阿尼玛卿山一带,巴颜喀拉的卡巴纽尔多、大场北、鄂陵湖北、约古宗列曲源头一带。火山岩产出形态不一,多呈夹层、似层状、透镜状,局部地段受构造运动改造强烈,呈构造透镜体、断块产出,呈北西-南东向展布。火山岩主要出露马尔争组的下部,岩石类型主要有玄武岩、角斑岩两种,玄武岩枕状构造极为发育。在东部马尔争、布青山、德尔尼一带,马尔争组赋存于构造混杂岩和蛇绿岩带中,岩石整体蚀变较强,构造破坏强烈,部分岩石经强烈的变质变形改造而形成各种浅变质岩和各种构造岩。马尔争—布青山地区火山岩主要为玄武岩,其次为变质细碧岩、变安山岩、英安岩及火山碎屑岩等。阿尼玛卿德尔尼地区为碳酸盐岩夹火山岩,火山岩岩石类型复杂,主要为基性—中基性熔岩,火山碎屑岩次之。岩石为玄武岩、杏仁状安山岩、玄武安山岩、苦橄岩及火山碎屑岩。火山岩多具枕状—球状构造,火山活动以喷溢相基性熔岩为主,为海底裂隙喷发类型。中二叠统马尔争组火山岩岩石特征表明主要其为洋脊和洋岛构造环境,只有约古宗列南侧火山岩形成于岛弧构造环境。在苏鲁皮提勒克等地玄武岩 Sm-Nd 等时线年龄为 267±53Ma,黑云母 Ar-Ar 法坪年龄为 267.2±3.4Ma,等时线年龄为 270.57±4.2Ma,均为中二叠世。

中二叠统开心岭群诺日巴尕日保组火山岩:分布于杂多—唐古拉地区玛章错钦东、扎日根西、纳日贡玛、囊谦县西南一带,向南出省。其呈北西-南东向带状断续出露,火山岩以层状、透镜状赋存于地层中,属裂隙式海相喷发的产物,火山活动较为强烈,不同地段火山喷发韵律有所不同,但总体显示喷溢→沉积→爆发→喷溢→沉积的韵律旋回特点。从整个韵律特征来看,火山活动有弱→强→弱活动规律。火山岩岩石类型较为复杂,沱沱河一带火山岩在 TAS 图解中位于碱性玄武岩、玄武粗安岩、粗安岩、粗面英安岩、流纹岩区。治多—杂多一带火山岩在 TAS 图解中位于玄武岩、粗面玄武岩、玄武粗安岩、安山岩、英安岩区。总体来看,诺日巴尕日保组火山岩为基性→中性岩、中酸性→酸性演化。中二叠统诺日巴尕日保组火山岩以钙碱性系列为主,为洋陆俯冲构造环境,在区域上为西金乌兰湖-金沙江洋盆在中二叠世闭合消减期火山岩浆活动的产物。与火山岩有关的矿产多为铜、铅、锌、铁矿(化)点,成因类型以海相火山矿床为主,部分为热液型,主要分布于弧火山岩与碎屑岩的层面附近。

上二叠统格曲组火山岩:分布于东昆南构造带,该组由一套砾岩、砂岩、碳酸盐岩组成,其火山活动极为微弱,仅在热水北东、玛多县又麻日见少量中酸性火山碎屑岩。火山碎屑岩呈北西-南东向"扁豆"状展布,延伸不远。在热水北东岩石为中酸性凝灰熔岩、中酸性玻屑凝灰岩,玛多县又麻日北为中酸性凝灰熔岩。其特点为洋陆俯冲构造环境。

上二叠统乌丽群那益雄组火山岩:火山岩主要分布于乌丽—直通曲北、雀莫错西、杂多县然达北西一带。那益雄组与上三叠统结扎群和古近系沱沱河组为不整合接触。乌丽东扎苏一带见有由熔岩-凝灰岩-熔岩-凝灰岩-沉积岩组成的两个韵律,反映出火山活动由溢流到爆发的韵律性变化。岩石类型由蚀变玄武岩、玄武安山岩、安山岩组成。在杂多县然吉尕哇切吉一带,底部与下—中二叠统诺日巴尕日保组呈角度不整合,其上被上三叠统结扎群甲丕拉组不整合覆盖。那雄组由爆发-喷溢相组成多个火山韵律,构成一个完整的火山喷发旋回。主要岩性为杏仁状多斑安山岩、蚀变玄武岩夹基性火山角砾岩、火山集块岩、安山质晶屑凝灰岩、中基性凝灰熔岩以及少量灰紫色流纹岩。那益雄组火山岩主要为钙碱性系列,构造环境为岛弧环境。

四、中生代火山岩

该期火山岩分布较广,由北向南主要分布于宗务隆—泽库、东昆仑、阿尼玛卿、巴颜喀拉、西金乌兰—玉树及杂多—唐古拉一带。火山活动时期为三叠纪—白垩纪,该期火山岩主要为洋陆俯冲、碰撞及后碰撞岩石构造组合,后碰撞岩石构造组合可进一步分为板内拉张和滞后以及钾玄岩-高钾钙碱性亚组合。

(一)三叠纪火山岩

下—中三叠统隆务河组火山岩:火山活动微弱,仅在苦海一带的疏勒河、唐干乡、夏仓乡一带有少量火山岩出露。岩石类型为安山岩、流纹岩,以夹层、透镜状近东西向产于隆务河组杂色碎屑岩中,火山岩空间上延展性差。另在河卡南东、过马营南有少许中—酸性火山碎屑岩。岩石里特曼组合指数 δ 值 0.84~1.97,属钙碱性岩,为洋陆俯冲构造环境的产物。

下—中三叠统洪水川组、闹仓坚沟组火山岩:洪水川组、闹仓坚沟组二者为整合接触,分布于东昆南地区的小库赛湖、纳赤台、阿拉克湖、冬给措纳湖一带。洪水川组火山岩分布相对集中,主要分布埃肯雅玛托一带,火山岩以中酸性火山碎屑岩为主,主要为流纹—英安质角砾凝灰熔岩、英安质凝灰岩夹玄武岩,少量玄武安山岩、安山岩、英安岩等。火山岩具爆发到喷溢的韵律性变化,从早到晚具基性→中性→

酸性演化,中—高钾钙碱性系列岩石,火山岩赋存层位为岩系的中上部,其主体为同碰撞构造环境的产物;闹仓坚沟组火山岩与砂岩、板岩、灰岩呈互层交替出现,具爆发相→喷发相→沉积相的韵律变化,走向上延伸较稳定。火山岩横向上变化不大,局部地段断续出露,纵向上变化明显。闹仓坚沟组火山岩分布零散,呈条带状展布,火山岩岩石类型简单,岩石类型为中性、中酸性凝灰岩类,其中以中酸性凝灰岩类为主。岩石主要为钙碱性系列,部分岩石碱度较高,为较碱性的粗面岩类,为碰撞构造环境的产物。吴芳等(2010)在东昆仑秀沟盆地闹仓坚沟组获得流纹质凝灰岩锆石 U-Pb 年龄为 243.5±1.7Ma,认为该地区闹仓坚沟组形成于中三叠世早期。

下—中三叠统下大武组火山岩:分布于阿尼玛卿地区的库赛湖北、西藏大沟、花石峡、下大武南西、东倾沟南的索呼多一带。由西向东下大武组火山岩出露有限,在花石峡西南—活洛果、下大武乡南火山岩较为发育。在花石峡岩石为安山岩、凝灰岩。在下大武乡南及活洛果一带以基性熔岩为主,夹少量中酸性凝灰岩及中酸性熔岩。玄武岩以透镜体群出现,具枕状构造。火山岩岩石主要为玄武岩、安山玄武岩、安山岩、英安岩、流纹岩、流纹质火山角砾熔岩。岩石里特曼组合指数 δ 值均小于 3.3,属钙碱性岩。岩石中除流纹岩 $K_2O>Na_2O$ 外,其余岩石为 $Na_2O>K_2O$。该组火山岩形成于洋陆俯冲构造环境。

下—中三叠统甘德组火山岩:分布于巴颜喀拉山一带,火山活动微弱。在西部可可西里的马兰山北东有少量蚀变英安岩、安山岩,呈层状、透镜状分布于砂岩和板岩中。在巴颜喀拉山主峰那扎仁见少量火山岩。可可西里地区马兰山北东火山岩在 TAS 图中位于英安岩、安山岩区。里特曼组合指数 δ 值在 1.5～1.82 之间,均显示钙碱性岩特征,岩石具有弱正铈或无铈异常,反映岩浆来源于巴颜喀拉造山带下部新生陆壳的重熔,为碰撞构造环境的产物。

上三叠统鄂拉山组火山岩:广泛分布于龙羊峡以东—同仁、查查香卡、鄂拉山、海德乌拉山、青根河、温泉北、祁漫塔格、夏日哈北、都兰、什多龙等一带。火山活动强烈,空间沿断裂带分布,呈东西向、北西向、北北西向,总体上呈串珠状分布。火山岩不整合于下、中三叠统之上,被印支期花岗闪长岩侵入,并与下白垩统、新近系不整合接触。其具有典型双峰式火山岩的特点,岩石主要由基性、中酸性熔岩和火山碎屑岩组成(图 2-5,表 2-8)。熔岩由安山岩、英安岩、流纹岩组成。火山碎屑岩由各种火山角砾岩、集块岩、凝灰质岩石组成,总体反映以火山碎屑岩为主。该火山岩由火山碎屑岩和熔岩交替组成多个韵律。火山岩喷发具裂隙和多中心式的陆相喷发特点,在同仁一带火山喷发中心多,喷发强烈,各种岩相发育的特点,火山机构呈环状、半环状展布,不同岩相的火山岩呈层状、互层状产出。岩石属高钾钙碱性系列,从区域背景分析鄂拉山组火山岩形成于挤压碰撞作用形成的陆内火山弧环境。

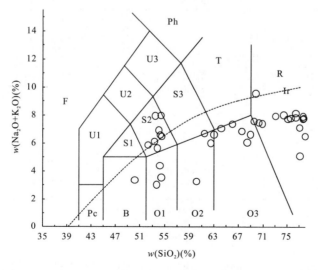

图 2-5 鄂拉山组火山岩 TAS 图解

注:图中图例同图 2-1

表 2-8 鄂拉山组火山岩岩石化学成分分析结果(%)

序号	岩石名称	SiO$_2$	TiO$_2$	Al$_2$O$_3$	Fe$_2$O$_3$	FeO	MnO	MgO	CaO	Na$_2$O	K$_2$O	P$_2$O$_5$	LOI	总计
1	英安岩	65.88	0.39	14.60	1.43	1.60	0.05	1.78	3.54	5.53	0.78	0.10	4.13	99.81
2	英安岩	65.42	0.50	15.74	0.79	3.28	0.08	1.27	3.04	3.86	2.75	0.18	2.83	99.74
3	玄武岩	51.35	1.49	16.49	4.84	4.27	0.15	5.45	8.54	2.67	0.20	0.19	4.21	99.85
4	玄武岩	50.59	1.41	15.26	4.17	5.03	0.18	4.49	8.25	2.95	0.32	0.26	6.93	99.84
5	流纹岩	76.04	0.20	11.19	2.51	0.65	0.03	0.25	0.74	4.28	2.70	0.03	1.20	99.82
6	流纹岩	76.94	0.10	11.00	1.82	0.50	0.01	0.17	0.72	3.07	4.59	0.01	0.95	99.88
7	流纹岩	79.39	0.08	10.20	1.55	0.60	0.02	0.21	0.27	2.27	4.38	0.01	0.88	99.88
8	流纹岩	75.46	0.10	13.06	1.13	0.47	0.01	0.22	0.29	2.71	5.29	0.01	1.11	99.86
9	玄武质粗面安山岩	51.73	1.26	16.63	3.36	4.18	0.14	5.64	5.87	4.66	1.95	0.28	3.80	99.50
10	玄武质粗面安山岩	52.89	1.99	13.64	7.47	3.85	0.18	3.93	6.19	3.54	2.75	0.65	2.60	99.68
11	玄武岩	51.13	2.23	14.96	4.89	4.97	0.14	4.82	6.37	2.66	1.46	0.70	5.46	99.79
12	玄武质粗面安山岩	51.09	1.90	14.22	6.86	3.53	0.19	4.77	4.75	5.13	1.05	0.64	5.65	99.78
13	玄武质粗面安山岩	50.25	1.69	15.86	7.82	1.48	0.13	2.80	6.10	6.80	0.65	0.47	5.38	99.43
14	粗面玄武岩	51.18	1.08	16.37	3.38	4.05	0.11	6.25	7.09	4.96	0.39	0.27	4.40	99.53
15	粗面玄武岩	50.24	1.52	15.77	4.35	4.25	0.14	4.89	6.9	4.43	1.32	0.34	5.70	99.85
16	粗面玄武岩	50.48	1.37	16.15	3.38	4.88	0.13	6.71	7.46	2.94	2.70	0.30	3.70	100.20
17	玄武质粗面安山岩	51.51	1.59	17.40	4.99	2.87	0.10	6.72	1.48	5.40	2.14	0.50	5.26	99.96
18	玄武岩	47.85	3.03	12.50	2.39	12.50	0.21	5.67	7.83	2.79	0.38	0.30	4.55	100.00
19	粗面岩	68.36	0.26	13.86	2.48	1.89	0.08	0.22	1.45	4.75	4.57	0.05	1.80	99.77
20	流纹岩	76.77	0.19	10.62	1.53	0.88	0.03	0.19	0.53	2.20	5.22	0.05	1.06	99.27
21	流纹岩	75.91	0.12	10.96	1.76	1.19	0.01	0.25	0.82	3.08	3.21	0.02	1.77	99.10
22	流纹岩	77.10	0.10	11.48	0.98	0.98	0.02	0.30	0.67	3.25	4.38	0.02	0.86	100.14
23	流纹岩	73.70	0.10	12.55	1.31	0.39	0.03	0.41	2.22	1.03	3.80	0.02	3.84	99.40
24	流纹岩	76.95	0.11	11.35	1.37	0.73	0.03	0.14	0.53	2.84	4.97	0.02	0.92	99.97
25	英安岩	71.54	0.14	14.16	1.37	1.35	0.01	0.42	1.10	3.88	3.87	0.03	1.55	99.42
26	英安质凝灰熔岩	68.52	0.36	14.61	1.30	2.82	0.07	1.10	2.28	3.42	4.02	0.08	1.01	99.59
27	英安质火山角砾岩	66.98	0.43	13.74	2.64	3.74	0.11	1.42	2.90	3.08	2.82	0.10	1.92	99.89
28	次石英安山岩	64.60	0.56	16.05	2.62	2.28	0.07	1.10	3.38	3.69	3.50	0.12	2.23	100.20
29	流纹质凝灰岩	73.48	0.21	12.80	0.39	2.37	0.06	0.32	1.14	3.56	4.31	0.05	0.93	99.62
30	流纹岩	74.11	0.19	12.81	0.38	2.07	0.06	0.37	1.01	3.45	4.16	0.02	1.34	99.97
31	石英安山岩	59.62	0.84	15.70	2.17	3.70	0.11	3.36	5.00	3.05	3.42	0.18	2.97	100.12
32	辉石安山岩	62.46	0.78	15.99	0.65	4.18	0.10	2.02	4.18	3.70	3.15	0.16	2.55	99.92
33	流纹质凝灰熔岩	75.30	0.12	12.49	0.73	1.53	0.04	0.08	0.50	4.18	0.05	0.93	99.45	
34	英安质凝灰熔岩	69.94	0.29	14.42	1.42	2.29	0.08	0.76	2.11	3.52	3.74	0.11	0.89	99.57
35	英安岩	68.70	0.25	14.98	0.99	2.64	0.08	0.43	2.31	3.48	3.80	0.09	1.63	99.38
36	石英安山岩	60.05	0.69	15.98	0.98	5.40	0.08	4.18	2.87	2.38	3.37	0.16	4.93	101.07
37	流纹岩	74.11	0.19	12.18	0.38	2.07	0.06	0.37	1.01	3.45	4.16	0.02	1.34	99.34
38	玄武安山岩	58.56	1.07	16.50	7.19	2.14	0.20	3.15	5.04	3.00	0.15	0.38	2.38	99.76
39	辉石安山岩	62.03	0.72	15.87	2.11	3.29	0.09	3.03	4.72	3.37	3.12	0.16	1.87	100.38

资料来源:序号1~12据1:25万阿拉克湖幅区调报告;序号13~24据1:5万海德郭勒等八幅区调报告;序号25~39据1:25万都兰幅区调报告

在阿格腾地区玛兴大湾流纹岩中获得215.37±0.56Ma的锆石U-Pb年龄(1:25万布伦台幅大灶火幅区调修测);海德郭勒附近鄂拉山组玄武质粗面安山岩锆石SHRIMP U-Pb加权平均年龄为204±2Ma,火山活动主要为晚三叠世晚期(1:25万阿拉克湖幅)。中国地质大学(武汉)进行青海1:5

万中灶火地区四幅区调时采用 LA-ICP-MS 法获得鄂拉山组流纹岩、英安岩中的同位素年龄分别为 $225\pm2Ma$、$223.1\pm2.6Ma$。另外,前人在该套地层安山岩中获得 210Ma 的 Sm-Nd 年龄,在次火山岩相闪长玢岩中获得 $227\pm3Ma$ 的 U-Pb 年龄(1:5 万祁漫塔格-乌兰乌珠尔幅)。与陆相火山活动作用形成的铜、铅、锌、金、铁等矿床、矿点、矿化,主要分布于鄂拉山、同仁一带,如老藏沟、夏布楞、鄂拉山口等矿床(点)。成矿以铅、锌、银为主,伴生锡、砷、锑等。

上三叠统八宝山组火山岩:分布于东昆仑海德乌拉、八宝山一带,区域上受北西向断裂所控,被上—中侏罗统羊曲组平行不整合接触。从西向东形成海德乌拉、八宝山等规模不等、形态各异的火山-沉积盆地,并形成层状、锥状火山机构。在喷发特点、喷发强度等方面的不同,表现出火山韵律、火山相、火山喷发厚度及火山机构特征等方面的差异,但总体反映了火山喷发活动由强到弱的变化,为爆发相→喷溢相→喷发相→沉积相。火山岩从基性到酸性岩类均有出露。在不同火山机构的火山岩岩石组合不同,在泉水沟层状火山中分布有安山岩、玄武岩、玄武质集块岩。海德乌拉等锥状火山分布有流纹岩、英安岩、安山岩,以及爆发相安山质、流纹质火山角砾岩和火山弹集块熔岩等。火山岩在 AFM 图中主要位于钙碱性系列,属中—高钾钙碱性系列(表 2-9)。在海德乌拉东部一带火山岩有所变化,朱云海等(2003)研究认为火山岩为碱性-钙碱性系列,具双峰式组合,为早侏罗世裂谷的产物。结合东昆仑造山带区域地质,该套火山岩主体属中—高钾钙碱性系列,活动时期为晚三叠世,其构造环境为后碰撞底侵及下部陆壳重熔的产物,局部地段延续到早侏罗世出现造山带伸展裂谷的产物。在海德乌拉英安岩中获得 Rb-Sr 同位素年龄值为 198.9Ma,泉水沟玄武岩 K-Ar 年龄值为 220.8Ma,海德乌拉玄武岩锆石 SHRIMP 年龄值为 $204\pm2Ma$(朱云海等,2003)。

上三叠统清水河组火山岩:在巴颜喀拉地区那扎仁北东、班玛县达卡一带,偶见少量中基性岩、英安岩、石英粗面岩及火山碎屑熔岩类,呈透镜状分布于地层中。岩石里特曼组合指数 δ 值为 1.8~4.4,属碱性、钙碱性岩石。岩石为中—高钾钙碱性岩。其可能为晚三叠世巴颜喀拉基底新生陆壳重熔的产物,具滞后弧火山岩特点。

表 2-9 八宝山组火山岩岩石化学成分分析结果(%)

序号	岩石名称	SiO_2	TiO_2	Al_2O_3	Fe_2O_3	FeO	MnO	MgO	CaO	Na_2O	K_2O	P_2O_5	LOI	总计
1	英安斑岩	68.58	0.31	15.81	0.49	1.58	0.04	1.22	1.87	2.89	3.42	0.10	3.52	99.83
2	流纹斑岩	75.13	0.04	13.24	0.14	0.93	0.06	0.40	0.99	3.94	3.54	0.01	1.40	99.82
3	英安岩	68.87	0.23	15.53	0.92	1.63	0.06	2.62	0.99	2.01	2.99	0.05	3.91	99.81

资料来源:据 1:25 万阿拉克湖幅区调报告

上三叠统巴塘群火山岩:分布于西金乌兰—玉树地区乌石峰东、牙邦曲、结隆、玉树巴塘一带。火山岩呈北西-南东向展布,以裂隙式喷发为主。总体反映喷发—间歇、爆发—间歇的火山喷发韵律。火山岩呈层状、似层状及透镜状产于巴塘群的碎屑岩、碳酸盐岩岩层中。岩石类型有酸性—中性—基性熔岩类、火山碎屑熔岩类及火山碎屑岩类。熔岩类有玄武岩、安山玄武岩、玄武安山岩、安山岩、粗安岩、英安岩、流纹岩等。火山碎屑熔岩类有酸性凝灰熔岩、中酸性凝灰熔岩及中基性凝灰熔岩等。火山碎屑岩类以酸性—中酸性凝灰岩为主,中性凝灰岩、中酸性火山角砾岩次之,中性火山角砾岩和火山集块岩少量。火山岩从中基性—酸性由富钠贫钾向贫钠富钾方向演化。火山岩在 TAS 图中位于玄武岩、玄武安山岩、安山岩、玄武质粗面安山岩、英安岩、流纹岩区(图 2-6)。岩石化学上巴塘群火山岩表现为低 Ti(表 2-10),稀土元素特征表现为轻稀土元素富集,具中度的负铕异常(图 2-6,表 2-11),在微量元素地球化学方面,表现为富集大离子亲石元素,亏损高场强元素,为典型的弧火山岩,但形成于后碰撞构造环境,为海相滞后弧火山岩。上三叠统巴塘群火山岩形成与岛弧环境火山岩相关的铜、铅、锌、银成矿系列。代表性矿床为尕龙格玛 VMS 型铜多金属矿床。

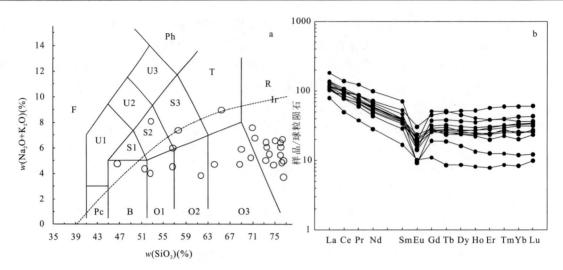

图 2-6 巴塘群火山岩 TAS 图解(a)及稀土元素配分曲线图(b)

注:图 a 中图例同图 2-1

表 2-10 巴塘群火山岩岩石化学成分分析结果(%)

序号	岩石名称	SiO₂	TiO₂	Al₂O₃	Fe₂O₃	FeO	MnO	MgO	CaO	Na₂O	K₂O	P₂O₅	LOI	总计
1	英安质晶屑凝灰岩	68.74	0.18	9.25	2.44	1.54	0.10	0.86	2.68	2.76	1.57	0.06	3.71	93.89
2	英安质晶屑凝灰岩	74.96	0.21	11.60	2.47	1.12	0.05	0.89	2.98	2.54	1.06	0.07	2.03	99.98
3	英安岩	75.41	0.16	13.27	1.63	1.20	0.10	0.30	0.77	4.78	1.52	0.03	0.82	99.99
4	英安岩	74.54	0.15	14.00	1.53	1.19	0.11	0.34	0.87	4.84	1.64	0.03	0.74	99.98
5	流纹质晶屑凝灰岩	73.37	0.27	13.37	1.81	1.12	0.06	1.06	2.44	3.16	1.38	0.07	1.88	99.99
6	流纹岩	75.59	0.21	12.09	1.28	1.48	0.07	1.14	1.94	4.14	0.75	0.06	1.22	99.97
7	英安质凝灰岩	76.93	0.27	11.26	0.62	0.90	0.02	1.08	1.00	3.85	1.73	0.04	2.14	99.84
8	玄武岩	49.86	1.85	15.51	2.83	6.62	0.13	5.48	8.37	1.12	2.65	0.34	5.06	99.82
9	流纹岩	77.02	0.34	8.17	1.31	0.38	0.10	0.84	4.14	0.50	2.75	0.06	4.27	99.88
10	玄武岩	59.44	1.04	14.78	4.00	4.22	0.14	2.92	6.11	0.23	3.44	0.14	3.36	99.82
11	玄武岩	54.32	1.18	17.67	2.47	7.55	0.19	4.08	2.40	1.43	4.26	0.12	4.14	99.81
12	安山岩	54.81	0.74	17.50	2.97	5.35	0.13	3.48	7.18	0.77	3.57	0.10	3.57	100.17
13	英安岩	73.63	0.23	12.55	1.43	4.45	0.05	0.94	2.01	1.90	3.11	0.05	1.41	101.76
14	流纹岩	67.83	0.40	14.19	3.10	1.00	0.04	0.40	1.40	3.04	4.16	0.05	3.70	99.31
15	火山角砾熔岩	49.60	0.78	20.03	5.02	5.14	0.16	3.54	7.74	2.19	1.99	0.09	3.68	99.96
16	玄武岩	41.88	1.28	15.94	3.61	5.46	0.10	7.27	9.90	1.16	3.11	0.11	10.75	100.57
17	安山质凝灰熔岩	68.25	0.21	11.30	1.28	2.62	0.08	1.97	3.42	3.94	2.48	0.04	5.17	100.76
18	英安质凝灰熔岩	75.60	0.13	12.77	1.00	1.34	0.04	0.81	0.66	1.36	5.20	0.06	3.43	102.40
19	粗面岩	62.80	0.46	14.24	3.15	3.37	0.14	0.88	2.27	4.42	4.15	0.08	3.93	99.89
20	蚀变英安岩	63.69	0.38	13.38	0.62	2.08	0.17	2.03	6.00	2.26	2.06	0.08	7.00	99.75
21	蚀变英安岩	66.85	0.43	12.48	1.36	1.67	0.12	1.46	5.25	3.05	1.85	0.09	5.26	99.87
22	凝灰岩	72.95	0.19	10.31	0.84	1.31	0.09	0.93	4.17	3.78	1.41	0.03	4.10	100.11
23	凝灰岩	69.95	0.29	11.26	1.21	0.84	0.17	0.69	4.90	3.36	1.81	0.06	5.07	99.61
24	凝灰岩	73.37	0.21	11.63	1.07	0.85	0.05	1.16	2.29	3.50	2.29	0.04	3.27	99.73
25	凝灰岩	77.85	0.09	10.23	1.16	0.57	0.02	1.52	0.70	1.86	3.26	0.03	2.25	99.57
26	凝灰岩	71.00	0.32	12.14	0.85	1.91	0.22	1.66	2.53	3.38	2.41	0.06	3.58	100.06
27	凝灰岩	63.05	0.29	10.68	0.91	0.66	0.11	0.61	9.76	3.88	1.46	0.04	8.56	100.01
28	碱性玄武岩	50.03	1.06	17.60	7.58	1.31	0.15	4.52	4.53	4.89	2.74	0.46	4.93	99.80
29	玄武安山岩	53.78	0.58	18.23	1.31	5.40	0.17	1.79	4.96	5.76	1.08	0.16	5.89	99.08
30	流纹岩	79.01	0.17	8.98	0.51	1.91	0.02	2.73	0.92	0.77	1.95	0.04	2.94	99.95
31	凝灰岩	71.62	0.34	14.01	1.81	1.29	0.02	1.54	0.59	1.95	4.28	0.08	2.60	100.13
32	安山岩	62.44	0.63	16.65	2.54	3.22	0.11	1.66	5.36	3.92	0.64	0.16	2.22	99.55

资料来源:序号 1~6 为本次研究;序号 7~19 据 1:25 万治多幅区调报告;序号 20~32 据 1:25 万曲柔尕卡幅区调报告

表 2-11 巴塘群火山岩稀土元素分析结果（10^{-6}）

样品号	La	Ce	Pr	Nd	Sm	Eu	Gd	Tb	Dy	Ho	Er	Tm	Yb	Lu	Y	ΣREE
1	31.00	58.00	7.28	27.90	5.91	1.36	5.90	0.93	6.29	1.41	3.88	0.71	4.07	0.70	37.40	155.34
2	32.20	61.50	6.96	26.90	5.80	1.14	5.54	0.88	6.02	1.26	3.29	0.57	3.41	0.59	31.70	156.06
3	18.80	30.50	3.58	13.20	2.56	0.59	2.26	0.32	2.18	0.46	1.30	0.22	1.42	0.25	13.50	77.64
4	24.63	48.26	6.28	22.77	5.17	0.82	5.39	1.01	6.60	1.36	4.05	0.67	4.38	0.65	36.11	132.04
5	32.59	65.85	8.12	29.63	6.15	1.19	5.97	1.12	6.77	1.55	4.66	0.75	5.30	0.80	39.21	170.45
6	28.29	60.75	8.25	33.54	8.08	1.77	9.22	1.85	13.18	2.95	9.42	1.52	10.20	1.54	83.25	190.56
7	27.29	59.38	8.16	31.63	7.12	0.85	7.72	1.43	9.33	2.01	6.35	1.02	7.25	1.10	52.85	170.64
8	24.28	53.14	6.72	26.40	6.06	0.53	5.52	1.05	7.02	1.53	4.88	0.81	5.75	0.87	37.41	144.56
9	27.47	53.15	6.81	25.69	5.52	1.02	5.26	0.95	6.01	1.31	3.94	0.64	4.25	0.66	33.22	142.68
10	26.53	47.42	6.39	23.74	5.44	0.96	6.49	1.21	7.76	1.68	5.09	0.82	5.56	0.86	45.91	139.95
11	25.77	47.08	5.68	20.31	4.39	0.55	3.90	0.70	4.10	0.76	2.08	0.32	2.02	0.31	17.82	117.97
12	43.10	84.87	11.71	46.24	10.87	1.10	10.45	1.92	11.49	2.30	6.36	1.00	6.15	0.93	56.50	238.49

资料来源：序号1～3为本次研究；序号4据1∶25万治多幅区调报告；序号5～12据1∶25万曲柔尕卡幅区调报告

上三叠统结扎群甲丕拉组、波里拉组、巴贡组火山岩：分布于杂多—唐古拉一带。呈近东西向或北北西—南东东向带状展布，与区域构造线基本一致。空间上3组紧密共生在一起，3组为连续整合接触，与围岩为断层或不整合接触。火山岩呈层状分布于甲丕拉组、波里拉组及巴贡组之中。以甲丕拉组火山活动最为强烈，火山岩集中分布于沱沱河—莫曲东一带，其他地段火山岩分布零星。火山岩与上二叠统那益雄组和古近系沱沱河组为不整合接触。甲丕拉组火山活动由间歇性喷发—大规模喷发—爆发至最后潜火山岩侵入。TAS图（图2-7）中甲丕拉组火山岩为玄武岩、玄武安山岩、玄武质粗安岩、粗安岩、安山岩、英安岩；波里拉组火山岩为玄武质粗安岩、粗安岩、安山岩；巴贡组火山岩为玄武岩、粗安岩（表2-12）。甲丕拉组、波里拉组和巴贡组火山岩在AFM图中主要位于钙碱性系列。结合区内所处构造环境，火山岩为后碰撞挤压向伸展转化阶段的产物，甲丕拉组火山岩以挤压构造环境为主，波里拉组、巴贡组火山岩具有伸展构造环境的特点。甲丕拉组火山岩、波里拉组火山岩Rb-Sr年龄分别为231±28Ma、225±8Ma，甲丕拉组火山岩锆石U-Pb年龄237～207Ma（1∶25万沱沱河幅）。

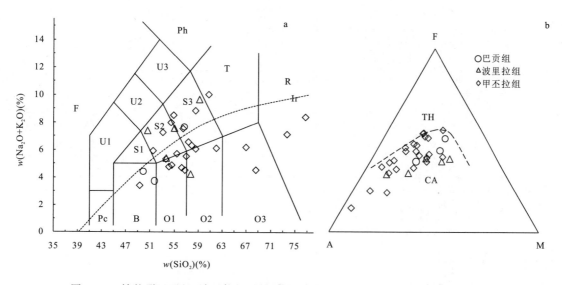

图2-7 结扎群巴贡组、波里拉组、甲丕拉组火山岩TAS图解（a）及AFM图解（b）
注：a图中图例同图2-1；b图中TH为拉斑玄武岩系列，CA为钙碱性系列

表 2-12 结扎群巴贡组、波里拉组、甲丕拉组火山岩岩石化学成分分析结果(%)

序号	组	岩石名称	SiO_2	TiO_2	Al_2O_3	Fe_2O_3	FeO	MnO	MgO	CaO	Na_2O	K_2O	P_2O_5	LOI	总计
1	巴贡组	玄武岩	47.62	1.81	14.77	2.97	7.14	0.11	5.68	8.17	3.03	0.39	0.42	7.49	99.60
2		玄武粗安岩	54.27	1.38	16.30	1.43	6.17	0.11	4.19	4.12	6.83	0.48	0.52	3.71	99.51
3		英安质火山角砾熔岩	45.98	1.61	16.12	6.05	2.45	0.21	5.38	9.58	3.56	0.52	0.75	7.54	99.75
4	波里拉组	蚀变粗安岩	56.46	0.66	17.41	3.59	2.06	0.08	1.88	3.73	7.01	2.18	0.44	3.96	99.46
5		玄武粗安岩	51.03	0.48	14.69	2.51	5.40	0.16	6.74	8.95	4.49	0.62	0.09	4.22	99.38
6		杏仁状安山岩	46.32	1.00	17.57	4.75	4.46	0.17	5.51	4.81	5.17	1.58	0.32	7.47	99.13
7		熔岩角砾岩	49.98	0.67	16.30	2.01	3.40	0.11	3.43	7.95	5.09	1.76	0.23	9.00	99.93
8		玄武安山岩	54.61	0.94	17.17	4.10	3.82	0.28	6.95	2.59	3.10	0.89	0.26	5.00	99.71
9	甲丕拉组	蚀变粗安岩	56.32	0.60	16.74	5.84	1.12	0.14	1.55	5.11	6.04	2.44	0.34	3.24	99.48
10		碱性玄武岩	49.70	0.90	19.23	2.02	3.55	0.13	2.24	6.12	6.71	0.55	0.13	8.11	99.39
11		玄武安山岩	52.80	0.79	17.56	2.61	5.38	0.18	4.69	5.56	2.89	2.53	0.29	4.39	99.67
12		杏仁状玄武岩	50.05	0.66	17.20	3.49	3.34	0.16	4.08	9.05	4.10	0.86	0.38	6.19	99.56
13		碱性玄武岩	48.89	1.12	17.74	3.82	6.16	1.25	7.77	2.44	2.45	3.16	0.16	4.88	99.84
14		蚀变英安岩	64.40	0.61	12.95	1.94	0.23	2.06	2.90	4.42	1.51	0.13	3.14		99.39
15		蚀变粗安岩	59.37	0.69	17.76	5.69	1.07	0.13	1.15	1.79	6.98	2.78	0.38	1.97	99.76
16		碱性玄武岩	50.03	0.99	15.62	2.99	2.24	0.32	1.80	8.98	7.37	0.37	0.48	8.12	99.29
17		蚀变安山岩	55.39	0.70	17.92	5.34	3.06	0.09	3.34	4.28	5.04	1.28	0.19	2.89	99.52
18		玄武安山岩	54.97	0.69	17.91	3.66	3.02	0.13	6.85	3.43	0.94	0.18	2.34		99.21
19		安山质火山集块岩	54.28	0.84	18.89	4.32	2.04	0.08	1.64	6.70	6.41	0.81	0.17	3.44	99.62
20		玄武质火山集块岩	52.55	0.81	18.30	6.08	3.66	0.18	2.93	6.70	3.67	1.02	0.39	2.67	98.96
21		玄武安山岩	54.13	1.04	17.233	6.06	3.54	0.11	2.91	6.44	3.26	1.25	0.32	3.25	99.543
22		玄武岩	51.18	0.83	17.38	5.74	3.78	0.15	3.65	7.24	4.00	0.50	0.13	4.72	99.30
23		玄武安山岩	54.81	0.70	17.10	4.68	3.18	0.12	2.43	7.69	5.05	0.25	0.20	3.47	99.68
24		玄武安山岩	55.65	0.69	17.44	6.51	2.72	0.10	3.17	3.65	4.25	1.80	0.18	3.08	99.24
25		碱性玄武岩	49.20	1.19	17.63	1.44	7.02	0.10	4.27	4.61	6.23	0.47	0.51	6.35	99.02
26		蚀变安山岩	57.98	0.63	15.37	5.10	2.28	0.23	1.89	4.24	4.21	1.49	0.13	4.28	97.83
27		蚀变玄武岩	46.61	1.17	18.83	4.49	6.52	0.19	4.95	8.17	2.42	0.80	0.42	4.91	99.48
28		晶屑凝灰岩	63.22	0.53	11.49	0.84	2.99	0.06	2.36	6.42	2.43	1.74	0.14	8.47	100.69
29		安山质凝灰岩	56.52	1.04	16.82	4.49	2.70	0.04	4.67	3.88	0.76	5.07	0.39	3.23	99.77
30		英安质凝灰岩	72.27	0.20	13.27	1.49	1.15	0.04	1.86	0.80	2.63	4.33	0.04	0.30	98.38
31		流纹质凝灰岩	81.91	0.005	7.86	0.44	1.07	0.01	0.49	1.52	0.12	4.28	0.02	1.88	99.605
32		流纹质凝灰岩	75.90	0.05	12.27	0.47	0.91	0.01	0.36	0.71	0.54	7.73	0.02	1.21	100.18

资料来源:序号1~3和序号7~15据1:25万沱沱河幅区调报告;序号4~6和序号16~27据1:25万曲柔尕卡幅区调报告;序号28~29据1:25万杂多幅区调报告;序号30据1:25万治多幅区调报告;序号31~32据1:25万赤布张错幅区调报告

(二)侏罗纪火山岩

下侏罗统年宝组火山岩:火山岩零星分布于巴颜喀拉的达日县桑日麻、哇赛、久治县尼格曲上游、班玛县麻河尕玛、苦木柯河一带。该组不整合于巴颜喀拉山群之上。火山岩为中—酸性,裂隙-中心喷发,由熔岩、火山碎屑熔岩及火山碎屑岩组成,熔岩为安山岩、英安岩、流纹岩等。该组火山岩中出现较多的中酸性—酸性火山碎屑熔岩及火山碎屑岩,火山活动以爆发-喷溢为主。岩石中除流纹英安岩中 $K_2O>Na_2O$ 外,其余岩石 $Na_2O>K_2O$,里特曼指数 δ 值为 0.49~2.78,为钙碱性岩石,岩石以中—高钾钙碱性系列为主,少量碱性系列,为后碰撞陆内拉张型构造环境的产物。

下侏罗统那底岗日组火山岩:分布于杂多—唐古拉的果曲—莫云西南一带,与下伏二叠系超覆不整合接触或断层接触,呈北西-南东向展布,可分为下部砾岩段和上部火山岩段。上部全为熔岩,岩性为灰绿色、深灰色块状玄武岩,橄榄玄武岩,玄武安山岩,发育气孔和杏仁状构造。岩石 SiO_2 含量变化很小,为 46.58%~53.45%,主要为中基性火山岩,为钙碱性系列。岩石化学上那底岗日组火山岩表现为低 Ti、高 Al,稀土元素特征表现为轻稀土元素富集,轻重稀土呈现较强的分馏,并具有轻微的负铕异常;在微量元素地球化学方面,表现为大离子亲石元素富集,高场强元素亏损,这些地球化学特征均为弧火山岩中所常见。构造环境为洋陆俯冲构造环境。

中侏罗统雁石坪群雀莫错组火山岩:分布于杂多—唐古拉一带。火山岩活动微弱,仅在中侏罗世早期有小规模喷发活动,该组与下伏二叠系呈超覆不整合接触或断层接触,与上覆白垩系、新近系亦为不整合接触。该组在不同地段火山岩岩石组合有所不同,在雀莫错、祖尔肯乌拉山一带火山岩呈夹层状赋存在雀莫错组紫红色砂岩中,分上、下两层,下层为沉凝灰岩,上层为流纹质岩屑凝灰岩。在唐古拉山口的 109 道班西南地区火山岩呈夹层产出,岩石类型为杏仁状流纹英安岩、流纹岩、流纹质含角砾熔结凝灰岩,为碰撞构造环境。

(三)白垩纪火山岩

白垩系多福屯组火山岩:分布于青海湖南山—泽库一带。火山岩分布面积小,仅见于多福屯南北向断陷盆地中,为裂隙-中心式喷发,主要受多福屯南北向大断裂控制。该组局部与三叠系砂板岩及印支期侵入岩呈角度不整合接触。火山岩由喷溢相和爆发相交替出现的韵律组成,以喷溢相为主,爆发相次之,发育盾状火山机构。其熔岩主要为玄武岩、橄榄玄武岩和安山玄武岩及火山碎屑岩。火山碎屑岩中见有火山弹,熔岩中枕状构造、杏仁状构造发育,具不明显的流动构造。岩石 SiO_2 含量变化很小,为 42.79%~46.64%,主要为基性火山岩,且 $Na_2O>K_2O$。玄武岩为钠质碱性玄武岩,$^{87}Sr/^{86}Sr$ 比值为 0.704 95±0.000 06,岩浆来源于上地幔。岩石特征表明白垩系多福屯组火山岩为后碰撞拉张环境下的产物(范立勇等,2007;祁生胜等,2012)。

五、新生代火山岩

新近系查保马组火山岩:主要分布于鲸鱼湖、可可西里湖、大梁山、祖尔肯乌拉山及囊谦一带,另外在巍雪山、布喀达坂峰一带有少量分布。可可西里地区火山岩呈东西向展布,出露面积大,分布受区内北东向、北西向断裂控制,呈面状展布。火山岩呈熔岩被、熔岩台地、熔岩阶地喷发不整合于三叠系及古近系—新近系碎屑岩地层之上,局部呈断层接触或被第四系砂砾岩覆盖。火山岩中包体普遍发育,尤以可可西里湖南及双头山南东最为发育。可可西里湖南橄榄白榴响岩质碱玄岩中柱状节理发育,熔岩流以爆发相的火山角砾为中心,向四周呈放射状。熔岩中包体发育,包体主要类型有花岗质、闪长质、橄榄质、斜长角闪质等,从包体成分推测,火山岩岩浆可能来源于壳幔混合层。在可可西里一带查保马组火山岩由底到顶,颜色由灰—灰褐—紫红色构成"红顶绿底"交替出现的韵律性变化,表明火山活动具有从爆发相到喷溢相的活动规律,火山活动从早到晚为强→弱→强→弱。岩相从中心向四周有火山集块岩、火山角砾岩、喷溢相的气孔状安粗岩、块状安粗岩等。喷溢相为主要岩相之一,从东到西岩石 SiO_2 含量有增大的趋势,同一熔岩台地自下而上岩石化学、地球化学基本保持不变,但在时间上差异较大,从66~2Ma,表明其喷发时间较长,且在各地熔岩喷溢强度差异较大。岩石以安粗岩、粗面英安岩为主,其次为橄榄安粗岩、橄榄白榴响岩质碱玄岩、粗面岩等。

祖尔肯乌拉山一带火山岩角度不整合于中上侏罗统及白垩系之上。其产出形态明显受断裂、断陷盆地控制。火山岩由熔岩和火山碎屑岩组成。熔岩有英安岩、流纹英安岩、粗面英安岩、橄榄玄粗岩、安粗岩、粗面岩等。火山碎屑岩为火山角砾岩、含火山角砾凝灰岩等。在东部囊谦一带，查保马组赋存于囊谦多伦多、下拉秀—子曲一带断陷盆地中，其中囊谦地区火山岩较发育，而多伦多、子曲一带分布较少，火山岩的分布和厚度差异也很大。火山岩由火山熔岩和火山碎屑岩组成。火山熔岩在囊谦盆地岩石类型比较复杂，有粗面岩、粗面安山岩、安山玄武岩、玄武岩、流纹岩等。火山碎屑岩为粗面质火山集块岩、粗面质火山角砾岩、粗面质凝灰质火山角砾熔岩等。

查保马组火山岩具陆壳物质重熔混染的特点，具挤压环境下活动陆缘火山岩的特点。火山岩主体为青藏高原北部地壳巨量增厚引起榴辉岩相的下地壳物质熔融的岩浆产物，部分过碱性系列岩石可能为上地幔重熔的产物。同位素测年数据(46.8±0.9)～(30.4±0.5)Ma，平均38Ma(1∶25万乌兰乌拉湖幅)，主要为始新世中期。火山熔岩K-Ar年龄26.5Ma、19.6Ma和17.6Ma(1∶25万赤布张错幅)，时代归为渐新世—中新世早期。巴日根曲北岸粗面岩、宰芒毛北部粗安岩在气孔状粗安岩之下，K-Ar年龄40.1～35.1Ma(1∶25万赤布张错幅)，为始新世。桑琦日附近火山岩K-Ar年龄37.3±0.7Ma、33.0±0.7Ma(1∶25万温泉兵站幅)，属始新世晚期—渐新世早期。邓万明等(1996)对可可西里地区的新生代火山岩进行了K-Ar定年，认为火山活动发生在中新世，可划分为早、中、晚3期。魏启荣等(2007)在卓乃湖地区获得粗面英安岩和粗面安山岩的锆石SHRIMP U-Pb年龄为(18.3±1.1)～(13.2±0.6)Ma，属新近纪中新世。笔者倾向于查保马组火山岩为中新世的产物。

第二节　基性—超基性侵入岩

青海省境内基性、超基性岩分布受深大断裂带或板块缝合带等大的构造带的控制，与区域性地质演化、岩浆活动作用关系密切，总体延伸走向和所处区域构造线一致，多呈线状、带状分布，铁质与镁质岩体均有不同程度出露，主要有6个岩带：北祁连、中祁连拉脊山、柴北缘（柴北缘-沙柳河）、东昆仑（布尔汉布达山）、布青山-阿尼玛卿山、西金乌兰-通天河。据统计(青海省地质矿产勘查开发局，2003)，青海省境内有超基性岩体1380多个，含矿岩体129个，矿种有铬、铜、镍、钴、石棉、宝玉石等。与基性、超基性岩有关的矿产在空间分布上主要在东昆仑、北祁连、柴北缘、拉脊山、阿尼玛卿等地区。成岩时代主要为加里东期、海西期，次为前寒武纪和印支期。成矿类型主要为岩浆熔离型矿床(含铂、铜、镍矿床)，其次为分凝矿床(含铂族铬铁矿矿床、磷灰石磁铁矿矿床)。

一、祁连基性—超基性岩带

祁连造山带基性、超基性侵入岩主要分布于北祁连及中祁连地区。其中北祁连以镁质基性、超基性侵入岩为主，中祁连拉脊山地区既有镁质，同时又有与铜镍矿化关系密切的铁质基性、超基性侵入岩发育。受构造断裂控制，侵入岩多数呈线状、带状分布，且与构造线方向总体一致。从形成时间来看，该带跨度较大，从中元古代到中生代均有出露，以早古生代为主，主要分布于寒武纪及早奥陶世地层中。

北祁连基性—超基性岩带：西起托勒山，东至大坂山，长400余千米，宽30～40余千米，带内不完全统计有基性岩体136个，超基性岩体513个，中大型(面积10～30km^2)6个，小型10个(面积1～5km^2)，其余皆为微型(面积小于1km^2)。其中，基性岩体包含大型的3个，中型5个，小型的24个，微型的104个，M/F值介于1.57～2.78。超基性岩多为微型或小型，少数为大型及中型，呈层状体，脉状体，岩石类型有斜辉辉橄岩、纯橄榄岩-斜辉橄榄岩、纯橄榄岩、纯橄榄岩-斜辉辉橄岩-斜辉橄榄岩，M/F值为6.8～11.7。带内大型岩体有玉石沟、酸刺沟、大查汗山及油葫芦等处，岩石类型主要为辉长岩，部分岩体为辉长岩-闪长岩、橄榄辉长岩-辉长岩，并含有较多透镜状基性岩包体。北祁连基性、超基性岩体中已查明含铬3个，含石棉13个，含铜、镍6个，含金、银6个，典型矿床玉石沟铬铁矿床等。

中祁连拉脊山基性—超基性岩带：主要分布于党河北岸及拉脊山地区。党河北岸超基性岩侵入长城纪地层中，侵入时代为志留纪，分布较少。拉脊山基性、超基性岩多数侵位于寒武纪地层中，主要集中于长约160km、宽约20km的西窄东宽的楔形带内，出露规模不等。基性—超基性岩体群有32处，平面形态为透镜状及脉状，展布方向以北西向为主，倾向以北东向为主。岩石主要类型包括橄榄岩、辉石岩、角闪石岩及辉长岩等。其中典型的岩体为沙家、乙什春、小窑沟和拉水峡等，镁铁岩（乙什春、沙加岩体）SiO_2含量为49%~57.37%，TiO_2含量为0.29%~0.76%。超镁铁岩（拉水峡岩体）SiO_2含量为36.32%~36.44%，TiO_2含量为0.31%~0.34%，M/F值0.97~1.98，为铁质超镁铁岩，具碱质、低铝，并有苦橄拉斑玄武岩的成分特点，应为基底裂解演化阶段的产物。成矿及矿化现象明显，已发现有岩浆熔离型矿床，如拉水峡铜镍钴（铂）矿床和关藏沟铜镍矿点。

二、柴北缘基性—超基性岩带

柴北缘地区发现超基性岩体280个，其中大型岩体1个，中型岩体1个，小型岩体6个，余者均为微型岩体；基性岩体18个，其中大型3个，中型岩体5个，小型岩体10个。基性、超基性岩体总体规模都小，呈不规则长条状、透镜状、串珠状、脉状，多为顺层侵入，与围岩交角不大。基性岩M/F值绝大多数为0.54~2.17，属铁质基性岩，超基性岩M/F值6.5~14，为镁质超基性岩。其主要出露于查汗郭勒一带与胜利口一带，查汗郭勒岩体与金水口岩群变质地层呈韧性断层接触，并被中元古代变质侵入体侵入，形成时代应为古元古代，镁铁质岩主体为灰绿色蚀变细粒辉长岩，超镁铁质岩为蚀变橄榄岩。其成因主体可能为基底构造演化阶段裂解背景下，上地幔熔融侵位的产物。胜利口岩带分布有蛇纹岩，少量蛇纹石化石榴子橄榄岩、纯橄岩和石榴子辉石岩，岩石具球状风化，呈似层状、透镜状、脉状及团块状，大者长几百米、宽几十米，小者仅几米，围岩为古元古界片麻岩，金云母K-Ar法年龄为490Ma，时代厘定为加里东早期。胜利口石榴石橄榄岩类的研究表明：该地区超基性岩可能是上覆于俯冲板块的地幔楔形区内的物质，地幔物质的抬升可能是洋壳俯冲作用造成的，岩石最终被推入地壳则是加里东晚期大规模的陆-陆碰撞所致（杨建军等，1994）。区内已发现牛鼻子梁铜镍矿、绿梁山含铂族铬铁矿等。其中，牛鼻子梁岩体出露面积约8km²，平面形态呈长条状，主要由橄榄岩相、辉石岩相及少量橄榄辉长岩组成，含矿岩石主要为橄榄岩和橄榄辉长岩，超基性岩类样品的M/F值为3.84~4.9，属于铁质。辉长岩锆石U-Pb年龄为361.5±1.2Ma，形成于泥盆纪晚期，产于大陆边缘环境。岩浆演化过程中主要发生了橄榄石和斜长石的分离结晶（堆晶）作用，岩体的母岩浆应属于拉斑玄武质岩浆（刘会文等，2014）。

三、东昆仑基性—超基性岩带

东昆仑基性—超基性岩带主要分布于布尔汉布达山一带，在夏日哈木、白日其利、巴音郭勒北等地区亦有少量分布。其中布尔汉布达山基性、超基性岩形成于中元古代；夏日哈木地区超基性岩形成于泥盆纪，属铁质；巴音郭勒地区具有两期基性、超基性岩产出，野马泉—什字沟一带以镁质为主，并有少量铁质伴生，形成于奥陶纪；冰沟地区以铁质为主，形成于泥盆纪。

基性、超基性岩主要分布于布尔汗布达山主脊南北两侧，以超基性岩为主。超基性岩主要分布于诺木洪河以东地区，发现的60余个岩体比较集中分布于乌妥和清水泉一带，除一个为小型岩体外，余者均为微型岩体。

清水泉岩体群出露于塔妥煤矿北的清水泉—格玛龙一带，近东西向分布，向西随地层弯转而变成南西向。镁铁质—超镁铁质杂岩主要呈构造岩片形式产于古元古界金水口岩群变质岩系中，并多集中分布于清水泉—沟里地段内，由蛇纹石化方辉橄榄岩、堆积纯橄岩、辉橄岩、辉石岩、辉长岩及辉绿岩等组成，属镁铁质—超镁铁质堆积岩类型杂岩体。前人获得超基性岩的Sm-Nd同位素年龄为1279Ma（郑健新，1992）、1331Ma（解玉月，1998），玄武岩同位素年龄为1372±85Ma（殷鸿福等，2003）。

乌妥岩体群出露于清水泉岩体群西北的可月沟—巴隆乡一带，呈北西西-南东东向展布，围岩为奥陶系纳赤台岩群，由蛇纹岩、辉石岩和辉长岩构成，属于岩浆成因的堆积层状杂岩体，曾获其年龄为518Ma(杨经绥等，1995)。

哈拉郭勒岩体群出露于拉忍哈拉郭勒、哈图沟及可可晒尔一带，以岩片形式产于古元古界金水口岩群中，呈北西-南东向，由蛇纹岩、纯橄岩、方辉橄榄岩、单辉橄榄岩、辉石岩、橄长岩、辉绿辉长岩等构成。阿得可肯德镁铁质—超镁铁质岩 Sm-Nd 等时线年龄为 1004.41Ma(殷鸿福等，2003)。

布青山得力斯坦沟蛇绿构造混杂岩出露于冬给错纳湖西，呈岩片状，为北西-南东向产出。围岩为古元古界苦海岩群的石英片岩、云母片岩、斜长角闪岩，以及二叠系马尔争组的复理石、碳酸盐岩、生物礁灰岩和火山岩、硅质岩等，各岩石单元间均为断层或韧性剪切接触，并共同构成得力斯坦沟的蛇绿构造混杂岩带。

白日其利地区辉长岩体位于昆北地体内，岩体呈近东西向延伸的不规则状或长条状，面积约 20km²，岩石类型复杂，早期结晶相为橄榄辉长岩和斜长岩，主体岩相为角闪辉长岩，晚期发育细粒脉状辉长岩，形成时间为 248.9±4.2Ma，穿插于岩体中的辉绿岩形成于 251±2Ma(熊富浩等，2011)，是早三叠世阿尼玛卿古特提斯洋俯冲阶段岩浆活动的产物。

拉陵高里后造山基性杂岩组合分布在巴音郭勒北一带，呈小岩株状分布，平面形态不规则，总体呈北西向展布，其侵入于古元古界金水口岩群片麻岩之中，超动或侵入到早泥盆世斑状二长花岗岩中，并被早侏罗世侵入体超动侵入。其为由深灰绿色辉长岩、苏长岩和橄长岩组成一复式小岩体，以苏长岩为主，侵入体成层性明显，具清楚的成分垂直分带。岩石属拉斑玄武岩系列，橄长岩 M/F=3.52～3.66，属铁质超基性岩；辉长岩 M/F=1.26，属铁质基性岩。其岩石化学具有富集地幔特点，为后碰撞环境形成的侵入岩组合。灰绿色细粒辉长岩中精确的锆石 SHRIMP 年龄为 386.9±2.6Ma，在橄长岩中锆石 SHRIMP 年龄为 386.9±3.2Ma，表明为中泥盆世侵入岩；泥盆纪基性、超基性侵入体分布广泛，小盆地产于板内裂谷环境的基性岩墙年龄为 380.3±1.5Ma(祁生胜等，2013)，喀雅克登塔格具有陆内伸展阶段特性的辉长岩锆石 SHRIMP 年龄为 403.3±7.2Ma(谌宏伟等，2006)，这些岩石一定程度上均表现出造山阶段后伸展构造期特征。

本项目对东昆仑东段加当及哈陇休玛一带的多处镁铁质—超镁铁质岩进行了研究，其中加当辉长岩 M/F=1.46～1.83，属铁质基性岩，属拉斑玄武岩系列，LA-ICP-MS 锆石年龄为 262.5±2.5Ma (图 2-8)，形成于中二叠世；加当橄榄辉长岩 M/F=3.38～3.95，属铁质超基性岩，LA-ICP-MS 锆石年龄为 249.7±3.0Ma(图 2-9)，形成于早三叠世；哈龙休玛辉石橄榄岩 M/F=9.32～11.55，属镁质超基性岩，LA-ICP-MS 锆石年龄为 525.9±5.9Ma(图 2-10)，形成于早寒武世。

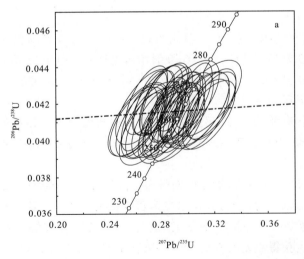 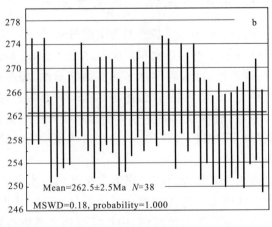

图 2-8 加当辉长岩锆石 U-Pb 年龄谐和图(a)和加权平均年龄图(b)

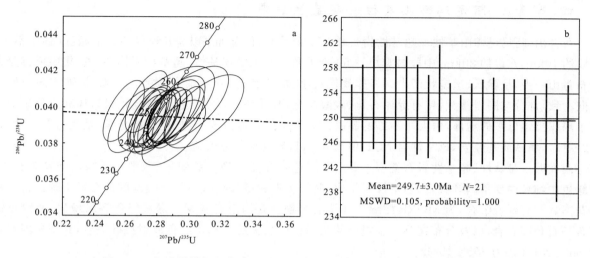

图 2-9 加当橄榄辉长岩锆石 U-Pb 年龄谐和图(a)和加权平均年龄图(b)

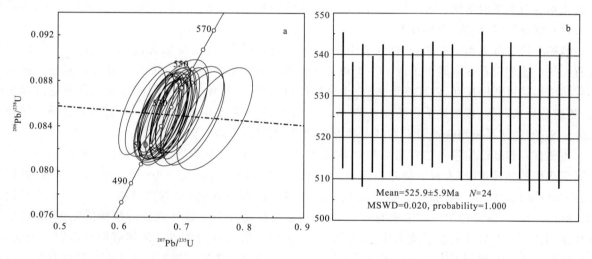

图 2-10 哈陇休玛辉石橄榄岩锆石 U-Pb 年龄谐和图(a)和加权平均年龄图(b)

区内基性、超基性岩成矿作用以夏日哈木超大型铜镍矿为主,位于东昆仑弧盆系的祁漫塔格蛇绿混杂岩带与中昆仑复合岩浆弧带的结合部位,矿区分布有 3 个镁铁质—超镁铁质杂岩体,均侵位于古元古界金水口岩群中,其中 I 号岩体分布于 HS26 异常区。岩体基本由中粗粒的橄榄岩相和辉长岩相组成:橄榄岩相包括纯橄岩、橄榄岩、橄榄二辉岩,是矿区主要的赋矿岩体,基本结构类型为堆晶结构;橄榄石是最主要的堆晶相,橄榄石、斜方辉石都已蛇纹石化,单斜辉石都已次闪石化。赋矿岩体 M/F 比值:贫矿岩体介于 2.3~2.9,富矿岩体介于 4.55~5.84。辉长岩相包括暗色辉长岩、辉长岩、淡色辉长岩、斜长岩,多处可见斑杂状构造和粗粒辉石,既有辉长结构也有堆晶结构,堆晶相既有斜长石也有辉石,蚀变类型有钠黝帘石化、次闪石化和硅化。岩体岩相分异较明显,底部为橄榄岩,向上依次为辉橄岩、橄辉岩、辉石岩、辉长岩,其中条带状辉长岩年龄为 393.5±3.4Ma(李世金等,2012)。王冠等(2014)测得夏日哈木 I 号岩体辉长苏长岩锆石 LA-MC-ICP-MS 加权平均年龄为 423±1Ma,属晚志留世。姜常义等(2015)测得夏日哈木 I 号岩体辉长岩 LA-ICP-MS 锆石年龄为 439.1±3Ma,属早志留世。张照伟等(2015)测得橄辉岩 LA-ICP-MS 锆石年龄为 411.6±2.4Ma,属泥盆纪早期。

在东昆仑东段,基性、超基性岩中产有清水泉铬铁矿矿点、乌妥沟镍矿点、巴力根特铜镍矿点等,最近在东昆仑东段拉忍地区又发现一处与基性—超基性岩体有关的镍矿化点,详细研究正在进行。

四、布青山-阿尼玛卿山基性—超基性岩带

布青山-阿尼玛卿山基性—超基性岩带长350余千米，西起布青山，东到玛沁一带，宽度各段不一，西段约10km，东段约20km，中段最宽可达50余千米。西段发现基性、超基性岩体28条，集中成群分布于布青山一带，呈脉状、透镜状产出。岩体规模较小，最长者长3000余米，宽约150m，长轴方向与地层走向一致，部分与围岩接触，见有绿泥石化、碳酸盐化，基性辉长岩中含钛铁矿。东段岩体亦成群集中分布于玛积雪山以东的地区，由大小不等的超基性岩为主的岩体组成，其规模相差悬殊，基性岩M/F值为1.2~1.7，属铁质基性岩，超基性岩M/F值为8~11，属镁质超基性岩。

西大滩一带基性、超基性岩石类型主要由灰绿色强蚀变片理化辉绿岩、灰黑—浅绿色细粒辉长岩、灰绿色中细粒蚀变角闪辉石岩、超基性岩组成，属拉斑玄武-钙碱性系列，为幔源的辉石岩+辉长岩+斜长花岗岩+辉绿岩组合，为MORB蛇绿岩环境的产物。秀沟南有灰绿—深灰绿色辉绿玢岩、灰绿色蚀变含长石角闪石岩，以及分布在马尔争组中的灰绿色枕状玄武岩和紫红色放射虫硅质岩，其中角闪石岩的Sm-Nd年龄为265±15Ma。

下大武一带由浅灰绿色蚀变辉长岩、绿黑色橄榄岩、二辉橄榄岩、斜辉橄榄岩、浅灰绿色强蚀变蛇纹岩组成，岩石属拉斑玄武岩系列，为幔源成因的橄榄岩+辉长岩组合，较为典型的MORS型蛇绿岩。下大武北东岩石类型由灰绿色辉绿岩、辉绿玢岩、灰绿色蚀变辉长岩组成，岩石属拉斑玄武岩系列，为幔源辉长岩+辉绿岩组合，为MORB型蛇绿岩。

给酿一带岩石类型以玄武岩、玄武安山岩为主，次为辉绿岩、辉长辉绿岩，以及少量辉长岩、紫红色硅质岩等。这些岩石在空间上组成了一个相对完整的构造岩片，呈菱形片状北西—南东向展布。玄武岩岩片与围岩均以断层接触，内部变形强烈，十分破碎，且经历了洋底变质作用等多期次低级变质作用改造，各组分原始产状、接触关系已模糊不清，尤其是玄武岩、玄武安山岩、辉绿岩、辉绿玢岩在露头域较难区分。瓦勒瓦、格瓦勒玛一带岩石类型主要为玄武岩、细碧玄武岩、辉长辉绿岩。

该基性—超基性岩带内已发现与基性、超基性岩相关的矿产主要为德尔尼铜（钴）矿床。该矿床位于阿尼玛卿褶皱带东段，发育大量超基性岩带，最长岩体长约17km，宽200~1000m，以斜辉辉橄岩为主，次为纯橄岩、辉石岩，岩石均已蛇纹石化，为海底喷流-沉积成因，并有热液叠加过程，形成时代为345.3±7.9Ma。根据德尔尼矿床成因分析，海底喷流成矿过程中一般伴随着同生构造发生，海底喷流成矿作用使超基性岩体发生了碳酸盐化、角砾岩化，区域性的北西向构造对矿体有明显控制。因此，德尔尼地区铜成矿控制因素为碳酸盐化角砾状蛇纹岩和北西向构造带。找矿标志为碳酸盐化角砾状蛇纹岩，即在北西向构造带中寻找碳酸盐化角砾状蛇纹岩，其下部或边部存在寻找铜多金属矿体的潜力（焦建刚等，2009）。

五、西金乌兰-通天河基性—超基性岩带

该带主要位于青海省南部，通天河南岸治多—玉树一带，以镁质基性、超基性岩主。其中，可可西里蛇形沟一带岩石由灰绿色辉绿岩、辉长辉绿岩和灰绿色中粒辉长岩组成，属拉斑玄武岩系列，为幔源辉长岩-辉绿岩组合，形成环境可能为洋中脊扩张环境。

乌石峰一带岩石由灰绿色蚀变辉长辉绿岩、灰绿色蛇纹石化辉橄岩组成，属拉斑玄武系列，另有幔源辉橄岩+辉长辉绿岩组合，其中辉长辉绿岩墙极其发育。尖石山一带岩石由灰绿色角闪辉长岩、灰绿色橄榄二辉辉石岩、灰绿色斜辉辉橄岩组成，呈构造岩体产于通天河蛇绿混杂岩碎屑岩岩组地层及上三叠统苟鲁山克措组中，岩石为拉斑玄武岩系列，属幔源的超镁铁质岩-辉长岩组合，辉长岩Rb-Sr同位素年龄为266.4±2Ma。隆宝一带岩石由浅灰绿—灰绿色蚀变辉长辉绿岩、辉绿岩、灰绿色蚀变辉长岩、暗灰绿色中粗粒单辉橄榄岩、橄辉岩、蛇纹石化超基性岩组成，另有灰绿色阳起石化玄武岩、绿泥片岩及灰白色硅质岩，岩石属拉斑玄武岩系列，为幔源成因的超镁铁质岩+辉长岩+辉绿岩组合。其中，呈北东-南西方向出露的岩石宽度5~8km，北西到南东长50km，为西金乌兰蛇绿岩带的东延部分，也

是整个金沙江蛇绿岩带最北端的露头。当江一带岩石由灰绿—深灰色蚀变辉绿岩、辉绿玢岩、灰绿—深灰色中细粒辉长岩、糜棱岩化辉长岩、暗绿—墨绿色强滑石化蛇纹石化辉石橄榄岩、灰绿色全绿帘石化阳起石化辉石岩组成。岩石为拉斑玄武岩系列,属幔源的超镁铁质岩+镁铁质岩+辉绿岩组合,形成于洋中脊扩张环境。

超镁铁质岩类、辉长岩、玄武岩、硅质岩等均呈构造透镜状与中元古界宁多组的片麻岩、多彩蛇绿混杂岩的当江荣火山岩、龙切杂砂岩之间为韧性断层关系接触。蛇绿岩组分多以糜棱岩化或糜棱岩形式产出,呈(3~50)m×(6~100)m 的构造透镜与区域性片理协调一致,辉石岩、辉长岩及辉绿岩透镜边部岩石成条纹状眼球状斜长角闪质糜棱岩、角闪片岩,核部出现绿帘石阳起石化辉长岩、阳起石岩等。

该带发现矿化点较少,主要有娘贡巴钛铁矿化点。

第三节 中酸性侵入岩

青海省境内分布大量的碱长花岗岩、钾长花岗岩、二长花岗岩、环斑花岗岩、二云母花岗岩、花岗闪长岩、斜长花岗岩、英云闪长岩、石英闪长岩、闪长岩、二长岩及正长岩等中酸性侵入岩,时代从前寒武纪到新近纪均有分布。本书中酸性岩体按前寒武纪、加里东期、海西期、印支期、喜马拉雅期分时代编写;各岩体分布按祁连成矿带、柴北缘成矿带、东昆仑成矿带、西秦岭成矿带、巴颜喀拉成矿带以及西南三江北段成矿带 6 个成矿带描述;对加里东期、海西期、印支期以及西南三江成矿带喜马拉雅期等中酸性岩体作为重点描述,对前寒武纪中酸性岩体仅做简要叙述。

一、前寒武纪中酸性侵入岩

前寒武纪中酸性侵入岩包括古元古代、中元古代以及新元古代,岩体类型主要包括钾长花岗岩、二长花岗岩、环斑花岗岩、花岗闪长岩、斜长花岗岩、英云闪长岩、石英闪长岩、闪长岩及二长岩等。

1. 古元古代变质侵入体

该类侵入体零星分布于东昆仑成矿带(同位素年龄 1955~1846Ma)、柴北缘成矿带(同位素年龄 2470~2366Ma)、祁连成矿带(同位素年龄 2469Ma)。古元古代变质侵入体主要为英云闪长质、花岗闪长质、二长花岗质岩石,岩石具片麻状构造、条带状构造、眼球状构造,侵入于古元古代变质岩中,一般与中元古代、新元古代变质侵入体伴生,为早期陆块裂解-汇聚阶段陆壳重熔的产物。

2. 中元古代变质侵入体

该类侵入体主要分布于东昆仑成矿带(同位素年龄 1624~1011Ma)、柴北缘成矿带(同位素年龄 1776~1020Ma)、西南三江北段(同位素年龄 1700~1630Ma)、祁连成矿带(同位素年龄 1250~1122Ma)以及西秦岭成矿带(同位素年龄 1120Ma)。岩石具片麻状构造,条带、条纹状构造,局部出现眼球状构造,从古元古代变质地层中解体出。岩石主要为二长花岗岩、钾长花岗岩、环斑花岗岩。鹰峰环斑花岗岩(肖庆辉等,2003)岩性主要为石英二长岩,具环斑结构,环斑为钾长石,呈圆形或卵形,大小 1~5cm,部分钾长石具斜长石包壳,多数无包壳,呈球斑,斜长石包壳为钠更长石。一些钾长石球斑暗色矿物在晶体边部呈平行排列构成多环状。基质由斜长石、钾长石、石英、角闪石和黑云母等组成。其以高钾为特征,具 A 型花岗岩特征,可能为基底裂解上地幔岩浆上侵陆壳重熔的产物。

3. 新元古代变质侵入体

该类侵入体广泛分布于东昆仑成矿带(同位素年龄 1000~788Ma)、柴达木成矿带(同位素年龄 987~674.6Ma)、祁连成矿带(同位素年龄 938~677Ma),岩石具片麻状构造,局部出现眼球状构造。

中祁连岩带主要为二长花岗质、花岗闪长质变质侵入体。花岗闪长质岩石 SiO_2 为 67.5%,K_2O+

Na_2O 为 6.34%;二长花岗质岩石 SiO_2 为 69.83%~73.67%,K_2O+Na_2O 为 7.5%~7.92%。里特曼指数 δ 为 1.6~2.1,岩石属钙碱性岩。Al_2O_3>$CaO+K_2O+Na_2O$,为铝过饱和类型。稀土元素总量为 $60.1×10^{-6}$~$230.4×10^{-6}$,δEu 值为 0.43~0.55,$(La/Yb)_N$ 为 4.42~14.76,Sm/Nd 为 0.2~0.31。稀土配分曲线呈右倾,负 Eu 异常明显,为轻稀土富集型。Rb/Sr 为 2.18~4.85,Rb、Th 元素富集,具 S 型花岗岩特征,为陆壳重熔花岗岩。

柴达木北缘岩带主要为二长花岗质、钾长花岗质变质侵入体,岩石中 SiO_2 为 65.54%~75.34%,K_2O+Na_2O 为 7.47%~9.62%。花岗闪长质岩石中 SiO_2 为 67.72%~72.23%,K_2O+Na_2O 为 4.66%~5.68%。稀土元素总量在 $173.32×10^{-6}$~$235.88×10^{-6}$ 之间,δEu 值分别为 0.39~0.48,具强负 Eu 异常。Eu/Sm 为 0.16~0.18,Sm/Nd 为 0.018~0.24,LREE/HREE 比值 3.62~14.29,为壳源 S 型花岗岩。微量元素显示较高的 Rb、Th 含量,Ba、Nb、Ta、Hf 的负异常,表明主体为深部地壳成熟度较高的变质岩经过中—低程度的深熔作用形成。

东昆仑岩带主要为花岗闪长质、二长花岗质岩石。花岗闪长质岩石 SiO_2 68.17%~71.82%,K_2O+Na_2O 为 6.48%~7.57%。二长花岗质岩石 SiO_2 71.39%~74.31%,K_2O+Na_2O 为 7.4%~9.92%,且 $K_2O>Na_2O$。里特曼指数 δ 为 1.21~3.09,岩石属钙碱性。其中,Al_2O_3>$(CaO+K_2O+Na_2O)$,为铝过饱和类型。稀土元素总量在 $122.44×10^{-6}$~$175.22×10^{-6}$ 之间,δEu 为 0.46~0.73,Eu/Sm 比值为 0.37~0.96,Sm/Nd 比值为 0.14~0.19,$(La/Yb)_N$ 10.08~23.04,LREE/HREE 比值为 4~8.09,具负 Eu 异常,为轻稀土富集型,以壳源花岗岩为主。

二、加里东期中—酸性侵入岩

加里东期中—酸性侵入岩发育,广布青海省北部的祁连成矿带、柴北缘成矿带及东昆仑成矿带,以祁连造山带分布最广,岩石类型比较齐全,有闪长岩、英云闪长岩、石英闪长岩、花岗闪长岩、碱长花岗岩、二长花岗岩、钾长花岗岩、二云母花岗岩、斜长花岗岩、花岗岩、正长岩及二长岩等,以花岗闪长岩、二长花岗岩为主,石英闪长岩和钾长花岗岩次之。据不完全统计,各类大小岩体 200 个,其中祁连造山带出露 148 个,柴北缘成矿带出露 27 个,东昆仑造山带出露 25 个。岩体展布方向与其所在地区域构造线方向一致,明显受构造控制。岩体规模大小不一,除柴达诺山、牛心山、泽里山等 8 个岩体为岩基外,绝大部分岩体为岩株、岩脉。在祁连地区集中分布于哈拉湖以南和青海湖周边及其以东的广大地区,而在东昆仑山地区分布就较为零散,岩类少,规模亦小,显示岩浆活动由北向南明显减弱,这说明祁连山是加里东运动的主体。岩浆侵入活动主要集中在奥陶纪和志留纪。该期中酸性岩体与斑岩型矿床和矽卡岩矿床形成具有重要关系。例如北祁连浪力克铜矿床,其形成与加里东期石英闪长玢岩有关;该期花岗闪长岩对赛坝沟金矿形成具有重要作用;在祁连发现了与该期岩体有关的大黑山矽卡岩型钨矿点和龙门石英脉型钨矿点等。

(一)区域岩体的分布情况及岩体成岩年龄

1. 碱长花岗岩

该类仅出露 1 个岩体,位于祁连成矿带托勒山北,寒武纪碱长花岗岩体侵位于古元古界托赖岩群,面积约为 10km²,呈岩株产出。

2. 钾长花岗岩

该类出露 14 个岩体,全部分布于祁连成矿带,而且主要位于南祁连,分布较零散,以柴达木山北坡岩体较大,岩基产出面积 1200km²,形状不规则,与同期二长花岗岩接触关系不明。另在哈拉湖南拜兴沟一带见一钾长花岗岩基,产出面积约为 310km²,与北部志留纪二长花岗岩基侵入接触。余者均呈岩株产出,面积在 30~50km²,大部侵位于古元古界金水口岩群和志留系巴龙贡噶尔组,岩体展布方向与地层走向一致,为北西向。双峡—乌兰乌珠尔地区获得钾长花岗岩锆石 U-Pb 年龄为 419.1±2.8Ma,

Rb-Sr 年龄为 417Ma。

3. 二长花岗岩

该类出露 73 个岩体，主要分布在祁连成矿带。分布于祁连成矿带共 64 个岩体，其中有 2 个特大岩体呈岩基产出，一个出露于居洪图北的图蒙克岩体，面积约为 842km^2，另一个出露于哈拉湖南巴音河上游的拜兴沟岩体，面积约为 746km^2。2 个岩体均侵位于志留系巴龙贡噶尔组处于南祁连同一构造带，为北西向展延相距较近的岩体，特征类同。岩体受不同程度混染和较强蚀变，似斑状结构，斑晶主要为钾长石，局部钾长石增多出现钾长花岗岩，岩体主要由黑云母二长花岗岩组成，局部边缘相为花岗闪长岩，黑云母二长花岗岩属于钙碱系列花岗岩类。其他的岩体一般都较小，面积在 40~265km^2，青海湖以南的岩体主要侵位于古元古界金水口岩群和长城系小庙组，其他主要侵位于寒武系黑茨沟组、奥陶系阴沟组以及志留系巴龙贡噶尔组，同时也见侵入于新元古代花岗闪长岩以及同期花岗闪长岩和闪长岩中。大黑山岩体 Rb-Sr 年龄为 492.5Ma（青海省地质矿产勘查开发局，1999），锆石 U-Pb 年龄为 450±2.8Ma（刘敏等，2014）。

分布于东昆仑成矿带的二长花岗岩有 8 个岩体，其中 3 个出露于祁漫塔格山北坡一带，另外 5 个岩体分别位于窑洞山南、洪水河及清水河下游一带。岩体呈岩株产出，规模都不大，面积 8.5~95km^2，侵位于奥陶系祁漫塔格群、志留系巴龙贡噶尔组，同时见其侵入于二叠纪二长花岗岩中。塔妥煤矿二长花岗岩锆石 U-Pb 年龄为 432.2±5.4Ma（拜永山等，2001）；什子沟和鸭子泉二长花岗岩锆石 U-Pb 年龄为 421Ma 和 418Ma（王秉璋等，2011）。

柴北缘成矿带出露志留纪二长花岗岩 1 处，位于阿尔金山采石岭西一带，岩体呈长条状岩株产出，面积约为 47km^2，被下中侏罗统大煤沟组不整合覆盖。

4. 二云母花岗岩

该类仅出露 2 个岩体，均位于祁连成矿带门源县西南一带，侵位于古元古界东岔沟组，均呈岩株产出，面积约为 10km^2。

5. 花岗闪长岩

该类共出露 54 个岩体，其中祁连地区 41 个，主要分布于哈拉湖南、青海湖北以及西宁盆地周围，岩体规模较小，大部分以岩株状产出，分布比较零散。其中拜兴沟周边花岗闪长岩面积约为 162km^2，侵位于志留系巴龙贡噶尔组。引胜以北花岗闪长岩面积约为 112km^2，侵位于长城系青石坡组。其余岩体面积主要在 30~89km^2，侵位于古元古界、志留系，并被同期二长花岗岩和钾长花岗岩侵入。位于湟源县北的岩体面积约为 62km^2，侵位于古元古界东岔沟组，呈北北西向，中部被三叠系默勒群不整合覆盖；岩体与围岩接触变质现象明显，内部为片麻状混染花岗岩，围岩与花岗岩界线不明显，并有较宽变质带；岩体由花岗闪长岩、斜长花岗岩、花岗岩组成，分异不明显，三者为渐变关系。位于拉脊山的岩体沿拉脊山南缘断裂北侧分布，长约 13km，宽约 3km；岩体中捕房体较多，但界线已熔融不清。岩体分异清楚，可划出花岗岩、花岗闪长岩、石英闪长岩相带。先密科花岗闪长岩锆石 U-Pb 年龄为 447.3Ma（贾群子等，2007），红沟地区花岗闪长岩锆石 U-Pb 年龄为 478.8±1.2Ma（余吉远等，2010），柴达木山花岗闪长岩锆石 U-Pb 年龄为 440.8±7.3Ma（周宾等，2013）。

柴北缘及阿尔金成矿带出露 5 个花岗闪长岩体，分布于阿尔金山芒崖、赛什腾山、锡铁山、乌兰县周边一带，均以岩株产出，面积 10~98km^2。乌兰县赛坝沟岩体面积约为 98km^2，侵位于寒武系—奥陶系滩间山群，与同期斜长花岗岩、石英闪长岩、辉长岩等岩体侵入接触。常春沟梁花岗闪长岩锆石 U-Pb 年龄为 465.4±3.5Ma，牛鼻子梁花岗闪长岩锆石 U-Pb 年龄为 470±14Ma（青海省潜力评价报告，2013）。

东昆仑成矿带出露 11 个花岗闪长岩体，分布于土房子、布尔汗布达山、雪山峰、沟里一带，多呈岩株产出，面积 4~121km^2；其中仅土房子花岗闪长岩呈岩基产出，面积 121km^2，该岩体西面侵入祁漫塔格群，南面被泥盆纪二长花岗岩侵入。小盆地花岗闪长岩锆石 U-Pb 年龄为 419Ma（王秉璋，2011）。

西秦岭成矿带出露 1 个花岗闪长岩体，位于下鄂当一带，呈岩株产出，面积约为 57km^2，侵位于古元古界金水口岩群。

6. 斜长花岗岩

该类仅见 2 个岩体,祁连成矿带出露 1 个岩体,位于互助县东,侵位于长城系磨石沟组,呈岩株产出,面积为 48km²,岩体呈北西向展布。另一岩体出露于柴北缘成矿带乌兰县南赛坝沟一带,侵位于寒武系—奥陶系滩间山群,面积约为 168km²,侵位于祁漫塔格群,与同期石英闪长岩、花岗闪长岩侵入接触,Rb-Sr 年龄为 447±22Ma。

7. 英云闪长岩

该类出露 16 个岩体,祁连山地区 3 个,分别分布于青海湖西石乃亥,青海湖东海晏县城南、满坪西,面积为 20~50km²;侵位地层分别为志留系巴龙贡噶尔组、长城系磨石沟组、上寒武统六道沟组,其中引胜沟英云闪长岩锆石 U-Pb 年龄为 439.1Ma(贾群子等,2007)。分布于东昆仑山地区 3 个岩体,出露于布青山、沟里和克合特一带,面积 9~60km²,呈岩株产出,侵位于古元古界金水口岩群。柴北缘成矿带分布 8 个岩体,主要集中于阿尔金山一带,乌兰南赛坝沟一带可见 1 个奥陶纪英云闪长岩体,侵位于古元古界金水口岩群。西秦岭成矿带分布 1 个英云闪长岩体,位于下鄂当东,呈岩株产出,侵位于古元古界金水口岩群。巴颜喀拉成矿带分布 1 个英云闪长岩体,位于布青山一带,呈岩株产出。

8. 闪长岩类

闪长岩类,包括石英闪长岩和闪长岩,总计出露 38 个。

石英闪长岩:出露 27 个岩体,其中祁连成矿带 14 个,柴北缘带 9 个,东昆仑成矿带 2 个地区(其他岩体零散分布,未统计),均呈岩株产出,面积一般 10~90km²。石英闪长岩体零散分布于不同地区,侵位最老地层为元古宇,最新地层为志留系;在东昆仑集中分布于乌丝特南的奥陶纪石英闪长岩,侵位于中新元古界万宝沟群。

闪长岩:出露 11 个岩体,其中祁连成矿带 7 个,柴北缘带 3 个,东昆仑成矿带 1 个,均呈岩株产出,面积一般 9~60km²。闪长岩体零散分布于不同地区,侵位最老地层为元古宇,最新地层为志留系。在埃坑德勒斯特西北部奥陶纪闪长岩侵位于古元古界金水口岩群,在查查香卡东南奥陶纪闪长岩侵入于寒武系—奥陶系滩间山群。岩体分异差,蚀变、混杂强,部分具片麻状构造。拉脊山石英闪长岩锆石 U-Pb 年龄为 441.7Ma(任二峰等,2013),柴北缘关角石英闪长岩 Rb-Sr 年龄为 461.24±15.7Ma(张德全等,2000),东昆仑南坡闪长岩锆石 U-Pb 年龄为 446.5±9.1Ma(陈能松等,2000),诺木洪南闪长岩 Rb-Sr 年龄为 426.5±2.9Ma(潘裕生等,1996)。

(二)典型矿区岩体岩石学及成岩年龄

1. 按纳格金矿区闪长岩和闪长玢岩

闪长岩东西长约 180m,南北宽约 130m,该岩体围岩为矿区大面积出露的中新元古界万宝沟群斜长角闪片岩,二者呈断层接触,接触部位岩体发生不同程度的片理化;闪长玢岩东西长约 500m,南北宽 80~120m,该岩体围岩为矿区大面积出露的中新元古界万宝沟群斜长角闪片岩,二者呈侵入接触。岩石 SiO_2 含量变化范围为 52.63%~56.56%(表 2-13),K_2O+Na_2O 含量为 3.14%~5.40%,平均为 3.83%。K_2O/Na_2O 比值范围为 0.11~0.22,$Na_2O>K_2O$,岩石属钙碱性系列区及低钾(拉斑)系列。获得闪长岩锆石 U-Pb 年龄为 474.1±2.4Ma(图 2-11),闪长玢岩的锆石 U-Pb 年龄为 478.3±5.7Ma(图 2-12),形成时代为早奥陶世,属加里东期,形成于岛弧环境。

2. 松树南沟金矿区花岗闪长斑岩

花岗闪长斑岩位于北祁连造山带,紧邻大坂山深大断裂带。斑岩体呈岩株状侵入于奥陶纪火山岩-沉积岩系中。斑岩体与金矿化关系密切,金矿体产于其中。花岗闪长斑岩 SiO_2 含量变化范围为 58.02%~61.83%(表 2-13),K_2O/Na_2O 比值范围为 0.35~1.71;似斑状二长花岗岩 SiO_2 含量为

65.85%，K_2O/Na_2O 比值范围为 0.82；黑云母二长花岗岩 SiO_2 含量为 65.45%，Al_2O_3 含量为 15.18%，K_2O/Na_2O 比值范围为 0.74，属钙碱性-高钾钙碱性系列。该岩体的锆石 U-Pb 年龄为 470.6±3.8Ma（图 2-13），形成时代为早奥陶世，属加里东期，其形成于岛弧环境。

表 2-13 不同矿区加里东期中酸性侵入岩岩石化学成分分析结果（%）

序号	矿区名称	岩石名称	样品号	SiO_2	TiO_2	Al_2O_3	Fe_2O_3	FeO	MnO	MgO	CaO	Na_2O	K_2O	P_2O_5	LOI	总计
1	按纳格	闪长玢岩	13ANB01	55.50	0.64	18.02	4.48	3.57	0.15	3.47	7.12	3.73	0.58	0.15	2.48	99.89
2		闪长玢岩	13ANB02	55.87	0.61	17.84	4.20	3.70	0.15	3.60	7.18	3.80	0.58	0.13	2.22	99.88
3		闪长玢岩	13ANB03	54.98	0.63	17.99	4.71	3.66	0.15	3.73	7.51	3.44	0.54	0.13	2.49	99.96
4		闪长玢岩	13ANB04	54.86	0.64	17.82	4.10	4.47	0.18	3.80	7.25	4.41	0.44	0.14	1.66	99.77
5		闪长玢岩	13ANB05	54.05	0.64	18.03	4.71	4.09	0.16	3.89	7.73	3.17	0.49	0.14	2.80	99.90
6		闪长岩	12ANB04	56.56	0.53	15.55	3.37	4.64	0.11	5.61	7.23	3.58	0.41	0.20	2.11	99.90
7		闪长岩	12ANB05	52.63	0.71	18.78	4.26	4.43	0.14	3.44	7.62	4.67	0.73	0.40	2.07	99.88
8		闪长岩	12ANB06	56.31	0.51	15.98	2.89	4.29	0.14	5.82	8.58	2.99	0.45	0.10	1.88	99.94
9		闪长岩	12ANB07	56.16	0.53	14.86	3.15	4.50	0.14	6.60	8.73	2.67	0.47	0.14	1.95	99.91
10		闪长岩	12ANB08	53.18	0.69	15.14	3.67	5.26	0.17	7.18	9.17	2.62	0.58	0.25	2.01	99.92
11	松树南沟	花岗闪长斑岩	15SSH01	58.97	0.43	13.70	3.26	3.26	0.10	1.50	3.06	1.79	5.73	0.12	8.16	99.88
12		花岗闪长斑岩	15SSH02	61.63	0.45	14.64	2.28	2.60	0.08	1.86	1.50	4.25	4.46	0.12	6.01	99.88
13		花岗闪长斑岩	15SSH03	58.02	0.38	14.73	4.38	3.69	0.12	1.60	2.25	2.46	4.95	0.10	7.08	99.76
14		花岗闪长斑岩	15SSH04	61.83	0.44	14.35	2.44	3.03	0.10	2.30	0.93	5.32	4.12	0.12	4.87	99.85
15		似斑状二长花岗岩	15SSH06	65.85	0.44	15.35	1.92	2.55	0.08	1.94	3.18	3.86	1.74	0.12	2.89	99.92
16		黑云母二长花岗岩	15SSH07	65.45	0.47	15.18	2.14	2.31	0.09	2.38	2.89	3.88	2.95	0.12	2.08	99.95
17	黑海北	二长花岗岩	14HHH01	72.25	0.26	13.36	0.25	1.65	0.03	0.41	0.82	3.20	5.13	0.07	2.56	99.99
18		二长花岗岩	14HHH02	71.78	0.24	12.98	0.21	1.80	0.05	0.42	1.15	3.20	5.24	0.07	2.82	99.96
19		二长花岗岩	14HHH03	71.20	0.25	13.30	0.30	1.71	0.04	0.48	1.33	2.80	5.28	0.07	3.24	100.00
20		二长花岗岩	14HHH04	72.84	0.24	13.06	0.23	1.82	0.04	0.32	0.60	3.29	5.04	0.07	2.43	99.99
21		二长花岗岩	14HHH05	73.18	0.25	13.04	0.27	1.60	0.03	0.38	0.79	3.43	4.63	0.07	2.33	100.00

资料来源：本次研究样品由中国地质调查局西安地质调查中心测试

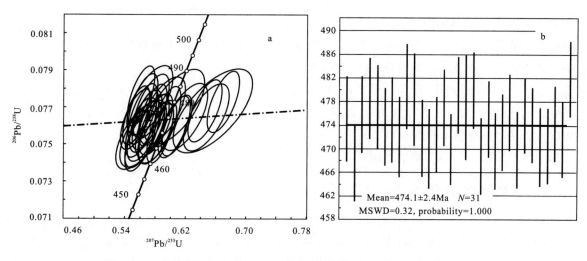

图 2-11 按纳格闪长岩锆石 U-Pb 年龄谐和图（a）和加权平均年龄图（b）

注：西北大学国家重点实验室测试

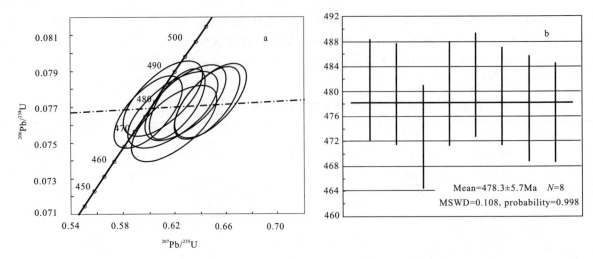

图 2-12　按纳格闪长玢岩锆石 U-Pb 年龄谐和图(a)和加权平均年龄图(b)

注：西北大学国家重点实验室测试

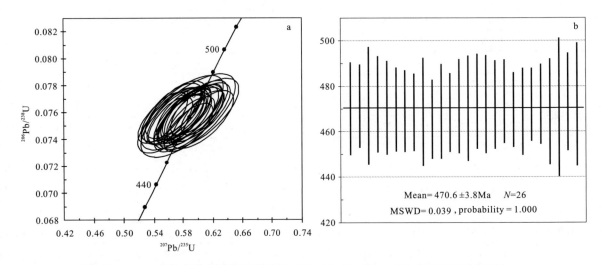

图 2-13　松树南沟花岗闪长斑岩锆石 U-Pb 谐和图(a)和加权平均年龄图(b)

注：西安地质调查中心测试

3. 黑海北金矿区二长花岗岩

二长花岗岩位于青海省昆仑河中上游一带，大地构造位置属东昆仑南坡俯冲增生杂岩带。该岩体中有金矿体产出。黑海北二长花岗岩 SiO_2 含量变化范围为 71.20%～73.18%(表 2-13)，K_2O+Na_2O 含量为 8.06%～8.44%，平均为 8.25%。K_2O/Na_2O 比值范围为 1.35～1.89。岩石属高钾钙碱性-钾玄岩系列。岩体锆石 $^{206}Pb/^{238}U$ 表面年龄集中在 445.9～437.3Ma，其加权平均年龄为 442.2±2.9Ma (MSWD=0.077)，谐和年龄值为 441.8±2.9Ma(MSWD=0.056)，二者十分接近(图 2-14)。岩体形成于早志留世，属加里东期，形成于俯冲环境。

三、海西期中酸性侵入岩

海西期中酸性侵入岩特别发育，岩类较多，有碱长花岗岩、钾长花岗岩、二长花岗岩、二云母花岗岩、花岗闪长岩、英云闪长岩、石英闪长岩、闪长岩、正长岩等。主要分布于东昆仑成矿带、南祁连成矿带、柴北缘成矿带，西秦岭成矿带、巴颜喀拉成矿带以及西南三江北段成矿带少见该期中酸性岩体分布。出露各类大小岩体 112 个，其中东昆仑成矿带 81 个，柴北缘及阿尔金 23 个，祁连成矿带 6 个，西秦岭成矿带

2个。岩浆侵入活动以泥盆纪为主。该期中酸性岩体对青海省矽卡岩型矿床、热液型矿床、斑岩型矿床等形成具有重要意义。例如中祁连大峡矽卡岩型钨矿、南祁连的夃子黑矽卡岩型钨矿和东昆仑大洪山矽卡岩型铁金属矿与该期花岗闪长岩等中酸性岩体有关；东昆仑东段托克妥、下西台、哈次谱山、清水河东沟等铜(钼、金)矿床(点)，其形成与晚海西期闪长玢岩等岩体有关；卡而却卡铜多金属矿床、野马泉铁多金属矿形成可能也与该期花岗闪长岩有关；柴北缘小赛什腾铜(钼)矿床，矿床与海西期闪长斑岩有关；滩间山金矿床与该期闪长岩、斜长花岗斑岩有成因联系。

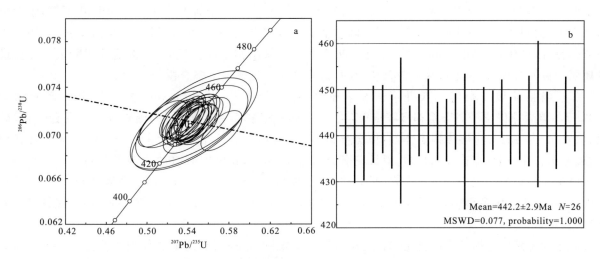

图2-14 黑海北二长花岗岩锆石U-Pb年龄谐和图(a)和加权平均年龄图(b)

注：西安地质调查中心测试

(一)区域岩体的分布情况及岩体年龄

1. 碱长花岗岩

该类仅有1个岩体，分布在南祁连成矿带贾加以北坎布拉以南的地区，出露范围较小，面积1~2km²；岩石由钾长石(正长条纹长石)、钠长石、钠闪石组成，其SiO_2含量为74.76%~75.08%，TiO_2含量为0.29%~0.33%，K_2O+Na_2O含量为7.44%~7.86%，且$K_2O>Na_2O$，属偏碱性岩石；A/CNK大部分为0.89~1.06，为准铝—过铝质岩石，具RRG花岗岩的特点。该岩体的成岩年龄为346.7Ma(据张雪亭，2012)。

2. 钾长花岗岩

该类出露7个岩体，主要分布在东昆仑成矿带，岩体规模均小，呈岩株产出，面积在24~85km²不等，形状不规则。主要有乌兰乌珠尔地区土房子志留纪钾长花岗岩、雪山峰东南二叠纪钾长花岗岩、景忍南泥盆纪钾长花岗岩、黑山东泥盆纪钾长花岗岩，巴隆西南石炭纪钾长花岗岩，窑洞山西北和东北分布的二叠纪钾长花岗岩。其中土房子志留纪钾长花岗岩侵位于奥陶系祁漫塔格群，巴隆西南的石炭纪钾长花岗岩侵位于泥盆系牦牛山组，窑洞山周边的二叠纪钾长花岗岩侵位于金水口岩群。

乌兰乌珠尔地区钾长花岗岩体呈岩基状出露于双石峡南至西大沟一带，出露面积约为335km²，岩体形态为不规则状，展布方向总体呈北西走向。岩石呈肉红色，似斑状结构，发育显微文象结构，基质中具细粒花岗结构，块状构造，斑晶为钾长石(0.5~5cm)。主要造岩矿物组成为钾长石(40%~45%)、斜长石(15%~20%)、石英(25%~30%)、黑云母(2%~5%)。侵位于奥陶系祁漫塔格群及晚奥陶世花岗岩中，并被早二叠世等后期花岗岩所侵入。岩石中含零星暗色闪长质包体，岩石化学里特曼指数δ为1.53~2.36，铝饱和指数为0.84~1.04，属偏铝质—弱过铝质中高钾钙碱性岩石系列，岩石化学及地球化学显示同碰撞构造环境特点。该岩体获得锆石U-Pb年龄为388.9±3.7Ma(郭通珍等，2011)、412.9±2.1Ma(王秉璋，2011)、402.6±7.4Ma(莫宣学等，2002)，形成于泥盆纪。

另外，乌兰乌珠尔以南钾长花岗岩锆石U-Pb年龄为370±3Ma(王国良等，2013)；乌斯托钾长花岗岩 Ar-Ar 年龄为 400Ma；东达桑昂获得钾长花岗岩锆石 U-Pb 年龄为 380.1±17.7Ma[中国地质大学(武汉)地质调查院,2003]；柴北缘柳园沟钾长花岗岩的 K-Ar 年龄为 293Ma(1:5 万饮马站幅区域地质调查报告)。

3. 二长花岗岩

该类出露 40 个岩体,东昆仑成矿带 32 个,南祁连成矿带 4 个,柴北缘及阿尔金 4 个,其中南祁连成矿带 4 个主要分布在青海湖西北角及宗加地区。除祁连地区(青海湖西南角)4 个岩体外,其他主要分布于东昆仑南带,呈岩基产出有 12 个岩体,占岩体总数 30%,大部分面积在 120~450km² 不等,余者呈岩株产出,面积在 12~90km²,形态各异。阿尔金山与地层走向一致,呈北西西向,与山体斜交,祁漫塔格、乌兰地区呈北西向,格尔木—香日德地区近东西向。从出露空间位置看,大部受控于断裂。侵位最老地层为古元古界,最新地层为上泥盆统,在智育一带见上三叠统不整合覆盖。

祁漫塔格北坡二叠纪二长花岗岩呈岩基产出,不规则状,长约 60km,宽约 8.8km,面积约为 320km²。该岩体侵位于奥陶系祁漫塔格群,与围岩接触面清楚,接触面外倾,围岩普遍具混合岩化、硅化、角岩化,内接触带多围岩捕虏体,岩体分异尚好,内部相以二长花岗岩为主,似斑状,局部片麻状构造,边缘相岩性较杂,有花岗闪长岩、斜长花岗岩、二长花岗岩,粒度较细,亦显片麻状构造。

位于大格勒沟二叠纪二长花岗岩,呈岩株产出,长约 28km,宽 2~3km,面积约为 81km²,形态极不规则,南侧侵入长城系小庙组,并见不少基性岩包体,北侧被侵入同期花岗闪长岩中,与围岩接触带见混合岩化、角岩化等。

位于青海湖西北的 2 个泥盆纪二长花岗岩均呈不规则岩基产出,北面岩体面积约为 130km²,南面岩体面积约为 187km²。岩体呈北西西向展布,岩体侵入志留系巴龙贡噶尔组片岩、千枚岩中,与二叠系呈不整合接触或断层接触。岩体与围岩呈犬齿状接触,见 300~500m 的角岩化和混染岩化带。该二长花岗岩锆石 U-Pb 年龄为 396.6±1.0Ma(贾群子等,2007)。

该类岩体锆石 U-Pb 年龄主要集中在 414~389Ma 之间,主要形成于早泥盆世。

4. 二云母花岗岩

该类仅见有一个岩体,位于祁漫塔格地区塔鹤托板日东南,出露面积 50km²,呈岩株产出,该岩体侵位于金水口岩群。

5. 花岗闪长岩

该类出露 31 个岩体,其中东昆仑 22 个,祁连 1 个,柴北缘及阿尔金 8 个,多数以岩基产出,面积在 120~500km²,岩体的产出方向与岩体所在地的区域构造线方向基本一致。其中布伦台—格尔木河延沙松乌拉山一带出露一巨大石炭纪花岗闪长岩,南北长约 215km,宽约 37km,面积约为 4800km²。该花岗闪长岩体侵入于金水口岩群、奥陶系祁漫塔格群以及同期的二长花岗岩和钾长花岗岩中,岩体同化混染强,分异差,相带不明;其南界由于受深大断裂控制边界比较整齐,北部多分枝分岔,并见呈岩株产出的岩体散布外围。岩石地球化学资料中,里特曼指数 δ 为 1.98~3.31,铝饱和指数(ASI)为 0.9~1.06,属偏铝质—弱过铝质中低钾钙碱性系列岩石。

尕林格—驼路沟沟脑一带有多个泥盆纪花岗闪长岩,面积 40~50km²,形状均不规则,岩体侵位于金水口岩群或祁漫塔格群,并被后期的石炭纪和三叠纪岩体侵位。岩石中含少量暗色闪长质包体,岩石的里特曼指数 δ 为 1.34~2.76,铝饱和指数 AIS=0.88~1.05,属偏铝质—弱过铝质中低钾钙碱性系列。据《青海省矿产资源潜力评价报告》,该花岗闪长岩锆石 U-Pb 年龄 375±1.6Ma。

该类岩体锆石 U-Pb 年龄主要集中在 410~342Ma 之间,主要形成于早中泥盆世。

6. 英云闪长岩

该类出露 10 个岩体,其中东昆仑有 4 个岩体,分别为格尔木东南石炭纪英云闪长岩、大格勒河以西二叠纪英云闪长岩、布青山以西二叠纪英云闪长岩、拉玛托洛西南二叠纪英云闪长岩;柴北缘 4 个岩体,分布在乌兰、鱼卡一带;阿尔金 2 个岩体,分布在牛鼻子梁山以北。除牛鼻子梁一个英云闪长岩面积较大外,其他 9 个英云闪长岩面积均在 12~80km²,呈岩株产出。牛鼻子梁较大的英云闪长岩由于第四系覆盖,形如三角形,呈岩基产出,面积约 300km²,岩体展布方向和地层走向一致,呈北西西向,但与山体走向(北东东)斜交。岩体中多围岩捕房体,围岩具硅化、角岩化、混合岩化,受多期构造影响,局部具片麻状构造和碎裂结构。位于大格勒河以西二叠纪英云闪长岩呈岩株产出,面积约为 90km²,侵位于长城系小庙组,同时被后期三叠纪钾长花岗岩侵入。

该类岩体 K-Ar 和 Rb-Sr 同位素年龄主要集中在 280~268Ma 之间,多代表热事件年龄。

7. 闪长岩类

该类包括石英闪长岩和闪长岩,总计有 19 个岩体出露。

石英闪长岩:见 10 个岩体,均分布在东昆仑成矿带。滩北雪峰东南部为泥盆纪石英闪长岩,其他均为二叠纪石英闪长岩。岩体面积在 20~113km²,仅宗加南部的岩体以岩基产出,其他均为岩株。岩体侵位于祁漫塔格岩群或者金水口岩群,被后期二叠纪、三叠纪岩体侵位。宗加南部的二叠纪石英闪长岩面积约 113km²,形状呈港湾状,四周被第四系覆盖,中间见有三叠纪岩体侵位。

闪长岩:见 9 个岩体,其中东昆仑 3 个,柴北缘及阿尔金 5 个,西秦岭 1 个;主要分布在东昆仑的巴隆、柴北缘的蓄积、西秦岭的查卡以北;面积 20~95km² 不等,形状不规则,均呈岩株产出。位于巴隆南的二叠纪闪长岩体,侵位于金水口岩群,形态不规则,与围岩接触界线呈复杂多变的港湾状,岩基产出,面积约 95km²,岩体西侧外接触带有白钨矿化。

石英闪长岩和闪长岩锆石 U-Pb 年龄分布于 409~283Ma 之间,如祁漫塔格北坡闪长岩锆石 U-Pb 年龄为 409Ma(王秉璋等,2011),东昆仑独立山和西沟石英闪长岩锆石 U-Pb 年龄分别为 385.4 ± 1.3Ma 和 284.3 ± 1.2Ma(青海省地质调查院,2012,2013)。

8. 正长岩

该类仅见一个岩体,出露于阿尼玛卿山(玛沁县南),侵位于石炭纪—二叠纪断裂一侧,岩株产出,面积约 9km²,被二叠纪钾长花岗岩侵入。

(二)典型矿区岩体岩石学及成岩年龄

1. 滩间山金矿区斜长花岗斑岩

斜长花岗斑岩是矿区内出露最大的岩体,也是柴北缘出露较大的浅成—超浅成侵入体。斜长花岗斑岩等岩体与滩间山金矿的形成关系密切,为金矿的形成提供了物源和热源。

斜长花岗斑岩岩石化学成分见表 2-14。SiO_2 含量为 66.13%~67.41%,Na_2O+K_2O 含量为 6.44%~6.71%,K_2O/Na_2O 比值范围为 0.42~0.55。岩石属钙碱性系列偏铝质岩石,属 I 型花岗岩。

斜长花岗斑岩锆石 U-Pb 谐和图出现 3 组年龄(图 2-15),每组锆石代表特定意义。其中,第一组锆石推测为前寒武纪继承锆石年龄;第二组锆石为新元古代火成岩锆石年龄的记录;第三组锆石 $^{206}Pb/^{238}U$ 表面年龄加权平均值为 350.4 ± 3.2Ma,笔者认为是斜长花岗斑岩的侵位年龄。

2. 小赛什腾山铜矿区石英闪长斑岩

小赛什腾山铜矿区石英闪长斑岩地处柴达木盆地北缘小赛什腾山西段,与铜成矿关系密切,铜矿体主要赋存在石英闪长斑岩与闪长岩体侵入接触带的强蚀变岩中。石英闪长斑岩 SiO_2 含量为 62.19%~63.43%,K_2O 含量为 3.81%~4.5%,K_2O+Na_2O 含量为 9.55%~9.66%。K_2O/Na_2O 比值范围为 0.54~0.89,岩石属高钾钙碱性系列。石英闪长斑岩锆石 $^{206}Pb/^{238}U$ 表面年龄集中于 323~311Ma 之间,其加权平均值为 316.7 ± 2.9Ma(MSWD=0.29);在 $^{206}Pb/^{238}U-^{207}Pb/^{235}U$ 同位素年龄谐和图上,数据点基本位于谐和曲线上,具有很好的一致性(图 2-16)。此年龄代表了小赛什腾山石英闪长斑岩的形成时代,相当于晚石炭世,属于海西期。从区域构造环境分析,其应是古特提斯洋向北俯冲的产物。

表 2-14 不同矿区海西期中酸性侵入岩岩石化学成分分析结果(%)

序号	矿区名称	岩石名称	样品编号	SiO_2	TiO_2	Al_2O_3	Fe_2O_3	FeO	MnO	MgO	CaO	Na_2O	K_2O	P_2O_5	LOI	总计
1	滩间山	斜长花岗斑岩	TJ003B-1	66.13	0.31	14.16	1.79	0.92	0.039	1.28	3.59	4.31	2.13	0.11	4.97	99.739
2		斜长花岗斑岩	TJ005B	67.41	0.33	14.59	1.80	0.64	0.039	1.19	2.44	5.08	2.13	0.10	4.00	99.749
3		斜长花岗斑岩	TJ003B-2	66.84	0.33	14.61	1.37	0.94	0.034	1.12	3.04	4.31	2.36	0.092	4.71	99.756
4	小赛什腾山	石英闪长斑岩	15XSH02	63.43	0.47	16.19	2.34	1.38	0.10	2.01	1.32	6.27	3.39	0.22	2.58	99.70
5		石英闪长斑岩	15XSH03	62.62	0.50	15.94	4.46	1.32	0.06	2.00	0.76	5.06	4.50	0.24	2.47	99.93
6		石英闪长斑岩	15XSH05	62.19	0.48	15.93	3.63	1.27	0.11	1.73	1.97	5.74	3.81	0.23	2.74	99.83
7	卡而却卡	似斑状二长花岗岩	KB001	71.00	0.45	13.58	0.66	1.96	0.032	0.84	1.88	2.58	5.82	0.15	1.21	100.162
8	野马泉	二长花岗岩	YM3	73.81	0.24	13.22	0.19	1.98	0.06	0.80	2.31	3.53	2.93	0.05	1.10	100.22
9		二长花岗岩	YM3	74.68	0.23	12.92	0.72	1.20	0.04	0.72	2.03	3.40	3.24	0.07	0.93	100.18
10		二长花岗岩	YMN	72.84	0.26	13.43	1.28	1.53	0.07	0.88	3.44	3.62	2.80	0.06	1.06	101.27
11		花岗闪长岩	YM11	74.09	0.23	13.45	0.19	1.37	0.03	0.73	2.16	3.89	3.05	0.05	0.76	100.00
12		花岗闪长岩	YM11	74.22	0.24	13.07	0.00	1.54	0.03	0.79	2.56	3.69	3.22	0.06	0.83	100.25
13		花岗闪长岩	YM11	72.16	0.24	14.43	0.07	1.41	0.03	0.81	2.25	4.18	3.52	0.06	0.85	100.01

资料来源:序号 1~7 本次研究样品,由中国地质调查局西安地质调查中心测试;序号 8~13 据高永宝等,2008

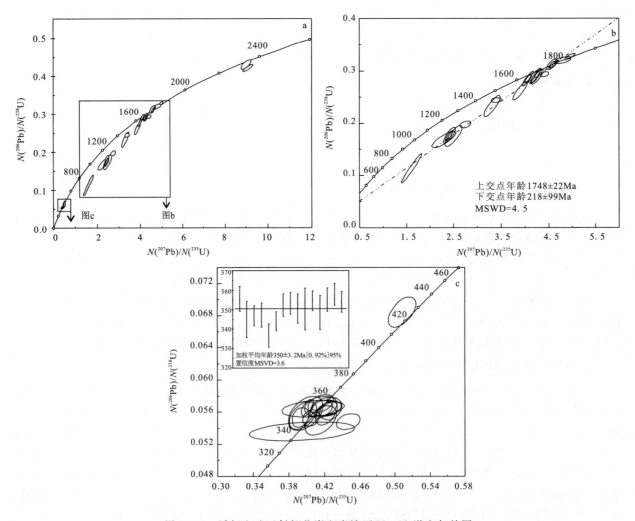

图 2-15 滩间山矿区斜长花岗斑岩锆石 U-Pb 谐和年龄图

注:天津地质调查中心测试

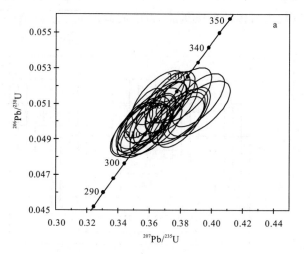
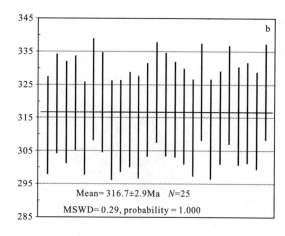

图 2-16 小赛什腾山石英闪长斑岩锆石 U-Pb 年龄谐和图(a)和加权平均年龄图(b)

注:西安地质调查中心测试

3. 卡而却卡铜多金属矿区似斑状二长花岗岩

似斑状二长花岗岩位于卡而却卡 B 区,岩体紧邻矿体,岩体内有不同程度的矿化,从矿体到该岩体,矿化程度逐渐减弱,说明该矿体的形成与该岩体的侵入有关。岩石 SiO_2 含量为 71.00%,K_2O 含量为 5.82%,Na_2O 含量为 2.58%,岩石属高钾钙碱性系列,全碱总量较高($K_2O+Na_2O>8\%$),反映其岩浆源于深部地壳,显示出 S 型花岗岩的特征。其中,似斑状黑云母二长花岗岩锆石 U-Pb 年龄给出的加权平均值为 410.1±2.6Ma(MSWD=2.8,图 2-17),410.1±2.6Ma 应代表似斑状黑云母二长花岗岩的侵位年龄,属早泥盆世。

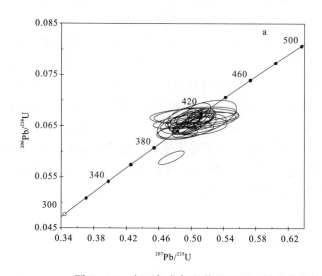
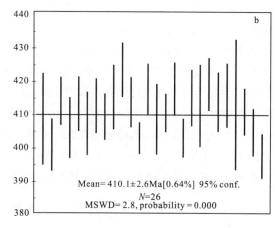

图 2-17 卡而却卡似斑状黑云母二长花岗岩锆石 U-Pb 谐和图(a)和加权平均年龄图(b)

注:天津地质调查中心测试

4. 野马泉铁多金属矿区花岗闪长岩

花岗闪长岩产于野马泉的北矿带,为隐伏岩体。SiO_2 含量为 72.16%~74.22%,K_2O 含量为 3.05%~3.52%,Na_2O 含量为 3.69%~4.18%,Na_2O 含量大于 K_2O,岩石属钙碱性系列,形成于碰撞-后碰撞构造环境(高永宝等,2014)。

花岗闪长岩锆石加权平均年龄值 392.4±2.2Ma（MSWD＝0.32）与谐和年龄 392.9±3.5Ma（MSWD＝0.33）在误差范围内一致（图 2-18），可以代表岩体的形成年龄，为中泥盆世。

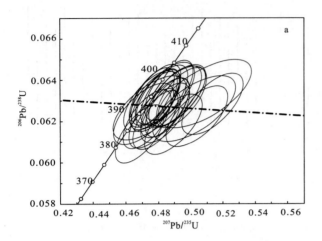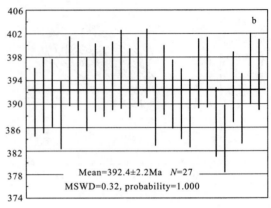

图 2-18　野马泉花岗闪长岩锆石 U-Pb 谐和年龄图（a）和加权平均年龄图（b）
注：西北大学国家重点实验室测试

四、印支期中酸性侵入岩

印支期中酸性岩浆活动在青海境内极为强烈，其侵入岩广布于南祁连及其以南的地区。分布比较集中的地区为东昆仑地区以及鄂拉山、青海南山和同仁地区，与印支期的火山岩一起构成青海省中部火成岩省，其他地区分布比较零散。岩类比较齐全，主要岩石类型有闪长岩、石英闪长岩、二长岩、英云闪长岩、花岗闪长岩、二长花岗岩、钾长花岗岩等，以二长花岗岩、花岗闪长岩为主。据不完全统计，各类岩体总计 314 个，其中祁连成矿带出露 4 个，东昆仑成矿带 128 个，柴北缘成矿带 21 个，西秦岭成矿带 80 个，巴颜喀拉成矿带 46 个，西南三江成矿带 35 个。岩基、岩株均有产出，岩体展延方向与区域构造线方向基本一致，明显受控于断裂。该期一部分岩体过去划归为二叠纪，随着近年来地质调查程度和年代学研究水平的提高，而厘定为印支期或三叠纪。

该期岩体是青海省形成金属矿产最多的一期岩体，不但矿化现象普遍，而且有比较多的矿床形成。矿床类型主要为矽卡岩型、斑岩型以及构造蚀变岩型等。例如在该期花岗闪长岩形成了虎头崖铅锌矿和双朋西铜矿等矿床；花岗斑岩对乌兰乌珠尔铜锡矿形成具有重要作用；石英闪长岩、闪长玢岩等中酸性岩体为五龙沟金矿床、阿斯哈金矿床、大场金矿床、东乘公麻金矿床等形成提供物质来源和热源；在钾长花岗岩、石英闪长岩、二长花岗岩等中酸性岩体外接触带形成了野马泉铁多金属矿床、卡而却卡铜多金属矿、哈西亚图铁多金属矿、尕林格铁矿、四角羊铅锌矿床等。

（一）区域岩体的分布情况及岩体年龄

1. 钾长花岗岩

钾长花岗岩出露 36 个岩体，比较集中的地区位于东昆仑拉陵灶火及其以东的都兰、乌兰地区，其次零散分布于祁漫塔格及博卡雷克塔格等地。36 个岩体中，呈岩基产出的有 5 个，面积一般在 120～552km²；其他均呈岩株产出，面积为 12～80km²。岩体形状各异，侵位地层有古元古界、中元古界、寒武系、奥陶系、石炭系、三叠系，岩体展布方向与其所在地区域构造线方向基本一致。

东昆仑成矿带出露 24 个岩体，主要分布于拉陵灶火及其以东的都兰、乌兰地区，面积为 20～496km²，3 个为岩基产出，其余均以岩株产出。其中大格勒河以西岩体出露面积为 496km²，岩体北部侵位于古元古界金水口岩群和蓟县系狼牙山组，南部侵位于大干沟组和狼牙山组，岩体的展布方向与区域构造线方向一致。哈图以南钾长花岗岩出露面积为133km²,岩体侵位于长城系小庙组,与同期花岗闪长岩和二长花岗岩为侵入接触。长山钾长花岗岩锆石SHRIMP U-Pb年龄为219.9±1.3Ma(丰成友等,2012),那陵郭勒河东钾长花岗岩锆石U-Pb年龄为225.2±1.2Ma(常有英等,2009)。

西秦岭成矿带出露3个岩体,主要分布于鄂拉山、尖山一带,面积为10~72km²,均以岩株产出。最大的岩体位于祁加以西,面积为72km²,岩体主要侵位于古元古界金水口岩群、上三叠统鄂拉山组。

柴北缘及阿尔金成矿带出露6个岩体,主要分布于阿尔金山、查查香卡、乌兰一带,面积为10~50km²,岩体主要侵位于古元古界金水口岩群、上三叠统鄂拉山组、寒武系—奥陶系滩间山群。

巴颜喀拉成矿带出露3个岩体,主要分布于果洛山一带,面积为20~430km²。位于年保玉则的钾长花岗岩体为岩基产出,面积为430km²,近南北向形状不规则,岩体主要侵位于巴颜喀拉山群的昌马河组、甘德组,与同期的二长花岗岩为侵入接触。

2. 二长花岗岩

二长花岗岩出露101个岩体,近2/3的岩体分布于东昆仑、鄂拉山及其以东的青海湖南和同仁地区,在格尔木河以西、索乎日麻、野牛沟曲麻莱、莫云等其他地区,有零星的分布。呈岩基产出者有10个岩体,面积一般在105~498km²;其余均呈岩株产出,面积为8~90km²。岩体侵位最老地层古元古界,最新地层上三叠统,岩体展布方向大部与所在地区域构造线方向一致,与地层走向微交或一致。在岩体内外接触带具不同程度的混合岩化和蚀变,岩体形态各异,有圆形、矩形、梨形、纺锤形、长条形等。

东昆仑成矿带出露54个岩体,主要分布于诺木洪河两侧、洪水河—清水河、察汗乌苏河一带,其他地区均有零星分布,面积为20~498km²,多以岩株产出。最大的一个位于都兰县东南的察汗乌苏河岩体,面积达498km²,岩体主要侵位于古元古界金水口岩群和蓟县系狼牙山组,被新近系油砂山组不整合覆盖。位于诺木洪河东岸的二长花岗岩面积约为250km²,岩体侵位于蓟县系狼牙组和古元古界金水口岩群,岩体边部有少量安山岩、大理岩、混合岩捕虏体,由于受南侧断裂影响,岩石破碎强烈,相带不明,岩性单一。位于窑洞山以南的二长花岗岩出露面积约为189km²,岩体侵位于志留系肮脏沟组。

西秦岭成矿带出露16个岩体,主要分布于茶卡北、青海南山、鄂拉山、虽根尔岗、同仁一带,面积为20~329km²,岩体主要侵位于古元古界金水口岩群,上三叠统鄂拉山组,下—中三叠统甘德组、隆务河组。位于青海南山江西沟南的二长花岗岩体,面积约为329km²,以岩基产出,北东向侵入石炭系—二叠系土尔根大坂组,南西侵入中—下三叠统和同期花岗闪长岩,北西向展延,岩体分异尚好,中心相为二长花岗岩,边缘相为花岗闪长岩,北部边相岩性稳定显红色,局部似斑状,南部边相为灰白色。位于同仁县西北(常牧南)的二长花岗岩体,岩基产出,面积200km²,侵位于下—中三叠统古浪堤组和隆务河组;形状不规则有分岔,主轴北西向,与围岩陡倾接触;内接触带有围岩捕虏体,并有花岗岩脉穿插,外接触带角岩化发育,带宽500~1300m;岩体分异不佳,原生构造不发育,主要岩性二长花岗岩、黑云母二长花岗岩和斑状花岗闪长岩。

柴北缘及阿尔金成矿带出露14个岩体,主要分布于乌兰、查查香卡、阿尔金山、擦勒特一带,面积为20~153km²,岩体主要侵位于古元古界金水口岩群及寒武系—奥陶系滩间山群。其中柴北缘查查香卡以东出露的2个岩体面积分别为106km²和153km²,阿尔金大通沟南山出露的二长花岗岩面积为101km²,3个岩体均以岩基产出,岩体侵位于金水口岩群。

巴颜喀拉成矿带出露12个岩体,大部分为小岩株产出,主要分布于刚欠查鲁马、多尕尔玛、巴颜喀拉山口、那让卡东一带,面积为8~125km²,位于巴颜喀拉山口一带的二长花岗岩体为岩基产出,面积为125km²,岩体主要侵位于三叠系巴颜喀拉山群的昌马河组、甘德组、清水河组。

西南三江成矿带出露5个岩体,大部分为小岩株产出,主要分布于君达、夏达、宁多一带,面积为5~101km²,位于君达南的二长花岗岩体为岩基产出,面积为101km²,岩体主要侵位于上三叠统巴塘群、下中石炭统卡贡组、石炭系—二叠系西金乌兰群、中元古界宁多组。

前人已获得该类岩体的大量同位素年代学数据,其中锆石U-Pb年龄主要集中在232.53~203.9Ma,为晚三叠世,少量岩体为早、中三叠世。

3. 花岗闪长岩

花岗闪长岩出露89个岩体，主要分布于东昆仑及鄂拉山、青海湖南山和同仁地区，除此零散分布于博卡雷克塔格、小苏莽等地。89个岩体中有8个岩体呈岩基产出，面积在110～578km^{2}不等，余者呈岩株产出，面积在12～60km^2。岩体形态多变，展延方向与其所在地区域构造线基本一致，侵位最老地层古元古界及最新地层上三叠统，见白垩系、新近系不整合覆盖，岩体出露集中的地区多有三叠纪火山岩或火山岩夹层分布区。

东昆仑成矿带出露35个岩体，主要分布于伯喀里克南、诺木洪河西侧、哈图—巴隆、都兰以南一带，面积为20～1590km^2，岩体主要侵位于古元古界金水口岩群。位于开木棋陡里格的花岗闪长岩体，呈岩基产出，面积1590km^2，是东昆仑东端最大的岩体，呈纺锤形稍弯曲，有分叉，北西向延伸80km。岩体南侧界线稍平直，北侧呈波浪状，西段侵位于寒武系—奥陶系滩间山群，或被新近系油砂山组不整合覆盖；东段侵位于上三叠统鄂拉山组，或被油砂山组不整合覆盖；同时该岩体侵入二叠纪石英闪长岩等岩体，接触面一般倾向围岩；岩体内多围岩捕虏体，边缘具冷凝边和混染带，围岩有混合岩化、大理岩化；主要岩性为花岗闪长岩，局部出现肉红色粗粒花岗岩。

西秦岭成矿带出露34个岩体，主要分布于乌兰东、黑马河南、鄂拉山、同仁一带，面积为10～332km^2。岩体主要侵位于古元古界金水口岩群、上三叠统鄂拉山组、下—中三叠统甘德组、隆务河组。位于同仁县西的花岗闪长岩体呈岩基产出，是同仁地区最大的花岗闪长岩体，面积为332km^2，长63km，最宽达22km，长轴北西向，被北北西、北东两断裂错开，西段侵入三叠系古浪堤组，东段侵入三叠系隆务河组，西北部被新近系油砂山组不整合覆盖，接触界线清楚，呈波状、锯齿状，接触面倾向围岩。内接触带宽200～500m，有围岩捕虏体，外接触带宽200～2000m不等，具角岩化、硅化、绿泥石化、电气石化、混合岩化，主要岩性组合为花岗闪长岩、斑状二长岩。岩体粒级分异明显，由边至中心为细→中粗→似斑状变化。

柴北缘及阿尔金成矿带出露5个岩体，主要分布于乌兰、尖扎一带，面积为10～60km^2，均以岩株产出，岩体主要侵位于古元古界金水口岩群及下—中三叠统大加连组、切尔玛沟组。

巴颜喀拉成矿带出露9个岩体，大部分为小岩株产出，主要分布于野牛山北、琼粗陇巴、巴颜喀拉山口一带，面积为5～20km^2。位于尖石山一带的花岗闪长岩体为岩基产出，面积为150km^2，岩体主要侵位于三叠系巴颜喀拉山群的昌马河组、甘德组、清水河组。

西南三江成矿带出露6个岩体，均为小岩株产出，主要分布于若候涌、哈秀、宁多一带，面积为5～30km^2，岩体主要侵位于上三叠统巴塘群、中三叠统结隆组、石炭系—二叠系西金乌兰群、中元古界宁多组。

该类岩体锆石U-Pb年龄主要集中在232～202Ma，为晚三叠世，其次在246.8～235Ma，为中三叠世，少量岩体为早三叠世。

4. 英云闪长岩

英云闪长岩出露14个岩体，大部分呈岩株产出。

东昆仑成矿带出露5个岩体，主要分布于格尔木东南、诺木洪河西侧、巴隆西一带，面积为20～390km^2。位于格尔木东南的英云闪长岩为岩基，出露面积约390km^2，岩体呈不规则状，分叉现象明显，岩体主要侵位于古元古界金水口岩群和蓟县系狼牙山组。

巴颜喀拉成矿带出露6个岩体，均为小岩株产出，主要分布于叶格—秋智、江千北一带，面积为5～20km^2，岩体主要侵位于三叠系巴颜喀拉山群的昌马河组、清水河组。

西南三江成矿带出露3个岩体，沿扎河—当江—玉树一线呈带状分布，岩体主要侵位于石炭系—二叠系西金乌兰群，同时也侵入同期石英闪长岩中，面积在29～45km^2，为岩株状产出，呈长条状，它与石英闪长岩具有相同的产出环境，受控于断裂。开木棋陡里格英云闪长岩锆石U-Pb年龄为232.4±1Ma(青海省地质调查院，2012)。

5. 闪长岩类

区内石英闪长岩出露56个岩体，闪长岩16个。

1）石英闪长岩

石英闪长岩岩体大部分呈岩株产出，其中东昆仑成矿带出露10个岩体，主要分布于塔鹤托坂日西、五龙沟、小卧龙、察汗乌苏河下游一带，面积为10～80km^2。岩体主要侵位于古元古界金水口岩群及上三叠统鄂拉山组。

西秦岭成矿带出露16个岩体，主要分布于青海南山、茶卡、夺确壳、谷芒、多哇一带。岩体主要侵位于上—中三叠统甘德组及隆务河组，面积为2～103km^2，多为10～20km^2；位于江西沟以南的石英闪长岩出露面积约为103km^2，侵位于三叠系隆务河组，被同期二长花岗岩侵入，岩体南部蚀变带宽80～120m，近岩体的为矽线石黑云母黄晶片麻岩、角岩等，岩体西北部围岩蚀变带宽100m，有大理岩化、矽卡岩化，并见有石英脉型金矿、白钨矿化、辰砂等。

巴颜喀拉成矿带出露15个岩体，零散分布于带内各个地区，面积大部分为10～80km^2。岩体主要侵位于三叠系巴颜喀拉山群的昌马河组、甘德组、清水河组及中二叠统马尔争组，位于治多县北的石英闪长岩体呈岩基产出，面积为150km^2。

西南三江成矿带出露15个岩体，沿扎河—当江—玉树一线呈带状分布，面积为10～80km^2，岩体主要侵位于石炭系—二叠系西金乌兰群及中元古界宁多组。

尕林格矿区石英闪长岩锆石U-Pb年龄为228.3±0.5Ma（高永宝等，2012）；在洪水川得到的石英闪长岩锆石U-Pb年龄为243.9±3Ma（陈国超等，2013）；尕林格石英闪长岩锆石U-Pb年龄为216±3Ma（青海省地质调查院，2010）；开木棋陡里格石英闪长岩锆石U-Pb年龄为228.49±0.84Ma，拉陵高里河石英闪长岩锆石U-Pb年龄为214±4Ma（青海省地质调查院，2012）；赛长隆洼河石英闪长岩锆石U-Pb年龄为246.6±6.2Ma（1∶5万刚察乡幅等6幅区域地质矿产调查报告）；结隆石英闪长岩锆石U-Pb年龄为227±3Ma（1∶25万玉树县幅区域地质调查报告）。本项目在阿斯哈获得石英闪长岩锆石U-Pb年龄为231.9Ma。

2）闪长岩

闪长岩岩体均呈岩株产出。其中西秦岭成矿带出露11个岩体，主要分布于青海南山一带，只有一个位于道帏西南，面积为10～68km^2，岩体主要侵位于中—下三叠统隆务河组。

西南三江成矿带出露5个闪长岩体，主要分布于若候涌西、莫隔曲卡、巴塘南、杂热坎多一带，面积为10～30km^2，岩体主要侵位于上三叠统巴塘群、中三叠统结隆组及上二叠统那益雄组。

东昆仑地区主要呈岩脉产出，开木棋陡里格闪长岩锆石U-Pb年龄为233.8±1.2Ma，拉陵高里河闪长岩锆石U-Pb年龄为227±1Ma（青海省地质调查院，2012）。

6. 二长岩

二长岩仅在巴颜喀拉成矿带出露1个岩体，位于霍通诺尔湖东南，呈岩株产出，面积为40km^2，岩体侵位于三叠系巴颜喀拉山群清水河组。

（二）典型矿区岩体岩石学及成岩年龄

青海省与印支期中酸性岩浆成矿作用有关的金属矿床主要分布在东昆仑一带。本书所涉项目分别对东昆仑虎头崖、野马泉、卡而却卡、尕林格、阿斯哈、五龙沟、哈西亚图以及西秦岭瓦勒根等矿区的中酸性侵入岩开展了野外调查工作，认为该期中酸性岩体与各矿床形成有关。印支期岩浆活动作为东昆仑地区最主要的一期岩浆活动作用，构成了东昆仑巨型岩浆岩带的主体。据罗照华（2005）统计，该地区三叠纪花岗岩类分布达20 000km^2，占花岗岩总分布面积的42%，岩体产出形态既有岩基、岩株、岩枝，也有岩脉，形成时代以晚三叠世为主。岩石类型主要包括闪长岩、石英闪长岩、花岗闪长岩、二长花岗岩、花岗岩等，主要为中、浅成花岗岩类。本次研究对主要矿区的中酸性侵入岩锆石U-Pb同位素年代的测试结果显示，与成矿有关的岩体主要为中三叠世和晚三叠世（表2-15）。

表 2-15 印支期中酸性侵入岩锆石 U-Pb 同位素年代

地区/矿区	岩石	测试对象	测试方法	年龄(Ma)	测试单位	备注
加鲁河	闪长岩	锆石	LA-MC-ICP-MS	249.9±0.9	天津地质调查中心	图 2-19
哈西亚图铁矿	石英闪长岩	锆石	LA-ICP-MS	246.8±1.8	西北大学国家重点实验室	图 2-20
月亮湾金矿	斜长花岗岩	锆石	LA-ICP-MS	244.3±1.1	西北大学国家重点实验室	图 2-21
哈西亚图铁矿	花岗闪长岩	锆石	LA-ICP-MS	240.1±0.8	西北大学国家重点实验室	图 2-22
大水沟金矿	英云闪长岩	锆石	LA-MC-ICP-MS	239.5±0.9	天津地质调查中心	图 2-23
阿斯哈金矿	石英闪长岩	锆石	LA-ICP-MS	238.4±1.4	西北大学国家重点实验室	图 2-24
尕林格铁矿	石英闪长岩	锆石	LA-ICP-MS	234.8±1.1	西北大学国家重点实验室	图 2-25
虎头崖铅锌矿	花岗斑岩	锆石	LA-ICP-MS	232.7±1.8	西北大学国家重点实验室	图 2-26
热水钼矿	似斑状黑云母二长花岗岩	锆石	LA-ICP-MS	230.9±1.4	西安地质调查中心	图 2-27
瓦勒根金矿	斜长花岗斑岩	锆石	LA-MC-ICP-MS	228.2±1.9	天津地质调查中心	图 2-28
波洛尕熊金矿	石英闪长玢岩	锆石	LA-ICP-MS	226.6±1.6	西安地质调查中心	图 2-29
野马泉铁矿	花岗闪长岩	锆石	LA-ICP-MS	225.8±1.6	西北大学国家重点实验室	图 2-30
西藏大沟金矿	花岗斑岩	锆石	LA-ICP-MS	225.0±1.2	西安地质调查中心	图 2-31
小圆山铁矿	英云闪长岩	锆石	LA-MC-ICP-MS	217.7±1.1	天津地质调查中心	图 2-32
	斜长花岗斑岩	锆石	LA-MC-ICP-MS	216.9±1.9	天津地质调查中心	图 2-33

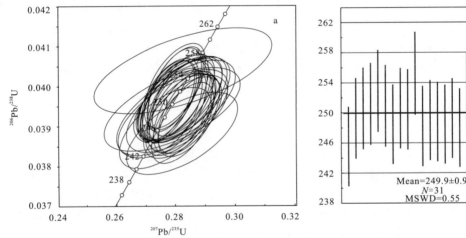

图 2-19 加鲁河闪长岩锆石 U-Pb 年龄谐和图(a)和加权平均年龄图(b)

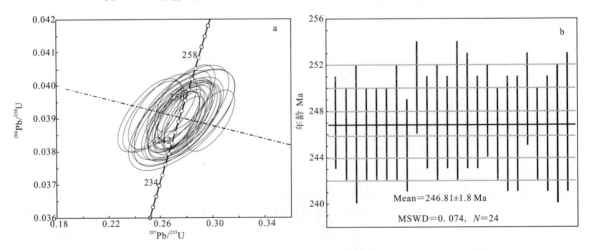

图 2-20 哈西亚图铁矿石英闪长岩锆石 U-Pb 谐和图(a)和加权平均年龄图(b)

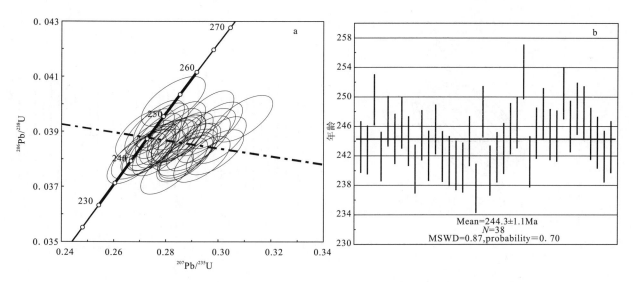

图 2-21　月亮湾金矿斜长花岗岩锆石 U-Pb 年龄谐和图(a)和加权平均年龄图(b)

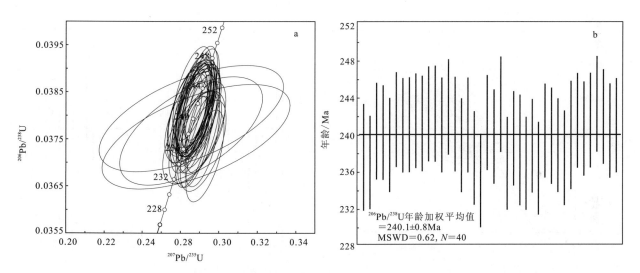

图 2-22　哈西亚图铁矿花岗闪长岩锆石 U-Pb 年龄谐和图(a)和加权平均年龄图(b)

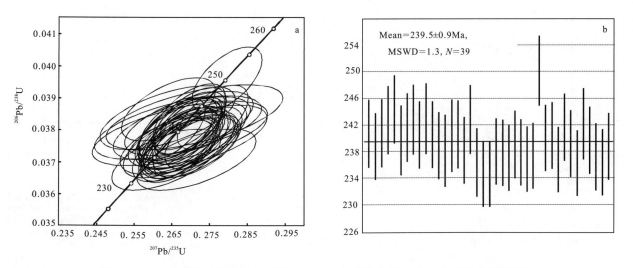

图 2-23　大水沟金矿英云闪长岩锆石 U-Pb 年龄谐和图(a)和加权平均年龄图(b)

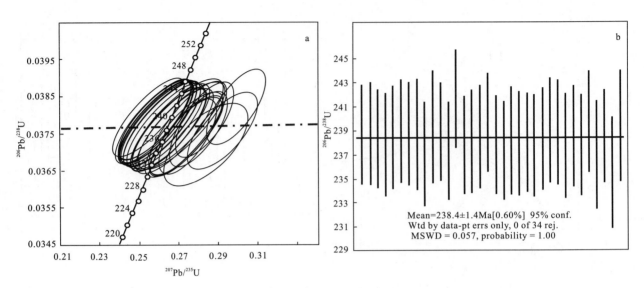

图 2-24 阿斯哈金矿石英闪长岩锆石 U-Pb 年龄谐和图(a)和加权平均年龄图(b)

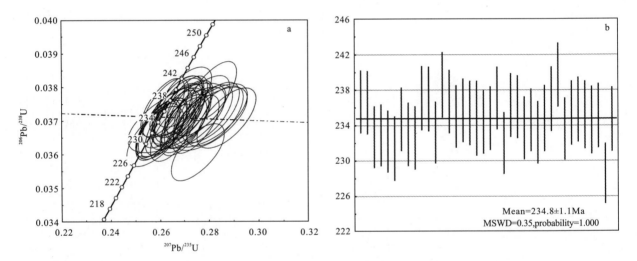

图 2-25 尕林格铁矿石英闪长岩锆石 U-Pb 年龄谐和图(a)和加权平均年龄图(b)

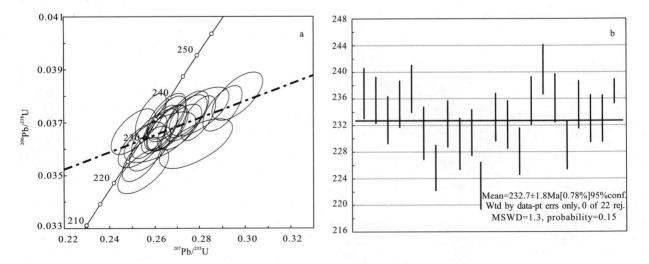

图 2-26 虎头崖铅锌矿花岗斑岩锆石谐和年龄图(a)及加权平均年龄图(b)

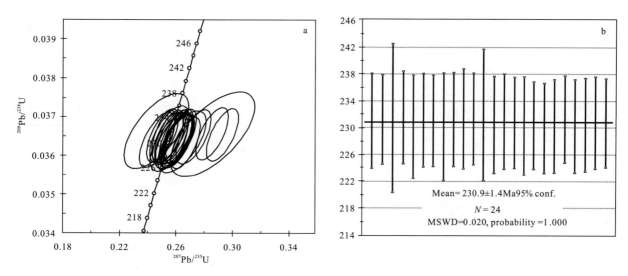

图 2-27 热水钼矿似斑状黑云母二长花岗岩锆石 U-Pb 年龄谐和图(a)和加权平均年龄图(b)

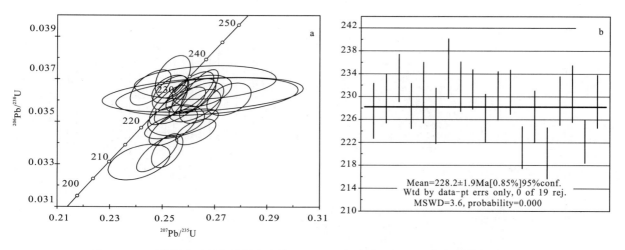

图 2-28 瓦勒根金矿斜长花岗斑岩锆石 U-Pb 年龄谐和图(a)和加权平均年龄图(b)

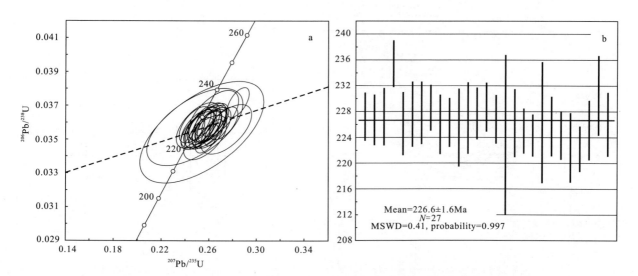

图 2-29 波洛尕熊金矿石英闪长玢岩锆石 U-Pb 年龄谐和图(a)和加权平均年龄图(b)

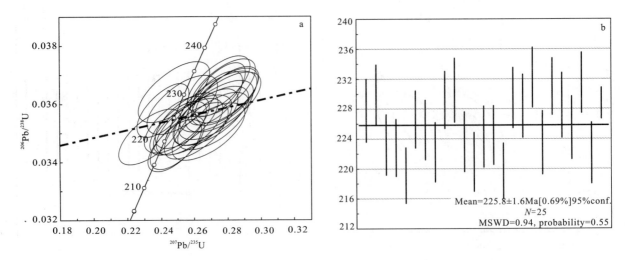

图 2-30 野马泉铁矿花岗闪长岩锆石 U-Pb 年龄谐和图(a)和加权平均年龄图(b)

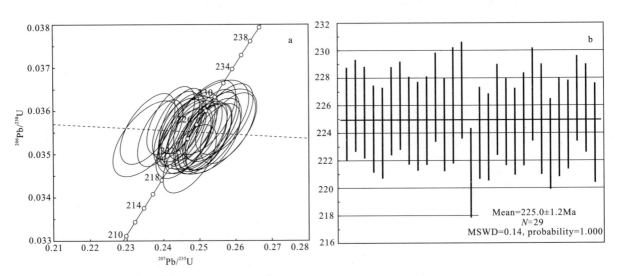

图 2-31 西藏大沟金矿花岗斑岩锆石 U-Pb 年龄谐和图(a)和加权平均年龄图(b)

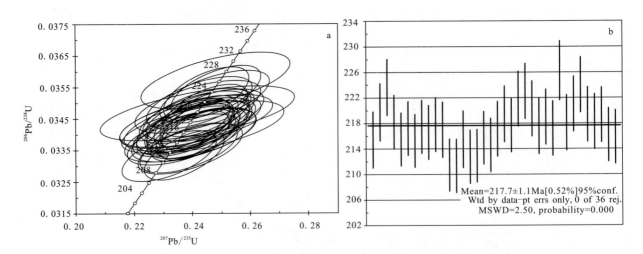

图 2-32 小圆山铁矿英云闪长岩锆石 U-Pb 年龄谐和图(a)和加权平均年龄图(b)

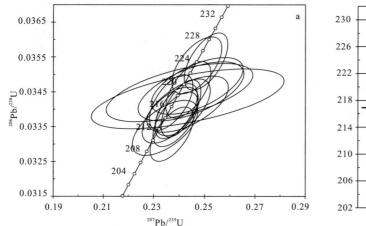
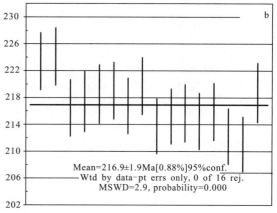

图 2-33 小圆山铁矿斜长花岗斑岩锆石 U-Pb 年龄谐和图(a)和加权平均年龄图(b)

印支期中酸性侵入岩 SiO_2 含量为 54.57%~76.08%,K_2O 含量为 1.15%~5.42%,Na_2O 为 0.54%~3.74%,K_2O/Na_2O 为 0.33~9.09,在 K_2O-SiO_2 图(图 2-34,表 2-16)中主要落在钙碱性和高钾钙碱性区域。根据区域地质特征和岩体岩石学研究,早—中三叠世中酸性侵入岩形成于俯冲环境,晚三叠世形成于碰撞环境(南卡俄吾等,2014;李金超等,2015;孔会磊等,2015)。

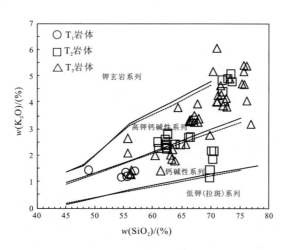

图 2-34 印支期中酸性侵入岩 K_2O-SiO_2 图

表 2-16 印支期中酸性侵入岩化学成分(%)

地区/矿区	岩石名称	样品编号	SiO_2	TiO_2	Al_2O_3	Fe_2O_3	FeO	MnO	MgO	CaO	Na_2O	K_2O	P_2O_5	LOI	总计	时代
小圆山	斜长花岗斑岩	13Xb42-1	71.65	0.27	14.25	<0.01	2.01	0.04	0.50	1.60	2.93	4.30	0.07	2.58	100.20	
	斜长花岗斑岩	13Xb42-2	72.57	0.26	13.62	<0.01	1.96	0.05	0.48	1.68	2.98	3.84	0.07	2.68	100.19	
	斜长花岗斑岩	13Xb42-3	72.27	0.26	13.70	<0.01	2.63	0.05	0.48	1.74	3.04	4.04	0.07	2.68	100.96	T_3
	斜长花岗斑岩	13Xb42-4	72.46	0.27	13.64	0.08	1.77	0.05	0.48	1.77	2.44	4.16	0.07	2.88	100.07	
	斜长花岗斑岩	13Xb42-5	72.02	0.26	13.22	0.25	1.39	0.07	0.50	2.39	2.40	3.88	0.07	3.55	100.00	
	英云闪长岩	13Xb43-1	66.57	0.56	15.71	1.29	2.54	0.05	1.59	3.57	3.65	3.34	0.20	0.94	100.01	
	英云闪长岩	13Xb43-2	66.37	0.56	15.53	1.36	2.27	0.05	1.46	3.66	3.72	3.31	0.19	1.52	100.00	
	英云闪长岩	13Xb43-3	67.18	0.56	15.44	1.32	2.24	0.06	1.65	3.28	3.61	3.51	0.19	0.98	100.02	T_3
	英云闪长岩	13Xb43-4	66.20	0.57	15.66	1.19	2.41	0.05	1.47	3.58	3.71	3.29	0.20	1.69	100.02	
	英云闪长岩	13Xb43-5	64.26	0.53	14.83	1.04	2.22	0.05	1.33	4.07	3.36	3.82	0.19	4.29	99.99	

续表 2-16

地区/矿区	岩石名称	样品编号	SiO_2	TiO_2	Al_2O_3	Fe_2O_3	FeO	MnO	MgO	CaO	Na_2O	K_2O	P_2O_5	LOI	总计	时代
西藏大沟	花岗斑岩	14XZH01	61.37	0.45	15.49	0.50	3.57	0.10	4.03	5.50	3.10	1.42	0.12	4.36	100.01	T_3
	花岗斑岩	14XZH02	63.20	0.47	16.18	0.42	3.44	0.09	3.22	4.65	3.00	1.86	0.12	3.33	99.98	
	花岗斑岩	14XZH03	63.04	0.52	16.55	0.93	3.30	0.08	3.22	5.02	3.05	2.02	0.14	2.12	99.99	
	花岗斑岩	14XZH04	63.81	0.48	16.62	0.50	3.45	0.09	2.85	4.99	3.25	1.80	0.12	2.01	99.97	
	花岗斑岩	14XZH05	63.40	0.48	16.58	0.34	3.49	0.07	2.83	3.32	2.98	2.23	0.13	4.13	99.98	
波洛尕熊	石英闪长玢岩	14BLH04	56.03	0.96	17.17	1.64	5.08	0.17	5.23	7.14	3.28	1.32	0.24	1.71	99.97	T_3
	石英闪长玢岩	14BLH05	56.24	0.86	17.14	1.49	4.96	0.12	5.33	6.98	3.12	1.28	0.22	2.18	99.92	
	石英闪长玢岩	14BLH06	56.26	0.88	17.10	1.46	5.03	0.12	5.39	6.76	3.12	1.46	0.21	2.17	99.96	
	石英闪长玢岩	14BLH07	55.70	0.92	16.86	1.73	5.02	0.13	5.36	5.98	3.05	2.65	0.21	2.36	99.97	
	石英闪长玢岩	14BLH08	55.68	0.90	16.87	1.75	4.97	0.13	5.28	6.58	3.04	2.10	0.24	2.43	99.97	
瓦勒根	斜长花岗斑岩	W07-2B	65.62	0.18	14.19	0.38	2.14	0.041	1.10	3.68	3.57	2.42	0.066	4.06	97.447	T_3
热水	似斑状黑云母二长花岗岩	14RSH01	70.30	0.30	14.18	0.75	1.90	0.04	0.84	1.92	2.23	5.18	0.08	2.27	99.99	T_3
	似斑状黑云母二长花岗岩	14RSH02	71.01	0.30	14.31	0.29	1.91	0.05	0.90	2.56	2.99	4.05	0.08	1.55	100.00	
	似斑状黑云母二长花岗岩	14RSH03	67.64	0.32	13.80	0.50	1.97	0.05	1.54	3.87	2.85	3.95	0.09	3.41	99.99	
	似斑状黑云母二长花岗岩	14RSH04	71.09	0.31	14.57	0.32	1.79	0.03	0.69	2.30	3.02	4.27	0.08	1.52	99.99	
	似斑状黑云母二长花岗岩	14RSH05	70.95	0.31	14.23	0.36	1.82	0.04	0.76	2.70	2.97	4.02	0.08	1.75	99.99	
虎头崖	花岗斑岩	ZK001-1T-1	71.55	0.25	13.60	1.23	1.71	0.08	0.64	1.83	3.23	4.65	0.07	0.81	99.65	T_3
	花岗斑岩	ZK001-1T-2	75.26	0.11	12.42	0.98	1.03	0.06	0.23	0.95	3.34	4.72	0.03	0.51	99.64	
	花岗斑岩	ZK001-1T-3	75.68	0.10	12.47	0.60	0.99	0.06	0.25	0.96	3.28	4.70	0.03	0.51	99.63	
哈日扎	花岗闪长斑岩	11HRZB-H1	73.11	0.23	13.51	1.10	0.76	0.04	0.50	2.01	0.54	4.91	0.05	3.11	99.87	T_3
	花岗闪长斑岩	11HRZB-H2	76.08	0.19	13.54	0.92	0.25	0.01	0.34	0.32	0.78	5.40	0.04	1.91	99.78	
	花岗闪长斑岩	11HRZB-H3	75.51	0.21	13.74	1.53	0.38	0.01	0.16	0.77	5.42	0.04	1.85	99.96		
	花岗闪长斑岩	11HRZB-H4	75.55	0.22	13.96	1.60	0.23	0.01	0.36	0.17	0.70	5.18	0.04	1.96	99.98	
加当根	花岗闪长斑岩	11JDB-H1	69.80	0.49	15.07	0.56	1.95	0.03	1.22	3.02	2.37	2.78	0.12	2.64	100.05	T_3
	花岗闪长斑岩	11JDB-H3	67.09	0.56	15.40	0.49	2.96	0.04	1.43	3.24	2.55	3.26	0.13	2.92	100.07	
	花岗闪长斑岩	11JDB-H4	67.78	0.53	15.41	0.45	2.86	0.04	1.53	3.28	2.54	3.26	0.12	2.22	100.02	
	花岗闪长斑岩	11JDB-H5	67.92	0.54	15.67	0.45	2.71	0.04	1.22	3.10	2.58	3.39	0.13	2.22	99.97	
阿斯哈	石英闪长岩	11ASY003	60.45	0.71	17.20	1.25	4.22	0.09	3.33	5.97	3.43	2.00	0.18	1.15	99.98	T_2
	石英闪长岩	11ASY005	62.44	0.67	16.88	1.43	3.49	0.09	2.74	5.29	3.48	2.25	0.17	1.10	100.03	
	石英闪长岩	11ASY006	62.49	0.61	16.90	1.23	3.47	0.09	2.66	5.47	3.53	2.28	0.17	1.13	100.03	
	石英闪长岩	11ASY008	61.08	0.67	17.17	1.15	3.96	0.09	3.06	5.36	3.54	2.26	0.18	1.47	99.99	
	石英闪长岩	11ASBY05	60.90	0.71	17.04	1.24	4.00	0.09	2.78	5.32	3.40	2.51	0.17	1.81	99.97	
大水沟	英云闪长岩	13DS06	69.78	0.51	14.99	0.50	2.10	0.04	1.60	3.43	3.53	1.15	0.12	1.74	99.49	T_2
	英云闪长岩	13DH07	70.30	0.51	14.55	0.25	1.62	0.04	1.41	3.15	3.27	1.86	0.11	2.35	99.42	
	英云闪长岩	13DS08	70.47	0.53	14.70	0.30	1.29	0.03	1.34	2.88	3.25	2.16	0.11	2.44	99.50	
	英云闪长岩	13DS09	69.80	0.51	14.95	0.48	2.10	0.04	1.60	3.26	3.42	1.46	0.12	1.73	99.48	
	英云闪长岩	13DS10	70.06	0.49	14.44	0.22	1.40	0.05	1.38	3.26	2.79	2.17	0.10	3.13	99.49	

续表 2-16

地区/矿区	岩石名称	样品编号	SiO$_2$	TiO$_2$	Al$_2$O$_3$	Fe$_2$O$_3$	FeO	MnO	MgO	CaO	Na$_2$O	K$_2$O	P$_2$O$_5$	LOI	总计	时代
月亮湾	斜长花岗岩	12YLB01	63.89	0.59	16.21	1.90	3.56	0.11	1.90	4.52	3.74	2.42	0.14	0.92	99.90	T$_2$
	斜长花岗岩	12YLB03	64.74	0.58	15.97	1.87	3.43	0.10	1.79	4.31	3.68	2.41	0.15	0.87	99.90	
	斜长花岗岩	12YLB04	66.52	0.48	15.76	1.58	2.76	0.09	1.47	4.01	3.59	2.69	0.12	0.83	99.90	
	斜长花岗岩	12YLB05	67.03	0.46	15.48	1.66	2.65	0.10	1.39	3.62	3.38	3.33	0.11	0.69	99.90	
	斜长花岗岩	12YLB07	66.19	0.50	15.88	1.49	3.00	0.09	1.48	4.06	3.68	2.68	0.13	0.78	99.96	
哈西亚图	石英闪长岩	HXYT-11	62.20	0.66	16.90	1.57	3.72	0.09	2.53	5.33	3.15	2.61	0.15	1.02	99.93	T$_2$
	石英闪长岩	HXYT-12	62.60	0.64	16.80	1.71	3.45	0.09	2.37	5.16	3.21	2.79	0.14	0.91	99.87	
	石英闪长岩	HXYT-13	62.20	0.67	16.90	1.52	3.76	0.09	2.52	5.44	3.25	2.38	0.15	1.03	99.91	
	石英闪长岩	HXYT-14	62.60	0.67	16.60	1.51	3.75	0.09	2.38	5.00	3.20	2.83	0.15	1.12	99.90	
	石英闪长岩	HXYT-15	62.40	0.66	16.90	1.61	3.61	0.09	2.39	5.33	3.24	2.42	0.15	0.99	99.79	
	花岗闪长岩	HXYT-1	71.91	0.26	14.43	0.28	1.93	0.06	0.68	2.09	3.24	4.41	0.06	0.66	100.01	T$_2$
	花岗闪长岩	HXYT-2	71.89	0.22	14.59	0.34	1.56	0.05	0.58	1.97	3.22	4.85	0.05	0.67	99.99	
	花岗闪长岩	HXYT-3	73.34	0.17	14.26	0.07	1.39	0.04	0.42	1.63	3.00	5.04	0.04	0.59	100.03	
	花岗闪长岩	HXYT-4	73.52	0.17	14.08	0.11	1.33	0.04	0.40	1.77	3.16	4.79	0.04	0.60	100.00	
	花岗闪长岩	HXYT-5	72.82	0.17	14.42	0.26	1.30	0.04	0.45	1.82	3.20	4.90	0.04	0.58	100.00	
加鲁河	闪长岩	13JLB02	55.59	0.67	17.41	1.64	5.16	0.12	5.18	8.59	2.24	1.21	0.06	2.01	99.88	T$_1$
	闪长岩	13JLB03	54.57	0.66	17.11	1.76	5.35	0.13	5.64	9.07	2.10	1.18	0.07	2.26	99.90	
	闪长岩	13JLB04	55.35	0.63	16.98	1.39	5.47	0.13	5.72	8.73	2.19	1.36	0.07	1.89	99.91	
	闪长岩	13JLB05	56.94	0.64	16.92	1.57	5.02	0.12	4.97	8.22	2.36	1.41	0.06	1.68	99.91	

资料来源：本次研究样品由中国地质调查局西安地质调查中心测试

五、燕山期中酸性侵入岩

燕山期中酸性侵入岩较前几期稍有逊色，祁连地区未见出露，东昆仑地区零星分布，主要以星罗棋布的形式分布于唐古拉山及巴颜喀拉地区，岩体规模一般不大。所见岩类有钾长花岗岩、花岗岩、二长花岗岩、花岗闪长岩、英云闪长岩、二长岩、闪长岩、碱长花岗岩等，其中以二长花岗岩、花岗闪长岩、钾长花岗岩为主。据不完全统计，各类岩体总计120个，大部分呈岩株产出，形状各异。岩体展布方向和其所在地区域构造线基本一致，且侵入地层。东昆仑地区最老地层为古元古界，最新地层为上三叠统，唐古拉山、巴颜喀拉地区最老地层为石炭系、二叠系，最新地层为中上侏罗统。

燕山期中酸性侵入岩与青海省部分矿床成矿具有重要作用。例如：解嘎热液型铅锌矿和什多龙铅锌矿成矿与燕山期花岗斑岩成矿有密切关系；燕山期花岗闪长岩等中酸性岩体对扎西尕日铜矿、木乃铜银矿、东大滩金锑矿等矿床成矿具有重要作用。

1. 碱长花岗岩

该类共见3个岩体。柴北缘成矿带出露2个岩体，主要分布于乌兰东一带，都呈岩株产出，面积分别为3km^{2}和21km^2，分别侵入于三叠纪二长花岗岩及花岗闪长岩。西秦岭成矿带出露1个岩体，分布于茶卡盐湖南一带，呈岩株产出，面积18km^2，侵位于古元古界金水口岩群。

2. 钾长花岗岩

该类共22个岩体，主要分布于西南三江成矿带。

东昆仑成矿带出露3个岩体，主要分布于景忍一带，都呈岩株产出，面积18～60km^2，主要侵位于古元古界金水口岩群及上三叠统鄂拉山组。柴北缘成矿带出露2个岩体，主要分布于芒崖一带，都呈岩株产出,面积分别为 6km² 和 18km²,侵位于寒武系—奥陶系滩间山群。西秦岭成矿带出露 3 个岩体,主要分布于巴音山及鄂拉山一带,均呈岩株产出,面积 9~16km²,主要侵位于古元古界金水口岩群及上三叠统鄂拉山组。巴颜喀拉成矿带出露 1 个钾长花岗岩体,位于治多北一带,呈岩株产出,面积约 7km²,侵入三叠纪石英闪长岩及侏罗纪二长花岗岩。

西南三江成矿带出露 13 个钾长花岗岩体,主要分布于龙亚拉、东坝南、勒涌达一带。岩体均呈岩株产出,面积在 5~30km² 不等;主要侵位于中侏罗统雁石坪群雀莫错组、上三叠统巴塘群,上三叠统结扎群甲丕拉组及中元古界宁多组。龙亚拉似斑状中—粗粒黑云钾长花岗岩锆石 U-Pb 年龄为 69.87±2Ma(1:25 万温泉兵站幅区域地质调查报告)。

3. 二长花岗岩

该类共 43 个岩体,主要分布于巴颜喀拉山和唐古拉山地区。

东昆仑成矿带出露 3 个二长花岗岩体,位于昆仑山口北及克合特东一带,呈岩株产出,面积为 24~34km²,侵位于志留系赛什腾组及古元古界金水口岩群中。

柴北缘成矿带出露 1 个二长花岗岩体,位于阿尔金山打柴沟北一带,呈岩株产出,面积约 25km²,侵位于古元古界金水口岩群。西秦岭成矿带出露 2 个二长花岗岩体,分布于赛木隆南一带,呈岩株产出,面积分别为 4km² 和 17km²,侵位于下—中三叠统古浪堤组。

巴颜喀拉成矿带出露 21 个二长花岗岩体,主要分布于多尔娘、康隆、治多北、称多和扎日加一带。治多北二长花岗岩体,呈岩基产出,面积 155km²,其余呈岩株产出,面积在 5~92km² 不等。主要侵位于巴颜喀拉山群昌马河组、甘德组、清水河组。

西南三江成矿带出露 16 个二长花岗岩体,主要分布于索拉贡玛、噶尔岗山、苏鲁西、勒涌达一带。索拉贡玛西北二长花岗岩体,呈岩基产出,面积 102km²,其余呈岩株产出,面积在 4~65km² 不等。主要侵位于中侏罗统雁石坪群布曲组、夏里组,中元古界宁多组。

巴颜喀拉成矿带达考黑云母二长花岗岩锆石 U-Pb 年龄为 169Ma(1:25 万曲麻莱县幅区域地质调查报告),白日榨加黑云母二长花岗岩年龄为 162±8Ma(1:25 万曲柔尕卡幅区域地质调查报告);东昆仑驼路沟二长花岗岩锆石 U-Pb 年龄为 194.8±9.1Ma(1:5 万忠阳山幅、水泥厂幅、黑刺沟幅区域地质调查报告),拉陵高里西二长花岗岩锆石 U-Pb 年龄为 199±1Ma(青海省地质调查院,2012)。

4. 花岗闪长岩

该类共见 28 个岩体,主要分布于巴颜喀拉成矿带,柴北缘、西秦岭及西南三江成矿带零星分布。

柴北缘成矿带出露 1 个花岗闪长岩体,位于阿尔金山打柴沟一带,呈岩株产出,面积约 83km²,侵位于古元古界金水口岩群。西秦岭成矿带出露 5 个花岗闪长岩体,分布于玛积雪山、温泉、代尔龙、同仁南一带,呈岩株产出,除温泉东及代尔龙南岩体面积只有 2~3km²,其余面积为 20~30km²,主要侵位于石炭系—二叠系土尔根大坂组、下—中三叠统古浪堤组及隆务河组。西南三江成矿带出露 4 个花岗闪长岩体,分布于波涛湖西、木乃东、苏鲁西、下拉秀东一带,除下拉秀东花岗闪长岩体较大呈岩基产出且面积为 112km² 外,余者都呈岩株产出,面积 2~47km²,主要侵位于中侏罗统雁石坪群、上三叠统巴贡组及巴塘群。

巴颜喀拉成矿带出露 18 个花岗闪长岩体,主要分布于达日、纳尔根玛、可可西里五雪峰、扎日加一带,除纳尔根玛西花岗闪长岩体较大呈岩基产出,面积 109km² 外,余者都呈岩株产出,面积为 2~67km² 不等,主要侵位于巴颜喀拉山群昌马河组、甘德组、清水河组。东波扎陇黑云母花岗闪长岩锆石 U-Pb 年龄为 190Ma(1:25 万阿拉克湖幅区域地质调查报告)。

5. 英云闪长岩

该类共 2 个岩体,均分布于唐古拉山昂普玛一带。一个出露于昂普玛北,小岩株产出,面积为 4km²,侵位于中侏罗统雁石坪群雀莫错组。另一个出露于昂普玛南,也侵位于中侏罗统雁石坪群雀莫错组,呈岩基产出,面积为 140km²,处于高山地带,多被雪山覆盖。扎河及兵果达龙分别获得英云闪长岩锆石 U-Pb 年龄 169Ma、130Ma(1:25 万曲麻莱县幅区域地质调查报告)。

6. 石英闪长岩

该类共见6个岩体,均位于西南三江成矿带,主要分布于东坝西、查普麻及杂热坎多一带,呈岩株产出,面积为 5～21km²,主要侵位于下石炭统杂多群碎屑岩岩组及上二叠统乌丽群那益雄组。西恰赛索黑云母石英闪长岩锆石 U-Pb 年龄为 183Ma(1:25 万直根尕卡幅区域地质调查报告)。

7. 闪长岩

该类共5个岩体,均分布于西南三江成矿带,均呈岩株产出。有3个岩体出露于雁石坪西各拉丹东,面积为 15～45km²,大部被雪山覆盖,侵位于中侏罗统雁石坪群雀莫错组。岩体内见地层残留顶盖及围岩捕房体,因接触变质而形成混合岩化,岩石常具硅化、大理岩化、绿泥石化,在岩体内见矽卡岩化、黄铁矿化,内接触蚀变带宽窄不一,但同化混染普遍。岩体 K-Ar 同位素年龄为 111Ma。

8. 二长岩

该类共见5个岩体。巴颜喀拉成矿带出露4个二长岩岩体,主要分布于达日西南及玛卿岗日西一带,呈岩株产出,面积为 5～10km²,主要侵位于巴颜喀拉山群甘德组、清水河组及下—中三叠统下大武组。西南三江成矿带出露1个二长岩岩体,位于木乃一带,呈岩株产出,面积约 45km²,侵位于中侏罗统雁石坪群夏里组、雀莫错组。

9. 正长岩

该类共见6个岩体。巴颜喀拉成矿带出露1个正长岩体,位于布喀达坂峰一带,呈岩株产出,面积约 6.5km²,侵位于中二叠统马尔争组。西南三江成矿带出露5个正长岩岩体,主要分布于吴曼通洞及柏格塘—那日尼亚一带,呈岩株产出,面积为 3～35km²,主要侵位于雁石坪群雀莫错组、夏里组、索瓦组。

六、喜马拉雅期中酸性侵入岩

喜马拉雅期中酸性岩体较少,仅见于西南三江成矿带,岩类亦少,见有正长岩、二长岩、二长花岗岩、闪长岩及英云闪长岩等,多呈小岩株形态产出。其展布受构造控制,呈北西向。

该期岩体是青海省斑岩型铜钼矿化发育最好的一期岩体,在纳日贡玛—下拉秀一带不仅矿化岩体数量比较多,而且有纳日贡玛、陆日格铜钼矿形成,构成青海省又一重要的矿化集中区。

喜马拉雅期中酸性侵入岩对巴颜喀拉及西南三江成矿带北段部分矿床成矿具有重要作用。已发现纳日贡玛、陆日格、众根涌、昂拉赛么能、哼赛青等矿床(点),矿化与喜马拉雅期花岗岩有关。

(一)区域岩体分布情况

喜马拉雅期中酸性岩浆活动比较微弱,侵入岩零星分布于西南三江成矿带,岩类亦少,仅见二长花岗岩岩体4个,英云闪长岩岩体3个,二长岩岩体1个,闪长岩岩体11个,正长岩岩体13个,总计32个岩体,岩体展布呈北西向。

1. 二长花岗岩

该类共见4个岩体。主要分布于纳日贡玛东、阿涌南及豌豆湖南一带,呈岩株产出,面积为 5～16km²,主要侵位于古近系沱沱河组、中侏罗统雁石坪群及上三叠统甲丕拉组。赛多浦岗日二长花岗岩锆石 U-Pb 年龄为 41.3±4.4Ma(段志明等,2009),赛多浦岗日似斑状二长花岗岩锆石 U-Pb 年龄为 40.6±3.1Ma(1:25 万温泉兵站幅区域地质调查报告)。

2. 英云闪长岩

该类共见3个岩体。主要分布于纳保扎陇及赛多普岗日一带,呈岩株产出,面积为 3～4km²,主要侵位于雁石坪群雀莫错组、索瓦组及雪山组。

3. 二长岩

该类见1个岩体,出露于囊谦南一带,侵位于渐新统雅西错组,呈岩株产出,面积为 2km²,呈独立岩体,和其他岩体未发生关系。

4. 闪长岩

该类共见 11 个岩体。主要分布于纳保扎陇及赛多普岗日一带,呈岩株产出,面积为 3~4km²,主要侵位于雁石坪群雀莫错组、索瓦组及雪山组。

5. 正长岩

该类共 13 个岩体,分布于纳日贡玛、下拉秀、那日尼亚南、乌兰乌拉山一带。那日尼亚南正长岩体呈岩基产出,面积为 144km²,侵位于雁石坪群雪山组。其余岩体呈小岩株产出,似圆形、椭圆形,面积一般 5~25km²,个别最大为 50km²,主要侵位于古近系沱沱河组、侏罗系雁石坪群、白垩系风火山群、上三叠统结扎群。

(二)典型矿区岩体岩石学及成岩年龄

青海省与喜马拉雅期中酸性岩浆作用有关系的矿床主要分布在西南三江北段,以纳日贡玛斑岩为代表。纳日贡玛岩体为一复式岩体,为以黑云母花岗斑岩和花岗斑岩为主,次有斜长花岗斑岩、花岗闪长岩、石英闪长玢岩等的不规则小岩株。纳日贡玛含矿斑岩 SiO_2 含量为 67.1%~76.30%(表 2-17),平均 71.11%;Na_2O 含量相对较低,K_2O/Na_2O=0.82~26.14,具有钾质花岗岩的特点。其属高钾钙碱性和钾玄岩系列,为陆陆碰撞阶段下地壳物质部分熔融的产物。

项目组获得黑云花岗斑岩的锆石 U-Pb 年龄为 41.53±0.24Ma(图 2-35),花岗闪长斑岩的锆石 U-Pb 年龄为 41.44±0.23Ma(图 2-36),斜长花岗斑岩的生成年龄为 41.00±0.18Ma(图 2-37),岩体的年龄时代基本相近。其中 41Ma 左右的年龄与玉龙斑岩铜矿床的含矿斑岩岩体 41.53±0.24Ma 的锆石 LA-ICP-MS 年龄(Liang et al.,2006)一致。纳日贡玛矿床获得 40.5±0.87Ma(郝金华等,2012)和(40.86±0.85)Ma(王召林等,2008)两组辉钼矿 Re-Os 等时线年龄,年龄很接近,代表其成矿年龄,亦与玉龙斑岩铜矿床的辉钼矿 Re-Os 年龄为 40.1±1.8Ma(曾普胜等,2006)一致。若把 41Ma 左右的年龄作为成岩年龄,其成岩成矿年龄差小于 1Ma。

表 2-17 纳日贡玛矿区斑岩体岩石化学分析(%)

序号	岩石名称	样品编号	SiO_2	TiO_2	Al_2O_3	Fe_2O_3	FeO	MnO	MgO	CaO	Na_2O	K_2O	P_2O_5	LOI	总计
1	斜长花岗斑岩	N002	69.35	0.44	14.37	1.28	0.57	0.01	1.09	1.63	3.00	5.72	0.17	2.28	99.91
2	花岗斑岩	N004	74.30	0.36	11.29	4.03	0.60	0.01	0.54	0.16	0.14	3.66	0.12	4.95	100.16
3	斑状花岗闪长岩	N006	71.12	0.37	14.35	0.77	1.33	0.032	0.90	1.87	3.67	4.78	0.16	0.51	99.86
4	黑云母花岗斑岩	801-1	76.30	0.29	12.60	0.60		0.01	0.47	0.88	2.54	6.18	0.11	0.86	100.84
5	黑云母花岗斑岩	801-4	75.90	0.30	12.20	0.85		0.01	0.54	1.21	1.99	6.23	0.14	1.44	100.81
6	黑云母花岗斑岩	T803-11	75.70	0.26	12.00	0.54			0.50	0.83	2.30	5.91	0.10	0.99	99.14
7	石英闪长玢岩	N013-1	67.80	0.35	14.90	2.05		0.03	1.04	2.67	3.79	3.4	0.13	3.14	99.30
8	石英闪长玢岩	T801-2-1	67.80	0.36	15.20	1.96		0.03	0.78	2.86	3.70	3.66	0.13	3.52	99.50
9	黑云母花岗斑岩	301-115	67.80	0.42	15.40	2.37		0.04	1.00	2.51	4.48	3.66	0.16	1.94	99.78
10	黑云母花岗斑岩	301-117	67.10	0.41	15.20	2.32			1.02	2.66	4.42	3.61	0.16	2.49	99.32
11	黑云母花岗斑岩	T803-4	72.30	0.42	14.10	2.01		0.02	0.92	1.58	3.83	4.21	0.17	0.51	100.07
12	黑云母花岗斑岩	T803-7	71.80	0.48	13.28	2.87			1.19	1.77	3.54	4.00	0.23	0.63	99.86
13	黑云母花岗斑岩	T1201-3	70.30	0.45	13.80	2.91		0.01	1.08	2.01	3.50	4.04	0.18	0.93	99.21
14	黑云母花岗斑岩	801-137	69.60	0.50	14.20	2.85			1.19	2.16	3.38	4.04	0.20	0.88	99.35
15	黑云母花岗斑岩	801-139	70.00	0.47	14.20	2.48		0.03	1.20	2.20	3.42	4.57	0.20	0.84	99.61

资料来源:序号 1~3 本次研究样品,由中国地质调查局西安地质调查中心测试;序号 4~15 据杨志明等(2008)

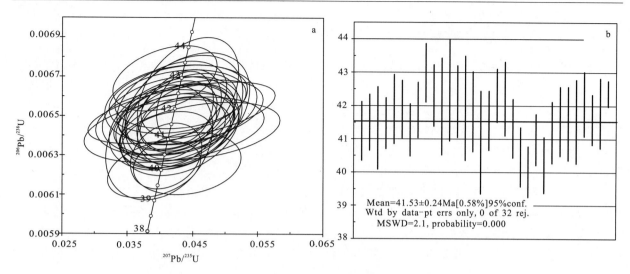

图 2-35 纳日贡玛黑云花岗斑岩锆石 U-Pb 年龄谐和图(a)和加权平均年龄图(b)

注:图 2-35~图 2-37 样品由天津地质调查中心测试

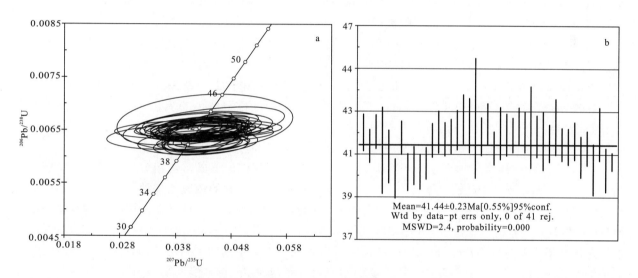

图 2-36 纳日贡玛花岗闪长斑岩锆石 U-Pb 年龄谐和图(a)和加权平均年龄图(b)

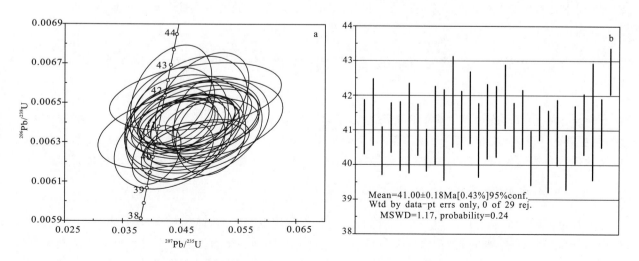

图 2-37 纳日贡玛斜长花岗斑岩锆石 U-Pb 年龄谐和图(a)和加权平均年龄图(b)

七、中酸性岩浆岩的综述

上述中酸性侵入岩，已按六大岩浆旋回分别做了较详细的叙述，从这些不难看出它们具有以下特点和规律。

（1）岩浆活动从前寒武纪→加里东期→海西期→印支期→燕山期→喜马拉雅期，显示出弱→强→弱的演化趋势。前寒武纪岩浆活动较弱，岩类简单，分布地区局限；加里东期、海西期、印支期是青海省境内岩浆活动的鼎盛时间，而海西期、印支期是其发展的顶峰，表现为岩类全、分布广；燕山期岩浆活动明显减弱，喜马拉雅期更为明显，其特点类似于前寒武纪。

（2）岩浆岩在时空分布上，随着构造发展、演化、迁移，岩浆活动由北而南，显示时代由老变新的趋势。表现为：前寒武纪、加里东期侵入岩主要分布于祁连山地区；海西期、印支期主要分布于东昆仑山地区；燕山期、喜马拉雅期侵入岩主要分布于巴颜喀拉山和唐古拉山地区。祁连山岩浆岩主要是加里东旋回的产物，东昆仑山主要是海西和印支旋回的产物，巴颜喀拉山主要是印支、燕山运动的产物，唐古拉山主要是喜马拉雅旋回的产物。

（3）东昆仑是青海省内中酸性侵入岩最为发育的地区，是一巨型的、复杂的构造岩浆岩带。东昆仑虽以海西期和印支旋回的岩浆岩为主体，但除喜马拉雅期外，从前寒武纪到燕山期中酸性侵入岩都有发育，是一典型的具多旋回岩浆活动的地区。

（4）每个岩浆旋回的演化总体都是随造山带的发展演化，由弱到强，岩性由中性到酸性，产状由岩株到岩基。即造山带裂谷发展阶段，岩浆活动较弱，所见岩类以闪长岩类居多，兼酸性岩，产状岩株、岩基都有，但规模要小；而造山期及造山期后，岩浆活动随之加强，岩类主为中酸性和酸性，产状多以规模较大的岩基。

（5）各岩浆旋回除喜马拉雅期外，岩性的演化具中性→弱酸性→酸性的演化系列，它们的侵入序次是：闪长岩类→花岗闪长岩→花岗岩类→钾长花岗岩（花岗岩类除钾长岩外，大部为同期异相产物）。

（6）喜马拉雅期幔源型碱性岩的出现，是青海省地壳运动和岩浆活动的新特点。

（7）青海省中酸性岩浆活动与矽卡岩型、斑岩型、蚀变岩型等矿床形成密切相关。矽卡岩型矿床与加里东期、海西期、印支期中酸性岩体有关。在矽卡岩型矿床中，岩浆岩的性质在某种程度上决定着成矿元素，铁主要与中酸性I型花岗岩关系密切，如尕林格、肯德可克等；而铅锌等中低温金属硫化物往往与酸性S型花岗岩联系更紧密。斑岩型矿床主要与加里东期、印支期、喜马拉雅期中酸性岩体有关；以钼为主的斑岩型矿床成矿主要与S型花岗岩有关（以高钾钙碱性系列和钾玄系列为主），例如纳日贡玛、热水钼矿等；以铜为主的斑岩型矿床主要与I型花岗岩有关（以钙碱性系列为主），例如浪力克、卡而却卡A区等。蚀变岩型金矿主要与海西期—印支期石英闪长岩等中酸性岩体有关，该类矿床对岩体性质选择性不强，I型和S型花岗岩二者均可以对该类矿床的形成提供热源和物质来源，多数岩体兼具I型和S型的特点。

第四节　岩浆岩同位素年龄与构造热事件及成矿关系

项目组在项目实施过程中收集到青海省火成岩同位素年龄数据1346个（表2-18），数据测试方法多样，主要为K-Ar法和锆石LA-ICP-MS法。岩浆岩同位素地质年代学赋予了地质体形成和延续以及地质事件发生发展时间的概念（陈文等，2011）。因此，同位素年龄为构造岩浆热事件的记录。

一、岩浆岩同位素年代记录与地质演化

地质演化在时间和空间上是一个连续的过程，影响作用也会因为时间的推移增强或减弱，"波浪"形的分布特征很好地表现出了地质事件发展的一般轨迹。从图2-38中可以看出青海省火成岩同位素年龄分布峰值出现在青白口纪、晚奥陶世—早志留世、泥盆纪、中三叠世—早侏罗世、早白垩世、始新世。昆仑及祁连造山带的峰值年龄出现在滹沱纪、青白口纪、晚奥陶世—早志留世、泥盆纪、晚三叠世—早侏

罗世；秦岭、巴颜喀拉以及三江造山带年龄峰值主要出现在晚三叠世—早侏罗世，受印度板块与欧亚板块碰撞影响，三江造山带在白垩纪、始新世，巴颜喀拉造山带在晚侏罗世、新近纪，都表现出年龄峰值现象。这些年龄峰值的出现与同时期构造热事件息息相关，以下就青海省火成岩同位素年龄分布特征与热事件相结合，对青藏高原东北部地区的地质演化进行简要论述。

表 2-18 青海省火成岩同位素年龄统计结果（个）

造山带	U-Pb	Sm-Nd	Rb-Sr	K-Ar	Ar-Ar	其他	总计	岩类	数量
昆仑	352	38	72	263	32	27	784	侵入岩	698
								火山岩	86
祁连	39	4	28	98		1	170	侵入岩	150
								火山岩	20
秦岭	36	1	17	43	6	1	104	侵入岩	98
								火山岩	6
巴颜喀拉	44	4	10	73	5	12	148	侵入岩	130
								火山岩	18
三江	45	1	13	63	14	4	140	侵入岩	116
								火山岩	24
合计	516	48	140	540	57	45	1346	侵入岩	1192
								火山岩	154

注：锆石 SHRIMP、LA-ICP-MS、TIMS 测试方法统一计为 U-Pb；Pb-Pb 及测试方法不明计为其他

1. 前寒武纪

前寒武纪年龄峰值出现在 2.3~1.8Ga、1000~780Ma。作为我国最古老的地台，青藏高原东北部在古元古代滹沱纪就有了明确热事件记录（图 2-38a、b、c），与全球 Columbia 超大陆的事件时间范围（2.0~1.85Ga）相吻合（陈能松等，2006）。蓟县纪—青白口纪热事件作用逐渐增强，表明青藏高原东北部陆块与格林威尔造山运动（1.3~1.1Ga）以及 Rodinia 超大陆（Moore J M et al.，1980）的形成有关。与南华纪裂谷事件（820~810Ma）（王剑，2000）作为 Rodinia 超大陆的裂解开始的标志不同，新元古代早期，在青藏高原东北部地区就表现出了较强烈的热事件活动作用（图 2-38b、c）。同时，该次热事件运动在祁连地区持续时间最长，贯穿整个新元古代，表明中国西部在中元古代末有可能就已经拉开了原特提斯洋演化的序幕。

2. 早古生代

早古生代期间，年龄峰值的出现与原特提斯洋的演化密切相关，从寒武纪—早奥陶世青藏高原东北部地区进入原特提斯洋扩张演化阶段，东昆仑地区构造热事件逐渐增强，并且在 440~420Ma 达到顶峰（图 2-38b）。东昆中断裂带高角度逆冲变形带变质角闪石 $Ar^{40}-Ar^{39}$ 年龄为 426.5±3.8Ma，以及牦牛山组上部 406.1Ma 的流纹岩年龄（张耀玲等，2010）表明东昆仑地区中志留世昆中断裂逆冲构造带已形成（陈能松等，2002），并且在晚志留世—早泥盆世早期处于持续的隆升阶段。祁连造山带因其复杂的、弥散的、多级别的小陆块-小洋盆（或陆间裂谷）间列体系的多陆块洋陆格局特征（李荣社等，2008），在同位素年龄直方图表现出起伏不定的现象，出现多个年龄峰值段（图 2-38c）。其中北祁连洋盆或裂谷蛇绿岩年龄为 521Ma（夏林圻等，1996），南祁连、柴北缘蛇绿岩年龄为 500~470Ma（辛后田等，2003）。中晚奥陶世开始，受向北俯冲影响，在泛华夏大陆群的南缘发育一系列早古生代弧盆体系（潘桂棠等，2012），表现为晚奥陶世岩浆热事件最为剧烈。在随后的志留纪岩浆热事件强度逐渐减弱（图 2-38b、c），老君山磨拉石建造表明早—中泥盆世该地区处于前陆盆地晚期（黄虎等，2009）。早古生代末秦-祁-昆多岛湖盆系转化为造山系，使得一度分离的泛华夏大陆群中的各陆块（扬子、华夏、柴达木、塔里木与印支等）于早古生代末拼合成统一的泛华夏大陆（潘桂棠等，2012）。

3. 晚古生代—中三叠世

晚古生代—中三叠世是古特提斯洋演化阶段,该阶段峰值年龄出现在泥盆纪(410～360Ma)、中二叠世(280～260Ma)以及中三叠世(245～235Ma)。加里东运动结束后青藏高原东北部总体转化为相对稳定的陆内环境,但构造热事件运动依然强烈。志留纪末—泥盆纪初,随着造山作用的结束,柴达木地块与欧龙布鲁克地块拼合为一个整体,陆-陆碰撞之后软流圈与岩石圈的持续作用引发了一系列岩浆热事件,表现出泥盆纪时期东昆仑地区处于持续的伸展阶段,伴有大量具有伸展特性的基性岩以及A型花岗岩发育,同时该阶段热事件作用在区域具有普遍性,在祁连地区同样存在(图2-38c)。晚泥盆世晚期的区域性不整合与早石炭世布青山蛇绿岩(年龄332.8±3.1Ma)的出现拉开了青藏高原古特提斯洋的发展序幕(李荣社等,2008;刘战庆等,2011),该阶段被认为是青藏高原地区岩浆活动、构造热事件最为强烈的时期。其中晚三叠世尤为明显(图2-38a～f),以古特提斯洋盆闭合为标志,该阶段重要俯冲造山作用发生在东昆仑地区。就阿尼玛卿洋盆闭合的时间而言,目前主要存在两种不同的看法,一种看法认为闭合于早、中二叠世之交(任纪舜,2004;王国灿等,2004),另一种观点认为其闭合于中三叠世末(张国伟等,2004)。穆志国(1992)对甘肃北山地区进行类似研究时强调,岩浆相对于构造运动总体表现出一定的滞后性,同时这种滞后性具有普遍意义,那么从岩浆活动的滞后性来理解印支期构造热事件就能较好地解释晚三叠世热事件"峰值"现象(图2-38b、e),即古特提斯洋盆闭合于中三叠世末,由于岩浆活动的滞后性,该过程岩浆活动一直持续到晚三叠世—早侏罗世。

西秦岭楔作为秦岭造山带在青海境内的主要部分,岩浆热事件主要集中在三叠纪时期,同时在泥盆纪、二叠纪也有少量记录(图2-38d),这与西秦岭楔从北至南的蛇绿混杂岩带(南祁连拉脊山寒武纪—奥陶纪、天峻南山和同仁隆务峡石炭纪—二叠纪、阿尼玛卿二叠纪—三叠纪蛇绿混杂岩带)分别对应,显示出特提斯洋在早古生代—三叠纪期间向北俯冲不断消减,俯冲海沟不断南移的特征(闫臻等,2012)。王毅智等(2001)认为天峻南山蛇绿岩代表着石炭纪多洋岛的构造环境,那么祁连造山带与柴达木地块在石炭纪和二叠纪表现出的热事件运动可能与天峻南山代表着的洋盆扩张、闭合关系密切。羌塘—三江地区在经历了石炭纪—二叠纪弧后洋盆扩张后,在早二叠世—中三叠世呈现出多岛弧、弧后海底扩张与弧后盆地萎缩、消亡的特征,中三叠世洋盆闭合引发强烈的岩浆热事件,鉴于印支期岩浆活动的"滞后性"在东昆仑、巴颜喀拉一带表现明显,羌塘—三江地区同样显示强烈的岩浆热事件(图2-38b、e、f)。早、中三叠世的区域性汇聚事件,使得特提斯南多岛弧湖盆系转换为造山系。至此,泛华夏陆块群及其西南边缘构造带完成拼合,并进入陆内造山阶段。

4. 侏罗纪—古新世

中三叠世洋盆闭合标志着青藏高原东北部地区古特提斯洋演化过程的完成,此后进入了板内演化阶段。受侏罗纪古特提斯洋残留洋班公湖-怒江洋盆的打开与闭合,以及随后的白垩纪雅鲁藏布江洋盆向北俯冲的影响,青藏高原东北部地区相应产生一系列岩浆热事件作用(图2-38b、e、f),主要表现为在三江、巴颜喀拉、昆仑等地区在白垩纪(145～65Ma)产生年龄峰值现象,并且该阶段热事件作用的影响自南而北逐渐减弱,昆仑与巴颜喀拉造山带仅仅在早白垩世有所表现,三江造山带在中生代表现出强烈的热事件作用,从白垩纪一直持续到古新世。

5. 新生代

现今的青藏高原是在最近的4～3Ma以来快速抬升的结果(潘裕生,1999)。作为印度大陆与欧亚大陆碰撞的直接证据,青藏高原新生代的隆升分为3个阶段:古新世—始新世印度-欧亚大陆碰撞(65～45Ma)、渐新世—中新世高原隆升(27～14Ma)和上新世以来的快速抬升(5.3～2.6Ma)(莫宣学等,2006)。印度大陆与欧亚大陆碰撞过程中产生的强烈抬升作用,在青海省境内从南部的三江地区一直波及到巴颜喀拉地区。三江地区从古新世到中新世持续处于强烈的岩浆活动阶段,在始新世岩浆热事件活动达到顶峰(图2-38f),同时表现出距离与影响程度的负相关性,距离越远,影响作用越小,巴颜喀拉地区仅在渐新世与中新世有明显的岩浆活动热事件记录(图2-38e)。

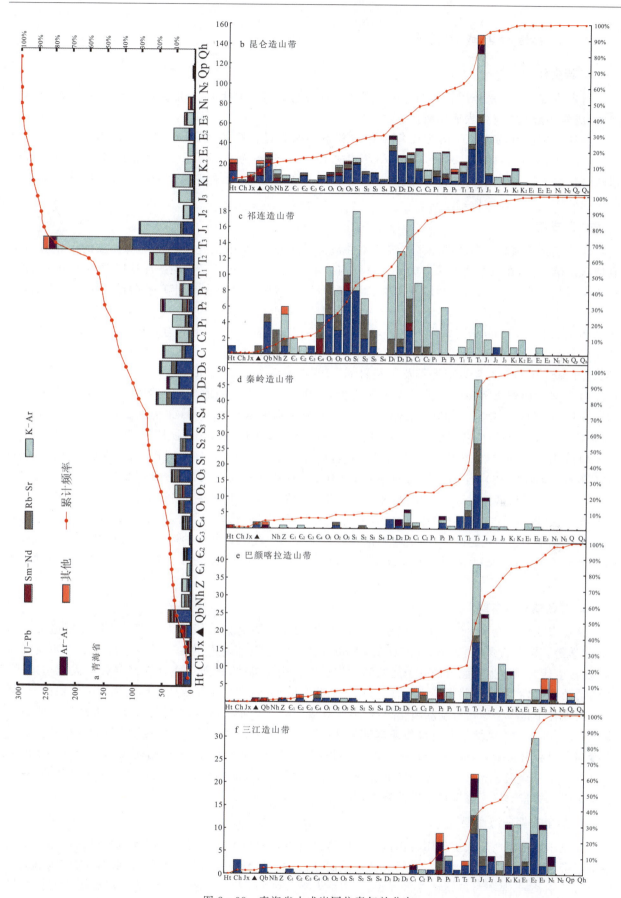

图 2-38 青海省火成岩同位素年龄分布

二、岩浆活动与成矿关系

1. 新生代

与岩浆或岩浆热液作用有关的矿床成矿年龄往往与成岩年龄相近,一般是同时或略晚于成岩年龄。因此,成岩年龄基本可代表成矿时代。

三江地区已有的成矿年龄主要集中在古新世和始新世。例如:纳日贡玛辉钼矿 Re-Os 年龄为 $40.86±0.85$Ma(王召林等,2008),陆日格辉钼矿 Re-Os 年龄为 $60.7±1.5$Ma(郝金华等,2013),与构造热事件发展情况一致。该阶段对应的热事件运动为印度-欧亚大陆碰撞($65\sim45$Ma),所处的碰撞阶段为同碰撞与后碰撞阶段。

2. 印支期

印支期是青藏高原东北部地区岩浆热事件最为强烈的时期,中三叠世阿尼玛卿洋盆的闭合对东昆仑地区影响广泛,在东昆仑地区形成了一系列与矽卡岩型、斑岩型、蚀变岩型矿床成矿关系密切的岩体。就成矿时代而言,成矿具有明显的规律性。例如:东昆仑地区发育的矽卡岩矿床主要形成于印支期,其中卡而却卡花岗闪长岩 SHRIMP U-Pb 年龄为 $237±2$Ma(王松等,2009),野马泉闪长岩锆石 U-Pb 年龄为 $225.8±1.6$Ma(宋忠宝等,2010),肯德可克二长花岗岩 U-Pb 年龄为 $229.51±0.48$Ma,尕林格花岗闪长岩 U-Pb 年龄为 $229.4±0.8$Ma(赵一鸣等,2013),它温查汗白云母 Ar-Ar 年龄为 $230.7±2$Ma(田承盛等,2013),哈西亚图石英闪长岩 U-Pb 年龄为 $246.8±1.8$Ma。

斑岩型、蚀变岩型矿床与矽卡岩型矿床类似,三叠纪也为主要的成矿期。例如:哈日扎花岗闪长斑岩 U-Pb 年龄为 $234.5±4.8$Ma(宋忠宝等,2013),鸭子沟辉钼矿 Re-Os 年龄为 $224.7±3.4$Ma(何书跃等,2009),五龙沟韧性剪切带 Ar-Ar 法坪年龄为 $242.72±1.69$Ma(寇林林等,2010)。

以辉钼矿 Re-Os 法为代表的现代同位素测年技术提供了更为精确的成矿年龄,在已收集的 19 个成矿年龄中(表 2-19),有 11 个属于三叠纪,且有 8 个成矿年龄为晚三叠世,介于 $230\sim214$Ma。显然,成矿作用与岩浆热事件发展十分相似,相对于构造运动同样表现出普遍的"滞后性"。三叠纪花岗岩产于碰撞-后碰撞阶段的"相对松弛"应力下,地壳发生拆沉,并与幔源物质混合(丰成友等,2012),这些矿床都位于昆中与昆北构造带,空间上与阿尼玛卿构造带有一定的距离。"滞后性"的原因可能是在大洋俯冲过程中,岩石圈板片达到昆中、昆北对应的位置后发生断离,诱发壳幔相互作用,形成混合岩浆,后经侵位、成矿。

3. 海西期—印支期

纵观青藏高原晚古生代—中生代地质演化历史,多数学者将该阶段称为海西期—印支期造山旋回(莫宣学等,2007;古凤宝,1994;谌宏伟等,2006),就东昆仑地区晚古生代—早中生代火山活动规律而言,晚古生代与早中生代应当是一个连续演化的过程或构造旋回,其间可能存在某些属于大地构造-岩浆活动的韵律性变化(罗照华等,1999)。显然,从现有的统计来看,在海西期—印支期构造旋回中,青藏高原的确并不是一个稳定持续的演化过程,至少在晚二叠世—早三叠世之间是岩浆热事件活动低谷时期(图 2-38a~f)。虽然没有直接的证据证明该次热事件低谷的诱发原因,但从普遍认为的原特提斯洋连续演化过程分析来看,即大洋板块大规模俯冲阶段($260\sim230$Ma)、陆内造山阶段($230\sim190$Ma)(郭正府等,1998;莫宣学等,2007)热事件低谷说明在大洋板块俯冲的初始,岩浆活动并不是十分强烈,从而表现出晚二叠世—早三叠世热事件低谷的现象。

4. 加里东期—海西期

加里东期—海西期成矿作用与构造作用同样具有很好的相关性。驼路沟喷流沉积型钴矿床位于昆南构造带,成矿时代为早志留世,对应该时期昆南地区正处于原特提斯洋的扩张时期。同时矿区赋矿岩性为石英钠长岩,是典型的富钠热水沉积岩(丰成友等,2006),表明驼路沟钴矿是原特提斯洋的扩张形成的。塞坝沟金矿位于柴北缘,成矿时代为中志留世,形成于柴北缘陆内造山阶段。德尔尼铜矿的成因为海底喷流沉积-热液叠加成矿,成矿过程与晚古生代古特提斯洋脊的快速扩张有关(焦建刚等,2013)。

表 2-19 青海省成矿同位素年龄

矿床	成矿省	类型(成矿元素)	测试对象	测试方法	年龄(Ma)	资料来源
浪力克	祁连	斑岩型(铜)	辉钼矿	Re-Os	469.3±2.9	郭周平等,2014
虎头崖	昆仑	矽卡岩型(铅、锌)	辉钼矿	Re-Os	225.0±4	丰成友等,2011
它温查汗	昆仑	矽卡岩型(铁)	白云母	Ar-Ar	230.7±2	田承盛等,2013
五龙沟	昆仑	蚀变岩型(金)	黑云母	Ar-Ar	242.72±1.7	寇林林等,2010
鸭子沟	昆仑	斑岩型(铜、钼)	辉钼矿	Re-Os	224.7±3.4	何书跃等,2009
赛坝沟	昆仑	蚀变岩型(金)	绢云母	Ar-Ar	426±2	丰成友等,2002
驼路沟	昆仑	喷流沉积型(钴、金)	黄铁矿	Re-Os	432±23	丰成友等,2006
索拉吉尔	昆仑	矽卡岩型(铜、钼)	辉钼矿	Re-Os	238.8±1.3	丰成友等,2009
拉陵灶火	昆仑	矽卡岩-斑岩型(钼)	辉钼矿	Re-Os	217.6±3.5	王富春等,2013
纳日贡玛	三江	斑岩型(铜、钼)	辉钼矿	Re-Os	40.86±0.85	王召林等,2008
陆日格	三江	斑岩型(钼)	辉钼矿	Re-Os	60.7±1.5	郝金华等,2013
东莫扎抓	三江	热液型(铅、锌)	方解石	Rb-Sr	35.2±2.6	田世洪等,2011
莫海拉亨	三江	热液型(铅、锌)	方解石	Rb-Sr	33.72±0.46	田世洪等,2011
德尔尼	巴颜喀拉	块状硫化物型(铜、锌、钴)	黄铁矿	Re-Os	295.5±7.2	焦建刚等,2013
拉陵灶火	昆仑	矽卡岩-斑岩型(钼)	辉钼矿	Re-Os	214.5±4.9,240.8±4.0	王富春等,2013
热水	昆仑	斑岩型	辉钼矿	Re-Os	228.6±7.9	本书
江里沟	西秦岭	矽卡岩-斑岩型(钼、钨)	辉钼矿	Re-Os	224.3±7.3	张涛等,2015
赛什塘	西秦岭	矽卡岩-斑岩型(铜)	辉钼矿	Re-Os	224.5±1.8	王辉等,2015

三、岩浆作用与构造热事件关系

岩浆作用相对于构造运动滞后性的事实已被众多学者所证明,从应力与应变的关系来看,应变的扩展比应力的传递在时间上慢几个数量级,起源于相邻板块边界作用力的陆内变形,往往滞后于陆缘变形(赵重远等,1991)。莫宣学等(2001)在研究西南三江构造带时发现具有岛弧火山岩的特征,却形成于碰撞之后,并强调岩浆活动的滞后现象是带有普遍性的客观事实,同时将这种岩浆岩类型称为"滞后性"或"碰撞后"弧火山岩(Mo X X et al.,1991)。相同的结论在甘肃北山也被证实(穆志国等,1991),类似的研究成果在国外也有报道,在南非的 Kaapvaal 地区,古俯冲事件之后,进入克拉通化,然而在此后又有多次具有陆缘火山弧性质的玄武质岩浆喷发(Condie et al.,1989)。与西南三江构造带一致,作为提特斯构造域的一部分,青藏高原东北部地区同样表现出明显的岩浆活动滞后性,并且这种滞后性特征在印支期表现最为显著。例如,东昆仑祁漫塔格地区存在形成于阿尼玛卿洋盆闭合后的花岗岩,却具有岛弧火山岩特征的花岗岩(丰成友等,2012)。这是由于大洋板块在持续俯冲过程中,下插到地幔中的大洋板块在洋盆闭合后,由于某种原因引起的部分熔融后经侵位,滞后产生了具有岛弧特征的花岗岩。晚三叠世—早侏罗世期间东昆仑地区存在一个加厚陆壳(郭正府等,1998),正是由于陆壳加厚,使得岩浆活动相对于构造运动的"滞后性"更为明显。结果表明,在对于我国现今格局影响重大的古特提斯演化过程中,印支期岩浆活动与构造运动关系十分复杂,且岩浆活动相对于构造运动滞后性明显,那么在古特提斯与新特提斯演化过程中是否有类似特征,还需进一步研究。

一般地,当造山作用结束后地质演化会进入一段平稳的发展阶段。然而,在中志留世原特提斯洋闭合到晚泥盆世古特提斯洋开始发育期间,泥盆纪强烈的岩浆活动作用与地质演化规律显得格格不入(图

2-38b、c)。前陆盆地中最早出现的磨拉石沉积代表着碰撞造山作用的结束(李继亮等,1999)。因此,东昆仑地区牦牛山组上部406.1Ma的流纹岩年龄(张耀玲等,2010)以及昆中高角度逆冲变形带中426.5Ma的变质角闪石年龄(陈能松等,2002),共同表明东昆仑地区在中志留世—晚志留世处于隆升阶段。而从岩石类型来看,泥盆纪中酸性岩石主要为正长花岗岩与二长花岗岩,如乌兰乌珠尔正长花岗岩年龄为388.9±3.7Ma(郭通珍等,2011),引胜地区大峡二长花岗岩年龄为385.7±0.5Ma,刚察县北部哈达沟二长花岗岩年龄为396.6±1Ma(贾群子等,2007),喀雅克登塔格二长花岗岩年龄为394±13Ma(湛宏伟,2006)等。这些岩石都属于碱性—钙碱性、过铝质系列,具有A型花岗岩特征,例如K_2O、Na_2O含量高,高TFeO/MgO比值,铕负异常,轻重稀土分异不明显等,明显不同于I型与S型花岗岩。东昆仑小盆地地区产于板内裂谷环境的基性岩墙年龄为380.3±1.5Ma(祁生胜等,2013),喀雅克登塔格具有陆内伸展阶段特性的辉长岩SHRIMP年龄为403.3±7.2Ma(湛宏伟等,2006),相似的结论在清水泉地区也得到了印证(任虎军等,2009)。最近新发现的夏日哈木超大型镍矿成矿年龄为393.5±3.4Ma(李世金等,2012),分布于矿区北部的A型花岗岩年龄为391.1±1.4Ma(王冠等,2013)。种种迹象表明在造山作用结束后,东昆仑地区处于持续的伸展阶段,伴有大量具有伸展特性的基性岩以及A型花岗岩产出,该阶段从406Ma开始,结束时间不早于380Ma,早石炭世布青山蛇绿岩332.8±3.1Ma(刘战庆等,2011)的出现标志着古特提斯洋的扩张。

早古生代岩浆活动由于后期的改造保存很不完整,特别是东昆仑地区,其北部被柴达木盆地覆盖,极大地制约了我们对早古生代岩浆活动的认识,但是依据现有资料不难看出泥盆纪岩浆作用不仅强于早古生代其他时期,而且在特提斯演化过程中具有独一无二的特性,即造山作用结束后,陆内伸展作用强烈,伴有大规模的岩浆热事件作用,处于相同阶段的古特提斯与新特提斯目前并未发现具有此类特征。

青海岩浆岩和成矿关系(表2-1)显示,青海省重要的金属矿床与岩浆岩关系密切。三叠纪与中酸性侵入岩活动有关的成矿作用强烈,发生了大规模的成矿作用,形成了卡而却卡、尕林格、肯得可克、哈西亚图、尕龙格玛等一批矿床(点)以及与金矿有成因联系的大场、五龙沟、阿斯哈、瓦勒根等金矿床。志留纪—泥盆纪基性、超基性和中酸性岩浆岩活动形成了夏日哈木铜镍矿、大峡钨矿、尕子黑钨矿等多金属矿床及与中酸性岩浆有关的卡而却卡、野马泉等。与志留纪—泥盆纪岩浆侵入活动有关的矿产具有良好的找矿前景,是青海省又一重要的成矿期。石炭纪—二叠纪岩浆活动形成了德尔尼铜钴矿、滩间山金矿、小赛什腾山铜矿等矿床。奥陶纪岩浆活动形成了锡铁山、红沟、浪力克、松树南沟等矿床,以及可能与成矿有关的果洛龙洼、按纳格金矿床等。古近纪酸性岩浆活动形成了纳日贡玛、陆日格等矿床以及与该期岩浆活动有关的莫海拉亨、东莫扎抓、多才玛等矿床,具有巨大的找矿潜力。

第三章　主要矿床类型和特征

第一节　区域矿产概况

一、总体特征

青海省矿产资源总量丰富，种类齐全，潜在价值巨大（韩生福等，2012）。省内共发现各类矿产 145 种（青海省国土规划研究院，2015），其中探明有资源储量的矿产为 107 种。编入《青海省矿产资源储量简表》的矿产共有 93 种，其中能源矿产 4 种，金属矿产 36 种，非金属矿产 50 种，水气矿产 3 种。

青海省有 59 种矿产的保有资源储量居全国前十位。其中钾盐、镁盐（有 $MgSO_4$、$MgCl_2$ 两种）、锂矿、锶矿、芒硝、石棉、冶金用石英岩、玻璃用石英岩、电石用灰岩和化肥用蛇纹岩等 11 种矿产的保有资源储量居全国第一位。天然气、铬、镍、钴、锡、铅、铌钽等矿产的保有资源储量列全国前十位，石油、油页岩、铜、锌、钨、钼、锑、银、炼焦用煤等矿产的保有资源储量列全国前二十位。石油、天然气、铅、锌、钾盐、石棉的开发已形成一定规模，成为国家重要的原材料供应基地。

黑色金属矿产有铁、铬、锰、钛，以接触交代型为主，其次是热液型和沉积变质型，主要成矿期为印支期，其次是加里东期和海西期；有色金属矿有铜、铅、锌、镍、钴、钨、锡、钼、汞、锑等，以接触交代型、岩浆型、海相火山岩型、热液型为主，主要成矿期为印支期、海西期和加里东期；贵金属矿有金、砂金、砂铂、银，为构造蚀变岩型或砂矿型，金矿多在印支期、海西期成矿，砂金为喜马拉雅期；稀有金属矿有锂、铈、锶、铌钽，多为沉积型（盐湖型）矿床，为喜马拉雅期成矿。

二、矿产地分布情况

青海省累计发现各类矿床、矿（化）点约 4794 处（青海省国土规划研究院，2015）。主要矿产地统计表明（表 3-1），大型以上矿床 100 处（其中特大型 16 处），中型 122 处，小型 210 处。石油、天然气和水气矿产因资料不详未进行统计。全省矿产地分布极不均匀，已发现矿产地主要分布于北部交通沿线。青海省南部交通不太方便的地区，矿产地数量较少，主要是因为地质矿产工作不均衡所致。

能源矿产：石油主要分布于柴达木盆地及民和盆地；天然气主要分布于柴达木盆地中南部，为我国第四大天然气区；煤炭主要分布于中祁连，其次为北祁连及柴北缘。

黑色金属矿产：铁矿主要分布于东昆仑及北祁连等地；铬矿主要分布于北祁连及柴北缘；锰矿主要分布于北祁连、柴北缘及东昆仑东段等地。

有色金属矿产：铜矿主要分布于鄂拉山及阿尼玛卿山，其次为北祁连、拉脊山等地；铅锌矿主要分布于柴北缘、北祁连、东昆仑、鄂拉山、三江北段等地；钴矿主要分布于阿尼玛卿山、东昆仑，其次为拉脊山等地；镍矿主要分布于祁漫塔格夏日哈木、拉脊山、化隆、阿尔金山牛鼻子梁一带；汞矿主要分布于西秦岭地区；锡矿主要分布于东昆仑祁漫塔格、阿尔茨托山及鄂拉山等地；钼矿主要分布在三江北段、东昆仑祁漫塔格和都兰等地。

表 3-1 青海省重要矿产矿床数量统计(处)

矿产类别	矿产地	矿床规模与数量				代表性矿床
		特大型	大型	中型	小型	
能源(煤)	33		2	1	30	木里、鱼卡煤田等
黑色金属	52		2	16	34	肯德可克、元石山、尕林格、野马泉铁矿床和玉石沟铬铁矿床等
有色金属	71	1	11	19	40	夏日哈木铜镍矿、锡铁山铅锌矿、德尔尼铜钴矿、纳日贡玛铜钼矿、卡而却卡铜钼矿、牛苦头铅锌矿、莫海拉亨铅锌矿、铜峪沟铜铅锌矿、坑得弄舍铅锌矿、多才玛铅锌矿、赛什塘铜矿、拉水峡铜镍矿、红沟铜矿、元石山铁镍矿等
贵金属	84	1	8	20	55	大场、滩间山、果洛龙洼、阿斯哈、扎家同哪、五龙沟、开荒北、青龙沟、松树南沟、瓦勒根等金矿床
稀有金属	9	3	4		2	大柴旦盐湖、尖顶山、大风山、碱山、石乃亥、一里坪、西台吉乃尔湖等矿床
盐类矿产	28	7	12	5	4	察尔汗、大柴旦湖、马海和大浪滩等矿床
冶金、化工材料非金属	57	2	9	28	18	斜沟石英岩矿床、上庄磷矿床、天青山石灰岩矿等
建筑材料及其他非金属	98	2	36	33	27	黑刺沟石棉矿床、卧牛掌玻璃石英岩矿床、海寺硅灰石矿床
合计	432	16	84	122	210	

贵金属矿产:岩金主要分布于柴北缘及东昆仑、巴颜喀拉山等地,其次为北祁连、拉脊山、西秦岭;砂金主要分布于巴颜喀拉山及北祁连等地;伴生金主要产于德尔尼、锡铁山、赛什塘及红沟等矿区;银矿主要产于锡铁山、赛什塘、东莫扎抓,其次为赵卡隆、德尔尼、索拉沟等矿区;原生铂及砂铂矿主要产在北祁连及裕龙沟等地。

稀有金属矿产:锶矿和锂矿分布于柴达木盆地中西部;铌钽矿主要分布于青海南山,其次为托勒山、布赫特山;铈矿产于布尔汉布达山东部。

盐类矿产:主要分布于柴达木盆地的盐湖中,以钾盐、镁盐、湖盐、锂、锶、硼及芒硝矿等矿产为主,储量大,共生组分多,是青海省最具特色和开发前景的矿产。

冶金、化工材料非金属矿产:矿产有硫、磷、冶金用石英岩、萤石、熔剂灰岩及冶金用白云岩等,主要分布在北祁连、中祁连和拉脊山等地。

冶金辅料非金属矿产:冶金用石英岩主要分布于西宁市及海东地区;此外还探明少量滑石菱镁矿、萤石、熔剂用灰岩及冶金用白云岩等。

建材及其他非金属矿产:石棉矿主要产于阿尔金山及北祁连;水泥用灰岩广泛分布于青海省内中北部广大地区;石膏主要分布于民和-西宁盆地;探明大型硅灰石、水晶、白云母、长石矿床各一处;此外还探明有少量水泥配料、饰面石材、玉石、砖瓦黏土及建筑用砂石等矿产。

水气矿产:地下水水源地主要分布于西宁市、海东地区、格尔木市及德令哈市等地;矿泉水散布于青海省各地;地下热水主要分布于西宁市及贵德盆地。

第二节 金属矿产主要矿床类型和特征

青海省地质构造复杂,地层出露较全,构造岩浆活动频繁,变形及变质作用强烈,形成了极为丰富的矿产资源。根据成矿作用及控矿因素,将青海省金属矿产主要矿床类型划分为岩浆型、接触交代型、海相火山岩型、斑岩型、热液型、构造蚀变岩型、喷流沉积型、沉积型、沉积变质型9种类型。各类型的典型矿床特征如下。

一、岩浆型

青海省岩浆型矿床主要为铜镍矿床及铬铁矿矿床,目前小型及以上共有9处,其中特大型1处,为著名的夏日哈木岩浆熔离型铜镍矿。岩浆型矿床主要分布于祁连、柴北缘及东昆仑一带,成矿时期主要为加里东期。

1. 夏日哈木铜镍矿床

夏日哈木铜镍矿位于青海省西部东昆仑山脉西段,柴达木盆地南缘,行政区划隶属青海省格尔木市乌图美仁乡,距格尔木市132km。该矿床由青海省第五地质勘查院于2011年发现,目前正在进行勘查工作。镍矿规模达超大型。

矿区出露地层主要为古元古界金水口岩群白沙河岩组及第四纪冲洪积物(图3-1)。白沙河岩组主要岩性为条带状、条纹状黑云母斜长片麻岩,黑云母片岩,石英片岩及大理岩等。矿区内断裂构造相当发育,有多期多组活动特点,按其展布方向总体可分为近东西向、北西西向、北东向和北北东向4组断裂。其中近东西向、北西西向断裂为区内的主断裂,形成期次早,控制着区内地层及岩浆岩的分布,与成矿关系较为密切;北东向、北北东向、南北向断裂为次级断裂,形成较晚,往往切断近东西向或北西西向断裂,为一组右行走滑的逆断层。区内岩浆活动频繁且强烈,主要有古元古代片麻状混合岩,泥盆纪镁铁质—超镁铁质岩及二叠纪和三叠纪的中酸性岩体。以印支期岩浆活动为主,其大规模中酸性岩体的侵入致使早期的镁铁质—超镁铁质岩体上隆剥蚀,支离破碎。其中,镁铁质—超镁铁质岩体形成岩浆熔离型铜镍硫化物矿床,而在中酸性岩体与金水口岩群的大理岩接触带则形成了矽卡岩型铁多金属矿。另外,区内发育不同方向的基性岩墙及中酸性岩脉,其时代可能从海西期至印支期均有。

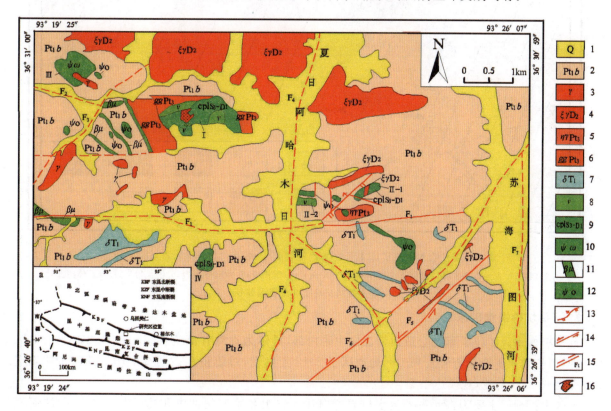

图3-1 夏日哈木铜镍矿床矿区地质简图(据李世金等,2012修编)

1.第四系;2.古元古界金水口岩群白沙河岩组;3.花岗岩;4.中泥盆世中细粒正长花岗岩;5.新元古代二长花岗岩;6.新元古代花岗片麻岩;7.早三叠世中细粒闪长岩;8.辉长岩;9.晚志留世—早泥盆世镁铁质—超镁铁质杂岩体及编号;10.蛇纹岩;11.辉绿岩;12.石榴石斜长角闪岩;13.逆断层;14.左行平移断层;15.性质不明断层及编号;16.镍矿体露头

因工作程度相对低,目前只对HS26异常区的Ⅰ号岩体以普查网度进行了控制(图3-2),初步圈出镍钴铜矿体8条,以M1、M2镍钴矿体为主。含矿岩体主要为辉石岩和橄榄岩。矿体多呈厚大的似层状(图3-3),一般上部以浸染状、团块状矿石为主,中下部及底部多为稠密浸染状、致密块状矿石;少数矿体呈透镜状、漏斗状位于岩体上部成上悬矿体或呈条带状分布于岩体中。根据目前勘查成果,M1镍钴矿体最大,长约960m,平均厚度67.28m,最大厚度达290m,倾向最大延深520m。走向上,矿体中间厚,品位高,两边趋向尖灭。倾向上,矿体中间厚,两边薄。M1矿体Ni平均品位0.7%,Co平均品位0.028%,Cu平均品位0.31%。

矿石矿物主要有镍黄铁矿、磁黄铁矿、黄铁矿、黄铜矿、紫硫镍矿等。脉石矿物主要为橄榄石、辉石、斜长石等。矿石结构主要为他形粒状、半自形粒状、半自形—自形粒状结构及海绵陨铁结构等;矿石构造主要为稠密浸染状,其次为星点状、团块状、致密块状等。

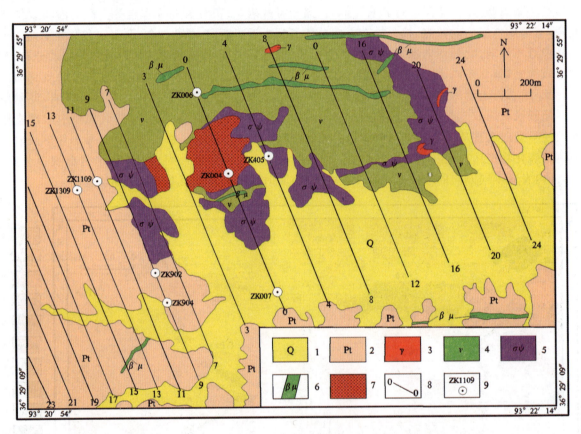

图3-2　夏日哈木铜镍矿床Ⅰ号岩体地质简图(据青海省第五地质矿产勘查院,2015)
1.第四系;2.古元古界金水口岩群及花岗片麻岩;3.花岗岩;4.辉长岩;5.橄榄辉石岩;6.闪长玢岩;7.镍矿体露头;
8.勘探线及编号;9.钻孔及编号

2. 石头坑德铜镍矿床

石头坑德铜镍矿位于东昆仑造山带之昆中带内部,具体为青海省都兰县宗加镇境内五龙沟地区南侧,由四川省地质矿产勘查开发局108地质队于2013年发现,目前正在做勘查工作。其初步估算资源储量镍为60 000余吨,规模达中型。

矿区出露地层主要为古元古界金水口岩群白沙河岩组及第四纪冲洪积物(图3-4)。白沙河岩组主要岩性为黑云母斜长片麻岩夹透辉石大理岩、角闪斜长片麻岩夹薄层状大理岩等。矿区位于昆中构造带上,区内构造以断裂构造为主,属昆中大断裂的一部分,由北而南主要有海德郭勒-拉忍深大断裂、温冷思-达哇切大断裂。区域大断裂派生有同向和北西及北东向组合断裂,它们经历过压→压扭→扭张变动过程,使早期的脆-韧性断裂叠加脆性变形,沿深大断裂带两侧形成次级剪切构造带,成为岩浆-热

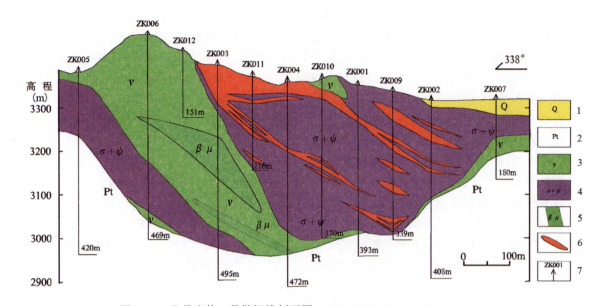

图 3-3　Ⅰ号岩体 0 号勘探线剖面图（据青海省第五地质矿产勘查院，2015）
1.第四系；2.古元古界金水口岩群及花岗片麻岩；3.辉长岩；4.橄榄岩及辉石岩；5.闪长玢岩；6.矿体；7.钻孔及编号

液活动的通道和容纳场所，同时控制区内岩石地层和岩浆岩的分布。区内先后经历了多个构造发展旋回期，岩浆活动十分发育，其中晚古生代—早中生代的构造岩浆活动对区内成矿作用具有重大意义。区内侵入体从基性—超基性岩体到中酸性侵入体均有出露，岩浆侵入活动于加里东期最为发育，侵入体多具有脉动式侵入。区内可划分出辉石岩-橄榄岩岩株、辉长岩岩株，主要集中于矿区中部，呈近东西向的带状展布。

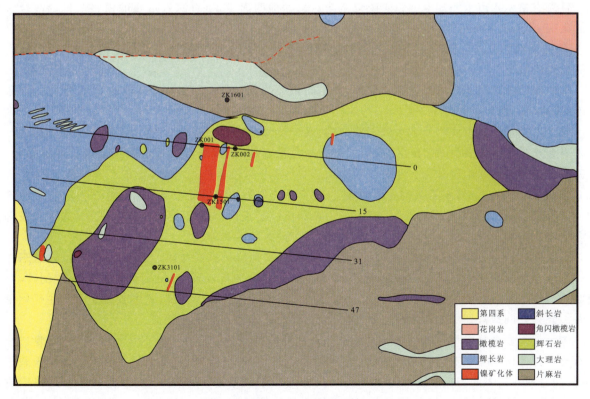

图 3-4　石头坑德铜镍矿床矿区地质简图（据张照伟等，2015）

镁铁—超镁铁质岩体出露面积约5km²,呈岩床状,走向近东西向。岩体围岩为古元古界金水口岩群白沙河岩组黑云斜长片麻岩,与围岩呈侵入接触关系,接触部位岩石往往蚀变强烈。岩体由辉长岩相、辉石岩相和橄榄岩相等岩石类型组成。辉长岩相包括辉长岩、暗色橄榄辉长岩;辉石岩相包括单辉辉石岩、二辉辉石岩和方辉辉石岩;橄榄岩相包括单辉橄榄岩、方辉橄榄岩和纯橄岩。各岩相间的侵位先后顺序为辉长岩相→辉石岩相→橄榄岩相。岩石发育堆晶结构、包橄结构及包辉结构。石头坑德镍矿辉长岩锆石U-Pb年龄为423.5±3.2Ma,应形成于造山后伸展环境(周伟等,2015)。

石头坑德铜镍矿区目前初步圈定镍钴矿体14个,矿化主要赋存于辉石岩和橄榄辉石岩中,其中地表矿(化)体5处(矿区4处,外围1处),隐伏矿体9个。

矿石具自形—半自形粒状结构、他形粒状结构、不等粒结构、交代结构、包含结构、海绵陨铁结构等,矿石构造有浸染状构造、星点状构造、斑杂状构造等。矿石中金属矿物中金属硫化物主要为镍黄铁矿、磁黄铁矿、黄铁矿、紫硫镍矿、斑铜矿、黄铜矿等,铁氧化物主要为磁铁矿、钛铁矿、铬铁矿等。镍主要以镍黄铁矿、少量紫硫镍矿的形式存在,物相分析结果显示硫化镍占比71%。脉石矿物以辉石、橄榄石、滑石为主,其次含少量石英、长石、高岭土、方解石、白云石、磷灰石、尖晶石、独居石等。

根据区内已经取得的地质成果,从矿化露头、矿石结构构造、矿物成分以及物相分析等均说明具有明显的熔离特征,认为矿床属于岩浆熔离型铜镍矿。

二、接触交代型

接触交代型(矽卡岩型)矿床目前发现矿产地41处,其中大型2处,中型12处,小型27处;主要矿种为铁、铅锌、钨、钼、锡等;成矿时代主要为海西期—印支期的矿床总计35处,加里东期、燕山期、喜马拉雅期各2处;该类型矿床主要分布在东昆仑成矿带,另外在柴北缘成矿带、西秦岭成矿带、祁连成矿带有少量分布。

1. 卡而却卡铜钼铅锌矿床

青海省格尔木市卡而却卡铜钼矿床位于柴达木盆地西南缘,是青海省重要的铁、铜、铅、锌、金多金属矿集区,为目前实施的卡而却卡整装勘查项目的主矿区。2003年开始,青海省地质调查院以20世纪70年代发现的索拉吉尔铜矿点及水系异常为线索,在卡而却卡地区开展以铜为主的找矿工作,取得了较好的找矿效果。

该矿床位于东昆仑弧盆系昆中岩浆弧,自西向东分为A(斑岩型为主)、B(矽卡岩型为主)、C(矽卡岩型-热液(脉)型为主)3个区(图3-5)。

区内出露地层为古元古界金水口岩群、寒武系—奥陶系滩间山群、上三叠统鄂拉山组及第四系。古元古界金水口岩群主要分布于矿区北部,岩石以灰色含石榴石、矽线石或堇青石黑云斜长片麻岩为主。寒武系—奥陶系滩间山群分为下部中基性火山岩岩组,上部碳酸盐岩岩组,分布于卡而却卡铜矿B区及C区周围,是区内与成矿有关的主要地层。上三叠统鄂拉山组零星分布,岩石组合为流纹岩夹含角砾凝灰岩,流纹质玻屑晶屑角砾熔凝灰岩、安山岩和流纹岩夹火山角砾岩。第四系广泛分布于那陵郭勒河及河流两岸和山前谷地,主要为冰碛泥砾、冲洪积砾石、粉砂和亚黏土。

矿区构造较为简单,滩间山群火山岩-碎屑岩-大理岩地层呈单斜构造。断裂以北西西向、北东向为主。地层总体倾向北东,走向北西,倾角75°~85°,层面较为平直,局部地段因构造影响发生倒转,倾向南西。与成矿关系密切的断裂以北西西为主,显示出强烈的挤压破碎特征,基本控制了区内主矿化带的展布。北东向断裂常切穿北西西断裂和花岗岩类岩体,一般表现为张性特征。

矿区侵入岩十分发育,以中酸性岩为主,侵入岩时代为中晚二叠世和晚三叠世。其中,中晚二叠世岩石类型为似斑状二长花岗岩,分布面积最大,具有富硅、富钾、富碱、贫钛铁镁钙的特点,属S型花岗岩,具同碰撞花岗岩的特征。晚三叠世花岗闪长岩与成矿关系密切,属中—高钾钙碱性系列偏铝质岩石,具I型花岗岩的特征。在A区前人通过钻探验证和控制,含矿斑岩体分布受控于北西向断裂,斑岩株由石英闪长岩、花岗闪长(斑)岩、二长花岗(斑)岩组成,呈复式小岩株产出,具有多岩性、多期次、产状陡倾集中发育的特点,含矿斑岩主要为二长花岗斑岩和花岗闪长斑岩,含矿花岗闪长斑岩分布于复式岩株的东段,含矿二长花岗斑岩主要分布于复式岩株的西段,含矿斑岩具潜火山相特点,与晚三叠世火山岩关系密切。

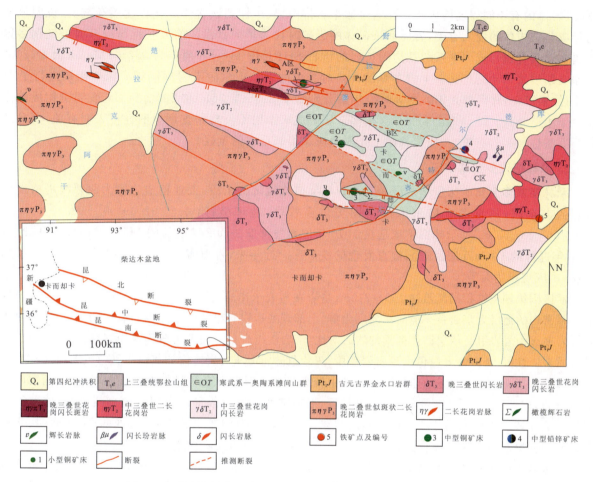

图 3-5　卡而却卡铜钼铅锌矿地质矿产图(据李东生等,2012 修改)

A 区共圈出铜矿体 30 条,其中 I-M2 铜矿体为 A 区规模最大;矿体长一般在 100~900m,厚度 2.00~7.72m,平均品位在 0.23%~1.12% 之间;矿体多呈透镜状,其产状与蚀变带产状基本一致,呈串珠状分布于地表,走向北西-南东向,倾向北东,倾角在 65°~80°之间。B 区地表共圈出矽卡岩带 3 条,均产于中三叠世花岗闪长岩、似斑状黑云母二长花岗岩与寒武系—奥陶系滩间山群的接触部位;总体走向北西西向,南倾,倾角在 70°~85°之间;B 区Ⅳ号矽卡岩带圈出铜锌铁矿体 25 条(包括盲矿体 16 条),其中铜矿体 6 条,锌矿体 7 条,铁矿体 3 条,铁锌矿体 2 条,铜锌矿体 7 条;铜矿体长度一般在 100~400m,平均厚度 0.53~6.12m,Cu 平均品位在 0.26%~0.99%,Zn 平均品位在 0.52%~2.29% 之间;矿体多呈透镜状,其产状与矽卡岩带产状基本一致,呈串珠状分布,走向北西-南东向,倾向南西,倾角在 50°~70°之间。C 区圈出含金破碎带及铅锌蚀变带各一条,含金破碎带产于晚三叠世花岗闪长岩中,铅锌蚀变带产在晚三叠世花岗闪长岩与寒武系—奥陶系滩间山群的接触部位。

矿石矿物主要有黄铜矿、斑铜矿、辉铜矿、黝铜矿、赤铜矿、铜蓝、黄铁矿、磁铁矿、针铁矿、闪锌矿、赤铁矿、硬锰矿、磁黄铁矿、褐钇铌矿。脉石矿物有石英、钾长石、斜长石、绢云母。

矿石结构有碎裂结构、他形粒状变晶结构、半自形粒状结构、填隙结构、侵蚀结构。构造以稠密浸染状、脉状构造为主,次为网脉状、稀疏浸染状、星点状构造等。

矿体的围岩主要为滩间山群碳酸盐岩-火山岩及似斑状二长花岗岩、花岗闪长斑岩等。A 区围岩蚀变具有分带性,即青磐岩化、泥质带-钾质带-石英、绢云母化带-青磐岩化、泥质带;B区围岩蚀变主要有矽卡岩化、绿泥石化、高岭土化、碳酸盐化等;C区蚀变主要有高岭土化、绢云母化等。

本次研究获得卡而却卡似斑状黑云母二长花岗岩形成年龄为410.1±2.6Ma,由于该岩体紧邻矿体,且岩体内有不同程度的矿化。在Ⅶ号矽卡岩带内,从矿体到该岩体矿化程度逐渐减弱,说明该矿体的形成与该岩体的侵入有关,岩体和该矿体的成矿时代为早泥盆世。前人获得与矽卡岩型铁铜多铅锌金属矿化具有密切成因联系的花岗闪长岩的锆石SHRIMP U-Pb测年为237±2Ma(王松等,2009),属印支期岩浆活动的产物。丰成友等(2009)对其中的索拉吉尔矽卡岩型铜钼矿床辉钼矿进行了Re-Os同位素定年,获得模式年龄和等时线年龄分别为238.8±1.3Ma和239±11Ma,表明铜钼成矿作用发生于中三叠世。综合得出卡而却卡铜多金属矿成矿作用不仅与印支期中酸性侵入岩有关,而且还与海西期酸性侵入岩有关,在地质找矿工作中也应该引起足够的重视。

2. 尕林格铁多金属矿床

尕林格铁多金属矿床位于东昆仑造山带祁漫塔格地区的东段,大地构造位置为北祁漫塔格复合岩浆弧的南东段,属青海省格尔木市乌图美仁乡管辖,地理坐标:东经92°09′00″—92°19′00″,北纬37°04′00″—37°08′00″。尕林格矿床是在1975年原地质部航磁902队确认的M512航磁异常基础上,经1977年进行的1:5万地面磁测检查发现的铁矿床。近年来,青海省有色地勘局在此开展了一系列的工作,矿床规模达大型。

矿区因第四纪堆积层覆盖达150~210m,基岩在地表未出露,依据物探资料及钻孔揭示,矿区与铁成矿关系密切的地层为寒武系—奥陶系滩间山群,上部碳酸盐岩岩组及中部火山岩岩组均未发育,只见下部碎屑岩夹火山岩岩组。依据钻孔揭露的岩芯对比,该岩性组合自下而上可分为4个岩性段:灰—灰白色泥质硅质岩岩性段、灰白—乳白色大理岩岩性段、灰紫色硅质泥质岩岩性段和灰白—乳白色大理岩岩性段。

该矿区为一北西西走向的向斜构造,其中较完整的向斜发育在Ⅴ号矿群。该向斜南、北两翼的岩性对称分布,但产状不对称,北翼较陡,南翼较缓,近轴部的地层比较平缓。顺走向自西向东,该向斜被断层切割成4段。矿体大部分产于该向斜的北翼。矿区内断裂构造十分发育,北西西向、北西向、北东向和近南北向断裂组成了主体构造格架,北西西向构造是主要的控矿构造。

矿区岩浆活动频繁,以印支期最为强烈,形成多种岩性的侵入岩和超浅成火山岩。侵入岩主要有肉红色二长花岗岩、灰白色花岗闪长岩、石英二长岩、石英二长闪长岩、石英闪长岩和闪长岩。部分钻孔深部有蚀变辉长岩及蛇纹岩(蛇纹石化辉石岩)等基性—超基性岩,浅成岩类有英安岩和闪长玢岩等(图3-6)。

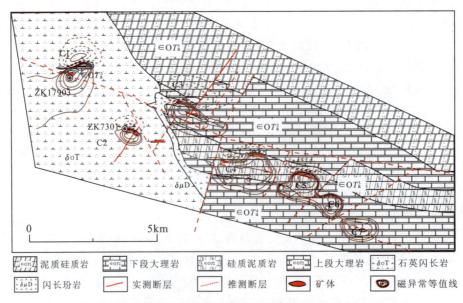

图3-6 尕林格铁多金属矿床矿区地质图(据高永宝等,2012)

尕林格铁矿区矿化带东西长约16km，南北宽1.5～3.5km，目前共圈定70余个铁矿体，形成7个矿体群，分别与7处地磁异常相吻合，各矿群自西向东、由北向南断续分布，呈雁列式的Ⅰ号矿群和Ⅲ号矿群为花岗闪长岩中的捕虏体(图3-7a)，Ⅱ号矿群主要产于花岗闪长岩与滩间山群大理岩接触带附近的透辉石矽卡岩和蛇纹石交代岩中(图3-7b)；Ⅳ、Ⅴ、Ⅵ、Ⅶ号矿群主要产于滩间山群与花岗闪长岩外接触带的北西西向构造破碎带内(图3-7c)。矿体呈似层状、透镜状、不规则脉状产出，产状与地层(片理)产状基本一致，倾向179°～227°，倾角49°～76°。矿体长80～1200m，宽2.5～43m，倾向延伸50～480m，矿体TFe品位为23.02%～57.51%，TFe平均品位为37.28%。其中Ⅴ、Ⅱ号矿体群为本矿区规模较大的矿体群，Ⅴ号矿群的2号主矿体，长1200m，倾向延深100～480m，最大厚度43m，平均17.6m，矿体呈似层状，中间膨大，矿体顶部被剥蚀，矿体的TFe平均品位为46.67%。

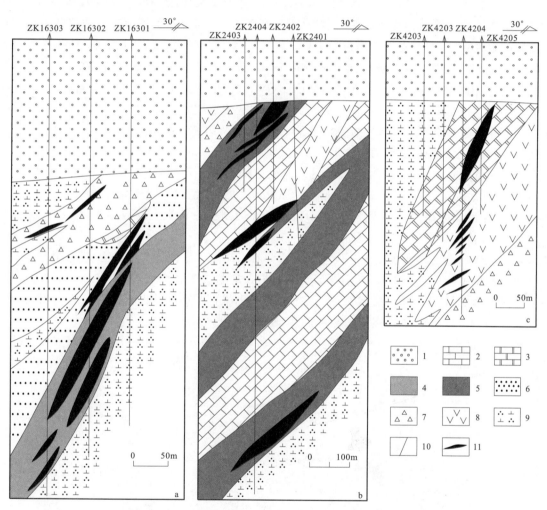

图3-7 尕林格铁多金属矿床矿体剖面图(据于淼等，2013)

a图为Ⅰ、Ⅱ号矿群163线地质剖面图；b图为Ⅱ号矿群24线地质剖面图；c图为Ⅳ号矿群42线地质剖面图

1.第四系；2.奥陶系—志留系灰岩；3.奥陶系—志留系大理岩；4.石榴石矽卡岩；5.蛇纹石交代岩；6.透辉石矽卡岩；
7.硅质岩；8.蚀变安山岩；9.石英闪长岩；10.断层；11.矿体

矿石金属矿物有磁铁矿、磁黄铁矿、黄铁矿、闪锌矿、方铅矿，少量的黄铜矿、辉铜矿、白铁矿，偶见毒砂、硼镁铁矿，近基岩面出现少量赤铁矿、褐铁矿(钛铁矿)，微量孔雀石、蓝铜矿及黄钾铁矾等。脉石矿物为透辉石、绿泥石、蛇纹石、方解石、石英、阳起石、透闪石、绿帘石、重晶石、石膏及磷灰石等。

矿石结构为他形—半自形晶中—细粒结构、半自形—自形晶中—细粒结构、半自形—自形晶粗或不等粒结构、他形粉尘状结构、填隙结构、基底胶结结构、交代结构、包含结构、乳滴状结构、不混溶连晶结构、变晶结构等；矿石构造为致密块状、浸染状、条带状、细脉—网脉状、角砾状、花斑状、环状构造。

矿体围岩主要为泥质硅质岩和中基性火山岩。围岩蚀变有绿泥石化、蛇纹石化、绢云母化、碳酸盐化、次闪石化，矽卡岩化局限在Ⅰ、Ⅲ号矿群及部分岩体（脉）附近，蚀变类型较复杂。其中矽卡岩化、绿泥石化与富铁矿化关系密切，绿泥石化、次闪石化与多金属矿化有一定关系。

尕林格矽卡岩矿床磁铁矿石中金云母$^{39}Ar-^{40}Ar$等时年龄为234.1±3.7Ma，反等时线年龄为234.21±3.5Ma，坪年龄为235.8±1.7Ma（于森等，2015），三者在误差范围内一致，因此厘定成矿时代为晚三叠世，这与项目组在该矿床获得的与成矿有关系的岩体成岩年龄一致。

3. 野马泉铁多金属矿床

野马泉铁多金属矿床位于青海省格尔木市乌图美仁乡野马泉地区，地理坐标：东经91°59′00″，北纬37°00′15″该矿床地处东昆仑祁漫塔格弧后盆地（或岩浆弧带）。其为青海省地矿局物探队于20世纪60年代末发现的地磁异常，并经青海省地矿局地质一队检查评价发现的矿床。近年来，青海省第三地质矿产勘查院在矿区开展了进一步工作，截至2014年底查明铁资源量8112×10⁴t，铜铅锌99.47×10⁴t。

矿区地层由老至新有寒武系—奥陶系滩间山群（碎屑岩、碳酸盐岩、火山岩）、上泥盆统牦牛山组（陆相中酸性火山岩）、上石炭统缔敖苏组（结晶灰岩、白云质灰岩、砂岩、含铁砂砾岩）、二叠系打柴沟组（下部为灰黑色灰岩夹碳质条带，上部为杂色泥灰岩、砂砾岩）及第四系。与成矿关系密切的地层是寒武系—奥陶系滩间山群和上石系统缔敖苏组。

矿区内构造活动较强烈，但多为隐伏断层。成矿前构造活动明显，北矿带主要以平移隐伏断层为主，在M4、M5异常区尤其发育，初步推断形成时代大约为早古生代。南矿带主要以南北向逆断层为主，与北矿带平移隐伏断层为不同期产物，由于该组断层切割了上石炭统缔敖苏组，但未切割印支期岩浆岩。因此，初步推断形成时代大约为中石炭世—二叠纪。

矿区岩浆总体自南西向北东侵入。侵入岩广泛分布，其中印支期侵入岩最为发育，其次是海西期。印支期侵入岩类型主要有花岗闪长岩、含黑云母闪长岩及斑状二长花岗岩，局部有斜长花岗岩。花岗闪长岩主要分布于南矿带M9、M10磁异常区，含黑云母闪长岩主要分布于北矿带M4、M5、M7磁异常区，斑状二长花岗岩主要分布于北矿带M3磁异常区（图3-8）。

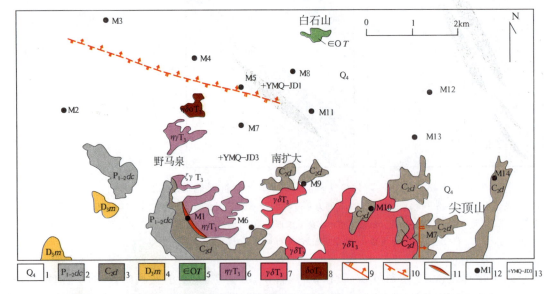

图3-8 野马泉铁多金属矿床矿区地质矿产图（据青海省第三地质矿产勘查院，2013）

1.第四纪风成砂、冲洪积物；2.下—中二叠统打柴沟组：黑色燧石条带状灰岩、结核灰岩、碎屑灰岩；3.上石炭统缔敖苏组：大理岩、微晶—结晶灰岩、结晶灰岩、生物碎屑灰岩、红柱石堇青角岩、变石英砂岩；4.上泥盆统牦牛山组：安山岩夹英安岩、凝灰熔岩；5.寒武系—奥陶系滩间山群：大理岩、碳质钙板岩、硅质岩夹玄武岩、长英质角岩；6.晚三叠世二长花岗岩；7.晚三叠世花岗闪长岩；8.晚三叠世含黑云母石英二长闪长岩；9.实测正断层；10.推测逆断层；11.铁多金属矿体；12.地磁异常；13.同位素定年样品采集的钻孔平面位置

野马泉 M1～M14 地磁异常分为南、北两个磁异常带,与磁异常相对应有南、北两个矿带。北矿带分布于矿区北部覆盖区,包括磁异常有 M3、M4、M5、M7、M8、M11、M12,南矿带位于矿区中南浅山区,6 个包括磁异常,即 M1、M2、M6、M9、M10、M13。

M1、M3、M6、M7、M9、M10、M13 磁异常内共发现 106 条铁、铁多金属及多金属矿,其中主矿体有 7 条,即 M9-Ⅰ、M9-XIV、M10-Ⅰ、M3-Ⅵ、M1-XIII、M13-4、M13-8。

矿区内已发现矿体多为铁多金属复合矿体,产于泥盆纪侵入岩体与寒武系—奥陶系滩间山群、三叠纪侵入岩体与石炭系缔敖苏组碳酸盐岩的外接触带矽卡岩蚀变带内,总体呈不规则状、透镜状、扁豆状(图 3-9),为铁、铁锌、锌复合矿体。矿体长 50～775m,厚度为 1.12～16.95m,平均品位为 20.54%～60.15%,产状较稳定,倾向 15°～20°,倾角 35°～62°,部分矿体沿走向、倾向品位变化较大。成矿元素略具有分带性,中间部位以铁矿为主,向两侧为共生多金属矿,沿走向也具有分段富集现象,西段主要与铜共生,东段主要与铅锌共生。

矿石矿物主要有磁铁矿、磁黄铁矿、黄铜矿、方铅矿、闪锌矿、黄铁矿、赤铁矿、白铁矿,其次有辉钼矿、锡石、斑铜矿、辉铋矿等,地表氧化物主要有孔雀石、褐铁矿等。脉石矿物主要有透辉石、钙铁榴石、钙铝榴石、硅灰石、绿泥石、绿帘石、符山石、阳起石、透闪石、粒硅镁石、方解石、石英、金云母、白云母、萤石、钾长石、斜长石、普通角闪石和普通辉石等。

矿石结构主要有他形—半自形结构(部分呈半自形—自形粒状结构),次有叶片状结构、包含乳滴结构、镶嵌结构、斑状结构、交代残留结构等。矿石构造主要为浸染状构造,次为致密块状、条带状、斑杂状、团块状、草束状、放射状及不规则脉状构造等。

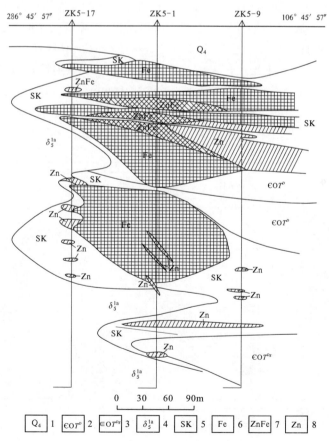

图 3-9 野马泉铁多金属矿床矿区钻孔剖面图(据孙丰月等,2009)

1.第四系;2.寒武系—奥陶系大理岩;3.寒武系—奥陶系大理岩夹硅质岩;4.印支期闪长岩;

5.矽卡岩;6.铁矿体;7.锌铁矿体;8.锌矿体

矿床受岩浆岩侵入形态、接触带产状、围岩岩性及构造等的综合控制。其中与成矿关系密切的构造为北西西向断层组、层间构造和节理,以及北东向、北西向共轭断层组。北西西向断层形成时间较岩体侵入时间早,在岩浆侵入后又活化重复活动,具多期活动和继承性,控制了矿区的地层走向、褶皱形态、矿产分布及次一级构造的展布,为矿区主要控矿构造。北东向、北西向共轭断层组形成稍晚于岩浆侵入,这些张性断层、裂隙在垂向上沟通了北西西向断层和层间构造,为矿区主要导矿构造,这些构造的存在,使岩浆沿其形成的薄弱地带侵入,更利用矿液运移及交代作用进行,从而使矿体沿倾向膨大。

矿体围岩主要为石炭系缔敖苏组碳酸盐岩,次为寒武系—奥陶系滩间山群条带状大理岩。围岩蚀变主要为矽卡岩化,形成的岩石有透辉石矽卡岩、石榴石矽卡岩及透辉石石榴石矽卡岩,次有绿泥石化、碳酸盐化、绿帘石化、金云母化、蛇纹石化、硅化等。其中矽卡岩化与成矿关系密切。

野马泉矿区既存在海西期岩体(392.4±2.2Ma),也存在印支期岩体(225.7±2.5Ma),在岩体的外接触带均有矿床的形成,两期岩浆事件都为该矿床的形成提供了热源。

4. 哈西亚图铁多金属矿床

哈西亚图铁多金属矿位于东昆仑构造带,属矽卡岩矿床,是首例在东昆仑金水口岩群中发现的与中酸性岩浆岩有关的典型矽卡岩型矿床。截至2014年底,查明铁资源量3701×10⁴t,金9.98t,铜铅锌10.77×10⁴t。

由于第四系覆盖以及工程揭露不足,初步认为矿区断裂以北西向为主(图3-10)。出露地层为金水口岩群上岩组,主要岩性为混合岩、黑云斜长片麻岩、斜长片麻岩、长英质片岩、大理岩,部分被矽卡岩化的大理岩,总体产状南倾,倾角30°~65°,依据钻孔编录情况,大致将地层分为大理岩段与黑云斜长片麻岩段,其中大理岩段并不是厚层稳定的单一岩性,而是夹杂着很多薄层片麻岩类。岩浆岩产出类型较为单一,主要为出露于矿区C11异常东北的石英闪长岩。矽卡岩产于距岩体500m左右的外接触带,呈透镜状、似层状产出,倾向南,倾角35°~60°,从11号勘探线剖面图中可以看出,矿体群受中间断裂控制,矿体空间形态和成矿元素分带都具有明显的对称性。已发现矿体54条,呈层状、似层状、透镜状平行分布。矿带长1.4km,厚200~350m,沿地层产状顺层产出。矿石矿物主要有磁铁矿、闪锌矿和方铅矿、金矿等,多为块状构造、稠密浸染状构造、浸染状构造和条带状构造。磁铁矿中的脉石矿物主要为镁铁闪石-阳起石、白云母、透辉石和方解石,铅锌矿石中的脉石矿物主要有透辉石、透闪石、方解石、绿泥石等。矿区矿石矿物共生组合主要为3类:①磁铁矿-黄铁矿-黄铜矿;②闪锌矿-方铅矿;③金-磁铁矿-磁黄铁矿-黄铁矿。

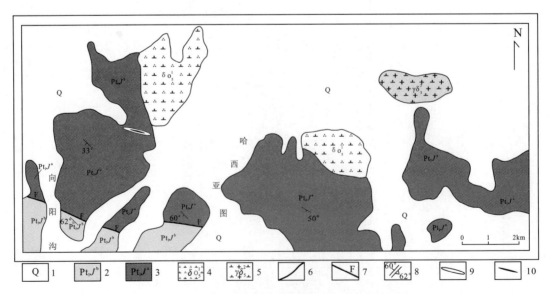

图3-10 哈西亚图铁多金属矿床矿区地质简图

1. 第四系;2. 混合岩、混合片麻岩夹斜长角岩、变粒岩、片岩及少量石英岩,上部含较多大理岩;3. 混合岩、混合片麻岩、片麻岩夹大理岩、斜长角闪岩、变粒岩及石英岩,上部以大理岩为主;4. 灰色石英闪长岩;5. 花岗闪长岩;6. 地质界线;7. 断层;8. 产状;9. 地表矿化带;10. 地表矿体露头

矿区氧、硫、铅同位素组成表明成矿物质来源于地壳与地幔混合岩浆（表3-2～表3-4）（Thode et al.,1961;Rye et al.,1984），可能接近于安山质岩浆的成分（Doe,Zartman,1979;Ohmoto,1979;Zartman,Doe,1981），同时成矿流体中有部分大气降水的混入导致$\delta^{18}O$值降低，并且远离矿体与近矿体黑云斜长片麻岩样品Fe_2O_3、FeO明显不同，前者Fe_2O_3、FeO含量高于后者，但SiO_2含量低，说明矿床中铁的来源有地层的参与，并且这些地层成分一定程度上被改造。

表3-2 哈西亚图铁多金属矿床氧同位素分析结果

样品编号	岩性	测试对象	采样位置	$\delta^{18}O_{V-PDB}$(‰)	$\delta^{18}O_{V-SMOW}$(‰)
12HXYT-1	稠密浸染状磁铁矿矿石	磁铁矿	TC 301	-27.1	3.0
12HXYT-2	稠密浸染状磁铁矿矿石	磁铁矿	TC 301	-26.7	3.4
12HXYT-3	稠密浸染状磁铁矿矿石	磁铁矿	TC 301	-26.0	4.1
12HXYT-4	稠密浸染状磁铁矿矿石	磁铁矿	TC 301	-26.4	3.7
12HXYT-5	稠密浸染状磁铁矿矿石	磁铁矿	TC 301	-27.4	2.7

表3-3 哈西亚图铁多金属矿床硫同位素分析结果

样品编号	岩性	测试对象	采样位置	$\delta^{34}S$(‰)
12HXYT-16	铅锌矿矿石	黄铁矿	ZK801 350m	4.85
12HXYT-17	铅锌矿矿石	黄铁矿	ZK801 344m	4.78
12HXYT-18	铅锌矿矿石	黄铁矿	ZK801 354m	4.76
12HXYT-19	铅锌矿矿石	黄铁矿	ZK801 349m	4.91
12HXYT-20	铅锌矿矿石	黄铁矿	ZK801 346m	5.05
12HXYT-16-2	铅锌矿矿石	闪锌矿	ZK801 350m	4.05
12HXYT-17-2	铅锌矿矿石	闪锌矿	ZK801 344m	4.00
12HXYT-18-2	铅锌矿矿石	闪锌矿	ZK801 354m	3.99
12HXYT-19-2	铅锌矿矿石	闪锌矿	ZK801 349m	4.02
12HXYT-20-2	铅锌矿矿石	闪锌矿	ZK801 346m	4.23
12HXYT-22	含黄铁矿矿石	黄铁矿	ZK411 513m	6.30
12HXYT-23	含黄铁矿矿石	黄铁矿	ZK411 92m	4.63
12HXYT-24	含黄铁矿矿石	黄铁矿	ZK411 175m	6.24
12HXYT-26	含黄铁矿矿石	黄铁矿	ZK803 242m	5.12

表3-4 哈西亚图铁多金属矿床铅同位素分析结果

样品编号	测试对象	岩性	采样位置	$^{206}Pb/^{204}Pb$	$^{207}Pb/^{204}Pb$	$^{208}Pb/^{204}Pb$	$\Delta\beta$	$\Delta\gamma$
12HXYT-16	黄铁矿	铅锌矿矿石	ZK801 350m	18.440	15.627	38.471	19.9	34.4
12HXYT-17	黄铁矿	铅锌矿矿石	ZK801 344m	18.473	15.662	38.615	22.2	39.1
12HXYT-18	黄铁矿	铅锌矿矿石	ZK801 354m	18.435	15.634	38.524	20.4	36.4
12HXYT-19	黄铁矿	铅锌矿矿石	ZK801 349m	18.465	15.671	38.629	22.9	40.3
12HXYT-20	黄铁矿	铅锌矿矿石	ZK801 346m	18.460	15.648	38.533	21.3	36.6

关于哈西亚图矽卡岩矿床的成因，前人根据矿体产状初步认为是层控型矽卡岩矿床（黎存林等，2012）。野外观察发现，哈西亚图矿区赋矿围岩是一套原岩为碎屑岩的片麻岩类与碳酸盐岩组合，并呈韵律出现，矽卡岩未与岩体直接接触，且矿体产出部位距石英闪长岩与围岩接触带较远，矿体呈层状、似

层状产出,随着大理岩段厚度的增加,成矿作用随之减弱,8号勘探线见矿弱于0号与11号勘探线,并且成矿最强烈之处往往在岩性变化的接触面附近。因为这些机械性质不同的岩石之间有薄弱的界面,容易形成裂隙,受区域构造影响容易沿层间破碎,有利于含矿热液上升发生接触交代作用,同时从11号勘探线来看,矿体产出具有明显的对称性,从中间的厚层铁矿体到两边的铅锌矿体,说明对称中心应该是一条倾向北西的断裂带,这与昆中大断裂产状一致。

根据矿床地质特征总结出哈西亚图成矿作用3个要素:①矿区片麻岩类与大理岩的脆性接触带;②矿区北西向断裂与东昆仑区域性大断裂产状类似,矿区断裂可能是区域性断裂引发的小型次级断裂,但切割深度较深;③成矿与壳幔混合成因的石英闪长岩有关。

通过分析,认为哈西亚图矿床成矿过程经历了两种作用。

(1)深源作用:晚古生代—早中生代期间受特提斯构造域运动影响,阿尼玛卿洋盆开始向北俯冲,致使东昆仑地区发展为弧后拉张环境,为后期岩浆岩上侵形成了良好的通道。实验岩石学证明,成熟(>50Ma)或冷的俯冲板片是把水带到深部地幔的最好载体(Shieh et al.,1998),上升的软流圈物质加热俯冲板片,导致俯冲板片中的含水矿物(特别是镁硅酸盐相)变质脱水释放出大量水流体并迁移上升,这种迁移模式往往是较长距离的,在压力及温度的影响下,这些流体交代上覆的富集岩石圈地幔,并显著降低地幔岩石的固相线温度,从而使基性岩浆发生部分熔融并上侵,诱发幔源岩浆发生部分熔融并上侵,引起古老下地壳特别是TTG发生部分熔融,在幔源岩浆间歇性上升的过程中与长英质岩浆发生混合,形成混合岩浆,因为幔源派生的岩浆不可能提供如此大量的成矿物质来源,因此成矿大规模富集成矿金属物质必然发生在下地壳。

(2)浅源作用:中三叠世期间混合成因的石英闪长岩由于某种原因呈浅成相侵位于哈西亚图地区,在岩浆侵位间隙大气降水或地层同生水沿昆中大断裂诱发的次级断裂带下渗,与此同时,从地层中淋滤出金属物质并与石英闪长岩再次发生混合形成成矿流体。受压力差作用影响,成矿流体沿裂隙面上升,遇到这些因机械性质不同而性质脆弱的地层界面后,引发含矿热液顺层交代碳酸盐岩,形成矽卡岩,同时形成早期的磁铁矿体,矽卡岩期后热液阶段形成金属硫化物、自然金等。

5. 小圆山铁多金属矿

小圆山铁多金属矿位于青海省海西蒙古族藏族自治州(简称海西州)格尔木市乌图美仁乡小圆山地区。大地构造位置位于东昆仑祁漫塔格山北坡-夏日哈新元古代—早古生代岩浆弧带。

小圆山矿区出露的地层为寒武系—奥陶系滩间山群($\in OT$)砂岩、砾岩、碳酸盐岩,上泥盆统牦牛山组(D_3m)火山岩、下石炭统石拐子组(C_1s)和大干沟组(C_1dg)及第四系(图3-11)。区内由于第四系覆盖较广,因此构造出露较少,在区内西部出露有北东向展布的F_1、F_2断层,北西西向的F_3、F_4、F_5,北西向的F_6,北北东向的F_7、F_8断层。矿区岩浆岩以侵入岩为主,主要分布于矿区东部和西部。岩性主要为三叠纪侵入岩,岩性为灰白色石英闪长岩、灰白色闪长岩、肉红色二长花岗岩、浅肉红色石英正长岩、花岗闪长岩、灰—灰绿色闪长岩。侏罗纪侵入岩为浅肉红色中细粒钾长花岗岩、浅肉红色石英正长岩、苏长岩等,分布范围广。区内喷出岩主要集中于寒武系—奥陶系滩间山群、泥盆系牦牛山组中,岩性主要为蚀变玄武岩、安山岩、流纹质凝灰熔岩、流纹岩等。岩脉主要为花岗岩脉和石英脉。

区内目前共发现了拉陵高里河口铁多金属矿床(C4-1),小圆山东铁多金属矿点(C6-2),小圆山铅锌矿点(C5)、C7磁异常区铜钼矿化点、C3-1磁异常区磁铁矿点、C1-2磁异常区磁铁矿点,共23条矿(化)体。

主要矿体产在高磁异常正、负异常交替部位,靠近正异常一侧产出,在矽卡岩与花岗闪长岩的接触部位,属矽卡岩型矿床。越靠近矽卡岩与花岗闪长岩的接触部位,矿体厚度越大,品位越富,矿石类型越复杂。矽卡岩带常见有碳酸盐化、硅化、绿帘石化、绿泥石化等蚀变,磁铁矿化、黄铁矿化较为常见,偶见黄铜矿化。矿体的围岩主要为绿帘石石榴石透辉石矽卡岩、绿帘石透辉石矽卡岩、透辉石矽卡岩、花岗闪长岩、钾长花岗岩等。

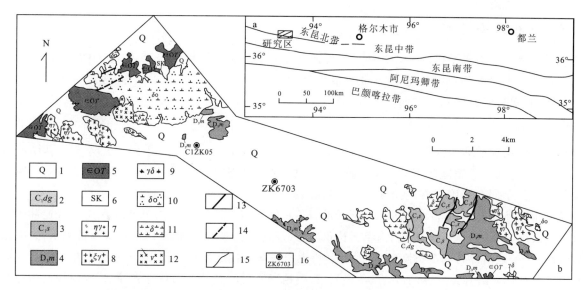

图 3-11 小圆山铁多金属矿区地质简图(据青海省核工业地质局,2013修改)

1.第四纪风成砂土、冲积物等;2.下石炭统大干沟组青灰色结晶灰岩;3.下石炭统石拐子组灰紫色砂岩夹砾岩、安山岩、紫色复成分砾岩、青灰色结晶灰岩夹少量大理岩;4.上泥盆统牦牛山组灰绿色变砂岩、灰绿—灰紫色复成分砾岩、深灰色矽卡岩夹角岩、灰紫色安山岩、青灰色玄武岩;5.寒武系—奥陶系滩间山群细粒砂岩、砾岩、变砂岩、黑云斜长片麻岩、深灰色蚀变玄武岩、灰白色大理岩;6.矽卡岩;7.浅肉红色中粗粒二长花岗岩;8.钾长花岗岩;9.灰色中细粒花岗闪长岩;10.石英闪长岩;11.灰色细粒闪长岩;12.辉长岩;13.实测断层;14.推测性质不明断层;15.地质界线;16.钻孔位置及编号

矿石结构主要为半自形—他形粒状结构,构造有稠密浸染状构造、稀疏浸染状构造、团块状构造、致密块状构造。矿石矿物主要有磁铁矿、黄铜矿、闪锌矿、黄铁矿、方铅矿等,脉石矿物以铁铝石榴石、透辉石、帘石、方解石为主。矿石矿物组合简单,主要有黄铁矿-黄铜矿-磁铁矿、磁铁矿、闪锌矿-黄铜矿、闪锌矿-黄铜矿-磁铁矿、闪锌矿。

本项目获得小圆山矽卡岩型铁多金属矿区与成矿关系密切的斜长花岗斑岩 LA-MC-ICP-MS 锆石 U-Pb 年龄为 216.9±1.9Ma,英云闪长岩年龄为 217.7±1.1Ma,形成时代为晚三叠世,属印支晚期,为区域东昆仑造山带晚古生代—早中生代构造旋回的产物。

6. 什多龙铅锌矿床

矿区位于夏日哈-什多龙海西期、印支期铁、铅、锌、铜、钴、钨、锡、金(锑、铋)成矿亚带东端。出露地层有古元古代中深变质岩系及下石炭统条带状大理岩、变砂岩及千枚岩,石炭系呈捕虏体产出。区内构造岩浆活动强烈,东西间断裂、褶皱均发育,印支期花岗闪长岩有大面积出露。矿化及矿体产于印支期花岗闪长岩与石炭系大干沟组大理岩接触带的矽卡岩中或大理岩中。截至 2014 年底查明铅锌资源量 $42.67×10^4$ t。

矿区共圈出 7 条矿带(体),其中Ⅱ、Ⅲ、Ⅳ号矿带中矿体规模较大,长 350~400m,平均厚度 6.3~31.8m,延深 30~85m。矿体平均品位:Pb 为 0.56%~3.16%,Zn 为 3.6%~5.9%。其余矿体规模较小。

矿体形态多为似层状、透镜状,产于石榴透辉矽卡岩或大理岩中;少数为脉状,交切层理产出。

矿石矿物主要有闪锌矿、方铅矿、黄铜矿、黄铁矿、磁铁矿;脉石矿物有透辉石、阳起石、石榴石、方解石、石英等。矿石结构主要为充填—交代结构,次为网状结构、压碎结构等。矿石构造以浸染状为主,次为块状、细脉状、角砾状。

矿石类型较简单,主要为闪锌矿矿石(约占 68%)、方铅闪锌矿矿石(约占 31%),此外有少量黄铜方铅闪锌矿矿石(约占 1%)。矿区除Ⅲ号矿带有部分氧化矿外,其余均为原生硫化矿石。

围岩蚀变主要是矽卡岩化,其次尚有硅化、方解石化、绿泥石化、绿帘石化等。后期的热液蚀变常常重叠于矽卡岩化之上。

三、海相火山岩型

青海省海相火山岩型矿床主要为铜、铅、锌矿床,目前小型及以上共有23处,其中大型有2处。海相火山岩型矿床主要分布于祁连、三江北段成矿带,西秦岭、东昆仑东段也有分布,成矿时期主要集中在加里东期,其次为海西期和印支期。

1. 红沟铜矿

青海省红沟铜矿床隶属于青海省门源县,在构造位置上处于红沟-庄浪加里东期陆缘裂谷带的西段,南与中祁连前寒武纪隆起带前加里东期龚岔大坂-兴隆山陆块毗邻。区域构造背景总体上反映了一个在前寒武纪基底上于晚奥陶世拉张的被动陆缘裂谷环境(夏林圻等,1998)。

矿区出露地层主要有:古元古界湟源群云母石英片麻岩与斜长片麻岩,分布于矿区南部且逆冲于晚奥陶世绿色火山岩系之上;下奥陶统阴沟组斜长角闪岩(普遍见黄铁矿化、磁铁矿化及星散黄铜矿化)夹角闪片岩,分布于矿区西部且与上奥陶统呈断层接触;上奥陶统扣门子组广泛出露,主要为海相喷发形成的中基性熔岩和酸性火山岩类,包括细碧岩、角斑岩、石英角斑质凝灰岩及火山角砾岩等,其次为浅变质海相沉积岩如大理岩和绿泥石片岩等。侵入岩体主要有加里东早期的石英闪长岩和加里东晚期的花岗岩,前者分布于矿区南部,后者在矿区北部呈较大的岩株产出。另可见少量粗粒闪长岩及超基性岩(蛇纹岩)脉出露。

矿区褶皱构造较简单,基本上可视为向南西向(180°~230°)倾斜的单斜构造,倾角50°~80°。断裂构造较为发育,以走向北西西或近东西向的断裂为主,活动期长,是主要的控矿构造,矿体大多赋存于该组断裂中及其附近。近南北向和北东向断裂为成矿后断裂,使矿体有明显的破坏和位移。

红沟铜矿床产于基性火山熔岩(细碧质熔岩)内,矿区已查明的7个矿体群(图3-12、图3-13)共52个矿体,都严格限定在基性熔岩内。矿体长度10~399m,厚度0.36~21.41m,倾向延深10~320m,多呈顺层脉状、扁豆状及透镜状分布,并偏于产出在细碧岩向石英角斑质凝灰岩转变的细碧岩一侧的绿泥石化带之中,一般距离细碧岩顶板9~20m,产状与围岩基本一致。矿体厚度与围岩厚度为正相关关系,一般而言,在细碧岩层膨大部位,矿体(群)的累计厚度增大,矿体数增多,规模变大。就矿体群而言,每个矿群由若干脉状及扁豆状矿体组成,并呈雁行排列的形式产出。

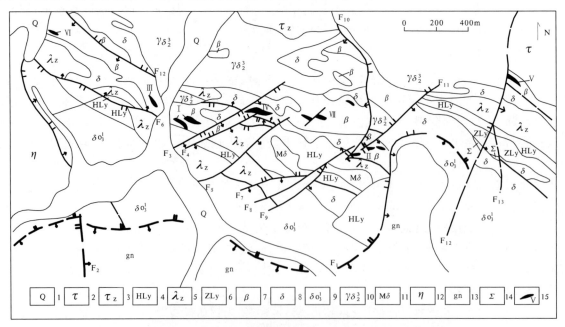

图3-12 青海省门源红沟铜矿区地质图(引自青海省区调综合地质大队,1990)

1.第四系;2.角斑岩;3.角斑质凝灰岩;4.沉火山质砾岩;5.石英角斑质凝灰岩;6.凝灰质砾岩;7.细碧岩;8.闪长岩;9.石英闪长岩;10.花岗闪长岩;11.蚀变闪长岩;12.斜长角闪岩;13.片麻岩;14.超基性岩;15.矿体及编号

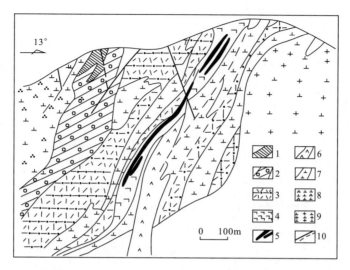

图 3-13 青海红沟铜矿 28 号勘探线剖面图(引自青海省区调综合地质大队,1990)
1.绿泥片岩与大理岩;2.层火山质砾岩;3.石英角砾凝灰岩;4.细碧岩;5.铜矿体;
6.超基性岩;7.闪长岩;8.石英闪长岩;9.花岗闪长岩;10.断层

矿石类型为块状黄铜黄铁矿、含铜磁铁矿、浸染状铜矿石和氧化矿石,矿石以原生硫化物矿石为主,矿石矿物主要为黄铜矿、黄铁矿、磁铁矿,次为赤铁矿、毒砂、方铅矿、闪锌矿;脉石矿物为绿泥石、石英、方解石等,氧化矿石主要由孔雀石、蓝铜矿、褐铁矿,以及少量铜蓝、辉铜矿、黄钾铁矾、自然铜、自然硫等组成。矿体不仅与绿泥石化带紧密伴生,而且矿石还具有一定的垂直分带性,自上而下的分布顺序是:磁铁矿(含少量的赤铁矿)矿石→含铜黄铁矿矿石+块状磁铁矿矿石→含铜黄铁矿矿石→块状黄铜矿黄铁矿矿石→浸染状黄铜矿矿石。

矿石铜品位较高,矿区 Cu 平均品位为 3.66%,一般在 0.5%~10%之间,最高达 33.12%,矿石品位变化中等。伴生有益组分为 Au、Se、Te、Co、Ag 等,其中以富金为主要特征。围岩蚀变以绿泥石化、钠长石化为主,次为碳酸盐化、硅化、帘石化等。据 190 多件硫同位素样品统计,含矿主岩细碧岩的 $\delta^{34}S$ 值变化于 1.09‰~2.16‰之间,变化范围很窄,接近陨石硫的组成;矿石硫化物 $\delta^{34}S$ 值变化于 2.51‰~10.02‰之间,变化范围相对较大,可能有海水硫的加入(姜洪成等,1986)。

关于该矿床的形成环境,前人已做过大量工作,有以下几种认识:红沟矿床含矿岩系组合及其形成环境基本上可与别子型矿床相对比(宋志高,1984);产于大洋盆地中的火山岩型矿床(向鼎璞等,1984);形成于弧后或弧间盆地环境的铜型矿床(孙海田等,1993);介于塞浦路斯型与黑矿型之间的过渡型,更具有别子型的特点(邬介人等,1994);产于被动陆缘裂谷环境中的块状硫化物矿床(夏林圻等,1998)。由于其成矿地质、地球化学环境的复杂性和构造滑脱引起的韧性变形作用以及加里东晚期岩浆活动等因素的影响,造成人们对其成因产生不同的认识。

王国强等(2011)通过对红沟铜矿床含矿火山岩进行高精度 LA-ICP-MS 锆石 U-Pb 同位素测年,获得单颗粒锆石的加权平均年龄为 443.2±1.2Ma。其认为红沟铜矿床形成时代为晚奥陶世,形成环境为晚奥陶世陆缘裂谷环境。

2. 德尔尼铜钴矿床

德尔尼铜钴矿床位于青海省玛沁县西南积石山系中段德尔尼山南坡,发现于 1958 年,20 世纪六七十年代青海地质三队对矿床和岩体做了详细的勘探地质工作,矿床规模为大型。

矿区范围内以上石炭统—中二叠统布青山群(树维门科组、马尔争组)为主,由一套结晶灰岩泥灰岩、中基性火山岩夹及碎屑岩组成。它构成了赋矿超基性岩的直接围岩(图 3-14)。

矿区位于德尔尼复背斜南翼近轴部,处于积石山超基性岩带中最大的德尔尼超基性岩体的中部,岩

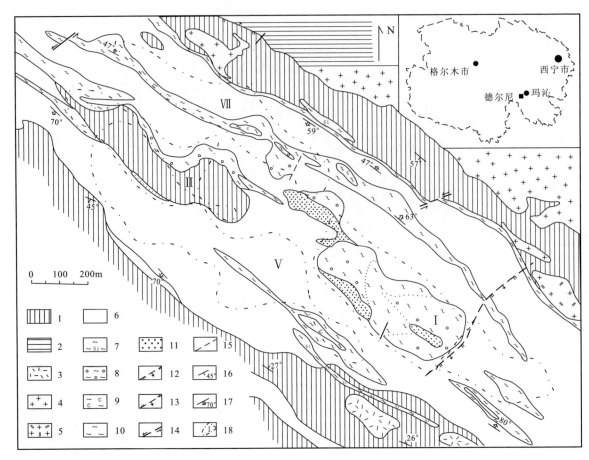

图 3-14 德尔尼铜钴矿床矿区地质图(据宋忠宝等,2012)

1.千枚状含碳板岩、千枚状夹变砂岩、变砂砾岩偶夹变火山岩层;2.大理岩、结晶灰岩夹角闪片岩;3.变安山岩;4.花岗岩;5.花岗闪长岩;6.辉橄岩;7.硅化、碳酸盐化蛇纹岩;8.碳酸盐化角砾状蛇纹岩;9.碳酸盐化蛇纹岩;10.片状蛇纹岩;11.铁帽;12.推测正断层;13.推测逆断层;14.实测、推测平移断层;15.实测、推测性质不明断层;16.地层产状;17.片理产状;18.矿体水平投影边界及矿体编号

体呈北西向展布,与区域地层、断裂构造线方向一致,并随围岩地层一同褶皱。岩体中心为背斜,两侧均为向斜,主要矿体亦产于背斜及其两翼向斜中。矿区北缘边部为一逆断层带。超基性岩体内具片理化(片状蛇纹岩或蛇纹石化片岩)带,岩体中部、矿体顶板、矿体与上覆砂板岩间或两层矿体间,常见存在于超基性岩中,局部见矿化的角砾岩(角砾状蛇纹岩和碳酸盐化角砾状蛇纹岩)带。此类角砾岩局部具金矿化,并被视作铜钴矿体的找矿标志。

德尔尼铜钴矿共圈出 32 个矿体,其中规模较大的 4 个矿体是Ⅰ、Ⅱ、Ⅴ、Ⅶ号矿体。宏观上矿区矿体均产于超基性岩体中,矿体形态多呈透镜状或似层状,平面上矿体与超基性岩体及其侵入的下二叠统走向一致,呈北西展布,沿走向上向南东倾伏。主要矿体顶板常见角砾状碳酸盐化超基性岩,其上则为厚度不大,不连续的板岩夹变砂岩互层或直接覆盖于矿体之上。矿体长 60~1040m,宽 17~323m。矿区在氧化带共圈出表内金矿体 14 个,表外银矿体 2 个,原生硫化物型金矿体 2 个,初步查明金资源储量 1.5t,共生银 20t。Ⅰ号矿体剖面图见图 3-15。

矿石构造以块状构造、浸染状构造和条带状构造为主,其次为脉状网脉状构造、斑杂状构造、似斑点状构造、胶状构造、角砾状构造等。矿石结构主要为压碎结构、自形粒状变晶结构等。

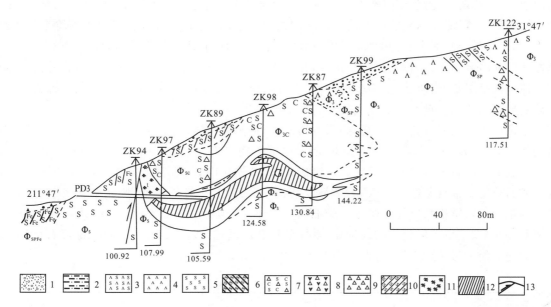

图 3-15 德尔尼铜钴矿床 15 号勘探线 I 号矿体剖面图(据宋忠宝等,2010)

1.第四系;2.板岩(B);3.橄榄岩及蛇纹岩($\Phi_S+\Phi_3$);4.橄榄岩(Φ_3);5.蛇纹岩(Φ_S);6.片状蛇纹岩(Φ_{SP});7.硅酸盐化角砾状蛇纹岩(Φ_{3C});8.角砾状蛇纹岩(Φ_3);9.破碎带;10.铁染片理化蛇纹岩(Φ_{SPFe});11.铁帽(t);12.对钴矿体的夹石核;13.逆断层

矿石类型在矿区内具明显分带特征,上部矿石矿物以黄铁矿为主,下部以磁黄铁矿为主;上部为块状、条带状含铜黄铁矿矿石,下部为块状含铜磁黄铁矿矿石,上部含锌略高,为铜锌硫矿石,下部含铜较富,为铜钴硫矿石;上部脉石矿物以碳酸盐矿物为主,下部则以绿泥石为主。

矿区内围岩蚀变广为发育,其中以蛇纹石化(常见有纤维蛇纹石、叶蛇纹石、胶蛇纹石等)和碳酸盐化最为强烈与普遍,其次为滑石化、绿泥石化、钠闪石化、硅化、帘石化、透闪石化、金云母化及石榴石化等。

找矿标志:矿床产于铁镁质地壳分布区,重力布格值高,地壳薄,大地构造位置属优地槽-冒地槽区,深断裂旁侧次级断裂及两组断裂复合部位,背斜两翼近轴部附近;容矿岩石为具沉积变质的板岩、砂岩、碳酸盐岩夹火山岩或侵入其中的超基性岩体;岩体、岩层蚀变强烈,具蛇纹石化、碳酸盐化、滑石盐化、滑石化、透闪石化、阳起石化、绢云母化、绿泥石化、帘石化、硅化地段,尤其当岩体上部有微弱矿化的碳酸盐化角砾状蛇纹岩时,常成为下部存在工业矿体的指示体。

自德尔尼大型铜钴矿床成功发现和勘探的几十年间,其成因一直是矿床地质学家和矿床勘查者讨论的问题之一。到目前为止,主要有 3 种观点:一是与超基性岩有关的深部熔离-贯入或构造侵位说(章午生,1981,1995;章午生等,1996);二是与花岗岩类有关的热液说(段国莲,1996,1998);三是与火山岩有关的海底喷流-沉积说(阿延寿,2001;王玉往等,1997;潘彤等,2006)。本书倾向于第三种观点。

3. 尕龙格玛铜多金属矿床

尕龙格玛铜多金属矿位于青海省玉树藏族自治州治多县多彩乡境内。该矿于 1959 年被发现,矿床规模为中型。尕龙格玛铜多金属矿在大地构造位置上处于西金乌兰-义敦中生代弧后盆地三级构造单元,夹持于西金乌兰湖-歇武断裂和乌兰乌拉湖-玉树断裂之间。成矿区带上处于"三江"成矿带之北西段,所处的大地构造位置为板块挤压作用下的弧盆体系。

矿区出露的地层主要为上三叠统巴塘群第二岩组(火山岩碳酸盐岩岩组)和第四岩组(碎屑岩岩组)(图 3-16)。前者主要由流纹质—英安质凝灰岩、英安岩、英安质角砾熔岩、集块熔岩,及部分砂岩、灰岩等组成;后者主要为长石砂岩夹深灰色页岩等碎屑岩。矿区内次英安岩呈岩株状产出。成矿与酸性火山岩有关,容矿岩石主要为酸性凝灰岩、绢英千枚岩。矿区的断裂构造主要为北西西-南东东向及北北东向两组,其中北西西-南东东向断裂与区域构造延伸方向一致,控制火山岩带的空间展布;北北东向断裂切割火山岩带,可能为后期挤压下的张性断裂构造。南、北两个火山岩亚带的边界均为北西西-南东东向断裂,尤其是分割两个亚带的大理岩层伴随着层间滑动,也具有后期活动的特征。

尕龙格玛铜多金属矿分为东、西两个矿区,目前共圈出 24 条矿体,其中西矿区Ⅳ号含锌铜矿体规模最大。矿体一般呈层状、透镜状,多为多层产出。矿体具有分带现象:下部为铜锌矿体,上部为多金属矿体。矿体受后期构造的影响发生了分支复合和变形变位。

矿石中金属矿物主要有黄铁矿、黄铜矿、方铅矿、闪锌矿和黝铜矿,总量为 15%～30%;次生矿物仅见少量的辉铜矿、铜蓝和孔雀石,含量小于 3%;脉石矿物有石英、绢云母、重晶石和方解石,含量在 65%～85%之间。矿石类型主要有黄铁矿黄铜矿矿石、黄铁矿闪锌矿矿石、方铅矿矿石、闪锌矿黄铜矿矿石等。矿石具有分带现象:一般下部为细脉浸染状铜矿石,上部为条带状、块状多金属矿石。上部矿石结构多为细粒粒状结构和交代结构等。矿石构造主要为浸染状、条带状、细脉状、块状构造等。围岩蚀变主要有硅化(次生石英岩化)、绢云母化、黄铁矿化和重晶石化,其次为绿帘石化、绿泥石化和碳酸盐化。其中硅化和绢云母化最为发育,也是重要的找矿标志。

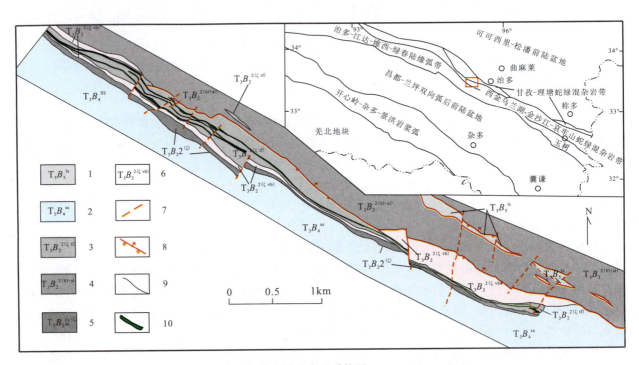

图 3-16 尕龙格玛铜多金属矿床地质简图(据青海有色局矿勘院,2012)

1.上三叠统巴塘群第五岩组灰岩;2.第四岩组含长石石英砂岩;3.第二岩组第二岩性段英安质凝灰岩;4.第二岩组第二岩性段英安质角砾熔岩夹集块熔岩;5.第二岩组第二岩性段英安岩;6.第二岩组第二岩性段英安质火山角砾岩;7.推测性质不明断层;8.逆断层;9.实测地质界线;10.铜矿体

从矿床特征上来看,该矿床与日本黑矿及我国甘肃白银厂的小铁山多金属矿床、四川呷村多金属矿床相似,属海相火山岩型,是一个与酸性火山岩有关的块状硫化物矿床。通过区域成矿条件分析,认为该区具有良好的找矿前景,提出设立多彩整装勘查区的建议,并被采纳。同时规纳出本地区的找矿标志如下。

(1)地质标志,从目前发现的矿体看,矿体主要赋存于英安质凝灰岩中,矿体产状与含矿岩层产状基本一致,具有明显的层控特点。因此,英安质凝灰岩是矿区直接的找矿标志。岩石强烈蚀变地段便是成矿有利地段。矿体或矿化体出露地表,表生条件下氧化淋滤作用形成的蓝铜矿、孔雀石、水锌矿、铅矾、褐铁矿等的矿物组合是地表最为直接的找矿标志。

(2)地球物理标志,块状硫化物矿床的矿石矿物主要为黄铁矿、黄铜矿、闪锌矿、方铅矿、磁黄铁矿等共伴生组合而成的硫化物系列矿物,其物性条件决定了其具有低电阻、高极化、强负自然电位、明显的 TEM 异常等相互叠合的异常体的存在,这也是块状硫化物矿床的地球物理找矿标志。

(3)地球化学标志,块状硫化物矿床的成矿元素为 Cu、Pb、Zn、Ba、Sr、Ag,伴生元素为 Au、Cd、Hg、As、Sb,指示元素为 Mo、Zr、Ti 等。矿床的垂直分带序列由上而下为 Sb→Hg→Ag→Zn→As→Cd→Au→Cu→Mo,其中 Sb、Hg、(As)为矿上晕,Ag、Pb、Zn、(As)、Cd、Au、Cu 为矿中晕,Mo、Zr、Ti、Y 为矿下晕。根据地表异常规模、强度强弱、组分简繁、矿上和矿下元素组合特征,可以推测矿体的出露情况或埋藏深度。

四、斑岩型

青海省境内目前发现的斑岩型矿床(点)有 24 处,其中大型 1 处,中型 1 处,其他均为小型矿床和矿(化)点,大型规模以上的矿床较少。该类型矿床除巴颜喀拉成矿省目前未发现该类矿床外,在祁连、东昆仑(柴达木盆地南北缘)和三江北段均有产出(图 3-17)。根据斑岩和辉钼矿的年代学研究,成矿时代主要为加里东期、印支期和喜马拉雅期。成矿主要为钼、铜以及铅锌,矿床都与钙碱性的浅成或超浅成相的中酸性斑岩体有关。根据产出的地质背景和构造演化,将其形成环境划分为俯冲型和陆-陆碰撞型(陆内造山)。

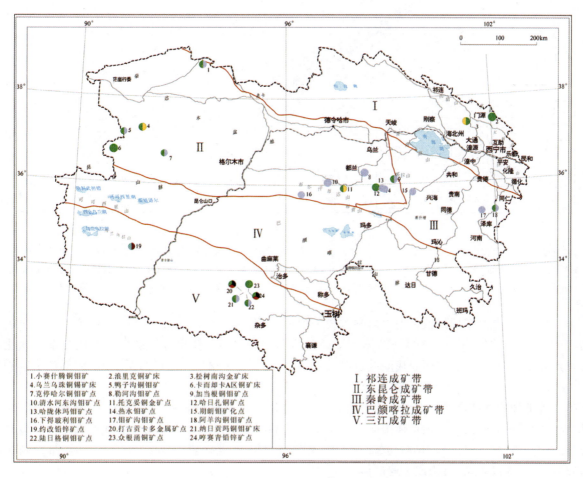

图 3-17 青海省斑岩型矿床分布图

(一)俯冲型

以北祁连浪力克斑岩铜矿床、松树南沟金(铜)矿床和柴北缘小赛什腾山铜(钼)矿床为代表,浅成侵入体为高钾钙碱性系列和钙碱性系列,成矿为铜、金、钼。

1. 浪力克铜矿床

该矿床位于北祁连岛弧带内,前人认为其属于海相火山岩型铜矿床。矿区出露的火山岩为中基性火山岩(安山岩、安山玄武岩、玄武安山岩)、安山质或玄武质凝灰岩、英安岩、流纹岩等(图3-18),与火山岩和火山碎屑岩同源、同期、同成分的次火山岩较发育,主要有闪长玢岩、次辉绿玢岩、次钠长斑岩等,此外还有闪长岩、石英闪长岩等浅成侵入体呈小岩株和岩脉侵入于下火山岩和次火山岩中。

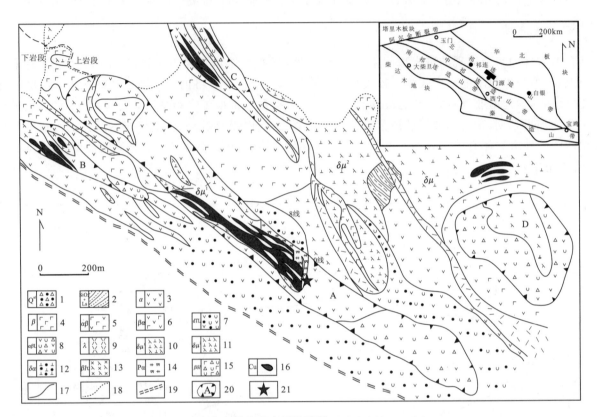

图3-18 浪力克铜矿床矿区地质图(据青海省第二地质队,1988)

1.第四纪坡积物;2.含碳板岩夹灰岩;3.安山岩;4.玄武岩;5.安山玄武岩;6.玄武安山岩;7.安山凝灰熔岩;8.安山质角砾熔岩;9.流纹岩;10.第一期石英闪长玢岩;11.第二期石英闪长玢岩;12.石英闪长岩;13.辉绿玢岩;14.风化碎裂岩;15.玄武角砾熔岩;16.铜矿体;17.岩相、岩性界线;18.第四系与基岩界线;19.基底断裂;20.采样位置;21.火山通道及编号;22.勘探线编号及位置

矿体主要赋存于不同层位的安山岩和闪长玢岩中,可分为3个矿体群。其中Ⅰ号矿体群产于闪长玢岩及安山岩中(图3-19),各单个矿体由多条脉体和扁豆状小矿体组成。矿体形态较复杂且变化较大,常具分支及尖灭再现,与围岩成渐变过渡关系。Cu品位为0.2%～1.13%,Ⅱ号矿体群产于闪长玢岩中,矿体成脉状,与围岩产状大体一致。Cu品位为0.2%～0.88%,局部含Mo,品位为0.016%～0.023%。Ⅲ号矿体群产于上岩性段的安山岩、玄武岩以及次钠长斑岩和闪长玢岩中,矿体呈脉状,Cu品位为0.22%～0.64%。上述矿体中矿石均呈细脉状和浸染状产出。矿床的主要成矿元素为Cu,伴生有益元素有Mo、Co、Ni、Zn、Pb、Ga、Ag、As等,矿石中Mo含量一般为0.001%～0.008%,最高可达0.052%,局部地段较富,可构成工业矿体。

对浪力克矿床矿石硫同位素测定表明,矿石金属矿物的硫同位素$\delta^{34}S$值变化范围较小,为1.73‰～3.58‰,表明其主要来源于上地幔或地壳深部。将该矿床的成矿地质特征和成矿元素组合跟本区与海相火山岩有关的铜矿床成矿系列相比较,可看出浪力克矿床与它们之间有较大的差异,而与斑岩(次火山岩)型矿床成矿系列有一定的相似性,通过对前人资料的研究,根据矿体主要产于闪长玢岩中,矿石主要为细脉浸染状黄铜矿黄铁矿矿石以及钼在局部地段富集可构成工业矿体等特点,将其划为斑岩型铜矿床,应属海相次火山斑岩铜矿亚类。郭周平等(2015)获得辉钼矿的Re-Os等时线年龄为470±3.4Ma,时代为早奥陶世。

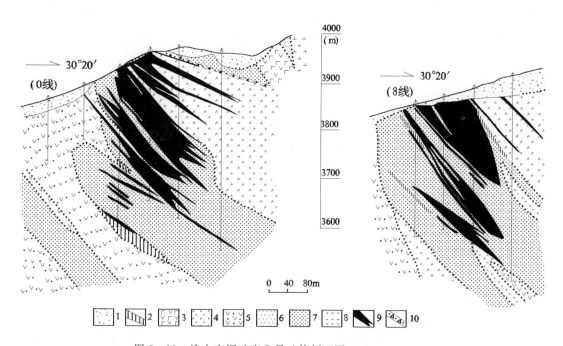

图3-19 浪力克铜矿床Ⅰ号矿体剖面图(据邬介人等,1994)
1.第四系;2.辉绿岩;3.安山质玄武质凝灰熔岩;4.安山岩;5.安山质凝灰熔岩;6.流纹岩;7.闪长玢岩;
8.闪长岩;9.铜矿体;10.构造角砾岩

2. 松树南沟金铜矿床

松树南沟金铜矿床位于门源县西约30km处。大地构造位置属北祁连弧盆系南缘,靠近大坂山深大断裂带。目前累计提交金资源量达中型规模。

矿区内出露地层主要为奥陶纪中基性—基性火山熔岩和火山碎屑岩(图3-20),属海相火山沉积的细碧角斑岩系列,其岩性主要为细碧玢岩(部分受动力变质改造成石英绢云母片岩和绢云母绿泥片岩等构造片岩)、石英角斑凝灰岩、细碧质凝灰熔岩、角斑凝灰岩、石英角斑岩等,其中细碧玢岩是最主要的含矿建造。在矿区北部出露有三叠系紫红色、灰白色砂岩,页岩,在矿区南部出露有前寒武系中深变质岩。矿区内第四系残坡积层、冰水堆积层、腐殖层广泛分布。

矿区断裂构造发育,走向以北西—北东为主,其他次之。在上奥陶统中与地层走向平行的断裂控制着侵入岩体、矿体的形成和分布。

矿区岩浆活动除火山活动外,加里东期中—酸性侵入岩发育。岩性主要为闪长岩、花岗闪长斑岩,另外亦有超浅成相的次火山岩类,主要为石英钠长斑岩。

松树南沟金矿床分为东、西2个矿段。东矿段金矿体主要产于石英角斑凝灰岩的蚀变破碎带(石英绢云母片岩,石英绢云母绿泥片岩、绢云母绿泥片岩)中。共圈出金矿体18个,矿体长25～102m,厚度0.69～3.13m。矿段平均品位为10.42×10^{-6}。西矿段金矿体产于花岗闪长斑岩体(岩枝、岩脉)内外接触蚀变带中,已圈出28条金矿体,矿体长50～250m,矿体厚度0.57～62.96m,矿段平均品位3.16×10^{-6}。此外,在西矿段及矿区中部、南部有细脉浸染状铜矿化和脉状(石英脉、方解石脉)铜铅锌矿化,沿构造裂隙充填,Cu品位最高可达0.70%。

金属矿物有黄铁矿、磁铁矿、赤铁矿、黄铜矿、斑铜矿、辉铜矿、黝铜矿、方铅矿、闪锌矿,以及少量自然金、自然银、自然铋等;脉石矿物有石英、方解石、钾长石、钠长石、绢云母、绿泥石、绿帘石等。

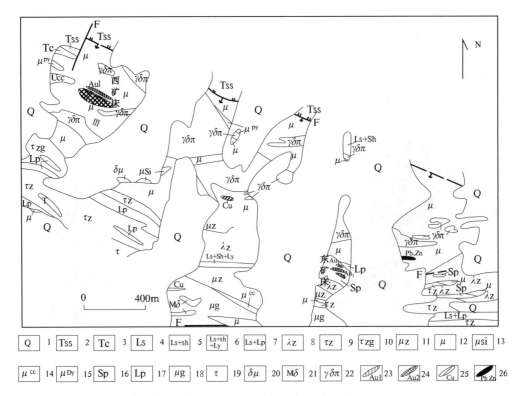

图 3-20 青海省门源县松树南沟金铜矿床地质略图(据肖晓林等,2012)

1.第四系;2.三叠系紫红色砂岩;3.三叠系砾岩;4.灰岩;5.灰岩夹页岩;6.灰岩、页岩夹砾岩;7.灰岩夹绿泥片岩;8.石英角斑凝灰岩;9.紫红色角斑凝灰岩;10.含砾角斑凝灰岩;11.细碧质凝灰岩;12.细碧岩;13.砂化细碧玢岩;14.碳酸盐化细碧玢岩;15.黄铁矿化细碧玢岩;16.石英绢云母片岩;17.灰绿色细碧玢岩凝灰熔岩;18.角斑岩;19.绢云母绿泥片岩;20.闪长玢岩;21.蚀变闪长岩;22.花岗闪长斑岩;23.金矿化体;24.金矿体;25.铜矿体;26.铅锌矿体

矿石呈自形—半自形粒状结构、他形晶粒状结构、包含结构等。矿石构造为稀疏浸染状、浸染状、细脉浸染状、角砾状、块状等构造。

依据金和黄铜矿的分布特征及赋存状态,矿区矿石类型划分为含金细碧岩矿石、含金石英绢云母片岩矿石、含金斑状花岗闪长岩矿石、含金绢云母绿泥片岩矿石、含金多金属石英方解石矿石等。

围岩蚀变东、西矿段存在差别。西矿段近矿围岩蚀变强烈,蚀变范围广,蚀变组合复杂。大致可分为钾-硅化、绢云母-绿泥石化、青磐岩化3个蚀变带。东矿段近矿围岩蚀变以硅化、绢云母化、绿泥化最为强烈,其次有方解石化、黄铁矿化等。

关于该矿床的类型,大多数认为属海相火山岩。近期一些研究者认为属造山型金矿床(伊有昌等,2006)、斑岩型金矿(肖晓林等,2010)。从矿床特征上来看,应属斑岩型铜金矿床。

北祁连浪力克、松树南沟斑岩型矿床的厘定,说明祁连地区该类型的矿床具有形成斑岩铜矿的前提和找矿潜力,可作为祁连地区的主攻矿床类型。

3. 小赛什腾山铜(钼)矿床

小赛什腾山铜(钼)矿床地处柴达木盆地北缘小赛什腾山西段,铜矿体主要赋存在印支期花岗闪长斑岩与加里东中期闪长岩体侵入接触带的强蚀变岩中,为小型含钼斑岩型铜矿床。区域北西向柴北缘大断裂(柴北缘深断裂)从该矿区西侧通过,断裂的西南侧为柴达木盆地前寒武纪变质岩系,东北侧为下古生界滩间山群火山岩系。小赛什腾山斑岩铜(钼)矿化作用与长期反复多次活动的北西向构造带关系密切,特别是印支期浅成花岗闪长质岩浆侵位对斑岩铜(钼)矿的形成具有重要意义。

矿区内大部分被第四系所覆盖,其出露地层为滩间山群火山岩系,按其岩性大体可划为两类:一是以中基性火山喷发为主的熔岩,主要由安山岩夹玄武岩构成;二是火山-碎屑岩,主要由凝灰岩、凝灰质砾岩及钙质长石砂岩构成。经对比研究,该火山岩系相当于滩间山群上部。受区域变质作用影响,常形成一套由绿泥石、绿帘石、阳起石、钠长石、石英、绢云母和方解石等组成的中低级绿片岩。

矿区内构造主要由北西和北东两组方向较为明显的断裂构造组成(图 3-21),区域性断裂是矿区的重要控岩和导矿构造,而花岗闪长斑岩与闪长杂岩体的北西向侵入接触带是最主要的容矿部位。北东向断裂则控制了大部分后期脉岩,部分含铜石英脉沿该方向裂隙充填展布。该组断裂形成较晚,但它与北西向断裂在成矿期的共同活动,不但控制了含矿斑岩的侵位,也形成一套密集分布的网状裂隙系统,而网状裂隙系统是矿区内细脉浸染状矿化体的主要容矿构造。

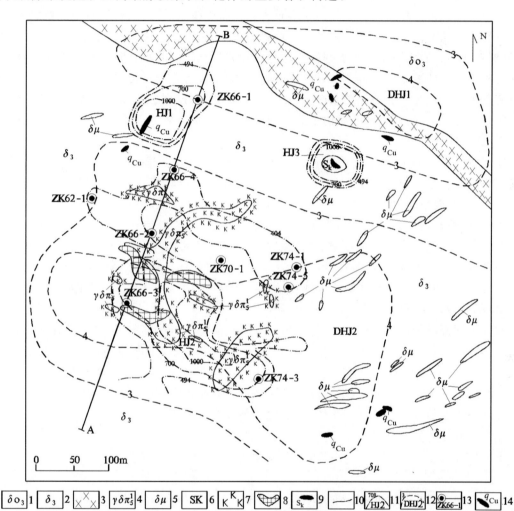

图 3-21 小赛什腾山铜矿床地质物探、化探综合图(据李大新等,2003)

1.加里东中期石英闪长岩;2.加里东中期闪长杂岩内部相;3.闪长杂岩边缘相辉石岩;4.印支期花岗闪长斑岩;5.闪长玢岩脉;6.矽卡岩化带;7.钾硅酸盐化带;8.浸染状及细脉状铜矿体;9.矽卡岩型铁(铜)矿体;10.地质界线;11.化探原生晕异常编号及铜等值线;12.激电异常编号;13.勘探线及钻孔编号;14.含铜石英脉

矿区内发育两类与矿化有关的中酸性岩类:早期为岩株状闪长杂岩体(全岩 K-Ar 法年龄为 444Ma),属矿化前成矿围岩,呈岩株侵入于滩间山群火山岩地层中,岩体长 1000m,宽 500~600m,出露面积约 0.6km²,呈走向北西的,倾向北东的椭圆形。该杂岩体为由辉石岩、辉石闪长玢岩、辉石闪长岩和闪长岩 4 个分异程度较好的岩相带构成的堆晶侵入杂岩体。据张德全等(2000)研究,该杂岩体各相带的矿物组成和化学成分与滩间山群中—基性火山岩的矿物组成和化学成分相似,因此它应是与火山同源岩浆的堆晶侵入体;晚期为脉状产出的浅成花岗闪长斑岩,属成矿期与斑岩铜(钼)矿化关系最为密切的成矿母岩,其侵位于闪长杂岩体中,为挤压环境的产物。与花岗闪长斑岩伴生的脉岩还有闪长玢岩、云斜煌斑岩、花岗细晶岩和正长岩等。

花岗闪长斑岩体与铜（钼）矿化关系最为密切，呈不规则脉状侵入闪长岩中，斑晶成分为斜长石（35%～40%）、角闪石（10%～15%）、石英（2%～3%）和钾长石（1%～2%），基质主要由长英质矿物（30%～35%）、角闪石（3%～5%）和磁铁矿（2%～3%）组成。地表斑岩体常呈北西向或北东向断续出露，但总体呈北西向，反映该岩脉受北西向和北东向构造的控制。该斑岩体蚀变普遍强烈，蚀变类型主要为钾长石化、碳酸盐化和绢英岩化。斑岩体内均见有浸染状、细脉状黄铜矿、斑铜矿和辉钼矿化。

矿区广泛发育一套以钾硅酸盐化（钾长石＋黑云母＋石英组合）、绢英岩化（鳞片状绢云母＋细粒石英＋黄铁矿）和青磐岩化（绿泥石＋石英＋绿帘石＋方解石＋少量磁铁矿、磷灰石及微量钠长石）3种面型蚀变为主的矿化蚀变。其中绢英岩化是区内重要的蚀变类型，也是与铜矿化关系密切的含矿蚀变岩类，而且野外考察绢英岩化蚀变略晚于钾硅酸盐化和青磐岩化。蚀变具有明显的分带性，即以斑岩体及其接触带为核部的钾硅酸盐化带，依次向外出现绢英岩化带和青磐岩化带，从而构成了斑岩铜（钼）矿床的典型蚀变分带。矿化与蚀变的关系表现为：强蚀变带矿化则好，弱蚀变带矿化则弱；当绢英岩化叠加在黑云母化带上时则矿化富集，常形成达工业要求的铜矿体；斑岩体下盘的强蚀变岩带中的矿（化）体比上盘宽度大、连续性好。

岩石地球化学研究表明，本区花岗闪长斑岩侵入体的 Cu、Mo 含量明显高于区内其他岩类，区内平均含 Cu 最高的是钾化花岗闪长斑岩（507×10^{-6}），高出地壳克拉克值 10 余倍，Mo 含量最高为 200×10^{-6}；蚀变闪长岩的铜平均值为 363×10^{-6}，其中近斑岩体外接触带的强蚀变闪长岩的铜平均含量为 489×10^{-6}。蚀变闪长岩 Mo 含量最高为 120×10^{-6}，一般在 $10\times10^{-6}\sim30\times10^{-6}$ 之间；远离斑岩体接触带的蚀变石英正长闪长岩体和角岩铜平均含量则较低，分别为 146×10^{-6} 和 23×10^{-6}，而 Mo 含量均低于分析灵敏度。空间上，Cu、Mo、Ag、Pb、Zn 等元素围绕斑岩体具带状分布，显现出 Mo(Cu) 在内带，Cu(Ag) 在过渡带，Cu(Pb、Zn) 在外带的地球化学特征。这些表明矿区印支期花岗闪长斑岩岩浆活动是本区 Cu(Mo) 矿化重要物质来源之一。

矿区地表及深部已圈出大小不等的 Cu(Mo) 矿体 30 余个，大多赋存于花岗闪长斑岩脉外接触带强蚀变闪长岩体网状裂隙发育的碎裂带部位，受黑云母-绢英岩化蚀变带的控制，个别为含铜（钼）的石英脉。钻孔资料显示，矿体分布及形态多呈不规则脉状斜列式排布于浅部斑岩体外接触带 200m 范围地段内，其规模小，变化大，品位低，一般长 20～50m，厚 1～2m，最长 140m，厚 9.3m，具上宽下窄、两端逐渐尖灭或分叉尖灭的特点。矿体以铜矿体为主，钼矿体极少。主要矿体特征见表 3-5。

表 3-5　小赛什腾山铜（钼）矿床主要矿体地质特征

矿体编号	I	XI	XXXIV
分布位置	产于64～70线花岗闪长斑岩脉与闪长岩体接触带附近	ZK66-3孔浅部30m处的强蚀变闪长岩体中	ZK82-2孔蚀变细粒闪长岩体中，埋深260m
规模及产状	最大延长140m，最厚9.3m，最大垂直延深280m，矿体走向北西西，倾向北北东	最大延长80m，最厚7.2m，最大垂直延深100m，矿体走向北西，倾向北东	最大延长50m，最厚7.13m，单孔控制，产状不清
矿体特征	由多个脉状矿体组成，并穿切花岗斑岩脉，向深部逐渐变窄，向东西两侧很快尖灭，平均 Cu 含量 0.4%，最高 0.68%，Mo 含量 0.004%～0.015%	呈脉状产出，其东侧穿切花岗闪长岩，平均 Cu 含量 0.66%，最高 1.42%，Mo 含量 0.001%～0.014%	呈脉状产出，平均 Cu 含量 0.52%，最高 0.63%，Mo 含量 0.001%～0.04%
矿石类型	细脉浸染状黄铁矿黄铜矿型硫化物矿石	细脉浸染状黄铁矿黄铜矿型硫化物矿石	细脉浸染状黄铜矿型硫化物矿石
金属矿物组合	以黄铁矿、黄铜矿为主，斑铜矿、辉钼矿、铜蓝、辉钼矿次之	以黄铁矿、磁铁矿为主，斑铜矿、辉钼矿、铜蓝、辉钼矿次之	以磁铁矿、黄铜矿为主，偶见方铅矿、闪锌矿
蚀变类型	钾硅酸盐化、绢英岩化、碳酸盐化	绢英岩化、碳酸盐化	绢英岩化、碳酸盐化
成矿元素组合	Cu(Mo)	Cu(Mo)	Cu(Pb、Zn)

矿石矿物主要金属有黄铁矿、黄铜矿、斑铜矿、辉铜矿、铜蓝和磁铁矿,少量辉钼矿、方铅矿、闪锌矿等,次生金属矿物有赤铁矿、孔雀石、赤铜矿和褐铁矿。其生成先后顺序从早到晚为磁铁矿→黄铁矿→辉钼矿→黄铜矿→斑铜矿→辉铜矿→铜蓝→孔雀石→褐铁矿。

矿石金属矿物主要呈他形—半自形粒状结构和交代结构,构造类型以浸染状、微细脉状和团块状为主,偶见角砾状构造。矿石以硫化矿为主,氧化矿石或混合矿石局部发育。矿石 Cu 含量一般在 0.3%~0.6% 之间,大于 1% 的样品较少,含 Mo 0.001%~0.04%。除 Cu 和 Mo 主要金属元素外,矿石内伴生有益元素组分有 Ag、Pb、Zn 和 Ga 等,但含量均不高。

小赛什腾山铜(钼)矿床,其形成时代存在争议。李大新等(2003)依据钾化花岗闪长斑岩 K-Ar 年龄 218.5±3.8Ma 将其厘定为印支期;王平户等(2003)依据区域对比,将其厘定为加里东期。本次通过对小赛什腾山闪长岩和石英闪长斑岩锆石 U-Pb 年龄测定,确定其形成时代为海西期。

该矿床的成矿地质特征可归结为:①矿床产于晚加里东—印支期多期活动的构造-岩浆活动带;②区域性长期活动的北西向断裂为主要控岩、导矿构造;③印支期花岗闪长斑岩体为赋矿岩石(成矿母岩);④自斑岩体向外的钾长石化、碳酸盐化、绢英岩化、青磐岩化蚀变分带性;⑤印支期花岗闪长斑岩型(为主)、印支晚期热液脉型和矽卡岩型的矿化组合;⑥矿体多呈不规则脉状斜列式排列分布于浅部斑岩体外接触带。

(二)陆-陆碰撞型

陆-陆碰撞环境的矿床主要分布于东昆仑成矿省南部和三江北段成矿省北部,其形成时代存在差异,前者形成于晚三叠世。矿床点数量多,发现有卡而却卡、乌兰乌珠尔、鸭子沟、清水河东沟、加当根、热水等矿床为代表;后者形成于古近纪,典型矿床为纳日贡玛、陆日格等。浅成侵入体为高钾钙碱系列与钾玄武系列,成矿元素为钼、铜、铅锌等。

1. 纳日贡玛斑岩型铜钼矿床

纳日贡玛铜钼矿床位于西南"三江"北段青海南部地区,距青海杂多县城北西约 86km 处。该矿床发现于 1965 年,目前探获钼金属资源量达大型规模,成矿作用形成于印-亚大陆晚碰撞构造转换环境。

矿区地层为下—中二叠统尕笛考组紫红—灰绿色玄武岩。顶底为杂色玄武质凝灰集块岩、凝灰岩、玄武岩,局部相变为安山玄武岩、玄武安山岩。区内岩浆岩分布面积占基岩总面积的 99% 以上,侵入岩有浅成黑云母花岗斑岩和细粒花岗斑岩、石英闪长玢岩以及中基性和酸性岩脉类,属喜马拉雅早期的产物。喷出岩以玄武岩为主,为早二叠世形成。

矿区构造简单(图 3-22),早—中二叠世中基性火山岩总体为走向北西、倾向南西的单斜层,小断层和裂隙十分发育。断裂构造按其走向展布方向分为 4 组,即北东向断层组、北北东向断层组、近南北向和近东西向断层组,其中北东向断裂及其北北东向断层组控制着矿区斑岩及闪长玢岩脉的分布。脉岩形成后该组断裂仍有活动的迹象,是区内的控岩、容矿构造。纳日贡玛铜钼矿床受喜马拉雅早期黑云母花岗斑岩控制,矿体赋存于岩体内部及与围岩的接触带,形态呈带状、厚板状、不规则状。

矿体赋存于岩体内部及与围岩的接触带形态呈带状、厚板状、不规则状。根据矿体相对集中分布的特点及所处地质环境、构造部位的差异,共圈定 4 个矿带,自西向东编号为 MⅠ~MⅣ。4 个矿化带内共圈出铜矿体 13 个,钼矿体 14 个,铜钼共生矿体 2 个(图 3-23)。含矿岩石主要为硅化高岭土化黑云母花岗斑岩,黑云母化角岩化玄武岩、黄铁矿化青磐化玄武岩及角岩,次为角岩化玄武岩。

钼矿体产于斑岩体内轻微蚀变的黑云母花岗斑岩、细粒花岗斑岩和强烈蚀变的绢云母化黑云母花岗斑岩中,玄武岩内钼矿体分布较零星且规模小。斑岩体中靠近接触带钼矿体厚度大,品位高;斑岩体中心钼矿化相对较弱,钼矿体厚度、品位变化均较大。

矿石自然类型属原生硫化矿石,矿石矿物主要为辉钼矿、黄铜矿及黄铁矿,其次有辉铜矿、铜蓝、孔雀石及褐铁矿等,偶见方铅矿、闪锌矿、磁铁矿、赤铁矿、黝铜矿、白钨矿、黑钨矿、钼华等,因矿石类型不同亦有所差异。矿石呈半自形—他形微细粒状、半自形—自形片状及鳞片状结构,构造以微细脉状、稀疏浸染、星散浸染状构造为主。矿体主要成矿元素为 Cu、Mo，共生组分 S，伴生有益组分 W、Ag，Ag 一般品位为 $2×10^{-6}$，最高为 $18×10^{-6}$，品位变化大，未达到综合利用指标。

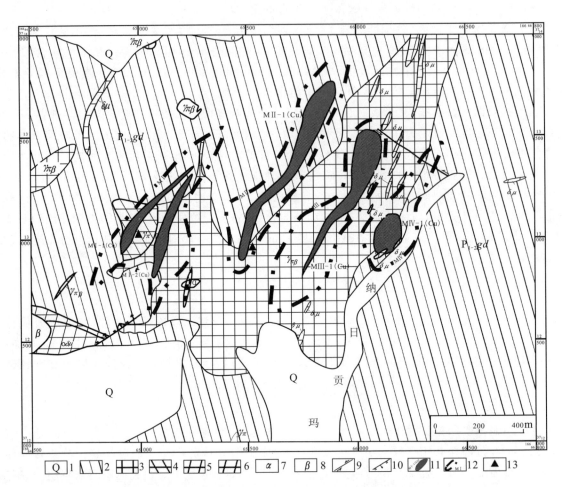

图 3-22 纳日贡玛铜钼矿区地质图（据青海省地质调查院，2009 修改）
1.第四系；2.下—中二叠统尕笛考组（$P_{1-2}gd$）；3.黑云母花岗斑岩（$γπβ$）；4.浅色花岗斑岩（$γπ$）；5.闪长玢岩脉（$δμ$）；6.石英闪长玢岩脉（$oδμ$）；7.安山岩；8.玄武岩；9.平移断层；10.正断层；11.矿体及编号；12.铜钼矿化带；13.采样位置

成矿控制因素如下：

（1）区域地质构造控制了成矿带，属于澜沧江深断裂带组成部分的北西西向大断裂的发育，以及北东向断裂与北西西向断裂的复合是控制本区斑岩成矿带的主要因素。纳日贡玛矿床即产于北东向的纳日贡玛沟断裂与北西西向的格龙涌大断裂交会部位的北侧。

（2）中酸性浅成含矿斑岩侵入体是纳日贡玛矿床的内在控制因素。

（3）二叠纪地层，特别是其中的中基性火山岩是对成矿有利的围岩条件。除纳日贡玛矿床外，区域上已知重要的斑岩型矿化点，大多产于二叠纪的中基性火山岩中。这可能是由于这套火山岩岩性致密，形成"隔挡层"，阻滞了矿质的逸散。而裂隙发育，岩石偏碱性，则利于含矿热液在一定范围的空间内运移和交代，利于矿质沉淀和富集。

（4）围岩蚀变-含矿斑岩体围岩中发育了较强烈和规模较大的面型或面-线型蚀变。纳日贡玛矿床具有规模和强度较大的面型蚀变。

（5）强烈发育的小型断裂-裂隙构造系统对于纳日贡玛矿床也是重要的成矿控制因素。它为热液和矿质活动、沉淀提供了有利的空间，为围岩蚀变和成矿作用提供了充分的发育条件。对于纳日贡玛矿床，北北东向小型断裂-裂隙构造是十分重要的容矿构造。

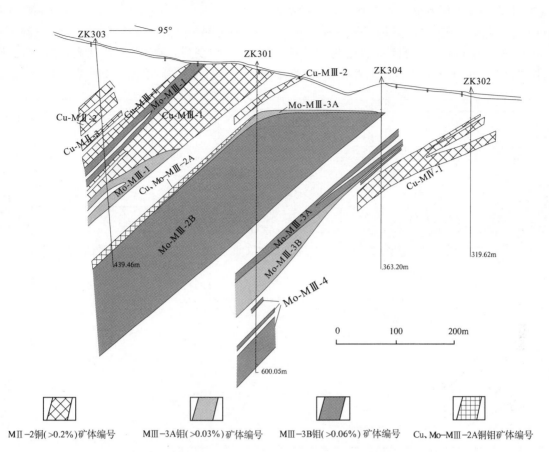

图 3-23　纳日贡玛铜钼矿区 3 勘探线剖面(据青海省地质调查院,2009)

矿区围岩蚀变强烈,斑岩体内有高岭土化、石英-绢云母化、钾化,围岩中有角岩化和矽卡岩化,岩体北侧见少量电气石蚀变产物。蚀变总面积近 $10km^2$,呈同形环状分布,内带以硅化-绢云母化、钾化为主,多沿北东向裂隙带发育。外带以青磐岩化、黄铁矿化、角岩化为主,呈面状展布。主要找矿标志如下:

(1)黑云母二长花岗斑岩小岩株、花岗斑岩脉群或规模较大的含矿花岗斑岩是最直接的找矿标志。

(2)在中基性火山岩中发育有广阔的、呈暗绿色的面型黄铁矿青磐岩化蚀变带,地表形成红褐色松散堆积物,是十分显眼直观的间接标志。

(3)含矿斑岩体内发育有"浅色"蚀变,即黏土化和硅化绢云母化蚀变,具有一定的规模和强度,标志着有成矿的可能性。

(4)以 Cu、Mo 组合为主,并伴有 W、Sn、Bi、Ag、Au 等的水系、土壤、岩石地球化学异常规模大,强度高。异常源极有可能是矿(化)体。

项目获得纳日贡玛花岗斑岩的成岩年龄应为 41.44~41.00Ma,属于喜马拉雅早期,与属于同一成矿带的西藏玉龙铜矿床各成矿斑岩形成年龄 41.3~41.2Ma 一致(Liang et al.,2006;梁华英等,2008)。依据纳日贡玛辉钼矿 Re-Os 等时线年龄 440.86±0.85Ma 测年结果(王召林等,2008),纳日贡玛成矿作用事件的持续时限不超过 1Ma。

2. 赛什塘铜矿床

赛什塘铜矿床位于青海省兴海县,属赛什塘牧场管辖,该矿区为 1955 年群众上报发现。矿区处在不同构造带交接部,并经历了印支运动和喜马拉雅运动等多期造山运动的叠加、变动,构造格局较为复杂,矿床规模为中型。

矿区出露地层主要有下—中三叠统和新近系贵德群(图3-24)。下—中三叠统岩性主要为细粒长石石英砂岩、灰黑色条带(纹)状绢云母千枚岩夹大理岩,向上部为大理岩夹千枚岩。按沉积旋回和岩性特征,可以细分为a、b两个岩组:a岩组为细粒长石石英砂岩、变质粉砂岩、透镜状大理岩、黑云母千枚岩等;b岩组为一套中深变质程度的片岩系,岩性主要为云母石英片岩、绿泥石英片岩。

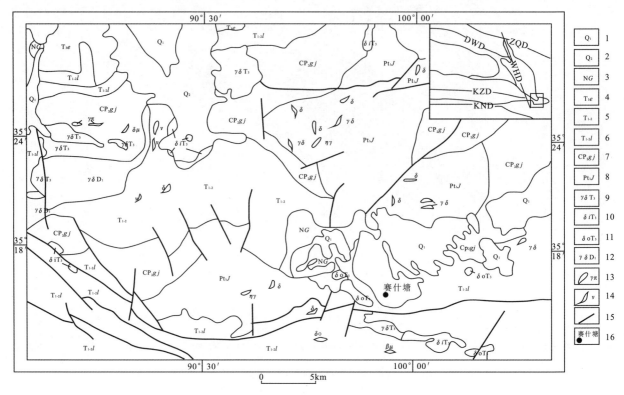

图3-24 青海省赛什塘铜矿床一带地质简图(据李东生等,2009)

1.第四系上更新统冲洪积物;2.第四系中更新统冰碛物;3.新近系贵德群红色砂砾岩、泥岩;4.上三叠统鄂拉山组陆相火山岩;5.下—中三叠统千枚岩和灰岩夹火山岩;6.下—中三叠统隆务河组;7.石炭系—中二叠统甘家组;8.古元古界金水口岩群;9.晚三叠世花岗闪长岩;10.晚三叠世黑云闪长岩;11.晚三叠世石英闪长岩;12.早泥盆世花岗闪长岩;13.中酸性脉岩类($\gamma\pi$.花岗斑岩,$\eta\gamma$.二长花岗岩,$\gamma\delta$.花岗闪长岩,δo.石英闪长岩,δ.闪长岩);14.基性岩脉(ν.辉长岩脉,$\beta\mu$.灰绿玢岩);15.断裂;16.赛什塘矿床位置;ZQD为宗务隆-青海湖南山断裂,DWD为丁字口-乌兰断裂,WHD为哇洪山-温泉断裂,KZD为东昆中断裂,KND为东昆南断裂

矿区位于东西向构造与北北西构造交替部位,主要以褶皱构造为主,断裂构造次之。主要褶皱构造为赛日科龙洼复背斜西翼的次一级构造赛什塘背斜,该背斜基本控制着矿区地层、岩体及矿体的空间分布,是矿区矿体赋存的主要区段。两翼及转折端为铜矿体赋存部位,其中缓倾斜的南西翼为主矿体赋存部位。矿体随背斜沿走向呈波状起伏。尼琴-铜峪沟大断裂从矿区西南侧通过。

矿区岩浆岩以中酸性侵入岩为主,酸性侵入岩次之,火山岩不发育。其中以中深成相中粒石英闪长岩、浅成相及超浅成相细—中细粒石英闪长岩及石英闪长斑岩为主,与成矿关系也最密切,岩脉群由细粒石英闪长岩及石英闪长斑岩、花岗斑岩、英云闪长斑岩、花岗闪长斑岩、石英斑岩组成。本区岩浆活动具有同源、异相、多期的特点。据1:25万兴海幅在石英闪长岩中获得的锆石U-Pb年龄205.7Ma、223Ma,结合邻区对比,将其厘定为印支期(何鹏等,2011)。

赛什塘铜矿区多位隐伏矿体,本矿床已经查明和大致查明的矿体共计176个(王小丹,2010),主矿体为M_2、M_1和M_4。矿体形态主要为层状、似层状,次为透镜状、细脉状(图3-25),见有分支复合现象。矿体连续性好,矿体产状与地层一致,受地层与接触面产状共同控制,并明显地随地层褶曲起伏而呈舒缓波状。最大的M_2矿体(群),长2550m,延深165~450m,最大延深960m,一般厚5~15m,最厚39m。矿区中规模较大的M_1、M_2、M_4三个矿体(群)的铜金属储量约占总资源储量的86%。

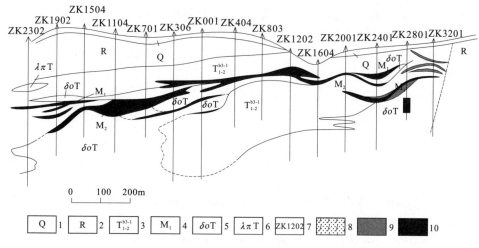

图 3-25 青海省赛什塘铜矿床矿区纵剖面图(据李东生等,2009)
1~3.地层代号;4.矿体编号;5.石英闪长岩;6.石英斑岩;7.钻孔编号;8.斑岩矿化体;
9.斑岩矿体;10.矽卡岩矿体

矿石矿物以金属硫化物为主,次为氧化物及少量自然金属,脉石矿物有硅酸盐和碳酸盐矿物。常见的金属矿物有磁黄铁矿、黄铜矿、磁铁矿、黄铁矿、闪锌矿。脉石矿物主要有透辉石、石榴石、阳起石、绿泥石、石英、方解石、绢云母等。本矿区矿石的结构、构造种类较多,矿石结构主要有胶状结构、他形粒状结构、他形—半自形粒状结构、镶嵌结构、填隙结构、交代残余结构,矿石构造主要有胶状构造、层纹状构造、细脉浸染状构造、条带状构造、斑杂状构造、细脉状构造、角砾状构造等。矿区矿石平均品位:Cu 1.13%,Pb 1.40%,Zn 2.59%,S 12.21%,Fe 27.31%,Ga 0.0013%,Cd 0.0037%,Se 0.0016%,Ag 13.54×10^{-6},Au 0.31×10^{-6}(青海省地质矿产勘查开发局,2003)。

成矿物质虽来源较多,但主要源于地层,岩浆来源居次要地位。矿区所处过渡地段有利于成矿元素的沉淀富集。矿区西北部石英闪长岩浆的侵入,使其本身携带的部分成矿物质,同化矿源层岩石起到了再富集的作用。

围岩蚀变种类较多,自岩体向中心向外依次为钾化带、似千枚岩化带、矽卡岩花带及青磐岩化带。另外,与矿化密切的蚀变还有矽卡岩化、阳起石-透闪石化、硅化、碳酸盐化等,其中以矽卡岩化最强,并发育由石英闪长岩浆侵入活动造成的角岩化等蚀变。

矿床成因类型上有矽卡岩型、斑岩型、沉积-变质热液改造及热水喷流沉积型之争。王辉等(2015)在该区获得辉钼矿 Re-Os 等时线年龄为 224.5 ± 1.8 Ma,其形成时代为印支晚期。从近期勘查结果和对矿区大量实际资料的分析来看,该矿床不仅存在斑岩体和岩脉群,大部分矽卡岩及矿体与岩浆岩有着极为密切的关系,而且发育矽卡岩型、斑岩型矿(化)体,本次研究把其厘定为斑岩型。

3. 加当根铜矿床

加当根斑岩型铜矿床位于青海省共和县南西的加当根地区,地处青藏高原鄂拉山中段北坡,大地构造位置位于东昆仑造山带之祁漫塔格都兰造山亚带的东端。青海东部鄂拉山地区是中国重要的斑岩-矽卡岩成矿带(吴健辉等,2010)。

矿区出露地层简单,仅有古元古界达肯大坂岩群片麻岩组、上三叠统鄂拉山组火山岩岩组和第四系。其中,以上三叠统鄂拉山组陆相火山岩夹海陆交互相碎屑岩为主。矿区岩浆活动强烈,以印支期中酸性岩体为主,主要岩体有花岗闪长岩、花岗闪长斑岩、斜长花岗斑岩等。花岗闪长岩分布于矿区西部、中部和东部,是区内最大的岩体。断裂构造发育,以北西向的压扭性断裂为主,并伴随有大小不等的破碎蚀变带的产出,它们控制了矿体就位及矿体形态和产状等。北东向断裂组为平移断层。

斑岩型铜矿化与花岗闪长斑岩密切相关，目前圈定铜矿体 3 个，铜矿化体 7 个，钼矿体 7 个，钼矿化体 7 个（均为盲矿体）。矿体的产出受构造破碎带、斑岩体接触带的控制，矿体分布在走向、倾向上变化较大，矿体的走向为北西向、北西—北北西及近南北向 3 种，倾向分别为南西、南东、北东、北西，多随破碎带、接触带产状的变化而改变，矿体倾角中等，一般为 40°～62°。矿体主要呈脉状产出，矿石构造主要为细脉浸染状，金属矿物有黄铜矿、黄铁矿和辉钼矿等。

铜矿体呈带状、脉状，矿体长 70～686m，平均厚度在 0.49～9.01m，平均品位为 0.33%，单个矿体 Cu 平均品位在 0.21%～0.57% 之间，品位变化系数 30.95%，各个矿体厚度平均为 4.01m，厚度变化系数为 72.65%。

矿石的金属矿物为黄铁矿、黄铜矿、磁黄铁矿、白铁矿、赤铁矿、蓝铜矿、孔雀石，以及少量方铅矿、闪锌矿、辉钼矿。

矿石结构构造：矿石结构以他形—半自性粒状结构、交代溶蚀结构、交代残余结构、侵蚀交代结构为主；矿石构造为稀疏浸染状构造、脉状构造、条带状构造、胶状构造、皮壳状构造、胶状环带构造、团块状构造。

矿石类型：自然矿石类型大致可分为 3 类，即流纹岩型铜矿石、破碎蚀变岩型铜矿石、斑岩型铜矿石。

围岩蚀变以硅化、黄铁绢云母岩化较显著，外带为绿泥石化、绿帘石化，中带为黄铁矿化、褐铁矿化，内带以绢云母化、碳酸盐化为主，伴有较强的孔雀石化，偶见黄铜矿化，具有斑岩型铜矿的特征。

综合分析物质来源，首先是有深源的含铜丰度高的上三叠统陆相火山岩存在，后由于印支期产生的近东西、北西向断裂导致花岗闪长岩体的侵入，由于其热液的影响，使火山中分散的铜矿花岗闪长岩体周边轻微富集。上地幔岩浆房经过分异作用而形成了含铜较富的斜长花岗斑岩岩浆，它基本上沿袭着早期花岗闪长岩的运移通道而侵位，占据了花岗闪长岩的大部分空间，形成复合岩体使铜矿化进一步富集。

当斑岩体尚呈半固结状态时，其周围有塑性状态斑岩体的含铜热流体，除在斑岩内部富集成矿外，沿趋向于自身破碎带中运移，同时在围岩内的早期次级破碎带中形成富集部位。又由于斑岩体由南东向北西贯入，侧向分移使铜向岩体南西侧转移，由于底板为化学性质较稳定的火山岩，故多在南侧、西侧形成厚大的内接触带处的矿体。另外，后期地下热卤水的活动和天然水的双重作用，又携带着大量铜到破碎带中，使该处矿体品位变富。但其大部分不能进入硅铝质岩石中，仅沿着岩石的节理、裂隙充填，因而出现该地遍布的孔雀石薄膜。

4. 热水钼矿床

热水钼矿床位于青海省都兰县境内，大地构造位置处于东昆仑造山带东段中昆仑岩浆弧带，北邻祁漫塔格蛇绿混杂岩带，南接东昆仑南坡俯冲增生杂岩带，为小型钼矿床。

热水钼矿区出露地层为下石炭统大干沟组，岩性为砾岩及酸性熔岩；下二叠统马尔争组灰绿色、紫红色玄武安山岩、安山岩、英安岩，以及安山角砾岩、凝灰岩和流纹质—英安质凝灰岩、长石砂岩和深灰色板岩等；上三叠统鄂拉山组中酸性陆相火山岩以及第四纪松散堆积物广泛分布。矿区内断裂构造较发育，主要发育一条区域性断裂及受其控制的 3 组断裂和破碎带，构成了本区构造基本格架。3 组断裂中，一组近南北向，活动时间较早，为主要的控矿断裂构造；另一组为多期活动的北东向断裂，活动时间早，结束晚；最后一组为北西西或近东西向断裂，活动时间相对较晚，后期破坏改造了矿体。

岩浆岩以印支期酸性侵入岩为主，构成了矿区围岩主体，可分为二长花岗岩、花岗闪长岩及似斑状黑云母二长花岗岩。

在矿区北侧有一处铅锌银矿化点，铅锌银矿（化）体总体走向近南北向，呈脉状、透镜状产出，沿走向长约 60m。矿石的金属矿物主要为闪锌矿、方铅矿、黄铜矿，少量黄铁矿、辉银矿。在矿区东侧、东南侧有多处铜矿化（点）体，品位低，仅作为找矿线索。

钼矿床主要分 4 个矿带（图 3-26），矿体总体呈北东-南西走向，倾向 280°～300°，倾角 30°～60°。钼矿体主要沿北北东走向裂隙带分布，呈条带状、脉状、细脉状、透镜状产出，倾向西，倾角 45°左右，分布密集，形态复杂,大小不一,矿体长100~600m不等。其中似斑状黑云母二长花岗岩、二长花岗岩为主要赋矿岩石。矿石的金属矿物主要为辉钼矿、黄铁矿、赤铁矿、褐铁矿,少量黄铜矿、磁黄铁矿、磁铁矿、方铅矿、闪锌矿等;脉石矿物主要有石英、钾长石、斜长石,少量黑云母、白云母、绢云母、绿泥石、方解石等。

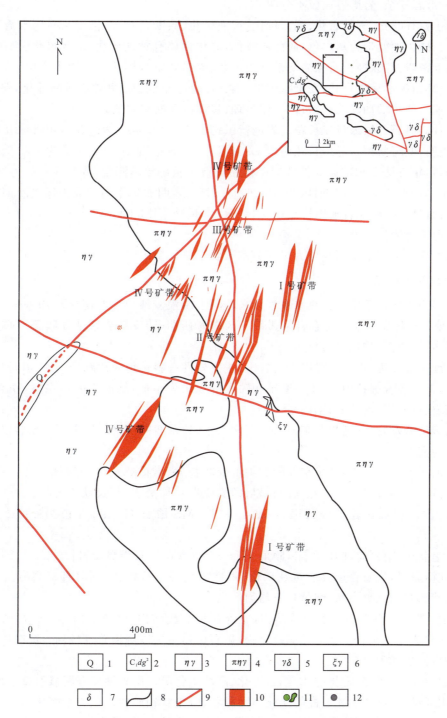

图3-26 热水钼矿床地质图(据浙江地质矿产研究所,2012修改)

1.第四系;2.石炭系酸性熔岩组:浅肉红色流纹岩及灰绿色薄层粉砂岩、细砂岩夹灰岩;3.灰白—肉红色二长花岗岩;4.灰白—肉红色似斑状黑云母二长花岗岩;5.灰白色花岗闪长岩;6.肉红色钾长花岗岩;7.灰绿色闪长岩、角闪闪长岩;8.地质界线;9.断层;10.钼矿体;11.铜矿化点;12.银矿点

矿石结构主要有鳞片状结构（辉钼矿呈鳞片状不均匀分布于矿石之中）、聚粒状结构（辉钼矿常数粒、几十粒聚集成集合体）、包含结构等。矿石构造以浸染状构造为主，局部略聚集，形成稠密浸染状构造；辉钼矿沿矿石裂隙或石英脉充填，形成脉状构造。此外，还有薄膜状构造、星点状构造、团斑状构造、条带状构造等，形态复杂，岩矿界面极不分明。

围岩蚀变主要有硅化、钾长石化、绢云母化、黄铁矿化、碳酸盐化等，蚀变带较为发育，呈面型蚀变、线性排布特点。硅化蚀变带为灰白色，局部灰黄色，硅化常伴有黄铁矿化、绢云母化、钼矿化，矿化强弱与硅化蚀变强度密切相关；钾长石化蚀变带呈条带状、透镜状不规则状穿插于围岩中，常与硅化石英脉平行共生，伴生辉钼矿常呈星点状、浸染状产出；绢云母化分布范围广并伴有碳酸盐化，碳酸盐化主要受构造运动及后期岩脉热活动影响，分布在岩体节理、裂隙以及断裂两侧。

本次研究针对似斑状黑云母二长花岗岩进行了锆石 U-Pb 年代学以及对钼矿床开展了成矿年代学研究，研究表明，似斑状黑云母二长花岗岩 LA-ICP-MS 锆石 U-Pb 年龄为 230.9±1.4Ma；通过 Re-Os 同位素定年方法对钼矿床 6 件辉钼矿样品进行了精确年龄测定，等时线年龄为 228.6±7.9Ma（MSWD=0.25），因此钼矿床成矿时限为 228.6±7.9Ma，表明成矿作用形成于印支晚期。根据岩石地球化学特征，岩石具有壳幔混合成因特点；辉钼矿 Re 含量介于 $13.02\times10^{-6}\sim17.7\times10^{-6}$，指示成矿物质可能主要来源于壳幔混合源。

根据地质特征并结合本次研究认为热水钼矿床属于斑岩型矿床。

5. 哈陇休玛钨钼矿床

哈陇休玛钨钼矿床位于都兰县热水乡察汗乌苏河上游浪麦滩以南哈陇休玛沟一带，距都兰县城约 70km，矿床大地构造位置处于中昆仑岩浆弧带。区内海西期、印支期岩浆活动频繁，构造作用较复杂，成矿作用类型多样，化探、物探异常分布广。

矿区出露地层主要为：古元古界白沙河岩组，主要岩性有斜长角闪片麻岩、黑云斜长片麻岩、黑云母片岩及大理岩；上三叠统鄂拉山组，由一套陆相喷发的火山岩组成，地层出露不完整，顶界缺失，岩性主要为晶屑凝灰岩、英安岩、流纹岩；第四系。

矿区内断裂构造发育，断裂以北东向和北西向为主，近东西向次之。近东西向断裂以及北东向断裂与成矿关系最为密切。

矿区出露的侵入岩主要有：加里东期晚奥陶世变辉长岩、橄榄辉长岩；海西期早二叠世斑状二长花岗岩、似斑状含斑二长花岗岩、含斑花岗闪长岩；印支晚期花岗斑岩、似斑状黑云母二长花岗岩、石英闪长岩等，其中哈陇休玛成矿花岗闪长斑岩 LA-ICP-MS 锆石 U-Pb 年龄为 230±1Ma（许庆林，2014）。

矿体走向呈北东-南西向，倾向南东，倾角 35°~80°。含矿岩石为黑云斜长片麻岩、碎裂状花岗闪长斑岩、碎裂状花岗斑岩，岩石普遍具弱黄铁矿化、褐铁矿化等金属矿化，同时具有高岭土化、硅化蚀变。辉钼矿呈薄膜状、鳞片状、星点状、细脉状不均匀产出。

矿石结构主要为半自形—他形粒状结构，此外还见交代结构、碎裂结构等。矿石构造主要为浸染状、块状和脉状构造等。矿石主要为金属硫化物，矿石矿物主要以辉钼矿、白钨矿、黄铁矿、黄铜矿为主，此外还有少量方铅矿和闪锌矿等。

矿区的围岩蚀变种类多，常见硅化、绢云母化、高岭土化等。围岩蚀变有明显的分带现象，由外到内依次为硅化、绢云母化、高岭土化。高岭土化与网脉状、浸染状钼矿的矿化关系密切。

矿床具面型蚀变特征，围绕斑岩体由内向外依次为硅化带、绢云母化带和高岭土化带，未见钾化带。矿化主要产在硅化带及高岭土化带内，与典型斑岩型矿床矿化主要产在绢英岩化带内有所不同；矿床大规模的面型蚀变、较完整的斑岩型矿床蚀变类型、成矿斑岩体的存在均显示矿床成因类型属斑岩型矿床。

五、热液型

青海省热液型矿床主要为铁、金、铅锌、钨、汞矿床,目前小型及以上矿床共有32处,其中大型矿床有5处。热液型矿床主要分布于祁连、三江北段及东昆仑东段一带,成矿时期从加里东期到喜马拉雅期均有分布。

1. 多才玛铅锌矿床

多才玛铅锌矿床地理位置处于沱沱河南岸,距青藏公路沱沱河大桥南西西向约60km,矿床规模为超大型。大地构造位置位于三江弧盆系,具体为开心岭-杂多-景洪岩浆弧(P_2—T_2)。

多才玛矿区出露含矿地层为中二叠统开心岭群九十道班组下岩段和上岩段。其中,下岩段为浅灰白色块层状结晶灰岩、生物碎屑灰岩夹少量长石岩屑砾岩,上岩段为浅灰白色块层状结晶灰岩。断裂构造极为发育,主要为区域F_1逆冲走向断层形成断裂带及其附近派生的平行或走滑断层。岩浆活动微弱,活动方式以侵入为主,空间上受构造控制明显,产于断裂带附近。仓龙错钦玛-多才玛深断裂贯穿整个矿区,形成宽40～230m不等的破碎带,控制了矿体的产出。

在矿区,自西至东矿床由3个矿段组成,即孔莫陇矿段、茶曲怕查矿段、多才玛矿段(图3-27)。

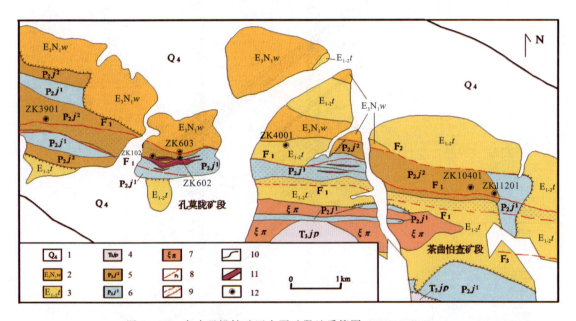

图3-27 多才玛铅锌矿区主要矿段地质简图(据刘长征等,2015)

1.第四系;2.五道梁组;3.古近系沱沱河组;4.甲丕拉组;5.中二叠统开心岭群九十道班组上岩段;6.中二叠统开心岭群九十道班组下岩段;7.石英正长斑岩;8.断层及编号;9.断层破碎带;10.地质界线;11.矿体;12.采样钻孔位置

孔莫陇矿段:分布于SbⅡ矿化蚀变异常带的西段,主要集中在孔莫陇15～32号勘探线之间,长约2.4km,宽100～400m,向东、西两侧未封闭。目前地表已基本按200m间距用槽探工程控制。带内岩石较破碎,含矿岩性主要为中二叠统九十道班组生物碎屑灰岩,圈定铅锌矿体20条(KM1～KM20)。其中,KM3、KM4、KM5、KM6、KM10、KM11为主矿体,矿体的含矿岩性为(方铅矿化、褐铁矿化)碎裂灰岩、结晶灰岩。锌矿体多在近地表出露,且锌矿体产状较缓,除KM3矿体产状在15°左右外,其余各矿体产状在18°～40°之间(图3-28)。

茶曲怕查矿段:分布于SbⅡ矿化蚀变异常带的中段,主要集中在茶曲怕查南东一带的原175线、87～95线之间,长约2.7km,宽250～450m,岩性为古近系沱沱河组砂岩、泥晶灰岩,含矿岩性主要为泥晶灰岩,圈定铅锌矿体5条。矿体编号为CM1、CM2、CM3、CM4、CM5,矿体产状倾向北5°～10°,倾角30°～40°,呈脉状、细脉状产出,埋深最深达400m。

多才玛矿段：分布于 SbⅡ矿化蚀变异常带的东段，沿 F_3 断裂带展布，含矿岩性主要为中二叠统九十道班组灰白色灰岩。目前仅为槽探及少量深部工程控制，圈定铅锌矿体4条，DM1、DM2、DM3(Pb)矿体和 DM4(Pb、Zn)矿体。

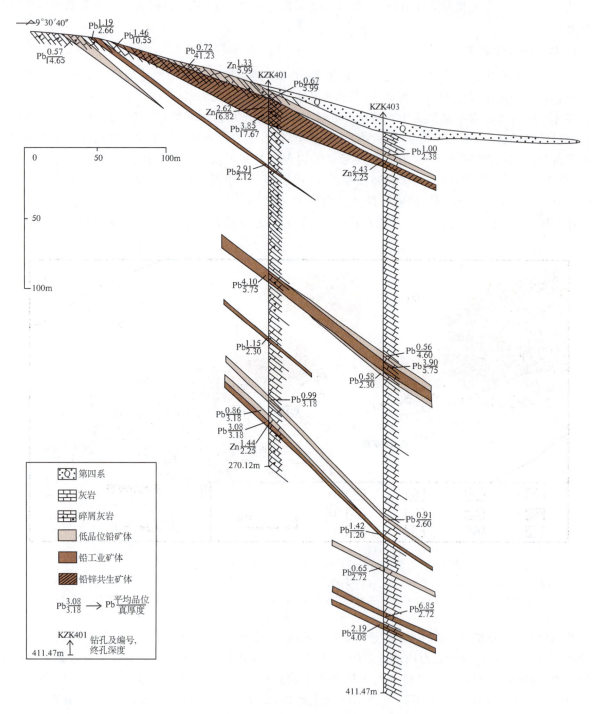

图 3-28 多才玛铅锌矿区孔莫陇矿段 4 号勘探线剖面图（据王贵仁等，2012）

矿石类型按其组分和结构构造可大致主要分为角砾状锌矿石，网脉状、浸染状、星点状铅锌矿石等类型。矿石矿物主要为方铅矿、闪锌矿、黄铁矿、铅矾、菱锌矿、褐铁矿等，脉石矿物主要有方解石、白云石、重晶石、石英。矿石结构为自形—半自形—他形晶粒状结构、生物碎屑结构、碎裂结构等；构造为角砾状、细脉状、星点状、稀疏浸染状等。

围岩蚀变主要包括碳酸盐化(包括白云岩化)、硅化、泥化。其中与矿化关系较密切的主要为硅化,常以石英细脉的形式产出。常见矿化主要为方铅矿化、闪锌矿化、白铅矿化、菱铁矿化、菱锌矿化等。方铅矿化、闪锌矿化主要以细脉形式产出;白铅矿化、菱铁矿化、菱锌矿化主要以次生富集的形式沿岩石的层理、节理面或裂隙面产出;矿化强弱与裂隙发育程度有关,裂隙密集且宽时,形成矿脉较多,含矿品位亦较高。

控矿因素主要有3种:①构造控矿,区内已发现矿化体主要为发育于沿二叠系灰岩内的近东西向和北西西向的新生代F_1(<24Ma)张性断裂;②地层控矿,矿化体大多产于中二叠统九十道班组碎裂岩化灰岩及泥灰岩中。古近系沱沱河组紫红色砂砾岩底部见矿,但矿体规模较小、矿化较弱。总体表现了矿化与灰岩地层紧密的成因联系;③后期热液改造,方铅矿、闪锌矿大多沿裂隙构造呈细脉状产出,表现了热液成矿的主要特征,且具开放空间充填特点,属后生成矿。

通过对本区成矿环境、矿床地质特征及其地球物理、地球化学特征的初步分析总结,初步认为本区找矿标志有如下几点。

(1)地球化学异常标志:区内以铅锌为主的水系异常,具有一定的规模和强度,形态完整,浓度梯度变化明显,是本区寻找铅锌矿的地球化学异常标志。

(2)地球物理异常标志:本区含矿岩性与非矿岩性的激电性差异较为显著,物探直流中梯测量异常出现"低阻高极化"异常带与土壤异常带相吻合,指示深部可能有矿化体存在。

(3)构造指示标志:矿区内的构造体系目前认识不清,但近东西向主构造带与矿化关系密切,断裂带北侧常出现激电、土壤异常。当三者套合时极有可能发现多金属矿化体。

(4)地表氧化标志:由于铅锌矿化带中含有菱锌矿、白铅矿、毒砂等金属矿物,氧化后呈现红、褐、灰绿等多种氧化色,在地表形成杂色条带,是本区铅锌矿存在的重要露头标志。

多才玛铅锌矿流体包裹体显示盐度变化于0.9%~21.9% $NaCl_{eq}$范围内,与铅锌矿化有关的盐度集中在8.8%~13.3% $NaCl_{eq}$之间,具有中低盐度特点;成矿温度大多数集中在120~180℃之间,属低温型成矿流体;流体密度介于0.90~1.00g/cm³之间,为中低密度;成矿压力范围介于5~10MPa,最小成矿深度为0.5~1km,矿床形成深度较浅。多才玛铅锌矿床成矿流体具有低温、中低盐度、中低密度、低压、浅成等特点(刘长征等,2015)。矿床类型为浅成低温热液矿床。

2. 莫海拉亨铅锌银矿床

莫海拉亨矿区位于青海省杂多县城西约55km,距东莫扎抓矿床向南约30km。矿床规模为大型。位于青藏北特提斯成矿域,唐古拉成矿省,沱沱河-杂多海西期、喜马拉雅期铜、钼、铅、锌、银、铁成矿带,具体为乌丽-囊谦海西期、喜马拉雅期铜、钼、铅、锌、银、铁成矿亚带。

莫海拉亨矿区内出露下石炭统杂多群和上三叠统结扎群(图3-29),杂多群大面积分布,据岩性不同分为碎屑岩岩组和灰岩岩组。碎屑岩岩组北西-南东向展布,岩性主要为长石石英砂岩、石英砂岩、碳质页岩夹薄层—中厚层状灰岩、石膏、煤层及少量中酸性火山岩。灰岩组不规则状产出,同碎屑岩岩组整合接触,岩性主要为厚层—巨厚层灰岩夹少量碎屑岩、中酸性火山岩。矿化主要在碳酸盐岩岩组中的灰岩岩性段出现,碎屑岩岩组中的灰岩中也有少许矿化。结扎群出露范围很小,为一套碎屑岩岩组合,主要岩性为砂砾岩和泥岩,角度不整合于杂多群之上,未见矿化。

矿区发育北西向、北东向两组断层,前者为逆断层,倾向南西,倾角40°~50°,对区内成矿作用影响较大,现有矿(化)体均分布于其两侧,明显受其控制;后者为走滑断层,将地层切割成断块状,表现为成岩-成矿后期的强烈破坏活动。矿区褶皱构造发育且保存良好,包括两期活动,在三叠纪之前,下石炭统薄层灰岩中发育一系列小的紧闭褶皱;三叠纪之后,上三叠统和下石炭统发生构造叠加,形成东西向宽缓背斜。

矿区岩浆活动微弱,喷出岩多呈透镜状夹层零星分布,主要岩性为中酸性火山碎屑岩和火山岩,侵入岩仅有少量花岗岩脉出现。

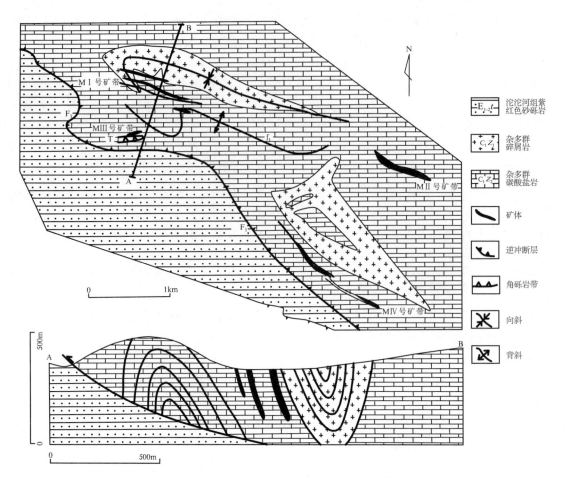

图 3-29 青海省杂多县莫海拉亨铅锌银矿床地质简图及 MⅠ号矿带剖面图(据张洪瑞,2010修改)

通过对异常进行查证,莫海拉亨矿区共圈定了铅锌矿化带 4 条,圈定了铅锌矿体 18 条,矿体长 200~2600m,厚度 1.3~50m,锌矿体平均品位 0.88%~6.3%,铅矿体平均品位 0.79%~4.92%,通过钻探工程控制,MⅠ号矿带 47~191 号勘探线间施工的钻探工程中均见到了相应的铅锌矿(化)体,矿体向深部延伸稳定,深部矿化以方铅矿、闪锌矿为主,初步对 MⅠ号矿带进行资源量估算已达 110 余万吨。

矿石类型主要为方铅矿(闪锌矿)褐铁矿矿石,次为黄铁矿褐铁矿矿石,方铅矿、闪锌矿多呈巨晶出现。矿石结构包括胶状结构(皮壳状结构、草莓状结构)、球形结构、他形粒状结构、自形晶结构、半自形粒状结构和重结晶结构。矿石构造包括浸染状、脉状、团块状和角砾状构造。矿石矿物主要有方铅矿、闪锌矿、黄铁矿、褐铁矿,脉石矿物主要为石英、方解石。围岩蚀变主要为硅化、碳酸盐化、白云岩化,局部发育萤石化及轻微重晶石化。

利用单矿物闪锌矿和共生矿物组合,通过闪锌矿和方铅矿 Rb-Sr 等时线方法以及共生矿物组合萤石与方解石 Sm-Nd 等时线方法测定,莫海拉亨铅锌矿床过渡阶段的年龄为 34.6~34.0Ma,平均为 34.3Ma,与其成矿时代 33Ma 也非常接近(田世洪等,2009,2011a)。热液硫化物 $\delta^{34}S$ 值范围为 −30.0‰~+7.40‰,反映硫来自沉积盆地;矿石矿物和脉石矿物的 Pb 同位素组成介于区域上地壳 Pb 组成范围内;Sr-Nd 同位素特征亦显示脉石矿物的物质来源来自上地壳岩石(田世洪等,2011b)。

莫海拉亨矿床铅锌矿化赋存在下石炭统杂多群碳酸盐岩岩组的灰岩中,矿体以层控形式产在下石炭统内部逆断层的上、下两盘,产状严格受到逆断层、溶蚀坍塌角砾发育程度以及下石炭统内部褶皱发育的控制。地层、层间破碎带、断层破碎带及其派生的次一级构造破碎带,为矿床的主要控矿因素。

找矿标志:①铅锌矿体在地表风化后所形成的褐黄色"铁帽",其颜色与区内围岩易区分,是直接找矿标志;②区内化探异常呈长条带状展布,个别异常中已证实有矿(化)体存在的事实,因此化探异常是直接找矿标志;③结合矿床控矿特征及含矿岩性特征,区内北西向断裂与北东向断裂的交会部位,以及岩溶发育地段是直接找矿标志;④地质及化探异常可得到物探工作的有力印证,因此物探激电工作所发现的异常地段是间接找矿标志。

田世洪等(2011b)通过莫海拉亨铅锌矿床成矿地质条件、主要矿化特征和控矿因素等分析,初步认为其成因类型与密西西比河谷型铅锌矿床(MVT)相似。本次研究,根据矿床产出受构造控制的特点以及外围有中酸性岩体分布,把其归为浅成低温热液矿床。

3. 哲合隆铅矿床

哲合隆铅矿床位于青海天峻县境内,矿区大地构造属于南祁连哈尔腾-哲合隆断陷带的布哈河复向斜,矿区位于布哈河复向斜中哈吉尔背斜南翼。矿区出露地层为志留系上岩组千枚岩段,为一套浅变质浅海-滨海相的碎屑岩建造。矿区为倾向北北东的单斜层,北西—北西西向及北北东向、北北西向断裂构造是本区的构造格架,形成时期可能为加里东中晚期,其中以北西—北西西向断裂为主,规模较大。北北东向断裂规模较小,但却是矿区主要的储矿构造,控制矿脉的产出及展布(图3-30)。岩浆侵入活动以脉岩为主,主要为闪长玢岩脉、石英脉、花岗斑岩脉及碳酸盐脉,其中石英脉与成矿关系密切。

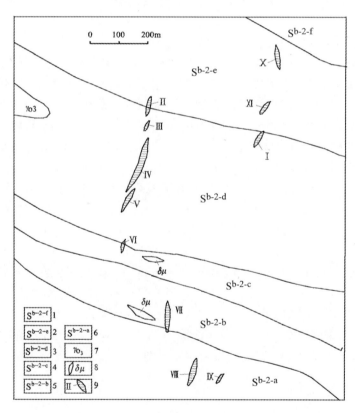

图3-30 哲合隆矿区地质图(引自青海区调综合地质大队,1990)
1~6均为志留系上岩组:1.变长石石英砂岩;2.砂岩与千枚岩互层;3.绿泥绢云千枚岩;4.变长石砂岩;
5.绢云母千枚岩;6.变长石砂岩;7.加里东期斜长花岗岩;8.闪长玢岩脉;9.矿体及编号

矿(化)体以含矿石英脉为特征,主要为含铅石英脉和方铅矿脉。矿(化)体赋存于垂直地层走向的北北东向和近南北向的断裂裂隙带内,已发现有11个矿体。各矿体的赋存围岩岩性不一,有绿泥绢云千枚岩、绢云千枚岩、变长石石英砂岩和变长石砂岩等,其中赋存于变砂岩的矿体中铜铅锌含量较高。此外围岩内还分布有星点状和细脉状方铅矿。矿体呈脉状展布,平面上具雁行状排列,剖面上具斜列特征,沿倾向延伸较大,最大斜深可达115m(如Ⅳ矿体),矿体长6~180m,厚0.3~2.9m。矿体围岩蚀变不发育,近矿围岩具硅化和岩石退色现象。

矿石类型简单,有致密块状、浸染状、角砾状矿石等。成矿元素以 Pb 为主,伴生 Ag、Au、Zn 等元素。致密块状矿石方铅矿含量 90%~95%;浸染状矿石为矿区最主要的矿石类型,方铅矿含量 10%~50%,与闪锌矿构成团块,呈星点状浸染到脉石矿物或贯入到脉石矿物裂隙中;似角砾状矿石分布局限,主要由方铅矿、闪锌矿、黄铁矿、碳酸盐、石英等组成脉体胶结围岩角砾而成。矿区氧化带不发育,仅在矿体上部形成褐黄色的褐铁矿化带。

4. 牙扎曲金矿

牙扎曲金矿地处可可西里-松潘-甘孜残留洋二级构造单元中,属可可西里-南巴颜喀拉印支期(金、钨锡、锑、稀有)成矿带,是青海核工业地质局 2014 年开展 1∶5 万区域地质矿产调查时发现。出露地层主要为三叠系巴颜喀拉山群,岩性为砂岩、砂岩夹板岩或砂板岩互层的岩石组合。断裂构造十分发育,以北西西向为主,其特点是规模大、延伸远、活动期长。岩浆活动较微弱,调查区内无岩体出露。

该矿床目前已圈出 3 条金矿化带。Ⅰ号金矿化带:位于 F_{17} 断层两侧,长 4.9km,宽 300~550m,带内有 1 个金土壤综合异常,10 处自然金点,11 条金矿(化)体。出露地层岩性为清水河组灰黑色泥质板岩,带内岩石普遍含黄铁矿,粒径 1~3mm,表面褐铁矿化强烈呈现黄褐色;带内石英脉十分发育,出露宽 0.1~5m,长 30~100m,石英碎裂具较强的褐铁矿化且见星点状的自然金(粒径 1~3mm)散布于石英脉表面。Ⅱ号金矿化带:位于 F_{17}、F_{18} 断层的中间部位,长 2.1km,宽 200~400m,带内有 2 个 Au 元素土壤异常,1 条金矿体,出露地层岩性为清水河组岩屑砂岩夹泥质板岩;带内岩石普遍含黄铁矿,粒径 1~5mm,表面褐铁矿化强烈呈现黄褐色;带内石英脉发育,出露宽 0.2~1.2m,长 30~80m,石英碎裂具较强的褐铁矿化散布于地面。Ⅲ号金矿化带:位于 F_{18} 断层附近及南侧,长 1.8km,宽 100~300m,带内有 1 个金土壤异常,1 条金矿体,出露地层岩性为清水河组岩屑砂岩夹泥质板岩;带内岩石普遍含黄铁矿,粒径 1~5mm,表面褐铁矿化强烈呈现黄褐色;带内石英脉较发育,出露宽 0.1~1m,长 20~50m,石英碎裂具较强的褐铁矿化散布于地面。

矿体主要产于北西西向破碎蚀变带(F_{17})中,破碎带走向 290°~300°,长大于 25km,宽 60~150m。带中岩石十分破碎,蚀变强烈,岩性为三叠系清水河组板岩夹砂岩中的破碎蚀变带。主要见有黄铁矿化、黄铜矿化、硅化、高岭土化、绿泥石化、褐铁矿化等。矿区已圈定 13 条金矿体。Ⅰ-M2 金矿体:长 480m,厚 1.8~2m,平均厚 1.9m,推测深度 80m,Au 品位 $3.02×10^{-6}$~$37.6×10^{-6}$,平均品位 $14.47×10^{-6}$。矿体呈脉状,产状:195°~215°∠48°~51°。矿体中见宽 1.1m 的石英,石英中自然金星呈点状分布,粒状自然金粒径为 1~3mm,片状自然金粒径 3~5mm。矿体及围岩褐铁矿化强烈,金矿化类型为石英脉型和蚀变岩型。Ⅰ-M4 金矿体:长 560m,厚 1.95~4m,平均厚 2.98m,推深 80m,Au 品位 $4.95×10^{-6}$~$631×10^{-6}$,Au 平均品位 $186.30×10^{-6}$。矿体呈脉状,产状:28°∠65°。矿体中见宽 12cm 的石英,石英中自然金密密麻麻分布,粒状自然金粒径为 1~3mm,面状自然金粒径为 3~5mm。矿体及围岩褐铁矿化强烈,金矿化类型为石英脉型和蚀变岩型。

六、构造蚀变岩型

蚀变岩型矿床目前发现矿产地 39 处,其中特大型 1 处(大场金矿床),大型 5 处,中型 11 处,小型 22 处,矿种为金矿。成矿时代主要为加里东期和海西期—印支期,其中海西期—印支期 30 处。该类型矿床主要分布在东昆仑成矿带、巴颜喀拉成矿带、西秦岭成矿带、柴北缘成矿带以及祁连成矿带。

尤以东昆仑近年金矿找矿进展更为显著,已初步形成东昆仑 500 余吨级金矿勘查开发基地,在都兰催生中国新的"金都"。项目组近年对该带五龙沟等老矿区和大水沟等新矿点开展野外地质调查,同时开展了室内综合研究。系统总结了东昆仑金矿空间分布规律、控矿因素及找矿标志。东昆仑目前发现矿床(点)22 处,其中大型 3 处,分别为阿斯哈金矿、果洛龙洼金矿、红旗沟金矿床。

东昆仑的金矿床在3个成矿带均有分布(图3-31),但矿床类型、成矿元素组合和成矿温度存在差异。其中昆北成矿带矿床类型主要为矽卡岩型,成矿元素组合以中高温Fe-Pb-Zn-Au为主;昆中成矿带矿床类型主要为蚀变岩型、石英脉型和矽卡岩型,成矿元素组合以Au-Pb-Cu-As中温组合为主;昆南成矿带矿石类型主要为蚀变岩型和石英脉型,成矿元素以Au-Cu-Hg-As中低温为主。

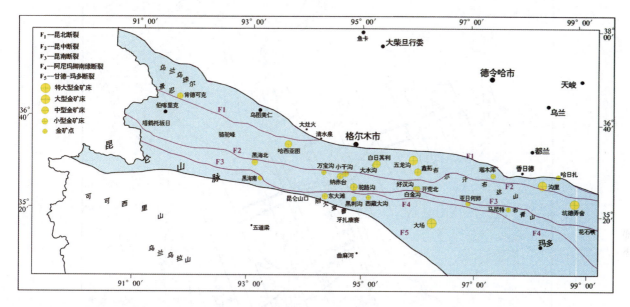

图3-31 东昆仑地区金矿矿床分布图

断裂构造是成矿最重要的因素,控制了岩浆的侵入及成矿岩体和矿体的形成与就位;岩浆活动则带来丰富的成矿物质,是成矿的前提和基础;地层则主要充当成矿期浅部领域内发育各种脆性控矿构造的良好围岩,以及在含矿流体的运移、聚集和定位过程中,充当良好的隔挡层。

该地区金矿的找矿标志主要有:地球化学异常标志、主断裂旁侧的次级断裂标志、蚀变破碎带标志、硫化物标志、海西期—印支期中酸性侵入岩等。航磁异常中的线状构造带、重力异常梯度带等也值得进一步检查和验证。地球化学标志对该区金矿找矿具有重要意义,1∶20万水系沉积物以圈定找矿远景区为目的,异常中元素套合好、元素组合齐全的异常以及重砂中金异常区等为重要标志。1∶5万水系沉积物以圈定靶区为目的,异常中与脆性断裂带吻合、元素组合套合好、发育完整的内-中-外浓度分带、峰值高等对圈定靶区具有重要指示作用。1∶1万土壤及大比例尺的土壤岩石剖面(或岩石地球化学剖面)以圈定矿体为目的,沿断裂带展布的豆荚状异常、单个异常分带好且强度大等是圈定金矿体的重要标志。以上地球化学特征、地球物理和遥感特征均可作为本地区金矿的找矿标志。

1. 大场金矿床

大场金矿床大地构造位置处于三江造山系的北部,地跨玛多-玛沁增生楔和可可西里-松潘前陆盆地,属巴颜喀拉成矿省的北巴颜喀拉金、锑成矿带。大场金矿床金资源量已达超大型。

矿区出露的地层为中二叠统马尔争组和下—中三叠统昌马河组(图3-32)。其中昌马河组为一套陆棚相碎屑岩、泥岩建造,是矿区的含矿地层,可进一步细分为两个岩性组,即砂岩组、板岩组。其为一套砂岩与板岩互层组合,沉积韵律不明显,砂岩层粒度厚度在走向上相变较大。砂岩组依据岩性组合可分为上、下两段,下岩段由中—薄层状杂砂岩、长石石英砂岩、岩屑砂岩、粉砂岩及粉砂质板岩组成,递变层理发育;上岩段主要由灰色含黄铁矿长石石英砂岩夹黄铁矿板岩、千枚状板岩、粉砂质板岩及黑色碳质板岩组成,是矿区重要含矿层位。

构造以甘德-玛多深大断裂为依托,总体表现为断裂构造发育为主,褶皱构造为辅的构造骨架。矿区位于两湖复式背斜南翼,玛多-久治区域性断裂从矿区北部通过,次级褶皱、断裂十分发育。断裂主要有北西西断层组和北东东向断层组,前者为矿区的储矿构造,后者对矿体在走向上的连接起破坏作用,为成矿后断裂。矿区内岩浆活动相对贫乏,岩浆岩主要为下二叠统布青山群中的火山岩,次为零星出露的石英脉。

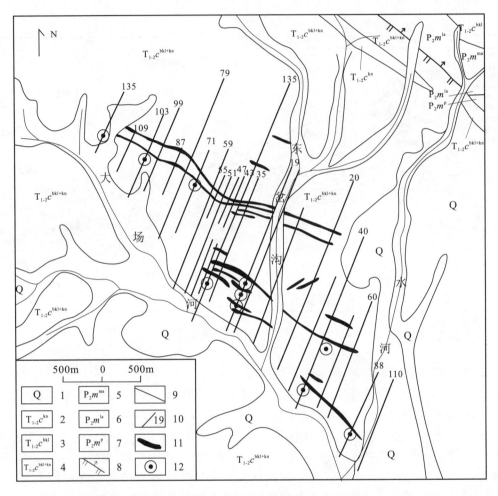

图 3-32 大场金矿床地质略图(据青海省地质调查院,2008 修改)

1.第四系;2.下—中三叠统昌马河组灰绿色薄层状砂岩;3.下—中三叠统昌马河组灰绿色薄层状泥质板岩;4.下—中三叠统昌马河组灰绿色砂岩夹板岩;5.中二叠统马尔争组深灰色薄层状砂岩;6.中二叠统马尔争组灰白色结晶灰岩;7.中二叠统马尔争组墨绿色蚀变玄武岩;8.实测逆断层;9.性质不明断层;10.勘探线及编号;11.矿体;12.钻孔

矿区内共圈定具一定规模的矿体 27 条,主要分布于大场河以北,玛多-久治区域断裂之南的长 5km、宽 3km 范围之内。含矿岩性为泥岩、粉砂质板岩等,矿体严格受破碎蚀变控制,沿走向、倾向稳定,并具有膨大、缩小和分支现象。矿体长 160~3370m,地表厚度 0.81~5.67m,其中长度大于 2000m 的矿体 13 条,1000~2000m 的矿体 5 条,500~1000m 的矿体 2 条,小于 500m 的矿体 8 条。矿区内矿石主要为原生矿,氧化矿石据采矿和钻探资料分析厚度为 3~40m。氧化矿石金以自然金形式分布,As、Sb 含量小,多淋滤流失。原生矿石中金属矿物主要为黄铁矿 2%~20%,毒砂 1%~15%,辉锑矿 0.1%~4%以及褐铁矿、锑华等,脉石矿物为石英、长石、方解石等,自然金、黄铁矿、毒砂呈自形—半自形分散于脉石矿物中。矿石呈粒状、碎裂、碎斑结构,浸染状、角砾状构造。

金矿石中 Au 品位为 $0.1×10^{-6}$~$100×10^{-6}$,平均 $6.36×10^{-6}$,Sb 品位为 0.01%~0.68%,平均 0.06%,As 品位为 0.1%~1.44%,平均 0.52%。矿石具高 S、As、Sb 等元素特点。金的赋存状态复杂,经单矿物分析,黄铁矿含 Au 为 $40×10^{-6}$~$880×10^{-6}$,毒砂含 Au 为 $177×10^{-6}$,辉锑矿含 Au 为 $2×10^{-6}$~$50×10^{-6}$。在含金硫化物石英脉中,自然金粒径为 0.74~2mm,约占 21%,小于 0.074mm 和

不可见金占79%，辉锑矿化石英脉中见大量自然金，碎裂蚀变岩中则见少量自然金。其矿石类型主要为碎裂岩型、自然金石英脉型和自然金硫化物石英脉型3类。

矿区断裂构造与成矿关系极为密切，属构造控矿，即甘德-玛多深大断裂是本区重要的导矿构造，与该构造平行排列的次级断裂系统是本区唯一的容矿构造。

该矿床中围岩蚀变强烈，主要有硅化、绢云母化、绿泥石化、黄铁矿化、褐铁矿化、碳酸盐化，其中黄铁矿化、绢云母化、硅化与金锑矿化关系最为密切，在某些地段常形成黄铁矿、绢英岩化蚀变碎裂岩型金锑矿石。

大场金矿床Ar-Ar法测试成矿年龄为$218.6 \pm 3.2 Ma$，是晚海西期—印支期复合造山过程的产物（张德全等，2005）。该矿床的成矿流体属中温、低盐度、低密度的$CO_2-H_2O-N_2-H_2S-CH_4 \pm CO \pm$有机碳氢化合物体系，有机质沉淀物参与了成矿作用。主成矿期的成矿流体以大气降水为主，混有地层建造水及幔源岩浆水的混合流体（赵财胜等，2009）。初步认为该矿床为中浅成造山型金矿床（赵财胜等，2009；丁清峰等，2010）。

找矿标志：①断层破碎带，该地区金矿（化）体受构造蚀变破碎带控制，且与硫化物相关，主要有黄铁矿化、辉锑矿化及毒砂矿化，风化后在破碎带碎裂岩中形成橘红色、褐红色、砖红色及深黄色的氧化带，该类破碎带是本区最明显的重要找矿标志；②土壤异常，经工程验证土壤测量中的Au含量一般不低于20×10^{-9}的地段均可见到金矿（化）体，因此，土壤金异常存在且规模大、浓度分带好、梯度明显时可作为该区找矿的间接标志；③围岩蚀变，区内围岩蚀变有绢云母化、硅化、碳酸盐化等，这些蚀变与矿化关系密切，故蚀变是该区找矿的又一间接标志。

2. 五龙沟金矿床

五龙沟金矿床在20世纪90年代发现，位于青海省都兰县境内，地处东昆仑东段中东部，大地构造位置上处于中昆仑岩浆弧内，夹持于东昆北、东昆中断裂之间，青藏公路从矿区北侧通过，交通方便。区内共包括石灰沟-岩金沟金矿床、深水潭-红旗沟金矿床等。

矿区出露的主要地层为金水口岩群白沙河岩组（图3-33），由一套中深变质的黑云斜长片麻岩、黑云斜长角闪片麻岩、混合岩化黑云斜长片麻岩、黑云斜长角闪片岩、斜长石英片岩和斜长角闪片岩夹大理岩透镜体组成。另外，矿区南部还有中元古界长城系小庙组和新元古界青白口系丘吉东沟组。丘吉东沟组主要分布于红旗沟至水闸东沟一带，岩性主要由灰色黑云石英片岩、变砾岩组成，局部夹透镜状大理岩。小庙组仅在水闸东沟Ⅺ号含矿破碎带南侧有小面积出露，岩石类型主要有深灰色斜长片麻岩、深灰色黑云母斜长片麻岩夹大理岩透镜体、灰黑色斜长角闪片岩。

区内构造与成矿紧密相关，尤其是韧性剪切带构造，直接控制着金矿体的规模和产状，金矿体均产于韧性剪切带中（图3-33）。区内构造线方向与区域构造线方向一致，总体呈北西向，表现为五龙沟复式背斜和近平行展布的3条脆韧性剪切带，带间分布有4组次级断裂，相互交切，分支复合，构成了区内错综复杂的构造格局。

矿区岩浆活动强烈，分布广泛，依据时代可划分为晋宁期、加里东期和晚海西期—印支期。晋宁期石灰沟岩体为片麻状含暗色包体英云闪长岩，岩石普遍片麻理发育；海西期为二长花岗岩、黑云母花岗岩和闪长岩，主要为S型花岗岩，受构造控制明显，岩石裂隙发育，沿裂隙具较强蚀变，主要蚀变有褐铁矿化、高岭土化，局部见有赤铁矿化；印支期发育肉红色中粒钾长花岗岩（Rb-Sr法年龄为$228.25 Ma$，K-Ar法年龄为$207.1 Ma$)、花岗闪长岩和斜长花岗岩，具S型花岗岩特征，受五龙沟和打柴沟剪切带控制，沿剪切带出露，发育碎裂岩化、糜棱岩化，形成破碎蚀变带，控制了矿体的产出。脉岩主要由超镁铁质岩-镁铁质岩-中性岩等组成，包括辉石岩、辉长岩、闪长岩、闪长玢岩、石英闪长玢岩等，呈脉状产出，根据罗照华等（2002）研究，其应为印支晚期幔源岩浆活动的产物。

1）石灰沟-岩金沟金矿床

矿区内已发现含金破碎蚀变带7条，多呈北西—北西西向展布，个别为南北向，近平行排列，具等间距分布。蚀变带一般长几百米至几千米，宽几米至几十米。金矿体主要分布在北西向含金破碎蚀变带

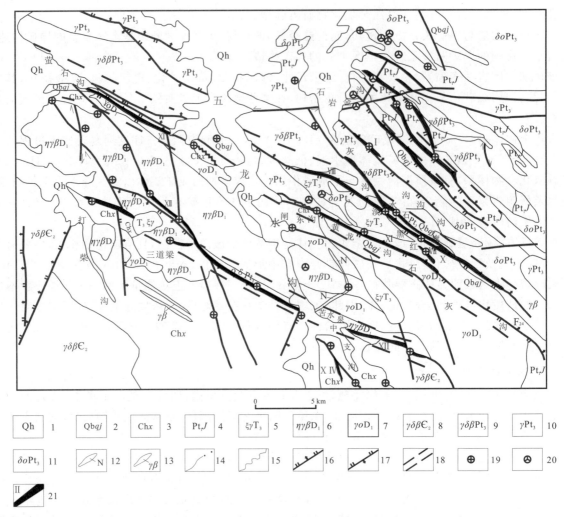

图 3-33 五龙沟地区地质略图(据丰成友等,2002修改)

1.第四纪冲洪积物;2.丘吉东沟组;3.长城系小庙组;4.金水口岩群;5.晚三叠世钾长花岗岩;6.早海西期黑云母二长花岗岩;
7.早海西期蚀变斜长花岗岩;8.早加里东期黑云岗闪长岩;9.新元古代黑云花岗闪长岩;10.新元古代含暗色包体花岗岩;
11.新元古代石英闪长岩;12.基性岩脉;13.黑云母花岗岩脉;14.地质界线;15.不整合界线;16.实推测正断层;17.实推测逆
断层;18.韧性剪切带;19.金矿床(点);20.多金属矿点;21.含金蚀变带及编号

中,呈脉状、透镜状及不规则长条状产出。矿体严格受断裂破碎带控制,往往成群成带出现,具工业价值的金矿体,绝大部分赋存于北西向断裂破碎带中,有的产于地层与岩体外接触裂隙中,有的产于岩体内部的断裂裂隙中。

矿体规模变化较大,延长一般在 150~400m 之间,最长可达 580m,Au 品位一般为 1×10^{-6}~10×10^{-6},单样最高品位可达 184.37×10^{-6}。矿区共圈出金矿体 37 条,其中表内矿体 13 条,表外矿体 24 条,主要矿体赋存在 I、III、IV 号含矿破碎蚀变带内。其中III号含金破碎蚀变带,位于矿区中部,岩金沟东端共圈出地表矿体 22 条,是目前发现矿体最多、矿体规模最大的矿化富集地段。其中内生矿体 8 条,长 20~580m,厚 0.90~12.02m,厚度变化系数 79%~100%,平均品位 3.17×10^{-6}~13.45×10^{-6},品位变化系数 76%~198%。表生矿体 16 条,长 20~120m,平均厚 0.46~2.48m,平均品位 1.05×10^{-6}~2.92×10^{-6}。

2)红旗沟-深水潭金矿床

本矿床由南东向北西可划分为红旗沟、淡水沟、黑石沟、黄龙沟、水闸东沟 5 个矿段。

红旗沟矿段受控于Ⅶ、Ⅸ号含矿断裂构造带,共圈定矿体 53 条,主矿体为 QM4、QM5、QM8 矿体。

QM4矿体长313m,矿体厚度0.64~9.18m,平均品位4.11×10^{-6},最高品位39.0×10^{-6},矿体倾向8°~59°,倾角8°~72°。

黄龙沟矿段受控于Ⅺ号含矿破碎蚀变带,共圈定金矿体80条,其主矿体为LM8、LM11、LM18、LM23等;LM8矿体目前为区内最大的一条金矿体,矿体长880m,矿体厚度0.84~40.94m,平均品位3.41×10^{-6},最高品位58.7×10^{-6},矿体倾向10°~210°,倾角60°~85°。

黑石沟矿段共圈定矿体15条,主要矿体为SM2矿体,矿体长616m,矿体厚度0.85~18.16m,平均品位2.71×10^{-6},最高品位13.39×10^{-6},矿体倾向350°~55°,倾角55°~81°。

水闸东沟矿段受控于Ⅺ含金破碎蚀变带,共圈定矿体24条,其主矿体为ZM2、ZM3、ZM4、ZM5矿体;ZM2矿体地表控制长度160m,深部矿体控制长480m,矿体厚度0.8~14.16m,平均品位4.16×10^{-6},最高品位385×10^{-6},矿体总体倾向10°~35°,倾角66°~83°。

矿石矿物主要为黄铁矿、毒砂、黄铜矿、方铅矿、闪锌矿、磁黄铁矿等;脉型矿物主要为石英、绢云母、方解石、菱铁矿、高岭石等。

矿石结构主要有自形粒状结构、半自形—自形柱粒状结构、鳞片变晶结构、交代结构、压碎结构、包含结构等。矿石构造以浸染状构造为主,其次为细脉状、网脉状及角砾状构造。

区内金矿主要受地层、岩浆岩和构造控制。金水口岩群金元素丰度是地球克拉克值的2倍,反映了金矿体的形成与地层有密切关系,其为金矿体的形成提供了物质来源;岩浆侵入活动为金成矿提供了热动力条件;该区断裂控制着金矿床、矿带的展布,次级断裂、裂隙控制着矿体的定位。

围岩为绢云石英片岩、蚀变碎裂岩、糜棱岩、千糜岩等。围岩蚀变主要有硅化、绢云母化、黄铁矿化、毒砂化、碳酸盐化及绿泥石化等,其中以硅化、绢云母化、黄铁矿化、毒砂化与金矿化关系密切,尤其是硅化强烈地段,矿石品位较高。围岩蚀变主要呈面型分布,分带不明显。

3. 果洛龙洼金矿床

果洛龙洼金矿位于青海省都兰县城南东约98km,属都兰县沟里乡管辖,大地构造位置上处于东昆仑造山带东段,昆中断裂的南侧。该矿由青海省有色地质八队于2001年开展国土资源大调查项目时发现,近年来青藏专项和山东黄金集团投入了大量资金。

矿区出露地层简单,主体为中新元古界万宝沟群及第四纪残坡积物等。金异常和金矿体分布于万宝沟群,万宝沟群为主要含矿地层,出露于整个矿区,由含碳绢云石英片岩、灰黑色角闪片岩、绿泥石英片岩、千糜岩、绿泥石英千枚岩、硅质岩等组成。万宝沟群在矿区构成走向为近东西向(图3-34),向南倾角陡缓变化大的单斜构造,为区域复式向斜的北翼。

矿区断裂构造发育,以近东西向断裂为主,主要断裂有F_1、F_2、F_3三条,规模较大且延伸较远,并控制着区内矿体展布和异常的分布;次为北西向、北东向断裂和近南北向断裂,分布于东西向主干断裂两侧,一般规模不大,对矿体有破坏作用,多为成矿期后断裂,但南北向断裂为富矿构造。矿区内岩浆活动频繁,从基性到中性岩浆岩均有不同程度的出露,岩性主要为闪长岩、安山岩等。

区内共圈出7条金矿带,金矿带走向近东西,倾向南,倾角陡缓变化大,产状与区域地层相一致,7条金矿带均产于中新元古界万宝沟群。矿带出露范围东西长约5.0km,南北宽约1.0km,目前于7条金矿带内圈出大小金矿体85条,单矿体长在40~1440m之间,宽2m左右,单工程控制最宽为8.74m,控制最大延深约730m,Au平均品位1.4×10^{-6}~10.68×10^{-6},单样品最高品位达841.0×10^{-6}。矿体形态简单,呈脉状、透镜状、囊状、串珠状,在走向及倾向上具分支复合、尖灭再现、膨大收缩现象,矿体沿走向(在平面上)连续性相对较好,尖灭再现特征不突出;沿倾向(在剖面上)矿体也具有膨大收缩、分支复合特征,但尖灭再现特征比较明显。

矿石矿物主要有自然金、黄铜矿、黄铁矿、磁铁矿、赤铁矿、方铅矿、闪锌矿、孔雀石、褐铁矿等;脉石矿物主要为石英,少量白云母及方解石。

矿石结构主要有半自形—他形晶结构、填隙结构、反应边结构、隐晶状结构、土状结构;矿石的构造主要有裂隙浸染状构造、晶洞状构造、斑杂状构造、块状构造、网脉状构造、星散状构造、脉状构造。

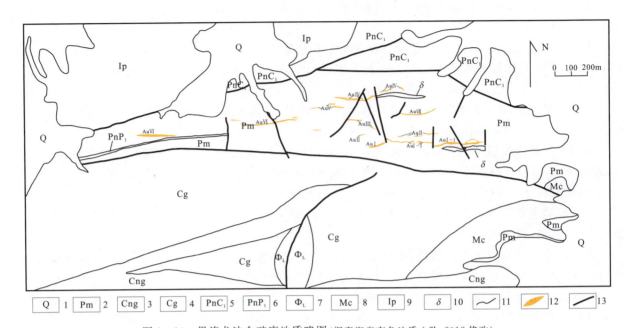

图 3-34 果洛龙洼金矿床地质略图(据青海省有色地质八队,2012 修改)

1.第四系堆积层;2.千糜岩;3.绿泥石英片岩;4.砂砾岩;5.绿泥石英千枚岩;6.绢云母绿泥石英千枚岩;7.辉石岩;
8.条带状大理岩;9.灰绿色片岩;10.闪长岩;11.地质界线;12.矿体;13.断裂

万宝沟群作为矿床直接赋矿围岩,其后整个东昆仑地区大的地质运动形成一系列东西—北西向深大断裂等大型构造以及在这些大构造旁侧派生的小型次级断裂构造,形成极好的导矿、容矿空间。此间,该区又发生多期岩浆多期侵入活动。总的来说,断裂构造是成矿最重要的因素,控制了岩浆的侵入及其成矿岩体和矿体的形成与就位;岩浆活动则带来丰富的成矿物质,是成矿的前提和基础;地层则主要充当成矿期浅部领域内发育各种脆性控矿构造的良好围岩,以及在含矿流体的运移、聚集和定位过程中,充当良好的隔挡层。

矿区内围岩蚀变主要有硅化、绢云母化、黄铁矿化、绿泥石化、碳酸盐化、纤闪石化、高岭土化等,其中与矿体关系密切的是硅化、绢云母化、绿泥石化、黄铁矿化。一般蚀变沿裂隙比较发育,近矿围岩蚀变分带明显,矿体中心或其近侧表现为硅化,伴随有黄铁矿化,硅化强烈的地方矿化亦较强;再向外侧则主要表现为绢云母化、绿泥石化。

矿床类型属蚀变岩型和石英脉型金矿。

4. 阿斯哈金矿床

阿斯哈金矿位于青海省都兰县城南东约98km,属都兰县沟里乡管辖,大地构造位置上处于东昆仑造山带东段,昆中断裂的南侧。该矿由青海省有色地质八队于2011年发现。

矿区内出露地层为古元古界金水口岩群白沙河岩组(图3-35),由一套中—高级变质岩组成,该套地层是区内的主要赋矿地层。地层岩性有:①黑云母斜长片麻岩夹斜长角闪片(麻)岩,局部夹黑云(二云)母石英片岩;②斜长角闪片麻岩与大理岩互层;③斜长角闪片麻岩夹大理岩。受后期侵入岩体影响,该地层在局部地段出现了条痕状、条带状及眼球状混合岩。印支期岩体与地层主要为侵入接触关系。矿物成分以含石榴石为特点,变质程度相当于铁铝榴石角闪岩相,沿地层走向具拉长或尖灭现象,受挤压后往往呈柔性挠曲,形成韧性剪切构造。近构造破碎带处岩石碎裂,并有不同程度的蚀变及金矿化。

矿体多数分布于矿区南部,主要为近北东向、北西向两组,密集成带成群分布,其次为近东西向和北北东向,呈条带状、脉状、细脉状、透镜状产出,倾向多为南东至北东向,倾角一般在75°左右。在阿斯哈地区共圈出含金构造破碎带10条,其中圈出金矿体21条,铜矿体1条,相对稳定的有Au1-1、Au2-1矿体,以及AuⅥ号矿带的Au6-1、Au7-2矿体。

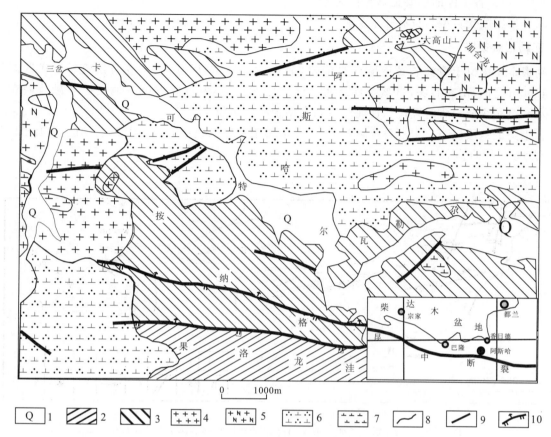

图 3-35 阿斯哈金矿床矿区地质图（据青海省有色地质八队，2012修改）
1.第四系；2.金水口岩群白沙河组；3.花岗闪长岩；4.石英闪长岩；5.花岗斑岩；6.金矿体；
7.破碎蚀变带；8.地层界线；9.断层；10.实测逆断层

Au1-1矿体，地表由 TCI-0301、ITC9 等探槽控制，浅部（3463m 中段）0~11线采用坑探工程进行控制，长310m，真厚度2.39m，平均品位7.34×10^{-6}，最高70.08×10^{-6}；Au2-1矿体产于AuⅡ号含金构造破碎带中，位于4~43线之间，有6条探槽，一个坑探、17个钻孔控制，矿体连续性较好，是本区延长最大的一条矿体，特别在4~19线之间3200m标高以上连续性较好，且矿体金品位相对较高，矿体厚度变化较小，呈脉状，矿体总长1040m，宽0.80~3.5m，平均真厚度1.63m，控制矿体最深标高3120m，Au 平均品位5.37×10^{-6}，单样最高32.90×10^{-6}，矿体产状65°∠75°，矿体呈北深南浅（有可能控制程度不同所致），矿石矿物由褐铁矿，孔雀石，细粒—细脉状、星点状黄铁矿，黄铜矿，方铅矿，闪锌矿，少量辉钼矿等组成，脉石矿物为石英、长石。硅化、碳酸盐化、孔雀石化、绿泥石化、高岭土化、碎裂—糜棱岩化、绢云母化较普遍，石英细脉沿节理贯入。石英脉宽一般地表为0.1~0.8m，深部变为0.01~1.5m。脉中黄铁矿呈星点状、针尖状、细脉状，偶见黄铜矿颗粒。在43线钻孔中见有团块状黄铜矿。

由于多期次岩浆及岩浆期后热液，加上各种成因的变质热液对本区岩石的作用，形成了一系列的热液蚀变岩，主要分布于石英闪长岩中的后期构造破碎带中，蚀变主要有硅化、绢云母化、黄铁矿化、绿泥石化、碳酸盐化、黄铜矿化、高岭土化等。硅化主要分布在构造破碎带中，分布比较普遍，常呈脉状产出，主要以充填作用为主，常于其他硫化物一起形成含金硫化物石英脉和硅化岩带。绢云母化也较普遍，呈鳞片状变晶，有的具有斜长石假象。黄铁矿化是本区分布最广的一种蚀变类型，在构造破碎带中形成较宽大的黄铁矿化构造破碎带，黄铁矿呈星点状、稀疏浸染状、细脉状和针尖状分布于岩石中；呈自形—半自形晶结构、他形晶结构，与石英、绿泥石、绿帘石以及其他硫化物（主要是黄铜矿）一起呈脉状产出，亦有呈粗粒巨晶、块状与石英一起呈脉状产出，也有呈粉末状、糜棱状，具碎裂结构。黄铁矿是本区最主要的载金矿物,也是各矿体的主要金属矿物成分。

矿床类型属蚀变岩型和石英脉型金矿。

5. 瓦勒根金矿床

瓦勒根金矿床位于青海省黄南藏族自治州(简称黄南州)泽库县,属于麦秀镇管辖。矿区海拔在3400～4600m之间,山高谷深,自然条件恶劣。该矿床2002年由青海省第一地质矿产勘查院在查证1:5万水系沉积物金异常时发现。目前已达到大型金矿床规模。

矿区出露的地层以下—中三叠统隆务河组、古浪堤组和上三叠统鄂拉山组为主,沟谷中有第四纪沉积物分布(图3-36)。

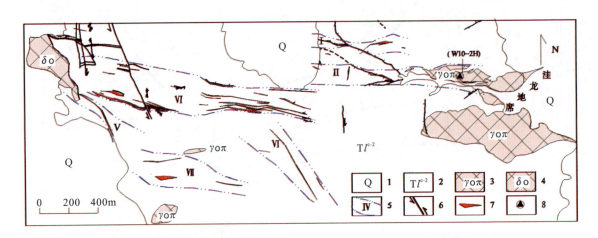

图3-36 瓦勒根金矿矿区地质简图(据青海省第一地质矿产勘查院,2011)
1.第四系;2.隆务河组c岩组灰绿色、黄褐色中厚层状长石杂砂岩与深灰色钙质板岩互层夹灰色灰岩;
3.灰白色斜长花岗斑岩;4.灰绿色石英闪长岩;5.金矿化带及编号;6.断层;7.金矿体;8.采样位置

隆务河组:分布于瓦尔沟、瓦勒根和沙冬勘查区。主要分为b岩组和c岩组,b岩组岩性为长石杂砂岩夹钙质板岩;c岩组为矿区主要地层,岩性为长石砂岩、长石杂砂岩与钙质板岩不等厚互层,长石石英杂砂岩夹灰色钙质板岩等。其中c岩组为赋矿岩石,矿体赋存在本岩段的近东西向层间断裂-裂隙中。

古浪堤组:出露于瓦勒根勘查区北部、瓦尔沟勘查区中、北部和沙冬勘查区西北部,由灰色厚—巨厚层状中—细粒长石屑杂砂岩夹深灰色泥钙质板岩组成。杂砂岩单层厚度大,产状陡立。该组地层中目前尚未发现金矿体存在。

中生代上三叠统鄂拉山组:主要为一套变质的陆相火山岩,出露于公钦隆瓦勘查区中南部。其下部以中基性火山岩夹碎屑岩为主,火山岩主要是安山岩,底部为复成分砾岩、砂砾岩、火山砾岩;上部以中酸性火山岩为主,夹陆相碎屑岩;不整合覆盖于隆务河组之上,顶界不明。

瓦勒根地区断裂构造发育,具有控岩、控矿意义的断裂主要有两组,即北西向和近东西向,近东西向构造线占主导地位。瓦勒根金矿床处在不同方向构造的叠加区,构造形迹复杂。

北西向断裂是区内的一级主干断裂,区内V、VI号矿带金矿体严格受其控制,断裂的宏观变形特征表现为发育压扭性破碎带,断裂破碎带呈舒缓波状,总体走向北西向(310°),倾向北东,倾角陡立,多在70°以上。断裂破碎带宽窄不一,多在10～30m间,沿破碎带分布有金矿化体、金矿体。该组断裂在成矿期不仅是矿液运移通道,同时具有明显的容矿性质。代表性断裂分布于矿区西南部。

近东西向断裂与北西向断裂呈"入"字交接(或被北西向断裂所截切),区内Ⅰ、Ⅱ、Ⅳ、Ⅶ号矿带金矿体严格受其控制。断裂呈东西向延伸,断面倾向北,倾角大于70°,发育数米至10余米宽的破碎带,带内挤压、蚀变现象强烈。区内的金矿体主要赋存于该组断裂破碎带中,具明显的容矿性质,为矿区主要储矿构造。

矿区侵入岩属印支晚期，有呈小岩株、岩枝状产出的主要为阿米夏将山花岗闪长岩体、石英闪长岩体，呈小岩株、脉状产出的斜长花岗斑岩体，还见有少量的黑云母拉辉煌斑岩脉、石英脉，它们均呈东西向产出。其中斜长花岗斑岩脉最发育，普遍具黄铁矿化、硅化、绢云母化，蚀变斜长花岗斑岩与金矿化关系密切，局部地段富集成矿体。本次获得斜长花岗斑岩 LA-MC-ICP-MS 锆石 U-Pb 同位素年龄为 $228.2\pm1.9Ma$，时代为晚三叠世。

瓦勒根矿区根据控制金矿体构造方向的不同划分了两组金矿化带，即近东西向金矿化带和北西向金矿化带。共圈出 7 条矿带，目前全矿区共发现 74 个金矿体。矿体一般长 $80\sim760m$，厚 $0.43\sim9.86m$，Au 平均品位为 $1.01\times10^{-6}\sim23.20\times10^{-6}$（曾福基等，2009）。矿体走向以近东西向为主，北东向、北西向次之。矿体顶底板围岩为绢云板岩、长石石英砂岩及斜长花岗斑岩等。

瓦勒根金矿床矿石物质组分简单，矿石矿物以黄铁矿、毒砂、辉锑矿为主，其次还有黄铜矿、磁黄铁矿、褐铁矿等；脉石矿物主要有石英、斜长石、方解石、白云石、绢云母等。矿物组成显示出明显的低温热液成矿特点。矿石结构主要有他形—半自形晶粒状结构、压碎结构和交代残余结构；矿石构造主要有细脉状构造、角砾状构造、浸染状构造。

根据容矿岩石的岩性及其结构构造，金矿石可划分为（破碎）蚀变砂板岩型金矿石、蚀变石英斑岩型金矿石、辉锑矿脉型金矿石 3 种工业类型。

蚀变（破碎）砂板岩型金矿石：为矿区主要矿石类型，分布于近东西向层间破碎带中，形成以黄铁矿、辉锑矿、毒砂、褐铁矿等为主要金属矿物成分的蚀变岩型金矿石。矿石呈他形—半自形晶粒状结构、压碎结构，碎裂状构造、角砾状构造及浸染状构造。Au 品位最高达 28.6×10^{-6}。

蚀变石英斑岩型金矿石：形成以细脉状、星点状黄铁矿和毒砂矿为主要金属矿物成分的金矿石。矿石呈他形—半自形晶粒状结构，具浸染状构造。矿石具高岭土化、硅化等矿化蚀变，Au 品位一般在 $1.0\times10^{-6}\sim3.0\times10^{-6}$，围岩捕房体（砂板岩）发育者品位较高，属各类矿石之最，最高达 33.4×10^{-6}。

辉锑矿脉型金矿石：这类矿石所占比例极小，主要分布在近东西向层间破碎带中，呈透镜状、脉状产出。其形成以辉锑矿及少量黄铁矿等其他矿物为组合的金矿石。矿石呈半自形晶粒状结构，致密块状构造。Au 品位在 $2.70\times10^{-6}\sim13.20\times10^{-6}$ 之间。

区内金矿体含矿层位为下—中三叠统由碎屑岩、碳酸盐岩构成的沉积岩系。金矿体是由含金矿物呈浸染状或细脉浸染状分布在容矿岩石中构成，金矿体严格受近东西向断裂-裂隙系统控制，产于层间破碎带中的金矿体品位高，金矿石品位与动力变质作用程度为正相关。

矿区围岩蚀变比较普遍，蚀变的规模和强度主要取决于构造活动的强弱。蚀变类型包括硅化、黄铁矿化、辉锑矿化、毒砂矿化、碳酸盐化。其中，硅化、黄铁矿化、辉锑矿化、毒砂矿化与金矿化关系密切，一般分布在金矿化破碎蚀变带及斜长花岗斑岩脉体内外接触带中。围岩与矿体的接触关系有两种：一种是断层接触，另一种呈渐变过渡关系。

6. 赛坝沟金矿

矿床大地构造单元属秦祁昆造山系，位于赛什腾-都兰断裂造山带北缘与欧龙布鲁克断隆交界处。

主要矿床中控矿的北西向剪切带发育于奥陶系—志留系滩间山群绿片岩中和东侧的斜长花岗岩中。剪切带的面理被印支期花岗岩脉（全岩 K-Ar 年龄为 $210\pm3Ma$）穿切。本地区金矿体主要为含金石英脉，含金石英脉近旁的蚀变构造岩（位于剪切带内）普通含金量较高，局部形成工业矿体。含金石英脉大都被限制于剪切带内，但通常穿切剪切面理 S1。赛坝沟地区至少存在两期矿化：早期矿化与韧性剪切作用同时进行，通过对矿体近旁的强黄铁绢英岩化糜棱岩 Ar-Ar 法年龄测定，该期矿化发生时间为 $425\pm2.1Ma$。第二期矿化是本地区的主成矿期，以含金石英脉为主，年龄较晚。因此，综合其他资料分析认为，赛坝沟地区富集成矿作用（主成矿期）时代为晚海西—印支期。

矿体的空间展布严格受破碎带控制，均赋存于浅灰—灰色中粒斜长花岗岩体中的断裂破碎蚀变带内，主要控矿破碎蚀变带大致有 5 条，由北向南编号依次为 I、II、III、IV、V。目前除 I 号破碎蚀变带外，其余 4 个破碎蚀变带内均有矿体分布，蚀变带长 $780\sim1460m$，宽 $3\sim10m$，可见糜棱岩化、硅化、褐铁矿化、绢云母化碎裂岩。矿体形态一般呈脉状、不规则状、透镜状，沿走向和倾向有膨大、收缩、尖灭再现及分支现象。矿体产状变化较大，总体走向呈北西-南东向，倾向以北东向为主，部分矿体地表向南西倾斜，但深部逐渐变为北东倾斜，由地表重力作用所致，矿体倾角较陡，一般在60°～85°之间，局部近于直立，矿体长度在十几米到200m不等，各矿体平均厚度也不等，最厚为3.3m，最薄仅为0.82m。赛坝沟矿区共有(表内)矿体12个。矿体长37.6～300m不等，厚0.3～6.25m，品位多在1×10^{-6}～4×10^{-6}之间，个别可达11.9×10^{-6}。

金矿化与构造关系密切，受断裂破碎带、裂隙带控制，并伴有明显的热液活动特征，断裂构造为金矿化的形成提供了运移通道和富集场所，热液活动特别是石英脉的贯入为金的活化迁移和富集提供了能量及运移介质。因此，本区具有良好的成矿地质条件。

七、喷流沉积型

青海省喷流沉积型矿床主要为铜、铅锌、铁矿床，目前小型及以上共有3处，其中大型1处，为锡铁山铅锌矿。喷流沉积型矿床主要分布于柴北缘及西秦岭、三江北段一带，成矿时期主要为加里东期、海西期及印支期。代表性矿床为锡铁山铅锌矿床和赵卡隆铁铜多金属矿床。

1. 锡铁山铅锌矿床

锡铁山铅锌矿床位于南祁连加里东褶皱带南侧，柴达木地块北缘，赛什腾山-锡铁山岛弧带的中段，产于裂谷环境大型沉积盆地的次级盆地内。该矿床20世纪50年代末期地质勘探结束，90年代以来多次进行过一些找矿地质工作。矿床规模为大型。

锡铁山铅锌矿床位于赛什腾山-锡铁山岛弧带的中段，产于裂谷环境大型沉积盆地的次级盆地内。矿区出露地层有元古宇达肯大坂岩群、寒武系—奥陶系滩间山群火山-沉积岩系、上泥盆统红色砂砾岩系及下石炭统长石石英砂岩、砂砾岩(图3-37)。地层主要有3套岩系：锡铁山绿片岩系、片麻岩-片岩系、泥盆系砂砾岩系。区内褶皱与断裂都比较发育。区域构造线方向北西-南东向展布，构造形态为一单斜构造，主要断裂有走向逆断层、斜移断层等，褶皱有锡铁山背斜、骆驼峰向斜等。锡铁山绿片岩系为一套海相火山沉积变质岩系，其时代属寒武纪—奥陶纪。本区无晚期大规模的岩浆侵入活动。

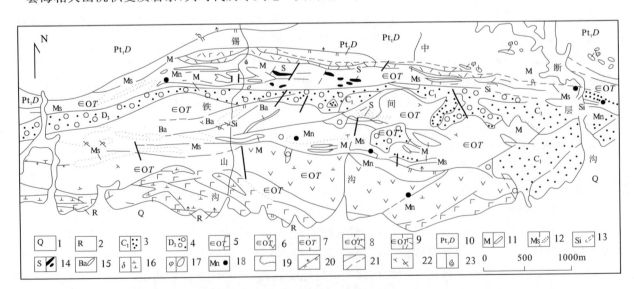

图3-37 青海锡铁山矿区地质略图(据青海省地质矿产勘查开发局，2013)

1.第四系；2.古近系—新近系；3.下石炭统；4.上泥盆统；5.滩间山群基性熔岩；6.滩间山群中性火山岩；7.滩间山群火山碎屑岩、沉积岩；8.滩间山群酸性火山岩；9.滩间山群变基性火山岩(斜长角闪片岩)；10.古元古界达肯大坂岩群；11.大理岩、灰岩；12.大理岩、灰岩夹泥钙质千枚岩；13.含铁硅质岩(碧玉岩)、硅质岩；14.硫化物矿体；15.重晶石脉；16.中基性侵入岩；17.超基性岩体；18.锰矿化点；19.地层不整合界线；20.逆断层；21.性质不明或推测断层；22.地层产状；23.牙形刺化石点

锡铁山铅锌矿床赋矿地层为锡铁山绿片岩系，含矿层位于火山-沉积岩段下部的碳酸盐岩层位中，即第一个喷发-沉积旋回的上部。含矿主岩不受单一岩性控制，含矿带、矿体均赋存于含矿绿岩系一定层位中，呈带状分布，具有一定层控性。矿体可随地层同步扭曲，而断裂构造直接控矿作用不明显。锡铁山矿床包括3个矿区2个矿带，呈北西-南东向展布，总长达5km，宽60～220m。围岩蚀变有绿泥石化、绢云母化、硅化、石榴石化、电气石化、菱铁矿化、碳酸盐化、石膏化、重晶石化等。成矿时代为奥陶纪。

自北向南分为锡铁山矿区、中间沟矿区、断层沟矿区。锡铁山矿区矿体（层）数145个，最主要矿体为Ⅰ-1矿体，长849m，宽3～50m，厚2～46m，占总量的10%；中间沟矿区，矿体（层）数38个，主要矿体为Ⅰ-3矿体，长600m，厚11.82m，占总量的83.23%；断层沟矿区，矿体（层）数1个，长3055m，宽50～140m，占总量的100%，矿体形态以层状、似层状、透镜状为主，脉状、囊状、不规则状次之。

锡铁山矿区矿石品位为：Pb 4.16%，Zn 4.86%，Cd 0.033%，In 0.0031%，Sn 0.087%。断层沟矿区矿石品位为：Pb 1.3%，Zn 1.2%。中间沟矿区矿石品位为：Pb 1.81%，Zn 3.02%，Cu 0.08%，Au 0.33×10^{-6}，Ag 42.34×10^{-6}，Ga 0.0014%，In 0.0028%，Cd 0.0212%。矿化带呈北西-南东向展布，长约5500m，宽50～350m，有平行的3条矿带。

现已探明铅锌工业矿体150多个，主要集中于无名沟（S2线）至锡铁山沟（S20线）之间长1700m的地段，成群出现在主含矿层中。矿体群自地表（3200～3350m标高）向下延深至2800m标高，深部逐渐尖灭。矿体形态有似层状—透镜状矿体、细脉浸染状矿体和细脉—网脉状矿化体3类。似层状—透镜状矿体主要赋存于主含矿层的中、上部，具规模大、品位高的特点，占矿区已探明铅锌储量的90%以上。矿体产状与围岩产状大体一致。这类矿体主要位于厚层大理岩顶或底部与含碳绢云（绿泥）石英片岩界面上，单个矿体长一般150～250m，厚一般3～5m，最大延深约400m（图3-38）。细脉浸染状矿体规模小（最大者长180m，厚5m）、品位低，矿体数量亦少，主要赋存于次含矿层的中、下部片岩内。矿体由细脉浸染状黄铁矿-方铅矿-闪锌矿矿石组成，含少量含铜石英脉矿石，矿体形态不规则，与围岩界线不清，其产状与围岩的层理或片理之间常有较小的交角（图3-39）。细脉—网脉状矿化体是由方铅矿、闪锌矿、黄铁矿及磁黄铁矿集合体构成的细脉和网脉，这类矿体很少，规模亦小，是后期热液矿化的典型代表。

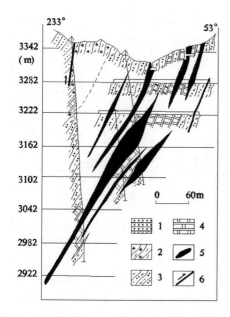

图3-38 锡铁山矿床S12勘探线地质剖面图
（据青海省第五地质队内部资料）
1.紫红色细砂岩($\in OT^c$)；2.斜长绿泥片岩($\in OT^b$)；
3.含碳绢云石英片岩($\in OT^{a2}$)；4.大理岩；
5.铅锌矿体；6.断层

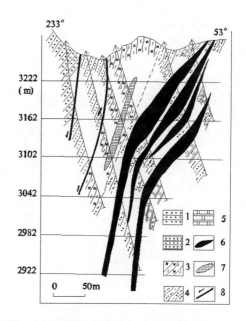

图3-39 锡铁山矿床S5勘探线地质剖面图
（据青海省第五地质队内部资料）
1.复成分砾岩(D_3)；2.细砂岩($\in OT^c$)；3.斜长绿泥片岩($\in OT^b$，次含矿层)；4.含碳绢云石英片岩($\in OT^{a2}$，主含矿层)；5.大理岩($\in OT^{a2}$，主含矿层)；6.铅锌主矿体；7.细脉浸染状矿体；8.断层

李义帮等（2010）认为，锡铁山铅锌矿床属于以沉积岩为主要围岩的海底热水喷流沉积型矿床，按围岩类型分为大理岩型和（碳质）片岩型两类矿体。按结构构造可分为喷流管道相的蚀变-网脉状矿体和盆地相的层块状硫化物矿体，具典型层次结构和喷流沉积剖面结构，是裂谷盆地多旋回喷流成矿作用的产物。矿床的形成过程可归纳为两个重要时期，即热水（喷流）沉积成矿期和变形变质改造期。

杨合群等（2002）认为，喷流岩是海底喷流热液流体或多相流沉积的岩石，其中，碎屑岩-碳酸盐岩是其中的一种热效应沉积岩石。而李义帮等（2010）认为锡铁山铅锌矿床属于以沉积岩为主要围岩的海底热水喷流沉积型矿床，按围岩类型包括大理岩型和（碳质）片岩型两类矿体，实际上是喷流岩为碎屑岩-碳酸盐岩，也就是说为其中的一种热效应沉积岩石。大理岩型和（碳质）片岩型可作为一种找矿标志，但不能作为矿床类型划分。根据矿床区域地质背景和矿床地质特征，笔者认为锡铁山铅锌矿床为火山喷流沉积、热液叠加改造型块状硫化物多金属矿床。最后认为锡铁山铅锌矿床既具有一般的火山喷流沉积的主要特点，又具有其自身特点，命名为"锡铁山式"铅锌矿床（张德全等，2005；祝新友等，2006）。

2. 赵卡隆铁铜多金属矿床

青海玉树赵卡隆矿区位于玉树县巴塘乡相古村南西约9.5km。本矿床为原玉树地质队于1959年发现，矿床规模为中型。矿床大地构造位置处于羌塘-昌都地体江达岛弧隆起带北西段之车所-生达地堑中（陈建平等，2008），是我国著名的三江成矿带向北延伸的部分。

矿区出露地层主要是上三叠统巴塘群上部碎屑岩夹火山岩岩组地层及顶部碳酸盐岩岩组（图3-40），其中，碳酸盐岩夹火山岩段为本矿床的含矿岩系，岩石组合从下至上，由安山岩-铁硅质岩（赤铁矿体）-菱铁岩-白云岩-富含铁多金属的碎屑岩类。该区为一倾向北东的单斜构造，为三叠系巴塘群，层间褶曲发育，断裂构造有北西向和北东向两组。北西向断裂（通天河）深大断裂为走向断层，形成时间较早，与地层走向斜交，为不同构造单元边界的断裂，岩性上表现为一套断层褶皱和沉积盆地组合。北东向断裂为平移断层，形成较晚，对矿体起破坏作用。矿区缺侵入岩，只有晚三叠世海相中基性火山喷发（溢）活动，以中性熔岩为主，岩性为安山岩，呈层状、似层状或透镜状顺层整合产出，按其产出部位可划分为上、下两个安山岩带，分别代表着二次火山喷发（溢）期次。

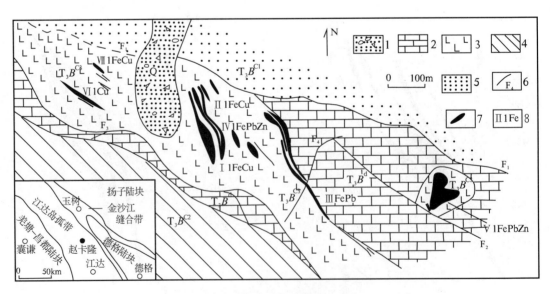

图3-40 赵卡隆矿区地质图（据李欢等，2011）

1.第四系；2.碳酸盐岩岩组；3.碎屑岩岩组上岩性段；4.碎屑岩岩组中岩性段；5.碎屑岩岩组下岩性段；6.断层；7.矿体；8.矿体编号

含矿带走向长约2000余米，水平宽度200~800m，倾斜延深大于700m。根据矿（化）体分布特点，矿区划分为3个矿化带共7个矿（体）群。其中以分布于矿区中部的Ⅰ、Ⅱ、Ⅲ号矿群规模最大。各矿（体）群中根据矿体分布部位不同划分为若干条矿体。按矿石中不同共生矿产元素组合类型，每一矿体又划分为铁矿体、铜矿体、铁铜矿体、铁铅锌矿体、铁铅矿体、铁锌矿体、铅矿体、锌矿体等。从整个矿化带来看，矿化元素从下至上有 Cu、Au→Fe、Cu、Au→Fe→Fe、Pb、Zn、Ag→Pb、Zn、Ag 的组合分带现象。而在同一矿带中，上述矿化元素也略显分带趋势，即铜金矿化一般产于铁矿体中下部，而铅锌银矿化产于铁矿体的中上部。

矿石以不均匀细粒—微细粒自形、半自形、他形结构为主，以浸染状构造、细脉—网脉状构造为主。常见硅化、菱铁矿化、铁白云石化、重晶石化蚀变。矿石矿物主要为菱铁矿、磁铁矿、赤铁矿、闪锌矿、方铅矿、黄铜矿、褐铁矿等，脉石矿物主要为石英、方解石、重晶石等。闪锌矿方铅矿矿石和方铅矿菱铁矿矿石中常发育由铅锌矿物和黄铁矿集合体分别组成的条带状、微层理构造。菱铁矿矿石和方铅矿菱铁矿矿石中常见黄铁矿呈显微莓群集合体，被方铅矿、黝铜矿所交代，且菱铁矿、赤铁矿常具鲕状构造。黄铜矿呈团块状、细脉状，表现改造期的热液交代组构。

矿区围岩蚀变种类主要有钠长石化、绢云母化、绿泥石化、硅化、黄铁矿化、碳酸盐化、重晶石化等。其中，硅化、碳酸盐化、钠长石化、绿泥石化、重晶石化与矿化关系较为密切。

赵卡隆铁铜多金属矿床形成于晚三叠世在羌塘-昌都地块北缘江达岛弧带中的裂陷带，与矿床相伴的火山岩为富铁质的中—基性岩火山岩，富铝钠质低钾质，具有岛弧安山岩及岩浆源深度较大的特征。从矿床的产出环境、矿体的结构特征、矿种的特点、矿石的产出形式来看，初步认为该矿床属于海底喷流的氧化铁-硫化物型铁铜多金属矿床（李欢等，2011）。

找矿标志：①地表铁帽是找矿的直接标志；②上三叠统巴塘群火山熔岩的分布区是寻找铁多金属矿的重要地质标志；③喷流沉积岩是寻找铁多金属矿的重要部位；④ 物探与铜铅锌银化探叠加的异常，可作为直接找矿标志；⑤化探综合异常分布区是找铁多金属矿的重要地区。

八、沉积型

青海省沉积型矿床主要为铜矿，目前小型及以上共有 6 处，其中中型 2 处。成矿时期有加里东期、海西期、印支期及燕山期，以燕山期为主。代表性矿床为藏麻西孔铜多金属矿床。

藏麻西孔铜多金属矿床位于治多县，该矿床 1989—1990 年由青海省柴达木综合地质调查院（简称柴综院）发现，目前为中型铜多金属矿床。

该矿床地处三江成矿带北西段唐古拉山北坡，位于风火山向斜北翼。金沙江缝合带，即西金乌兰湖-玉树深大断裂，近东西向横贯风火山盆地基底，并将其分为两大构造单元，北部属松潘-甘孜地块，南部属羌塘地块。区内仅发育中生代、新生代地层。缝合带以北分布的地层主要为上三叠统巴颜喀拉山群，以南为上三叠统巴塘群和结扎群。各群沉积相、建造及形变特征均有所差异。白垩系和古近系沉积于两大构造单元之上，其分布和沉积特征与构造分区无明显关系。区内的主要褶皱构造为风火山向斜和巴音叉琼向斜，它们是在区域性大断裂作用下产生的构造。风火山向斜轴线呈北西西-南东东向，与影响成矿的中型断裂构造较一致，区内未出露核部。区内岩浆活动微弱，少见喷发岩，主要为喜马拉雅期暗绿色云煌岩及正长斑岩体。

含矿地层为白垩系风火山群陆相沉积地层。区内矿化带长 13km，宽 250～750m，其产状为走向北西，倾向南与地层产状一致。带内由灰紫色中厚层中粗粒岩屑砂岩、钙质粉砂岩，夹紫红色泥岩、粉砂质灰岩及浅色细粒含铜岩屑砂岩以及矿体和矿化体组成。1990 年柴综院圈出 8 个多金属矿体，并划分为东、西两个段。2001 年青海省地质矿产勘查院在此基础上重新厘定圈出铜、银矿体 5 个。

区内矿体一般长 525～825m，宽 20m 左右，呈层状、似层状、条带状顺层沿矿化带展布，走向上局部见分支复合现象，倾向上较稳定。矿体内矿化较均匀，Cu 平均品位 1.5%，最高 22%，Ag 平均品位 380.8×10^{-6}，最高 2126×10^{-6}，Pb 品位 0.83%～8%，Zn 品位 0.66%～2.5%，含矿岩性为浅灰—灰绿色中厚层细粒含铜石英砂岩、含砾砂岩、粉砂岩等。

矿石矿物主要有辉铜矿、蓝辉铜矿、斑铜矿、辉银矿、方铅矿、闪锌矿、孔雀石、蓝铜矿、铜蓝等，次为黄铁矿、褐铁矿、钛铁矿、毒砂等。脉石矿物为石英、长石、岩屑等。矿石按自然类型划分，地表为氧化矿石和混合矿石,向深部氧化矿物减少,以原生硫化矿石为主,原生硫化矿石是矿区的主要矿石类型。矿石呈他形粒状结构、交代结构,以胶状、块状、浸染状构造为主,次为条带状、脉状构造。金属矿物生成顺序为斑铜矿(辉铜矿)→辉铜矿(蓝辉铜矿)→铜蓝→孔雀石(蓝铜矿)+黄铁矿(赤铁矿)→褐铁矿。

该矿床属砂页岩型。

九、沉积变质型

沉积变质型矿床目前发现矿产地 10 处,其中中型 7 处,小型 3 处;矿种为铁矿;成矿时代为加里东期和前寒武纪的矿床各 5 处;该类型矿床仅分布在祁连成矿带和东昆仑成矿带。

1. 那西郭勒铁矿床

该矿床 2011 年由青海省第三地质矿产勘查院发现。矿区出露的地层主要为金水口岩群的白沙河岩组,根据岩石组合特征、岩石变质变形特征等可分为下、中、上 3 个岩段,即片麻岩段、斜长角闪岩段和大理岩段,系一套层状无序的中高级变质岩系。

断裂主要为褶皱构造和断裂构造。皱构造形成于成矿期后,因此对矿体起破坏作用。断裂构造根据走向可分为两组:北西-南东向断裂组、北东-南西向断裂组。其中北西-南东向断裂组为矿区的区域断裂组,控制了矿区的构造格架,并有多期活动的特征。北东-南西向断裂组为后期断裂,错断了北西-南东向断裂。从断裂倾向来看,北西向断裂组以北倾逆冲断裂为主;北东向断裂组多数为北西倾向的逆冲性质。从时间上判断,北西向断裂组形成最早,北东向断裂组错断了北西向断裂组,因此形成较晚。两组断裂性质以压扭性为主。沿断裂带构造岩发育,常见岩脉穿插,表明沿断裂带有较强的岩浆热液活动。

目前已圈定 4 条铁矿带。其中,Ⅰ号矿带位于金水口岩群的斜长角闪片岩及大理岩中,呈条带状北西-南东向展布,矿带长 2.5km,宽 20～80m。矿体均赋存于以石英岩为主的地层中,顶板为大理岩,底板为角闪片岩,矿化主要有磁铁矿化,其次是赤铁矿化。Ⅱ号矿带产于古元古代金水口岩群地层中,呈条带状北西-南东向展布;矿带控制长度大于 3.5km,宽 30～80m,产状严格受地层控制,基本与地层产状一致;顶底板岩性为大理岩、角闪片岩。矿化主要为磁铁矿化、弱黄铁矿化、赤铁矿化,偶见孔雀石化等,蚀变弱,见绢云母化、绿泥石化、硅化等。在带内圈出磁铁矿体 14 条,成因类型为沉积变质型铁矿。Ⅲ号矿带长约 2.4km,磁铁矿赋存于以石英岩为主的岩层中,圈出 5 条矿体,矿体多呈条带状,其产状与蚀变带产状基本一致,矿体顶底板为大理岩,矿化主要为磁铁矿化。矿石类型为磁铁矿石英岩,成因类型为沉积变质型铁矿。Ⅳ号矿化带分布 M25、M14 磁异常中,矿化带长 1.2km,宽 20～40m。矿体均赋存于以石英岩为主的地层中,顶、底板为大理岩。

该矿床的找矿标志主要有地层标志和物探异常标志。地层标志:金水口岩群是矿区含矿层位,矿体主要产在大理岩与角闪片岩的层间,赋矿岩性为角闪片岩、磁铁石英岩,含矿层较为稳定。物探异常标志:该区的两条磁铁矿带与南、北两条磁异常带非常吻合。因此,磁异常对寻找及圈定磁铁矿体,尤其对隐伏磁铁矿来说,是区内最为重要的找矿标志。

2. 洪水河铁锰矿床

该矿于 1955 年发现,于 1957—1959 年、1969 年、2005 年先后进行了矿点检查、普查和详查工作。2013 年青海省第三地质矿产勘查院在该区发现了锰矿体。矿区位于昆中断裂北部,大地构造分区属于昆中陆块,北邻柴达木盆地,南邻东昆仑南坡俯冲碰撞增生杂岩带(图 3-41)。地层主要是古元古界金水口岩群和蓟县系狼牙山组。洪水河铁锰矿赋存于蓟县系狼牙山组,该组地层自下而上岩性为:白云石大理岩、变质砂岩、铁锰矿层、白云石大理岩夹含碳灰岩、千枚岩、铁矿层、白云石大理岩、千枚岩、硅质岩、白云石大理岩;其中变质砂岩为铁锰矿层的主要围岩。矿区褶皱不发育,仅在千枚岩中出现同层褶曲现象。断层则十分发育,主要有北西向、北东向。北西向断层规模较大,次级断裂发育,该组断裂不仅对地层展布方向有明显控制,而且还控制了矿区热液型多金属矿和金矿的产出。北东向断裂对铁锰矿体则有明显的破坏作用,使得矿体走向延伸错断或错失,是矿区成矿后构造。矿区侵入岩不很发育,仅在矿区东部发育花岗闪长岩脉,主要沿北西向次级断层侵入,可能为热液型多金属矿和金矿成矿提供热源和物源。侵入岩对铁锰矿影响较小,仅局部见岩体"侵吞"铁锰矿的现象,对其连续性造成一些破坏。

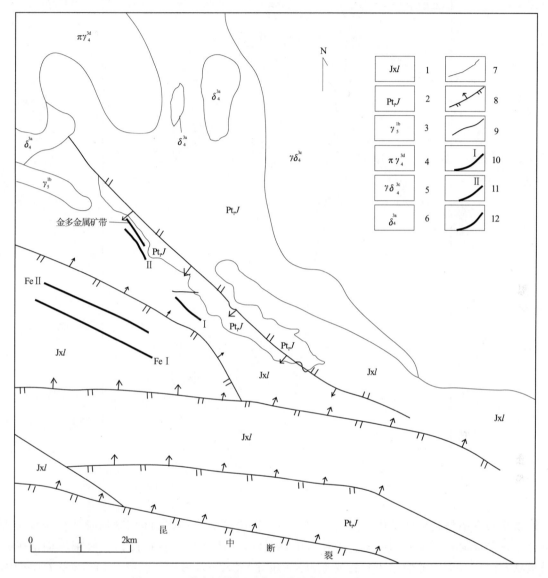

图 3-41 洪水河铁锰矿床地质矿产图(据刘世宝等,2016)
1.蓟县系狼牙山组;2.古元古界金水口岩群;3.印支期浅肉红色中细粒花岗岩;4.海西期斑状花岗岩;5.海西期灰色花岗闪长岩;6.海西期灰色闪长岩;7.地质界线;8.逆断层;9.性质不明断层;10.铁矿带;11.铁锰矿带;12.金多金属矿带

矿区铁锰矿石资源量达到中型矿床规模。Mn 平均品位为 23.20%,Mn/TFe 之比为 3.75。共圈出铁锰矿体 7 条,主矿体有 2 条,分别是 Ⅰ 号铁锰矿带的 Ⅰ-1 铁锰矿体和 Ⅱ 号铁锰矿带的 Ⅱ-1 铁锰矿体,又以 Ⅰ-1 铁锰矿体最为重要,该矿体估算的铁锰矿石资源储量占矿床铁锰矿石总量的 75% 以上。

Ⅰ-1 铁锰矿体赋存于变质砂岩中(图 3-42),矿体分布受地层层位控制,呈厚层状,走向北西向,倾向南西,倾角 65°~70°。矿体长约 660m,平均厚度 9.85m,Mn 平均品位为 22.57%,Mn+TFe 的平均品位为 30.39%。矿石矿物主要为软锰矿、磁铁矿、褐锰矿,少量硬锰矿。矿体向深部延深大于 75m,但深部厚度和品位逐渐变低,延深超过 150m 后逐渐变为铁锰矿化的变质砂岩,此时 Mn 品位仅为 1%~3%。

Ⅱ-1 铁锰矿体主要赋存于灰—灰黑色变质砂岩中,呈中薄层状,走向北西向,倾向南西,倾角 45°~50°。矿体长约 730m,平均真厚度 2.03m,Mn 平均品位 14.09%。矿石矿物主要为软锰矿、磁铁矿、褐锰矿,少量硬锰矿。

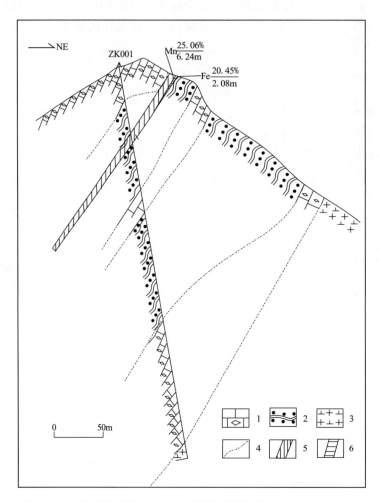

图 3-42 洪水河矿区 I 矿带 0 号勘探线剖面图（据刘世宝等，2016）
1.白云石大理岩；2.变质砂岩；3.花岗闪长岩；4.岩性分层界线；5.铁锰矿体；6.铁矿体

矿区铁矿石资源量达到中型矿床规模。圈出的矿体中以 Fe I 号矿带内 Fe I -3 矿体规模最大。该矿体赋存于钙质绿泥石千枚岩和绿泥石千枚岩中，矿体分布受地层层位控制，顶、底板界面清晰。矿体总体呈板状、厚层状，形态随地层变形而变形，局部扭曲呈"S"形，形态比较稳定，但纵横方向上随岩相变化而变化，因此矿体局部呈藕节状或尖椒状。矿体走向北西向，倾向南西，倾角 45°～55°。矿体长约 2350m，厚度 5～10m，平均厚度 7.22m，厚度变化率为 57.60%，属厚度变化较稳定的矿体，矿体 TFe 平均品位 33.50%，品位变化率 33.38%，属品位分布较均匀矿体。矿石矿物主要有磁铁矿、赤铁矿等。

3. 清水河铁矿床

清水河铁矿位于柴达木盆地南缘昆仑山中，属都兰县宗家乡管辖。1958 年 5 月系为群众所报，青海省石油普查大队进行了 1∶5000 地形地质草测和 1∶2000 矿体平面草测；1959 年青海省石油普查大队进行初勘；1960 年青海省石油管理局地质处对该矿又进行了地质勘察工作；1969—1970 年青海省地质局第十地质队又对该矿进行了勘探。

矿区内出露地层为蓟县系狼牙山组。该套地层产状与矿体产状一致，走向北西西，倾向南南西，倾角 65°～85°，一般在 75°左右，局部扭曲呈"S"形。主要为一套白云质大理岩夹千枚岩建造，主要岩性为白云质大理岩、结晶灰岩、碳质千枚岩、钙质千枚岩、黑云母千枚岩等，铁矿体赋存于千枚岩类小建造中，建造厚度 40～100m 不等。其反映了一套浅海-滨海相不稳定条件下的沉积环境。

岩浆岩不发育，仅为零星分布，岩性有印支期黑云母钾长花岗岩、花岗闪长岩，脉岩有花岗闪长玢岩等,均与成矿并无直接关系。矿区总体构造为一倾向南南西、倾角60°～70°的单斜层,断裂构造较发育,以走向逆断层为主,平移断层次之。断裂构造与铁矿形成无关,相反它破坏了矿体的空间连续性。

铁矿体产在中元古界蓟县系狼牙山组黑云母石英千枚岩与碳质千枚岩间,具稳定的含矿层位。矿体共有4层铁矿层,第一层:地表延伸长400m,其西段向下呈潜伏矿体,地表平均厚度18.38m平均品位36.67%,经钻探验证93.9m,铁矿层仅为0.74m,说明矿体向深部变薄;第二层:地表延伸长240m,其西段向下为潜伏矿体,地表厚度22.45m,地表品位38.13%,经钻探验证18m铁矿层为8.59m,品位36.32%;第三层:东、西两端被断层所限,地表延伸长3520m,且断续分布,最厚处31.3m,最薄2.75m,全矿层品位36.1%;第四层:地表延伸长1100m,且断续分布,地表厚度12m,经钻探验证304m,厚度为3.67m,全矿层品位34.27%,平均厚6.4m。铁矿层其中一类与围岩截然分开,另一类与围岩呈渐变过渡关系。

主要矿石矿物有磁铁矿、赤铁矿、假象赤铁矿、水赤铁矿、黄铁矿、磁黄铁矿、菱铁矿;脉石矿物有石英、方解石、白云石、阳起石、黑云母、石榴石、绿泥石、透辉石、透闪石、磷灰石等。矿石类型主要为磁铁矿矿石和赤铁矿矿石两类。

成矿物质可能来源于抬升陆块内含铁质较高的地质体经长期风化剥蚀后,经地表径流水体搬运作用,沉积于相对低洼浅海-滨湖相盆地内,后经造山运动和复杂的区域变质作用,铁质进一步运移、聚集和重新就位形成铁矿体(层)。铁矿体产在中元古界蓟县系狼牙山组黑云母石英千枚岩与碳质千枚岩间,具稳定的含矿层位。

十、陆相火山岩型

青海省陆相火山岩型矿床主要为铜、铅、锌矿床,目前小型及以上矿床共有4处。陆相火山岩型矿床主要分布于西秦岭成矿带兴海、同仁、泽库一带,成矿时期主要为印支期。该类矿床以鄂拉山口铅锌(银)矿床为代表。

鄂拉山口铅锌(银)金属矿床地处青海省兴海县界内,位于鄂拉山成矿带东南端,属中浅切割的高寒地区。该矿点1967—1969年由青海省第十地质队在1∶5万普查中发现。青海省有色地质勘查局八队2006年提交的《青海省兴海县鄂拉山口银及多金属矿普查阶段报告》中记载提交资源量为铅锌15.01×10^4t,银89.32t。鄂拉山口银多金属矿床为中型矿床。

该矿床位于鄂拉山陆缘弧,属鄂拉山海西期—印支期铜、铅、锌、锡、金、银(钨、铋)成矿带。

矿区出露地层主要为二叠系、三叠系、古近系、新近系和第四系。区内断裂构造发育,主要有北北西向、东西向和南北向3组,并派生出北西、北东等其他方向的次级断裂构造。

区内岩浆活动强烈,除陆相火山岩外,印支期中酸性侵入岩较发育。主要有石英闪长岩、斜长花岗斑岩等。岩浆侵入时期以印支期为主,次为海西期和加里东期。印支期岩浆活动强度大,分布范围广,具多期、多旋回特点,在空间上受构造控制明显,为银、铅、锌等的成矿提供物质来源,以及为成矿元素的活化、迁移、富集创造了条件。

经深部工程控制,共发现3个矿体群,大部分为隐伏矿体。其中,Ⅲ铅锌矿体出露于地表,产在安山岩与流纹岩接触处的破碎蚀变带中,矿化由地表的铅银变为铅锌。Ⅲ铅锌矿体产在破碎蚀变带中,并严格受断裂控制,产状与地层产状基本一致,走向北北西向,倾向北西,倾角35°～65°,呈透镜状、似层状产出,局部有分支复合现象。矿体长240m,斜深134m,为银、铅、锌复合矿体,同时还圈出了独立的银铅矿体和铅锌矿体,其中银铅矿体长160m,延深30m,厚度8.4～13.6m,Ag平均品位为261.9×10^{-6},Pb平均品位为1.53%,单样最高品位Ag为3818×10^{-6},Pb为13.25%;铅锌矿体长240m,延深104m,视厚度1～11.8m,Pb平均品位为1.5%,Zn平均品位为1.38%,单样最高品位Pb为6.62%,Zn为7.52%。

矿体赋存于上三叠统陆相火山岩中,地层中含Cu、Pb、Zn、Ag成矿元素,含量较高,可能为Cu、Pb、Zn、Ag的形成提供了物质来源,加之断裂构造和火山活动频繁,形成了含矿热液沿断裂构造充填成矿。

第四章　成矿地质条件和成矿规律

成矿规律是指矿床成因类型、时空分布、主要地质特征、成矿控制因素及区域地质背景等多种因素的组合。本章应用现代成矿学理论,将区域地质、矿床地质等资料,并将地物、化、遥提供的信息联系起来,分析青海省金属矿产等矿床的控矿因素,划分成矿系列,总结矿床的时空分布规律和成矿演化,为成矿预测和选区研究提供依据。

第一节　区域控矿因素分析

青海省金属矿产的形成主要受地层、构造、岩浆活动及变质作用四大因素的控制。各种因素在不同成因类型矿床的成矿过程中,具有不同的控制作用。本节重点对青海省的铁、铜、镍、铅锌、金等矿产的控矿因素进行了简要分析。

一、地层岩性控矿作用

地层对青海省金属矿产的成矿控制作用主要表现在:一是地层与矿产在同一沉积作用下形成,或地层作为矿源层为矿产的形成提供成矿物质,在构造和岩浆热事件的配合下而成矿,即矿床与岩层是在同一地质环境或同一时期形成;二是后期不同矿种和不同类型的矿产常产于特定的含矿沉积建造中;三是地层的物理化学性质对矿化的运移、富集的影响。

(一)地层岩性对铁矿的控制

青海省与地层关系比较密切的铁矿主要有沉积变质型和矽卡岩型。

1. 沉积变质型

该类型的铁矿主要分布在祁连、东昆仑地区。祁连地区矿床赋存于火山-沉积岩系上部有关的沉积岩层中,为一套变质的火山-沉积建造,含矿围岩多为泥钙质板岩、千枚岩、凝灰岩、凝灰质砂岩等,铁矿体呈层状,与顶底板围岩整合产出。整个矿体在宏观上呈条带状分布,品位变化较大,说明铁矿沉积形成于地壳相对稳定时期而海水局部振荡的环境。

东昆仑地区的沉积变质型铁矿床既有产于中深变质岩系中,也有产于浅变质岩系。前者含矿建造为一套片麻岩、片岩,含矿与磁铁石英岩有关,磁铁矿矿体呈层状、似层状产出;后者含矿建造为千枚岩、变质砂岩、白云石大理岩组合,矿体受地层层位和岩性控制明显,除产有铁矿体外,还有铁锰矿体产出,分别产于绿泥石千枚岩和变质砂岩中。

2. 矽卡岩型

青海省内分布有大量的矽卡岩型铁及多金属矿床,主要集中于东昆仑。围岩岩性是形成矽卡岩及有关矿床的重要条件。形成矽卡岩的有利围岩主要是各种碳酸盐岩,如石灰岩(或大理岩)、白云质灰岩、白云岩、泥质灰岩和钙质页岩等,其次是火山岩如安山岩、英安岩、凝灰岩等。碳酸盐岩因其化学性活泼,易溶,较脆,特别是硅化后更容易破裂,渗透性增强,利于含矿流通并被交代形成矽卡岩矿床。不同围岩成分控制着矽卡岩的成分和矿物组合,围岩为石灰岩可形成钙质矽卡岩,围岩为白云岩可形成镁质矽卡岩。

(二)地层对铜矿的控制

青海省与地层关系比较密切的铜矿主要有海相火山岩型、砂页岩型等。

1. 海相火山岩型矿床

该类矿床主要分布于祁连山北部和西金-乌兰玉树带。产于基性火山岩系内的矿床绝大多数与蛇绿岩套有关,为富钠海相火山岩系,成矿元素多为铜型和铜-锌型,不含具工业意义的铅;产于酸性火山岩系内的矿床,其火山岩系组成具有双峰式特征,成矿元素为锌-铅-铜型和铜-锌型。矿床产出主要受具中心式火山喷发特征的海底古火山穹隆构造控制,产于火山穹隆构造中或边缘。在矿床规模上,前者多形成大中型矿床,矿体形态简单,矿体规模大,成矿元素复杂;后者多形成中小型矿床,矿体规模小,形态复杂,但产出层位多,铜品位高。成矿元素组合与下盘火山岩的成分有关,下盘为以玄武岩(细碧岩)为主的火山岩组合,因铅含量低而形成富铜而贫铅的矿体;下盘为以流纹岩(石英角斑岩)和沉积岩为主的火山岩系,因铅含量高,而形成富铅的矿体。

在产出层位上,矿体多产于火山岩系中具沉积夹层部位和不同岩相、不同岩性变化部位,尤其是从较酸性火山岩到基性火山岩的转换部位,枕状熔岩和火山碎屑岩顶部或上覆岩层的界面处,即成矿作用多发生在火山活动末期、间歇期以及熔岩性质发生改变的时期。

2. 砂页岩型矿床

本区砂页岩型铜矿可分为陆相砂页岩型铜矿和海相砂页岩型铜矿,矿化产于特定的含矿岩系中。海相含铜砂岩成矿环境主要为造山带边缘凹陷盆地,含矿层形成于浅海、滨浅海沉积相或海陆交互相的陆源碎屑岩建造中,有比较充足的物质补给源,含矿地层有志留系、泥盆系和二叠系等。矿层赋存于灰绿色岩层底部或紫红色岩层中的灰绿色夹层中,具稳定的层位特征。陆相砂页岩型铜矿,含矿岩系主要为白垩系河湖相砂岩、泥岩、砾岩,矿化具一定层位,与浅色的砂砾岩层密切相关。

(三)地层岩性对铅锌矿的控制

地层岩性对铅锌矿产的控制主要是喷气沉积型、热液型和陆相火山岩型。

1. 喷气沉积型

矿层具有稳定的层位,具有明显的层控-层状产出特点,多产在碳酸盐岩和细碎屑岩沉积层位中,与地层同步形变。如锡铁山矿床位于寒武系—奥陶系滩间山群下部火山-沉积岩岩组上段的大理岩、碳质板岩、绿泥板岩及薄层凝灰岩组成的层位内,岩层中常见硅质岩、含锌的铁锰碳酸盐岩薄层或纹层;而蓄积山矿床则赋存于上石炭统中吾农山群上部的灰岩和杂色砂岩(已变质为千枚岩)中,矿体沿灰岩和杂色砂岩界面分布或产于灰岩中。

2. 热液型

热液型铅锌矿除受断裂构造控制外,也受岩性控制,这在三江北段表现最为突出。矿体围岩多为碳酸盐岩,灰岩是成矿最有利的岩性。多才玛铅锌矿的围岩主要为中二叠统九十道班组生物碎屑灰岩,莫海拉亨铅锌矿体产于下石炭统杂多群灰岩中,东莫扎抓铅锌矿的含矿围岩为上二叠统那益雄组和上三叠统波里拉组的灰岩。

3. 陆相火山岩型

这类矿床主要产在西秦岭北部陆相火山盆地中。含矿建造为安山岩-英安岩或安山岩-英安岩-流纹岩建造。成矿元素以铅锌为主,部分矿床中有铜、银,个别有汞产出。含矿围岩为次钾长流纹岩、流纹质凝灰岩、安山质隐爆角砾岩、粗斑安山岩等。化学成分上相对富钾的次火山相对形成铅锌、多金属矿有利。

(四)地层与钨矿的关系

青海省已知的钨矿床和矿点主要赋存在前寒武纪地层中。研究和找矿勘探已证实,区内元古宙地层,特别是与变质中基性火山喷发-沉积岩系有关的地层都具有较高含量的钨以及其他相关的成矿元素,它们是随着深部的岩浆物质在海底喷发沉积而形成的。前寒武纪地层为富钨的矿源层,受岩浆热液作用使钨活化、迁移、富集、沉淀成矿,形成如矽卡岩型和石英脉型钨矿床,其成矿物质来源与前寒武纪地层关系密切,在矿体的就位机制上受岩石的物理化学性质控制。在裂隙发育的碎屑岩中,多形成脉状矿体,而在碳酸盐岩地层中多形成矽卡岩型矿体。

区内其他矿床如热液型、斑岩型、构造蚀变岩型等,虽然主要受岩浆侵入活动和构造的控制,但是当成矿流体流经围岩时可部分萃取地层中的成矿元素,会使地层成为其物质来源之一。

二、构造控矿因素

构造对区内的成矿控制作用十分显著。从宏观上,大地构造对矿产的空间分布产生直接的影响,形成不同的矿产和矿床类型,是划分成矿带的基础。就一个具体矿田或矿区而言,控矿构造有断裂、韧性剪切带、火山机构、褶皱等,以及它们不同形式的复合和组合构造。

(一)大地构造对成矿的控制

祁连成矿带铜(镍)、钨、铅锌、金等矿产主要受三大构造因素的控制:一是拉张构造背景包括裂谷、裂陷、弧后扩张等环境;二是挤压构造背景,包括俯冲造山、碰撞造山、陆内造山等;三是走滑构造背景,主要是陆-陆间相对的水平运动。不同的构造环境常形成不同的矿产,特殊的矿床类型也产于特定的构造环境中。

拉张构造背景下,形成了较多的矿产和矿床类型。主要包括大陆裂谷(清水沟-白柳沟多金属矿田等)、陆缘裂谷(红沟铜矿等)、洋盆(阴凹槽铜矿、玉石沟铬铁矿矿床)、弧后盆地(锡铁山铅锌矿床)。在早古生代陆内裂谷带则形成岩浆岩型铜镍矿床如拉水峡等。在泥盆纪拉张背景下形成夏日哈木镍矿床等。

挤压背景下形成的矿床,主要包括与岛弧、活动大陆边缘、陆-陆碰撞或陆内俯冲有关的造山矿床,形成的主要矿床有斑岩型(如浪力克铜矿床、卡而却卡铜钼矿床、拉陵高里铜钼矿、热水钼矿等)、接触交代型(肯德可克铁多金属矿床、尕林格铁多金属矿床、什多龙铅锌矿床、尕子黑钨矿床等)、构造蚀变岩型和石英脉型金矿床或造山型金矿床(如大场、滩间山、五龙沟等)。

走滑构造背景形成的矿床主要分布在三江北段。在新生代时期,受印-亚大陆碰撞的影响,该区发生了大规模走滑断裂及逆冲活动,走滑断裂常切割岩石圈,导致构造-岩浆活动和热液成矿作用,形成了纳日贡玛铜钼矿床(侯增谦等,2008;杨志明等,2009)和多才玛、莫海拉亨、东莫扎抓等铅锌矿床(宋玉财等,2013)。

(二)区域深大断裂对成矿的控制

区域深大断裂通常为构造单元的划分界线,具有长期活动性及能反映构造运动强烈程度、导岩导控矿等特征,控制着不同类型的沉积建造和岩浆建造的分布,从而也制约着不同类型的矿化和成矿带的分布。祁连地区重要的铜(镍)、金、铅锌、钨矿床皆产于区域性大断裂的两侧。例如:沿北祁连南缘断裂带的南北两侧分布着大黑山钨矿点、红沟铜矿床等;中祁连南缘断裂带对尼旦沟金矿和日月山-化隆基性—超基性岩带及其铜镍矿床具有控制作用。柴达木北缘隐伏断裂带对野骆驼泉、红柳沟、青龙沟、滩间山、赛坝沟金矿及锡铁山铅锌矿具有控制作用。东昆仑地区区域性深大断裂控制了区内主要矿产形成以及重要矿集区发育,矿集区宏观上分布于数条区域性深大断裂带及其与北东向构造的交会部位,如沿昆北断裂带自西向东依次分布有虎头崖-野马泉铁铅锌矿、拉陵灶火-夏日哈木-哈西亚图铁铜镍金铅锌矿、五龙沟金铜铅锌矿等矿集区;沿昆中断裂带主要发育卡而却卡铜钼铁铅锌金矿、沟里金矿、坑得弄舍金铜铅锌矿、赛什塘铜铅锌多金属矿等矿集区;沿昆南断裂带发育驼路沟钴金矿、开荒北金矿等矿集区;沿巴颜喀拉山中央断裂产出东大滩-西藏大沟金矿、大场金矿等矿集区(杜玉良等,2012);在西金乌兰湖-歇武断裂和乌兰乌拉湖-玉树断裂之间产有尕龙格玛铜多金属矿床等。

(三)次级断裂构造控矿

青海省主要的金属矿床几乎都与断裂(破碎带)有关,断裂破碎带既为成矿热液运移提供了通道,同时为成矿物质的富集、沉淀提供了空间。断裂破碎带控矿的一个重要特征是两组或多组断裂交会处往往是矿床产出部位。柴北缘的金矿床受东西向或北西西向断裂与北北西、北北东断裂交会处;五龙沟金矿田有北西—北北西向、近南北向、北东向和近东西向4组断裂,断裂多相互交切、分支复合,矿体多产于两组断裂的交会处;沟里金矿田金矿体受到北西向、近东西向和北东向断裂控制;瓦勒根金矿处于北西向和近东西向构造叠加区,金矿体就位服从于断裂构造空间,被严格地限制在断裂破碎带中;纳日贡玛地区发育的章岗日松-囊谦断裂系决定了岩带及含矿带的总体展布,北西西向、北东向、东西向、南北向4组断裂彼此交会切割,促成了矿床或矿田的集中分布和产出(刘增铁等,2007)。

(四)韧性剪切带控矿作用

韧性剪切带既能反映区域深大断裂的早期深层构造特征,亦是后期复活构造及浅层断裂构造形成与含矿流体活动的重要条件。青海地区韧性剪切断裂非常发育,与金、铜、钨成矿作用关系密切,对成矿具有明显控制作用。北祁连南缘韧性剪切带产有大黑山矽卡岩型钨矿点;柴达木盆地北缘韧性剪切带分布着野骆驼泉、红柳沟、滩间山、赛坝沟等金矿床,其中滩间山金矿床产于碳质千枚岩中韧性剪切带内,矿体严格受片理化带(韧性剪切带)的控制。五龙沟金矿体主要产在3条韧性剪切带内,由北至南分别为:岩金沟断裂构造集中分布带→萤石沟-红旗沟断裂构造集中分布带→打柴沟-苦水泉断裂构造集中分布带,它们构成了五龙沟地区3个主要的控矿、成矿构造带。

除上述明显受韧性剪切带控制的金矿外,区内岩金矿床大部分都与脆韧性断裂活动有关。

(五)火山机构对成矿的控制

受区域断裂构造控制的火山穹隆、火山通道、火山口是区内与海相酸性火山岩有关矿床的重要控矿构造。郭米寺矿田存在香子沟和大柳沟两个火山穹隆,其内环形构造发育,分别产有香子沟硫铁矿床和尕大坂多金属矿床;在直河、银灿一带有多个中心式火山口分布,块状硫化物矿床(点)均产于古火山口构造内;尕龙格玛铜多金属矿区火山角砾岩、集块岩及次火山岩发育,亦可能存在古火山机构。裂隙式火山喷发、溢流是与中基性火山岩有关矿床的重要控矿构造,如祁连地区的块状硫化物矿床则产在裂隙式火山机构附近。陆相火山岩型矿床多产于火山机构中,如老藏沟铅锌矿床受老藏沟火山穹隆的控制,鄂拉山口铅锌矿受虎达破火山口及火山通道的环形构造控制,夏布楞火山口群控制着夏布楞铅锌矿床部分矿体的产出。

除上述5种构造外,褶皱构造也是重要的控矿构造。这些部位的控矿作用主要通过轴面断裂或虚脱部位储矿或容矿来实现。如滩间山金矿区褶皱构造是重要的控矿构造,其轴面断裂(或劈理)及层间虚脱部位(或层间滑脱带)控制着矿体的分布。

三、侵入岩的控矿作用

青海省岩浆侵入活动强烈,在空间上遍布各构造单元。在时间上从元古宙到新近纪均有分布,其中早古生代奥陶纪—志留纪、晚古生代、中生代及新生代古近纪和新近纪是岩浆活动的高峰期。岩浆侵入活动的控矿作用主要表现在两个方面:一是各类侵入岩上升就位过程中携带成矿溶液以其特有的成矿专属性,形成不同矿种及类型的矿产;二是岩浆活动除提供成矿物质外,本身产生热效应,将围岩中的矿物质活化萃取带出,并运移、富集,或对已有矿化或矿源层进行热液改造和再次富集,成为矿床形成的重要条件之一。

(一) 基性、超基性岩的控矿作用

铁质基性、超基性岩与岩浆型铜镍矿床有密切关系，具明显的成矿专属性。矿体的空间分布严格受岩体控制，形成时间上与岩体同时或准同时，多产在岩体的内部、顶部、边部及附近的围岩中。成矿岩体一般比较小，多呈小岩墙或岩脉、岩瘤，成群成带产出。岩石组合上主要有两种类型：橄榄岩相＋辉石岩相、角闪岩＋辉石岩，前者以夏日哈木和牛鼻梁铜镍矿为代表，后者以化隆地区的铜镍矿为代表。超基性岩 MgO 含量低，M/F 比值变化范围为 3.8～5.8。

镁质基性、超基性岩除产有铬铁矿、石棉矿床外，还有重要的铜钴和金等矿产产出，岩体分布在洋壳构造岩片带及俯冲杂岩带。铬铁矿以玉石沟、绿梁山等为代表；铜钴矿以德尔尼为代表；金矿以川刺沟、热水大坂等金矿床（点）为代表，岩体含金高，为金矿床（点）的主要含矿母岩。超基性岩 MgO 含量高，M/F 比值变化范围在 6.8～11.7 之间。

另外，产在拉脊山蛇绿混杂岩带的元石山铁镍矿床虽然矿体产于超基性岩体（既有铁质也有镁质）中，但矿床某些地质特征与岩浆熔离型镍矿床有较大差别。主要特点是矿体位于超基性岩与全硅化超基性岩（硅化岩）接触带中，成矿元素 Ni 不以独立矿物形式存在，而是呈氧化态被铁吸附，呈凝胶状态存在。矿床类型多认为热液-风化淋滤型。

(二) 中酸性侵入岩控矿作用

青海省中酸性侵入岩具有分布广、规模大、期次多等特点。在岩浆活动强度和规模上，以加里东期、海西期、印支期及喜马拉雅期最为重要。与中酸性岩体有关的矿产主要有铁、铜、铅、锌、钨、钼、金等，矿床类型主要为矽卡岩型、斑岩型、热液型等。

1. 中酸性浅成岩的控矿作用

青海省中酸性浅成侵入岩在各个构造单位均有分布，其中在北祁连、柴北缘、东昆仑、三江北段分布较多，并有矿床形成。成矿元素主要为铜、钼、铅、锌、金等，矿床类型主要为斑岩型及与斑岩体有关的矽卡岩型和热液型。斑岩体多呈岩株状产出，次为岩枝、岩脉状。地表出露面积在 0.04～1.53km² 之间，其中绝大部分都不超过 1km²。北祁连地区目前已发现的成矿岩体有浪力克闪长玢岩、松树南沟花岗斑岩等，成矿时代为加里东期，成矿元素为铜、金、钼等。柴达木盆地北缘成矿岩体有小赛什腾山花岗闪长斑岩，此外在滩间山地区有斜长花岗斑岩产出，滩间山金矿床的形成与该岩体有关（贾群子等，2011），成矿时代为海西期，成矿元素为铜、钼、金等。东昆仑地区与成矿有关的斑岩体较多，具有点多面广的特点，主要成矿岩体有乌兰乌珠尔花岗斑岩、鸭子沟钾长花岗斑岩、卡而却卡 A 区似斑状二长花岗岩、下得波利花岗斑岩等，成矿元素有铜、钼、铅、锌等，成矿时代为印支期，在斑岩体接触带及外围有矽卡岩型和热液型多金属矿体产出。三江北段以陆日格黑云母二长花岗斑岩、纳日贡玛黑云母二长花岗斑岩等为代表，成矿元素为铜、钼、铅、锌等，成矿时代为喜马拉雅期。在岩石地球化学特征上，加里东期和海西期含矿岩体 SiO_2 含量一般小于 70%，且 $K_2O < Na_2O$，主要为钙碱性系列，成矿元素主要为铜、金等。印支期和喜马拉雅期含矿岩体 SiO_2 含量一般大于 70%，且一般 $K_2O > Na_2O$，主要为高钾钙碱系列与钾玄武系列，成矿主要为钼、铜、铅、锌等。

2. 中酸性中浅成岩的控矿作用

青海省中酸性中浅成岩浆活动十分强烈，在全区均有分布，成矿岩体主要分布在祁连、柴北缘、东昆仑和三江北段。成矿岩体的规模大小不等，呈岩基、岩枝、岩株及岩脉产出，多为复式岩体，成矿岩体的剥蚀大多数达中等程度，仍有较多的围岩捕虏体。部分地区尤其东昆仑岩体含有大量的暗色包体，显示壳幔混合成因。与之有关的矿产较多，已发现的金属矿产主要有铁、铜、铅、锌、金、银、锡、钨、稀有、稀土等，其中铁矿在青海省占有重要地位。矿床类型主要为矽卡岩及热液型等。祁连和柴北缘一带与中酸

性花岗岩有关矿产有钨、铁及稀有稀土等,代表性矿床有龙门热液型钨矿、大黑山矽卡岩型钨矿、尕子黑矽卡岩型钨矿、长征沟矽卡岩型铁矿及南尕日岛铌钽矿等,成矿时代为加里东期,其次是海西期。东昆仑地区是青海省重要的与中酸性花岗岩有关矿产的富集区,成矿元素组合复杂,主要以铁、铜、铅、锌、金等为主;成矿多期次(加里东、海西、印支),以印支期为主。成矿类型主要为矽卡岩型。代表性矿床有尕林格铁多金属矿、卡而却卡铜多金属、虎头崖铅锌矿、四角羊-牛苦头铅锌矿、野马泉铁多金属矿、肯德可克铁多金属矿、哈西亚图铁多金属矿、白石崖铁矿等。三江北段成矿主要与喜马拉雅期岩体有关,代表性矿床为木乃矽卡岩型铜银矿床。此外,该地区产有大量的铅锌矿,其形成与中酸性岩浆活动有关。一些矿区矽卡岩型矿床在空间上与热液型、斑岩型共生,构成"三位一体"或"多位一体"。

与成矿有关的侵入岩主要岩石类型有钾长花岗岩、二长花岗岩、花岗闪长岩、斜长花岗岩、石英闪长岩和闪长岩等,其中最重要的为石英闪长岩和花岗闪长岩,可以形成规模较大的矿床。铁、铜、铅、锌、金等矿产主要与闪长岩、石英闪长岩和花岗闪长岩有关,钨钼矿产主要与二长花岗岩、花岗闪长岩有关,铌钽矿产多与钾长花岗岩、花岗岩有关。

区内构造蚀变岩型及石英脉型金矿,除受构造控制外,绝大多数矿床的矿区和外围都有同期的岩体,尤其是石英闪长岩、花岗闪长岩、斜长花岗岩产出,有的直接产于岩体中,其形成与岩浆期后热液有关,热液活动为金矿的形成提供了热源和矿源。

四、变质作用因素

对沉积变质型铁矿产来说,变质作用使赤铁矿变成镜铁矿,在一定的定向压力下形成定向变晶结构。变质热液对硫化物影响较大,如黄铜矿由于活动性大,易发生活化、迁移、再富集,显示后生矿床的一些特征。与赤铁矿相互成层的菱铁矿,经变质和构造作用进一步发生活化和迁移,形成了脉状菱铁矿。

动力变质作用对海相火山岩型和喷气沉积铅锌矿床等也有较大的影响,使其遭受构造改造。矿体沿顶面常发生顺层滑动,常造成:①使矿体形态变得复杂,原来为层状矿体变为透镜状和串珠状,呈斜列式展布,以及矿体在强应变带被挤压变薄、拉断或被断裂错失,在构造扩容带膨大等;②使矿石具变晶结构、碎裂结构,条带浸染状构造或千枚状、片状构造等;③矿石如黄铜矿常沿黄铁矿的裂隙充填或胶结,表现明显的脉状穿插,黄铜矿和方铅矿发生迁移,形成一些脉状矿体。

区域变质作用所形成的变质热液,从围岩中萃取成矿物质,在有利地段富集成矿,这种现象在金矿床中表现比较明显,变质作用为地层中金的活化转移并在有利环境富集成矿具有重要作用。

通过上面的论述,尽管一处矿床的形成与多种因素有关,总体下可以得出青海省金属矿产的形成主要与构造、岩浆作用有关的认识。因此,构造和岩浆活动发育区是勘查重点关注的地区。

第二节 成矿系列

成矿系列是指在一定的地质构造单元和一定的地质历史发展阶段内,与一定的地质成矿作用有关、在不同成矿阶段(期)和不同地质构造部位形成的不同矿种和不同类型,但具有成因联系的一组矿床的自然组合(程裕淇等,1983)。其核心认识是矿床不是单独出现,而是成群、成不同类型组出现,亦就是以不同成因、不同矿种,甚至属于不同地质建造的矿床组成的相互有成因联系的矿床组合的自然体出现(陈毓川等,2006)。成矿系列是从四维空间揭示矿床的形成、演化和展布规律,突出了不同矿床在时空上的定位,使其成为成矿预测的基础。潘彤等(2006)、青海省地质矿产勘查开发局(2013)对青海省的成矿系列进行了研究和总结。本次研究依据矿床的地质特征、容矿岩石性质、金属元素组合、成矿环境和大地构造背景,并结合近期取得的成果资料,重点对青海省铁、铜、镍、铅、锌、金等优势矿产及重要成矿类型的成矿系列进行了总结和探讨。

一、与海相火山活动有关的成矿系列

该系列是青海省最重要的成矿系列之一,主要分布在北祁连、东昆仑和三江北段,主要形成于拉张环境。成矿时代主要为加里东期和印支期,成矿元素组合为 Cu、Pb、Zn、Co、S、Au、Ag、Fe、Mn 等,Cu 是重要的成矿元素,是青海省铜资源的重要来源之一。矿化包括了沉积成因及热液成因所形成的脉状、网脉状矿体。矿体由上部的层状体及下部的脉状体组成。上部的层状体主要由块状矿石组成,具同生的特点;下部为浸染(网)脉状矿体,系成矿流体交代围岩所形成,并与下盘的强蚀变带(硅化、绢云母化、绿泥石化、绿帘石化等)相伴,显后生特点。根据容矿岩石的性质可分为两个亚系列。

1. 与酸性火山活动有关的成矿亚系列

该系列的矿床产于酸性火山-沉积岩系中。主要分布在北祁连和三江北段。形成于裂谷环境和弧后盆地环境。成矿时代主要为中寒武世和晚三叠世,成矿元素组合为 Cu、Pb、Zn、Co、S、Au、Ag、Fe、Mn 等,铜是重要的成矿元素。矿区(田)产出主要受具中心式火山喷发特征的海底古火山穹隆构造控制,矿体产于火山穹隆构造中和边缘,其岩性为酸性凝灰岩、沉凝灰岩。矿体多呈层状、似层状、透镜状等,受层位控制。矿床类型包括产于酸性火山岩中的 Cu-Zn、Cu-Pb-Zn 型矿床及在火山-沉积岩系内以沉积岩为容矿岩石的铁(主要是赤铁矿)、锰矿床。在生成顺序上,大体从近喷发中心向上向外依次产生为铜锌矿床→铜铅锌矿床→锌铅铜矿床→锰铁矿床的分带现象。该系列以尕龙格玛、郭米寺-下沟矿田、银灿、驼路沟矿床等为代表。

2. 与中基性火山活动有关的成矿系列

该系列矿床产于富钠的基性火山岩系中,绝大多数位于蛇绿岩套的上部,火山作用以裂隙式溢流为主,矿体具有多层位产出的特点。形成环境可以是洋盆、弧后盆地、裂谷,也可以是岛弧等,主要形成于引张的构造背景。赋矿地层为下奥陶统阴沟群、上奥陶统滩间山群和扣门子组、奥陶系纳赤台群基性火山岩系内。矿床规模一般较小,矿体一般呈层状、扁豆状,由于后期构造的作用,常使矿体形成透镜状,呈雁行排列,具尖灭再现特征。成矿元素组合为 Cu、Zn、S、Co、Au、Fe 等,铜是主要的成矿元素,具有品位高的特点。成矿元素组合包括产于基性火山岩系的 Cu、Cu-Zn、Cu-Co 型,该系列以红沟、阴凹槽、绿梁山、督冷沟等矿床(点)为代表。

二、与陆相火山活动有关的成矿系列

矿床产于陆相火山岩系中,主要为陆缘弧环境下热液活动所形成。其分布在鄂拉山和同仁一带。含矿建造为鄂拉山组安山岩-英安岩或安山岩-英安岩-流纹岩建造,包含了由爆发相到喷溢相或溢流相再到潜火山相或浅成侵入相的岩石序列。含矿围岩为次钾长流纹岩、流纹质凝灰岩、安山质隐爆角砾岩、粗斑安山岩等。矿体受火山机构和构造构造控制。矿体呈不规则透镜状、不规则脉状、脉状等复杂形态,一般延深大于延长,成群产出。成矿时代为晚三叠世。成矿元素以 Pb、Zn、Ag 为主,部分矿床中有 Cu、Au、As、Sb、Hg 等。代表性矿床有老藏沟、夏布楞、鄂拉山口等。

三、与火山-沉积变质岩系有关的成矿系列

该系列矿床分布在前寒武纪和奥陶纪地层中,是青海铁矿资源的重要来源之一。原岩为碎屑岩建造和火山-沉积建造。该套岩系的形成和成矿作用发生在造山作用之前。根据含矿围岩时代、成矿元素和矿床特征划分为 3 个亚系列。

1. 与奥陶系(?)浅变质火山-沉积岩系有关的铁矿亚系列

含矿围岩为奥陶系阴沟组含铁硅质岩、铁质板岩、钙质板岩灰岩及凝灰岩等,矿体呈似层状或透镜状,产状与围岩一致。矿石矿物为磁铁矿、赤铁矿、菱铁矿、磁赤铁矿、褐铁矿、黄铁矿。成矿为 Fe 元素,形成于拉张环境。代表性矿床有小沙龙、大沙龙沟、小水沟等。从矿床特征上来看,这些矿床与同属

一个成矿带内的甘肃桦树沟铁矿相似。桦树沟铁矿,具有上铁、中铜、下金的三层结构,矿石矿物为菱铁矿、镜铁矿、碧玉、重晶石、黄铜矿、辉铜矿、黄铁矿等,成矿时代为长城纪。

2. 与蓟县系浅变质火山-沉积岩系有关的铁锰矿亚系列

含矿岩系为蓟县系狼牙山组白云质大理岩、结晶灰岩、碳质千枚岩、钙质千枚岩、黑云母千枚岩等。矿体受地层层位和岩性控制明显,铁、锰矿体分别产于绿泥石千枚岩和变质砂岩中。矿体总体呈板状、厚层状与围岩整合产出。矿石矿物为磁铁矿、赤铁矿、软锰矿、硬锰矿、褐铁矿等。其形成于中元古代裂谷裂陷环境。代表性矿床有洪水河铁锰矿、清水河铁矿等。

3. 与古元古界中深变质火山-沉积岩系有关的铁矿亚系列

含矿岩系为金水口岩群片麻岩、大理岩和斜长角闪岩、石英岩组合。铁矿体呈层状、似层状产于斜长角闪岩和石英岩中。矿石矿物主要为磁铁矿,与石英呈条带状产出,属硅铁建造。mFe 含量为20%～25%(mFe 为可熔性铁)。代表性矿床为近两年新发现的那西郭勒和哈日阿西勒铁矿床。在大理岩中有石墨矿体产出。

四、以沉积岩系为容矿岩石的喷气沉积成矿系列

该系列是祁连地区铅锌矿产重要资源之一,成矿元素为 Pb、Zn、S、Au、Ag 组合,主要分布在柴北缘、北祁连西段和宗务隆山构造带内,形成环境为裂谷或岛弧裂谷环境,通过海底喷气作用而形成。容矿岩石为浅变质细碎屑岩或泥质岩石与碳酸盐岩,赋矿地层有两个层位:滩间山群、中吾农山群。矿体呈层状、似层状或透镜状,与围岩基本整合产出。矿石矿物主要为方铅矿、闪锌矿、黄铁矿和胶黄铁矿。成矿时代为奥陶纪和石炭纪。在空间上有稳定、多层分布的热液沉积岩(如重晶石、含铁硅质岩、石膏岩等),在外围有锰矿化点分布。该系列以锡铁山、蓄积山等矿床为代表。

五、与中酸性中浅成侵入活动有关的成矿系列

该系列是青海省广泛分布、包含矿产地最多的一个成矿系列。容矿岩石既可以是花岗岩,也可以是其附近的变质岩和沉积岩。其形成环境为挤压环境,包括俯冲造山、碰撞造山和陆内造山等。主要成矿元素组合为 Fe、Cu、Pb、Zn、Ag、W 等。成矿岩体主要为石英闪长岩、花岗闪长岩、二长花岗岩等,在不同的构造和岩石性质条件下,含矿流体与围岩相互作用形成矽卡岩型、云英岩型、石英脉型、热液型等从花岗岩类岩体到接触带直至围岩的各种类型的矿化。其中,矽卡岩铁矿床是青海省铁矿石的主要来源,也是重要的铁矿床类型。成矿物质来源既有深部,又有表层。成矿时代主要是印支期,其次是加里东期和海西期。代表性矿床有大黑山钨矿、大峡钨矿、尕子黑钨矿、长征沟铁矿、尕林格铁矿、肯德可克铁多金属矿、虎头崖铅锌矿、野马泉铁多金属矿、哈西亚图铁多金属矿、白石崖铁矿等。

六、与中酸性浅成侵入活动有关的成矿系列

该系列形成于俯冲、碰撞造山等挤压环境,中酸性浅成岩体是重要的控矿地质体,赋矿岩石类型有花岗斑岩、二长花岗斑岩、花岗闪长斑岩、闪长玢岩等。岩体通常呈岩枝、岩脉及岩株产出,主要分布在北祁连、东昆仑和三江北段,斑岩体的产出受到区域断裂控制。矿(化)体主要产于斑岩体及围岩(包括地层及较早侵入的岩体)的接触带内,并受构造破碎带的控制。成矿元素组合为 Cu、Mo、Pb、Zn、Au、W 等,矿体形态有脉状、似层状、透镜状等,呈陡倾状向深部延深。矿石为细脉浸染状构造,矿石矿物主要为黄铁矿、黄铜矿、辉钼矿、闪锌矿、方铅矿、磁黄铁矿等。成矿岩体有幔源、壳幔混合、壳源特征,时代为加里东期、海西期、印支期和喜马拉雅期等。代表性矿床为浪力克铜矿床、松树南沟铜金矿床、小赛什腾山铜钼矿床、乌兰乌珠尔铜锡矿床、拉陵灶火钼多金属矿床、哈陇休玛钼矿床、热水钼矿床、江里沟钨钼矿床、纳日贡玛铜钼矿床等。

七、造山型金矿系列

该系列的矿床包括构造蚀变岩型金矿床和石英脉型金矿床,二者常相伴产出。这种系列的金矿床

容矿岩石具有多样性的特点,沉积岩、变质岩、火山岩、侵入岩均有产出。其形成环境为造山环境,包括陆内造山、碰撞造山等。矿床的形成主要与地层、构造、岩浆岩3个地质要素有关。脆韧性剪切带和断裂构造控矿是该类金矿的主要特点。矿体呈脉状、似层状、板状分布,矿体群多呈平行线状排列。矿石构造主要呈细脉状、网脉状、条带状、团块状、角砾状等,金属矿物除自然金、银金矿外,伴生有黄铁矿、黄铜矿、毒砂、磁黄铁矿、辉锑矿、闪锌矿、方铅矿等。金主要为自然金,次为硫化物包裹金。石英、黄铁矿、毒砂是主要的载金矿物。成矿元素除 Au 以外,伴生有 Ag、Sb、As、Pb、Sn 等。成矿时代为加里东晚期、海西期和印支期等,其中以印支期为主。该类金矿多经历了长时间多期次的成矿过程,属多因复成矿床,一般经过了岩浆热液成矿、动力变质热液改造的过程。典型矿床为滩间山、五龙沟、沟里、大场、瓦勒根等。

八、与铁质基性—超基性岩浆侵入活动有关的成矿系列

该系列的矿床形成于拉张环境。含矿岩体严格受构造带两侧深大断裂及次级断裂控制,主要分布于中祁连中间隆起带的东部、柴北缘、拉鸡山、东昆仑。成矿与铁质基性—超基性岩类有关,主要岩石为角闪岩、辉长岩、辉石岩、橄榄岩等。岩体一般较小,呈岩脉、岩墙、岩瘤等成群产出,少数呈较大的单斜岩体产出。围岩多为前寒武纪变质岩系。矿体主要呈透镜状、脉状、似层状,其次为扁豆状、囊状,个别呈楔状,矿体以产在岩体内部和边部(包括上部、顶部)为主,少数可见同时产在岩体和围岩中。成矿元素以 Cu、Ni 为主,其次是 Fe、Co、P 及稀土元素,伴生元素有 Au、Ag、铂族等。成矿时代为加里东期和海西期。该成矿系列实例有拉水峡铜镍矿床、裕龙沟铜镍(钴)矿床、上庄铁稀土磷矿床、牛鼻子梁铜镍钴矿床和夏日哈木铜镍钴矿床等。

九、与镁质基性—超基性岩有关的成矿系列

该系列矿床形成于拉张环境。主要分布于北祁连、柴北缘和阿尼玛卿山蛇绿混杂岩带内。由纯橄岩、斜辉辉橄岩、橄榄岩、蛇纹岩及滑石碳酸岩等组成,矿体呈脉状、扁豆状、层状、似层状、透镜状等,成矿元素有 Cr、Cu、Co、Zn 等,部分矿床中并可综合开采石棉,局部矿石中有铂及金矿化现象。代表性矿床有玉石沟、拉酮、绿梁山铬铁矿床和德尔尼铜钴锌矿床等。

此外,产于北祁连早—中奥陶世洋壳构造岩片带蛇绿岩杂岩带中的金矿床(点),均与镁铁质和超镁铁质岩石有关,大多产于基性—超基性岩与火山沉积岩接触部位,如青海祁连县川刺沟金矿床、红土沟金矿床等。

十、以碳酸盐岩为容矿岩石的热液成矿系列

该系列矿床主要分布在三江北段玉树和沱沱河地区。含矿岩石主要为下二叠统开心岭群尕笛考组、中二叠统九十道班组、上三叠统结扎群波里拉组的碳酸盐岩中,属后生矿床。矿体形态多呈似层状、条带状、脉状等,矿体严格受断裂控制。矿石矿物主要有闪锌矿、方铅矿、黄铁矿、褐铁矿(白铅矿)等。矿石构造以脉状、稀疏浸染状、角砾状、星点状为主。成矿元素为 Pb、Zn、Ag、Cu 等。成矿时代为喜马拉雅期。代表性矿床有莫海拉亨铅锌矿床、多才玛铅锌矿床、东莫扎抓铅锌矿床等。据研究,这些矿床形成于新生代印度-欧亚大陆碰撞造山环境(宋玉财等,2011)。

第三节 成矿区带

成矿区带是指有利地质环境范围内,成矿信息浓集、特定时代的已知矿床集中和具有资源潜力的地质单元(叶天竺等,2004)。矿床的分布受一定的地质条件制约,受控于一定的空间和时间,与地壳及岩石圈发展演化相关联。根据已知矿床的空间展布和矿床形成的地质时代特点,结合成矿理论的分析研

究,推测、圈定、划分成矿区带,是资源预测和评价不可缺少的研究内容,对地质找矿工作宏观部署具有很强的指导意义。本次研究主要参考青海省第三轮成矿远景区划研究和找矿靶区预测(2003)及青海省矿产资源潜力评价(2013)等成果资料,根据近期找矿工作进展和项目取得的成果,将成矿区带划分到Ⅳ级。

一、成矿区带划分原则及分级命名

1. 大地构造单元与成矿地质背景相结合的原则

大地构造单元和特定的成矿地质背景限定了成矿区带的空间位置,其大地构造单元与成矿地质背景叠加在同一空间位置,即可单独划分为一个成矿带。同时成矿作用往往与岩相古地理环境及构造-岩浆事件、构造-变质作用密切相关,有些成矿作用常常发生在不同的构造单元的交接处,因此在成矿带(区)划分时应考虑上述因素。

2. 逐级圈定的原则

青海省跨越秦-祁-昆成矿域和特提斯成矿域(叶天竺等,2004)。在此基础上,依次圈定成矿省、成矿带(区)、成矿亚带(区)。对成矿区(含亚区)、成矿带(含亚带)的含义采用如下标准:在成矿规律图上,长与宽比值大于 2 以上者,谓之带;长与宽比值小于 2 者,谓之区。

3. 以区域成矿地质背景为基础,物化遥资料印证的原则

成矿区带属成矿地质背景及特定区域成矿作用控制的空间,赋存着有关矿种或特定类型的矿床,它均有自身的地球物理场和地球化学场,呈现的信息视为其边界定位的参考依据。至于遥感影像特征从更广的范围反映大型地质构造单元的边界。物探、化探、遥感较为客观地印证了成矿区带边界的位置和反映不同深度的地质要素,它们都是圈定成矿区带的佐证。

本次工作将成矿带(区)分为 4 个级次,即成矿域、成矿省、成矿带(区)、成矿亚带(区)。圈定的成矿(区)带的命名,采用构造单元或地理名称+主成矿时代+区域优势矿种或矿物组合主次顺序予以命名。矿种主要反映导向矿种,非导向矿种则加注括号。

二、划分结果

根据上述原则,将青海省划分为秦-祁-昆和特提斯两个成矿域,祁连-阿尔金、昆仑、秦岭、巴颜喀拉、三江 5 个成矿省和 26 个Ⅲ级成矿带(区)及 47 个Ⅳ级成矿亚带(区)(表 4-1,图 4-1)。

三、成矿区带主要特征

(一)祁连-阿尔金成矿省

祁连-阿尔金成矿省南以南祁连南缘大断裂为界与昆仑、秦岭两成矿省分隔,向东、北均延入甘肃境内,向西延入新疆、甘肃境内。带内早古生代海相火山活动强烈,古生代侵入岩发育,形成了与火山活动有关的铜、铅、锌、金、银、硫、铁、锰等矿床,与基性、超基性岩有关的铬铁矿(铂族)、石棉矿床,与中酸性岩浆有关的铜、钨、钼、铌、稀土矿床,表现出强烈的区域成矿特色。基底由中—深变质的结晶岩系及浅变质的片岩、板岩、大理岩组成。晚古生代—三叠纪为稳定台型的浅海相、海陆交互相,部分为陆相盖层沉积。早侏罗世为内陆山间盆地沉积,是青海省最重要的含煤岩系与石膏、钙芒硝沉积期。近代河谷发育广泛的冲积型砂金、砂铂矿。由于地质背景、地质建造和成矿特点的不同,可划分出阿尔金、北祁连、中祁连、南祁连、拉脊山、日月山-化隆 6 个Ⅲ级成矿带,冷龙岭北坡、走廊南山北坡、走廊南山南坡、托勒山-大坂山、南尕日岛-花石峡、木里-海晏、大通-高庙、哈拉湖-龙门、居洪图-石乃亥 9 个Ⅳ级成矿带。

表 4-1 成矿区带划分表

Ⅰ级成矿域		Ⅱ级成矿省		Ⅲ级成矿带（区）		Ⅳ级成矿亚带（区）	
编号	名称	编号	名称	编号	名称	编号	名称
Ⅰ₁	秦-祁-昆成矿域	Ⅱ₁	祁连-阿尔金成矿省	Ⅲ₁	阿尔金加里东期金、铬、石棉、玉石成矿带		
				Ⅲ₂	北祁连加里东期铜、铅、锌、金、铁、铬、石棉(铂、钴、汞)成矿带	Ⅳ₁	冷龙岭北坡加里东期、海西期铜、钼、铅成矿亚带
						Ⅳ₂	走廊南山北坡加里东期铜、铅、锌(金、钴、钼)成矿亚带
						Ⅳ₃	走廊南山南坡加里东期铜、铅、锌、铁、锰、金(银)成矿亚带
						Ⅳ₄	托勒山-大坂山加里东期铜、金、铅、锌、铬、铁、石棉、玉石(铂、银、钴、汞)成矿亚带
				Ⅲ₃	中祁连加里东期、海西期钨、铁、稀有、铜(钛、锑、金)成矿带	Ⅳ₅	南夽日岛-花石峡前寒武纪、加里东期铁、钨、钼、稀有(钛、锑、金)成矿亚带
						Ⅳ₆	木里-海晏加里东期、海西期铜、铁(钛、锑、铅)成矿亚带
						Ⅳ₇	大通-高庙加里东期、海西期铁、钨、金(钴)成矿亚带
				Ⅲ₄	南祁连加里东期钨、金(锡、铜)成矿带	Ⅳ₈	哈拉湖-龙门加里东期钨、金、铅锌、金(铜、钴)成矿亚带
						Ⅳ₉	居洪图-石乃亥加里东期金(钨、锡、铋、铜)成矿亚带
				Ⅲ₅	拉脊山加里东期铜、镍、钴、金、稀土、磷(钛、铂)成矿带		
				Ⅲ₆	日月山-化隆加里东期铜、镍(铂)成矿带		
		Ⅱ₂	昆仑成矿省	Ⅲ₇	阿卡腾能山加里东期铜、金、石棉成矿带		
				Ⅲ₈	俄博梁海西期铜、镍、金(钨、稀有、稀土)、石墨成矿带		
				Ⅲ₉	欧龙布鲁克-乌兰海西期钛、稀有、钨、锡、金(铋、稀土、宝玉石)成矿带	Ⅳ₁₀	布依坦乌拉山海西期钨、金(稀有、铁、稀土、宝玉石)成矿亚带
						Ⅳ₁₁	布赫特山海西期钛、稀有、钨、锡(铋、稀土、宝玉石)成矿亚带
				Ⅲ₁₀	柴达木北缘加里东期、海西期、印支期铅、锌、金、钨、锡、铁、锰、铜、铬、钛、钼(钴、稀土)成矿带	Ⅳ₁₂	小赛什腾山-阿木尼克山加里东期、海西期、印支期铅、锌、金、铜、铁、锰、铬、钛、钼(钴、稀土)成矿亚带
						Ⅳ₁₃	沙柳河加里东期、印支期金、钨、锡、铜、铅、锌、锰成矿亚带
				Ⅲ₁₁	柴达木盆地中—新生代油气、盐类成矿区	Ⅳ₁₄	盆地西部中—新生代硼、锶、芒硝、钾镁盐、油气成矿亚区
						Ⅳ₁₅	盆地中部新生代硼、锂、钾镁盐、油气成矿亚区
						Ⅳ₁₆	盆地南部新生代湖盐、天然碱、油气成矿亚区
				Ⅲ₁₂	祁漫塔格-都兰海西期、印支期铁、铜、铅、锌、钴、锡、金、硅灰石(锑、铋)成矿带	Ⅳ₁₇	乌兰乌珠尔印支期铜、锡、金成矿亚带
						Ⅳ₁₈	野马泉-开木棋河海西期、印支期铁、铅、锌、铜、钴、钨、锡、金(锑、铋)成矿亚带
						Ⅳ₁₉	夏日哈-什多龙海西期、印支期铁、铅、锌、锡、钼、硅灰石成矿亚带
				Ⅲ₁₃	伯喀里克-香日德前寒武纪、海西期、印支期金、铅、锌、铁、铜、镍、石墨(稀有、稀土)成矿带	Ⅳ₂₀	双庆印支期铁、铜、钼、铅、锌(钨、锡、银)成矿亚带
						Ⅳ₂₁	卡而却卡-开木棋陡里格前寒武纪、海西期、印支期铜、镍、铁、金、钼、石墨成矿亚带
						Ⅳ₂₂	五龙沟-巴隆前寒武纪、印支期铁、铜、镍、钼、铅、锌、银(稀有、稀土)成矿亚带

续表 4-1

Ⅰ级成矿域		Ⅱ级成矿省		Ⅲ级成矿带(区)		Ⅳ级成矿亚带(区)	
编号	名称	编号	名称	编号	名称	编号	名称
				Ⅲ₁₄	雪山峰-布尔汉布达海西期、印支期钴、金、铜、玉石(稀有、稀土、钨、锡)成矿带	Ⅳ₂₃	雪山峰-驼路沟加里东期、印支期金、铜、钴(钨、锡)、玉石成矿亚带
						Ⅳ₂₄	布尔汉布达海西期、印支期金、铜、钴(稀有、稀土)成矿亚带
		Ⅱ₃	秦岭成矿省	Ⅲ₁₅	宗务隆山海西期、印支期铁、铅、银(铜、金)成矿带	Ⅳ₂₅	宗务隆山海西期铁、铅、锌、银(铜、金)成矿亚带
						Ⅳ₂₆	青海南山-双朋喜印支期稀有、铜、钨、金(锡、铋)成矿亚带
				Ⅲ₁₆	鄂拉山海西期、印支期铜、铅、锌、锡、金、银(钨、铋)成矿带	Ⅳ₂₇	满丈岗印支期金、银、铜、铅、锌(钨、铋)成矿亚带
						Ⅳ₂₈	铜峪沟海西期、印支期铜、铅、锌、汞、锡成矿亚带
				Ⅲ₁₇	同德-泽库印支期汞、砷、铜、铅、锌、金(锑、钨、铋、锡)成矿带	Ⅳ₂₉	同仁印支期铅、锌、铜、金(银、锡)成矿亚带
						Ⅳ₃₀	苦海-作母沟印支期汞(锑、钨、金)成矿亚带
				Ⅲ₁₈	西倾山印支期汞、锑、金成矿带	Ⅳ₃₁	西倾山印支期汞、锑(金)成矿亚带
						Ⅳ₃₂	柯生印支期铜、金成矿亚带
Ⅰ₂	特提斯成矿域	Ⅱ₄	巴颜喀拉成矿省	Ⅲ₁₉	阿尼玛卿海西期、印支期铜、钴、锌、金、银成矿带	Ⅳ₃₃	布咯达坂印支期铜、钴、金(银)成矿亚带
						Ⅳ₃₄	布青山-积石山海西期、印支期铜、铅、锌、金(银)成矿亚带
				Ⅲ₂₀	北巴颜喀拉印支期、燕山期金、锑(稀土、钨、锡、汞)成矿带	Ⅳ₃₅	加格龙洼-昌马印支期、燕山期金、锑(稀土、钨、锡、汞)成矿亚带
						Ⅳ₃₆	两湖-昌马河印支期、喜马拉雅期金、锑(锡、汞)成矿亚带
						Ⅳ₃₇	巴颜喀拉山口印支期金(铅、银)成矿亚带
				Ⅲ₂₁	可可西里-南巴颜喀拉印支期(金、钨、锡、锑、稀有)成矿带		
		Ⅱ₅	三江成矿省	Ⅲ₂₂	西金乌兰-玉树印支期、燕山期铜、铅、锌、银、金成矿带	Ⅳ₃₈	西金乌兰-玉树燕山期铜、铅、锌、银、金成矿亚带
						Ⅳ₃₉	乌兰乌拉湖-风火山燕山期铜(银、铅、金)成矿亚带
						Ⅳ₄₀	曲柔杂卡-赵卡隆印支期铜、铅、锌、钼(钨、锑、金、稀土)成矿亚带
				Ⅲ₂₃	下拉秀印支期铅、银(钨、锑、金、稀有)成矿带	Ⅳ₄₁	下拉秀印支期铜、铅、锌、银成矿亚带
						Ⅳ₄₂	尕卡都印支期铅、锌、铜、金(银、钨、稀有)成矿亚带
				Ⅲ₂₄	沱沱河-杂多海西期、喜马拉雅期铜、钼、铅、锌、银(稀有、稀土、钴、金)成矿带	Ⅳ₄₃	乌丽-囊谦海西期、喜马拉雅期铜、钼、铅、锌、铁成矿亚带
						Ⅳ₄₄	旦荣-东坝燕山期铜、银、铅、锌(稀有、钴、金)成矿亚带
						Ⅳ₄₅	沱沱河燕山期、喜马拉雅期铅、锌、铜(稀有、稀土、钴、金)成矿亚带
				Ⅲ₂₅	雁石坪燕山期、喜马拉雅期铅、铜、锌、铜、铁(铋、锡、锑)成矿带	Ⅳ₄₆	纳保扎陇-木乃山期、喜马拉雅期铁、铜、铅、银(钨、锡、锑)成矿亚带
						Ⅳ₄₇	拉尕冷-波希窝空印支期、燕山期铁、铜成矿亚带
				Ⅲ₂₆	唐古拉山南坡燕山期铁(金)成矿带		

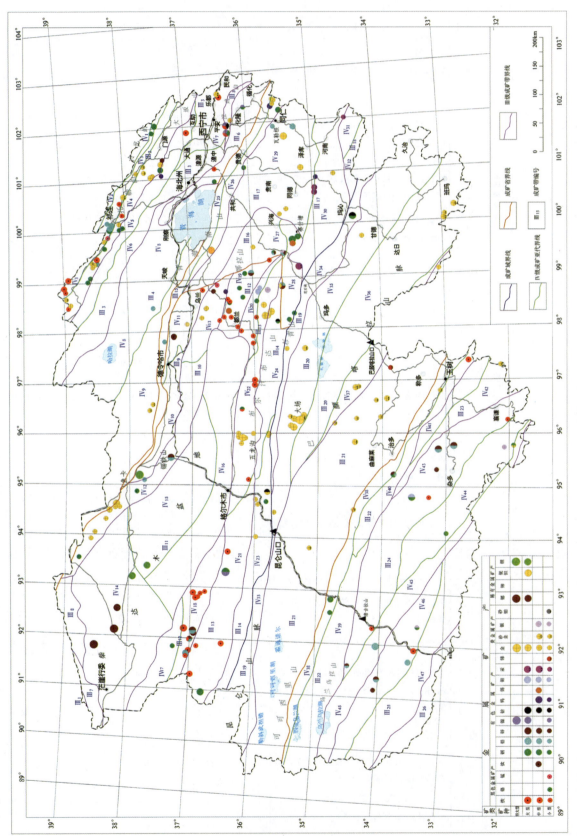

图 4-1 青海省成矿区带划分略图

1. 阿尔金加里东期金、铬、石棉、玉石成矿带（Ⅲ$_1$）

该成矿带位于青海省西北部，阿尔金山西段的采石岭北部。南与昆仑成矿省阿卡腾能山加里东期铜、金、石棉成矿带（Ⅲ$_7$）毗邻，向北延入新疆，在青海境内呈三角形展布，东西长约 36km，最宽处约 8km。区内以往地质工作比较薄弱，基础地质方面仅开展了1：20万区域地质调查及1：20万化探扫面，1：5万区域地质矿产调查正在进行中。矿产地质工作程度较低，发现的矿产地较少，尤其是金属矿产全区仅发现1处矿化点。

带内出露地层为寒武系—奥陶系滩间山群，由玄武岩、玄武安山岩、凝灰岩、灰岩、硅化石膏夹白云岩层等组成。火山岩为海相喷溢产物，属钙碱性系列，为俯冲环境玄武安山岩构造岩石组合（岛弧）。

构造为一轴向近东西向的复式向斜南翼次级背斜构造。受北东向主构造控制，近东西向次级断裂发育，断裂蚀变程度较高。在成矿带内有阿尔金左行走滑构造带南东段。阿尔金左行走滑构造带主体位于青海省外，在省内呈北东东向展布于索尔库里南阿卡托山—金鸿山一带，与之相对应的是阿尔金加里东期金、铬、石棉、玉石成矿带。

侵入岩为与洋俯冲有关的高镁闪长岩组合，由灰绿色细粒橄榄辉长岩、辉长岩组成，岩石为拉斑玄武系列、拉斑玄武辉长岩类、幔源的辉长岩组合。

区内已知矿产地很少，仅茫崖镇野马滩一带分布有金矿化点1处，目前尚未发现有规模的矿床。

2. 北祁连加里东期铜、铅、锌、金、铁、铬、石棉（铂、钴、汞）成矿带（Ⅲ$_2$）

该成矿带南以中祁连北缘断裂带为界，西起祁连县洪水坝，东至门源县朱固寺，其范围与北祁连弧盆系一致，省内长约 430km，宽 40~60km，向东、向西段及北部均延入甘肃境内。

带内有3处前寒武纪古陆块体分布，均为古元古界英云质、长英质和角闪质的片岩与片麻岩夹石英岩及大理岩的岩石组合。甘肃境内，在与加里东期花岗岩的接触带有矽卡岩型钨矿床形成。

造山期的地层以寒武系和奥陶系含矿性较好。其一是碎屑岩、碳酸盐岩和火山岩建造，分布于热水、大沙龙一带，向西进入甘肃镜铁山一带，常有铁、锰等富集成矿。该带地层由于缺乏化石和同位素年代学资料，在甘肃境内被划为长城纪，而青海则划为奥陶纪。其二是火山岩建造，即细碧角斑岩系，主要分布于走廊南山—冷龙岭、托勒山—大坂山，产有海相火山岩型铜多属矿床。

中新元古代阶段，形成了以中元古代熬油沟蛇绿岩为代表的中元古代洋盆，即为初始洋盆或小洋盆，火山活动频发，伴有超基性岩和基性岩岩体的侵位，是带内成矿物质充沛、成矿作用活跃时期。相继发生的构造变动使槽地闭合成为褶皱带，此种由隆升转化成挤压的造山作用有别于俯冲或仰冲造山作用，且引发的成矿活动相对微弱。区内造山期和造山期后的岩浆侵入活动都不甚发育，但相关岩体的出现均会产生不同程度的成矿作用。

带内地层以造山期定型的复式向斜构造为基本格局，向西北方向倾伏。黑河-八宝河是复向斜的核部位置，分布成矿较好的寒武系和下奥陶统，褶皱圈闭端出现在景阳岭以西的天蓬河上游地带，以东未有寒武系出露。该复式向斜构造由一系列走向断层所割切，以主褶皱形成的走向断裂与成矿和聚矿关系密切，其中的野牛台-盘坡-仙米断裂带和柯柯里-默勒-麻庄断裂带，分别产在复式向斜构造的核部和南部边缘，对成矿具有重要意义。

北祁连成矿带岩浆活动比较强烈，基性、超基性、中—酸性岩浆侵入活动和火山喷发活动都有，岩浆活动明显受构造控制，时代为加里东期。

基性、超基性岩主要分布于峨堡以西走廊南山和托勒山，在大坂山也有零星分布，呈脉状透镜状产出，侵位于寒武系、奥陶系。基性、超基性岩紧密伴生，往往成群分布，多数地段与火山岩并存组成蛇绿岩建造。基性岩为辉长岩、橄榄辉长岩等，岩石蚀变较强。蚀变岩有蛇纹岩、滑石菱镁矿等。超基性岩大部属镁质超基性岩，基性、超基性岩在成因上存在联系，属残余地幔岩浆上涌产物，其形成定位与地质事件紧密相关，与其有关的矿产有铬铁矿、石棉、镍、金、钴矿，除石棉与期后热液有关外，大部为岩浆熔离产物。

中—酸性侵入岩,属造山期产物,岩浆活动从早期到晚期由强变弱,时代属加里东期。岩石类型较多,大部呈岩株产出,以二长花岗岩为主,其个别岩体规模较大,岩体展布方向和区域构造线一致,为北西向,岩石属钙碱性系列。

本区铜、铁、多金属矿,无论热液型,还是海相火山岩型,其形成都与中—酸性岩浆成岩过程的热液交代、含矿物质运移、叠加改造有着密切的关系。

火山活动开始于中寒武世,结束于早志留世,主要为中寒武世—早奥陶世和晚奥陶世两个时期,早志留世火山活动很微弱。

中寒武世—早奥陶世以基性玄武岩、细碧岩和中酸性火山岩为主,主要分布于走廊南山—冷龙岭;晚奥陶世火山岩以中基性为主,主要分布于托勒山—大坂山。火山岩与沉积岩组成明显的韵律层,构成北祁连复式构造,其形成与构造环境有关,属沟弧盆系列的火山活动产物,大部具双峰式海相火山岩特征。

区内铁、多金属矿主要赋存于火山岩-沉积岩系中,其形成与上述两时期火山活动有密切的关系。

该带布格重力(以下简称重力)异常具北高南低的特点,显示为阿尔金到北祁连巨大的重力梯级带,并大体对应于华北地台南缘西段界线。大体以祁连县城为界又可分为东、西两段:西段重力等值线紧密,梯度大;东段等值线显得疏缓,并逐渐分解成3条次一级梯级带。

该带磁场显示总体北西走向的异常带。按照异常特点又大致可分为3段:以祁连县北西西向磁异常带为界,以西有两类异常:一是强度高,呈窄条带形,它们系基性超基性岩体引起;二是异常值低,呈面形,它们反映古元古界的磁性基底的存在,这也说明了北祁连是发育于古元古代结晶基底之上。以东至门源县城,异常多为椭圆形,强度高,它们可能主要由基性火山岩和部分中酸性岩体引起。在门源县城以东,异常突然减少。

该成矿带多元素呈现高丰度特征。丰度较高的元素和氧化物有 Cu、Co、Ni、Cr、Nb、Au、Ti、V、Fe_2O_3、U、Th、Zn、Mn、P、Be、K_2O、Mo、W、Ba、Hg、Sb、Pb、Ag、Cd、Bi 等,与全省其他Ⅲ级带相比,名列第一位的有 Cu、Co、Ni、Cr、Nb、Au、Ti、V、Fe_2O_3 等,居第二位的是 U、Tn,第三位的是 Zn、Mn,第五位的是 P、Be、K_2O,居第六至第十位的有 Mo、SiO_2、W、Ba、Hg、Sb、Pb、Ag、Cd、Bi 等,显示多元素具高丰度特色,这是北祁连地区多期构造-岩浆活动的结果。

本成矿带在全省26个Ⅲ级带中的标准化方差排序分别是:Cu、Co、Ni 居第一位,Cr、Nb 居第三位,Li、U 居第四位,Cd、Fe_2O_3、MgO 居第五位,Au、Mo、P 居第六位,Bi、Ti、Y、Na_2O 居第八位,Hg、As 居第九位,Be、Ba、F、Th 居第十位,其余元素居中后位置,显示该成矿带多元素离异性明显,有多元素成矿的可能性。

北祁连成矿带矿产资源十分丰富,已发现的金属矿产有铁、铬、锰、铜、铅、锌、金、钨、锡、钼、钴、镍、锑、汞、铌、钽等,能源、非金属矿产有煤、石棉、蛇纹岩、滑石、菱镁矿、硫铁矿、玉石等。各类矿床(点)190余处,其中铜多金属矿床13处,铁矿床6处,岩金矿床7处,砂金铂矿床3处,铬铁矿床3处;按规模划分,其中大型矿床1处,中型矿床10处,小型矿床27处。非金属矿产成型矿床不多,较重要的有石棉、蛇纹岩矿床4处,煤、硫铁矿矿床各1处。

矿床类型较多,主要有:①沉积变质型(铁、铜、金组合);②海相火山岩型(铜及铜、铅、锌组合);③岩浆型(铬、镍、钴、铂组合);④热液型-矽卡岩型(金、钨、钼、铜、锡、稀有、稀土组合);⑤构造蚀变岩型(金);⑥斑岩型(铜、金);⑦变质型(石棉、玉石、滑石、菱镁矿等)。

北祁连成矿作用在时间演化上具有多期性,从元古宙到新生代都有各类矿床(点)的形成及代表。加里东成矿期是主要的成矿期,其次是海西期和印支期。区内的铁、铜、铅、锌矿床主要形成于加里东成矿期,海西期—印支期则是金矿的重要富集期。石炭纪、晚三叠世和中侏罗世是北祁连3个较重要的成煤期。

1)冷龙岭北坡加里东期、海西期铜、钼、铅成矿亚带($Ⅳ_1$)

该亚带位于北祁连成矿带北缘,东、西两端及中部均延入甘肃境内,分布范围与冷龙岭复向斜一致。

青海境内长约85km,宽约10km。区内出露的地层以下奥陶统为主,为碳酸盐岩和钙碱性火山岩建造。其次为上泥盆统碎屑岩建造、下石炭统含煤碎屑岩建造,中—下二叠统在该区为河流相粗碎屑岩-泥岩建造。带内地层多为不整合接触,显示构造运动强烈。冷龙岭北坡一带地貌显示中基性火山岩带具火山机构,对铜多金属矿产成矿有利。断裂构造以北西向和北北西向为主。

岩浆活动比较强烈,中—酸性岩浆侵入活动和火山喷发活动都有分布,岩浆活动明显受构造控制,侵入岩时代为加里东中晚期,火山岩产于早古生代。

中—酸性侵入岩,时代属加里东期,岩石类型以钾长花岗岩、二长花岗岩、花岗闪长岩为主,为复式岩体,岩体展布方向与区域构造线一致,岩石属钙碱性系列。其中钾长花岗岩LA-ICP-MS锆石U-Pb年龄为480.1 ± 1.7Ma,岩体中辉钼矿等时线年龄为Re-Os等时线年龄为470.5 ± 3.4Ma(郭周平等,2015)。

火山活动主要形成于早奥陶世,以中酸性火山岩为主。

带内已发现的矿产有钼、铜、铅、煤等。发现一棵树煤矿点、宁缠煤矿(小型)、宁昌河西岔中游西铜铅矿化点、宁昌河西岔中游东铜矿化点和阿扎贡玛钼矿点。阿扎贡玛钼矿点辉钼矿化主要分布于花岗岩中的云英岩化细脉体中,或云英岩化脉体与花岗岩的接触带上,矿区成矿脉体总体形态不规则,近北西-南东延伸,长度约500m,厚度不稳定,最厚处2m,窄处仅几十厘米,矿体中辉钼矿化分布不均匀。该亚带的主攻矿种为钼、铜、铅等,矿床类型为热液型,成矿系列为与中酸性中浅成侵入活动有关矿产。

2)走廊南山北坡加里东期铜、铅、锌(金、钴、钼)成矿亚带($Ⅳ_2$)

该亚带位于北祁连成矿带北缘,峨堡-仙米断裂以北。本成矿亚带位于冷龙岭北坡加里东期、海西期铜、钼、铅成矿亚带以南,走廊南山南坡加里东期铜、铅、锌、铁、锰、金(银)成矿亚带以北,东、西两端延入甘肃省境内,青海境内长约245km,宽约5km。区内广泛出露下奥陶统和下志留统,前者为阴沟组,主要岩性为安山岩、玄武岩、层状硅质岩、灰岩及板岩组成,形成于岛弧环境;后者为肮脏沟组,岩性主要为粗碎屑岩、泥砂岩组成局部夹安山岩,为浅变质砂砾岩-泥砂岩建造,形成于弧后坳陷盆地环境。区内褶皱开阔,断裂构造发育。该区以海相火山岩、次火山岩发育为主要特色,侵入岩不发育。

带内已发现铜多金属矿床2处,东段有浪力克铜矿床,产于安山岩和次闪长玢岩中;西段有银灿铜锌矿床,产于石英角斑岩中。此外,尚有直沟、峨堡沟、托拉河沟脑、下牛头沟、红腰仙等多处铜(铅锌)矿点,均产在早奥陶世中基性—酸性火山岩或次火山岩中,受北西西向断裂带及火山机构控制。该亚带的主攻矿种为铜、铅、锌等,矿床类型为斑岩型、海相火山岩型,成矿系列为与中酸性浅成侵入活动和与海相火山活动有关矿产。

3)走廊南山南坡加里东期铜、铅、锌、铁、锰、金(银)成矿亚带($Ⅳ_3$)

本亚带位于黑河断裂以北,北起走廊南山主脊,南达黑河—八宝河沿岸,西起洪水坝、黑河上游源头间"分水梁",东至八宝河源附近,其范围与黑河-仙米复背斜一致,在青海境内长约440km,宽8～20km。区内广泛出露的中寒武世中基性—中酸性火山岩及下奥陶统火山沉积岩系是该区的主要含矿岩系,其中黑茨沟组岩性主要为一套中基性火山熔岩、火山碎屑岩,夹细碎屑岩及含少许动物化石的碳酸盐岩凸镜体地层序列,系双峰型火山岩组合;下奥陶统阴沟组为一套火山-沉积岩系,东部主要由玄武岩、安山玄武岩、安山岩、各类岩屑砂岩、层状硅质岩、灰岩及板岩组成,为火山岩-沉积建造,为海相火山岩型铜矿的赋矿地层,西部与甘肃交界处的地层存在争议,甘肃境内据叠层石及微古植物对比分析,以及在肃北县大泉一带获得熬油沟组玄武岩Sm-Nd全岩等时年龄而划为长城系桦树沟组,青海省则划为奥陶系阴沟组,由火山岩与灰岩、白云岩、砂岩或板岩组成,为细碎屑岩-镁质碳酸盐岩-基性火山岩建造,是沉积变质型铁矿的赋矿地层。古元古代、晚古生代—新生代地层分布零星;基性—超基性岩带呈北西向分布在黑河断裂北侧;加里东期中酸性侵入岩比较发育,主要为志留纪二长花岗岩。区内构造线呈北西西向,具多期活动。复背斜由次一级南、北两个复背斜和中间一个复向斜组成。褶皱形态复杂,火山机构发育,断裂构造密集分布。

区内矿产比较丰富有铬、铁、锰、铜、铅锌、金、煤等,矿床类型较多,计有岩浆型、沉积变质型、火山岩型、构造蚀变岩型、沉积型等。分布的矿产有小沙龙铁矿、下清水沟铁矿、大沙龙铁矿、拴羊沟金矿、下沟铅锌矿、郭米寺铜铅锌矿、下柳沟铜铅锌矿、弯阳河铅锌矿、尕大阪铅锌矿、阿力克铁矿、天朋河砂金矿、铜厂沟金矿、古心台砂金矿、朱固寺沟砂金矿、拉硐铬矿点、玉石梁铬矿点、柏树台子铬矿点、三岔铬矿点等矿床（点）。该亚带的主攻矿种为铁、铜、铅锌、金等，矿床类型为沉积变质型、海相火山岩型、构造蚀变岩型等，成矿系列为与火山-沉积变质岩系、与海相火山活动有关矿产及造山型金矿系列。

4）托勒山-大坂山加里东期铜、金、铅、锌、铬、铁、石棉、玉石（铂、银、钴、汞）成矿亚带（Ⅳ₄）

该成矿亚带北以黑河-仙米大断裂，南以北祁连南缘断裂带为限。处于托勒山-大坂山复向斜部位。在青海境内长约460km,宽10～30km。区内构造地层元古宇以基底岩片产出，由片麻岩、斜长角闪片岩、绢云石英片岩含碳片岩、薄层大理岩、少量玄武安山岩等组成。西段（托勒山主脊）发育下奥陶统，东段（大坂山北坡）发育上奥陶统，均以中基性火山岩发育为特征，沿北西-南东向裂陷带分布。上古生界及中新生界沿断裂凹陷带零星分布，构造以区内南、北两条边界断裂为主构造格架，断裂控制岩浆岩及后期石炭纪、二叠纪沉积，并形成北西向断裂破碎带。褶皱以托勒山复向斜轴部及大坂山复向斜南翼次级褶皱为主，其构造形迹保存不完整，地层倾向多为北东向。区内基性—超基性岩和早古生代中基性海相火山喷发岩-沉积岩地层组成多元化地层组合体——构造蛇绿混杂岩岩片。超基性岩被分割成数个长条状岩体（群），呈北西-南东向展布，岩体南侧与古元古界交界，北侧分别与下奥陶统、中寒武统、上奥陶统接触，其岩性为蛇纹片岩、斜辉辉榄岩、纯榄岩、蛇纹岩、石英碳酸盐岩、滑石菱镁岩等。基性岩主要为辉长岩、辉绿岩，受超基性岩侵入影响形态不完整。

中酸性侵入岩有：元古宙闪长岩、石英闪长岩、二长钾长花岗岩，及加里东—印支期的灰白色花岗岩、花岗闪长岩等。区内动力、热液变质作用强烈，尤以超基性岩、中基性火山岩边部的断裂发育，在断裂附近往往形成破碎蚀变带。

带内的成矿矿产主要为铜、金、铅锌、铬、钨、钼、铁等。成矿亚带内分布众多的中小型矿床，成矿时代以加里东期为主，矿床类型主要为海相火山岩型、火山沉积型、岩浆型、热液型、构造蚀变岩型、斑岩型等，分别以阴凹槽和红沟铜矿床、龙孔沟铁矿床、玉石沟铬铁矿床、川刺沟金矿床、树南沟铜金矿床等为代表。该亚带的主攻矿种为铜、金、铬等，主攻矿床类型为海相火山岩型、斑岩型、岩浆型等，矿床系列为与海相火山活动、与镁质基性—超基性岩和与中酸性浅成侵入活动有关的矿产。

3. 中祁连加里东期、海西期钨、铁、稀有、铜（钛、锑、金）成矿带（Ⅲ₃）

中祁连成矿带位于祁连造山带中部。北以北祁连南缘深断裂为界，南以中祁连南缘-拉脊山北缘区域性大断裂为限，西北起自托勒南山，经疏勒南山、大通山至西宁-民和盆地，东、西两端延入甘肃省境内，长约630km,宽50～85km,呈西窄东宽的"S"形条块状展布。

古陆块体的基础部分为古元古界和中元古界、新元古界。古元古界为包含有变质侵入体和石英岩、大理岩（有时含镁质）夹层的片岩、片麻岩组合，普遍达到角闪岩相变质程度，由于变质过程均一化程度较高，故地层和岩石的含矿性普遍欠佳，其中仅镁质大理岩能局部富集成矿。中、新元古界为中浅变质程度，具三分性的岩石组合，早期（下部）是富含石英岩或石英砂岩的碎屑岩组合，除石英岩部分纯度很高成为矿石之外，还有铁、磷等矿层产出；中期（中部）为不同程度含硅、镁质的碳酸盐岩组合，底部和中上部均有碎屑岩夹层，底部出现以板岩为主的含磷层，中上部夹层以泥质岩石为主，不同程度含碳质，值得剖析含金的可能性；晚期（上部）为碎屑岩、碳酸盐岩组合，有铁矿层产出，碎屑岩中局部含碳泥质岩石集中产出，存在一定含金的可能性。

古陆块体之上的盖层沉积，含矿性突出的地层是下中侏罗统的煤和古近系的石膏和芒硝，其次是上三叠统的煤和白垩系的含铜砂岩，以及分布不明朗的民和盆地侏罗系、白垩系的石油和天然气。

带内则发育与边界断裂交割的北西西向断层，如其它大坂、夏拉河上游、大通河上游、宝库河、塔湾等断层；它们向南东东方向与北边界断裂带交截显得突出，除了对造山期岩浆侵入起汇聚作用外，有的还是北祁连槽地向块体间伸展的控制因素，如大通河上游块体中出现的寒武系—奥陶系分布带，此等均有利于成矿和聚矿。

中祁连成矿带岩浆活动强烈,侵入岩有元古宙晚期和加里东期,火山岩由于元古宙地层变质深,大部分变质成角闪片岩,研究程度甚低。

中祁连是元古宙晚期岩浆活动的主要地区,侵入岩仅见闪长岩类和花岗岩,以花岗岩为主,岩体规模小,呈岩株产出,形状多不规则,大部分具片麻状构造,侵位于古元古界、中元古界。

加里东侵入岩岩石类形较多,以花岗闪长岩、花岗岩为主,侵位于中元古界、古元古界,分布零星,大部分呈岩株产出,形状不规则,个别花岗岩岩体较大,呈岩基产出。岩体展布总体北西向,受构造控制不明显,中—酸性岩浆成矿,主要为岩浆热液成矿。

上述元古宙和加里东期中—酸性侵入岩,较集中地分布于中祁连东部西宁盆地周围,西部零星分布。

该带重力场显示一圈闭的相对低值区,周围均为重力梯级带所围限,显示了该区地壳厚度较大的特点。

该成矿带矿产资源比较丰富,已发现各类矿床(点)200多处,金属矿产主要有铁、锰、钨、钼、铌钽、铜、铅、锌、金、银等。能源、非金属矿产有煤、磷、石英岩、白云岩、大理岩、石膏、黏土、自然硫、硫铁矿等。总体来看,成矿带中—西段以金属矿产和煤为主,木里地区是全省最重要的产煤区,并在2008年发现页岩气;成矿带东段以建材非金属矿为主,是青海省省内非金属矿产分布最集中的地区。

区内已发现的矿床(点)有79处,其中特大型1处,大型矿床3处,中型矿床8处,小型矿床8处,其他均为矿(化)点。该区成矿期次多,类型复杂。前寒武纪成矿期形成有变质型铁矿,伟晶岩型稀土矿等;加里东成矿期是本区最主要的成矿期,形成接触交代型铁矿,热液型锰、钨、铌钽矿,构造蚀变岩型金矿等;海西期—印支成矿期形成有沉积型铜矿;晚三叠世和侏罗纪为本区重要的成煤期;第四纪形成砂金、砂铂等。

1)南尕日岛-花石峡前寒武纪、加里东期铁、钨、钼、稀有(钛、锑、金)成矿亚带(Ⅳ$_5$)

该成矿亚带西起托勒南山,东至大坂山一带,长约440km,宽10～20km。区内元古宇变质岩系分布广泛,局部有寒武系—奥陶系、泥盆系—石炭系及中生代地层出露。带内出露的岩体主要有志留纪二长花岗岩、泥盆纪二云母花岗斑岩、奥陶纪花岗闪长岩和石英闪长岩、寒武纪二长花岗岩、新元古代花岗闪长岩等。北西向和北西西向断裂比较发育。

在中酸性侵入岩分布地段,发育有加里东期与花岗岩类有关的钨、钼、铜、铅、锌、铌钽矿;在坳褶带边缘的山间盆地内发育有早、中侏罗世与陆相沉积岩有关的煤、黏土矿;在第四纪河流相沉积层中,发育有砂金(铂)矿。

区内矿化普遍,类型较多。有色、稀有金属矿化沿断裂带分布,自西向东有南尕日岛铌钽矿点、其荷扎多金属矿点、大黑山钨矿点、花石峡钨钼矿点等,西延与甘肃塔尔沟钨矿床对接。矿化与加里东期花岗岩类关系密切,产出在岩体内部或外接触带中,相关岩性为黑云母花岗岩、二长花岗岩、花岗闪长岩等。矿床成因类型属接触交代-热液型。另外,区内砂金、砂铂较集中地分布在夏拉河上游第四纪沉积层中,如牙马图砂金(铂)矿点等。该亚带的主攻矿种为钨、钼等,主攻矿床类型为接触交代型,成矿系列以与中酸性中浅成侵入活动有关的矿产为主。

2)木里-海晏加里东期、海西期铜、铁(钛、锑、金、铅)成矿亚带(Ⅳ$_6$)

该成矿亚带西起托勒南山以南,东至丹麻,长约520km,宽30～40km。位于中祁连元古宙古陆块体的南部边缘坳陷区,在中元古界滨海相碎屑岩建造-陆棚浅海相碳酸盐岩建造的基底之上,广泛发育二叠纪—三叠纪陆相碎屑岩盖层沉积,其中二叠系河流冲积边滩相及海湾边滩相紫色岩系中的灰绿色砂岩、粉砂岩、泥灰岩中有砂岩型铜矿的沉积。带内出露的岩体主要为志留纪二长花岗岩、花岗闪长岩,奥陶纪闪长岩、石英闪长岩、二长花岗岩,寒武纪花岗岩,新元古代钾长花岗岩、花岗闪长岩等。

区内共14处矿(化)点,其中以外力哈达、铜山两处铜矿(化)点较为典型。煤炭主要分布在大通河上游坳陷带中,含煤地层为上三叠统和中—下侏罗统碎屑岩系,以木里煤田为代表。该煤田是青海省最大的煤田,煤层巨厚,盛产低灰特低硫低磷气肥煤、焦煤及焦瘦煤,并有天然气水合物产出,具有重大经济价值和广阔的开发前景。该亚带的主攻矿种为铜,矿床类型为砂页岩型。

3) 大通-高庙加里东期、海西期铁、钨、金（钴）成矿亚带（IV_7）

该成矿带西起塔湾,东至青甘省界,长约 200km,宽 40～50km。该亚带位于大坂山断裂以南,中祁连南缘断裂以北,西起湟中县多巴一带,东至民和县。区内以元古宇变质岩广泛分布为特征,下古生界火山沉积岩及侏罗系和白垩系陆相沉积岩有局部出露,古近系、新近系、第四系沉积层覆盖面积较大。带内出露的岩体主要为侵入岩,有志留纪二长花岗岩,奥陶纪花岗闪长岩、二长花岗岩,新元古代石英闪长岩。

本区金属矿产主要是与加里东期中酸性侵入岩有关的铁、锰、铅锌等金属矿产及第四纪砂金、砂铂等,主要有乐都县高庙铁矿、大通县门洞滩铁矿（点）、互助县尕什江铅锌矿（点）、互助县大峡钨矿（点）、乐都县高庙砂金矿等矿床（点）。除上述矿产外,建材非金属矿产占很大优势,其中以石英岩、石灰岩、白云岩、黏土、石膏、钙芒硝最为重要。石英岩探明储量居全国之首,石膏居全国第三位,以大通县斜沟石英岩矿床为代表。此外尚有红柱石、玄武岩、水泥用大理岩等。该亚带的主攻矿种为钨、铅锌等矿,矿床类型为接触交代型及热液型,矿床系列为与中酸性岩中浅成侵入活动有关的矿产。

4. 南祁连加里东期钨、金（锡、铜）成矿带（III_4）

南祁连成矿带构造环境为南祁连岩浆弧。北与中祁连中间隆起带南缘大断裂为界,部分区段由于二叠系—三叠系覆盖显示不够清楚,南以中吾农山北缘深断裂为界,北西起自党河南山青、甘省界,东止于青海湖构造三单元接点,长约 420km,宽约 100km。

区内造山期地层只有奥陶系和志留系。前者在北部的党河南山、大通山北坡以及南部的柴达木山南坡等地分布,为碎屑岩夹碳酸盐岩和中—中酸性火山岩的复理石建造与岩石组合,其沉积环境似有利于铁、锰等矿产的形成,但缺乏已知的成矿信息;后者则分布广泛,几乎全是泥、砂质碎屑岩岩石组合,仅局部有中性或中酸性火山岩呈透镜层产出,含矿信息较少。

造山期后盖层主要表现在疏勒南山地区下石炭统海相石膏层的产出和大通山及毗连地区二叠系中广泛分布的含铜砂岩层。

该带基本形态是造山期定型的宽阔复式向斜构造,核部位置在哈勒腾果勒—布哈河一线,为同褶皱期的哈尔科断裂带（含布哈河隐伏部分）所表现,并对同造山期花岗岩类侵入岩体的产出和分布起控制作用。区内除北西向构造外,北东向构造也较发育。

南祁连中—酸性岩浆侵入活动强烈,加里东期、海西期到印支期均有,以加里东期为主,但火山活动微弱。加里东期侵入岩,较集中地分布于青海湖西北和哈拉湖以南。其岩类较全,以花岗闪长岩、二长花岗岩分布较广,其次是钾长花岗岩,这 3 种岩体规模也较大,大部呈岩基产出,侵位于奥陶系、志留系,见泥盆系—石炭系不整合于二长花岗岩之上。岩体与区域构造线方向一致,呈北西向。

海西期侵入岩,仅见个别的闪长岩、二长花岗岩,分布于青海湖西侧祁、昆分界断裂带上,岩株产出,岩体长轴方向和断裂一致,为北西向。

南祁连早古生代火山活动研究程度低,火山活动始于奥陶纪,结束于志留纪。奥陶纪火山岩主要分布于哈拉湖以西,其他地区零星分布,下部中基性,上部中酸性,不同程度地夹火山碎屑岩,裂隙喷发,属裂谷槽剧烈下陷的产物,火山活动具沉积→爆发→喷溢的特征。志留纪火山活动很微弱,火山岩分布零星,呈透镜状赋存于复理石沉积岩系中,仅见于天峻北山和哈拉湖以南,为中酸性火山岩,属中心式喷发。

该带重力场显示一圈闭的相对低值区。圈闭范围大致同南祁连的主要区域相一致,周围均为重力梯级带所围限。这显示了该区具有从莫霍面到基底均具坳陷特征。

磁场总体显示在负磁场背景上叠加着众多的局部磁异常。局部磁异常走向主要为北西向和北西西向,个别为北北西向。该区基性火山岩很少,中酸性岩体也不多见,推测在该区有大量隐伏的中酸性岩体存在,同时好可能有地质未填出的磁性地层的因素。

据前人研究表明,绝大多数元素的丰度处于中—下水平。与全省 III 级带相比,排位一般居第十二位以后。排位居前的是：K_2O 居第一位，Be、Rb 居第二位，Nb、Fe_2O_3 居第四位，CaO 居第八位，Mn 居第九位，Au、Sn 居第十位，其余元素排在第十二位之后。从第一、第二位的元素组成上来看，本带 K_2O、Be、Kb 物质基础较丰厚，这是由区内酸性（偏碱性）岩较发育所致。

区内已发现各类矿床、矿点 88 处，矿种有砂金、岩金、铜（银）钨、锑、铅、锌、硼、石盐、石膏、石灰岩、白云岩、煤、独居石、水晶等 20 种，除砂金、铅、锌、钨、硼、石灰岩等探明有少量资源储量外，其他矿种仅做过一般性普查或矿点检查。主要有纳尔扎金矿点（构造蚀变岩型）、加油铜矿点（砂页岩型）、龙门钨矿点（接触交代-热液型）、哲合隆-大尼铅锌矿点（接触交代-热液型）、拜兴沟钨锡稀有稀土矿化点（热液型）、卡克图砂金矿点、雅沙图砂金矿点（沉积型）、达拉沟石灰岩矿床（沉积型）、尕曲石灰岩矿床（沉积型）等。

1) 哈拉湖-龙门加里东期钨、金、铅锌、金（铜、钴）成矿亚带（IV_8）

该成矿亚带西起野牛脊，东至青海湖，长约 320km，宽 70~80km。区内元古宇出露极少，下古生界沿北缘边界断裂南侧断续出露。奥陶系为碎屑岩夹碳酸盐岩及中基—中酸性火山岩组成的类复理石建造；志留系仅见下统，分布较广，为浅海陆源碎屑沉积，受区域变质呈低绿片岩相，局部达高绿片岩相。石炭系—三叠系为浅海-滨海相稳定台型盖层沉积。侏罗系为陆相沉积，分布零星。新生界为河湖相沉积地层，是区内砂金的聚集场所。

区内基性—超基性岩分布很少，零星见于北部边缘带及中部断裂附近。中—酸性侵入岩发育，岩体规模大，多呈岩基状复式岩体产出。侵入时代以加里东晚期为主，次为印支期，岩体分布与区域构造线方向一致。断裂以北西向、东西向基底断裂为主，次为北东向断裂。近南北向的分支断裂仅见于中段，局部形成控矿构造。上述特征反映基底构造与中祁连无明显界线。

带内发现的矿产不多，主要有哲合隆铅矿床、纳耳扎金矿点及龙门钨矿点等。哲合隆铅矿矿床规模为小型，成矿时代为加里东期，矿床类型为热液型。该亚带的主攻矿种为钨铅锌、钨等，矿床类型为热液型，矿床系列为与中酸性岩中浅成侵入活动有关的矿产。

2) 居洪图-石乃亥加里东期金（钨、锡、铋、铜）成矿亚带（IV_9）

该成矿亚带西起野牛脊，东至青海湖，长约 410km，宽 15~60km。成矿地质环境与北亚带相似，只是本亚带中—酸性侵入岩十分发育，尤以西段集中，构成较为醒目的花岗岩带。侵入时代为加里东晚期，岩类以花岗岩、二长花岗岩为主，次为花岗闪长岩等。岩体规模较大，多呈岩基产出，岩体展布呈北西向，与区域构造线方向基本一致。

该区已知矿产有铜、铅、锌、银、金等，分布在滚艾尔沟、硫磺沟、雅沙图等地，规模较小。其矿床类型以热液交代型为主，属于与中酸性中浅成侵入活动有关的成矿系列。本亚带西段居洪图、雅沙图一带出露的河湖相沉积层中，发育有第四纪砂金矿床。

5. 拉脊山加里东期铜、镍、钴、金、稀土、磷（钛、铂）成矿带（III_5）

该成矿带位于中祁连成矿带之南部，南北由拉脊山南北缘深断裂所限，西起青海湖东，东倾伏于民和盆地之下，呈北西向，长约 130km，宽 4~13km，平面上呈"S"形狭长带状。

该带是在前寒武纪陆块基底上由拉张作用形成的陆内裂谷带，与北祁连裂谷带大体相似。主要地层为寒武系，由碎屑岩、碳酸盐岩以及基性或中基性火山岩组成，下部夹含铁硅质岩和铁矿层。火山岩是含铜的高背景岩石，普遍出现铜的矿化；火山岩发育地段和与之邻近的层位常有具铬、镍矿化或高背景的超基性或基性岩体产出。奥陶系分布不普遍，为碎屑岩和中—中基性火山岩岩石组合，偶有含铁石英砂岩或铁矿层产出，其含矿性普遍不佳。志留系只在局部残留，为独特的海相磨拉石砾岩夹砂岩、板岩（含笔石）建造，未见矿化信息。

区内断裂、褶皱发育。近东西向的拉脊山南北缘深断裂控制了成矿地质背景和大范围矿化、异常带的展布。区内主干断裂有北西向、北东东向和北东向、近南北向 4 组，在其两组断裂交接部位常为控矿构造。褶皱主体为一复向斜，轴向近东西，两翼次级褶曲发育，其形态多遭破坏。

拉脊山成矿带岩浆侵入活动和火山喷发活动都有。侵入岩基性、超基性、中—酸性都有分布，但规模都不大。

基性、超基性岩浆活动形成于拉张期，侵位于寒武系，与火山岩共生，组成蛇绿岩建造，大部呈独立的单斜体、脉状产出。岩体展布方向，拉脊山西段为北西向，东段为北北西向。基性岩为铁质基性岩，岩类有辉长岩、辉绿岩；超基性岩以镁质超基性岩为主，岩类有纯橄岩、橄榄岩、斜辉橄榄岩，除此还有蚀变岩，如蛇纹岩、菱镁岩。岩体中含铬、铁、铜、镍、钴、金等。

中—酸性岩浆侵入活动微弱，仅见加里东期闪长岩、花岗闪长岩，分布比较零散，岩体规模小，呈岩株产出，展布方向随山体和区域构造线而异，总体为北西向，属钙碱系列岩石。岩浆岩侵位于寒武系、奥陶系，围岩具绿泥石化、黄铁矿化、褐铁矿化，局部见矽卡岩化，蚀变一般较强。

拉脊山火山活动始于中寒武世，结束于晚奥陶世，以海相基性熔岩为主，中性、酸性次之。主要岩石类型有玄武岩、安山岩，流纹岩和细碧角斑岩，火山碎屑岩比较发育，属钙碱性系列玄武岩，火山喷发旋回及韵律清楚。与火岩有关的矿产有铁、铜和含铜黄铁矿点等。

中—酸性岩浆侵入演化过程，对本区岩浆热液矿床的形成和火山岩有关矿床物质成分的运移、富集、改造起着重要的作用。

该带重力场表现为北高南低的一个梯级带。走向由西向东，从近西向转为南东向，与该带基本一致，说明拉脊山带的两侧基低是北侧上升、南侧下降。

磁场表现为强度高连续性好的异常带，最宽处在西段。磁异常系由一套基性火山岩、熔岩和超基性岩所引起，同时也反映拉脊山裂谷带的中心是在东经 102°以西。

该带元素（氧化物）丰度显示较强的专属性特点，与基性、超基性岩相关组分具高丰度态势。居第一位的元素（氧化物）有 Au、Co、Cr、Ni、P、V、Ti、Al_2O_3、Fe_2O_3、MgO 等，这与本带超基性岩、基性岩及基性火山岩发育密不可分。

带内成矿作用有以下特点：成型矿床主要为与铁质超基性岩有关的有元石山中型镍钴铁矿床、上庄特大型磷铁（稀土）矿床；与中酸性火山岩有关的岩浆热液型金矿床（点）有尼旦沟、天重峡等；带内火山岩系虽然发育，普遍出现铜矿化，但多为一些矿点，尚未形成具规模的矿床。

6. 日月山—化隆加里东期铜、镍（铂）成矿带（$Ⅲ_6$）

该带北与拉脊山南缘深断裂为界，南与青海南山大断裂为界，西起日月山，向东延入甘肃省境内，长约 300km，南北宽 10~45km。

带内古元古界托赖岩群（化隆岩群）变质岩系广泛分布，岩性为结晶片岩、石英岩、混合岩等，为基性超基性岩及铜镍矿床的围岩。托赖岩群的上覆地层主要是新近系。与古生界或中生界绝大部分为断层接触关系，是一个长期剥蚀地带。

加里东期基性—超基性岩较发育，岩体规模一般较小，多数小于 $0.1km^2$，呈透镜状、扁豆状、脉状产出，角闪岩、角闪辉石岩往往与铜镍硫化物矿化有成因联系。中酸性侵入岩形成于加里东期，呈岩株状和脉状产出，岩性有花岗岩、二长花岗岩、闪长岩、花岗闪长岩等。

该带重力场夹持于由北祁连重力梯级带向东分出的中、南两分支梯级带中间。在西部，青海湖区显示局部重力高和局部重力低，表明该区青海湖南半部为老基底较浅，或直接出露，而北半部基底较深。两分支梯级带在共和县与湟源县之间相互靠近，再向东又稍有分开，反映该成矿带在此处变窄，向东亦稍有加宽，同地质上划的范围几乎完全一致。

磁异常总体显示出一较平静的负磁场背景，其中零星分布有少量局部磁异常，反映出该区基底基本无磁性，其中侵入有少量中酸性岩体。

带内已发现小型矿床 2 处，矿点 8 处，主要为拉水峡和裕龙沟铜镍矿床以及沙家、官庄沟、冶什春等铜镍矿点。成矿以岩浆型铜镍为主，亦是祁连成矿带铜镍矿产最重要的分布区，归属于与铁质基性—超基性岩浆侵入活动有关的成矿系列。带内尚有个别产于前寒武系中的石墨、白云母矿点和第四系砂金（铂）矿点等。需要引起注意的是，产于我国西部的主要铜镍矿床金川、会理以及本带的拉水峡等都出现在东经 102°南北一线，认为这与我国中部的东经 98°—104°存在的南北向构造带可能有极密切的关系

(青海省地质科学研究所,1984)。

(二)昆仑成矿省

昆仑成矿省南以昆南深大断裂为界,北以南祁连南缘断裂为限,西起阿尔金山,东至鄂拉山西缘。东界为晚三叠世陆相火山盆地覆盖,边界模糊不清。基底由古元古界结晶变质岩系组成。中—新元古界由浅变质岩及火山岩组成。成矿省的北部早古生代火山活动强烈,形成了铅、锌、铜、铁、锰、金、银等矿产;南部加里东期—燕山期均有侵入岩浆活动,以海西期—印支期最盛,生成昆仑北坡岩浆型、矽卡岩型、斑岩型与岩浆热液型铁、铜、镍、钼、铅、锌、钴、金等矿产。海西期—印支期构造热事件形成了滩间山、五龙沟等构造蚀变岩型金矿。印支末期巴颜喀拉运动,柴达木盆地开始形成,在北部隆起的边缘坳陷处沉积了早、中侏罗世煤系及油页岩、铀钍等矿产。晚侏罗世盆地进一步发展,以古近纪最盛,形成高山深盆环境。渐新世—上新世在还原条件下生成了油气的生储层系,同时有石膏、石盐、钙芒硝的沉积,新近纪盆地范围进一步扩大,形成泛柴达木盆地,并有大量钾镁盐类、石盐、硼、锂的沉积。矿产分布与聚集明显受控于区域地质构造与成矿地质环境。该成矿省共划分出阿卡腾能山、俄博梁、欧龙布鲁克-乌兰、柴达木北缘、柴达木盆地、祁漫塔格-都兰、伯喀里克-香日德、雪山峰-布尔汗布达8个Ⅲ级成矿区带。其中柴达木北缘、柴达木盆地、祁漫塔格-都兰是青海省重要的成矿区带。

1. 阿卡腾能山加里东期铜、金、石棉成矿带(Ⅲ$_7$)

阿卡腾能山加里东期铜、金、石棉成矿带位于柴达木盆地西北缘,西起茫崖,东到阿拉巴斯套,长100余千米,宽10~20km,向西北和东南延入新疆。该带以往工作程度较低。

出露地层主要为古元古界达肯大坂岩群,寒武系—奥陶系滩间山群,下—中侏罗统大煤沟组,中侏罗统采石岭组,上侏罗统洪水沟组,下白垩统犬牙沟组,新生界干柴沟组、油砂山组和七个泉组等。

古元古界达肯大坂岩群零星出露于本成矿亚带的东端采石岭东侧,岩性为灰黑色混合岩化黑云斜长片麻岩、斜长角闪岩、大理岩夹石榴矽线石片岩、二云母片岩,原岩建造为基性火山岩-碎屑岩-碳酸盐岩建造组合,属低—高角闪岩相、中压相系,为古元古代期区域动力热流变质作用的产物。

寒武系—奥陶系滩间山群,出露于茫崖镇东北部及柴水沟至采石岭一带,在柴水沟至采石岭一带主要出露火山岩岩组。岩石组合为灰绿色英安岩、安山岩、暗绿色绿泥石英片岩、变晶屑凝灰岩,夹灰色砂岩、粉砂岩、硅质岩。茫崖镇东北及采石沟一带零星出露碎屑岩岩组,岩性为灰色千枚岩、砂岩、含砾砂岩、灰岩夹绢云石英片岩、安山质角砾凝灰岩、灰岩和含锰硅质岩。在该地层区产有茫崖镇柴水沟银金矿点、茫崖镇采石沟金矿点和茫崖镇柴水沟铜矿化点。

侏罗系大煤沟组、采石岭组、洪水沟组,主要出露于茫崖镇东北部及柴水沟一带,在大煤沟组中产有茫崖镇柴水沟煤矿和茫崖镇小西沟煤矿点。

下白垩统犬牙沟组,零星出露于采石沟东部一带,环境为陆相沉积,呈北西向带状分布,岩性为紫红色厚层状砾岩夹含砾砂岩及泥灰岩透镜。

该带北或北西侧为阿尔金山南部北东向索尔库里主断裂带,受其影响岩石普遍发生片理化,之南或南东与晚中生代开始形成的柴达木盆地相连,并向盆地沉积层之下延伸;带内显示同造山期褶皱和与之相伴的断裂(含后期活动)带内构造较发育,断裂主体为呈北东-南西向,次为近东西向、北西向,采石沟金矿点与近东西向断裂关系密切。

区内岩浆岩较为发育。火山岩分布在寒武系—奥陶系滩间山群中,为海相基性—中酸性火山岩,侵入岩为加里东期的基性侵入岩、中酸性侵入岩和海西期酸性侵入岩。超基性岩为层状、透镜状、脉状的单斜体,向北北西倾,分异不明显,著名的茫崖石棉矿产于超基性岩中。基性侵入岩分布于成矿带北部,侵入于寒武系—奥陶系滩间山群千枚岩、片岩、灰岩、大理岩之中。该区共圈定出7个岩体,以平顶山橄榄辉长岩体规模最大,岩体在平顶山主脊呈近东西向或北东东向展布的纺锤状产出。另外在测区西南部见少量辉绿岩脉。基性岩 M/F 值为 0.67~1.57,0.5<M/F<2 为铁质基性岩系列。加里东期中酸性侵入岩分布于中部,岩体北东向展布,与区域构造线基本一致。中酸性岩体侵入于古元古界金水口岩

群和寒武系—奥陶系滩间山群中,与侏罗系、白垩系等为沉积接触。加里东岩性主要为闪长岩、石英闪长岩、花岗闪长岩等,海西期岩性主要为英云闪长岩、二长花岗岩、钾长花岗岩等。火山岩赋存于寒武系—奥陶系中,形成厚达千米以上的火山岩系,主要岩石类型为玄武岩、安山岩、英安岩、晶屑凝灰岩等。

本带位于阿尔金山航磁异常带,处于阿尔金山东南坡,由3条正负相间、长轴走向北东的航磁异常带组成。重力异常总体上呈东西向展布的重力梯级带上,自北向南负异常逐渐增大,南北重力差值高达$-50\times10^{-5}\mathrm{m/s^2}$。重力异常特征与该地区的航磁异常特征相吻合,基本反映了该地区的地质构造特征,北部地层密度高,南部地层密度低。

化探异常显示区内以Au、W、Cu、Bi、As、Co、Sb组合为主,其中柴水沟、柴水沟东综合异常为W、Bi、Cu、Au元素组合,规模大,强度高,浓度分带明显。异常总体展布与构造线一致(呈北东东向),受含矿地层和断裂构造控制明显。

区内矿产以铅、锌、银、铜、金、铁、煤、石棉等为主。金属矿产主要是一些矿(化)点,如柴水沟铜矿化点、采石场西铜金矿点、采石沟金矿点、柴水沟铅锌银矿点等。

2. 俄博梁海西期铜、镍、金(钨、稀有、稀土)、石墨成矿带($Ⅲ_8$)

该成矿带位于阿尔金山东段,西与阿卡腾能山成矿带($Ⅲ_7$)毗邻,东与赛什腾山成矿亚带($Ⅳ_9$)相接,东西长约150km,宽20~30km,向东、向北延入新疆。

该成矿亚带内出露地层主要为古元古界达肯大坂岩群,中元古界蓟县系万洞沟群,下—中侏罗统大煤沟组,中侏罗统采石岭组,上侏罗统洪水沟组,新生界干柴沟组、油砂山组、狮子沟组和七个泉组等。

古元古界达肯大坂岩群(金水口岩群),出露于茫崖镇柴水沟北侧及牛鼻子山至俄博梁以北一带,岩性为低—高角闪岩相、中压相系变质岩。在该变质岩系中产有冷湖镇黄矿山铜铅锌矿化点。

中元古界蓟县系万洞沟群,零星出露于索尔库里南侧及南东阿卡托山—金鸿山一带,岩性为泥砂质碎屑岩和碳酸盐岩。变质程度为低绿片岩相。

下—中侏罗统大煤沟组主要为沼泽相含煤碎屑岩组合,中—上侏罗统采石岭组多为河湖相红色粗碎屑沉积,上侏罗统洪水沟组为一套以紫红色为主色调的粗碎屑岩。侏罗系主要分布在茫崖镇柴水沟北侧至索尔库里南东一带。大煤沟组是该区的主要含煤地层,在大煤沟组含煤地层中产有茫崖镇金鸿山煤矿。

新生界出露广,在压陷盆地及山间盆地沉积了新生界干柴沟组、油砂山组、狮子沟组及七个泉组。

带内构造发育,区域性断裂主体为北东东向,区内发育宽100~500m的韧性剪切带,构成大型变形构造带-阿尔金左行走滑构造带。牛鼻子山至俄博梁一带发育北西向和近南北向断裂。

带内岩浆活动较强烈,基性、超基性岩及中、酸性岩浆侵入岩和火山岩均有产出。

基性、超基性岩分布于阿尔金南端的牛鼻子山一带,属于非蛇绿岩型的基性、超基性岩。产出部位处于古陆边缘横向张裂带中,主要分布在古元古界达肯大坂岩群中。该期岩体与围岩均赋存铜、镍、钴矿(在牛鼻子梁等地发现了与泥盆纪超基性岩有关的铜镍硫化物矿床)。

中、酸性岩浆侵入活动,具多旋回特点,元古宙晚期、加里东期、海西期、印支期、燕山期不同程度都有分布,但以海西期为主。元古宙晚期侵入岩,仅见闪长岩、花岗闪长岩,出露于俄博梁一带,规模小,岩株产出,侵位于古元古界(闪长岩同位素年龄为1474Ma)。加里东期侵入岩仅见英云闪长岩,呈岩株产出,出露于俄博梁北部,侵位于古元古界,同时也侵入于古元古代花岗闪长岩中。海西期侵入岩有英云闪长岩、花岗闪长岩、二长花岗岩,集中分布于该带的西部,岩体规模较大,大部岩基产出,侵位于古元古界。印支期侵入岩仅见二长花岗岩,呈岩株独立产出,出露于俄博梁东北,侵位于古元古界。燕山期侵入岩,集中出露于该带的东部,仅见英云闪长岩和斜长花岗岩,侵位于古元古界,岩体规模小,呈长条状,明显受断裂控制。

区域重力场仍为北高南低的巨大的阿尔金-北祁连重力梯级带。磁异常整个为面形正磁场区,这是该区古元古代磁性基底的反映。在高背景磁场上叠加有呈椭圆形局部磁异常。异常强度较大,尤其是东端,其应由中酸性侵入岩所引起的。

结合地质背景可大体分辨出 Cu、Co 异常较集中分布于青、新边界地层(Pt_1、Pt_2)出露区;W、Sn、Bi 异常受控于海西期及元古宙晚期侵入岩所在位置,稀有稀土类元素异常与中酸性侵入岩有密切关系。

本成矿带在青海省元素(氧化物)排名前十二位的主要有:Na_2O、Au、Sr、MgO、CaO、Ba、Mo、Al_2O_3、P、Sn 等。其他元素排在第十四位以后,其中居第二十至二十四位的元素(氧化物)达 17 个之多。在前十二位的元素中氧化物类占 40%。

该成矿带目前发现的矿床(点)不多,主要有牛鼻子梁铜镍矿、俄博梁铁矿、黄矿山多金属矿、牛鼻子梁西金矿、大通沟南山石墨矿以及交通社稀有稀土矿化点等。矿床类型有岩浆型、伟晶岩型、矽卡岩型、构造蚀变岩型、沉积变质型等。

3. 欧龙布鲁克-乌兰海西期钛、稀有、钨、锡、金(铋、稀土、宝玉石)成矿带（Ⅲ₉）

该带位于柴达木盆地东北缘,西起大柴旦,东至茶卡盐湖,北以宗务隆山断裂为界与宗务隆山成矿带为邻,南以丁字口-乌兰断裂为界与柴达木北缘成矿带相接,东以哇洪山-温泉断裂为界与鄂拉山成矿带相接,长约 350km,宽 20～40km,总体呈北西西向展布,四周被断裂围限。

该带以古元古界达肯大坂岩群为结晶基底。德令哈以西沉积有震旦系—奥陶系和石炭系—下二叠统稳定型地层,以及边缘部位的下三叠统活动型地层;德令哈以东局部有活动型寒武系和上泥盆统含火山岩的磨拉石地层出露。

块体由边界断裂控制,其展布为北西西-南东东向,但内部的褶皱轴和断裂的方向却呈北西或北北西-南南东或南东方向,彼此为斜列的交合关系。其显现部位在东段的德令哈—茶卡盐湖地区,在复向斜褶皱和纵向断裂密集分布的背景上,为岩浆侵入活动所发育,有可能成为成矿和聚矿的理想地段。在古元古界中发育北西西向和南北向的韧性剪切带。

海西期—印支期的造山作用在该亚带产生强烈的构造岩浆活动,形成花岗闪长岩、二长花岗岩、斜长花岗岩等岩体。

重力场显示为一走向为北西向的重力高值带,反映出该带为一宽度达近百千米的基底隆起区。

磁场显示为条形的强磁异常带,它说明该区结晶基底具有较强磁性,不但有古元古代的结晶基底存在,很可能尚有磁性更强的太古宇。

本带多数元素的丰度很低,与全省Ⅲ级带相比,居第二十位之后的元素达 27 个之多。居前二十位的元素(氧化物)有 Sr、Ba、CaO、Na_2O、Bi、MgO、K_2O、P、Mo 等。

带内已知矿产有铁、铜、钨、金、银、铌钽、钾长石、玉石、煤、黏土、白云岩、硅石等 10 余种,矿床(点) 34 处(其中金属矿产 26 处),大型矿床 2 处,中型矿床 1 处,小型矿床 4 处,各类矿(化)点 27 处。

成矿带东、西两段矿产分布有所不同,西段以非金属矿产为主,东段以内生金属矿产为主。这种矿产分布上的差异,反映出东、西两段的地质构造环境和成矿作用不完全一样。欧龙布鲁克陆块在其构造演化的不同阶段,发育有不同的成矿类型和成矿系列。中—新元古代时期,陆块上广泛发育早期的稳定台型盖层沉积,出露地层为万洞沟群浅变质岩系和全吉群碎屑岩夹碳酸盐岩。这一时期形成了与海相化学沉积岩有关的铁、石英岩、白云岩、玉石矿床成矿系列,但其成矿作用较弱,除石英岩、白云岩有成型矿床外,其他均为矿点,矿床类型多为沉积-变质型。震旦纪—寒武纪时期,该带可能发生局部的裂解-闭合,在小范围裂陷中形成了与碎屑岩和碳酸盐岩有关的铁、石灰岩等沉积矿产。晚古生代—早中生代,陆内造山作用在该带(尤其是东段)产生强烈的构造岩浆活动,并形成与中酸性侵入岩类有关的钨、铜、金、铍、铌钽、钾长石矿床成矿系列。矿床类型以热液型、接触交代型为主,与岩浆作用有较密切的联系。此类矿床分布在布赫特山、沙柳泉一带,以尕子黑钨矿点、沙柳泉铌钽矿床为代表,是区内较为重要的矿床类型。

1)布依坦乌拉山海西期钨、金(稀有、铁、稀土、宝玉石)成矿亚带（Ⅳ₁₀）

该成矿亚带西起大柴旦,东止察汗哈达,长约 230km,宽 20～30km。带内出露的地层主要有古元古界金水口岩群、奥陶系欧龙布鲁克组和皱节山组、石炭系克鲁克组和城墙沟组、侏罗系大煤沟组和红水沟组、新近系油砂山组和狮子沟组。带内出露的岩体主要有侏罗纪钾长花岗岩、二叠纪花岗闪长岩、新元古代石英闪长岩以及基性岩等。

该成矿亚带内出露的矿床有大柴旦盐湖锂矿床、德令哈石英梁铁矿点、求律特金矿点。大柴旦盐湖锂矿床规模为特大型,成矿时代为喜马拉雅期,矿床类型为盐湖型;德令哈石英梁铁矿点,成矿时代为前寒武纪,类型为沉积型;求律特金矿点成矿时代为海西期,类型为构造蚀变岩型。

2) 布赫特山海西期钛、稀有、钨、锡(铋、稀土、宝玉石)成矿亚带(IV_{11})

该成矿亚带西起察汗哈达,东到茶卡盐湖,长约160km,宽8～40km。带内出露的地层主要有古元古界金水口岩群、蓟县系狼牙山组、青白口系丘吉东沟组、寒武系—奥陶系滩间山群、泥盆系牦牛山组、侏罗系红水沟组和享堂组、新近系—古近系白杨河组、新近系油砂山组等。带内出露的岩体主要有三叠纪钾长花岗岩和二长花岗岩、二叠纪闪长岩和花岗闪长岩、泥盆纪花岗闪长岩、奥陶纪花岗闪长岩、古元古代钾长花岗岩以及新元古代基性岩等。

带内分布的矿产主要有高特拉蒙钛矿、乌兰县尕子黑钨矿、布赫特山南坡铜矿、尕子黑西沟铁矿、沙柳泉铌钽矿、阿移顶铁铜矿。高特拉蒙铁矿床规模为中型,成矿时代为喜马拉雅期,矿床类型为风化壳型;尕子黑钨矿矿床为小型,矿床类型为矽卡岩型,成矿时代为海西期;布赫特山南坡铜矿规模为矿点,成矿时代为前寒武纪—加里东期,矿床类型为热液型;尕子黑西沟铁矿为矿点,成矿时代为印支期,矿床类型为热液型;沙柳泉铌钽矿床规模为小型,成矿时代为海西期,矿床类型为岩浆型;阿移顶铁铜矿床规模为小型,成矿时代为海西期—印支,矿床类型为热液型。该亚带的主攻矿种为钨、锡、稀土等,矿床类型为接触交代型及热液型,成矿系列为与中酸性岩中浅成侵入活动有关的矿产。

4. 柴达木北缘加里东期、海西期、印支期铅、锌、金、钨、锡、铁、锰、铜、铬、钛、钼(钴、稀土)成矿带(III_{10})

该带处于柴北缘结合带中,西起小赛什腾山,经绿梁山、锡铁山、阿木尼克山,东至沙柳河。北以大柴旦-乌兰断裂与欧龙布鲁克成矿带分界,南以柴北缘断裂带与柴达木盆地毗邻。其呈北西向展布,长约600km,宽10～40km。

带内出露地层主要为:古元古界达肯大坂岩群,中元古界蓟县系万洞沟群、长城系小庙组;寒武系—奥陶系滩间山群,上泥盆统牦牛山组、上泥盆统—下石炭统阿木尼克组,下石炭统城墙沟组、怀头他拉组和上石炭统克鲁组;下—中三叠统隆务河组、上三叠统鄂拉山组,下—中侏罗统大煤沟组、中侏罗统采石岭组、上侏罗统红水沟组,下白垩统犬牙沟组;新生界路乐河组、干柴沟组、油砂山组、狮子沟组和七个泉组等。

带内构造发育,该带以前造山期块体和造山期物质组分的相间格局为特征,纵向断裂十分发育,呈斜列形式分布,为岩浆侵入体的产出和成矿活动进行提供了构造条件。构造单位和断裂构造均在东段以收敛态势被青藏北特提斯造山系截切,为成矿和聚矿提供了有利条件;赛什腾山西段,是地层、构造和侵入岩最具多样性的地段,大型变形构造带有柴北缘逆冲-走滑构造带(CBNZ)。区域性断裂主体为北西向和北西西向,次为北东向和近南北向,在赛什腾山—滩间山至锡铁山一带以北西向断裂为主体,控制着该区地层和岩浆岩的分布;在赛坝沟至沙柳河一带以北西西向断裂为主体。

柴达木北缘成矿带岩浆活动比较强烈,基性、超基性、中—酸性岩浆侵入活动中心集中于该带的西部和东部地区,火山活动几乎遍布全区。

分布于西部赛什腾山—依克柴达木湖地区的基性、超基性岩,侵位于寒武系—奥陶系火山-沉积地层中,组成蛇绿岩建造,以超基性岩为主,二者相伴产出,具群居性,与围岩接触处具较强蚀变。胜利口有些岩体具金伯利岩特征,呈岩株、岩墙产出;分布于东部阿尔茨托山一带的基性、超基性岩,以超基性岩为主,顺层就位于寒武系—奥陶系滩间山群中。

西部赛什腾山一带,以海西期岩浆活动为主,有花岗闪长岩和钾长花岗岩,规模都不大,岩株产出,长条状侵位于寒武系—奥陶系,加里东期仅见个别英云闪长岩。

东部阿尔茨山一带,以海西期和印支期岩浆活动为主。海西期岩类较全,以二长花岗岩、花岗闪长岩居多,侵位于寒武系—奥陶系,岩体大部呈岩基产出;印支期有二长花岗岩、钾长花岗岩,侵位于古元古界和石炭系,被晚三叠世陆相火山岩不整合覆盖;加里东期仅见个别闪长岩体,呈岩株产出。

火山岩以海相为主,产于寒武系—奥陶系滩间山群中,以中基性火山岩为主,有少量的酸性火山岩。岩石类型主要为玄武岩(含枕状熔岩)、安山岩,其次是英安岩、流纹岩以及火山碎屑岩等。岩石发生了绿片岩相的变质作用,部分地段形成绿片岩如绿梁山等。该地区产与海相火山活动有关的矿产铜、铅、锌等。

陆相火山活动集中于部阿木尼克山、牦牛山和阿尔茨托山,前者时代为晚泥盆世,后者为晚三叠世。

重力场显示为一北高南低的重力梯级带。梯级带走向,西段为北西向,东段为北西向至东西向。从梯级带并不是非常连续来看,其仅显示了一个规模较大的基底断裂带的存在。

磁异常特征显示:在该带西段有面形的弱磁异常和规模小的强磁异常,这反映了基性侵入岩侵入于老磁性地层的特点;中段锡铁山一带则为平静的负磁异常,其中叠加少量小而弱的局部磁异常,这反映该带总体为一套弱磁性中性火山岩和侵入于其中少量的酸性岩体;在东段为范围较大的强磁异常区,当为古元古代老结晶基底,很可能还存在太古宇。

本带元素丰度相对较高,与全省Ⅲ级带比较,居前十二位的元素(氧化物)达20个,主要有Ba、Cd、Mo、Pb、Sr、Au、Co、Cr、U、Ni、Zn、CaO、MgO、Ag、K_2O、Mn、Fe_2O_3、Al_2O_3等。

区内矿产比较丰富,已发现的金属矿产有铁、铬、锰、铜、铅、锌、钨、锡、钼、金、银、镓、铟等,非金属矿产有煤、黏土、石灰岩、硫铁矿、重晶石、玉石等。据不完全统计,矿床、矿点有57处(其中金属矿床、矿点50处),成型矿床14处(其中大型矿床3处,中型矿床4处,小型矿床7处),各类矿(化)点43处。在全省占有重要地位的锡铁山铅锌矿床、滩间山金矿床等产出在本成矿带中。

与柴北缘其他几个成矿带相比,本带内生金属矿产不仅分布数量多,而且矿化规模大。尤其该地区已发现铅、锌、金、钨等大—中型矿床,是青海北部地区重要的有色金属及岩金矿化集中区。

1)小赛什腾山-阿木尼克山加里东期、海西期、印支期铅、锌、金、铜、铁、锰、铬、钛、钼(钴、稀土)成矿亚带($Ⅳ_{12}$)

该亚带西起赛什腾山,经绿梁山,东到锡铁山一带,呈北西向带状展布,长约460km,宽20~40km。该亚带是东昆仑成矿省发现矿床、矿点多,找矿前景最好的成矿亚带之一,其中有大型矿床2处,中型1处,小型4处,矿点4处。带内老地层为元古宇达肯大坂岩群和万洞沟群,以构造岩片形式产出。寒武系—奥陶系滩间山群广泛分布,为一套浅变质碎屑岩、变中基性火山岩夹生物碎屑灰岩、白云质大理岩组合。岩浆活动强烈,发育加里东期基性—超基性岩和加里东期、海西期中—酸性侵入岩。该亚带内脆韧性断裂十分发育,规模大,有近东西向、近南北向、北西向、北东向4组,且纵横交错。矿床类型主要有喷气-沉积型(锡铁山铅锌矿床)、海相火山岩型(青龙滩含铜硫铁矿矿床)、构造蚀变岩型(滩间山、青龙沟、红柳沟、野骆驼泉金矿床)、斑岩型(小赛什腾山、阿木尼克山东)、岩浆型(绿梁山铬铁矿矿床)、矽卡岩型(长征沟铁矿)等,矿种有铜、铅、锌、金、银、铁、锰、铬等。喷气-沉积型矿床主要受地层控制,如锡铁山铅锌矿床矿体产在两种沉积相的交替部位(即大理岩与绿片岩之间),沿走向矿体往往集中分布于岩性相变的地段。构造蚀变岩型矿床受构造控制,并与特定的地层建造有关,滩间山金矿床、青龙沟金矿床分别产在中元古界万洞沟群的碳质千枚岩和白云质大理岩中,红柳沟金矿床、野骆驼泉金矿床均分布在滩间山群火山-沉积岩系中。青龙沟、滩间山和野骆驼泉金矿床成矿年龄分别为409.4Ma、400~296Ma、246Ma(张德全等,2001),时间跨度较大,主成矿期为加里东晚期和海西期。近期在鱼卡—铁石观地区和阿木尼克山分别发现与榴辉岩有关的金红石型钛矿和达达肯乌拉山铅锌矿,具有较好的找矿前景。该亚带的主攻矿种为铅锌、金等,矿床类型为喷气-沉积型、构造蚀变岩型,成矿系列为以沉积岩系为容矿岩石的喷气沉积活动、与中酸性浅成侵入活动有关的矿产及造山型金矿系列。

2)沙柳河加里东期、印支期金、钨、锡、铜、铅、锌、锰成矿亚带($Ⅳ_{13}$)

该亚带在建造特征、构造变动和构造背景等方面同赛什腾山-锡铁山成矿亚带相近。考虑到加里东期后中酸性岩浆活动强烈和成矿作用方面的差异,将其单独划出。其西起旺尕秀,东到沙柳河,长140km,宽约40km。带内的主要矿产有铅、锌、钨、锡、金等,见小型矿床6处,矿点26处,其中海相火山岩型的矿产为铅、锌、钨、锡，产于滩间山群中；热液型形成的矿产为钨，产于海西期的花岗岩体中。赛坝沟金矿床产于志留纪花岗闪长岩-英云闪长岩中，严格受北西向韧性剪切带控制，成矿时代主要为加里东期，属石英脉型(丰成友等，2002)。该亚带的主攻矿种为金、钨、锡等，主要矿床类型为海相火山岩型、构造蚀变岩型等，矿床系列为与海相火山活动有关矿产及造山型金矿系列。

5. 柴达木盆地中—新生代油气、盐类成矿区（III₁₁）

该区西起茫崖行委花土沟镇，东到都兰县以西，南自塔尔丁、格尔木、宗加以北，北自冷湖镇、锡铁山以东的山前地带，大致呈北西-南东方向延伸，其形状似汤勺状，面积约 83 000km²。

自侏罗纪开始形成盆地，在经历印支、燕山、喜马拉雅等各期构造运动时，一直处于外围不断隆升、盆地相对沉降状态，但由于盆地结晶基底稳定性的差异，也造成了盆地内差异性的相对沉降运动。中生代初，阿尔金山北东东向断裂强烈活动，同时在祁连山南部和昆仑山北部发生了北西大断裂，这两组大断裂控制了柴达木盆地的范围及中生代以来的构造运动。喜马拉雅运动是对盆地影响最大的一次构造运动，使盆地边缘继续发生断裂，新近系及第四系中下更新统发生褶皱。这些褶皱的走向严格受盆地外围深大断裂的影响和控制。古近纪初至渐新世，盆地已基本形成了封闭的沉积环境，但差异性升降运动使盆地西部(茫崖一带)沉降较剧烈，形成了相对沉降中心。上新世至中新世早期，盆地基本处于相对沉降，但其相对沉降中心则向北东移至凤凰台一带，其中从中新世后期开始，区内气候渐趋干燥，在以油墩子为中心，包括凤凰台及南翼山东部地区出现了局部盐湖区，沉积有少量石膏和石盐薄夹层。上新世晚期开始，盆地西部开始不均匀抬升，气候继续趋于干燥，在以油墩子为中心的盐湖区内沉积了大量的石盐和石膏。新近纪之后，盆地基底普遍隆起，尤以大风山至黄石一带基底隆升最为明显，使柴达木古湖盆被相对分为内孤岛。至早—中更新世期间，西部则以频繁的振荡运动为主，使区内盐湖交替淡化、浓缩，并在后期逐渐扩大。中更新世末期，湖盆迅速抬升，西部广大地区出现褶皱系统，使湖水亦迅速缩至以大浪滩为中心的诸构造凹地中。

在湖盆演化的过程中，特别值得指出的是上新世末期和中更新世末期的两次强烈的构造运动，第一次构造运动造成了西部广泛分布的中、下更新统与其下伏上新统之间的角度不整合接触关系，此期柴达木古湖盆隆升，古湖盆分割而形成广泛分布于盆地西部的盐类沉积，而盆地东部则强烈拗陷；第二次强烈运动于中更新世喜马拉雅运动最强烈的时期，在盆地西部包括中、下更新统在内的褶皱隆起，使湖盆进一步分割，造成在更新世末期盆地范围内分布的"干盐湖"。此后至全新世，气候持续趋于干燥，各小凹地内湖水迅速浓缩，大量沉积盐类，直至形成现代盐湖景观。

该成矿区(带)内分布着丰富的第四纪盐湖矿产和新近纪石油、天然气矿产，前者主要矿床类型为第四纪现代盐湖沉积型，后者是与石油、天然气共(伴)生的油田水中富含钾、硼、锂、碘等盐类矿产，是近10余年来新发现和评价的新近纪地下卤水型盐湖矿产。

第四纪现代盐湖沉积型矿产主要有钾盐、镁盐、石盐、芒硝、石膏、硼矿、锂矿、锶矿等，其中钾、硼、锂矿、镁盐、石盐、芒硝等矿产资源储量巨大，勘探程度较高，在盆地内第四系上更新统至全新统盐类沉积地层中已基本查清，有一定的资源保证程度；盆地西部中、下更新统盐类沉积层中尚有部分矿床未全部查清其资源储量。纵观该类型矿床，其具有矿种多、探明资源储量大、成因类型单一、成矿(盐)条件良好、矿层埋藏较浅、易开采等特点，同时还具备明显的区域成矿特色和典型的成矿特征，是柴达木盆地乃至青海省独特的优势矿产之一。

新近纪地下卤水型盐湖矿产主要有钾、硼、锂矿等，是与新近纪石油、天然气共(伴)生的盐湖矿产，其资料利用均来自相关石油部门，地质勘探工作程度较低，仅达到预查阶段。通过大量的资料查阅与综合分析研究，新近系中油田水主要分布在盆地西部褶皱构造部位，属较深湖、浅湖、滨湖相沉积环境，纵向上以深部中新统、渐新统油田卤水中 K^+、B_2O_3、Li^+ 较富集，上部上新统次之；地层中油田水以分布井段长、延伸面积大、卤水矿层较稳定、厚度大、储水地段压力高(自喷)、有益组分含量高为特点。因此，新近纪地下卤水型盐湖矿产成矿条件好，资源潜力巨大，是柴达木盆地西部不可忽视的盐类矿产沉积区。

该成矿区可进一步划分为盆地西部中—新生代硼、锶、芒硝、钾镁盐、油气成矿亚区(IV_{14}),盆地中部新生代硼、锂、钾镁盐、油气成矿亚区(IV_{15}),以及盆地南部新生代湖盐、天然碱、油气成矿亚区(IV_{16}) 3 个成矿亚区。因本次研究对该区开展的工作较少,不再赘述。

6. 祁漫塔格-都兰海西期、印支期铁、铜、铅、锌、钴、锡、金、硅灰石(锑、铋)成矿带(III_{12})

该成矿带位于柴达木盆地南缘,西起祁漫塔格,东至都兰以东的清根河,南以昆北断裂为界,北侧被柴达木盆地台拗覆盖。此带总体呈北西向展布,分东、西两段,西段长约 350km,宽 30~50km,东段长约 140km,宽约 40km。其中间段大灶火至香日德一线为第四系覆盖区。在地质构造位置上,与祁漫塔格北坡-夏日哈岩浆弧一致。

带内有零星的前造山期地层分布,主要是古元古界金水口岩群片岩和片麻岩岩石组合,其次则是中元古界狼牙山组碳酸盐岩组合,有含铁岩石或矿层产出。

造山期地层主要为奥陶系祁漫塔格群,岩石类型以玄武岩、沉凝灰岩、大理岩、板岩、片岩为主,局部夹硅质岩、石英岩、石英砂岩。其是祁漫塔格地区和都兰地区重要的赋矿地层之一。

造山期后的地层主要是碎屑岩和中酸性火山岩组合的上泥盆统、碎屑岩和碳酸盐岩组合的石炭系,以及晚三叠世由中心型陆相火山喷发活动形成的具火山机构的中酸性和酸性火山岩组合等,这些地层中均有矿体产出。

祁漫塔格-都兰成矿带由于中段被第四系覆盖而分西部和东部。

西部的祁漫塔格,造山期形成的构造格局为复向斜和与之相适应及配套的纵向断层,并且发育花岗岩类侵入岩体。该带较好的成矿事实所反映的是石炭纪或奥陶纪的碳酸盐岩、海西期或印支期花岗岩类侵入岩以及纵向断裂三者结合的成矿和控矿因素。

中、酸性岩浆侵入活动有加东期、海西期和印支期,以印支期为主。加里东期侵入岩有闪长岩、花岗闪长岩、二长花岗岩,集中分布于祁漫塔格北坡,二长花岗岩规模较大,岩基产出。侵位于奥陶系和古元古界,北西向展布,受断裂控制明显。海西期侵入岩有英云闪长岩、花岗闪长岩、二长花岗岩,主要分布于祁漫塔格南坡,二者均沿断裂带断续分布,其中二长花岗岩分布较广,以岩株产出为主。侵位最老地层为古元古界,最新地层为石炭系。印支期侵入岩在该区广泛分布,有石英闪长岩、花岗闪长岩、二长花岗岩、钾长花岗岩及浅成侵入体,北西向展布。

上述各期中—酸性岩浆侵入过程在围岩接触处,形成角岩化、矽卡岩化、绿泥石化,青磐岩化普遍可见,一些热液型矿床与其有着直接或间接的关系。

火山喷发活动有海相和陆相。海相火山岩由奥陶纪拉斑玄武岩、火山碎屑岩组成,构成两个喷发旋回,韵律发育,中性熔岩少,演化趋势不明,变质后具绿片岩特征,主要岩石有玄武岩、流纹岩、火山碎屑岩。陆相、海陆交互相火山岩主要赋存于上泥盆统,岩性为基性、中基性、中酸性熔岩和火山碎屑岩,出露比较零星。晚三叠世的陆相火山岩以流纹岩、流纹质角砾岩为主,分布零星。

东部的都兰一带,除了北部出露奥陶纪构造层之外,大都为海西期和印支期花岗岩类岩体及晚三叠世火山岩分布,纵向断层发育,且向东南敛合。该构造单位东延,在青根河上游—玛什塘被青藏北特提斯造山系截切,带内成矿事实所显示的成矿和控矿因素与西部相似,但矿化的普遍性和多样性均大于或多于西部亚带。

中、酸性岩浆侵入活动与火山岩喷发活动都比较强烈,其特点与祁漫塔格基本相同,不同的是奥陶纪火山岩变质程度较深。

祁漫塔格地区重力场,为柴南缘断裂与昆中断裂之间规模巨大的重力高带中的一个小的局部重力低;都兰地区则处于面积较大的重力低值区的西半部,反映了该区为一个坳陷区。

祁漫塔格地区磁场具有南高北低、东高西低的特点。其中,分布相当数量的弱而面积小的局部磁异常。这主要反映了在整个的弱磁性地层中存在一些局部的磁性火山、中酸性小岩体,有的可能为磁铁矿体;都兰地区为一总体磁场强度和面积均属中等的多个磁异常分布区的西半部。单个异常走向复杂,变化较大。它们反映了一些具有磁性的中酸性岩体的存在。

本成矿带丰度较高的元素有 Ag、Ba、Bi、Be、Cd、La、Pb、Sn、Th、W、Rb、CaO 等,其中相对突出的有 Rb、Be、Bi、Cd、Sn、Pb、K_2O、CaO,它们在全省Ⅲ级带中排序是 Be、Rb、K_2O 居第一位,Bi、Sn 居第三位,CaO 居第四位,Cd 居第六位,Pb 居第七位。异常总体呈北西西向展布,以 Cu、Pb、Zn、W、Sn、Mo、Au、Ag、Sb、Hg 等元素为主,西段更以 Sn、Cu、Pb、W、Au 为主,东段以 Sb、Hg、Pb、Au 等元素为主。

本成矿带内生金属矿产比较丰富,是省内重要的铁、多金属成矿带之一。已知矿产有铁、钼、铅、锌、铜、锡、钨、钼、铋、金、银、钴、水晶、硅灰石等,矿床点114处,其中大型金属矿床5处,中型矿床7处,小型矿床22处,各类矿点80多处。

该带成矿作用具有多期性和多样性的特点。前寒武纪以沉积-变质成矿作用为主,形成少量的变质或淋滤型铁矿。印支期是该带最重要的成矿时期,以岩浆热液成矿作用为主,形成特色的矽卡岩型、热液型、斑岩型及其复合型铁、锡、铜、铅锌等矿产。此类矿床(点)常成群出现,在肯德可克—野马泉地区及都兰—什多龙地区均广泛分布。此外,发现与中元古代海相化学沉积岩有关的沉积变质型铁矿;与晚三叠世陆相火山岩有关的铅锌(银)矿在本带亦有产出,但数量很少且不具规模,仅在巴音郭勒河北、狼牙山、驼路沟、扎麻山等地见到几处矿点。

1)乌兰乌珠尔印支期铜、锡、金成矿亚带($Ⅳ_{17}$)

该亚带位于祁漫塔格山西北段,向西延入新疆,长约210km,宽25～35km。该亚带内出露的地层主要有奥陶系祁漫塔格群,泥盆系哈尔扎组,石炭系石拐子组、缔敖苏组、大干沟组等,以奥陶系祁漫塔格群为主。区内断裂构造比较发育,以北西向为主,次为北东东向。区内岩浆活动强烈。火山岩主要产于祁漫塔格群。岩体岩性复杂,基性—超基性、中酸性岩体均有出露。前者分布在十字沟一带,成为蛇绿岩的组成部分。后者具有多期性,出露的岩体主要有二叠纪二长花岗岩、石炭纪二长花岗岩、志留纪二长花岗岩和钾长花岗岩、奥陶纪花岗闪长岩等。区内钨锡钼萤石铋铅(金铜重晶石)矿物异常发育。

带内分布的矿产主要有莲花石沟金矿化点、十字沟西岔金矿点、公路沟铜矿点、乌兰乌珠尔铜矿床等。莲花石沟金矿化点成矿时代为海西期,矿床类型为热液型;十字沟西岔金矿点成矿时代为印支期,矿床类型为构造蚀变岩型;公路沟铜矿点成矿时代为加里东期,矿床类型为热液型;乌兰乌珠尔铜矿床规模为小型,成矿时代为印支期,矿床类型为斑岩型。该亚带的主要矿种为金、铜、锡等,矿床类型为构造蚀变岩型和斑岩型等,矿床系列为与浅成侵入活动有关的矿产及造山型金矿系列。

2)野马泉-开木棋河海西期、印支期铁、铅、锌、铜、钴、钨、锡、金(锑、铋)成矿亚带($Ⅳ_{18}$)

该成矿亚带位于祁漫塔格山东南段,昆北断裂的北侧,向西延入新疆,长约270km,宽20～45km,构造线呈北西西向延伸。古元古代结晶基底以断块形式沿昆北断裂带分布。奥陶系祁漫塔格群在本区有广泛出露,自西向东延续性尚好。该套地层是该亚带主要含矿地层之一,地层内有印支期花岗岩类侵入,在岩体接触带有矽卡岩型铁多金属矿产出,典型矿床有尕林格大型铁多金属矿床;远离接触带有热液型多金属矿产出,如肯德可克矿床。此外,上泥盆统、石炭系、二叠系、上三叠统等也有少量分布。区内印支期中酸性岩浆活动极为强烈,其次海西期,岩性以二长花岗岩、花岗闪长岩及钾长花岗岩为主,呈岩基或岩株产出。在岩体与地层接触带附近已发现有较多的铁及多金属矿产。在该带内有斑岩脉产出,在部分岩体或其外接触带有矿体产出。

带内矿产丰富,共发现23处矿床(点),其中大型矿床2处,即四角羊沟铁多金属矿床、尕林格铁多金属矿床;中小型矿床9处,即虎头崖多金属矿床、野马泉铁多金属矿床、肯德可克铁多金属矿床、它温查汉铁矿床、它温查汉西铁多金属矿床、那陵郭勒河西铁矿床、沙丘铁矿床、全红山铁矿床、小圆山铁多金属矿床;矿点12处。

根据地质特征,该带矿床可划分为沉积变质型、斑岩型和矽卡岩型。沉积变质型以巴音郭勒河北铁矿点和狼牙山铁矿点为代表,产于蓟县系狼牙山组中。斑岩型矿体主体位于斑岩体内,发现的矿床(点)较少,主要有长山钼矿点和鸭子沟多金属矿点,成矿主矿种以铜和钼为主。矽卡岩型是该带内的主要成矿类型,矿体主要位于岩浆岩体与地层外接触带,成矿与中酸性侵入岩关系非常密切,已发现的矿床规模较大,矿种复杂,以铁铜铅锌矿为主,尤以铁锌矿所占比例较大。代表性矿床有尕林格、野马泉、四角羊沟等,部分矿床如虎头崖铅锌矿床具有矽卡岩型和斑岩型复合特征。该亚带的主要矿种为铁、铅、锌、铜等,矿床类型为接触交代型、斑岩型等,成矿系列为与中酸性中浅成和浅成侵入活动的有关矿产。

3)夏日哈-什多龙海西期、印支期铁、铜、铅、锌、锡、钼、硅灰石成矿亚带($Ⅳ_{19}$)

该成矿亚带位于柴达木盆地东缘,都兰以东地区,长约140km,宽约40km,构造线总体呈北西向展布。出露地层主要有滩间山群碳酸盐岩夹碎屑岩、火山岩,晚三叠世陆相中—酸性火山岩,新近系砂岩、泥岩夹砂砾岩。此外,尚有少量石炭系呈捕虏体产出。东南角分布有古元古界变质岩系。

区内岩浆活动强烈,尤以印支期中酸性侵入岩分布最为广泛,燕山期钾长花岗岩、海西期花岗闪长岩和加里东期石英闪长岩零星出露。在岩体与地层的接触带附近已发现有较多的铁、铜、锡及多金属矿床点。

断裂构造比较发育,较重要的断裂有大海滩-南戈滩断裂、柯柯赛断裂及东兰山-扎麻山断裂。前者呈北西西向,为隐伏断裂;后两条断裂均呈北西向延伸,对区内矿产的形成和分布有重要影响。

已知矿产有铁、铜、铅锌、锡、钨等,重要的矿床、矿点有40多处,其中成型矿床12处,另外各类矿(化)点30多处。大多数矿床点沿北西向断裂带分布,有两个矿化密集区:一处是大海滩-小卧龙铁、锡、多金属矿化密集区,分布有大海滩铁铜矿床(小型)、南戈滩铁矿床(小型)、海寺铁矿床(小型)、小卧龙铁锡矿床(中型),以及大量的铁、铜、多金属矿(化)点;另一处是什多龙多金属矿化密集区,分布有什多龙铅锌矿床(中型)、铁牛沟多金属矿点、什多龙南铜矿化点等。

矿床类型以接触交代-热液型为主,产于中酸性侵入体与地层接触带或远离接触带的围岩中。有个别矿点如克错铜矿,自岩体内部→接触带→围岩均见铜矿化体,具斑岩型成矿特征。此外,扎麻山铅锌(银)矿点产于晚三叠世火山岩中,是本区目前仅有的一处陆相火山岩型多金属矿点。在该带的东部有加当根斑岩型铜矿产出。该亚带成矿时代以印支期为主,其次是海西期。该亚带的主要矿种为铁、锡、铅、锌、铜等,矿床类型为接触交代型、斑岩型等,成矿系列为与中酸性中浅成和浅成侵入活动有关的矿产。

7. 伯喀里克-香日德前寒武纪、海西期、印支期金、铅、锌、铁、铜、镍、石墨(稀有、稀土)成矿带($Ⅲ_{13}$)

该成矿带位于昆仑山北坡,西起青新边界,东至鄂拉山西缘,北以昆北断裂为界,南以昆中断裂为限,呈东西向展布,长约800km,宽10~70km。该成矿带与中昆仑岩浆弧套合一致。该区以大量发育多时代的中酸性侵入岩和具有相对古老、固结程度较高的基底岩系(金水口岩群)为特征。

区内出露主要地层有古元古界金水口岩群,其次是中元古界狼牙山组、奥陶系祁漫塔格群、上泥盆统牦牛山组、上石炭统大干沟组、上石炭统缔敖苏组、上二叠统打柴沟组、上三叠统鄂拉山组、中—下侏罗统大煤沟组、新近系油砂山组和第四系。带内与成矿关系密切的地层为古元古界金水口岩群、祁漫塔格群以及狼牙山组。

区内断裂极为发育,按规模大小有深大断裂和一般性质断裂。区域上以近东西向、北西-南东向和北西西向断裂最为发育,北东向、近南北向和北北西向断裂次之,从总体上看,前者多被后者交切,北东向与近南北向、北北西向断裂局部交切呈"X"形,近东西向、北西西向和北西-南东向断裂是区域性断裂,控制区内地层、层间构造及岩浆侵入活动与演化。

区域岩浆岩活动十分强烈,类型多,分布较广,岩浆活动以海西期、印支期为主,分布面积较广。侵入岩主要受北西向和北西西向两组断裂构造控制。

基性—超基性岩多热侵位于金水口岩群中,岩体规模不大,多以出露宽约数米至数十米、走向延伸约百米的脉岩或岩基产出,在该成矿带断续分布。基性—超基性岩前寒武纪、加里东期和海西期。超基性—基性杂岩体岩石类型复杂多样,主要岩石类型有墨绿色橄榄岩、辉橄岩及辉石岩、浅色细粒苏长岩、浅色细粒辉长岩、暗色中细粒橄长岩,各岩性间均呈渐变过渡关系,显示出层状侵入体的特征。目前在夏日哈木超基性—基性杂岩体中发现超大型岩浆型镍铜钴矿床;在拉忍基性、超基性杂岩体中发现石头坑德铜镍矿点。

中—酸性岩浆侵入岩有元古宙、加里东期、海西期、印支期,形成东昆仑南部规模巨大、组成复杂的构造岩浆岩带,以印支期为主体,其次是海西期,多以规模宏伟的岩基产出。元古宙、加里东期仅见花岗岩,二长花岗岩、花岗闪长岩为数不多的岩体呈零星分布,侵位于古元古界,东西向展布。海西、印支期岩类较全,以花岗闪长岩、二长花岗岩居多。海西期侵入岩,侵位最老地层古元古界,最新地层上泥盆统。印支期侵入岩,侵位最老地层古元古界,最新地层上三叠统。上述中—酸性侵入岩的总特点是,各期次岩体相互叠加交织,岩类复杂多样,受构造控制明显,呈东西向展布,在岩浆侵入演化过程中,对本区有关矽卡型矿床、热液型矿床的形成起着重要的作用。

加里东中期喷发岩为一套蚀变基性熔岩,呈北西西向、北西向长条状分布,蚀变现象普遍,属海底裂隙式喷发。海西早期火山岩为一套火山碎屑岩夹熔岩,具有陆相裂隙式喷发特点。印支期火山岩大面积分布。该带形成一套火山碎屑岩夹熔岩,属陆相喷发。在喷发强度上,西部强于东部,中后期强于早期。

重力场显示为北西向、北西西向巨大的重力高带,它显示这是一巨大的基底隆起带。

磁场整个为一强磁异常带,但东、西两段又有差异,西段异常密集,规模亦大,东段异常较为零星。该区异常多由海西期花岗闪长岩所引起。

该成矿带内 Be、Bi、Mo、Sn、U、Y、Rb、Sr、Al_2O_3、Na_2O、K_2O、SiO_2 共 12 个元素(氧化物)在矿带内呈高背景、高含量分布。K_2O、Na_2O、Al_2O_3、SiO_2 高含量与区内出露有大量的各时期中酸性侵入岩有关,Be、Bi、Mo、Sn、U、Y、Rb 的高含量恰恰与这些中酸性侵入岩中该类元素含量一般偏高一致,其中 U 的平均含量居全省第一位,Be、Rb、K_2O、Na_2O 的平均含量居全省第三位。

本成矿带已知矿产有铁、锰、铜、镍、铅、锌、钼、钨、锑、岩金、石墨、萤石、水晶、稀有、稀土等近20个矿种。矿床、矿点42处,计有成型矿床10处,其中大型矿床2处,中型矿床4处,另有小型矿床4处,另有各类矿(化)点32处。岩金、铜(镍)、铅锌、铁(锰)是本成矿带较为重要的矿产,其中岩金、铜(镍)、铁矿已发现有多处大中型矿床。矿床类型多样,主要有岩浆型、矽卡岩型、构造蚀变岩型、沉积变质型等。成矿时代主要集中在前寒武纪、海西期、印支期3期。代表性矿床有卡而却卡铜多金属矿、夏日哈木铜镍矿、五龙沟金矿、阿斯哈金矿、那西郭勒铁矿、洪水河铁矿等。该带大体以格尔木河为界,以西成矿矿种以铜、镍、铁、铅锌等为主,以东以金、铁、银等为主。

1)双庆印支期铁、铜、钼、铅、锌(钨、锡、银)成矿亚带(IV_{20})

该成矿亚带位于昆北断裂以南,北与夏日哈-什多龙成矿亚带(IV_{19})相邻,长约155km,宽10~30km。

地层不甚发育,石炭系在都兰南部分布较多,呈小残留体产出;奥陶系及新近系有零星出露。区内构造-岩浆活动强烈,以大面积出露海西期—印支期中酸性侵入岩和三叠纪陆相火山岩为特征,区域构造线总体呈北西西向。

侵入岩以印支期花岗闪长岩、二长花岗岩、钾长花岗岩最为常见,呈岩基、岩株或岩枝产出,产有同期斑岩体呈脉状产出。在岩体与石炭系大理岩接触带附近发育有铁、铜及多金属矿化。斑岩体及围岩中也有矿体产出。

本区已知矿产以铁、铜为主,次为铅锌、锡、钼、水晶等。较重要的矿床、矿点有10多处,其中成型矿床7处,矿(化)点6处。已发现的矿床(点)大部分为接触交代-热液型矿床,产于中酸性侵入体与地层接触带附近的矽卡岩中,受接触带构造及层间断裂破碎带控制。含矿围岩多为石炭系碳酸盐岩,少数为奥陶系—志留系绿片岩。其次为斑岩型铜矿床,矿体产于斑岩体和围岩的断裂破碎带中。成矿时代主要为印支期,其次为燕山期。

矽卡岩型矿床在都兰—香日德地区分布较多,比较重要的矿床有白石崖铁矿床(小型)、双庆铁多金属矿床(小型)、占布扎勒铁锡矿床(小型)等,以小而富为特征。斑岩型矿床主要分布在察汗乌苏河上游,代表性矿床有哈日扎铜矿床和哈陇休玛钼矿床等。该亚带的主要矿种为铁、铅、锌、铜、钼等,矿床类型为接触交代型、斑岩型等,成矿系列为与中酸性中浅成和浅成侵入活动的有关矿产。

2)卡而却卡-开木棋陡里格前寒武纪、海西期、印支期铜、镍、铁、金、钼、石墨成矿亚带(IV_{21})

该成矿亚带内西起青新边界,东到格尔木河一带,长约360km,宽45~70km。

出露的地层主要有古元古界金水口岩群,其次是奥陶系祁漫塔格群、下石炭统大干沟组、中—下侏罗统大煤沟组和第四系。前两者是区内的主要赋矿地层,分别产有那西郭勒沉积变质型磁铁矿矿床和卡而却卡矽卡岩型铜多金属矿床。

区域构造活动强烈,北西西向和北西向压性、压扭性断裂组成了区域的主体构造骨架,且对各时代地层分布、各类岩浆岩和变质作用及矿产等都起着主要的控制作用。铁、多金属矿多赋存于构造的复合部位,矿体多产于向斜核部、岩体凹陷带及断裂交会处。北西西向构造为控矿构造,北西向构造为导矿构造,重复活动的东西向构造及层间构造、节理为良好的储矿构造。构造的主要表现形式有褶皱、断裂、层间构造和节理等。

岩浆活动强烈,主体为海西期、印支期,并有少量前寒武纪、奥陶纪、志留纪和侏罗纪岩体分布,呈规模不等的岩基、岩株状分布。其中海西期(泥盆纪)基性—超基性杂岩和印支期中酸性侵入岩是区内的重要成矿岩体,分别形成了岩浆型铜镍矿和矽卡岩、斑岩型铜多金属矿。

该成矿亚带内已知矿产有铁、铜、镍、钴、铅、锌、钼、锡、钨、岩金、石墨、萤石、水晶、稀有、稀土等矿产。发现的矿床(点)10多处,达矿床规模的有8处,即卡而却卡铜矿(中型)、夏日哈木铜镍矿(超大型)、那西郭勒铁矿(中型)、巴音郭勒河铁矿(小型)、别里塞北沟铁矿(中型)、群力铁矿(小型)、拉陵灶火中游金铜钼矿(小型)、哈西亚图铁矿(中型)。矿床类型有岩浆型、矽卡岩型、斑岩型、沉积变质型等。近期在敦德铁皮、莫斯图东等地发现规模较大、粒度较粗的晶质石墨,找矿前景良好。成矿期主要为前寒武纪、海西期和印支期。该亚带的主攻矿种为铁、铜、镍、钼等,矿床类型为沉积变质型、岩浆型、接触交代型和斑岩型等,以与铁质基性—超基性侵入岩活动、火山-沉积变质岩系、中酸性中浅成侵入活动和浅成侵入活动有关的成矿系列为主。

3)五龙沟-巴隆前寒武纪、印支期金、铁、铜、镍、钼、铅、锌、银(稀有、稀土)成矿亚带(IV_{22})

该成矿亚带内西起格尔木河一带,东到鄂拉山西缘,东西长约440km,宽10~40km。

勘查区出露地层较多,从元古宇至新生界均有不同程度的出露,有古元古界金水口岩群,中元古界长城系小庙组、狼牙山组,新元古界青白口系丘吉东沟组,上泥盆统牦牛山组,下石炭统大干沟组,上三叠统鄂拉山组,下—中侏罗统大煤沟组,新近系油砂山组和第四系等。其中金水口岩群、狼牙山组是该亚带的主要含矿地层。

断裂构造十分发育,按其走向延伸大致可分为北西西—东西向、北西向、北东向及近南北向4组断裂构造。北西西—东西向断裂,具有切割深、延伸长、长期活动的深断裂特征,控制了区域地质构造演化及地层、岩浆岩、矿产的形成和分布,是构造单元的分界断层。广泛发育的脆、韧性断裂带则是金矿体的主要容矿构造。

区内岩浆活动非常强烈,岩浆岩遍布全区,总体上具有如下特点:①类型繁多,超基性、基性、中—中酸性、酸性岩等均有产出;②岩浆活动频繁,始于元古宙止于中生代,根据构造-岩浆岩的旋回性划分为前兴凯期、加里东期、海西期、印支期、燕山期5个旋回;③岩浆岩空间分布广泛,中酸性侵入岩多构成规模巨大的岩基、岩株,以印支期为主的多期次岩浆-热液活动为金矿集中区的形成提供了极为丰富的深部矿质来源。

基性—超基性侵入岩主要形成于前寒武纪、加里东期和海西期。前兴凯期基性—超基性侵入岩在空间上分布于昆中断裂带两侧,主要为变质辉长岩、变质超基性岩;加里东期基性—超基性侵入岩断续分布于昆中断裂带诺木洪、乌妥、清水泉等地,为蛇绿岩的组成部分;海西期中酸性、基性—超基性侵入岩主要分布在昆中带及东昆仑南坡,岩石类型主要为辉橄岩、辉长岩、辉绿玢岩等,为基性—超基性杂岩,在拉忍基性、超基性杂岩体中产有石头坑德铜镍矿。

中酸性侵入岩在该亚带广泛分布。形成于前寒武纪、加里东期、海西期、印支期、燕山期5个时期,以印支期为主。岩石类型包括石英闪长岩、英云闪长岩、花岗闪长(斑)岩、二长花岗岩、钾长花岗岩等。其中,含暗色包体的石英闪长岩、斜长花岗岩、花岗闪长岩多为金矿床的围岩。

该亚带内已知矿产有铁、锰、铜、镍、铅、锌、银、钼、锑、岩金、石墨、萤石、水晶、稀有、稀土等。已发现矿床(点)20多处。其中成型矿床有12处,即磁铁山铁矿(小型)、石灰沟金矿(中型)、打柴沟金(小型)、红旗沟-深水潭金矿(中型)、中支沟金矿(小型)、跃进山铁铜矿(小型)、洪水河铁锰矿(中型)、清水河铁矿(中型)、巴隆金矿(小型)、阿斯哈金矿(大型)、瓦勒尕金矿(中型)、那更康切银矿(中型)。矿床类型有沉积变质型、构造蚀变岩型、岩浆型、矽卡岩型、斑岩型等,以前两者为主。近期在五龙沟东南部发现石头坑德铜镍矿。成矿期主要为前寒武纪和印支期。与卡而却卡-开木棋陡里成矿亚带相比,该带侵入岩体大面积出露,构造蚀变岩型金矿集中产出,沉积变质型铁矿主要产于中元古界,并以锰矿体产出为特征。该亚带的主要矿种为金、铁、铜、镍等,矿床类型为构造蚀变岩型、沉积变质型及岩浆型等,成矿系列为构造蚀变岩型金矿成矿系列,为与铁质基性—超基性侵入岩活动、火山-沉积变质岩系有关的矿产。

8. 雪山峰-布尔汉布达海西期、印支期钴、金、铜、玉石(稀有、稀土、钨、锡)成矿带(III_{14})

该成矿带位于昆仑山南坡,介于昆中断裂与昆南断裂之间,呈东西向延展,长约750km,宽15～35km。构造位置属东昆仑南坡俯冲增生杂岩带。

该带地层复杂,主要有前寒武系苦海岩群(金水口岩群)、万宝沟群,寒武系沙松乌拉组,奥陶系纳赤台群,志留系赛什腾组,泥盆系阿木尼克组,石炭系哈拉郭勒组,上石炭统—下二叠统浩特洛哇组,二叠系马尔争组、格曲组,三叠系洪水川组、闹仓坚沟组、希里可特组、八宝山组等。其中,苦海岩群(金水口岩群)、万宝沟群、二叠系马尔争组、洪水川组、闹仓坚沟组是该带的主要含矿地层。

区内的断裂构造十分发育,以压性或压扭性断裂为主,构成主干构造,走向为北西西—近东西向。发育数量众多的次级张性和扭性断裂,展布方向为北西向和北东向,具多期活动的特点。

该成矿带岩浆活动比较强烈,基性岩、超基性岩、中—酸性岩浆侵入活动和火山岩喷发都有。

基性岩、超基性岩是伴随裂谷发展或板块俯冲岩浆上涌的产物,主要分布于格尔格尔木河以东布尔汗布达山,以超基性岩为主,脉状岩株产出,大部呈分散孤立岩体,局部成群分布,呈北西西—东西向展布。超基性岩以铁镁质岩为主,有辉石橄榄岩、斜辉橄榄岩,基性岩为铁质辉长岩,与寒武纪火山岩组成蛇绿岩建造。岩石化学特征反映具同源性,成岩时代为新元古代。

中—酸性岩浆侵入活动有加里东期、海西期、印支期、燕山期,以海西期为主。加里东期以二长花岗岩为主,较集中分布于清水河上游和纳赤台以西,规模都不大,侵位于寒武系、奥陶系、志留系及中三叠统和下三叠统中。海西期岩石类型较多,以花岗闪长岩为主,规模也较大,大部岩基产出,其他岩类多以岩株产出。侵位地层同上,北西西—东西向展布,见中三叠统和下三叠统不整合于二长花岗岩、花岗闪长岩之上,与围岩接触处绿泥石化、硅化较强。

火山喷发活动,发生于中—新元古代、早古生代和三叠纪。早古生代寒武纪、奥陶纪、志留纪火山岩为海相,研究程度低,总的是一套基性、中基性火山岩和火山碎屑岩,与沉积岩间互成层,岩石普遍片理发育,显示绿片岩面貌。在奥陶系纳赤台群的火山沉积岩系产有驼路沟金钴矿床和督冷沟铜钴矿床等。中、早三叠世火山岩产于陆缘海相中、下三叠统,为钙碱系列的玄武岩-安山岩-英安岩-流纹岩组合,并发育较多火山碎屑岩,早三叠世以中基、中酸性为主,中三叠世以中酸—酸性为主。晚三叠世火山岩为陆相,以安山岩及安山质角砾凝灰岩为主,中心式喷发,与下伏地层不整合接触。

重力场显示为一巨大的重力梯级带,北高南低,其为地壳横向结构由北向南发生了巨大变化所致。

磁场显示为总体北西西走向的磁异常带。异常强度仍然较强,规模较大。它主要由两种地质因素引起:一是酸性侵入岩体,二是夹中基性火山岩的地层。

带内Au、Cu、Co、V、Ni、P、F、U、Y、Fe_2O_3等12个元素(氧化物)呈高背景、高含量分布,其平均含量处于省内第四至第六位之间,属高含量中等含量地区。Ag、Hg、Rb三种元素在矿带内呈低含量、低背景分布,Ag的平均含量属省内最低。其余多数元素或氧化物的平均含量在省内处于中等含量水平。

已知矿产有钴、金、铜、铅、锌、铁、稀土、玉石、水晶、石灰岩等10余种,矿床、矿点44处,计有成型矿床7处,其中大型矿床1处(石灰岩),中型矿床2处,小型矿床4处,各类矿(化)点37处。

本成矿带地处东昆仑南部,属活动区造山带,成矿期次多,类型复杂。加里东成矿期矿床类型为火山喷气沉积型,以驼路沟钴(金)矿床、督冷沟铜(钴)矿床、牙马托铜矿点为代表。此类矿床(点)在哈图地区分布较多,以铜为主,矿化产于寒武纪—奥陶纪火山-沉积岩系中。

海西期—印支期是本带比较重要的成矿时期,矿化比较普遍,以金及多金属为主,但规模不大,多属矿点、矿化点。成矿与同造山期中酸性侵入岩关系密切,矿床类型为接触交代型、热液型及石英脉-构造蚀变岩型(金矿)。较重要的矿床(点)有开荒北金矿床、小干沟金矿床、纳赤台铜矿点等。

1)雪山峰-驼路沟加里东期、印支期金、铜、钴(钨、锡)、玉石成矿亚带($Ⅳ_{23}$)

该亚带西起青新边界,东到开荒北一带,长450km,宽15～35km。

该亚带地层复杂,主要有万宝沟群,寒武系沙松乌拉组,奥陶系纳赤台群,志留系赛什腾组,泥盆系阿木尼克组,石炭系哈拉郭勒组,上石炭统—下二叠统浩特洛哇组,二叠系马尔争组、格曲组,三叠系洪水川组、闹仓坚沟组、希里可特组、八宝山组,侏罗系羊曲组等。其中,万宝沟群及二叠系马尔争组、洪水川组、闹仓坚沟组是该亚带的主要含矿地层。

区内构造变形强烈,主要为昆北断裂南侧形成的大型韧性剪切带非常发育,同期或后期均有较多脆性断层叠加,成矿条件极为有利。

岩浆岩沿着昆南断裂及两侧的次级断裂分布非常广泛,从加里东期(晚志留世)到海西期(早泥盆世)、燕山期均有一定程度的分布,其中海西期、燕山期岩浆活动与本区锡、钨成矿关系密切。

该亚带矿产主要为金、铜、铁、钴、钨、锡、锑、玉石、水晶、滑石等。目前发现各类矿(床)点65处,其中金属矿点60处。比较重要矿床有大灶火-黑刺沟金矿(小型)、小干沟金矿和纳赤台金矿(均为小型)、菜园子沟铜钴矿(小型)、驼路沟钴金矿(中型)、好汉沟金矿、白金沟金矿和开荒北金矿(均为小型)。主要矿种为金、钨、锡等,矿床类型主要为构造蚀变岩型、岩浆热液型和海相火山岩型。成矿期以加里东期和印支期为主。主要成矿系列为构造蚀变岩型金矿成矿系列及与中酸性中浅成侵入活动有关的矿产。

2)布尔汉布达海西期、印支期金、铜、钴(稀有、稀土)成矿亚带($Ⅳ_{24}$)

该成矿带西起开荒北,东到智育一带,长320km,宽15～35km。

该带地层主要有前寒武系苦海岩群(金水口岩群)、小庙组、万宝沟群,奥陶系纳赤台群,泥盆系阿木尼克组,石炭系哈拉郭勒组,上石炭纪-下二叠统浩特洛哇组,二叠系马尔争组和格曲组,三叠系洪水川组、闹仓坚沟组、希里可特组、八宝山组等。中—新元古界万宝沟群、奥陶系纳赤台群是该亚带的主要含矿地层。

北西向、东西向构造及其派生的次级构造蚀变破碎带是矿体的良好储矿空间,寻找该类断裂构造是找矿重要的间接标志。

亚带内出露的岩体主要有前寒武纪、加里东期、海西期、印支期及燕山期等。岩石类型主要有基性—超基性岩、闪长岩、花岗闪长岩、斜长花岗(斑)岩、二长花岗岩、钾长花岗岩等。

该亚带矿产主要为金、铜、铁、钴、铬、铅、铈、煤、玉石等。已发现矿床(点)近20处,比较重要矿床有3处,即按纳格金矿(中型)、果洛龙洼金矿(大型)、督冷沟铜钴矿(小型)。成矿期以加里东期和印支期为主。该亚带主要矿种为金、铜等,矿床类型主要为构造蚀变岩型,成矿系列以造山型金矿系列为主。

(三)秦岭成矿省

秦岭成矿省地质构造上属西秦岭,西以鄂拉山青根河断裂为界,向东延入甘肃境内,北以祁连山南缘大断裂为界,南以昆南断裂为界。成矿省内古元古界金水口岩群(苦海岩群)和石炭系—中二叠统中吾农山群,呈断块出现。中—下三叠统组成印支期的褶皱构造层,广布全区。其上发育晚三叠世陆相火山岩,不整合于中—下三叠统之上。印支晚期与燕山期中酸性侵入活动强烈。北西西向、东西向及近南北向断裂发育。区内矿产较丰富,北部有铜、铅锌、钨、锡等矿产,南部富集金、汞、锑等矿产,分带明显。矿床类型主要有热液型、构造蚀变岩型、接触交代型等,成矿时期主要为印支期、海西期。根据区内地层、岩浆岩、构造、物化遥、重砂异常以及矿产特征,自北而南可划分出宗务隆山、鄂拉山、同德-泽库、西倾山4个Ⅲ级成矿带共8个Ⅳ级成矿亚带。

1. 宗务隆山海西期、印支期铁、铅、银（铜、金）成矿带（Ⅲ₁₅）

该成矿带位于宗务隆山—共和—同仁一带，西起大柴旦镇鱼卡以北，向东经绿草山，德令哈北山至青甘边界。北以宗务隆-青海南山断裂为界，南界沿宗务隆山南缘深断裂向东经共和县、龙羊峡、同仁一线延出省外。本成矿带呈狭长带状，夹持于以上两大断裂之间，北邻南祁连陆块，南与欧龙布鲁克陆块体和泽库弧后前陆盆地相接，南北均以断裂为界。该成矿带与宗务隆山陆缘裂谷相对应。它是古特提斯洋伸呈楔形插入祁连造山带和东昆仑造山带之间的三级构造单位，但区域上与甘肃夏河之北甘加附近向西构造尖灭的礼县海西期构造带对应，具有其比拟性。

该带的地层主要为石炭系—中二叠统和下—中三叠统，其中以石炭系—中二叠统中吾农山群土尔根大坂组（占80%）为主，下—中三叠统有隆务河组和古浪堤组各占5%，岩性均为泥、砂质碎屑岩与碳酸盐岩间互的岩石组合序列，局部有基性火山岩呈透镜状的夹层产出。虽沉积时期的火山活动显得微弱，但地层中的含矿信息尚较好。

断裂主要为北西向、北西西向，东部同仁地区被北东向断裂斜切。

宗务隆山成矿带岩浆活动较强烈，超基性、基性、中—酸性岩浆侵入和火山喷发活动都有。海西期和印支期中—酸性岩浆侵入活动，是造山期或造山期后岩浆沿构造薄弱带侵入的产物。印支期二长花岗岩、花岗闪长岩、闪长岩大部分侵入中吾农山群中，部分侵入下—中三叠统隆务河组。少量的海西期二长花岗岩、钾长花岗岩在该带西段呈岩株产出。

上述中—酸性岩浆侵入活动，局限于青海南山和同仁地区，发育与晚古生代裂陷过程有关的喷气沉积型多金属矿化（如蓄积山铅银矿）及与岩浆侵入作用有关的金多金属矿化（如双朋西铜金矿床、谢坑金铜矿床）。

重力场为东昆仑南高北低重力梯级带之南，或南部重力高带之北部，显示该矿带处于柴达木地块与南祁连的交界部位。该区虽为地壳结构发生急骤横向变化的地带，但总的来看，它仍处于柴达木地块北部的基底隆起区。

磁场整个为一负磁异常带，其中有呈长条形较弱的局部磁异常和小而较强呈椭圆状的局部磁异常。前者推测为该带具有一定磁性的地层所引起，后者为酸性侵入岩体。

成矿带内地球化学分区属柴北缘宗务隆Cu、Pb、Zn、Ag、Au(W、Bi)元素异常区，异常集中并分段分布，以中温元素组合为主，高温元素组合不发育。低温元素以高背景、局部异常为特征。在成矿带内共圈出基岩光谱化探异常11处〔其中，铜5处，铅(铜)5处，砷(铜、镍)1处〕。重砂矿物异常15处（其中，铅9处，铜铅钨铋1处，铜金1处，辰砂3处，铋1处），另有砂金高含量点21个。化探、重砂异常以灶火沟—蓄集山一带最集中，次为关角日吉南坡一带。纵向上，中西段以铜铅和砂金为主，东段常见铅、辰砂及铋异常。横向上，南侧多见铜，北侧以铅砷、铅金较多，异常特点是规模小，强度中等（Ⅱ级）。其中，灶火沟—滚艾尔沟一带异常较多，规模大，分布集中，具有明显的找矿意义。

目前该成矿带内已发现各类矿床、矿点及矿化点40余处。其中，大型矿床1处（石乃亥铌钽），中型矿床2处（恰冬、江里沟），小型金（铜）、铅锌等矿床4处。已知主要金属矿产的矿种有铁、锰、铜、铅、锌、金、铌、钽8种。

1）宗务隆山海西期铁、铅、锌、银（铜、金）成矿亚带（Ⅳ₂₅）

本亚带为宗务隆山海西期印支期铁、铅、锌、银（铜、金）成矿带（Ⅲ₁₅）的主体部分。该成矿亚带位于宗务隆山—共和—同仁一带，西起大柴旦镇鱼卡以北，向东经绿草山、德令哈北山至青甘边界。宗务隆-青海南山断裂为其北界，南界与泽库弧后前陆盆地相接并延出省外。

该亚带出露地层西段以石炭系—中二叠统中吾农山群为主，东段以下—中三叠统隆务河组为主。侵入岩有三叠纪二长花岗岩、花岗闪长岩、闪长岩、英云闪长岩以及石炭纪二长花岗岩。

区内已发现的矿产有铅锌、铜、铁等。代表性矿床有蓄积山铅银矿。

2）青海南山-双朋喜印支期稀有、铜、钨、金（锡、铋）成矿亚带（Ⅳ₂₆）

本亚带位于宗务隆山陆缘裂谷东南部，南界沿宗务隆山南缘断裂向东经共和县、龙羊峡、同仁一线延出省外,东西延长约310km,南北宽约20km。

区内出露除新生界外,主要地层为三叠系隆务河组、古浪堤组及鄂拉山组。区内褶皱总体为走向北西西,为以隆务河组为核心的复背斜褶皱带。断裂以北西向为主,次为北东向。岩浆岩有印支期二长花岗岩、花岗闪长岩、闪长岩、花岗岩以及上三叠统鄂拉山组基性—中酸性陆相火山岩。

目前亚带内发现大型矿1处(石乃亥铌钽矿),中型矿2处(恰冬铜矿、江里沟钨多金属矿)、小型铜金矿床3处(谢坑、双朋西、德合隆洼),矿点2处。已知主要金属矿产的矿种有铜、钨、金、铁、铅、锌、钼。矿床成因类型大部分为接触交代(矽卡岩)型(如双朋西铜金矿),少数为热液型和海相火山岩型,成矿时代主要为印支期—燕山期。最近在区内东段发现下—中三叠统隆务河组在正常浅海相碎屑岩夹大理岩沉积过程,亦伴有火山喷发活动,有与海相沉积岩层一致的凝灰质砂岩、板岩及火山熔岩(安山岩)等。因此,将产于此地层中的恰冬铜矿的矿床类型定为海相火山岩型铜矿床。该亚带的主要矿种为铜、钨等,矿床类型为接触交代型及热液型,成矿系列以与中酸性中浅成侵入活动有关的矿产为主。

2. 鄂拉山海西期、印支期铜、铅、锌、锡、金、银(钨、铋)成矿带(III_{16})

本成矿带涵盖鄂拉山腹部地区,北部从茶卡以南30km,向东南至羊曲(尕毛羊曲)大桥;西侧以北西向的鄂拉山断裂带为天然分界;南部东起曲什安河口,向西沿曲什安河口至其上游的长水(温泉)源头,底边位于北东长14km、东南长约90km的三角形流域范围,以及南部西起下鄂当,向东经沟里、智玉至坑得弄舍到鄂拉山口,长约120km,宽约30km的勺形区域内,两个图形构成本成矿带总面积约9600km^2。

该带地层复杂。西北及中东部分布有零星的以推覆体形成出现的古元古界金水口岩群片岩、片麻岩夹石英岩、大理岩的地层。北部和南部出露石炭系—中二叠统中吾农山群和布青山群,岩性由碎屑岩、灰岩,夹中基性—酸性火山岩、砾岩等组成,含超基性、基性侵入岩体和构造岩块。带内三叠系广布,南部及中东部出露有下—中三叠统隆务河组,上部为砂、板岩互层夹灰岩,下部砂岩较多,底部为砾岩。下—中三叠统古浪堤组分布在中东部,上部为砂、板岩互层夹灰岩,下部砂岩夹火山岩、灰岩;上三叠统鄂拉山组出露于西部,呈北北西向展布,不整合于下伏地层之上,由陆相酸—中酸性火山岩组成。

该区以断裂为边界与东昆仑后加里东古陆毗邻,为弧形体与楔形体的组合面貌。北部和东部弧形构造的端部,是铜、铅、锌、锡等成矿和聚矿的有利地段,形成了规模型矿床,其西翼有可能对金、银等成矿和聚矿起控制作用。南部和西部伸入东昆仑后加里东古陆的楔形体,具有与铜峪沟矿床形成的相似背景条件,是断裂的敛合部位和构造结点。

中—酸性岩浆侵入活动和火山喷发活动均较强烈。中—酸性侵入岩以印支期为主,其次为海西期。印支期有闪长岩、花岗闪长岩、二长花岗岩、钾长花岗岩等,海西期有二长花岗岩、花岗闪长岩。这两期侵入岩较集中的分布于哇洪山-温泉北北西向断裂东侧、昆中断裂西侧,受断裂控制明显,岩体总体分布亦呈北北西向,但各岩体长轴方向展布无明显规律。两期岩体叠加交织,侵位于最老地层古元古界和最新地层上三叠统,岩体形状极不规则,大部呈岩株产出。它是在活动性陆缘褶皱隆起、大规模构造推覆的影响下形成的,也是区内一次较为重要的成矿阶段,一方面表现在自身成矿,另一方面表现为对先期火山作用成矿的改造。

火山岩喷发活动有海相和陆相。海相火山活动不甚强烈,火山岩类为中酸—中基性,以火山碎屑岩居多夹少量熔岩,分布于石炭系—二叠系中,是在拉张强烈环境下产生的,岩石蚀变比较强烈。陆相火山喷发活动发育于晚印支期,主要受哇洪山-温泉断裂控制,呈北西西向展布,为串珠状中心式喷发-喷溢,岩石为安山岩-流纹岩组合,火山碎屑岩特别发育,分布于鄂拉山组中,属钙碱性高钾系列。火山活动为该区 Cu、Pb、Zn 等元素的富集提供了必要条件。

该成矿带内除了青海南山北西向航磁异常带、倒淌河-罗汉堂-黄乃亥北西向异常带和泽库北西西向航磁异常以外,其他均为负磁场区。在负磁场中有呈长条状弱磁正异常和等轴状局部异常,异常极大值小于100nT。推测负异常由具有磁性的地层所引起,3条航磁正异常带由磁性岩体引起。

1:20万化探异常主要有:巴硬格利 Au、As、Hg、Pb、Zn、Ag、Cd、W、Bi、Sn 组合异常,玛温根 Pb、

Ag、Cd、Au、As、Sb、Hg 组合异常，牦牛沟-叉叉龙洼 Cu、Pb、Zn、Ag、Cd 异常，满丈岗 Au、As、W、Bi 异常，鄂拉山口 Cu、Pb、Zn、Au、As 异常，索拉沟-在日沟 Cu、Pb、Zn、Ag 异常，苦海 Hg、Ag、Bi 异常，铜裕沟 Cu、As、Sn、Bi、Ag 异常，尕科合 Cu、Ag、As 异常，加日亥 Au、As、Sb、W、Bi 异常等。在这些化探异常中有的是已知矿床的反映，如铜裕沟异常的赛什塘、日龙沟、铜裕沟矿床；有的根据化探异常找到矿床，如苦海汞矿、满丈岗金矿、牧羊沟金矿等，较多的事实是在其他化探异常中发现有很多很好的矿化信息。据统计，在矿带内除矿床以外，目前发现的各种矿产近 50 处，说明矿带内矿化强烈，是省内找矿较有希望的矿带之一。

带内目前发现矿床、矿（化）点近 50 处。大型矿床 3 处（铜峪沟铜矿、坑得弄舍金铅锌矿、苦海汞矿），中型矿床 3 处（鄂拉山口银铅锌矿、日龙沟锡多金属、赛什塘铜多金属），小型铜、金多金属矿床（矿点）8 处。矿种铜、金、汞、铅、锌、锡、银、铁 8 种。已知矿产地的成矿时代大部为印支期及海西期，矿床成因类型以海相火山岩型、陆相火山岩型以及热液型为主，其他有接触交代型、沉积型等。多数铜、铅、锌、金、银矿床（点）的容矿围岩为晚三叠世陆相中—酸性火山岩及早二叠世海相碎屑岩-碳酸盐岩。控矿断裂则与区内发育的北北西向、北西向及东西向断裂为主，少量为北东向和南北向断裂，以上各断裂派生的次级断裂所形成的节理、裂隙和较发育的破碎带，常决定着矿（化）体的空间位置与分布。带内印支中晚期岩浆岩较发育，但规模均不大，一些受断裂控制的脉状铜、金矿体，几乎全部形成于该成矿期。

在本成矿带南部的日龙沟锡矿床、铜峪沟铜矿床及赛什塘铜锌矿床，已构成了青海省省内知名的铜峪沟矿田。带内已知成矿系列，除产于第四纪河流相砂金矿床成矿系列外，在地处稳定边缘坳陷带的本成矿带中，最有经济价值的是目前已发现的分布在南东部海西期与石炭纪—中二叠世陆棚-浅海相碎屑岩夹碳酸盐岩有关的铜、铅、锌、锡（铁）矿床（如铜峪沟铜矿床、赛什塘铜矿床、日龙沟锡矿床）成矿系列。

按照本成矿带矿床（点）的时空分布规律，相似的成矿环境及与之相关的成矿机制，划分出北部满丈岗印支期金、银、铜、铅、锌（钨、铋）（IV_{27}）及南部铜峪沟海西期铜、铅、锌、汞、锡（IV_{28}）两个成矿亚带。

1）满丈岗印支期金、银、铜、铅、锌（钨、铋）成矿亚带（IV_{27}）

本亚带北起鄂拉山断裂北端的 3355m 高点，向东南直抵共和、兴海两县界，南从兴海县温泉乡向东到唐乃亥连线，包括青根河、大河坝河流域约 4920km^2 的三角形区域内。

在亚带西北及中东部分布有零星的以推覆体形式出现的古元古界片岩夹石英岩、大理岩的片麻岩地层。亚带的北部边缘呈北西向展布的石炭系—中二叠统甘家组由碎屑岩、灰岩夹中基性—酸性火山岩、砾岩组成，与上覆、下伏地层均为断层接触。亚带内三叠系广布，南部及中东部出露有下—中三叠统隆务河组，上部为砂、板岩互层夹灰岩，下部砂岩较多，底部为砾岩。下—中三叠统古浪堤组分布在中东部，上部为砂、板岩互层夹灰岩，下部砂岩夹火山岩、灰岩；中、下三叠统间为整合接触。上三叠统鄂拉山组出露于西部，呈北北西向展布，不整合于下伏地层之上，由陆相酸—中酸性火山岩组成。本成矿亚带西部边缘以北北西向具俯冲性质的鄂拉山断裂为界，其东侧出露有规模较大的印支期二长花岗岩、花岗闪长岩以及少量的钾长花岗岩等侵入岩。除西侧的鄂拉山断裂外，尚有派生的北西向、北东向及近东西向次级断裂。

目前带内已发现的金属矿产地 7 处，矿种以铜、铅、锌、金、银为主，成矿时代均为印支期，与三叠纪陆相火山岩层及印支期中酸性岩浆岩密切相关。矿床类型以陆相火山岩型为主，如鄂拉山口中型银铅锌矿床、索拉沟中型铜铅锌矿床、满丈岗小型金矿床、在日沟铅锌银矿点等。其次为接触交代型、热液型，少见岩浆型、淋滤型和沉积型。成矿系列以与陆相火山活动有关的成矿系列为主。

2）铜峪沟海西期、印支期铜、铅、锌、汞、锡成矿亚带（IV_{28}）

本成矿带位于满丈岗印支期金、银、铜、铅、锌（钨、铋）成矿亚带（IV_{27}）南部，呈东西向展布。北部西从都兰县塔妥煤矿，向东经智益、长水（温泉）到唐乃亥以南，南部西起塔妥煤矿，向东经苦海以南的苦海汞矿、姜路岭、南木塘到赛什塘，东西长约 190km，平均宽约 20km，面积约 3800km^2。

成矿亚带中、东段以推覆体出露最老地层为古元古界金水口岩群，为片岩夹变粒岩、石英岩、大理岩的片麻岩层。西部北缘至东南部出露有东西向展布长条形石炭系—中二叠统中吾农山群碎屑岩夹火山岩、灰岩层。西部南缘零星出露有树维门科组生物礁灰岩、生物碎屑岩夹砂砾岩。下—中三叠统洪水川组、隆务河组及不整合其上的古浪堤组碎屑岩夹灰岩层，呈东西向展布，两侧均与下伏地层呈断层接触，出露于成矿亚带的中北部。晚三叠世陆相火山岩呈近南北向出露于鄂拉山断裂南东边缘。

亚带内分布的侵入岩由西向东依次有加里东期花岗闪长岩，海西期花岗闪长岩、石英闪长岩、二长花岗岩，印支期二长花岗岩、英云闪长岩。东部铜峪沟—赛什塘一带则出露海西期超基性岩、基性岩，及不具完整层序的各种形态、规模的蛇绿岩岩片（块）。带内各种岩体均以规模不大的岩株、岩枝产出。

化探扫面在亚带内圈出金异常6处，铜异常5处，另有伴生金异常19处，伴生铜异常1处；重砂金异常11处，铜矿物异常5处。各类成矿信息相互套合较好，成矿事实普遍。省内著名的铜峪沟矿田即位于本成矿亚带东部。

本成矿亚带已知主要金属矿产有铜、铅、锌、锡、汞、金、铁7种，矿床、矿点共7处。其中，大型多金属矿床3处（坑得弄舍、铜峪沟、苦海），中型铜锌矿床1处（赛什塘），中型锡矿床1处（日龙沟），成矿时代主要为印支期。主要矿种为铜、铅、锌、金等，矿床类型为接触交代型和构造蚀变岩型，成矿系列为与中酸性中浅成侵入活动有关的矿产及构造蚀变岩型金矿系列。

3. 同德-泽库印支期汞、砷、铜、铅、锌、金（锑、钨、铋、锡）成矿带（III$_{17}$）

本成矿带北起宗务隆山南缘深断裂东缘向东经共和县、东沟、同仁一线延入甘肃省境内，南界西起冬给措纳湖以东的那尔扎，沿阿尼玛卿山北坡向东延入甘肃省内。大地构造属泽库前陆盆地，东西长约400km，南北宽37～150km，面积约30 678km^2。

区内出露地层除第四系以外以三叠系砂板岩夹灰岩层为主，也是区内主要的赋矿地层。三叠系出露地层主要为下—中三叠统隆务河组、下—中三叠统古浪堤组和上三叠统鄂拉山组。

下—中三叠统隆务河组广泛出露于区内中部和东部，岩性为砂、板岩互层夹灰岩，下部砂岩较多、底部为砾岩。局部火山岩中含较多外来岩块。该地层为瓦勒根金矿床等的围岩。

下—中三叠统古浪堤组：区内出露广，上部为砂岩、板岩互层夹灰岩，下部砂岩夹板岩、灰岩。此层中，有汞矿产出。

上三叠统鄂拉山组主要出露在该带东北部的夏卜浪、夏琼、扎毛一带，以中基—中酸性火山岩为主，局部夹砂岩、页岩，下部火山岩夹砂砾岩、碳质页岩。火山岩层分布多受南北向及北西向区域断裂制约，按岩性组合，下部为中—中基性熔岩夹火山角砾岩，分布较广。在上述喷发岩层中，常见有一系列的次安山岩及后期超浅成的斜长花岗斑岩体。该地层为老藏沟铅锌矿床等的围岩。

该区以发育复式向斜褶皱构造和同褶皱期走向断裂为特征，除了西与鄂拉山亚带的弧形构造相邻之外，区内也出现规模型弧形构造，其端部在玛沁北侧，西翼为遭受阿拉克湖-玛沁断裂带后期活动割切和改造的下大武-大武段，东翼则以拉加-多福屯北东向断裂为代表。

本成矿带地处同德-泽库早印支期造山亚带内，因经历印支期、燕山期及喜马拉雅期构造运动影响，构造形式及方向均有较大变化。北部青海南山复背斜、兴海-同仁复背斜，长轴均呈北西向展布，褶皱形态宽阔，规模不大，受断裂影响较小。南部的复向斜、复背斜带，轴向多呈东西向，以同层挤压、规模较大的线性褶皱及断裂紧密交错等构造形态为特点。在上述构造单元中，都见有近南北向大断裂纵贯全区，形成一系列断续分布的断陷盆地，控制了新生代地层分布，对火山活动和矿产的分布也有一定的控制作用，有望形成一定规模的金属矿床。

同德-泽库成矿带内岩浆活动主要集中在北纬35°以北地区，南部仅有零星小侵入出露。区内岩浆侵入和火山喷发活动都比较强烈，且明显受区域构造控制，形成以北西-南东向为主的带状分布，以印支期为主，少量为燕山期。其中，早印支期和燕山期表现为侵入，晚期以喷发为主。

中—酸性岩浆侵入活动印支期比较强烈，燕山期微弱。侵入岩印支期有花岗闪长岩、二长花岗岩、钾长花岗岩、石英闪长岩，以二长花岗岩、花岗闪长岩分布较广，且大部岩基产出，集中分布于青海南山—同仁一带，侵位于三叠系，北西向展布；燕山期仅见花岗闪长岩，零星分布于阿尼玛卿山北侧断裂带上，侵位于中—下三叠统，小岩株产出。另在西北部有零星的基性岩出露。

火山岩喷发活动有海相和陆相。海相火山岩赋存于中—下三叠统，以中酸—中基性火山碎屑岩为主，熔岩极少，大部呈层状、透镜状分布于中—下三叠统浅海相复理石层系中，是在强烈的拉张裂隙环境中产生的，岩石多具较强蚀变。陆相火山岩发育在上三叠统，大部分为中心式喷发，集中分布于同仁一带，下部含煤碎屑岩夹酸性熔岩角砾岩，上部橄榄辉石玄武岩夹基性凝灰角砾岩，不整合于中—下三叠统之上。除此尚有白垩纪陆相火山岩，裂隙式喷式，受构造控制，北北东—近南北向分布于多福屯断陷盆地，不整合于中—下三叠统古浪堤组之上，由火山碎屑岩及熔岩组成，熔岩主要为玄武岩。其具明显的喷发旋回和韵律层。

磁场为一宽阔的负磁场背景，场值在 $-10 \sim -25\mathrm{nT}$，它显示了该区基底多属弱磁性的古—中元古代地层。带内无强磁性局部异常上，出现许多南北向的 ΔT 大于零小于 10nT 的杂乱低值带，与构造线方向和地层走向不一致。

带内 Hg、W、Bi 三元素异化特征明显，具成矿潜力，这与本带具有重要找矿事实及良好的地球化学异常有直接关系。Au、As、Sb 在多隆尕日色、754 金矿、石藏寺、牧羊沟有强异常反映，有进一步找矿潜力。Cu、Pb、Zn 在本带东北部矿化线索比较集中，成型矿床有夏布楞及老藏沟铅锌矿床等。

本成矿带内发现各类矿床（矿点、矿化点）100 余处，已上金属成矿规律图（1∶100 万）的矿产地共 24 处；其中，矿床 10 处（大型 1 处、中型 4 处、小型 5 处），矿点 14 处。据概略统计，金属矿产种类有铁、锰、铜、铅、锌、钨、锡、钼、汞、锑、金、银 12 种。

本成矿带内矿产空间分布，大体以北纬 35°为界，北部铅、锌多金属矿化多沿南北向大断裂带及其两侧分布，而铁铜（金）矿床（点）则与北西向构造关系密切；南部的汞锑矿床点，主要受东西向断裂控制。

带内低级别的断裂、裂隙构造带颇为发育，方向繁多，有南北、东西、北北东及北西向，少量北东向。除区域性构造外，在大片火山岩分布于区内的次火山体或超浅成侵入体中，尤其是附近发育有与火山机构相关的环状、放射状断裂，多与多金属矿化关系较密切。成矿带内已知矿产地，在北纬 35°以北地区的铅、锌、铜（金）多金属矿床（点），与岩浆侵入活动关系密切，其中以印支晚期的喷出岩和燕山早期的侵入岩含铅锌较好，而印支早期的中酸性侵入岩含铁铜较高。

区内成矿特征似有以下特点：①铁矿的形成主要与闪长岩类有关，已发现的铁矿多集中出现于青海南山及本成矿带东北端岗察花岗闪长岩及闪长岩体附近；②以铜为主的多金属成矿多与花岗闪长岩、石英闪长岩关系密切；③斑状花岗岩类与白钨矿的形成存在空间成因关系；④偏酸性的花岗斑岩类小岩体及火山形成的安山岩、次火山岩有利于以铜、铅为主的多金属（金）矿床的形成。

南部大片中—下三叠统分布区，除呈东西向展布众多的汞矿床、矿点，近期已发现多处"热液型"金、锑矿点，多受近东西断裂带控制，产地附近无规模较大的侵入岩。目前已发现矿床级的产地，其成因类型以热液型（夺确壳）、陆相火山岩型（老藏沟）为主，其次为（矽卡岩）接触交代型（赛马卡亚），金矿全部为构造蚀变岩型（瓦勒根）。而南部汞（锑、钨）矿，则均为热液型（沙尔诺、穆黑沟）。

据本成矿带内地层、构造、岩浆活动与成矿关系，矿床成因类型及矿床、矿点、矿化点，以及重砂、化探异常分布情况，将同德-泽库印支成矿带（Ⅲ$_{17}$）由北向南划分为：同仁印支期铅、锌、金（银、锡）成矿亚带（Ⅳ$_{29}$）；苦海-作母沟印支期汞（锑、钨、金）成矿亚带（Ⅳ$_{30}$）2 个 Ⅳ 级成矿亚带。

1）同仁印支期铅、锌、金（银、锡）成矿亚带（Ⅳ$_{29}$）

本亚带北界沿青海南山南缘，向东经龙羊峡水库北岸至同仁县一线延出省外；南界西起南木塘沿秀麻断裂带至泽库、河南县间，向东延出省外；西界以鄂拉山海西期—印支期Ⅲ级成矿带北缘及东部边缘为界；东部与甘肃省界为邻。

本区出露地层以中、下三叠统滨海-浅海相类复理式碎屑岩夹少量碳酸盐岩建造为主，除盆地中的第四系碎屑岩外，尚有自白垩系至新近系下陷形成的红色碎屑岩山间盆地沉积。

以下—中三叠统古浪堤组及隆务河组为主。上三叠统鄂拉山组仅在本亚带东部同仁县以南呈东西向展布，不整合覆于中—下三叠统之上。下—中三叠统隆务河组分布于龙羊峡水库以东，贵南、同德以南及同仁—泽库以东地区。主要岩性为砂板岩互层夹灰岩及凝灰岩，下部砂岩较多，底部为砾岩，局部火山岩含较多的外来岩块。下—中三叠统古浪堤组与隆务河组相间分布,下部为灰色硬砂质长石砂岩、粉砂质板岩、生物灰岩等,夹有安山岩及凝灰岩;中部为粉砂质、钙质粉砂岩夹酸性熔岩、凝灰岩与泥质灰岩;上部为砂质板岩、粉砂岩、流纹岩、流纹质熔岩凝灰岩、岩屑凝灰岩等,部分地段以安山岩为主。与下伏地层呈整合或断层接触,上三叠统不整合覆于其上。上三叠统鄂拉山组分布于夏布楞以南至老藏沟一带。岩性为由中基—中酸性火山岩夹砂岩等、底部为砾岩夹碳质板岩组成的陆相火山岩,与下伏下—中三叠统为不整合接触,未见顶;与之有关的矿产是铅、锌、铜、锡、钼。

侵入岩主要出露于同仁及和日一带,以印支期及燕山期的二长花岗岩、花岗闪长岩及石英闪长岩等中—酸性侵入岩为主。侵入期均属中生代,大部呈岩株、岩脉产出。

区内近南北向断裂发育,断续分布,并对火山活动有一定控制的断陷盆地。区内低级别的断裂裂隙颇为发育,方向繁多,有南北向、东西向、北东向、北西向等。

亚带内矿床成因类型有外生、内生和变质矿产,以内生矿产为主。主要金属矿产以印支期和燕山期陆相火山岩型、构造蚀变岩型为主,热液型和接触交代(矽卡岩)型次之。主要矿种铅、锌、金等,矿床类型为陆相火山岩型和构造蚀变岩型,成矿系列以与陆相火山活动有关的成矿系列和造山型金矿系列为主。

目前本亚带内已发现金属矿产地82处;其中,大型矿床1处(瓦勒根),中型矿床2处(老藏沟铅锌矿、夺确壳金银铜矿),小型矿床3处(夏布楞铅锌矿、牧羊沟金矿、加吾金矿)。已知主要矿种有铁、锰、铜、铅、锌、钨、锡、钼、汞、金、银11种。

2)苦海-作母沟印支期汞(锑、钨、金)成矿亚带(IV_{30})

本亚带位于西起苦海,东至省界,北以秀玛断裂为界,南以阿尼玛卿优地槽和西倾山中间地块北缘大断裂为界,呈东西向展布。

亚带内出露地层较简单,新近系仅在拉加及河南县周边局部出露,不整合于前期地层之上。白垩系仅分布在东昆南断裂玛沁县东西一带,面积不大,不整合于三叠系之上。下—中三叠统隆务河组及古浪堤组则广布于本成矿亚带内,二者为整合关系或断层接触,岩性以砂、板岩为主。

本成矿亚带基本构造形态,为由下—中三叠统隆务河组、古浪堤组组成的东西复向斜带,以同挤压、规模较大的线性紧密褶皱及断裂交错等构造形态为特点。

在本成矿亚带内,仅见两处以小岩株状燕山期花岗闪长岩出露于阿尼玛卿山北坡下大武—雪山乡间,以及零星出露一些印支期的花岗闪长岩、二长花岗岩、石英闪长岩等小岩体,侵入于下—中三叠统古浪堤组、隆务河组中。

区内已知矿产有汞、锑、金、铅、锌、钨6种,发现的金属矿床、矿(化)点共28处。其中,中型汞矿床2处(穆黑沟、沙尔诺),小型金矿床1处(石藏寺)。按矿床成因类型划分以热液型(中型2处、小型矿床1处)为主,其他有砂矿型2处,构造蚀变岩型1处。汞矿多受秀麻东西向断裂、次级南北向和北东向断裂中的张扭性及张裂隙控制。本亚带东部甘肃省已在三叠纪碎屑岩、灰岩中找到了具微细粒金矿特征的大、中型金矿多处。该亚带主要矿种为金、锑、汞等,矿床类型为构造蚀变岩型,成矿系列为造山型金矿系列。

4. 西倾山印支期汞、锑、金成矿带(III_{18})

该成矿带位于河南县南部。北部西起玛沁县东侧,经赛木隆、卢丝奴卡托叶玛乡至赛尔龙;南与阿尼玛卿东段北缘深断裂为界;向东均延入甘肃省境内。大地构造性质属西倾山-南秦岭陆缘裂谷带。

该带四周被印支褶皱系所围的中间地带,内部具三层结构,基底可能由蓟县系—青白口系组成;盖层为厚度不大的以碳酸盐岩为主的泥盆纪—三叠纪台型沉积;中新生代局部下陷形成山间盆地,更新世初呈断块上升出露地表。

区内除少量白垩系和第四系外,几乎全为海相泥盆系到中三叠统出露。该地层系统为基本连续(间有假整合界面)的碳酸盐岩夹少量泥、砂质碎屑岩的岩石组合,仅上—中泥盆统顶部有磷块岩和赤铁矿、菱铁矿层产出。下泥盆统尕拉组分布于该带东南角,由浅灰色、灰色白云岩夹少量粉砂岩组成。上—中泥盆统当多组分布在西倾山古陆地块内,为台型浅海相稳定型沉积,以碳酸盐岩台坪相为特征。岩性为灰岩、砂岩、白云岩互层,顶部含铁及磷块岩,为南秦岭铁矿成矿带的西延部分。石炭系—二叠系尕海群分布在赫格楞以南,岩性为灰岩夹砂岩。见有汞锑矿产出。三叠系分布于本成矿带东北部,为一套浅海相-潟湖相-海陆交互相碳酸盐岩、碎屑岩建造。下—中三叠统浩斗杂阔尔组出露于成矿带西部浩斗杂阔尔、结更及阿尼囊等地向东延至甘肃省内。下—中三叠统古浪堤组大面积分布在成矿带西南,属海陆交互相碳酸盐岩、碎屑岩建造。三叠系向东延入甘肃境内。

该带断裂构造发育,块体边缘的断裂带具有多期复合性质。据东邻甘肃的成矿事实,北部边缘断裂带导致了汞、锑成矿作用的产生,且矿质的聚集受块体之北与之斜列的次级断裂控制;南部边缘断裂带则控制了低温热液型金的成矿作用,矿带或矿体产在主断裂带北侧的块体之上,受次级断裂和以碳酸盐岩为主的地层与岩石的联合控制。

本成矿带内岩浆活动微弱,仅在东昆南断裂北侧见燕山期二长花岗岩等零星出露。

磁场为一平静的负磁场背景,反映了无磁性碎屑岩地层的特征,在该带的西段有些十几纳特的低缓小异常,可能是中酸性小岩株的反映,不过在较大的低缓异常上有铅锌矿点(是热液型或接触交代型),这样的低缓小异常是否提供了找矿信息,值得查证。

Hg 是矿带内最具找矿把握的矿种(元素),其与矿带内已有赫格楞 Hg、As、Sb 矿床的事实相一致。如果考虑赫格楞汞锑矿床中,已经探明 As、Sb 工业储量的现实,则矿带内具有找矿可能的元素,除 Hg 外,还有 As、Sb、Au、P、Mn、Cd、Sr、MgO 等元素(氧化物)。

区内矿产勘查程度相对较低,经区调及部分地区矿点检查和 1∶5 万路线地质发现的金属矿产种类仅有锑、汞 2 种,小型汞锑矿床 1 处(赫格楞汞锑矿床,含 Au 最高为 1.5×10^{-6})。

1) 西倾山印支期汞、锑(金)成矿亚带($Ⅳ_{31}$)

该成矿亚带位于河南县东南部。北部西起卢丝奴卡,向东经托叶玛乡至赛尔龙,南侧由河南县种畜场(多松贡玛)至河曲马场以东,南、北两侧向东均延入甘肃省境内。区域构造位置属西倾山古陆块,北与同德-泽库印支造山亚带,南与柯生印支褶带均以大断裂相接,呈一东宽西尖的楔形体向西插入以上两条印支褶皱带中。

区内除少量白垩系和第四系外,几乎全为海相泥盆系到中三叠统。下泥盆统尕拉组分布于该带东南角,由浅灰色、灰色白云岩夹少量粉砂岩组成。上—中泥盆统当多组出露在西倾山一带,顶部有磷块岩和赤铁矿、菱铁矿层产出,为南秦岭铁矿成矿带的西延部分。石炭系—二叠系尕海群属浅海相碳酸盐岩建造,分布在赫格楞以南,岩性为灰岩夹砂岩,见有汞锑矿产。中—下三叠统浩斗杂阔尔组出露于成矿带西部浩斗杂阔尔、结更及阿尼囊等地向东延至甘肃省内,为一套浅海相-潟湖相-海陆交互相碳酸盐岩、碎屑岩建造。在北部浩斗杂阔尔一带,因断层影响未见底,地层出露不全。

该构造单位以断裂构造发育为特征,控制带内地层和矿产的分布。带内岩浆活动微弱,几乎见不到岩体的分布。带内发现赫格楞小型汞锑矿床 1 处。该亚带的主要矿种为金、汞、锑等,矿床类型为构造蚀变岩型和热液型等,成矿系列为造山型金矿系列。

2) 柯生印支期铜、金成矿亚带($Ⅳ_{32}$)

本成矿亚带北与西倾山印支期汞、锑(金)成矿带相邻,南与阿尼玛卿东段北缘深断裂为界。带内地层为下—中三叠统古浪堤组的杂砂岩夹砾岩、灰岩。亚带北部边界由近东西向的血日格-赛尔龙断裂构成,南侧位于布喀达坂-阿拉克湖-玛沁断裂带的东端。带内侵入岩不发育,仅在西南端见有零星的燕山二长花岗岩等小岩株出露于三叠系中。

在本成矿亚带中目前尚未发现金属矿床,但是紧邻的甘肃地区已经发现多处金矿床(点),因此随着工作程度的加大,本区找矿有望取得突破性进展。该亚带的主要矿种为金等,矿床类型主要为构造蚀变岩型等,成矿系列为造山型金矿系列。

(四)巴颜喀拉成矿省

巴颜喀拉成矿省处于三江造山系西北部,是特提斯成矿域的组成部分,北以昆南断裂为界,南以可可可西里-金沙江缝合带与羌塘陆块毗邻。向西出省后延至叶尔羌河上游的麻扎附近,向东出省后被龙门山断裂分割与扬子陆块毗邻。省内呈西窄东宽略向北东突出的弧状四边形。北部发育石炭系—二叠系海相火山-沉积岩系及蛇绿岩;中南部以广泛发育三叠系砂板岩为特色,少量石炭系—二叠系火山-硅质岩建造、碳酸盐岩建造及复理石建造。侵入岩以印支期为主,其次是燕山期及喜马拉雅期,多为岩株状产出。北部以铜、钴矿产为主,中南部以金锑矿产为特色,是青海省的"金腰带"。该成矿省划分出阿尼玛卿、北巴颜喀拉、可可西里-南巴颜喀拉 3 个Ⅲ级成矿带。

1. 阿尼玛卿海西期、印支期铜、钴、锌、金、银成矿带(Ⅲ$_{19}$)

该成矿带东西纵贯全省中部,西从青新省(区)界,向东经布喀达坂、秀沟(野牛沟)南、布青山、阿尼玛卿山以东延入甘肃省境内,长度横跨东经 89°25′03″—100°52′41″。本成矿带在东经 93°26′22″—94°26′22″之间,由于断裂破坏而间断,从而分成东、西两个成矿亚带:布喀达坂印支期铜、钴、金(锑)成矿亚带(Ⅳ$_{33}$),布青山-积石山海西期铜、钴(金、锑)成矿亚带(Ⅳ$_{34}$)。

该成矿带所对应的构造单元为阿尼玛卿结合带。该带经历了石炭纪—早二叠世由沉降主导的活动期沉积作用、岩浆喷发,及基性、超基性岩体侵位之后,便进入晚二叠世升闭合阶段,形成晚海西期褶皱带(含同褶皱期的花岗岩类岩浆侵入活动)。其上的盖层,除了稳定型陆棚浅海相的下、中三叠统之外,尚有侏罗系—第四系陆相地层。在古生界的志留系内发现有铜、钴、金等矿化。石炭系—三叠系中,具有以铜为主的有色金属及与金成矿相关的 As、Sn、Hg 等元素背景值较高的特点。

该带由边界断裂控制,以复背斜构造为基础,发育同褶皱期的走向断裂,构造线与边界断裂呈斜切关系,交合部位常有同造山期和期后的花岗岩类岩体产出,均为成矿和聚矿的有利背景环境。

阿尼玛卿成矿带基性、超基性、中—酸性岩浆侵入活动和火山喷发活动都有。基性、超基性岩主要分布于昆仑山口以东的布青山和阿尼玛卿山地区,二者紧密伴生,断续集中成群分布,以超基性岩为主,侵位于石炭系、三叠系,岩体展布与区域构造线方向一致,规模小,大部呈脉状、透镜状产出。超基性岩为斜辉橄榄岩、多数已蚀变,属镁质超基性岩;基性岩为辉长岩,属铁质基性岩。中—酸性侵入岩有海西期正长岩、花岗闪长岩、斜长花岗岩,印支期仅见个别闪长岩体,燕山期有二长岩、钾长花岗岩。这些岩体分布零散,规模小,岩株产出,主要侵位于中二叠统马尔争组,岩体展布总体北西向,大部呈独立体产出。火山岩为海相,赋存于上石炭统—中二叠统布青山群中。上石炭系—中二叠统树维门科组分布少,火山岩为中基性夹于浅海相复理石层系;中二叠统马尔争组火山岩分布广,以中基性熔岩为主,局部见少量火山岩及中酸性熔岩,产于中下部,喷发旋回清楚,韵律层发育,岩石具大洋拉斑玄武岩特点,属钙性—钙碱性。上述基性、超基性与火山岩组成蛇绿岩建造,在阿尼玛卿山的岩体群,以含铜、钴、锌矿为特征。这些矿产的形成过程似与上述岩浆活动有着密切的关系。

该带总体处于东昆仑重力梯级带的南部边缘。磁场总体显示为一负磁场背景,在其上叠加一些明显的、强度中等的局部磁异常。在阿尼玛卿山形成走向为北西长达 200km 的磁异常带,反映了超基性岩体的展布。其余一些形为椭圆的小局部磁异常多为海西期中酸性侵入岩所致。

本地区是 Cr、Ni、Co、V、Ti、As、Sb、Cu、Zn、B、Hg、P、Li、Y、Zr 共 15 个元素的高背景、高含量分布区,矿带内呈高含量、高背景分布的元素数量较多。其中,Cu、Co、Ni、Ti、Sb、Li、Y 等元素的平均含量居省内第二至第三位。高含量的元素有反映基性和超基性岩的 Cr、Ni、Co、V、Ti 元素,亦有反映硫化矿化的 As、Sb、Hg、Cu、Zn 等元素。

在矿带内 Ba、Be、Bi、Cd、Mo、W、Sn、Th、CaO、MgO、K$_2$O 等元素(氧化物)呈低含量和低背景分布。其中,W、Sn、Mo、Bi、Be 等高温元素呈低背景和低含量分布,说明在矿带内与其相关的中酸性侵入岩不发育。矿带内含量变化较大的元素是 Cu、Hg、As、Au、Cr、Ni、Sb、Sn、CaO 共 9 个元素(氧化物),它们在矿带最容易形成具有浓度分带良好的化探异常。

经过多年的地质工作,在矿带内已探明有德尔尼大型 Cu、Zn、Co、Au 矿床和牧羊山小型铜矿床,发现有马兰山、红金台、阳靠等金矿化点,蔡日起沟、真吉、乌日贡沟 3 处汞矿化点,以及朝阳山、伊卡哈里萨、马尼特东、黑马河、江青沟、切怒沟、人果山、扎崩沟、勒合通等十几处铜矿化点。

本成矿带内已上矿产图的金属矿产种类以铜、钴、锌为主,其次为铅、金、铂、汞、铁,种类较少。其中,查明已具有工业价值矿床成因类型为海相火山岩型,矿产以铜、锌、钴为主,其他矿种的接触交代型、热液型、岩浆型和渗滤交代型等矿产地仅为今后找矿的线索。在本成矿带中东部有省内著名的德尔尼大型铜锌钴矿床。本成矿带内金属矿产除铜、锌、钴以外,海相火山岩中的金及沿破碎带中产出的石英脉型金的矿化,汞等成矿信息均值得充分注意。

1)布喀达坂印支期铜、钴、金(锑)成矿亚带(IV_{33})

该成矿亚带内出露主要地层为上石炭统—中二叠统树维门科组、中二叠统马尔争组、下—中三叠统下大武组,及古近系雅西错组、沱沱河组。岩体不发育。带内自然地理条件恶劣,地质调查程度低,目前仅发现格尔木市黑海南1处金矿点和红金台、黄土岭、稳流河、淘金沟4处砂金矿点。该亚带的主要矿种为金等,矿床类型主要为构造蚀变岩型等,成矿系列为造山型金矿系列。

2)布青山-积石山海西期、印支期铜、钴、锌、金(锑)成矿亚带(IV_{34})

该成矿亚带位置及范围与布青山蛇绿混杂岩带位置吻合,即西起唐格乌拉山,经布青山向东沿阿尼玛卿山至玛沁以东延入甘肃省境内。全长约400km,宽20～40km,南北分别以阿尼玛卿南、北缘深断裂为界。

成矿带内出露的地层主要为上古生界。中二叠统马尔争组是本亚带的主体,由碎屑岩、中基性火山岩及碳酸盐岩组成。石炭系—中二叠统树维门科组在该带也有出露,岩性为灰岩夹碎屑岩。亚带内超基性岩发育断续分布,成带集中。超基性岩体的产状大部分与地层一致,并与地层发生同步变形、褶皱。亚带内北西—北西西向断裂发育。本亚带内主要矿产为以超镁质岩石及混入其中的中二叠世碎屑岩夹火山岩和灰岩为容矿岩石的铜、钴、锌、金矿床为主,次为岩金矿床。另外在甘德灯朗、玛沁纳晴及玛积雪山东南的哈龙-巴颜喀拉山口南、玛多民曲龙洼等地出现的大片化探Au、As、Sb、W异常,其特点是面积大、强度高、浓集中心明显并与重砂异常带相吻合。异常区内沿破碎带常见有石英脉-毒砂辉锑矿脉分布,不失为今后继续找金、铜等矿产的远景地区。

本带内目前已有矿床3处(德尔尼大型铜矿1处,马尼特小型金矿和牧羊山小型铜矿各1处)、矿点8处,矿化点16处。成矿类型有海相火山岩型、热液型、渗滤交代型、风化淋滤型、接触交代型、岩浆型、变质型及砂矿型8类。其成矿时期以海西期为主,其次是印支期。该区以德尔尼铜钴矿床为代表。该亚带的主要矿种为铜、钴、金等,矿床类型为海相火山岩型和构造蚀变岩型等,成矿系列以与镁质基性—超基性岩有关的矿产及造山型金矿系列。

2. 北巴颜喀拉印支期、燕山期金、锑(稀土、钨、锡、汞)成矿带(III_{20})

该成矿带位于阿尼玛卿成矿带之南,可可西里-南巴颜喀拉成矿带以北地段,西起昆仑山口,向东在班玛以东进入四川省,省内长约800km,呈向西收敛的侧卧"三角"形态。该带包括北巴颜喀拉造山亚带和昌马河褶带两个构造单元。

该带主体地层是三叠系巴颜喀拉山群,为泥、砂质碎屑岩夹砾质岩和少量碳酸盐岩,局部地段有基性火山岩呈透镜层产出。在下—中三叠统的砂岩局部含铁较高或富集成豆荚状赤铁矿体产出,局部含碳质较高,以及部分板岩和砂岩富含黄铁矿等含金的高背景。盖层中的下侏罗统除了含有夹煤线或煤层的少量湖沼相碎屑岩之外,主要是中性及中酸性或酸性的火山岩,含矿性不明显。区内第四系普遍产砂金,该带西北部和东南部均有规模型砂金矿床产出。

该带为轴面北倾的卧式复向斜构造,其间发育同褶皱期的走向断层。区内断裂构造对岩浆侵入活动和构造活动起着重要作用,是最活跃的构造因素。其内以昆仑山口-玛多-久治、达日-班玛、麻多-野牛沟-达卡3条断裂带居主导,并与构造单位的边界断裂带联合,依次形成向西北敛合的梯级层次,其敛合部位有利于成矿和聚矿,且层次越高,聚矿规模越大。

北巴颜喀拉成矿带内有微弱的中—酸性岩浆侵入和火山喷发活动。中—酸性岩浆侵入活动有印支期和燕山期,以燕山期为主。侵入岩印支期有二长岩、闪长岩、二长花岗岩,燕山期有二长岩、花岗闪长岩、二长花岗岩。上述岩体侵位于下—中三叠统昌马河组,大部呈岩株产出,个别为岩基,多为独立岩体零散分布,以达日—索乎日麻一带较为集中,岩体展布总体北西向,在年保玉则见印支期二长花岗岩被燕山期钾长花岗岩侵入。从岩体集中分布地区及部分岩体长轴展布方向分析,似与同仁构成北北东向印支期、燕山期侵入岩带,这种表观特点反映了受基底构造控制的特点。

火山岩不发育,仅见中生代侏罗纪陆相火山岩零星分布于巴颜喀拉山东段桑日麻、索乎日麻、年保玉则等地。火山岩主要由中—酸性喷发岩、凝灰岩、火山角砾岩组成,赋存于下侏罗统年宝组下部。索乎日麻地区以流纹岩为主,年保玉则以南安山岩为主,属钙碱性岩。侏罗纪火山活动,明显受同仁-索乎日麻北北东向构造控制,构成中生代北北东向岩浆活动带,该带对成矿是有利的。

重力场在该带北部显示为局部重力低带,但在其南和两湖以东则显示为局部重力高带,这说明南半部基底隆起,而北半部基底下坳。磁场为较为平静的负磁场背景,其上叠加有长条形和椭圆形局部磁异常。局部异常强度一般很弱,仅在大场一带相对较强。长条形异常多系夹中基性火山岩的二叠纪地层引起,而小椭圆形异常则多为中酸性岩体所致。

SiO_2、Li、Hg、Sb 元素(氧化物)在矿带内呈高背景、高含量分布。SiO_2 呈高含量、高背景分布,而且含量变化甚小,说明矿带内存在强大的高硅质岩石群而且分布普遍。Hg、Sb 元素在矿带内呈高背景、高含量分布,说明矿带内断裂活动强烈而密集,其变异系数很大,被剔除高含量点数很多,说明中低温成矿活动是矿带内主要成矿作用之一的重要标志。呈高含量、高背景分布的元素比较少,而且以中低温元素为主,也是矿带地球化学的重要特点之一。Ag、Be、Bi、Cd、Cr、F、La、Mo、Pb、Sn、Sr、Th、U、V、W、Y、Rb、K_2O、CaO、MgO 共 20 个元素(氧化物)在矿带属低背景、低含量分布。

本成矿带已知矿床(点)有 27 处,矿种有金、锑、锡、汞、铜及泥炭 6 种。其中,金(锑)矿产地 11 处,锡矿产地 1 处,汞矿产地 1 处,铜矿产地 1 处,砂金矿产地 12 处,非金属泥炭矿产地 1 处。大型矿床(大场岩金)1 处,中型矿床[加给龙洼金(锑)、扎家同哪、大场砂金、柯尔咱程砂金、多卡砂金、吉卡砂金、年保泥炭矿]7 处,小型矿床(东乘公玛岩金、东大滩锑金、清水川砂金)3 处,其余为矿点或矿化点。从已知矿种及产地来看,砂金矿和金(锑)矿为该成矿带的重要矿产。该成矿带从已知矿产地来看,矿床类型主要为构造蚀变岩型和砂矿型,次为热液型、接触交代型和渗滤交代型。

1)加格龙洼-昌马河印支期、燕山期金、锑(稀土、钨、锡、汞)成矿亚带(IV_{35})

该成矿亚带位于巴颜喀拉山北部,南以两湖-久治区域性大断裂为界,大地构造位置地跨玛多-玛沁增生楔和可可西里-松潘前陆盆地。西起昆仑山口,东到久治县以东出省,省内长 800km,宽约 70km,面积约 60 000km^2。

该亚带出露地层为中二叠统马尔争组、下—中三叠统昌马河组和甘德组、上三叠统清水河组。另外,在该亚带东端零星出露有侏罗系地层,为一套陆相含煤建造。新生界为山麓相、河湖相红色建造,广泛分布于全区。该亚带广泛出露的三叠系复理石沉积岩系,代表了松潘-甘孜海盆向西伸出的一个分支沉积物。晚三叠世—早侏罗世时期海盆闭合形成巴颜喀拉造山带,这一造山作用导致三叠系复理石沉积岩褶皱、变形及低绿片岩相变质,并形成大规模的逆冲、走滑断层、脆-韧性剪切带及其配套的构造系统,具体表现为次级褶皱发育、断裂构造主要为北西西和北东向两组。

该亚带岩浆活动相对较弱,岩浆岩主要为印支期—燕山期侵入岩,呈北西西向展布与区域构造线一致。侵入岩零星分布于扎日加、两湖、阿尼玛卿南以及年保玉则一带,岩体一般规模不大,呈岩株和岩脉状产出,岩性主要为花岗闪长岩、二长岩、正长岩。上述侵入岩的多期次活动,使其接触带及其附近围岩中广泛发育有硅化、角岩化、绢云母化、绿泥石化等,并伴随有钨、铜、金等矿化。火山岩主要分布于中二叠统马尔争组中,岩性主要由安山岩、玄武岩、火山碎屑岩组成,呈间歇性裂隙式喷发活动。

该亚带内已知矿床(点)17 处,其中矿床级规模以上的有 8 处,矿种主要为金、锑、砂金、锡等,矿床类型以构造蚀变岩型、砂矿型、接触代型为主,次为渗滤交代型和热液型。主要矿床有大场金矿、东大滩锑金矿等。该亚带的主要矿种为金、锑等,矿床类型为构造蚀变岩型,成矿系列以造山型金矿系列为主。

2)两湖-昌马河印支期、喜马拉雅期金、锑(稀土、钨、锡、汞)成矿亚带(IV_{36})

该带西起卡巴纽尔多,向东延出省,省内长约 600km,最宽 100km,呈北西向的楔形展布。

出露地层主要为三叠系巴颜喀拉山群昌马河组、甘德组、清水河组，以后两个组为主。侵入岩主要有侏罗纪花岗闪长岩、二长花岗岩。1∶20万水系沉积物异常以金、铜、钨、钼、砷等元素为主，元素组合复杂，且套合较好。区内发现的矿产主要为金、汞、锑等，矿床类型主要为砂矿型、构造蚀变岩型等，以砂矿型为主。该亚带产有吉卡（中型）、多卡（中型）、达卡（小型）等砂金矿，以及都曲、特合土等构造蚀变岩型金矿点。该亚带主要矿种为金、锑等，矿床类型为构造蚀变岩型，成矿系列为造山型金矿系列。

3）巴颜喀拉山口印支期金（铅、银）成矿亚带（Ⅳ$_{37}$）

本成矿亚带与中巴颜喀拉印支期造山亚带相吻合，南、北有区域性断裂相隔。该成矿带主体在省外，省内长约200km，巴颜喀拉山口最宽达30km，呈一向北西收敛、向南东散开的侧卧三角形。

带内出露地层主要为三叠系巴颜喀拉山群昌马河组、甘德组、清水河组，为类复理石泥、砂质碎屑岩夹砾质岩，其中间有富含黄铁矿的板岩和砂岩，以及富含碳质的板岩等夹层产出。第四系中普遍产砂金，且局部富集成矿床。

岩浆活动很微弱。仅有印支期微弱的中—酸性岩侵入活动。侵入岩有闪长岩、花岗闪长岩、二长花岗岩，出露于该带东部与四川交界处，侵位于中三叠统甘德组，岩体长轴为北西向，见二长花岗岩侵入于闪长岩中。中三叠统甘德组偶见火山岩呈透镜状夹于砂板岩中。

重力总体显示相对重力低，西窄东宽，但中间插一呈北东走向的局部重力高，可见该区基底形态较为复杂。磁场总体为平静的负磁场背景，其间叠加有少量强度很弱的局小磁异常，其引起原因较难判定。

本矿带是Ag、As、Au、Co、Li、Mn、P、Ti、Sb、Zr、Al_2O_3、Fe_2O_3和SiO_2的高背景，高含量区，其中Mn的平均含量（$1121.21×10^{-6}$）居全省之首；Al_2O_3、Fe_2O_3的平均含量居全省第二位，仅次于鄂拉山和北祁连成矿带；Sb、Ti的平均含量分别处于第四位和第六位。Be、Bi、Cd、F、Mo、Pb、Sr、Tn、Rb、CaO、MgO共11个元素（氧化物）在矿带内呈低背景、低含量分布，Sr、CaO的平均含量为全省的最低值，Mo、Th和MgO的平均含量列全省倒数第二位、第三位。矿带内只有少数元素的含量变化起伏较大，大部分元素处于平稳分布状态被剔除的高含量点很少，矿带内形成规模强大化探异常的可能性和数量有限。1∶20万化探Au、Sb等异常突出。

该带已知矿产较少，主要是砂金矿，包括多曲砂金矿床（中型）和年渣陇巴砂金矿床（小型）。该亚带主要矿种为金、锑等，矿床类型为构造蚀变岩型，成矿系列为造山型金矿系列。

3. 可可西里-南巴颜喀拉印支期(金、钨、锡、锑、稀有)成矿带（Ⅲ$_{21}$）

本成矿带是巴颜喀拉成矿省最南部的一个成矿带，西起省界，经可可西里、巴颜喀拉南坡，向东延伸到称多县城附近出省，省内长800km，宽80～130km，大致呈向北东向凸起的弧形，其范围与可可西里-南巴颜喀拉印支造山带一致。

该成矿带与可可西里-南巴颜喀拉造山亚带构造单位对应。它成生于扬子古陆之上，为巨型巴颜喀拉三叠纪内陆海沉积盆地的南部区域，南与唐古拉陆块北缘的海西期褶皱带毗邻，之间被金乌兰湖-扎河-歇武深大断裂带分隔。

该构造单位由活动期连续沉积的三叠系所体现，是三叠纪末整个沉积盆地隆升闭合褶皱而成造山带的南亚带。造山期后的盖层沉积始于白垩纪，并持续到第四纪，且均为河湖等陆相沉积。区内构成分布主体的地层是三叠系，为连续性极好的浊积岩相类复理石泥、砂质碎屑岩岩石组合，其中夹有砾质岩和少量碳酸盐岩及基性或中基性火山岩。五道梁以西为白垩系盖层集中分布，是河湖相砾质、砂质和泥质红色碎屑岩的旋回组合，中下部层位有含铜砂岩层或砂岩含铜的岩石产出。古近系中除了石膏和岩盐矿床外，尚有油页岩和做水泥配料用的黏土矿层产出。第四系中砂金广泛分布并富集成为工业矿床。

该带以同造山期形成的复式向斜构造为基本形态，其间发育彼此平行的走向断裂。区内扎日尕纳-清水河和不冻泉-秋智两条断裂带对热液成矿均有所影响，且西北延伸并入到了帚状构造端部的昆仑山口敛合地区，是对该端部有利成矿构造因素的充实。

中—酸性岩侵入活动有印支期、燕山期和喜马拉雅期。印支期侵入岩有闪长岩、正长岩、花岗闪长岩、花岗岩、二长花岗岩；燕山期有正长岩，二长岩、花岗闪长岩、二长花岗岩；喜马拉雅期有正长岩、碱性岩。各期侵入岩规模都不大，大部呈岩株产出，呈圆形、椭圆形，但岩类繁多，均以独立体星点状分布于整个带内，而喜马拉雅期仅局限于可可西里湖一带。

火山喷发活动发生于早二叠世、白垩纪。早二叠世火山岩仅分布于可可西里以西与新疆交界处，主要是一套中基—基性火山岩，赋存于下二叠统叶桑岗群，研究程度低，无资料可述。白垩纪火山岩呈层状、透镜状，零星出露于可可西里山南部，赋存于白垩系风火山群，不整合于上三叠统巴颜喀拉山群之上，北西向展布。岩性为玄武岩，具基—中性演化，属碱性玄武岩-粗安岩-粗面岩组合，陆相裂隙式喷发。新近纪火山岩零星分布于可可西里一带，以角度不整合覆盖于上三叠统巴颜喀拉山群和白垩系风火山群，形成平缓的熔岩台地，为中心喷发。岩性以粗面岩为主，局部有火山碎屑岩，多属钙碱性岩。

重力场北高南低，等值线比较疏缓，其宏观走向为北西向。剩余重力异常显示，大约以东经92°为界，以东为重力高带，以西则主要为重力低区。磁场异常：整个地区为负磁场背景，其中有为数众多强度极弱的小局部异常叠加其上，引起这些异常的原因目前还难以判定。

本区是La、Li、Ti、B元素的高背景、高含量分布地区，Pb、Ag、Be、Sn、Mo、Cd、U、Th、Rb、Hg、F、Sr、Ba、MgO、K_2O、Na_2O、SiO_2 共18个元素（氧化物）在矿带内呈低背景、低含量分布。呈高背景、高含量分布的元素较少，呈低含量、低背景分布的元素比较多。大部分元素在矿带内的含量平稳，变化起伏很小，平均含量变化较大的元素少，被剔除的高含量点的点数少。CaO、MgO、SiO_2、Cr、Ni、Sr等元素（氧化物）虽然有高含点被剔除，但是由于它们在地区内属低含量，呈低背景分布状态，其变异系数偏小，它们在矿带内的成矿是不可能的，Au、Sb、W三元素在矿带内可形成较好的化探异常，具有一定的找矿潜力，Mn的找矿工作在矿带内不可忽视。

本带已知金属矿产有砂金、钨锡、锑等，矿床（点）共12处。砂金矿具一定规模，其中，中型矿床2处，小型矿床5处（小型岩金矿1处，为上红科金矿），矿点2处（钨锡矿点1处，锑矿点1处）。非金属矿产以钠盐为主，锂盐在海丁诺尔盐湖和不冻泉盐湖中均有显示。近期青海省核工业地质局在1∶5万区域地质矿产调查时，发现了牙扎曲金矿，其成矿条件和矿床特征与大场相似，具有良好的找矿前景。此外，尚有黏土矿产地1处和水晶矿产地1处等矿种。上述矿产地中，砂金矿遍布整个成矿带，钨锡矿仅在昆仑山口以东有所发现，锑矿仅分布于该带东部一带。从矿床类型来看，砂金矿均为第四纪陆相砂矿型，钨锡矿为与中酸性侵入岩有关的接触交代型，锑矿为渗滤交代型（可能为蚀变岩型矿产），盐类矿产均与陆相现代盐湖有关。该带矿产主要成矿期为印支期和第四纪。

（五）三江成矿省

三江成矿省位于可可西里山南坡至通天河一线以南广大地区，其东、南、西三面都延出省外。与成矿有关的地层单元主要为石炭系杂多群、二叠系开心岭群、三叠系结扎群和巴塘群、侏罗系雁石坪群、白垩系风火山群及古近系—新近系等。岩性主要为碳酸盐岩、碎屑岩及中基性火山岩。区内岩浆活动主要以燕山期—喜马拉雅期钙碱性、碱性中酸性侵入岩为主。其中，喜马拉雅期黑云母花岗斑岩是斑岩系列铜钼矿床主要的含矿岩石。而燕山期中酸性侵入岩则与矽卡岩型、热液型多金属矿关系密切。火山岩分布广泛，自海西期至喜马拉雅期均有活动，分布于各时期地层中。已知的赵卡隆、尕龙格玛、然者涌、旦荣等矿床成矿均与火山岩有成因关系。成矿省矿产信息丰富，主要矿种为铜、钼、铅、锌、铁、银等。可以划分出西金乌兰-玉树、下拉秀、沱沱河-杂多、雁石坪、唐古拉山南坡5个Ⅲ级成矿带，各带成矿各有特色。

1. 西金乌兰-玉树印支期、燕山期铜、铅、锌、银、金成矿带（$Ⅲ_{22}$）

本带西起省界，经西金乌兰湖、苟鲁措、治多，在玉树以东出省，并与四川省内的义敦成矿带相接。省内呈北西向延伸，略向北东凸出的弧形，长800km，宽20~100km，南、北两侧被乌兰乌拉-玉树和西金乌兰-歇武两条区域类型断裂所限。

该成矿带共涉及甘孜-理塘蛇绿混杂岩带、西金乌兰-金沙江-哀牢山蛇绿混杂岩带和治多-江达-维西-绿春陆缘弧带3个构造单元。该成矿带内出露地层主要为中元古界宁多组、石炭系—中二叠统西金乌兰群、上三叠统巴塘群、上三叠统苟鲁山克措组、白垩系风火山群等。

西金乌兰-玉树成矿带岩浆活动频繁，基性、超基性、中—酸性岩浆侵入岩和火山岩均有产出。岩浆活动主要集中在石炭纪—中二叠世、三叠纪和古近纪3个时期。石炭纪—中二叠世岩浆活动形成大量的辉绿岩脉，主要分布在玉树一带，与超镁铁质岩类、辉长岩、玄武岩、硅质岩等构成蛇绿混杂岩带。三叠纪火山岩和侵入岩均有产出。火山岩主要产于巴塘群，其岩性为灰绿色玄武岩、安山岩、安山玄武岩、英安质熔结凝灰岩、流纹质凝灰熔岩、含角砾凝灰熔岩夹玻屑凝灰岩、硅质岩；侵入岩主要分布在当江—直门达一带，岩石复杂，包括辉长岩、闪长岩、石英闪长岩、花岗闪长岩等。古近纪岩浆活动以侵入为主，主要分布在该带的西部青藏铁路以西，岩石类型为正长花岗岩等。

该带在重力场除仍显示北高南低的趋势外，整个形态比较复杂，变化很大。磁异常强度中等，形成明显而几近连续的玉树-西金乌兰湖磁异常带。其磁场区域背景仍为负磁场区，这显示该带的基底均系弱磁性的岩石。引起磁异常的地质因素主要系夹中基性火山岩的石炭系、三叠系和中酸性侵入岩体。

本带已知金属矿产有铜、铅、锌、银、金、铁、锰等，非金属矿产有钾盐、玉石、石灰岩等，共计矿产地22处。其中，大型矿床1处（藏麻西孔银多金属），中型矿床1处（托托敦宰铜），小型矿床5处（扎西尕日铜、二道沟铜、尕龙格玛多金属、尺候石灰岩等），余为矿点、矿化点。矿床类型主要为沉积型和海相火山岩型，次为热液型、接触交代型和砂矿型。成矿时期主要为印支期、白垩纪和第四纪。从已知矿产来看，银多金属矿集中分布于该带西部的风火山一带，而铁锰多金属矿则分布于该带东部的通天河一带，砂金矿集中分布于通天河支流扎河一带，钾盐分布于可可西里一带的现代盐湖中。

分布于风火山一带的银多金属矿，赋存于白垩纪陆相红色碎屑岩中，矿床类型为沉积型，其成矿与沉积作用有关，而分布于通天河一带的铜、铁、锰多金属矿主要赋存于三叠系巴塘群中，矿床类型主要为海相火山岩型、热液型、接触交代型等。

1）西金乌兰-玉树燕山期铜、铅、锌、银、金成矿亚带（IV_{38}）

本带西起省界，经移山湖、藏麻西孔、当江，在直门达以东出省。省内呈北西向延伸，略向北东凸出的弧形，长800km，宽10~20km。该带包括甘孜-理塘蛇绿混杂岩带和西金乌兰-金沙江-哀牢山蛇绿混杂岩两个构造单元。该成矿带内出露地层主要为中元古界宁多组、泥盆系泑钦组、石炭系—中二叠统西金乌兰群、上三叠统巴塘群及白垩系风火山群等。岩浆活动主要集中在石炭纪—中二叠世、三叠纪2个时期。石炭纪—中二叠世岩浆活动形成大量的辉绿岩脉，主要分布在玉树一带，与超镁铁质岩类、辉长岩、玄武岩、硅质岩等构成蛇绿混杂岩带。三叠纪以侵入活动为主，主要分布在当江—直门达一带，岩石类型复杂，包括辉长岩、闪长岩、石英闪长岩、花岗闪长岩等。

带内矿产主要有铜、金、铁、银、锰等，已发现矿床（点）10余处。矿床类型主要为砂岩型和砂矿型。前者主要有藏麻西孔中型银多金属矿床、扎西尕日小型铜矿床；后者主要有口前曲中下游和扎西科小型金矿床。该亚带主要矿种为铜、金等，矿床类型为沉积型和构造蚀变岩型等。

2）乌兰乌拉湖-风火山燕山期铜（银、铅、锌）成矿亚带（IV_{39}）

该带位于治多-江达-维西-绿春陆缘弧带的西部，东西长400km，南北宽20~50km。该亚带出露的地层为白垩系风火山群、石炭系—二叠系西金乌兰群、三叠系苟鲁山克措组、侏罗系雁石坪群及新生界。

断裂构造主要为夏仓曲-折隆曲断裂和风火山-牙曲断裂，总体走向北西向，长一般为6~30km，断层通过处形成宽5~7m的断层破碎带，断面常呈舒缓波状，具明显的挤压性质。

该亚带岩浆岩主要为印支期、喜马拉雅期中酸性侵入岩和超基性岩，超基性岩分布于西金乌兰—苟鲁山克措一带，呈岩株状产出，岩性为蚀变辉绿岩、辉绿玢岩、橄榄岩等。中酸性侵入岩，主要分布于藏麻西孔一带，呈岩株状产出，岩性为正长斑岩。

该带发现的矿床点较少，主要是砂岩型铜矿如二道沟铜矿点等。该亚带主要矿种为铜等，矿床类型为沉积型。

3) 曲柔杂卡-赵卡隆印支期铜、铅、锌、钼、银(钨、锑、金、稀土)成矿亚带(IV_{40})

本亚带位于治多-江达-维西-绿春陆缘弧带东段,西起风火山一带,东至玉树附近出省,与四川省的义敦成矿带相接,省内长400km,宽10~50km,北西向延伸略呈向北东凸起的弧形。区域性断裂以北西向断裂和紧密褶皱为其主要特征,乌兰乌拉-玉树断裂和扎河-歇武断裂为该亚带南北边界,它们控制着区域地层分区和地层的展布。该亚带出露的主要地层为中三叠统结隆群和上三叠统巴塘群,为一套海底火山喷发-沉积建造,并普遍遭受不同程度的变质。石炭系—二叠系呈大小不等的块体嵌于上三叠统巴塘群中。带内岩浆活动强烈,主要为印支期中酸性岩和基性、超基性岩。火山活动主要表现为晚三叠世海相中酸性火山岩,是上三叠统巴塘群的主要组成部分,同时也是该亚带的含矿岩系。

该亚带已知矿床点近20处。矿种主要为铜、铅锌、金、铁、锰、玉石、砂金、石灰岩等,其中尕龙格玛铜多金属矿床、赵卡隆铁多金属矿床达中型规模,尺候石灰岩矿床具小型规模,其余为矿点、矿化点。尕龙格玛多金属矿床与晚三叠世海相火山作用有关,从某种程度上看与雪鸡坪、呷村成矿条件相似,也可与日本黑矿类比,具有一定的代表性。近年来,青海有色矿勘院在查涌地区发现了铜钼多金属矿化带和40多条铜钼多金属矿体,该区存在斑岩型矿床的可能。该亚带的主要矿种为铜、铅、锌等,矿床类型主要为海相火山岩型,成矿系列主要为与海相火山活动有关的矿产。

2. 下拉秀印支期铅、银(钨、锑、金、稀有)成矿带(III_{23})

本带位于西金乌兰-玉树成矿带南,大地构造位置处于昌都-兰坪双向弧后盆地的东北部。西起纳日贡玛附近的东经94°40′线,向东经下拉秀、小苏莽出省,省内长300km,宽50~100km,呈向东至西开的侧卧三角形态。

基底部分的地层包括:中元古界片麻岩夹大理岩和石英岩,奥陶系泥、砂质碎屑岩夹灰岩和硅质层,中—上泥盆统碎屑岩夹火山岩及其上的碳酸盐岩,中二叠统碎屑岩夹中酸性火山岩和灰岩等。矿化显示均很微弱,含矿性普遍不佳。沉降带的主体地层为中—上三叠统碎屑岩与碳酸盐岩的旋回组合,间有中性或中酸性火山岩呈透镜矿层产出。铜、铅、锌等矿化在中三叠统中有较广分布,并且有具一定规模的含铅、锌的菱铁矿矿层产出;上三叠统的含矿性主要是上部层位中产出的滨海相煤层和潟湖相膏盐层等。

该带由背斜和向斜连续的圈闭型褶皱构造与右行斜列的断裂构造结合,呈西北收敛东南散开的构造单位。其内的基底隆起带倾伏端部,被上拉秀断裂和下拉秀断裂所夹持,成为构造结点,发育印支期到早喜马拉雅期多期花岗岩类侵入岩体,且岩石的碱性程度随时代变新而增高。依构造控矿观点,由上拉秀、下拉秀断裂控制的地段(含所夹持的构造结点和基底带倾伏端部),最有利于大型矿床的形成和产出。

下拉秀成矿带岩浆活动微弱,有中—酸性岩浆侵入活动及火山喷发,岩浆活动中心位于下拉秀东。中—酸性侵入岩有印支期和燕山期。印支期仅见花岗闪长岩,呈岩株产出,集中分布于小苏莽北部。燕山期侵入岩,有花岗闪长岩、二长花岗岩、钾长花岗岩,构成一复式岩体,集中分布于下拉秀以东。火山岩喷发活动发生于晚三叠世和新近纪。晚三叠世火山岩为海相,仅在上三叠统结扎群下岩组赋存少量火山岩,尚无详细资料可查。新近纪火山岩为陆相,以角度不整合盖覆于上三叠统结扎群之上,分布于该带西端,以粗面岩为主,局部有火山碎屑岩,属钙碱性岩。

该带中—酸性岩浆侵入成岩演化过程,在其岩体周围形成一系列热液型、热液交代型以铜为主的多金属矿点矿化点。除此,也见与晚三叠世火山岩有关的铜矿信息。

磁场显示在负磁场背景上,叠加有形为椭圆、强度差异较大的局部异常。单个异常走向和总体展布均为北西向。局部异常系大小不等,由出露或并未出露的中酸性侵入岩体所引起。

矿带内Ag、Cd、As、Hg、Mn、Mo、W、Zn、CaO等元素(氧化物)呈高含量、高背景分布,Ba、Be、Ni、Sn、Y、Al_2O_3、K_2O、Na_2O、SiO_2等元素(氧化物)在矿带内呈低背景、低含量分布。矿带内CaO的平均含量高居全省首位,K_2O、SiO_2、Be、Ba元素(氧化物)属全省最低含量分布地区。

本带已知矿床点 20 多处,矿种有铁、铜、铅、锌、银、金等,其中草曲下游砂金矿床具小型规模,其余均为矿点、矿化点。矿床类型主要为海相火山岩型,次为热液型、接触交代型、渗滤交代型以及风化型和沉积型,成矿时代以印支期为主,海西期、燕山期次之。

1）下拉秀印支期铜、铅、锌（钨、锑、金、稀有）成矿亚带（IV_{41}）

该带介于乌兰拉湖-玉树断裂与章岗日松-囊谦断裂之间,呈北西西向展布于曲柔尕卡—下拉秀一带,平面几何形态呈三角形,西端大体尖灭于章岗日松一带,东端外延出省后延伸至江达—芒康一带。呈北西西向延伸,长 200km,宽 30～50km。

地层主要为中元古界结晶岩系、奥陶系变质岩系以及不整合覆于其上的中—上三叠统夹有火山岩的碎屑岩系。古近系以陆相红色碎屑岩为主的建造层,分布于山间盆地中,呈不整合覆于前期地层之上。另在带内见有少量的呈岩株或岩基状产出的印支期、燕山期及喜马拉雅期的正长岩、钾长花岗岩、花岗闪长岩、二长花岗岩,多形成于非造山期大陆抬升及后造山期陆-陆叠覆环境。以中元古界和奥陶系组成褶皱基底,其上三叠系层间褶皱发育,褶皱轴向展布与北西向区域构造线一致。断裂规模大的与北西向地层走向基本相同,规模较小的北东向断裂形成较晚,多属平移断层。

已知矿（化）点有玉树县阿永寺铅锌矿点、尕玛牙扔铜矿点和作莱拉山铁矿点等,成因均为热液型,成矿时代为印支期。该亚带的主要矿种为铅锌等,矿床类型为热液型,成矿系列为以碳酸盐岩为容矿岩石的热液成矿系列。

2）尕卡都印支期铅、锌、铜、金（银、钨、锑、稀有）成矿亚带（IV_{42}）

该亚带西起聂蓄贡玛,在江达、娘拉一线以东出省,东西长 310km,南北宽 30～50km,总体呈北西向延展,呈向南东凸出的三角形。出露主要地层为下三叠统结扎群,岩性为碎屑岩、碳酸盐岩夹火山岩。区内构造以北西向为主。侵入岩主要为燕山期花岗岩及喜马拉雅期正长岩。

矿产地较少,其中小型砂金矿床 1 处,矿点 2 处（铁矿点 1 处,铅锌矿点 1 处）。该亚带的主要矿种为金、铅、锌等,矿床类型为构造蚀变岩型和热液型等。

3. 沱沱河-杂多海西期、喜马拉雅期铜、钼、铅、锌、银（稀有、稀土、钴、金）成矿带（III_{24}）

本带西起省界,向东包括沱沱河、扎曲、吉曲流域的大部分,在囊谦以南出省,范围与开心岭-杂多岩浆弧基本一致,北界跨下拉秀印支期陆缘带,青海省内长 800km,宽 50～130km,总体呈北西延伸并向北东凸出的弧形。

该带以石炭系和二叠系的广泛出露为特点,前石炭系未出露,其上有上三叠统、中上侏罗统、白垩系、第四系分布。

该带为多期沉积盆地叠加的组合形式,除石炭系和下二叠统显线性长轴状褶皱之外,其余的均为等轴或近等轴的圈闭型褶皱;断裂构造以相互交切的走向断层为主要形式,常有破碎带相伴产出,且零散出现有色金属等热液矿化,但破碎带规模均小。构造对成矿的控制作用主要体现在各期沉积盆地的成生阶段,而沉积盆地闭合之后的构造作用似乎没有对区内成矿和聚矿起主控作用。

沱沱河-杂多成矿带岩浆活动较强,而且具多期性,酸性岩浆侵入活动有印支期、燕山期和喜马拉雅期。火山喷发活动发生于早二叠世、白垩纪和新近纪。印支期和燕山期岩浆活动中心集中于莫云—东坝一带,喜马拉雅期主要在纳日贡玛。印支期仅见闪长岩、二长岩,均呈独立体分布,岩体规模小,侵位于下石炭统杂多群和上石炭统—中二叠统开心岭群,被中—上侏罗统雁石坪群和白垩系风火山群不整合覆盖,呈北西向展布;燕山期侵入岩有闪长岩、二长花岗岩、钾长花岗岩、正长岩。岩体形态不规则,侵位于下石炭统杂多群和中—上侏罗统雁石坪群,被白垩系风火山群不整合覆盖,岩体展布呈北西向与地层走向一致,与印支期侵入岩未见接触关系;喜马拉雅期侵入岩有正长岩、花岗岩、花岗斑岩、碱性岩,岩体规模都很小,花岗岩、花岗斑岩是青海省主要斑岩型铜、钼矿的含矿岩体。火山岩以早二叠世火山岩比较发育,其次是白垩纪、新近纪。早二叠世火山岩为钙碱性—碱性系列,以中—基性熔岩为主,并发育火山碎屑岩。

该成矿带以铜、钼、铅锌等为优势矿种,是青海省有色金属的富集区之一。矿床（点）集中分布于东经94°以东的地区,该类型矿产的形成,主要与该带印支期、燕山期和喜马拉雅期中—酸性岩侵入成岩演化过程有密切关系。与火山活动有关的矿产线索较少。

该区重力场的最大特点是:在东、西分别出现两个相对面积较大,数值相对较强的重力低和重力高,而就剩余重力异常而言,该带整个显示为重力高。这说明,尽管地壳下部分别存在隆起和坳陷,但就基底而言,总体为一隆起区。磁场特征显示其区域背景仍然是一个负磁场,其上面叠加了大量的局部磁异常。局部磁异常大致有两类:一是西段面积大、强度中等的异常,它们是由夹中基性火山岩的二叠纪地层所引起的;二是形为椭圆、强度较高的磁异常,它们多系中酸性侵入岩体或其与玄武岩的综合反映。异常总体走向表现为:东段为北西向,西段为近东西向。单个异常走向比较复杂,除北西和东西两组外,尚有北东向。

$Cu、Mo、Pb、Zn、Ag、Cd、Li、Hg、B$等元素在矿带内呈高背景、高含量分布,$Au、Be、Ba、Cr、K_2O、Na_2O、SiO_2$等元素(氧化物)在矿带内呈低背景、低含量分布。其中,$Mo、Pb、Zn、Ag、Cd$的平均含量居全省其他矿带之首。这些元素的平均含量之高对形成较好的化探异常十分有利。矿带内化探异常的元素组合和分布存在南北差别是矿带地球化学的另一特点。以扎曲河南的阿多—囊谦县西当多赛一线为界,其北以$Cu、Mo、Pb、Zn、Ag、Cd$化探异常为主,以南至妥拉、刚能、那曲一带以$Pb、Zn、Ag、Ni、Co、La、U、Nb、Y$等多金属以及放射性稀土元素异常为主。矿带内$Cu、Mo$型矿床化探异常的元素分带现象明显。

本带矿产丰富,以有色金属为主,矿床(点)共计60多处。金属矿产有铜、钼、铅、锌、铁、银等,非金属矿产有硫铁等,盐湖矿产为硼。本带矿种繁多,类型多样,其中斑岩型铜、钼矿,海相火山岩型铜多金属矿,浅成低温热液型铅锌矿等为本带的主要成矿类型,成矿时期为海西期和喜马拉雅期。

根据上述矿产地的分布规律,以及地质构造特征将该带进一步细分为3个亚带。

1)乌丽-囊谦海西期、喜马拉雅期铜、钼、铅、锌、银、铁成矿亚带($Ⅳ_{43}$)

该亚带位于开心岭-杂多岩浆弧北部,西起玛章错钦湖,向东包括沱沱河、扎曲、吉曲流域的大部,在囊谦以南跨入西藏。范围与沱沱河-杂多石炭纪、二叠纪沉降带基本一致,北界跨下拉秀印支期陆缘带,省内长500km,宽50~130km,总体为北西延展向北东凸出的弧形。

本亚带大地构造位置位于昌都-兰坪双向弧后前陆盆地(Mz),出露地层有石炭系杂多群、二叠系开心岭群和乌丽群、上三叠统结扎群、白垩系风火山群以及古近系。带内区域褶皱及断裂走向与地层走向一致,呈北西—北西西向;岩浆岩以燕山期—喜马拉雅期浅成侵入正长岩、二长花岗岩、花岗岩为主;火山岩主要发育在二叠系开心岭群、上三叠统结扎群及白垩系风火山岩群中。区内岩浆侵入活动较发育,多呈岩株状产出,其中印支期闪长岩具有碰撞后滞后型弧花岗岩类特征;燕山晚期一些中酸性侵入岩具有后碰撞特点;而喜马拉雅期的一些碱性岩类,正长岩类、二长岩类及二长花岗岩多形成于非造山期大陆抬升环境,另在开心岭—莫云一带还见有辉绿岩(230Ma、204Ma)及基性岩脉部分可能为岩墙侵入于结扎群中,它可能形成于后陆盆地的伸展阶段。北西西向逆冲兼走滑断裂发育,多为新生代以来的复活构造,控制同期走滑拉分盆地的形成。

该成矿带是"三江成矿带"的北延,其南东延伸连同囊谦盆地进入西藏昌都地区,北西则延至玛章钦措—苟鲁措一带。纳日贡玛矿床处于北西向构造与查吾拉-宗格涌北东带以及宗格涌东西带3组构造交汇部位。而该亚带北西端苟鲁措一带,恰处于北东带、东西带与北西带的交汇部位,并且喜马拉雅期花岗斑岩体成群出露,对斑岩型成矿有利。

本带矿产丰富,矿床(点)共计54处。金属矿产有铜、钼、铅、锌、铁、银等,非金属矿产有硫铁矿等,盐湖矿产为硼。矿产以有色金属为主,其中大型矿床3处,即纳日贡玛铜钼矿床、东莫扎抓铅锌矿床、莫海拉亨铅锌矿床;小型矿床3处,即车拉涌、冶金山铁矿床及下吉沟铅矿床。主要成矿类型为斑岩型、浅成低温热液型,其中纳日贡玛铜钼矿床是斑岩型矿床的典型代表,东莫扎抓及莫海拉亨铅锌矿床是浅成低温热液型的典型代表。该亚带的主要矿种为铜、钼、铅、锌等,矿床类型为斑岩型、热液型等,成矿系列为与中酸性浅成侵入活动有关的矿产及以碳酸盐岩为容矿岩石的热液成矿系列。

2)旦荣-东坝燕山期铜、银、铅、锌(稀有、稀土、钴、金)成矿亚带($Ⅳ_{44}$)

该亚带位于乌丽-囊谦成矿亚带以南,大地构造位置位于开心岭-景洪岩浆弧北部。西起莫盖赛巴,向东经莫去、巴纳能、苏鲁、东坝、吉尼赛到吉曲一带,再向东延入西藏境内。其在青海省省内长350km,宽25~60km,总体为北西向展布。

出露地层有石炭系杂多群和加麦弄群、中二叠统九十道班组和诺日巴尕日保组、侏罗系布曲组和夏里组以及古近系。其中石炭系杂多群下岩组为碎屑岩夹灰岩,上岩组为灰岩夹海陆交互相煤系地层,诺日巴尕日保组为碎屑岩夹灰岩、中基性火山岩,九十道班组为灰岩夹砂岩,是该亚带出露的主要地层。构造线总体呈北西向,北西向断裂控制着带内地层、岩体的分布。岩浆岩主要为燕山期侵入岩,岩性为二长岩、闪长岩、二长花岗岩等,呈岩株、岩脉状产出,其次为喜马拉雅期的二长花岗岩。

该亚带已知矿产较少,已发现旦荣小型铜矿床(海相火山型)、解嘎小型银矿床(沉积型)、扎那日根铜钼矿化点等10多处矿床(点)。矿种主要为铜、钼、铅、锌、银、铁等,矿床类型主要为海相火山岩型、接触交代-热液型、斑岩型等。成矿系列主要是与海相火山活动和中酸性岩浆侵入活动有关的矿产。

3)沱沱河燕山期、喜马拉雅期铅、锌、铜(稀有、稀土、钴、金)成矿亚带($Ⅳ_{45}$)

该亚带位于开心岭-景洪岩浆弧南部。西起青新边界,向东经豌豆湖、多才玛、巴茸浪纳、替木通,东到吉日加涅一带,东南进入西藏。在青海省省内长约500km,宽10~35km,总体为北西向展布。

带内出露地层有上石炭统杂多群,二叠系开心岭群和乌丽群,上三叠统结扎群,侏罗系雁石坪群,白垩系风火山群,古近系沱沱河组、雅西错组等。岩浆侵入活动不发育,多为呈岩株状、脉状产出的印支期、燕山期、喜马拉雅期中酸性岩体。构造以北西向和北东向构造为主。

该亚带的成矿以铅锌为主,产有宗陇巴、多才玛等铅锌矿床,以多才玛铅锌矿床最为典型。矿床类型以热液型为主,成矿系列为以碳酸盐岩为容矿岩石的热液成矿系列。

4. 雁石坪燕山期、喜马拉雅期铅、锌、铜、铁(铋、锡、锑)成矿带($Ⅲ_{25}$)

本带位于唐古拉-左贡地块北部。西起省界,经过雁石坪,在尼日阿错改湖以南出省,东、西两端边界均在省外,在青海省省内长700km,宽50~150km,其范围与雁石坪陆缘带一致。

该成矿带与雁石坪中、晚侏罗世沉降带构造单元对应。它是西南怒江侏罗纪特提斯海在中晚侏罗世漫侵到唐古拉陆块外缘的陆表海沉积区,其陆缘边界是不规整的,且沉积区内有零散的石炭系、下二叠统和上三叠统出露,表明本带的基底是沱沱河-杂多沉降带组分。

该带的主体地层是中—上侏罗统雁石坪群,由滨海陆棚相红色泥、砂质碎屑岩主导,中侏罗统上部和上侏罗统下部为灰色砂岩与生物碎屑灰岩间互,夹杂色碎屑岩段。该特色地层段局部有菱铁矿、赤(镜)铁矿产出,是区内地层含矿性的突出表现。

该带为较和缓的圈闭型背向斜连续的褶皱与走向断裂相伴的构造面貌,其中北东向和近南北断层相对发育。北缘雁石坪断裂带及其南侧的雀莫错断裂带在尼日阿错改(湖)处交会,共同构成北部边缘的主断裂带。区内褶皱和断裂构造作用对成矿和聚矿的直接影响不明显。

雁石坪成矿带岩浆活动较强,中—酸性岩浆侵入活动有燕山期和喜马拉雅期,火山喷发活动发生于白垩纪和新近纪。燕山期侵入岩,岩石类型较多,以二长花岗岩和闪长岩为主。各岩类分布比较零散,侵位于中侏罗统雁石坪群。喜马拉雅期侵入岩,仅见个别花岗岩和碱性岩,呈小岩株产出,分布于葫芦湖西,分别侵位于中—上侏罗统雁石坪群和新近系。碱性岩为霓辉石霞石金云母斑岩和霞石白榴石,岩石属偏中性岩大类的碱性岩系列。火山活动皆为陆相。白垩纪火山岩活动中心集中于该带东部尼日阿错改南,火山岩呈透镜状赋存于风火山群,岩性为中基性。新近纪火山活动中心集中于西部雪连湖一带,是青海南部喜马拉雅期火山活动最强的、火山岩最发育的地区,分布面积大,不整合覆于古近系和中—上侏罗统雁石坪群之上,产状平缓构成平台状,为中心式喷发,似受近南北向基底构造控制;以粗面岩为主,主要岩石类型为粗面岩、流纹岩,及少量白榴岩、火山角砾岩。多属钙碱性岩。

重力场特征为:该带东段为一等值线不太密集、北高南低的重力梯级带;西段则为宽阔不大的局部重力高和重力低分布区。磁场的区域背景为负磁场区,其上叠加着形为椭圆、强度较强的局部磁异常。

局部磁异常由中酸性侵入岩体所引起。

矿带内约有半数以上的面积目前属于化探扫面工作的空白区,矿带地球化学特征的讨论依据矿带中段地区的雁石坪幅、龙哑拉幅和唐古拉山口幅 1:20 万化探扫面 416 个化探样品的分析测试数据,由于覆盖面积小,其代表性受局限,仅供参考。W、Bi、Sn、Hg、Sb、As、Ag、Cd、Pb、Li、Tn、Zr、B 共 13 个元素在矿带内为高背景和高含量分布,其中 W 的平均含量高居省内其他矿带之首。Au、Mo、Co、Ni、Ti、P、V、Zn、Sr、Al_2O_3、Fe_2O_3、K_2O、Na_2O、MgO、SiO_2 共 15 个元素(氧化物)在矿带内呈低背景、低含量分布。矿带内元素含量变化较大的元素有 Au、Bi、W、Sn、Hg、B、As、Sb、Cd、Mo、Sr、CaO、Pb、Ag 共 14 个元素(氧化物)。这些含量变化较大的元素经归纳后有 W-Sn-Bi-Mo、Au-As-Sb-Hg 和 Pb-Ag-Cd 三种组合,前者为中高温元素组合,一般多与中酸性侵入岩有关,后两者为中温或中低温金矿化、多金属矿化元素组合,它可能与中酸性侵入岩有关,亦可能与构造成矿热液活动有关。

本带工作程度较低,已发现矿床点 10 多处,金属矿产有铁、铜、铅、锌、汞,非金属矿产为水晶、石膏等,其中铁(铁铅)矿床 1 处(中型),铜银矿产地 4 处(小型),铅锌矿床 3 处(大型 1 处,中型 1 处,小型 1 处)。矿床类型以浅成低温热液型为主,纳保扎陇铅锌矿床为典型代表,次为矽卡岩型和沉积型。

1)纳保扎陇-木乃燕山期、喜马拉雅期铁、铜、铅、锌、银(钨、锡、锑)成矿亚带(IV_{46})

该亚带位于羌北地块北部,呈北西展布。西起省界,经格拍塘、雁石坪、木乃,东到勒仁玛一带,省内长 500km,宽 30~55km。

带内地层主体是中—上侏罗统雁石坪群,包括中侏罗统莫错组、中侏罗统布曲组、中侏罗统夏里组、上侏罗统索瓦组、上侏罗统雪山组,以滨海陆棚相红色泥、砂质碎屑岩为主,中侏罗统上部和上侏罗统下部为灰色砂岩与生物碎屑灰岩相间,夹杂色碎屑岩段。在局部地方有上三叠统结扎群出露。该层段内局部有菱铁矿、赤(镜)铁矿产出。

带内平缓的圈闭型背向斜与走向断裂相伴,其中北东及近南北向断层相对发育。北缘雁石坪断裂带及其南侧的雀莫错改(湖)断裂交会处,共同构成北部边缘的主断裂带。区内褶皱和断裂构造作用对成矿和聚矿的直接影响不明显。带内侵入岩较发育,以燕山期中、酸性岩体和晚期的少量正长岩类岩体为主,其次为新近纪火山活动后期以碱性岩体为主的潜火山岩体。燕山期侵入岩较多,以二长花岗岩和闪长岩为主,各岩类分布零散,除个别呈岩基外,大部呈岩株产出。岩体展布与北西向区域构造线一致。喜马拉雅期侵入岩仅见个别呈小岩株产出的花岗岩和碱性岩,分布于葫芦湖以西,分别侵位于中侏罗统和新近系中。

带内矿产以铅、锌、铜、铁为主,主要有纳保扎陇铅锌矿床、那日尼亚铅锌矿床、楚多曲铅锌矿床、小唐古拉山铁矿床、木乃铜银矿床等。主要矿种为铅锌等,矿床类型为热液型,成矿系列以与中酸性中浅成侵入活动有关的矿产为主。

2)拉尕冷-波希窝空印支期、燕山期铁、铜成矿亚带(IV_{47})

该亚带位于羌北地块南部,亦呈北西展布。西起省界,经赛多浦岗日、龙亚拉,东到仓来拉一带,再向东延入西藏境内,省内长 450km,宽 30~60km。

该亚带的地质特征与纳保扎陇-木乃燕山期、喜马拉雅期铁、铜、铅、锌、银(钨、锡、锑)成矿亚带基本一致。该区自然地理条件恶劣,工作程度低。从已有资料来看,最大的特点是带内侵入岩发育,以燕山期中、酸性岩体为主。已知矿产以铜、铁为主。主要矿种为铅、锌、铁等,矿床类型为热液型,成矿系列以与中酸性中浅成侵入活动有关的矿产为主。

5. 唐古拉山南坡燕山期铁(金)成矿带(III_{26})

本带位于青海省最南部,省内断续出露长约 300km,最宽 30km。

带内出露地层主要是中—上侏罗统雁石坪群,其次是下白垩统陆错居日组及新近系查保马组。其上的中—上侏罗统和新近系的含矿性雷同于雁石坪成矿单元。

该带以北界断裂带控制热泉分布最具特色。它的西段称波涛湖-唐古拉山口北断裂带,山口之北即是宏观的布曲上游三岔口温泉带;波涛湖西北西藏境内,即普若岗日北坡沿东温河分布的热泉带。东段为吉曲西南侧的阿保断裂带，它的沿线为温泉分布，称之为热涌。该带除了对地热资源具有重要意义之外，似对有色金属的成矿作用有影响。

该亚带岩浆活动微弱，仅有微弱的中—酸性岩浆侵入活动和火山喷发。中—酸性侵入岩仅见燕山期零星花岗闪长岩和二长花岗岩体分布，前者出露于该带西部燕子湖一带，后者出露该带中东端，均侵位于中—上侏罗统雁石坪群，岩体展布总体北西向。火山岩仅发育于新近纪，分布于该带的西部，其特点与雁石坪成矿带新近纪火山岩相同。

重力场在该带表现为一重力低值带，也是省内莫霍面最深的地区。磁异常强度较高，单个异常延长最大可达50km，其走向为北西西。局部磁异常系由中酸性侵入岩体所致。

唐古拉山南坡成矿带青海省只占有其极少的一部分，唐古拉山口幅和龙哑拉幅1：20区域化探覆盖了矿带的东段，其西段属于化探工作空白区。本矿带是W、Bi、Ag、As、Sb、Hg、SiO_2的高背景和高含量分布区，Cr、Ni、Co、V、Ti、Au、Be、Sn、Zn、U、Y、Nb、Mn、Fe_2O_3、Al_2O_3和CaO在矿带内呈低含量和低背景分布。高含量元素的平均含量为：W 2.81×10^{-6}，Bi 0.44×10^{-6}，As 17.33×10^{-6}，Sb 2.25×10^{-6}，Hg 41.08×10^{-9}，Ag 98.18×10^{-9}，其中Ag的平均含量居省内第二位，W、Bi的平均含量居省内第二位、第三位。

本带仅发现两处矿产，即八字错铁矿点为海相火山喷气沉积型铁矿，另一处为赤布张湖钾盐矿点，因工作程度太低而详情不明。

第四节　区域构造演化与成矿作用

构造演化是物质迁移的一个过程，系指一个地区（地壳或岩石圈的一个有限单位）在不同地质时期地球动力学背景及其发展变化，以及不同时期不同动力学背景之间的相互关系。由于在不同动力学背景下，通过地壳升与降——剥蚀与沉积，"开"与"合"——断裂与充填等构造沉积形式的多旋回发展，使元素发生迁移富集，形成了人类所需要的矿产资源（贾群子等，2007）。

青海省处于秦祁昆造山系和西藏-三江造山系中，属特提斯构造域的一部分，在造山前期、主造山期和后造山期具有不同类型的成矿作用。由于秦祁昆造山系和西藏-三江造山系的造山期次不同，造山阶段各有特点，其成矿期、成矿作用亦明显不同，其构造环境演化经历了复杂、漫长的历程。而矿产资源总是在特定的空间时间产出，构造演化在不同地区其构造发展不平衡并且有所差异，在不同的地壳演化阶段，由于地质作用及相应的成矿作用不同，形成各种矿床及矿床类型组合。本节依据张雪亭（2006）青海省大地构造格架研究、李荣社等（2008）昆仑山及邻区地质、青海省地质矿产勘查开发局（2013）成矿地质背景等成果资料和本次研究编写而成，将青海省构造演化与成矿划分为5个阶段（图4-2）。

一、前寒武纪前造山阶段与成矿

依据构造演化史，该阶段成矿演化主要为太古宙、古元古代陆核及陆地形成时期，中元古代—新元古代早期，南华纪—早寒武世时期。

在太古宙为古陆核的形成及表壳伸展阶段，区内无确凿依据的太古宙地质记录。截至目前，太古宙初始陆核形成的年龄信息仅出现在塔里木盆地东南缘阿尔金山和铁克力克山以及东昆仑祁漫塔格山等地区。阿尔金山北部阿克塔什塔格花岗片麻岩获单颗粒锆石U-Pb年龄3605 ± 43Ma（李惠民，2001），同时Sm-Nd同位素测定也获得3528Ma和2978Ma的钕模式年龄，ε_{Nd}为+2.227，是目前为止在我国西部地区获得的最老年龄，表明存在始太古宙的初始陆核。此外，在塔里木盆地西南缘铁克里克克里阳发现有中、新太古代古老变质侵入体，其中赫罗斯坦岩群的古侵入体获2977 ± 140Ma的岩浆结晶年龄（肖序常，2003）；在祁漫塔格山，辉长岩获3383Ma的钕模式年龄，斜长角闪岩获2753Ma钕模式年龄；

东昆仑格尔木东白日其利发现有 Sm-Nd 年龄 3282Ma 的表壳岩系(青海省地质图说明书,2005);东昆仑小庙组碎屑锆石 SHRIMP U-Pb 获 3206±14Ma 的 Pb^{207}/Pb^{206} 年龄信息(1:25万阿拉克湖幅),反映小庙组的源区存在太古宙陆核的可能。塔里木、华北、扬子、羌塘、柴达木等古陆在太古宙中晚期,可能曾经是一些分散的古陆核,是一些地球形成后壳幔物质添加形成的初始地壳。这些微陆核可能经过受伸展作用控制的垂向增生和挤压机制控制的横向增生,最终经 2500Ma 左右的五台运动(第一次克拉通化)的长英质岩浆焊合为一体,由于当时表壳较薄,发生广泛的破裂,形成一系列的"沟、堑",出现了以喷发和侵入两种形式的堆积和充填,在统一的应力场作用下,包括省区在内的总体呈北西-南东向或近东西向分布的原始中国古陆形成,并有可能成为基诺兰超大陆的组成部分。同时伴有深熔作用和以麻粒岩相为主兼有角闪岩相的变质作用的发生。由于当时海、陆分界不明,地热梯度高,有益元素分布较均匀,未发生明显的分异,元素在同一物理化学条件下未能聚集成矿。

古元古代为裂陷体制(内硅铝造山)。这一时期的拆离作用具有拉张剪切性质,分裂活动形成的大陆裂谷并逐步演化为被动陆缘,以昆中构造混杂岩带为界,南北的地层结构及组成具有较大差异,北部以结晶基底岩系金水口岩群(白沙河组)为代表,固结较早,厚度大,其上覆中新元古界为厚层石英岩、叠层石灰岩等稳定型沉积,并不同程度具裂陷火山活动,反映地壳克拉通化的特征;南部以苦海岩群为代表(可能还包括宁多岩群一部分),分布零星,固结相对较晚,一般均以构造岩块残存,其上未见中、新元古界出露。各部沉积序列均有适宜于铁、磷、锰等沉积矿产产生的条件和相应的成矿事实,而且在赛什腾山东头的滩间山地区,中部碳酸盐岩组合中的含碳泥质岩石赋含金或含金矿物而构成矿床。后期在挤压机制下陆缘海或原裂陷槽回返,纵向构造置换强烈,形成一套以区域韧性剪切带和残留的紧闭同斜褶皱代表的弹塑性构造群落,并伴有类似于碰撞型花岗岩组合形成、深熔作用及以角闪岩相为主的变质作用的发生。至此,各陆(地)块拼合,包括省区在内的古中国大陆初步固结,结晶基底形成(第二次广泛克拉通化),并有可能成为哥伦比亚超级大陆的组成部分。已知与变质作用有关的矿产有铁、磷、大理岩、白云岩、石英岩、石墨、红柱石、石榴石、滑石、石棉等 10 余种,共 50 余处产地。如以结晶基底岩系金水口岩群为代表,形成了那西郭勒沉积变质铁矿及石墨矿床,同时该岩群也是矽卡岩型、热液型铁、钨及金等矿产的围岩。该阶段岩石建造厚度大,钨、铜、金、铅锌等元素丰度高,为后期这些元素的成矿提供了物质基础。

中元古代—新元古代早期该时期主要成矿时限为长城纪—青白口纪。在结晶初始陆壳的基础上,本时期主要表现为活动陆缘和陆间裂陷的形式,以垂向增生、陆缘增生为特征,整体为裂陷体制向亚板块体制过渡。主要表现为古中国大陆(哥伦比亚超大陆的组成部分)裂陷离散与古中国大陆汇聚重组最终固结,并成为罗迪尼亚超大陆的组成部分。初始裂解作用物质记录包含了长城纪的火山岩和同时期的滨浅海被动大陆边缘沉积。本时期在火山-沉积层序基性火山凝灰岩内,泥质沉积层内形成了铁铜矿床,如镜铁山大型铁铜矿床等。约在蓟县纪,随着裂解作用的进一步加剧,出现了某些以蛇绿岩等为标志的有限洋盆,如清水泉-扎那合惹蛇绿岩,万宝沟洋岛-海山、龙门山蛇绿岩,歙县-德兴蛇绿岩,阿尔金蛇绿岩(1400~1100Ma)等,其中昆中洋向北俯冲。与之相伴随的沉积响应在区内主要为狼牙山组碳酸盐岩沉积、花儿地组和花石山群碳酸盐岩沉积、万洞沟群陆缘裂谷相沉积,形成了相应的沉积变质型铁矿,如都兰洪水河铁锰矿等。青白口纪在祁连、柴北缘、东昆仑等地区伴有同位素年龄值多集中在 0.9Ga 左右,该阶段以碰撞型花岗岩为主的岩浆岩侵位活动、绿片岩相变质作用的发生,形成了低绿片岩相及片岩与中酸性侵入岩的接触变质带中的磷、红柱石矿。

南华纪—早寒武世末,后期构造-热事件一般称之为晚泛非事件,经历晚泛非/萨拉伊尔(兴凯)事件核心冈瓦纳形成,劳亚大陆东段西伯利亚大陆增生,古中国大陆解体为泛华夏陆块群,其构造体制为板内变形向板缘变形过渡。中元古界—新元古界万宝沟群、下寒武统沙松乌拉组出露在东昆仑南坡,陆缘裂谷沉积。该阶段万宝沟群、沙松乌拉组为部分金矿床、矽卡岩型矿床的围岩。

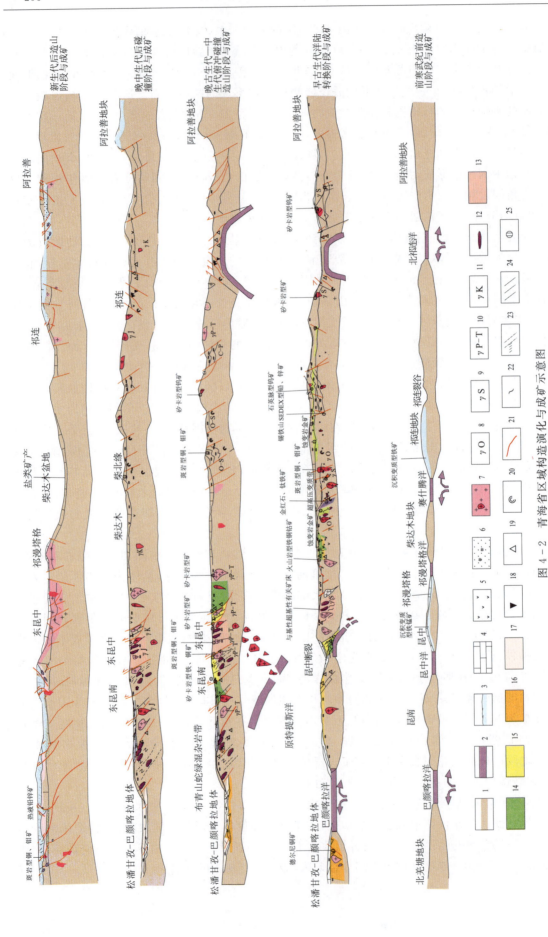

图 4-2 青海省区域构造演化与成矿示意图

1.陆壳;2.洋壳;3.盖层沉积;4.碳酸盐岩;5.火山岩;6.碎屑岩;7.花岗岩;8.奥陶纪侵入岩;9.志留纪侵入岩;10.印支期侵入岩;11.新生代入岩;12.基性-超基性岩;13.古—中元古界;14.新元古界,下古生界;15.上古生界;16.中生界;17.上古生界;18.洋壳构造岩片带;19.混杂堆积带;20.榴辉岩;21.断层;22.高级变质岩面理;23.中级变质岩面理;24.低级变质岩面理;25.矿床及位置

二、早古生代洋陆转换阶段与成矿

该阶段时限为中寒武世—顶志留世，为古板块构造体制。区内及邻区大约从早寒武世或中寒武世开始步入了板块构造演化过程。地层记录及同位素年龄数据表明裂谷系开始于震旦纪末，结束于志留纪。由于拉张强度不一和时间的不同，形成了不同规模的裂谷带和裂陷带，造成有先后、早晚之分，并且有不尽相同的发展演化历史。该阶段是青海省境地质构造发展活跃时间，在该阶段进入更高级的地壳发展阶段，为构造-成岩-成矿的高峰期，许多铜（镍）、钨、铅锌、金等矿床就是在该期形成，成矿环境多样，成矿矿种丰富，矿化程度强，矿化空间密集，形成一系列的大、中型矿床。

寒武纪，全球陆块总体上处于"南聚北散"、顺时针大旋转时期。除冈瓦纳作为一个整体位于南半球，靠近南极总体处于汇聚、挤压构造背景外，而位于赤道附近的劳伦、西伯利亚、波罗地以及泛华夏陆块群是游离于冈瓦纳之外的主洋盆中，总体处于伸展、裂解构造背景。该时期形成了小柳沟和尕大坂铜多金属矿。

秦祁昆多岛洋主域于中、晚寒武世处于裂解离散阶段，全吉地块滩间山陆源碎屑浊积岩组合，锡铁山钻孔资料揭示的滩间山群双峰式火山岩，可能也是该构造期裂解事件的岩石记录。晚寒武世—奥陶纪裂解达到鼎盛时期，形成了极为复杂的、弥散性的、多级别的地块-洋盆（或弧后洋盆）间列体系的多地块洋陆格局。秦祁昆多样主域内的洋盆发展是不均一的，其中以北祁连洋和南昆仑洋的规模较大，发育时间较长，出现了一些 MORS 型蛇绿岩，余者多为一些汇聚阶段的弧后小洋盆，其蛇绿岩多为 SSZ 型。其分布在古元古界金水口岩群、达肯大坂岩群中，侵入体同位素年龄为 $495 \sim 452$Ma，岩体产出时间早于与基性岩伴生的片麻花岗岩及混合岩，含矿岩体为橄榄辉石岩、辉石岩、辉长岩、角闪岩、角闪片岩等基性—超基性杂岩体，呈透镜状、脉状产出。该期岩体与围岩均赋存铜、镍、钴矿（化隆拉水峡等），在柴北缘地区形成了与辉石橄榄岩有关的岩浆熔离型磁铁矿（王家琪铁矿）。

在晚寒武世—奥陶纪裂解鼎盛洋盆形成的同时或稍后，各洋盆的洋壳与相邻的陆壳之间发生了拆离，开始了洋陆消减，步入了汇聚重组（洋-陆转换）构造阶段弧盆系构造期，大规模的俯冲消减发生在奥陶纪，东昆仑、祁漫塔格、西昆仑发育了大量的 $481 \sim 440$Ma 岛弧型侵入岩，在东昆仑南部堆积了同时代的纳赤台群岛弧-弧前盆地碎屑岩夹岛弧火山岩沉积。与俯冲作用同时，在祁漫塔格山地区由于弧后拉展作用形成了滩间山群、祁漫塔格群碎屑岩夹板内-岛弧-洋脊型火山岩组合，以及以十字沟岩体群（466 ± 33Ma）、嘎勒赛岩体群、朝阳沟岩体和鸭子泉岩体群为代表的基性—超基性岩体，它们共同组成了弧后盆地沉积-岩浆系列。这一时期给基性、超基性岩浆上涌创造了条件，并在岛弧的不同位置形成较发育的海相火山岩，主要形成与蛇绿岩有关的矿产和与海相火山岩有关的铁、铜、铅、锌、金矿（如锡铁山铅锌矿），在阿尔茨托山发现多处及铜多金属矿产地。

走廊南山清水沟—百径寺的榴辉岩-蓝片岩高压变质带形成时代主要为奥陶纪。柴北缘榴辉岩（沙柳河一带榴辉岩含柯英）高压—超高压变质带与北祁连高压变质带不同，常与片麻岩伴生。高压变质作用的时代多集中于 $500 \sim 460$Ma 之间，可能与柴北缘洋向北俯冲有关。志留纪超高压变质带的形成可能与碰撞造山期陆-陆深俯冲有关，是阿尔卑斯型超高压变质带。该带内榴辉岩发育，与其相关的矿产为金红石矿、钛铁矿，该超高压变质带有望成为大型钛矿资源基地（王永开，2014）。

寒武纪—奥陶纪处于原特提斯外围的三江—羌塘地区，由于地质记录残留甚少，其构造演化过程尚不清楚。在昆仑、阿尔金及其以北地区，寒武纪—奥陶纪自南向北，形成了巴颜喀拉洋盆、东昆仑洋、祁漫塔格洋、祁连洋等一系列洋盆，多岛洋的构造格局，发育了这一时期的 VHMS 型和 SEDEX 型矿床。北祁连、柴北缘、昆南等地，产生区域性的拉张、裂陷形成裂谷、大洋盆地或弧后扩张盆地，给基性、超基性岩浆上涌创造了条件，主要为与蛇绿岩有关的矿产、与海相火山岩有关的矿产以及构造蚀变岩型金矿。

志留纪时期基本继承了奥陶纪的构造格局，在志留纪末期，昆中洋盆两侧的陆块主体完成了拼合，弧后盆地在其之前相继关闭，约在志留纪晚期—泥盆纪初期发生了广泛的加里东造山运动（即后泛非事件),发生弧-陆、陆-陆碰撞。秦祁昆多岛洋主域及北羌塘-三江被动陆缘结束发展,形成了相应的原特提斯造山系。此阶段由于拉张作用,导致地幔物质上涌,形成岩浆铜镍硫化物矿床,如夏日哈木超大型矿床。

碰撞造山期的时限从早志留世一直延续到中泥盆世,随着一系列洋盆(或弧后洋盆)的关闭,形成了一系列诸如北祁连、党河南山-拉脊山、柴北缘、祁漫塔格-都兰、南昆仑等似科帕型碰撞造山带及其相应的一系列蛇绿混杂带的最终定型。同时在祁连、阿尔金、东昆仑发育同碰撞(S)强过铝花岗岩组合及后碰撞(D_1)高钾花岗岩组合,并伴有以绿片岩相为主的变质的发生和大型韧性走滑构造带的形成,形成的矿产主要为金矿。

三、晚古生代—中生代俯冲碰撞造山阶段与成矿

时限主体为泥盆纪—中三叠世,但可能延续到晚三叠世早期,这一阶段为板块构造体制,主要为古特提斯演化阶段。古特提斯洋可能是在原特提斯洋的基础上发展起来的。

加里东期的碰撞造山之后,昆仑地区的泥盆系为不同性质的前陆盆地磨拉石沉积,代表了东西昆仑早古生代造山后的统一盖层。晚泥盆世东昆仑牦牛山组伸展磨拉石、双峰式火山碎屑岩建造及发育的基性岩墙群[Ar-Ar年龄为$(348.51\pm0.62)\sim(345.69\pm0.9)$Ma]标志着晚古生代裂解的开始。除上述地区外,羌塘地区的可可西里湖一带也发育晚泥盆世移山湖辉绿岩墙,玉树也有晚泥盆世岩墙群的报道。因此,其裂解的起始时限在区域上是比较一致的。晚古生代裂解中心位于昆南-羌北缝合系,出现了小洋盆与微陆块相间的构造格局,同时伸展裂解作用也波及到北昆仑、塔里木地区,形成了石炭纪—中二叠世堑、垒相间的古沉积构造格局。

古特提斯裂解的本部位于南昆仑—北羌塘地区,同时在北昆仑—祁连—秦岭外围地区有响应,形成了石炭纪—上二叠世($C—P_2$)陆表海与陆缘裂谷相间构造格局。已发现的矿产地有尕龙格玛、档拖、拉迪欧玛等多金属矿点,其形成都与火山岩有关,除此还有不少铜、铅、锌矿化点。

泥盆纪—中二叠世,由于不断裂解扩张,洋盆逐渐成熟起来,随即进入弧盆系形成构造期。大规模的俯冲消减发生在早、中二叠世。在东昆仑南坡、北昆仑、祁漫塔格、柴北缘、全吉、鄂拉山等地发育的俯冲期花岗岩组合(295~263Ma),不但为木孜塔格-西大滩-布青山洋向北俯冲提供了有力依据,而且表明古特提斯造山系对原特提斯造山系进行了强烈的改造。

布青山-阿尼玛卿构造混杂岩带的中二叠统马尔争组,为含基—中基性火山岩的复理石沉积,虽相关的成矿事实模糊,但该带布青山地段和玛卿岗日西南的曲什安河河源地区,均有火山机构和中—中酸性岩体出现,为铜、金等"层控热液改造型"矿床的生成和产出提供了有利条件,矿床的形成与海相火山岩在成因上有着密切的关系。该时段内另有热液型矿床产出。

在弧盆系形成构造期,还形成了一系列诸如兴海-苦海逆冲型构造、昆南逆冲型构造、西金乌兰湖-金沙江逆冲构造、乌兰乌拉湖、澜沧江逆冲构造、龙木错-双湖逆冲构造等大型变形构造。最为典型的是兴海造山亚带上产出的铜峪沟、赛什塘等以铜为主的中、大型矿床,其成生背景是早二叠世碎屑岩、碳酸盐岩和少量火山岩组合的复理石沉积作用及后期以中酸性侵入岩为主的成矿热液作用。

中晚二叠世之交,进入碰撞构造期,发生了一次重要的构造汇聚事件,昆仑山和羌塘—三江地区均有显示,主要表现为中、上二叠统之间的不整合关系和晚二叠世沉积相的突变。

早中三叠世为古特提斯洋衰退进入残留洋演化时期,之前的洋脊可能虽已死亡,但残留的洋壳仍在继续俯冲消减,或可称古特提斯洋后期演化阶段,大量的地质记录说明该阶段的洋盆及其继续的俯冲消减作用是存在的。在早中三叠世沉积盆地中,发育恰东式海相火山岩型铜铅锌矿。

该时期的洋壳往往是构造岩片或岩块的形成残留于各个碰撞造山带中,残留洋盆大规模的俯冲消减主体发生在早中三叠世,并可能延续到晚三叠世早期。在该时限内形成了与中—酸性侵入岩有关的接触交代矽卡岩矿床,热液型、斑岩型矿床,该类型矿床较集中地分布于祁漫塔格—都兰一带。在祁漫塔格一带,岩浆热液成矿事实较多,在其矿床附近,常可见到有广泛的岩浆热液蚀变作用显著的标志:矽

卡岩化、绿泥石化、青磐岩化等,这些蚀变矿化类型,明显依赖于成矿的构造岩石环境。接触交代矽卡岩型矿床,矿体距岩体一般较近,最远不超过1km,热液型矿床距岩体相对有一定的距离,这显然是受成矿机制制约之故,但也不能排除热源的远距离效应。阿斯哈金矿床石英闪长岩锆石 U-Pb 定年为 238.4±1.4Ma(李金超等,2014),大水沟金矿英云闪长岩 239.5±0.9Ma(李金超等,2015),表明其成岩时间为印支期,与金矿的形成有密切关系,可能为其形成提供热源。在祁漫塔格—都兰—鄂拉山一带产出了许多矽卡岩型铅锌矿、斑岩型钼多金属矿,这一时期为矽卡岩型矿床、斑岩型矿床的主要成矿期。

在晚三叠世,除早期局部仍有残留洋存在并继续俯冲消减外,古特提斯多岛洋已经消亡,主体已进入碰撞构造期(碰撞时很有可能延续到白垩纪)的发展演化历程。

中、晚三叠世之间的区域性不整合或晚三叠世早期内部的不整合体现了印支运动的广度和强度,它不仅使省区主体已由大洋岩石圈构造体制转变为大陆岩石圈构造体制,主洋域已南移至班公湖-怒江和雅鲁藏布特拉斯部位,而且也完成了全区乃至泛华夏陆块群的最终拼合。至此,各陆块在动力学上才完全达到焊合为一体的程度。东昆仑带及其东邻的同仁地区有以晚三叠世陆相中酸性(中酸性为主)火山岩为主要组分的地层分布,具有分段集中产出的特点,包含了由爆发相→喷溢相或溢流相→潜火山相或浅成侵入相的岩石序列和活动程式,火山口或火山机构分布比较普遍,与陆相火山活动作用形成的铜、铅、锌、金、铁等矿床、矿点、矿化,主要分布于鄂拉山、同仁一带,如老藏沟、夏布楞、鄂拉山口等矿点。成矿以铅、锌、银为主,伴生锡、砷、锑等。受构造运动和岩浆活动影响,该时期是矽卡岩型多金属矿,以及斑岩型钼、铜等矿的成矿时期。

四、晚中生代后碰撞造山阶段与成矿

该阶段时限大约为晚三叠世—白垩纪,属现代板块体制,主要为特提斯洋或新特提斯洋演化阶段。在古特提斯残留洋收缩、消亡、造山的同时,特提斯洋或新特提斯洋的班公湖-怒江洋和雅鲁藏布洋开始打开,泛大陆(Pangea)开始裂解离散,以及拼合后的整体隆升、调整。

中三叠世—早侏罗世班公湖-怒江洋和雅鲁藏布洋发育成熟。至中侏罗世—白垩纪,尤其至晚白垩世,由于印度洋的强烈扩张和印度板块的快速向北漂移,促使特提斯洋开始俯冲消减,一系列弧盆系形成。晚侏罗世末期—早白垩世班公湖-怒江洋消亡,碰撞造山。古近纪早期,雅鲁藏布洋关闭,碰撞造山,造成了古近系沱沱河组与下伏地层的广泛角度不整合。在该阶段岩浆活动强烈,形成了高钾钙碱性花岗岩及其有关钼多金属矿床,以及后碰撞斑岩型铜钼矿床。受其远程效应影响,在三江地区发育了一套后碰撞高钾花岗岩组合。

五、新生代后造山阶段与成矿

65Ma 以来印度板块与亚洲板块强烈碰撞,南、北大陆并为一体,包括青海省在内的青藏高原的地壳结构和大陆构造格架基本形成。此阶段也称高原隆升阶段(陈静等,2012)。由于印度板块强烈的推挤,在青藏高原东(北)缘产生了右旋走滑断裂系统和大型逆冲推覆构造系统,控制了纳日贡玛等斑岩型矿床的产出(Hou et al.,2003;杨志明等,2008;王召林等,2009)。逆冲推覆构造作为青藏高原东北部的主要构造变形,在玉树、沱沱河地区十分发育,其通过一系列逆冲断层将中生代地层切割成依次叠置的构造岩片,并推覆于前陆盆地沉积地层之上,控制了三江北部(青南)地区热液型 Zn-Pb-Cu-Ag 矿床的产出,如玉树地区东莫扎抓大型 Pb-Zn 矿床和莫海拉亨大型远景 Pb-Zn 矿床及沱沱河地区多才玛 Zn-Pb 等矿床(陈静等,2012)。同时高原的隆升为石油、石膏、钾锂盐矿、砂金等矿产的形成和聚焦提供了极为有利的条件。

第五章 成矿预测

成矿预测是在研究和认识矿产成矿规律的基础上,应用地质成矿理论分析研究相关地质成矿条件和可行的勘查技术方法,指出现在还没有发现而将来可能或应当发现矿产资源或矿床的地段,从而达到缩小勘查目标区、减小发现矿床的风险、提高找矿成效和预见性的目的。该项工作是选区研究和工作部署重要组成部分。根据本项目的目标任务和青海省各成矿带地质背景、区域成矿规律、各类型矿床的成矿特征及其物化探异常显示特征,确定预测的矿床类型为海相火山岩型、矽卡岩型(接触交代型)、热液型、沉积变质型、构造蚀变岩型、沉积型(包括是喷流沉积型和砂页岩型)、岩浆型、斑岩型等类型。预测的矿种为铁、铜、镍、铅、锌、锡、金,兼顾金、钼、钴等。

本次成矿预测主要利用青海省矿产资源潜力评价项目预测成果及近年来地质矿产调查与研究所取得的成果资料,进行预测区圈定。

第一节 成矿预测区圈定原则及方法

一、成矿预测区圈定原则

1. 最小面积最大含矿率准则

在Ⅳ级成矿区带内圈出的预测区面积应适中。预测面积太大,虽然区内矿床(点)数量增加,但矿产勘查工作目标相对不集中;预测面积太小,区内矿床(点)数目减少,易造成漏矿的现象。只有在充分分析矿产预测区的各种资料以后,综合各类资料中包含的有效成矿信息,确定成矿远景区边界的最佳空间位置,求得含矿率和找矿面积的统一,最大限度地反映成矿信息和面积最小,确保其可靠性高、发现矿床的可能性大、成矿预测区面积最小的预测效果。关于预测区的面积,有人据研究区内矿点数及预测范围大小,提出经验性的最优单元面积=2×总面积/矿点总数;也有人根据地质图比例尺大小提出划分单元大小的参考性数据区间,即用相应比例尺地质图上 $1\sim4cm^2$ 面积作为基本单元的大小(赵鹏大等,1994)。我们在预测过程中采用后一种划分方法。

2. 综合评价准则

成矿预测过程包含了矿床自身的综合评价和矿产勘查综合方法的使用。矿床自身的综合评价包括对矿床的共生元素、伴生元素、成矿系列以及可能出现的新矿种和新类型做出评价;矿产勘查的综合方法包括调查评价中使用有效的地、物、化、遥方法和评价工作中使用地、物、化、遥信息对现在还没有发现、将来可能发现的矿床做出预测。

3. 水平对等的原则

因为工作区的地质工作程度差异较大,因此预测区与使用的地、物、化、遥的比例尺一致,比成果比例尺大的原始资料可以充实其中,作为填平补齐的一部分资料收录,但比例尺小的成果资料不允许作为预测资料使用。在相似类比过程中,已知对象和评价对象获取的类比变量必须相同,否则会失去类比的基础。

4. 综合标志确定成矿预测区界线的原则

多种信息联合使用时，遵循以地质信息为基础，以化探信息为先导，地、物、化、遥成矿信息综合标志确定成矿预测区的界线（叶天竺等，2004）。

二、成矿预测区圈定方法和分类

1. 成矿预测区圈定方法

(1) 以成矿规律图为底图，在Ⅳ级成矿亚带内圈定成矿预测区。
(2) 成矿预测区的定位采用自由单元，即用异常或地质体为对象定位，用折线圈闭。

2. 成矿预测区分类

根据各预测区内的地质、重砂、化探及矿化等信息，综合考虑成矿条件有利程度、预测依据是否充分，并依据矿化强度、资源潜力大小和矿化埋深等因素以及自然地理条件，将预测区划分为 A、B、C 三类。参照原地质矿产部直管局（1990）颁发的《固体矿产成矿预测基本要求（试行稿）》，本次确定预测区分类的原则为：A 类为成矿条件十分有利，预测依据充分，有可能发现大中型矿床，或扩大矿床工业储量的地区，资源潜力大或较大，矿体埋深在可采深度以内，可优先安排矿产预查的地区；B 类为成矿条件有利，有预测依据，有可能发现中小型矿床，或扩大矿床工业储量的地区，有一定资源潜力，可考虑安排地质工作的地区；C 类为具有成矿条件，有可能发现资源，可考虑探索的地区，在现有矿区外围和深部有预测依据，但资源潜力较小的地区。

第二节　主要成矿预测区圈定

根据成矿预测区划分原则及方法，并结合野外调研和室内的综合研究，对成矿预测区进行了圈定，全区共圈定 195 个预测区，其中 A 类 40 个，B 类 49 个，C 类 106 个。各成矿预测区的预测依据、矿种和矿床类型、远景评价及找矿工作建议综合于表 5-1 中。

表 5-1 青海省成矿预测区划分表

III级成矿带	IV级成矿亚带（区）	大地构造单元	成矿预测区	类别及编号	地理位置	面积(km²)	成矿地质条件及示矿信息	预测矿种及矿床类型	远景评价	工作建议
III₂北祁连加里东期铜、锌、铅、金、铁、铬、石棉（钼、钴、汞）成矿带	IV₁冷龙岭北坡加里东期、海西期铜、钼、铅成矿亚带	弧后盆地	门源县宁缠河铜钼铅矿区	C₁	位于门源县NE50°方向42km	320.36	主要出露阴沟组基性火山岩系及加里东期中酸性侵入岩，1:5万水系沉积物异常主要有Cu、Pb、Zn、Ag、As、W等。金、铜、铅、钨、钼等矿化主要产于中酸性侵入岩与阴沟组的接触带上及外接触带中(砂岩中)内	矿种：Cu多金属；矿床类型：海相热液型、陆相火山岩型	有较好的找矿前景	对区内的矿化蚀变带及已发现的矿化体进行评价，发现并圈定矿体
			门源县直河铜铅锌远景区	C₂	位于门源县355°方向35km	80.85	发育一套早奥陶世中基性火山岩系，已发现直河铜矿点、矿体。赋存于早奥陶世的安山质角砾熔岩、安山质及安山质凝灰岩中。存在Cu、Pb、Zn化探异常	矿种：Cu；矿床类型：海相火山岩型	有一定的找矿前景	利用物探方法对直河点进行评价，寻找异常体，然后进行钻探验证
	IV₂走廊南山北坡加里东期西期铜（金、钴、钼）成矿亚带	走廊南山岛弧	门源县浪力克－红腰仙沟铜锌矿区	A₁	位于门源县76°方向40km	181.23	发育一套早奥陶世中基性火山岩和中酸性火山岩、火山机构发育。存在Cu、Pb、Zn、Au化探异常。其中一套海相火山岩型矿床的分布、浪力克、红腰仙沟等矿床有关。以及俄博沟、红腰仙沟等矿床的分布、已发现浪力克、红腰仙沟等矿床(化)点进行了检查评价和物探电法、红外测温工程检查，经对浪力克矿的电法异常加密研究，深部地质验证后延部分有逐渐加厚变富的趋势，深部找矿仍有一定潜力	矿种：Cu、Pb、Zn、Au；矿床类型：海相火山岩斑岩型	银仙、浪力克等矿床的深部找矿仍有潜力，有望增加工业储量，其他矿点有可能成为工业矿床	干物化探异常有利部位开展大比例尺综合普查找矿工作，布置钻孔，寻找隐伏矿；继续对浪力克矿进行深部钻探工作，寻找富矿及盲矿体
	IV₃走廊南山南坡加里东期西期铜、铅、锌、铁、锰、金（银）成矿亚带	走廊南山岛弧	祁连县小沙龙－大沙龙铁远景区	A₂	位于祁连县NW309°方向145km	244.67	沉积建造为下奥陶统阴沟组砂岩－粉砂岩－灰岩建造；已发现小沙龙、大沙龙铁矿床，且受层位控制。1:5万地磁甲类异常发育，出现Ba单元素异常	矿种：Fe；矿床类型：沉积变质型	小沙龙、大沙龙矿床的深部和外围具有找矿潜力，矿床规模可达大型	对1:5万磁异常进行大比例尺地面高精度磁测，选择有利地段进行钻探工程验证
		走廊南山岛弧	祁连县香子沟铜铅锌金银远景区	A₃	位于祁连县332°方向26km，交通方便	360.88	区内广泛分布中寒武统黑茨沟群，为一套海相火山岩沉积建造。两套铜多金属矿化带呈北西一南东走向，分布于中基性火山岩走向的南侧接触部位(点)，皆赋存于中下柳沟、湾阳河、下沟、赖都滩、郭米寺铜多金属矿床。下沟铜矿赋存于南翼矿化带北侧的蚀变岩中。郭米寺铜多金属矿床则赋存于南翼矿带北部矿化带中。赖都滩矿床矿化体厚度为4m，长度已达80m，尚未控制Cu品位为5%左右。区内尚有独立的清水沟、自柳沟金矿产出、如藏拉河西山梁金矿点。在黑河以北的清水沟、异常宽幅达3～6km。区域化磁1:2.5万化探扫面在大柳沟、绵沙湾一带为Cu、Pb、Zn、Au、Ag、As、Sb、Hg八种元素大面积综合异常，赖都滩地区内Cu、Pb、Zn、Au、Ag四种元素共圈出3个地球化学异常带；汞、氧气异常带和赖都滩激电异常显著；发大型激电异常推测为矿致异常	矿种：Cu、Pb、Zn、Au；矿床类型：海相火山岩型、破碎带蚀变岩型（Au）	通过外围的进一步普查评价，该区继续扩大储量，可达大型规模	根据前人的地、化、物探成果，以物探工作为先导，开展大比例尺钻探进行深部布置；对湾阳河下沟、郭米寺一带石圈河岸道两个Cu异常进行进一步地气验证

续表 5-1

Ⅲ级成矿带	Ⅳ级成矿(区)亚带	大地构造单元	成矿预测区	类别及编号	地理位置	面积(km²)	成矿地质条件及示矿信息	预测矿种及矿床类型	远景评价	工作建议
Ⅲ₂北祁连加里东期铜、铅、锌、铁、金、铬、石棉(铂、钴、汞)成矿带	Ⅳ₃走廊南山南坡加里东期铜、铅、锌、铁、锰、金(银)成矿亚带	走廊南山岛弧	门源县朱固寺金矿远景区	C₃	位于青海省门源县SE113°方向76km	158.55	出露地层主要为中奥陶世火山-沉积岩系。该区砂金矿床发育，已发现炭山岭西台沟砂金矿点、朱固寺金矿(化)点。发育Au、Cu、Co、Sb化探异常和拉加原生金矿(点)，以反彭龙	矿种：Au；矿床类型：热液变质构造蚀变岩型	较有利的成矿地质条件，有望发现中小型金矿床	对原生金矿点进行评价；开展1:5万化探扫面，优选成矿有利区段进行评价
	Ⅳ₄托勒山-大坂山铜、金、铁、铅、锌、铬、铁、石棉、玉石(铂、银、钴、汞)成矿亚带	北祁连蛇绿混杂岩带	陇孔铁金远景区	B₁	位于祁连县NW300°方向180km	259.85	出露地层主要为古Elementref古界托赖岩群变质岩系和下奥陶统变质岩组砂岩、粉砂岩、灰岩建造，区内有基性、超基性及中酸性岩体出露；已发现陇孔(点)及陇孔铁金矿床，下清水等铁矿床、元素组合复杂，有Cu、Ni、Co、Cr、V、Mo、Au等元素异常，异常规模大	矿种：Fe、Au；矿床类型：沉积构造型、变质构造蚀变岩型	矿床规模可达中型以上规模	对陇孔(点)选择有利的大比例尺磁异常进行1:5万磁度填图、选择有利地段进行大比例尺土壤测量及地质测量图、对成矿有利点进行大比例尺土壤测量及对成矿有利点进行工程验证
			祁连县阴沟回槽-川刺沟铜铁铅锌金远景区	B₂	祁连NW295°方向95km，交通方便	381.48	出露地层为下奥陶统阴沟组火山岩系，自下而上有大理岩，凝灰岩、中性熔岩类、安山岩及凝灰岩、硅化大理岩及凝灰岩，川刺小水沟铁矿床、小水沟铁矿床、丁巴合南岔沟铅锌矿点，柯柯里铅锌矿点等发育良好的重砂矿永矿点探异常。构造活动，岩体呈长条状产出，其长轴方向走向断裂发育。北西走向断裂为主；北区内Au、Cu、Pb、Zn、Ag化探异常发育，具有明显的浓集中心，并有辰矿、重矿异常出现(2处)	矿种：Fe、Cu、Zn、Au、Pb；矿床类型：海相火山岩型、构造蚀变岩型、斑岩型、热液型	可形成中型以上矿床	对阴沟槽铁矿床的外围开展地表主要手段的金矿床普查、及采样铼矿矿点在大比例尺高精度磁测量的普查工作
			祁连县小东素铜铅远景区	C₄	祁连县151°方向20km	66.21	北祁连造山带内可能存在的前寒武纪活动带残片。其中形成喷气沉积型铁铅矿床。小东索已知Ⅰ₁号矿体为顺层贯入的细粒斜长片麻岩-铅矿床块、已发现小型规模、辉长岩块。以反石英闪长岩等侵入体广泛出露。矿区类似于Ⅰ₁号矿体的M₃₋₂、M₃₋₅、M₃₋₁₆、M₃₋₁₇等磁法异常未进行验证，存在Pb、Ag化探异常	矿种：Pb、Ag；矿床类型：喷气-沉积型	与铁矿共生的铅和银可达中型规模	对M₃₋₂、M₃₋₅、M₃₋₁₆、M₃₋₁₇等磁法异常进行钻探验证，以查明铅银矿前景
			门源红沟-松树南沟铜金铅锌远景区	B₃	位于门源县260°方向40km	220.35	出露地层以上奥陶统扣门子组为主，为一套细碧岩-角斑岩石英角斑岩组合。此外，区内尚有顺层贯入的细粒斑闪长岩、超基性岩块、黑长岩块以及石英闪长岩等侵入体广泛出露。已发现红沟中型铜锌矿床、松树南沟水系中型铜锌矿床沉积物Cu、Pb、Zn异常相吻合。这些矿床为止尚未发现矿体，而在该区域上的酸性火山岩中发现扎麻什克东沟铜矿点。因此，该区仍具有较大的找矿潜力	矿种：Cu、Pb、Zn、Au；矿床类型：海相火山岩型、斑岩型	具有发现新的矿体群和增加储量的条件与因素	开展松树南沟铜金矿床工作，等深部矿点的评价工作；中南沟附近外围开展细碧岩岩块及花岗闪长岩和相近沉积岩层的研究评价、除继续对金与铜矿异常验证外，注意在该沉积岩层位下盘岩系火山-沉积岩系内找多金属矿体

续表 5-1

Ⅲ级成矿带	Ⅳ级成矿亚带（区）	大地构造单元	成矿预测区	类别及编号	地理位置	面积 (km²)	成矿地质条件及示矿信息	预测矿种及矿床类型	远景评价	工作建议
Ⅲ₂北祁连东段加里东期铜、铅、锌、金、铬、铁、石棉、玉（铂、钴、汞）成矿带	Ⅳ₄托勒山-大坂山加里东期铜、铅、锌、金、铬、铁、石棉、银、玉（铂、钴、汞）成矿亚带	走廊南山岛弧	互助县花石峡钨钼铜预测区	B₄	位于互助县 65°方向 26km	207.18	区内出露地层为长城系经片岩、夹大理岩。在与加里东期(?)花岗岩的接触处形成花石峡铜钼矿点和互助南坡钨钼矿点，相互套合较好。预测区北部加里东期 W、Mo 异常发育，矿化范围约 6km²	矿种：W、Mo、Cu；矿床类型：接触交代型	具有形成矿床的可能	对花石峡矿点及外围进行评价
Ⅲ₃中祁连加里东期、海西期铁、钨、钼、钛、稀有、铜、锑、铅（钛、金、铅）成矿带	Ⅳ₅南尕日岛-加里东期前寒武纪、加里东期铁、钨、钼、钛、稀有、锑、铜、钨、稀有、铜（钛、金）成矿亚带	中祁连岩浆弧	祁连县南尕日岛铌钽钨钼远景区	C₅	位于祁连县 280°方向 106km	360.47	古元古界托赖岩群中侵入加里东期花岗岩株及岩枝。存在铌钽矿、铁砂重砂异常，异常长 7km，宽 2.5～3km，呈东西向分布。伴生有白钨矿、油居 W、磷钇矿等。1:20万化探 W 异常物化集中心明显，强度高，呈北东向展布，并有 Mo、Be 异常相伴。已发现南尕日岛铌钽钼矿点	矿种：Nb、Ta、W、Mo；矿床类型：砂岩型	具有大中型成矿远景	开展矿点检查，对 W 化探异常进行查证
			大通县大黑山钨钼远景区	B₅	大通县 311°方向 75km 大黑山一带	227.47	地层为古元古界托赖岩群及古元古界变质岩系。加里东期中酸性岩浆岩侵入其中。大黑山化探异常 W、Mo、Be 为主，伴有 U、Bi、Sn、Ag、Au、Cu 等。W 异常具有明显的中、内浓度分带。1:20 万区域化探异常之一。该矿点主要集中于高含量区相吻合。砂测量，重砂找矿前景较好，其 1:5 万重30kg 内含量为 0.1～1g）以上高含量点主要集中于热水掌子沟上游圣大黑山南坡一带，与矿化原生晕经 1:5 万重砂中有用矿物如白钨矿点外，圈出白钨矿 7 条，其中 Ⅱ-1 矿体长已发现大黑山 Ⅰ 号钨矿点，钼矿物及辉钼矿等 370m，水平厚度 2.1～8m，WO₃平均品位 0.258%，最高 0.49%；Ⅱ-2 矿体长近 1000m，宽 2～20m，WO₃ 平均位0.24%，最高 0.42%。矿化赋存于花岗岩外接触带浅灰绿色砂卡岩中，砂卡岩受控于岩体外接触裂隙构造及大理岩夹层	矿种：W、Mo、兼顾 Cu；矿床类型：石英脉型	具有大型成矿远景	对优选的矿点进行检查评价，对异常及大黑山钨矿进行大致查明异常特征，地球化学验证，矿化延伸变化情况、矿（化）体规模、产状和分布特征；在矿区外围进行地质填图工作；对矿体与围岩的接触带开展大比例尺地质填图
			大通县宝库河钨远景区	C₆	大通县 353°方向 35km	104.76	出露加里东期闪长岩及古元古界托赖岩群片麻岩，有伟晶岩脉侵入。存在察干河方铅矿、辰砂重砂异常、瓜拉川白钨矿化异常，与前寒武系和花岗岩扣合	矿种：W；矿床类型：砂卡岩型	具有形成中小型矿床的潜力	对区内的重砂异常进行查证
	Ⅳ₆木里-海晏加里东期、海西期铜、铁（钛）铅）成矿亚带	中祁连岩浆弧	天峻县察塔里铜金远景区	C₇	位于天峻县 332°方向 190km	182.53	出露地层以长城系经片岩、片麻岩、夹大理岩为主，石灰岩、泥盆系分布零星，与下伏地层为断层接触，北西向断裂发育并贯穿全区。加里东期岩浆岩产出。本区已发现双盆河锑铜砷矿点，岩枝产出。乌兰沟西铜矿点及发现砂金异常，远景区西部分在乌兰沟水河异常和察塔里东部存在 Au 化砂重砂异常。多数未进行检查评价或验证	矿种：Cu、Au、Hg、Sb；矿床类型：热液型、砂岩型、页岩型	前景可达中小型规模	对已知矿点进行检查评价，开展大比例尺矿产地质工作，综合找矿普查，锑、汞、铜的产出远景，做出评价意见

续表 5-1

Ⅲ级成矿带(区)	Ⅳ级成矿亚带(区)	大地构造单元	成矿预测区	类别编号	地理位置	面积(km²)	成矿地质条件及示矿信息	预测矿种及矿床类型	远景评价	工作建议
Ⅲ₃中祁连加里东期、海西期钨、铁、稀有、铜(钴、金)成矿带	Ⅳ₇大通-高庙加里东期、海西期、金、铅钨、铁、稀有、铜(钴、锑、金)成矿亚带	中祁连岩浆弧	互助县大峡钨矿远景区	C₈	互助县145°方向40km	150	远景区位于中祁连隆起带的中部,地层以古元古界湟源群变质岩系为主,岩浆岩以海西期花岗闪长岩-二长花岗岩为主,侵位于湟源群地层中。该地处于由北西向和北东向构造带交切而构成的菱形块体部位,区内北西向断裂发育,南北向构造规模大。除此而外还发育北东向、北西向断裂小构造。区内存在有1:20万化探检查时发育了大峡村下扬家沟白钨矿卡岩型钨矿重砂异常1处。该点异常与湟源群对该异常检查时发现了大峡村下扬家沟白钨矿卡岩型钨矿点。该矿(化)体10条,白钨矿沿加里东期二长花岗岩与湟源群的外接触带产出,矿石和含矿石榴石砂卡岩,呈浸染状产出;脉石矿物为石榴石、符山石、方解石、石英、透辉石、绿帘石等,与大黑山钨矿点的成矿特征类似	矿种:W;矿床类型:砂卡岩型	具有形成中小型矿床的潜力	该区下一步的工作应对地表发现的矿(化)体进行系统的工程控制,对重砂异常进行查证,并选择有利地段开展深部工程验证
			天峻县龙门钨矿远景区	C₉	位于天峻县315°方向67km	182.21	出露地层为志留系下岩组二云英片岩、黑云英片岩夹千枚岩。石英脉发育可见硅化、黄铁矿化、北西向、北东向断裂交叉。区内化探1:20万化探W异常呈北东向展布,强度高,浓集中心明显。已发现白钨矿重砂异常22km²,呈似三角形。1号矿带长1.4km,宽400~600m,带内圈出石英脉型黑钨矿体2条,Ⅰ-1矿长1.3km,宽0.3~3m,WO₃最低品位0.30%,最高0.52%;Ⅱ号矿带圈定石英脉型黑钨矿体3条,其中Ⅱ-2矿长350m,宽1~7m,平均5m,WO₃品位0.10%~0.37%;Ⅱ-3矿体长150m,宽1~12m,平均8.5m,WO₃最低品位0.10%,最高0.63%。矿化具有"五层楼"模式的特点	矿种:W;矿床类型:石英脉型	该区具有形成中型钨矿床的潜力	对1:20万化探重砂异常点进行检查评价;对地质、地球化学特征明显、大致查明异常性质的地点及已知矿矿点进行少量深部工程查证验证,初步查明异常延伸和变化情况、矿(化)体规模、产状和分布特征
Ⅲ₄南祁连加里东期钨、金(锡、铜)成矿带	Ⅳ₈哈拉湖-龙门加里东期钨、金、铅、锌、铜(钴)成矿亚带	南祁连岩浆弧	天峻县哲合隆-大尼铅锌矿远景区	C₁₀	位于乌兰县北72km	129.53	区内出露地层主要为下志留系巴贡噶尔组、岩性为黄绿色凝灰岩、长石硬砂岩、板岩及结晶灰岩,二叠系哈尔组、勒门沟组呈线状分布,岩性分别为灰色长石砂岩、紫红色中细粒石英砂岩,勒门沟组为灰色互相沉积建造,其与下伏的下志留统不整合接触,上与三叠系统下环仓沟组呈整合接触。区内构造活动强烈,断裂发育,其延伸方向分为北西向、北东向、近南北向4组。北西向断裂具活动时代晚、延伸远,具舒展波状,岩石北东向推覆性质,多具平行分布的特点,在切穿北西向沉积岩、多具平推异常密集型,强度高,分布清晰,元素组合同时存在铅矿床和大尼沉积铅矿点2处。该区工作程度低,发现合隆铅矿床和大尼铅矿点(Au,W,Mo,As,Sb,Pb)矿点各1处	矿种:Pb,Zn,Ag;矿床类型:热液型	有望找到中小型铅锌矿床	工作部署分两个层次(点)入手,并寻清矿靶区,开展地质调查找矿异常检查工作;二是要加强找矿靶区重点找矿、异常矿检查工作,缩小找矿靶区,在重点找矿靶区寻找大型矿体,扩大找矿远景

续表 5-1

Ⅲ级成矿带	Ⅳ级成矿亚带	大地构造单元	成矿预测区	类别及编号	地理位置	面积 (km²)	成矿地质条件及示矿信息	预测矿种及矿床类型	远景评价	工作建议
Ⅲ₄南祁连加里东期金（锡、钨、铜）、铍（钨）成矿带	Ⅳ₉居洪图-石乃亥加里东期金（锡、钨、铜）、铍成矿亚带	南祁连岩浆弧	大柴旦镇北钨矿远景区	C₁₁	大柴旦镇16°方向20km	164.5	出露地层为中上奥陶统盐池湾组，印支期花岗岩大面积出露，圈出花岗岩面积约1352km²，具有以$2.5×10^{-6}$为异常下限圈出W异常明显，中、内浓度分带，内带面积为25km²；Be异常面积大于W异常，浓度分带明显，内带面积达42km²。W、Be异常套合较好	矿种：W、Be；矿床类型：矽卡岩型、石英脉型	具有形成钨矿床的条件	对该区的W异常进行查证，根据查证结果再安排其他地质工作
			德令哈市雅沙图金锑矿远景区	B₆	德令哈市NW295°方向92km	665.5	主要出露下志留统巴龙贡嘎尔组，岩夹千枚状板岩。1:20万区域化探圈出了具有一定规模的Au、As、Sb、Mo、Hg等元素的组合异常，南部1:5万化探发现其他组出丁类似组合的化探异常。该区砂金矿发育，巴龙贡嘎尔组发现5条褐铁矿化、黄铜铁矿化等蚀变带	矿种：Au、Sb；矿床类型：构造蚀变岩型、石英脉型	具有发现原生金矿床的条件	对该区内的化探异常和矿化蚀变带进行查证，优选发现金锑矿（化）体，进行的主要矿（化）体，进行深部钻探验证
		蛇绿混杂岩带	化隆县天重大峡-尼日沟金铜铅远景区	B₇	位于化隆县306°方向33km	177.39	该区中已知有尼日沟、天重大峡等金矿产地和西岔沟、安宁沟血孔峡铜矿点及双挖塔铅矿点等。Cu、Au化探异常发育，红流沙-小克前一庄子湾地段花岗闪长岩侵入于六道沟岩群、松安丫豁含金硅质岩类似地质条件。已知有石坡沟、松安丫豁金矿点及大量岩与金矿有关的矿化信息，存在大面积Au、Cu、Pb、Au化学异常	矿种：Au、Pb、Cu；矿床类型：接触交代型、热液型	成矿地质条件良好，具有形成中型以上矿床的条件	进行1:5万以Au元素为对象的化探扫面工作。特别注意触带基岩采样分析，对接触带蚀变岩的化学分析
			乐都县石台古-金源东铜矿远景区	C₁₂	乐都县160°方向35km	372.15	地层为上寒武统六道沟组中基性火山岩与碎屑岩、加里东期花岗闪长岩发育。区内发育Cu、Au化探异常。已发现玉石台石英脉状含二长花岗岩脉中、或二长花岗岩脉与金源东铜矿点、岗沟铜矿点等	矿种：Au、Cu；矿床类型：海相火山岩型、热液型	成矿地质条件良好，有形成中小型矿床的潜力	开展区内综合普查评价工作，以金、铜矿种为主，兼顾其他矿种
			海晏县白佛寺钨矿成矿远景区	C₁₃	位于海晏县270°方向20km	70	区内露岩为古元古界化隆岩群变质岩系。侵入岩主要为二长花岗岩，面积发育9km²的白钨矿。白钨呈浸染状产于二长花岗岩脉中，或二长花岗岩脉与古元古界湟源岩群云英岩闪片岩的接触部位，经检测W含量为0.24%~0.62%，矿化具有不均匀的特点	矿种：W；矿床类型：岩浆期后汽-热液型	该区的成矿远景不明	对矿区进行大比例尺地质填图和槽探揭露，大致查明矿体的规模和产出规律，为进一步工作部署提供依据
Ⅲ₆日月山-化隆加里东期铜、镍、钴（铂）成矿带		南祁连岩浆弧	化隆县拉水峡铜镍矿远景区	C₁₄	位于化隆县南5km	163.29	出露古元古界化隆岩群中深变质岩系，加里东期基性-超基性岩发育，官庄沟、冶什春及沙家等铜镍矿产。已发现拉水峡小型铜镍矿，辉石岩、角闪岩和辉长岩等岩体有磁铁矿、赋矿岩体与古元古界湟源岩群云英黑云斜长片岩有关，岩体的产出受断裂的制约。该区属找矿工作程度较高地区	矿种：Cu、Ni、Co；矿床类型：岩浆熔离贯入型	有望找到中小型铜镍矿床	在开展地面磁法找矿过程中，应放在寻找新的基性-超基性岩体上，注意新近基性岩之下的隐伏岩体的寻找，扩大找矿区的预测远景，提交详查基地

续表 5-1

Ⅲ级成矿带	Ⅳ级成矿亚带(区)	大地构造单元	成矿预测区	类别及编号	地理位置	面积(km²)	成矿地质条件及示矿信息	预测矿种及矿床类型	远景评价	工作建议
Ⅲ₇阿卡腾能山加里东期铜、金、石墨成矿带		柴北(蛇绿)构造混杂岩带和滩间山岩浆弧	沱崖行委岭采石场金矿远景区	C₁₅	位于沱崖行委岭NW300°方向36km	183.68	出露地层主要有奥陶系—志留系滩间山群及下—中统罗统大煤沟组合煤系中酸性岩体。已发现采石场金矿点,柴水沟铅金银锌矿点,红沟子西铜矿点等。1∶5万化探异常组合为Au-Mo-As、Au-As(Sb,Bi,Ag)、Cu-W(Ag,Co,Ni)等组合异常	矿种:Cu、Au、Pb;矿床类型:海相火山岩型、构造蚀变岩型、热液型	有望找到中小型铜、金矿床	对已发现的含矿带利用槽探及钻孔工程进行评价,提交可供进一步工作的矿产地
			冷湖行委俄博梁北山金铜多金属矿远景区	C₁₆	位于冷湖行委NW310°方向55km	328.07	该区出露的地层主要为古元古界金水口岩群。加里东期—印支期中酸性岩体发育。构造以北东向北西向为主。区内金矿(化)体以石英脉型为主,铜矿体以石英脉型及裂隙充填型为主,铁矿体以沉积变质型为主。发育有Au,Sb等组合异常	矿种:Au、Cu;矿床类型:构造蚀变岩型、石英脉型、热液型	具有形成中小型及多处以Au元素为主的化探异常。具有形成矿床的潜力	对区内矿化变带和Au异常进行查证,开展大比例尺地质填图,选择成矿有利地段进行工程验证
		柴北(蛇绿)构造混杂岩带	冷湖行委盐场北山铜镍铅锌多金属矿区	C₁₇	位于冷湖行委NW288°方向66km	225.27	该区出露地层以金水口岩群为主。该区内岩浆活动强烈,超基性—基性—中酸性岩体都有出露,总体呈北东—南西向分布。基性—超基性岩在地表零星出露,面积不足0.5km²。已发现铜镍、铅锌等矿(化)点。磁异常多与基性超基性岩吻合。发育有Au-Cu(Zn,W)、Cu-Ni(Cr,W)、Au-Ag(Cu,Ni,W)化探异常	矿种:Cu、Ni、Au;矿床类型:岩浆(贯入)熔离型、构造蚀变岩型、石英脉型、热液型	该区已发现盐场北山铜镍矿点、铅锌矿点及多处以Au元素为主的化探异常。具有形成矿床的潜力	对已知异常进行查证,分析成矿规律,优选成矿有利地段,进行工程验证
			沱崖行委南大通沟—牛鼻子梁北山铜镍钨金稀有稀土矿远景区	B₈	位于沱崖行委NE60°方向106km	537.07	出露地层主要为古元古界金水口岩群和海西期。中酸性岩体—超基性岩脉状产出,形成子该期基性—超基性岩体赋存于中。牛鼻子梁铜镍矿体和稀有稀土元素矿(化)点。超基性岩吻合较好,是间接的找矿标志。区内Ni-Co-Cr(Au,Sb,Mo,Ag)、W(La,Th)、Ta-Nd(Ce,La,Th,Nb)等组合异常发育,并有钨重砂异常分布	矿种:Cu、Ni、W、稀有稀土;矿床类型:岩浆(贯入)熔离型、构造蚀变岩型	具有形成中型以上铜镍矿的潜力,在找金、稀有稀土、钨等矿种的找矿方面有望取得进展	重点对Ni、Co化探异常和磁异常套合区进行铜镍矿查证及深部钻探验证;对金、稀有、稀土矿(化)点及W异常进行调查评价
Ⅲ₉欧龙布鲁克-乌兰海西期海西期钛有色(钨、锡、铋)、金、铁、宝玉石成矿带	Ⅳ₁₀布依坦乌拉山海西期稀有(金、钨、铁、锡、宝玉石)成矿亚带	全吉地块	大柴旦塔塔棱河金铜矿远景区	C₁₈	大柴旦镇138°方向30km	123.9	出露地层主要为古元古界金水口岩群、下奥陶统石灰沟组和中奥陶统大头羊沟组。1∶20万Cu、Mo、Au、Ag化探异常发现,且套合较好	矿种:Cu、Mo、Au、Ag;矿床类型:构造蚀变型、热液型、构造蚀变岩型	该区成矿条件较为有利,有一定的找矿前景	开展1∶5万地质矿产调查工作;对圈定的异常进行查证

续表 5-1

Ⅲ级成矿带(区)	Ⅳ级成矿亚带(区)	大地构造单元	成矿预测区	类别及编号	地理位置	面积(km²)	成矿地质条件及示矿信息	预测矿种及矿床类型	远景评价	工作建议
Ⅲ₉欧龙布-乌兰布赫特期铁、钛、钨、锡、铌、稀土、金(铍、宝玉石)成矿带	Ⅳ₁₁布赫特山海西期铁、钛、钨、锡、铌、稀土、金(铍、宝玉石)成矿亚带	全吉地块	乌兰县布赫特山-阿母可内山南坡钨铜远景区	C₁₉	地处布赫特山东段,位于乌兰县313°方向35km	458.84	出露地层自下而上依次为古元古界、新元古界,其间为断层接触关系。北西向断裂贯穿全区,对花岗岩类及超基性岩浆活动起到了控制作用。与成矿有关的海西期花岗岩类多数沿元古界变质地层侵位,在接触带及其附近断续分布一些矽卡岩化、绿泥石化、绿帘石化。成矿岩体大小不等的岩株,岩枝产出,一般含丰富的成矿元素。以尕尔子黑钨斜花岗岩为例,具高硅相对富钾特征,含W高达31×10⁻⁶。W化探异常发育,北部存在W、Mo异常和南部W、Cu、Mo重砂异常套合,存在明显的浓集中心,并有Pb、Mo重砂异常,已发现尕尔子黑钨矿点和布赫特山南坡铜矿点	矿种:W、Cu;矿床类型:矽卡岩型(W)、热液型(Cu)	元古宇与海西期花岗岩类接触带是找矿的有利地质部位,有可能成为W钨资源评价的基地	对尕尔子黑钨矿点西段的矿卡岩进行评价,扩大远景;对南部W、Mo异常进行查证
Ⅲ₁₀柴达木北缘东加里东期、海西期、印支期铅、锌、金、铁、铜、锰、钴、锡、铬、钛、钼(钴、稀土)成矿带	Ⅳ₁₂小赛什腾山-阿木尼克山加东、海西期、印支期铅、锌、金、铁、铜、锰、钼、铬、钛(钴、稀土)成矿亚带	滩间山岩浆弧	冷湖镇小赛什腾山金铜远景区	C₂₀	冷湖镇66°方向24km	53.06	柴北带边部以滩间山群绿片岩为主,外侧由金水口岩群(达肯大坂岩群)变质岩围限。柴北缘深断裂及大型韧脆性断裂从远景区边部通过,区内次一级韧-脆性断裂极发育,有加里东期中-基性岩株和印支期铁镁质岩化和黄铁矾化,围绕小岩体发育斑岩化;1:20万水系沉积物异常两处(钾硅酸盐化-绢英岩化-青磐岩化),其一为Au(Cu)异常,其二为Cu异常(因风砂覆盖广阔,异常强度小);Cu异常已发现小赛什腾山斑岩型铜矿床,Au异常北东方向10km左右处。已发现小赛什腾山斑岩铜矿床,Au异常经1:5万水系沉积物异常发现	矿种:Cu、Au;矿床类型:斑岩型(少量热液脉型Cu)、矽卡岩型Cu、破碎带蚀变岩型(Au)	扩大斑岩型铜矿远景,可达中型规模	优先开展Au异常中的破碎带蚀变岩型金矿的野外查证,其次在小赛什腾山斑岩铜矿扩外围地进一步开展物化探工作,圈定斑岩体和低阻、高激化、低磁体
			冷湖镇山西段金铜远景区	C₂₁	冷湖镇103°方向53km	146.23	发育滩间山群绿片岩相火山-沉积岩区,柴北缘深断裂旁侧,数条大型韧-脆性断裂通过该区,其旁侧发育密集的北西-南东向次级韧-脆性断裂系统;由多个晚期加里东期、晚海西期-印支期花岗闪长岩株的复合侵入体。1:20万水系沉积物Au、Cu异常两处;野驼岭泉和千枚岭Au异常规模大、强度高。其中,前者Au异常规模大、强度高,且与Au异常套合好。选择其中最好的异常扫面已将上述三者分解野驼岭泉和千枚岭Cu异常扫面查证结果,已发现野驼岭泉和千枚岭一带千枚岭-紫石山一带破碎带蚀变带铜矿	矿种:Au、Cu、Fe;矿床类型:破碎带蚀变岩型(Au)、斑岩型(Cu)、海相火山岩型、斑岩脉型(Cu)	①野驼岭和千枚岭破碎带蚀变岩型金矿具中型以上远景;②千枚岭山区应注意特别是铜矿的潜力评价	①开展野驼岭泉和千枚岭两个金矿区大比例尺野外预测和验证,较准确地布置工程,快速、高效地扩大远景,尤其是有远见地查明新矿体;②在千枚岭一带开展Cu异常查证,沿滩间山群b岩组及沿岩岩体内外接触带,寻找滩间山岩相海相火山岩及岩组斑岩型铜矿

续表 5-1

III级成矿带	IV级成矿亚带	大地构造单元	成矿预测区	类别及编号	地理位置	面积(km²)	成矿地质条件及示矿信息	预测矿种及矿床类型	远景评价	工作建议
III₁₀柴达木北缘东加里东期、海西期、印支期成矿带	IV₁₂小赛什腾山-阿木尼克山加里东期、海西期、印支期铅、锌、铁、金、锰、钨、锡、铁、铜、铬、钴、钛、钼(钴、稀土)成矿亚带	滩间山岩浆弧	大柴旦镇赛什腾山中段金铜铁远景区	B₉	大柴旦镇309°方向120km	271.53	发育滩间山群绿片岩相火山-沉积岩,其中中-基性火山岩厚度大;柴北缘深断裂旁侧,发育3条北西向(与柴北缘断裂斜交)韧-脆性断裂带,带内黄铁矿化、石英脉、黄铜矿化十分发育;晚加里东期、海西期、印支期东期花岗岩成复合岩基,占据赛什腾山主峰;在加里东期与滩间山群的接触带发现长征沟磁异常带(有红旗沟、红灯沟、胜利沟、结绿素等)。M493号航磁异常本区,多处1:20万水系沉积物异常为Au、Cu、As、Sb。其中红灯沟、胜利沟、结绿素异常Au、Cu套合好,异常面积大、强度高并全部扣合于3条韧-脆性断裂带上	矿种：Au、Cu；矿床类型：破碎带蚀变岩型(Au)、海相火山岩型、斑岩型铜矿或脉型铜矿(Cu)、矽卡岩型(Fe)	①红灯沟、胜利沟两处1:20万Au异常是较好的金致富异常,有形成金矿工业的潜力体的潜力;②海相火山岩型、斑岩型铜矿或脉型铜矿的潜力不容忽视,矽卡岩型铁矿具有中型以上的潜力	①加强Au异常查证;②开展滩间山群和小岩体内外接触带Cu异常的查证;③点上对长征沟床进行深部钻探工程验证,面上对M493号航磁异常进行1:5万高精度磁测工程验证的基础上,开展1:1万高精度磁测,择优工程验证
			大柴旦镇-滩间山-青龙沟铜金铜远景区	B₁₀	大柴旦镇303°方向90km	374.98	滩间山金矿区及其外围,并已发现联合沟铜矿点(海相火山岩型);发育北西向大型韧性剪切带以及配套的南北向脆性剪切带,其内常见黄铁绢英岩化;多个晚海西期花岗岩类侵入体,规模大、分带完善,常元素组合为Au-Cu-Zn等;滩间山金矿(破碎带蚀变岩型)、青龙沟红柳沟黄铁矿床和联合沟铜矿点(海相火山岩型)、Au异常滩北西向断裂带系统扣合,Cu、Zn异常与滩间山群b岩组和火山岩扣合好	矿种：Au、Cu；矿床类型：破碎带蚀变岩型(Au)、海相火山岩型或斑岩型铜矿(Cu)	①滩间山金矿床西侧、存在较大的金矿潜力(据构造推断);②Cu、Zn组合异常应与海相火山岩铜矿化有关,可能存在该类型铜矿的远景	①开展滩间山金矿的普查评价;②重视滩间山群b岩组(一带)中其在联合沟一带的Cu、Zn异常查证
			大柴旦-绿梁山-双口山铜铅锌远景区	A₄	大柴旦镇275°方向30km	259.51	存在北西和北东向两组韧-脆性断裂化,滩间山群积岩、铁岩石(海相火山岩型)稳定,厚度大,其内常见铁锰硅质岩层、绿梁山铜矿点,多处1:20万水系沉积物异常3处:①绿梁山Cu、Au异常;②双口山Pb、Zn、Ag、Au异常;③双口山Cu异常,前二者扣合,已分解取样的1:5万加密取样,已分解取得多个很好的子异常	矿种：Au、Cu、Pb、Zn；矿床类型：破碎带蚀变岩型(Au)、海相火山岩型(Cu)、热液脉型(Pb、Zn、Ag)	①绿梁山是柴北缘地区最有潜力的海相火山岩型景区;②黑石山、双口山是全区最好的金、Cu、Ag常见全区最大型矿床远景之一,具有大型矿床远景;③双口山及外围可能找到中-小型脉状铅锌矿床	①开展绿梁山铜矿点的铜矿普查;②加强黑石山一带地质-化探异常普查;③双口山矿床外围普查

续表 5-1

Ⅲ级成矿带	Ⅳ级成矿亚带(区)	大地构造单元	成矿预测区	类别及编号	地理位置	面积(km²)	成矿地质条件及示矿信息	预测矿种及矿床类型	远景评价	工作建议
Ⅲ₁₀柴达木北缘加里东期、海西期、印支期锡、锌、铁、钨、金、铅、锡、锰、铬、铜、钛、钼(钴、稀土)成矿带	Ⅳ₁₂小赛什腾山-阿木尼克山加里东期、印支期、海西东期铅、锌、铜、铬、金、铁、钛、钼(钴、稀土)成矿亚带	滩间山岩浆弧	大柴旦镇锡铁山铅锌金远景区	B₁₁	大柴旦镇东南约62km	139.15	柴北带和欧龙布鲁克带,发育滩间山群变质岩;发育滩间山群变质岩、大坂岩群变质岩中间通过,1:20万水系沉积物扫面异常发育;柴北缘断裂带西段韧-脆性断裂带极发育。①锡铁山矿床西侧已发现大型铅锌矿床(喷气沉积型);②峰北锡矿床已发现达青大坂岩群与花岗岩接触带发育金矿化(峰北沟金矿化点);③锡铁山矿区外围信息显示极好	矿种:Au, Pb,Zn; 矿床类型:破碎带蚀变岩型(Au),喷气沉积型(Pb,Zn)	①锡铁山矿区西部及东部深部仍存在喷气沉积型铅锌矿的潜力;②锡铁山矿床地表和 Au 异常强度和规模好于滩间山地区,已发现多条北西向韧-脆性断裂带,有望找到一定规模的 Au 矿床;③峰北沟 Au 异常是欧龙布鲁克带中较好的异常,有进一步工作价值	①在锡铁山异常内开展以 Au 为主异常查证工作;②加强地质化学异常的地质研究,争取在欧龙布鲁克带获得找金突破
			都兰县阿木尼克山东段铜铅锌矿远景区	B₁₂	位于都兰县 NE 300°方向205km	509.59	下泥盆统牦牛山组和下石炭统怀头他拉组。侵入岩主要为海西期二长花岗岩、花岗斑岩、闪长玢岩等,呈人字形产出,阿木尼克西向断裂构造发育。已发现达青乌拉山铅锌矿、阿木尼克铜矿点和牛首山铜矿化。1:20万和1:5万化探圈定 Pb-Zn-Mo-Ag, Mo-Pb-Zn-Sn-Cd-Bi, Mo-Pb-Sn-Cd, Mo-Pb-Bi-Zn-Sn-Cd, Mo-Pb-Zn 多处综合异常,各元素套合好,规模大	矿种:Mo, Cu,Pb,Zn; 矿床类型:斑岩型、热液型	该区成矿地质条件良好,有望找到斑岩型及有关的矿床	对区内异常和矿化带进行查证与评价,寻找多金属矿(化)体,评价区内的找矿远景
	Ⅳ₁₃沙柳河加里东期、印支期金、钨、锡、铜、铅、锌、铁、锰成矿亚带	滩间山岩浆弧	乌兰县赛坝沟金铜远景区	C₂₂	乌兰县213°方向20km	182.09	欧龙布鲁克带与柴北带接合部;发育多条北西向韧-脆性断裂系统,柴北缘断裂西段内黄铁矿岩类侵入体及黄铜铁矾化发育;发育晚海西期-印支期早古生代火山-沉积岩及早古生代镁铁、超镁铁质岩,其内偶见孔雀石及黄铁矿化;1:20万水系沉积物 Au,Cu,As,Sb,Ag 综合异常(约350km²),强度高,浓度分带清晰,元素套合较好,异常具多个1:5万水系沉积物子异常;在 Au 异常区已发现赛坝沟和拓新沟小型金矿床(石英脉-破碎带蚀变岩复合型)	矿种:Au 为主,Cu 其次; 矿床类型:破碎带蚀变岩型和石英脉型(Au),海相火山岩型(Cu)	①是研究区东端最具远景的金矿远景区;②早古生代晚期绿片岩与 Cu 异常套合较好的部位,存在铜矿找矿的潜力	①要特别重视赛坝沟矿区北西侧的绿片岩(有中金矿)普查,那里晚期的韧-脆性断裂裂系统最发育;②加强大比例尺地质-地球化学异常研究,尤其是构造对 Au 元素成晕成矿控制的研究

第五章 成矿预测

续表 5－1

Ⅲ级成矿带	Ⅳ级成矿亚带（区）	大地构造单元	成矿预测区	类别及编号	地理位置	面积（km²）	成矿地质条件及示矿信息	预测矿种及矿床类型	远景评价	工作建议
Ⅲ₁₀柴达木北缘加里东期、海西期、印支期金、钨、铁、锰、锌、锡、铅、铜、钼（钴、稀土）成矿带	Ⅳ₁₃沙柳河加里东期、海西期、印支期钨、金、铜、铁、锰、锌、锡、铅、钼（钴、稀土）矿亚带	滩间山岩浆弧	都兰县沙柳河钨锡铅锌远景区	C₂₃	都兰县70°方向58km	167.91	区内出露地层以元古宇变质岩系、滩间山群火山沉积岩系为主，之间呈断层接触。滩间山群含碎屑岩、绿片岩和大理岩，为本区主要含矿层位，其中产出以沙柳河北区和南区为代表的钨、锡，铅锌矿床及一系列矿点。W、Sn物化探异常显示广泛而强烈的找矿信息	矿种：以W、Sn、Pb、Zn为主；矿床类型：海相火山岩型、热液型	本区钨锡找矿意义较大，预期又矿床规模可达中型以上	含矿岩系的详细调查和深入研究
	Ⅳ₁₄盆地西部中—新生代硼、锶芒硝、钾镁盐油气成矿亚区	柴达木盆地								
	Ⅳ₁₅盆地中部中—新生代硼、锂、钾镁盐、油气成矿区	柴达木盆地								
	Ⅳ₁₆盆地南部中—新生代湖盐、天然碱、油气成矿亚区	柴达木盆地								
Ⅲ₁₁祁漫塔格一都兰中一新生代油气、盐类成矿带										
Ⅲ₁₂祁漫塔格海西期、印支期铁、铜、铅锌、锡、金、铋、灰石（锑、铍）成矿带		祁漫塔格北坡－蛇绿混杂岩带	茫崖行委莲石沟－公路沟铜金矿远景区	C₂₄	位于茫崖行委S181°方向68km	159.6	出露地层为寒武系－奥陶系滩间山群火山－沉积岩系。蛇绿岩构造岩块本身是本调查区主要地质体，包括变质橄榄岩构造岩块体，堆晶杂岩墙，辉绿岩墙，枕状和块层状玄武岩、硅质岩等。该带海西期－印支期中酸性侵入岩发育，局部呈岩株状侵入早二叠世晚期中酸性侵入岩。已发现莲花花沟，十字沟西金铜矿点常在公路沟中酸性侵入岩和公路沟中酸性侵入岩：1:5万Au、Ni、Cu组合水系沉积物异常在南部出露	矿种：Au、Cu；矿床类型：海相火山岩型、构造蚀变岩型	具有形成金、铜矿床的条件	对已知金、铜矿点控矿因素进行分析，选择有利地段进行工程验证
	Ⅳ₁₇乌兰乌珠尔印支期铜、锡成矿亚带	祁漫塔格北坡－夏日哈岩浆弧	茫崖行委乌兰乌珠尔铜锡矿远景区	B₁₃	位于茫崖行委SE146°方向134km	230.86	该区出露少量金水口岩群。断裂构造主要为北西向、北东东向及东西向断裂。北东向断裂、主要为早二叠世一长花岗岩、似斑状一长花岗岩呈岩基状侵入早二叠世－晚二叠世斑状二长花岗岩和似斑状二长花岗岩。乌兰乌珠尔区广泛出露有古元古界金水口岩群的大理岩，并见有晚三叠世花岗斑岩、北部有古元古界金水口岩群成矿条件，中、南部发现有Sn、Cu异常，具斑岩（矽卡岩）型锡铜成矿条件	矿种：Cu、Sn；矿床类型：斑岩型	乌兰乌珠尔矿区西部和深部有较大的找矿空间，具中型以上铜锡矿床成矿潜力	对乌兰乌珠尔矿区西部发现含铜化花岗闪长斑岩揭露和深部钻探槽揭露和深部钻孔验证；对乌兰乌珠尔矿区深部铜矿体延伸情况进行钻探验证

续表 5-1

Ⅲ级成矿带	Ⅳ级成矿亚带	大地构造单元	成矿预测区	类别及编号	地理位置	面积 (km²)	成矿地质条件及示矿信息	预测矿种及矿床类型	远景评价	工作建议
Ⅲ₁₂祁漫塔格-都兰西海期、印支期铁、铅、钴、金、铜、锌、钨、锡、（铋）、硅灰石（锡、铍）成矿带	Ⅳ₁₈野马泉-开木棋河西支印支期铁、铜、铅、钴、金、锌、钨、锡、（铋）矿亚带	祁漫塔格蛇绿混杂岩带	茫崖行委冰沟南铜铅锌矿远景区	B₁₄	位于茫崖行委SE 161°方向 132km	145.57	区内地层主要为滩间山群和鄂拉山组，岩体主要为三叠纪二长花岗岩及花岗斑岩，具有形成砂卡岩型铁矿、热液型多金属铅矿床的良好条件。已发现鸭子沟铜钼多金属矿、冰沟南铅矿点等。Cu、Pb、Zn化探异常发育、套合好，且分布于鄂拉山组火山岩的覆盖及地理位置的影响，低缓磁异常。地质工作程度很低	矿种：Fe、Cu、Pb、Zn、Mo等 矿床类型：斑岩型、接触交代型	该区工作程度低，具有中矿床的找矿潜力	对物化探异常进行查证；对已知矿点进行调查评价
			虎头崖铁铜铅锌钨矿远景区	A₅	位于茫崖行委SE 154°方向 152km	148.35	主要出露地层有蓟县系狼牙山组、寒武系-奥陶系滩间山群、下石炭统大干沟组、上石炭统缔绵苏组。侵入岩以二长花岗岩为主，其次为闪长岩及花岗闪长岩斑岩。目前发现11条矿带工业矿体19条。矿体主要产出于中酸性侵入岩与碳酸盐岩外接触带砂卡岩内，以及远离接触带的构造破碎蚀变带中。区内圈定多处磁电异常，初步检查，多处异常为矿。1：20万异常为矿，组合元素有Sb、W、Bi、As、Ag、Pb等。面积100km²，主元素Sn，组合元素Sb、W、Bi、As、Ag、Pb等。规模大、连续性好、强度较高，发育白钨矿等重砂异常常套合较好	矿种：Fe、Cu、Pb、Zn、W等 矿床类型：接触交代型、斑岩型	具有大型以上矿床的成矿潜力	面上通过异常查证及对矿带的追索，扩大矿带规模；点上对已知矿进行深部验证，扩大矿体规模
			格尔木市肯德可克铁铅锌钴金远景区	B₁₅	位于格尔木市 284°方向 285km	74.67	区内出露地层主要有寒武系-奥陶系滩间山群和缔绵苏组。远景区东部分布缔绵苏组。侵入岩以海西期-印支期二长花岗岩、花岗闪长岩为主。远景区东部的接触带发现铁矿点。肯德可克矿区已基本查明，深部仅见少量铁多金属矿床。远景区东部的接触带的砂卡岩型的矿外接触带砂卡岩。在石炭碳酸盐岩与中基性侵入岩接触带发现矽卡岩少量铁多金属矿，并见有少量铁多金属矿，异常元素为Au，异常元素组合较大，钻孔未穿透。1：20万异常面积13km²，异常元素主为Au，Au元素浓集中心明显，Sb、As、Mo、Ag异常规模较大、Au元素浓集中心明显	矿种：Fe、Zn、Co、Au等 矿床类型：喷流-沉积型(?)、接触交代型	深部找矿有一定的潜力	利用深孔对深部的砂卡岩进行钻探验证
			格尔木市野马泉铁铅锌铝远景区	A₆	位于格尔木市 284°方向 262km	119.36	出露地层主要为寒武系-奥陶系滩间山群和上石炭统缔绵苏组。侵入岩及上石炭统碳酸盐岩二长花岗岩及上石炭统碳酸盐岩，砂卡岩产于接触带砂卡岩岩体外接触带砂卡岩。矿产于岩体接触带东部工作中，野牛泉矿区出露的14处地磁异常，目前工作程度较低，仅对C₁₄₋₆∼C₁₄₋₇磁异常开展了少量钻探验证，发现铁多金属矿体。对C₁₄₋₆、C₁₄₋₇、C₁₄₋₁₀等磁异常未开展有效的找矿前景分析，C₁₄₋₆、C₁₄₋₇、M₁₂₋₄等磁异常具有良好的找矿前景	矿种：Fe、Pb、Zn等 矿床类型：接触交代型	具有大型矿床的找矿潜力	对磁异常开展1：1万高精度磁测，圈定新的找矿靶区；对已发现矿（化）体的磁异常进行钻探验证；对已知矿体的磁异常进行钻探，并进行控制和倾向、走向，扩大矿体规模

第五章 成矿预测

续表 5-1

Ⅲ级成矿带	Ⅳ级成矿亚带（区）	大地构造单元	成矿预测区	类别及编号	地理位置	面积（km²）	成矿地质条件及示矿信息	预测矿种及矿床类型	远景评价	工作建议
Ⅲ₁₂祁漫塔格-都兰华力西期、印支期铁、铜、钴、铅、锌、钨、锡、陶瓷、金、（锑、铋）、硅灰石成矿带	Ⅳ₁₈野马泉-开木棋河海西期、印支期铁、铜、钴、铅、锌、钨、锡、金、（锑、铋）成矿亚带	祁漫塔格蛇绿混杂岩带	格尔木市尕林格铁铅锌钴远景区	A₇	位于格尔木市NW298°方向251km	137.66	该区大多数地段披揭第四系覆盖,厚度120~270m。根据零星露头和钻探揭露情况,地层主要为寒武系-奥陶系滩间山群和上石炭统缔散苏组。侵入岩主要为印支期二长花岗岩、花岗闪长岩、石英二长闪长岩、石英二长岩、石英闪长岩和闪长岩等岩性组的复接苏组的复接触带。构造上压组性断裂。区内查出19处C₁₁号异常,其中在北部的C₁₁号异常区中发现磁异常,铅矿、金、钴矿异常致异常。近年,在北格尔木区外围和北西向压扭性断裂的东部,在尕林格矿区外围和北西向高精度磁法异常初步验证亦发现铁多金属矿体。在磁物探异常前而言存在巨大的找矿空间	矿种：Fe、Pb、Zn、Co等;矿床类型：接触交代型	矿区深部和外围具有较大的找矿潜力	选择有利地段对矿区深部进行钻探验证;对外围的磁异常进行查证
			格尔木市四角羊-牛苦头地区铅锌铜铁远景区	A₈	位于格尔木市NW283°方向245km	223.65	区内出露地层主要为寒武系-奥陶系滩间山群,南部出露有古元古界金水口岩群,东北部出露有下石炭统大干沟组。区内构造以北西向断裂构造为主,侵入岩以晚三叠世花岗闪长岩和石英二长岩为主,与成矿关系密切的地层是滩间山群,东北部花岗闪长岩发育晚三叠世花岗闪长岩和石英二长岩。与成矿关系密切的地层是石英花岗闪长岩和二长花岗岩。成矿类型以砂卡岩型为主,矿体主要产于晚三叠世碳酸盐岩接触带。目前在四角羊-牛苦头矿区工作程度较高,缔散苏组碳酸盐岩,基本达到详查,局部已达到勘探程度	矿种：Pb、Zn、Cu、Fe等;矿床类型：砂卡岩型	四角羊-牛苦头矿区工作程度较高,浅部进一步扩大资源量远景大,但外围和深部有可能扩大矿床储量	重点开展外围和深部的找矿工作
		祁漫塔格北坡-夏日哈岩浆弧	格尔木市克停哈尔地区铁铜铅锌铜铁远景区	C₂₅	位于格尔木市W279°方向207km	163.62	出露主要地层为古元古界金水口岩群及寒武系-奥陶系滩间山群,花岗岩主要为西期印支期印长岩及印支期钾长花岗岩。1:20万水系沉积物测量,圈出以Cu、Pb、Zn、Sn、Au、Sb、W元素为主的综合异常2处,经1:5万水系沉积物测量分解为8处异常。区内磁异常12处,在上述部分异常中发现铁、锌、铜矿（化）体及矿化线索	矿种：Fe、Mo、Cu、W;矿床类型：接触交代型、斑岩型	具有发现小型以上矿床的条件	对已圈出的矿（化）体,优先选择成矿规模较大的地段,主要进行查证;针对调查区分布的物化探异常,择优进行评价

续表 5-1

Ⅲ级成矿带	Ⅳ级成矿亚带(区)	大地构造单元	成矿预测区	类别及编号	地理位置	面积(km²)	成矿地质条件及示矿信息	预测矿种及矿床类型	远景评价	工作建议
Ⅲ₁₂祁漫塔格-都兰西印支期铁、铜、锌、锡、钨、金、硅灰石(铋)成矿带	Ⅳ₁₈野马泉-开木棋河海西期、印支期铁、铜、钴、铅、锌、钨、锡、金、(铋)成矿亚带	祁漫塔格北坡-夏日哈岩浆弧	格尔木市沙丘铁铜铅锌矿远景区	B₁₆	位于格尔木市NW287°方向189km	334.87	该区为沙漠覆盖区，风成沙覆盖厚度通常150~300m。近年来，通过对地磁异常采用钻探检查验证，找矿取得了重要进展。区内已发现它温查汉、那陵郭勒河西、沙丘和LM1磁异常区多处铁多金属矿床(点)。根据钻孔地质资料，区内地层主要为寒武系-奥陶系滩间山群(?)。矿体主要有花岗闪长岩、二长花岗岩，其次有少量碳酸盐岩侵入岩及花岗斑岩。矿体主要赋存在岩体外接触带的透辉石矽卡岩和透辉石榴石矽卡岩中，亦发现少量辉钼矿。区内已圈出30多处磁异常，多处已发现矿体	矿种：Pb、Zn、Cu、Fe等；矿床类型：接触交代型、斑岩型	成矿地质条件十分有利，工作程度低，尤其是异常检查也未全面开展，具有较好的找矿前景，有发现大型矿床的潜力	对已发现矿体的磁异常进行控制，判定矿体；对其他磁异常择优进行查证
			格尔木市全红山铁铜铅锌矿远景区	C₂₆	位于格尔木市NW281°方向180km	270.42	出露地层主要为滩间山群，其次为下石炭统大干沟组。中酸性岩体主要花岗闪长岩、二长花岗岩和钾长花岗岩等侵入体，在与钾长花岗岩和大干沟组碎屑岩夹结晶灰岩、大理岩的外接触带的石榴石透辉石矽卡岩内产有全红山铁矿。区内圈定出1:20万Cu等组合异常2处，铜、铅锌等矿化及1:5万Cu、Co等组合异常3处，1:5万~1:2.5万地面磁法普查工作，区域内发现大小磁异常13处	矿种：Fe、Cu、Pb、Zn等；矿床类型：接触交代型、喷气-沉积型(?)	具有中-小型矿床的找矿潜力	对区内的物化探异常进行评价
			格尔木市小圆山-黑沙山铁铜铅锌矿远景区	B₁₇	位于格尔木市NW282°方向140km	129.24	区内大部分被第四系覆盖。出露主要地层寒武系-奥陶系滩间山群、上泥盆统牦牛山组、下石炭统石拐子群等，岩类以中支期二长花岗岩、钾长花岗岩和大干沟组闪长岩等为主。已发现黑沙山、小圆山等铁多金属矿床。矿体主要产于中酸性中支期下石炭统大干沟组和小圆山长岩的矽卡岩中，岩体外接触带的矽卡岩中，已知矿1:5万磁异常发育，区内1:5万面磁法分布的砂卡岩其中，是区内重要的找矿标志	矿种：Fe、Pb、Zn、Cu等；矿床类型：接触交代型、斑岩型	该区工作程度低，一部分磁异常未进行查证；已发现矿床(点)的矿体规模没有完全控制。该区具有中型以上的找矿潜力	加大对磁异常的查证力度；对已知矿床(点)的走向和倾向进行控制
	Ⅳ₁₉夏日哈-什多龙海西期、印支期铁、铜、铅、锌、锡、钼、硅灰石成矿亚带	祁漫塔格北坡-夏日哈岩浆弧	都兰县南戈滩铁矿预测区	A₉	位于都兰县NE13°方向23km	239.26	区内出露地层主要为金水口岩群，滩间山群和怀头他拉组，岩浆活动强烈，主要为中支期花岗岩和二长花岗岩，岩类以北西向为主。断裂构造以北西向为主。已发现南戈滩铁矿床和多处铁矿点。区内1:5万磁异常发育	矿种：Fe、兼顾Cu等；矿床类型：接触交代型	工作程度较低，东部的几处地磁异常未地验证，深部未验证。深部和外围具有一定的资源潜力	对已知矿床(点)的深部和外围进行勘查，扩大矿床规模；对磁异常常择优进行查证

续表 5-1

Ⅲ级成矿带	Ⅳ级成矿亚带(区)	大地构造单元	成矿预测区	类别及编号	地理位置	面积(km²)	成矿地质条件及示矿信息	预测矿种及矿床类型	远景评价	工作建议
Ⅲ₁₂祁漫塔格-都兰西期、印支期铁、铝、铜、锌、锡、钴、金、硅灰石(锑、铍)成矿带	Ⅳ₁₉夏日哈-什多龙海西期、印支期铁、铝、铜、锡、铜、钴、金、硅灰石亚带	祁漫塔格北坡-夏日哈岩浆弧复	都兰县小卧龙锡铁铜矿远景区	A₁₀	位于都兰县NE 77°方向27km	306.75	出露地层以寒武系—奥陶系滩间山群为主,次为古元古界金水口岩群及泥盆系,石炭系,三叠系等。岩浆活动频繁,断裂构造发育。已发现海宁等铁矿床,小卧龙锡铜矿床(点)。Sn,Ag,Pb,Zn化探发育,且套合较好	矿种:Sn,Fe,Cu等;矿床类型:接触交代型,斑岩型	地质成矿环境优越,化探、重砂异常突出,找矿潜力大	对已知矿床(点)的深部和外围进行评价,扩大矿床规模;对物化探异常进行查证,扩大矿远景
			都兰县柯柯赛铁铜钨矿远景预测区	A₁₁	位于都兰县 E 84°方向51km	263.06	地层为下石炭统大干沟组和绵散鄂苏组,岩体为印支期花岗闪长斑岩,花岗闪长岩、似斑状二长花岗岩、斜长花岗岩、拉克柯玛花岗岩等。断裂构造较发育。发育柯柯赛铁矿床,庞加丽铜矿床等。Cu,W,Pb,Sn化探发育。与铁矿有关的磁异常发育	矿种:Fe,Cu,W等;矿床类型:接触交代型,热液型	区内已发现多处铜、钨、铁矿床(点),矿化信息较多,成矿地质条件优越,找矿潜力大	综合分析区内的找矿信息,开展异常查证;对已知矿床(点)进行再评价
			都兰县扎麻山铜钼矿远景区	B₁₈	位于都兰县SE 100°方向45km	300.89	出露地层较为简单,以上三叠统鄂拉山组火山岩为主。区内断裂构造发育,有北西向和北东向两组,但它是区内成矿的有利条件。区内岩浆活动强烈,主要为印支期的花岗闪长岩和似斑状花岗岩及石英斑岩体。花岗斑岩脉,石英斑岩脉等。其中岩脉两侧蚀变发育,并且金属矿化较发育。扎麻南山铜矿床,多沟系谱铜矿点等。Cu,Mo,Pb,W,Sn,Ag异常发育	矿种:Cu,Pb,Zn等;矿床类型:接触交代型,斑岩型	该区中酸性岩体发育,具有形成中型斑岩型和矽卡岩型或复合型矿床的条件	对已知矿床(点)进行调查评价,发现新的矿富集地段
			兴海县什多龙-加当根铜铅锌矿远景区	A₁₂	位于都兰县SE 106°方向95km	310.86	出露地层为古元古界金水口岩群和上石炭统大干沟组,上二叠统鄂拉山组火山岩,侵入岩主要发育花岗闪长岩及斜长花岗岩。主要发育北西向断裂及北东向破碎带。其中北东向的断裂,近南北向可破碎带发育,东西向关系较密切。已发现加当铅根银岩矿床,加当多龙产根矿床,什多龙产斜长花岗岩中,属斑岩型。加当多龙产斜长花岗岩与中酸性岩体有关。加当多龙产斜长花岗岩体及其外接触带的外接触带砂卡岩群发育,且套合较好。1:20万 Cu,Pb,Zn,Ag异常发育	矿种:Cu,Pb,Zn等;矿床类型:接触交代型,斑岩型	该区成矿地质条件优越,具有大型矿床的找矿潜力	重点开展什多龙、加当根矿区外围的调查评价,发现新的矿体和矿化富集带
			都兰县热水钼铜矿远景区	C₂₇	位于都兰县SE 119°方向12km	144.4	地层主要有下石炭统大干沟组,上石炭统鄂拉山组。区内断裂构造,侵入岩北西向及北东向两组断裂构造,有北西向及印支期石英闪长岩,含石英闪长岩及花岗斑岩岩。发现勒河沟(热)水铜矿,角矽卡岩矿化点等	矿种:Cu,Co;矿床类型:斑岩型,砂卡岩型	该区具有较大的找矿前景	加大矿区及外围勘查力度

续表 5-1

Ⅲ级成矿带	Ⅳ级成矿亚带(区)	大地构造单元	成矿预测区	类别及编号	地理位置	面积(km²)	成矿地质条件及示矿信息	预测矿种及矿床类型	远景评价	工作建议
Ⅲ13伯喀里克-香日德前寒武纪、海西期、印支期有色、稀有、贵(稀土)成矿带	Ⅳ20双庆海西期、印支期铁、铜、钼、铅、锌、锡、金(钨、稀土、银)成矿亚带	中昆仑岩浆弧	都兰县下西台-白石崖铁矿远景区	A13	位于都兰县SW 223° 方向13km	225.21	出露地层为石炭系碳酸盐建造,中酸性岩浆岩发育,有磁异常反映。发现的铁及多金属矿点较多。北西西向、近东西向断裂构造发育。花岗闪长岩与碳酸盐地层的接触带是形成本类铁矿的有利部位。在石炭统大理岩与印支期花岗闪长岩类的接触带有Bi,As,Mo,Sb,Cu,Hg异常	矿种:Fe,兼顾Pb,Zn,Cu;矿床类型:矽卡岩型	成矿地质条件良好,矿区深部和外围有良好的找矿潜力	对矿区深部成矿进行评价;对矿区外围的磁异常进行查证
			都兰县双庆-大洪山铁矿远景区	B19	位于都兰县SW 222° 方向43km	154.65	出露地层为下石炭统大干沟组和上石炭统略叶苏组。印支期花岗闪长岩,花岗岩岩株,似斑状花岗岩,斜长花岗岩等岩体发育。已发现大洪山和双庆两处小型铁矿床	矿种:Fe,兼顾Pb,Zn,Cu;矿床类型:矽卡岩型	成矿地质条件有利,深部和外围找矿工作仍有潜力	区域上开展1:5万高精度磁测,优选查证;矿区范围内开展深部找矿工作
			都兰县隆统铁铅锌矿远景区	C28	位于都兰县SE 155° 方向40km	230.3	出露地层为下石炭统大干沟组。与下石炭统大理岩接触处形成矽卡岩带。主要出露肉红色黑云母花岗岩,其内有下石炭统大理岩夹粉砂岩的捕虏体。断裂构造发育,以北西西向为主,多发育在接触带,铜、铅、锌矿化明显受其控制。隆统北石炭仑东占卜扎勒发现小型铁矿床等	矿种:Fe,Pb,Zn等;矿床类型:矽卡岩型	对该区具有较好的成矿条件	对区内已知矿点进行评价
			都兰县哈日扎铜铅锌钼休伦矿远景区	B20	位于都兰县SE 130° 方向65km	232.08	出露地层为古元古界金水口岩群和上三叠统鄂拉山组。印支期中酸性岩浆活动强烈,包括石英闪长岩、二长花岗岩等。基底构造为近东西向,其上叠加了北东向和北西向断裂构造。已发现哈日扎铜矿床和哈瓦钼矿等。1:50万化探资料显示,该区是东昆仑东岩段最好的Mo异常带。1:5万探圈定多处Cu,Mo,Pb,Zn异常	矿种:Cu,Mo,Pb,Zn,Au等;矿床类型:斑岩型、接触交代型	该区是都兰地区斑岩型铜钼矿床成矿的良好地区,有发现中型以上矿床的潜力	对发现的已知矿带进行评价,扩大矿床规模
Ⅳ21卡而却卡-开个陇海西期、印支期铜、镍、铁、钼、金、石墨成矿亚带		中昆仑岩浆弧	格尔木市卡而却卡铁铜锌钼矿远景区	A14	位于格尔木市W 275° 方向355km	354.98	出露地层为古元古界金水口岩群-寒武系滩间山群、上三叠统拉山组。滩间山群与成矿关系密切。侵入岩主要为有加里东期二长花岗岩、印支期石英闪长岩、花岗闪长岩等,成矿与印支期岩体有关。断裂构造可分为北西西向、北东向两组,其中北西向是区内的主要控矿构造。矿体178条,共圈出蚀变带4条,矽卡岩带6条,共划分为A,B,C三个区。A区主要是与斑岩有关的矿(化)体,成矿元素主要是金、铜、钼、铅、锌等;B区主要是矽卡岩型矿	矿种:Fe,Cu,Pb,Zn,Mo,Sn,Au;兼顾矿床类型:接触交代型、斑岩型	该成矿地质条件优越,具有大型以上矿床的找矿前景	①A区以斑岩型铜矿为重点,开展勘查找矿,注重深部含矿破碎蚀变带对3条含矿造索控制、扩大找矿成果,探索与C区的关系;②B区以提高对矿体的控制程度,扩大资源量;③其他地区以验证和检查物化探异常为重点,寻找新的矿化集中区

第五章 成矿预测

续表 5-1

III级成矿带	IV级成矿亚带	大地构造单元	成矿预测区	类别及编号	地理位置	面积(km²)	成矿地质条件及示矿信息	预测矿种及矿床类型	远景评价	工作建议
III₁₃伯喀-香日德前寒武纪、海西期、印支期金、铅、锌、铁、铜、钼、铁、石墨(稀土)成矿带	IV₂₁卡而却卡-开木棋西寒武纪、海西期、印支期铜、铁、镍、钼、金、石墨(稀土)成矿亚带	中昆仑岩浆弧	格尔木市喀雅克登-别里赛北铁锌钨锡钼远景区	B₂₁	位于格尔木市NW 283°方向324km	247.32	出露地层为古元古界金水口岩群的一套大理岩、片岩、二云斜长片麻岩、石英岩、石炭系二叠系打柴沟组结晶灰岩等。断裂构造发育，总体走向呈北西—南东向。岩浆活动以早泥盆世、晚三叠世中酸性岩体为主，分布雅克登矿区共发现5条含矿带，圈出多金属矿体36条，三叠世中酸性岩体的外接触带中有辉钼矿矿体产出。发现锡石重砂异常，产石英闪长岩金矿6处，异常元素以Bi,W,Cu,Sn等为主。1:5万水系沉积物测量圈定异常6处，部分磁异常与1:5万磁异常区及发现4条分磁异常圈定了多金属异常(化)体。别里赛北含金水口岩群大理岩的接触部。区内有1:1万和1:5万磁异常10处，异常强度大、梯度陡。经检查已圈出规模不等的铁矿体4条	矿种：Fe,Zn,W,Wo,Mo,Sn、兼顾Cu,Pb等；矿床类型：接触交代型、斑岩型	该区有色金属成矿地质条件良好，具有发现中型矿床的潜力	对物化探异常尤其是锡异常进行查证，寻找新的矿(化)体；对发现的矿化带进行追索和工程控制
			青海省格尔木市青德大湾铜铅锌铜远景区	B₂₂	位于格尔木市NW 281°方向280km	234.03	古元古界金水口岩群白沙河岩组呈北东—南西向分布于远景北部。脆性断裂极其发育，主要为北西向断裂组。岩浆活动频繁，经历了海西期、印支期、燕山期等构造旋回，岩浆活动类型众多，从基性到中酸性岩均有出露。群力铁矿野牛沟铜矿点及5处酸性岩浆岩，区内发育4处以Cu,Pb,Zn为主的组合异常	矿种：Fe,Cu,Zn,Pb等；矿床类型：接触交代型、斑岩型	成矿条件有利，发育众多铁、铜、铅锌矿床(点)，具中型以上矿床的找矿前景	对区内的控矿因素进行分析，结合区内物化探异常圈定成矿有利地段，进行钻探验证
			格尔木市乌兰乌拉山铁铜铅钼铁远景区	C₂₉	位于格尔木市W 277°方向297km	83.2	寒武系-奥陶系滩间山群呈残留岩体分布。矿产地有铁铜矿点，矿床均为产于岩体与大理岩的接触带上，矿床类型为矽卡岩型。区内发育磁异常及Cu,Mo,Pb等异常	矿种：Fe,Cu,Pb,Mo；矿床类型：接触交代型	该区的成矿条件与卡而却卡相似，具有良好的找矿远景	对已知矿点进行评价，控制矿体规模；对物化探异常进行查证，扩大找矿远景
			格尔木市那西郭勒铁矿远景区	A₁₅	位于格尔木市W 273°方向272km	217	地层为古元古界金水口岩群白沙河岩组片麻岩、大理岩。东部出露三叠纪花岗闪长岩岩体。区内已发现那西郭勒铁矿床和可勤铁矿点，矿体均产于岩体层状或及空间上距花岗岩距离较近且物化异常图矽卡岩带及变质底图铁矿床相对比成矿特征，其实类型可能属矽卡岩型，可受到哈亚图铁卡作用的叠加。区内发育磁异常与1:5万磁异常5处，异常矿与矿套合较好	矿种：Fe,Cu；矿床类型：沉积变质型、接触交代型	成矿地质条件优越，可发现中型以上矿床	对查可勤铁矿点继续深部钻探，控制矿体规模；对那西郭勒铁矿床外围进行评价，扩大矿床规模；对磁异常，扩大磁异常规模；对M45,M61等磁异常，以及HS₄₂,HS₄₉,HS₅₁等水系异常进行查证，扩大找矿远景
			格尔木市洪水河东铜金锌钨铅矿远景区	C₃₀	位于格尔木市W 271°方向220km	275.59	出露地层主要为古元古界金水口岩群。区内已圈定1:5万Cu,Zn,W,Pb5处综合异常岗闪长岩。在异常检查中发现含铜金石英脉	矿种：Cu,Au,Zn,W,Pb；矿床类型：接触交代型、构造蚀变岩型或石英脉型	具有发现小型以上矿床的条件	对化探异常进行工程验证；选择有利地段进行工程验证

续表 5-1

Ⅲ级成矿带(区)	Ⅳ级成矿亚带	大地构造单元	成矿预测区	类别及编号	地理位置	面积(km²)	成矿地质条件反映示矿信息	预测矿种及矿床类型	远景评价	工作建议
Ⅲ₁₃伯喀-香日德前寒武纪、寒武纪、海西期、印支西期铁、铜、镍、金、钼、石墨(稀土)成矿带	Ⅳ₂₁卡而却卡-开木棋陇里格前寒武纪、海西期、印支期铜、铁、金、铅、锌、铝、镍、铁、铜、钼、石墨(稀土)成矿亚带	中昆仑岩浆弧	格尔木棋河口图-开木棋河铁铜矿远景区	C₃₁	位于格尔木市W276°方向177km	365.47	区内出露主要地层为古元古界金水口岩群,其次是寒武系—奥陶系滩同山群和下石炭统大干沟组。远景区岩浆活动频繁,尤其是海西期—印支期岩浆活动最为强烈,岩性主要有灰白色石英闪长岩、灰白色花岗闪长岩、肉红色二长花岗岩等,成矿多与早二叠世和晚三叠世侵入作用关系密切,常在围岩接触带形成砂卡岩型矿化。区内发育两处1:20万Bi,Sb组合异常及1:5万Cu等化探异常和航磁异常	矿种:Fe,Cu等;矿床类型:接触交代型	该区与邻区成矿地质条件类似,具有发现砂卡岩型铁多金属矿产的异常的可能	开展1:5万地质矿产调查工作;对圈定的异常进行查证
			格尔木棋河口尔木铁铜钼矿远景区	B₂₃	位于格尔木市W270°方向187km	330.19	出露地层主要古元古界金水口岩群。岩体主要是印支期石英闪长岩、花岗岩等。区内已圈定1:5万Mo,Cu,W等10余处综合异常。区内多处磁铁矿异常。区内已发现磁铁矿矿体及砂卡岩带	矿种:Fe,Mo,Cu,W;矿床类型:接触交代型、斑岩型	具有发现中型以上矿床的条件	对物化探异常进行评价;对已发现的矿(化)体进行深部工程验证
			格尔木拉陵灶火铁铜钼矿远景区	B₂₄	位于格尔木市W275°方向145km	273.68	出露地层主要为古元古界金水口岩群,其次是寒武系—奥陶系滩同山群。断裂构造发育,按其展布方向分为北西向、北东向、东西向、北西向逆断层为最发育,北西向断层为区内主干断裂,基本控制了区内地层和侵入岩的分布。在岩体与地层的外接触带发现拉陵灶火中游铜铝矿床和拉陵灶火铁矿点。1:5万磁异常和以Cu,Mo等为主元素的组合异常发育	矿种:Mo,Cu,Fe等;矿床类型:接触交代型	该区具有良好的成矿条件,具有形成中型矿床的前景	对已圈定的物化探异常进行查证,继续对已发现矿体进行控制
			格尔木哈夏日木镍铜钴铅锌矿远景区	A₁₆	位于格尔木市W270°方向143km	207.16	出露地层为古元古界金水口岩群黑云母斜长片麻岩、大理岩,岩性复杂,以北东向和东西向为主。岩浆活动强烈,断裂构造发育,有加里东期、海西期、印支期3个时期。基性超基性杂岩主要形成于加里东期、海西期和印支期,其中海西期(早泥盆世)橄榄岩基岩矿床及含铝的含矿岩带。已发现夏日哈木铜镍矿床和释矿岩为铝的砂卡带。中酸性侵入岩主要夏日哈木铜镍矿于海西期和印支期。1:5万磁异常及以Ni,Pb,Zn为主形成的组合异常发育	矿种:Ni,Cu,Co,Pb,Zn等;矿床类型:接触交代型、岩浆型	该区成矿地质条件优越,具有形成超大型矿床的条件	利用地质、物探方法,确定探部是否存在隐伏基性超基性岩体成岩浆通道,然后进行钻孔验证;对1:5万地磁异常进行检查,通过开展大比例尺物探工作,扩大面上我矿其他远景;对区内中酸性岩群分布的金水口岩群及重砂异常与化探异常进行综合评价

续表 5-1

Ⅲ级成矿带	Ⅳ₂₁亚带	大地构造单元	成矿预测区	类别及编号	地理位置	面积 (km²)	成矿地质条件及示矿信息	预测矿种及矿床类型	远景评价	工作建议
Ⅲ₁₃伯喀里克-香日德印支期、海西期、寒武纪金、铅、锌、铜、镍、钼、石墨(稀有、稀土)成矿带	Ⅳ₂₁卡而却卡-开木棋里陇西海西期、印支期寒武纪金、铁、铜、镍、钼、铅、锌、铜、镍、钼、石墨(稀有、稀土)成矿亚带	中昆仑岩浆弧	格尔木市拉陵高里钨钼矿远景区	C₃₂	位于格尔木市 W 267°方向 159km	332.54	出露地层主要为古元古界金水口岩群。岩浆活动强烈,印支期花岗岩类岩体大面积分布,主要岩性为花岗闪长岩、二长花岗岩、似斑状二长花岗岩等。区内花岗岩体中发现多条钼矿体及钼矿化点。1:5化探异常圈定多处Mo,W,Cu等组合异常	矿种:Mo,W,Cu等;矿床类型:斑岩型、云英岩型	该区具有较好的找矿前景,具有发现小中型矿床的条件	面上已知异常进行查证,点上对已发现的矿(化)体进行深部工程验证
			格尔木市哈西亚图铁锌金矿调查评价	A₁₇	位于格尔木市 W 270°方向 107km	203.68	出露地层主要为古元古界金水口岩群。印支期花岗闪长岩、二长花岗岩、斑状二长花岗岩等。区内花岗岩体中见哈西亚图铁多金属矿床,另一处1:5万磁异常16处,其中一处已发现哈西亚图铁矿床,1:25万化探圈出Au,Bi,Sb等组合异常3处与超基性岩有关	矿种:Fe,Au,Zn等;矿床类型:接触交代型	该区成矿条件优越,金、铁可达大型规模,铁矿可望达大型以上规模	对哈西亚图铁矿床的深部进行钻探验证,对已圈定的物化探异常进行评价
			格尔木市呼日格勒沟钼铜矿远景区	C₃₃	位于格尔木市 W 264°方向 126km	229.17	区内出露地层主要为古元古界金水口岩群,呈残留体产出。地表圈定铜钼钨矿体6条,二长花岗岩化线索、印支期花岗闪长岩、二长花岗岩,铜钨矿体厚度存于1.5~19.5m,钼矿主要赋存于石英脉、碎裂岩,矿化主要赋存于石英脉、碎裂岩,矿化主要赋存于石英脉、碎裂岩,矿体品位为0.033%~0.065%,钻孔中见两层钼矿化。区内圈定Mo,W 3处组合异常	矿种:Mo,W,Cu等;矿床类型:斑岩型、云英岩型、矽卡岩型	具有形成钼、铜、钨矿的条件,有一定的找矿潜力	利用大比例尺地物化探方法,对区内的异常进行评价;利用槽探、钻探工程对已发现的矿化集地段进行控制
			格尔木德探沟-蒙牧沟铜稀有金属矿远景区	C₃₄	位于格尔木市 SW 257°方向 95km	512.12	区内以古元古界金水口岩群和二叠纪花岗闪长岩为主体,并有小面积泥盆纪超基性岩出露。1:5万水系沉积物测量,共圈定出 Cu(Nb,U),Cu(Li,B,Be,Co,Bi),As(Pb,Cu,Nb),As(Be,Bi,Nb,Mo,W,Hg),Ag(Li,B,Pb) 5个综合异常	矿种:Cu,稀有金属等;矿床类型:矽卡岩型	具有形成铜、稀有矿的条件	对区内1:5万水系沉积物测量进行查证,进一步缩小找矿靶区,寻找和圈定矿化富集地段
			格尔木市托拉海沟北西沟稀土锡矿远景区	C₃₅	位于格尔木市 SW 236°方向 49km	146.56	区内出露古元古界金水口岩群和二叠纪花岗闪长岩。断裂带有北东向和南东向两组,已发现铜矿脉敏矿,锡、钨放射性重砂异常。主矿物为稀土矿物及稀土石,伴生矿物辉钼矿、白钨矿及稀土元素放射性异常。存在1:20万Sn,稀土元素组合异常	矿种:Sn,稀土等;矿床类型:云英岩型	具有形成锡、稀土矿的条件	远景区开展大比例尺物探测量工作,进一步圈定找矿靶区,寻找和圈定矿化富集地段
	Ⅳ₂₂五龙沟-巴隆前寒武纪、印支期金、铁、锡、钼、铜、钨、银、铅、镍、锌、铜、镍、钼、铜、镍(稀有、稀土)成矿亚带	中昆仑岩浆弧	格尔木市白日其利金矿远景区	C₃₆	位于格尔木市 SE 134°方向 50km	358.63	出露主要地层为古元古界金水口岩群和蓟县系狼牙山组。侵入岩以印支期基性、超基性岩出露,花岗岩造构造以北西向和北东向为主。区内已发现3条矿化蚀变带,白日其利金矿点,以及金、铜、钨化点。区内圈出8处主元素为Au的水系沉积物综合异常	矿种:Au;矿床类型:构造蚀变岩型、云英岩型	区内找矿信息良好,具有较好的找矿前景	对矿化蚀变带成矿有利地段进行槽探揭露,深部验证,评价找矿前景;对异常的查证开展进一步工作,超基性岩区的含矿性进行评价

续表 5-1

Ⅲ级成矿带	Ⅳ级成矿亚带	大地构造单元	成矿预测区	类别及编号	地理位置	面积(km²)	成矿地质条件及示矿信息	预测矿种及矿床类型	远景评价	工作建议
Ⅲ₁₃伯喀里克-香日德前寒武纪、巴颜喀喇印支期金、镍、锌、钴、铁、铜、铅、稀有、石墨(稀有、稀土)成矿带	Ⅳ₂₂五龙沟-巴隆前寒武纪、海西期、印支期金、镍、锌、钴、铁、铜、铅、稀有、银、稀土)矿亚带	中昆仑岩浆弧	格尔木市大水沟金矿远景区	C₃₇	位于格尔木市SE 102°方向64km	137.57	出露地层为前寒武系变质岩系。花岗岩是区内出露的主要地质岩体,岩石类型包括花岗闪长岩、二长花岗岩、二长闪长岩等,构造以近北西向为主。已发现大水沟口金矿点,矿体产于花岗闪长岩、英云闪长岩中。1:5万化探为单元素Au和W异常	矿种:Au、W等;矿床类型:破碎带蚀变岩型、热液型	该区与五龙沟成矿条件相似,具有较大的找矿潜力	对发现的矿点进行评价,扩大矿点规模
			都兰县五龙沟金铜铅锌矿远景区	A₁₈	位于格尔木市SE 104°方向95km	380.16	地层主要以前寒武系变质岩系为主。侵入岩主要为印支期片麻状二长花岗岩、闪长岩、花岗岩等。断裂构造发育,走向北西-南东,红旗沟及三道梁-黄石沟-水闸东沟等金矿床,矿(化)点和黑石山多金属矿床。区内发育以Au为主元素的组合异常9处,大多数异常为Au致异常	矿种:Au、Cu、Pb、Zn等;矿床类型:构造蚀变岩型、矽卡岩型、热液型	成矿地质条件优越,具有超大型矿床的找矿潜力	继续开展已知矿区深部的勘查工作,扩大矿床和矿点规模
			都兰县鑫拓金铅锌铜钼矿远景区	B₂₅	位于格尔木市SE 113°方向105km	142.77	出露地层以古元古界金水口岩群和长城系小庙组。侵入岩以海西期-印支期花岗岩、二长花岗岩、花岗岩株状产出。多发育多条韧性剪切性剪切构造,特别是五龙沟区向南东方向延伸的XI、XⅡ号多金属矿(化)带(长达6km)1条及控制金多金属铅锌多金属矿(化)点14处。区内发育以Au为主元素的组合异常Mo,Cu,Zn,Pb,Au等	矿种:Au、Cu、Pb、Zn、Mo等;矿床类型:构造蚀变岩型、矽卡岩型、热液型	该区为五龙沟矿田的东南延伸,成矿条件良好,具有发现中型以上矿床的找矿潜力	对已知矿化带进行评价和扩大矿带规模,对区内发现的矿床和矿带上的异常进行查证,扩大找矿远景
			都兰县大滩沟-希望金矿远景区	C₃₈	位于都兰县W 268°方向176km	490.89	出露地层为前寒武系,侵入岩以二长花岗岩、闪长岩、二长花岗岩、花岗岩为主。区域内裂构造十分发育,以北西-南东方向为主。以Mo异常6个、花岗岩异常2个	矿种:Au、Mo等;矿床类型:构造蚀变岩型、矽卡岩型、热液型	该区位于五龙沟金矿田的东部,成矿条件良好,具有小型以上矿成找矿床的潜力	对区内化探异常进行评价和构造控制,评价其找矿远景
			都兰县石头坑德铜镍金矿远景区	A₁₉	位于都兰县W 256°方向180km	286	出露地层为前寒武系变质岩系,岩浆侵入活动发育,主要为印支纪基性-超基性岩体,矿(化)体厚度大,在外围也发现含铜镍的基性岩体。区内发育多条断裂破碎带,1:5万水系沉积物测量和地面高精度磁法测量,在区内共圈出了多处多金属异常及磁异常,Ni,Co异常强,与磁异常套合较好	矿种:Ni、Cu、Co、Au等;矿床类型:岩浆型、构造蚀变岩型	成矿地质条件优越,具有大型-超大型富矿床的找矿潜力	对已发现的含铜镍超基性杂岩体进行深部钻探验证,寻找富矿体;对区内金矿化及磁异常进行查证等
			都兰县洪水河-清水河铁锰矿远景区	B₂₆	位于格尔木市SE 105°方向180km	261.11	出露地层为古元古界金水口岩群,长城系小庙组、蓟县系狼牙山组,青白口系丘东沟组。其中狼牙山组为铁锰矿的赋矿围岩。区内已圈出1:5万磁异常6处,已发现洪水河铁锰和清水河铁锰两处中型矿床	矿种:Fe;矿床类型:沉积变质型	区内分布有类似于洪水河和清水河铁矿的磁异常,成矿前景较好	对已知矿床的外围进行评价,对矿形成矿体的磁异常进行查证,外围存在扩大规模的可能

续表 5-1

Ⅲ级成矿带	Ⅳ级成矿亚带	大地构造单元	成矿预测区	类别及编号	地理位置	面积（km²）	成矿地质条件及示矿信息	预测矿种及矿床类型	远景评价	工作建议
Ⅲ₁₃伯喀里克－香日德印支期、海西期金、铁、钼、铅、镍、铜、银、稀有（稀土）、石墨成矿带	Ⅳ₂₂五龙沟－巴隆前寒武纪、海西期、印支期金、铁、钼、铅、镍、锌、铜、银、稀有、稀土成矿亚带	中昆仑岩浆弧	都兰县清水河铜钼矿远景区	C₃₉	位于都兰县SW 251°方向87km	95.87	该区以侵入岩为主体。主要为早-中三叠世花岗闪长岩、英云闪长岩及二长花岗岩，含矿体为花岗闪长岩、花岗斑岩小岩体。清水河东沟圈出斑岩型铜钼矿体多条，矿体厚度最大达11m，矿化厚度达100多米。有1∶50万水系编号AS₇₉的Pb(Sb,Cd,Ag,Mo,Zn)异常，1∶5万水系分解10处子异常，其中编号AS₈为清水河斑岩型钼矿点	矿种：Cu,Mo,Au；矿床类型：斑岩型	该区具有形成斑岩型铜钼矿的条件，具有较好的找矿前景	对已知矿床进行调查、扩大矿床规模；对其他异常进行查证
			都兰县巴隆金矿远景区	C₄₀	位于都兰县SW 242°方向77km	124.07	地层为古元古界金水口岩群。侵入岩主要为海西期和印支期的二长花岗岩、斜长花岗岩、花岗闪长岩、石英闪长岩等，出露面积大。区内断层主要由北西向和东西向的两组断层组成。已发现巴隆金矿点等，其围岩主要为中酸性岩体乌妥沟，1∶5万水系沉积物测量圈出16处金异常，异常号AS₂为主	矿种：Au；矿床类型：构造蚀变岩型	具有形成阿哈斯金矿的条件，具有较好的找矿前景	对已知矿点的深部和外围进行评价；对区内化探异常进行查证；为下一步工作提供依据
			都兰县托克妥铜铅锌矿远景区	C₄₁	位于都兰县SW 219°方向56km	203.96	出露地层为古元古界金水口岩群。在岩体中有印支期中酸性二长花岗岩和花岗岩等。该区已发现托克妥斑岩型铜金矿点呈线状产出。1∶5万水系沉积测量圈出矿点	矿种：Cu,Pb,Zn,Au；矿床类型：斑岩型、热液型	具有斑岩复合型矿床及该类型矿床是寻找该类型矿床的较有利地区	对已知矿点的深部和外围进行评价；综合资料提出新的选区
			都兰县阿哈斯加－瓦勒金矿远景区	A₂₀	位于都兰县SE 155°方向60km	210.99	出露地层和岩体较单一，为古元古界变质火山岩组和中部的变质中酸性岩浆岩组成。岩浆活动强烈，由下部的结晶片岩、里东期和印支期均有活动。主要有酸性－中酸性岩浆岩。断裂构造按走向分近东西向、北西向和北东向断层组。其中前者受力性质和方向多属压性，其与成矿关系密切。后两者多属张压扭性，与成矿又有关，既控矿又容矿。已发现阿哈斯加金矿，色日多金矿，受构造控制	矿种：Au；矿床类型：构造蚀变岩型	近期的勘查显示，区内发现大规模多条破碎带的含金岩石，且品位高，具有极好的找矿潜力	加大对区内化变带的和异常调查研究力度和扩大矿床和矿床规模
			都兰县那更康切银铅锌矿远景区	A₂₁	位于都兰县SE 140°方向70km	193	出露地层为古元古界金水口岩群，为一套中深变质岩系。印支期中酸性断裂裂活动强烈，近东西向断裂为区内化变带主要控矿构造。已发现切那更康切银铅锌（发育多条件多大的含银中型银矿带，规模大）及钨矿。区内Pb,Zn,Ag,W（包括钨重砂）异常发育	矿种：Ag,Pb,Zn,W；矿床类型：矽卡岩型	勘查显示，区内发现多条规模大的含金破碎带及矿带，具有较好的找矿前景	对区内银矿化蚀变带进行评价；对钨矿带和异常进行查证
Ⅲ₁₄雪山峰－布尔汉布达海西期、印支期铜、钴、金、（钨、锡）、玉石（稀有、稀土）、钨、锡成矿带	Ⅳ₂₃驼路沟加里东期、印支期金、铜、铁、钴、钨、玉石（钨、锡）、稀土成矿亚带	东昆仑南坡俯冲增生杂岩带	格尔木市雪山峰铜钴金矿远景区	C₄₂	位于格尔木市SW 267°方向267km	155.21	出露地层主要有古元古界金水口岩群、奥陶系纳赤台群，侵入岩主要为泥盆纪二长花岗岩为主，且套合较好。化探异常常以Cu,Au,Co为主	矿种：Cu,Au,Co；矿床类型：破碎带蚀变岩型、喷气－沉积型	该区与驼路沟地质条件相似，具有发现矿床的可能	开展1∶5万区域地质矿产调查，对异常进行查证

续表 5-1

Ⅲ级成矿带	Ⅳ级成矿亚带	大地构造单元	成矿预测区	类别及编号	地理位置	面积 (km²)	成矿地质条件及示矿信息	预测矿种及矿床类型	远景评价	工作建议
Ⅲ₁₄雪山峰布尔汉达海西期、印支期金、玉、钴、铜(稀有、稀土、钨、锡)成矿带	Ⅳ₂₃雪山峰-驼路沟加里东期、印支期金、钴(钨、锡)、玉石成矿亚带		格尔木市黑海北铜金矿远景区	B₂₇	位于格尔木市SW 259°方向159km	166.9	出露地层有元古宇万宝沟群、奥陶系纳赤台群、中-下三叠统闹仓坚沟组。区内以近东西向断裂构造带为主。印支期花岗闪长岩体及中酸性岩体(脉)岩脉产出。万宝沟群、纳赤台群和花岗闪长岩的破碎带中均有金矿化蚀变带产出,长1~2km,宽20~100m。区内1:5万化探圈出以Au、Sb为主的组合异常4处	矿种:以Au为主,Cu其次;矿床类型:破碎带蚀变岩型、石英脉型(Au)	成矿地质条件有利,具有形成中型以上矿床的条件	利用地质填图、槽探对矿化蚀变带进行评价,并进行深部钻探验证
		东昆仑南坡俯冲增生杂岩带	格尔木市向阳沟脑铜金矿远景区	C₄₃	位于格尔木市SW 252°方向121km	215.97	出露主要地层沙拉乌松组、洪水川组和闹仓坚沟组。北部有大滩围闭的二叠纪花岗岩出露。北西向断裂构造发育。区内发现4条铜矿化蚀变带,Au含量多达到工业品位,部分达富矿品位。1:25万化探异常主要为Au,浓集中心突出。异常经1:5万查证后分解出5个子异常,异常重现性较好	矿种:以Au为主,Cu其次;矿床类型:破碎带蚀变岩型、石英脉型、热液型	该区已具有成金矿、有找到中小型矿床的可能	对发现的金矿蚀变带和矿异常进行查证和评价,并择优进行钻探验证
			格尔木市容洞山金钨矿远景区	C₄₄	位于格尔木市SW 239°方向105km	411.07	出露主要地层沙拉乌松组、洪水川组。区内构造发育。泥盆纪二长花岗岩为主。1:20万化探异常主要元素为Au,品位达202.6×10⁻⁹。1:5万矿产远景调查圈出10余处以Au、As、Cu为主元素的综合异常点等。黑剌沟、大灶火金矿等	矿种:以Au为主,Cu其次;矿床类型:破碎带蚀变岩型、石英脉型、热液型	该区成矿条件良好,具有形成金矿床的条件	对矿点和异常进行查证和评价,并择优进行钻探验证
			格尔木市一道沟-小南川金铜钨钼矿远景区	C₄₅	位于格尔木市SW 220°方向90km	334.55	出露地层主要为万宝沟群和纳赤台群,其中北西向韧性剪切带是区内重要的成矿、控矿构造。印支-燕山期,海西期花岗岩较发育,具有形成矿源的条件。已发现铁、W、Bi、Au、Cu为主体形态与构造线方向一致,呈北西向分布。异常有35处,以W、Bi、Au、Cu为主	矿种:Au、Cu、W、Bi等;矿床类型:破碎带蚀变岩型、石英脉型、高温热液型	具有破碎带蚀变岩型金矿、石英脉型高温热液钨锡矿的条件	对1:5万水系异常,利用大比例尺地、化探等手段,进行系统的地表检查,圈定矿化体及找矿有利地段,为进一步工作提供依据
			格尔木市万宝沟金铜钨矿远景区	C₄₆	位于格尔木市SW 214°方向65km	664.7	远景区地层复杂,出露地层主要为万宝沟群、洪水川组、闹仓坚沟组、沙松乌拉组等。北西向(近东西向)、北东向、北西向3组,时代为加里东期、海西期、燕山期。岩性主要侵入岩及花岗岩为主二长花岗岩为主,铜金山为主要。1:5万矿产远景调查圈出以Au、Cu、W等为主元素综合异常20余处。发现昆仑河钨锡矿点、铜金山铜矿点等	矿种:Au、Cu、W;矿床类型:破碎带蚀变岩型、石英脉型	从区内地质背景、发现的矿(化)点及异常看,显示找矿前景较好	对1:5万水系异常及已发现金等矿化线索进行评价,为进一步开展勘查工作提供依据

续表 5-1

Ⅲ级成矿带	Ⅳ级成矿亚带（区）	大地构造单元	成矿预测区	类别及编号	地理位置	面积（km²）	成矿地质条件及示矿信息	预测矿种及矿床类型	远景评价	工作建议
Ⅲ₁₄雪山峰-布尔汉达海西期、印支期金、铜、钴、稀有（稀土、钨、锡）成矿带	Ⅳ₂₃雪山峰-驼路沟加里东期、印支期金、铜、钴、玉石成矿亚带	东昆仑南坡俯冲增生杂岩带	格尔木市纳赤台金钴铜矿远景区	B₂₈	位于格尔木市SW190°方向70km	277.52	出露主要地层为奥陶系纳赤台群和二叠系马尔争组。区内岩浆活动极其微弱。区域性近东西向-北西向断裂横贯矿区的中部。已有纳赤台金矿床、莱园子沟铜钴矿床、格尔木市驼路沟钴金矿床等	矿种：Au，Cu，Co等；矿床类型：破碎带蚀变岩型、沉积型	矿区外围有一定的找矿潜力	加强矿区外围的地质找矿工作
			都兰县开荒北金矿远景区	B₂₉	位于都兰县SW254°方向209km	316.6	出露主要地层为三叠系洪水川组和闹仓坚沟组，是区内主要含矿地层。断裂裂构造发育，近东西向分布。已发现开荒北、好汉沟和白金沟金矿床（点）。区内圈定以Au,Sb,As,Cu为主元素的综合沟等异常12处	矿种：Au，Sb；矿床类型：构造蚀变岩型、石英脉型	该区已发现金矿床（点）的化探线索及矿化异常，具有较好的找矿前景	对已发现的矿床（点）的深部和外围进行评价，扩大矿体规模；对工作程度低的异常进行查证
			格尔木市大格勒沟脑金铜矿远景区	C₄₇	位于格尔木市SE132°方向77km	115.51	出露地层前县系狼牙山组（？）和奥陶系赤台群。岩体主要为印支期花岗岩类，二长花岗岩和北西向为主。已发现大格勒沟东支沟金矿（点），圈岩为狼牙山组。1:5万化探为单元素W异常铜矿化点，围岩定为单元素Au W异常	矿种：Au，Cu，W等；矿床类型：构造蚀变岩型、石英脉热液型	具有发现成型矿床的潜力	对已知矿（化）点进行评价；对化探异常进行查证
Ⅲ₁₄雪山峰-布尔汉达海西期、印支期金、铜、钴、稀有（稀土、钨、锡）成矿带	Ⅳ₂₄布尔汉达海西期、印支期金、铜、稀有（稀土）成矿亚带	东昆仑南坡俯冲增生杂岩带	都兰县埃勒斯坑德特铜钼矿远景区	C₄₈	位于都兰县SE115°方向160km	387.76	出露地层从老至新主要为三叠系洪水川组，闹仓坚沟组八宝山组。区内断裂构造发育，以北西向近东西向两组断裂裂为主。岩浆活动强烈，出露的侵入岩主要为海西期花岗闪长岩、细粒花岗岩、花岗斑岩、闪长岩等。已发现大格勒沟北铜钼矿（点）、埃坑德斯特北铜钼矿（点）等。1:5万化探异常以Cu,Mo为主	矿种：Cu，Mo,Au；矿床类型：破碎带蚀变岩型、斑岩型	具有较好的找矿潜力	对已知矿（化）点进行深部工程验证
			都兰县清水河-哈图沟铜矿远景区	C₄₉	位于都兰县SW235°方向86km	475.04	区内地层主要为古界万宝沟群，中-新元古界万宝沟群。岩体主要为海西期花岗闪长岩、二长花岗岩、钾长花岗岩及闪长岩。岩性以海西期花岗闪长岩和勒图那仁铜闪长岩为主。已发现特里喝姿牙马托，和勒德斯北铜矿化点等	矿种：Cu等；矿床类型：海相火山岩型、热液型、斑岩型	成矿地质条件良好，具有发现小型以上矿床的潜力	对已知矿（化）点进行评价
			都兰县果洛龙洼-按纳格金矿远景区	A₂₂	位于都兰县SE165°方向70km	335.21	出露地层主要为古古界金水口岩群、中-新元古界万宝沟群、奥陶系纳赤台群，构造以近东西向断裂为主，岩性以片岩、千枚岩、灰岩、板岩、砂岩为主。岩浆岩广泛发育，岩性以海西期的花岗闪长岩和花岗岩为主。区内圈出1:5万水系异常50余处，已发现果洛龙洼大型金矿、按纳格中型金矿	矿种：Au等；矿床类型：破碎带蚀变岩型	该区成矿条件优越，具有进一步扩大矿床规模的条件	重点加强矿区深部的勘查以及矿体间的追索控制

续表 5-1

Ⅲ级成矿带	Ⅳ级成矿亚带(区)	大地构造单元	成矿预测区	类别及编号	地理位置	面积(km²)	成矿地质条件及示矿信息	预测矿种及矿床类型	远景评价	工作建议
Ⅲ₁₅宗务山海西期、印支期铁、银、铅(铜、金)成矿带	Ⅳ₂₅宗务山海西期隆-印支期铁、铅、锌、银(铜、金)成矿亚带	宗务山—沟里-冈察陆缘裂谷	德令哈市蓄积山铅锌银远景区	C₅₀	位于德令哈市75°方向45km	332.18	地层为上石炭统中吾农山群碳酸盐岩夹千枚岩,为喷气-沉积型铅银矿床或矿化,以蓄积山铅矿床为代表。下、中、上岩性段均发育似层状、层状Pb、Zn化探异常,并于该蓄积地层扣合。2处Pb重砂异常发育,具明显的浓集中心	矿种:Pb、Zn、Ag;矿床类型:喷气沉积型(Pb、Zn)	上石炭统中吾农山群沉积岩组中的喷气沉积型铅锌矿床,其中蓄积山矿具规模,其他但含银矿化,还可能含金	改变思路(将过去找脉的思路改为沿层找矿)的普查、重新布置异常查证,以点带面的进一步普查,点、点以蓄积山为重点、面上对北部的Ag异常带进行查证
			共和县黑马河钨矿远景区	C₅₁	共和县NW300°方向80km	328.71	矿区出露地层为三叠系,从下至上分3层:角岩、中厚层大理岩夹薄层角岩,厚层状变质长石-石英砂岩夹透镜体。岩浆岩为印支期花岗长岩,具变质岩相状,从地表似带与深部人多岩触带有利于砂卡岩型矿床的形成。在该预测区有较好的W自然重砂异常和W化探元素重砂异常套合好	矿种:W等;矿床类型:砂卡岩型	该区有望发现中型规模的砂卡岩型钨矿产	对W化探和重砂异常进行查证
	Ⅳ₂₆青海南山-双朋西印支期稀有、铜、钨、铋、锡(银)成矿亚带	宗务山—沟里-冈察陆缘裂谷	循化县谢坑地金钨矿远景区	B₃₀	位于循化县SW200°方向34km	198.2	出露地层石炭系二叠系甘家口组和三叠系隆务河组岩浆岩花岗闪长岩,在二岩体附近多发育复杂状接触,矽卡岩化,具多期次活动特点,铁铜矿化。已发现双朋西、谢坑、德吉隆等连续钨矿床及江里沟钨矿床和同仁县W、Sn、铁、金、重晶石、Fe、Bi、萤石、Mo、自然铜重砂异常	矿种:Cu、Au、W等;矿床类型:砂卡岩型、构造蚀变岩型	该区成矿条件良好,有望找到中型以上的钨矿床	对已知矿床(点)的深部和外围进行调查;对化探和重砂异常进行查证
			同仁县铪冬地铜金矿远景区	A₂₃	位于同仁县SE102°方向20km	211.3	出露地层主要为下-中三叠统隆务河组和中三叠统古浪堤组。断裂构造较为简单,北西向和北东向移逆冲断裂及正断层。已发现恰冬、天隆等铜矿床北西以西有常长轴为1000m,短轴为750m,异磁极大值130.1nT,近东西走向,处在加吉力吉岩体北与三叠系的接触带上。化探异常以Cu、Ag、Pb元素为主,长5.8km,宽约2.5km,面积约14.5km²	矿种:Cu、Au、Pb等;矿床类型:海相火山岩型(?)	有多处铜(金)矿点,磁异常出现,化探异常显现,进一步工作后,有可能成为省内另一具规模的铜(金)矿田	对已知矿床(点)进行评价、扩大矿体视规模、矿类型、矿磁异常和化探异常进一步工作,查证
Ⅲ₁₆鄂拉山海西期、印支期铜、钨、金(钨、铋)成矿带	Ⅳ₂₇满文岗印支期铜、锡、银、铅、锌、钨、钼、金(钨、铋)成矿亚带	鄂拉山陆缘弧	兴海县索拉铜铅锌银远景区	A₂₄	位于兴海县W270°方向47km	376.72	出露地层主要为三叠系隆务河组和鄂拉山组。区内断裂活动发育,以近南北向为主、北西向次之。南北向断裂破碎带较宽,是矿区以西有的特征。断裂显根尔岗二长花岗岩侵入。已发现以西支期以西岗闪长岩侵入,兴海县格尔银(银)矿点,矿床在日南沟多金属矿点,兴海县鄂拉山口铅锌(银)矿床等。1:20万和1:5万化探组合异常组合元素常元素以Zn、Pb、Cu、Ag为主	矿种:Pb、Zn、Cu、Ag等;矿床类型:热液型	成矿地质条件优越,具有大型矿床成大型矿床的可能	加大已有矿床(点)深部和外围找矿和扩大矿床和矿带规模力度

第五章 成矿预测

续表 5-1

Ⅲ级成矿带	Ⅳ级成矿亚带	大地构造单元	成矿预测区	类别及编号	地理位置	面积（km²）	成矿地质条件及示矿信息	预测矿种及矿床类型	远景评价	工作建议
Ⅲ₁₆鄂拉山海西期、印支期铜、铅、锌、锡、银、金、汞（钨、铋）成矿带	Ⅳ₂₇满丈岗印支期金、铜、银、铅、锌、钨（铋）成矿亚带	鄂拉山陆缘弧	共和县玛温根地区金铜矿（点）远景区	B₃₁	位于共和县SW 253°方向92km	332.73	出露地层为石炭系—二叠系甘家沟组、三叠系隆务河组和鄂拉山组。侵入岩出露于满丈岗一带，为花岗岩体。区域性北西向断裂十分发育，已发现满丈沟金矿床和牦牛沟、阿杂洋金矿（点）等。1:5万水系沉积物圈出5处Cu、Au等综合异常，呈线状分布，长达20km	矿种：Cu、Au等；矿床类型：构造蚀变岩型、陆相火山岩型	该区1:5万水系沉积物测量多元素矿化显示，已具有良好的找矿前景	开展异常查证和矿床（点）的普查评价工作
			都兰县江巴尔日当铜铁矿远景区	C₅₂	位于都兰县SE 175°方向98km	223.67	出露地层为下石炭统和上石炭统，以北东向为主，断裂构造发育，以北东向性质具压扭，并有多期活动特征，对成矿有控制作用。已发现月日岗地区铜铁矿（点），都兰巴尕日矿床	矿种：Cu、Fe等；矿床类型：陆相火山岩型、热液型	具有较好的找矿潜力	对已知矿床（点）进行调查评价
	Ⅳ₂₈铜峪沟海西期、印支期铜、铅、锌、锡、汞、金、银（钨）成矿亚带	寨什塘-兴海蛇绿混杂岩带	玛多县坑得茅金铅锌来铜矿远景区	A₂₅	位于都兰县SE 145°方向110km	156.61	出露地层主要有下二叠统布青山群细晶灰岩、流纹岩、流纹质凝灰岩、流纹角砾状凝灰岩、砂岩、重晶石岩等。构造主要以近东西向、北西向、北东向岩浆岩次之，区内岩浆岩广泛发育，以海西期花岗闪长岩和印支期金多金属矿床（点）5处，其中抗得茅金多金属矿床已达大型	矿种：Au、Pb、Zn等；矿床类型：热液型	该区是一以金为主的多金属矿集区。通过进一步工作有望在近期内发现以金为主的大型—特大型矿产地	加强矿区和外围的勘查、扩大矿床规模和矿带规模
			兴海县苦海苦铜矿远景区	A₂₆	位于兴海县SE142°方向147km	195.79	出露地层主要为石炭系—二叠系甘家组。岩浆岩在深部有斑岩体出露。断裂构造极为发育，可分为4组：北北西向和北东向逆断层，近南北向和北东向隐伏断裂带，为一级导矿构造。已发现日龙沟锡铅锌矿床、铜峪沟铜矿床等	矿种：Hg、Cu、Au、Sb等；矿床类型：热液型	该区是青海省唯一的大型汞产区、成矿地质条件优良	寻找富矿体，同时加强区域上其他矿种的评价
			兴海县铜峪沟铜铅锌金远景区	A₂₇	位于兴海县SW 223°方向43km	495.09	出露地层中吾农山群，岩浆岩为印支期花岗闪长岩，在深部有斑岩体侵入。与隆务河组关系密切。区内已发现贵德县铜金矿（点）等，矿体主要分布于该期岩体与地层的接触带上	矿种：Cu、Pb、Zn、Sn等；矿床类型：热液型	成矿地质条件优越，矿区深部和外围有较大的找矿潜力	加强已有矿床（点）深部和外围勘查和研究力度，扩大矿床和矿带规模
Ⅲ₁₇同德库泽库前陆盆地	Ⅳ₂₉同仁印支期铅、锌、金、银（锡）、汞、钨、铍、锡亚带	泽库前陆盆地	贵德县赛马卡亚铜金矿远景区	B₃₂	位于贵德县正西方向25km	184.42	区内出露地层主要为下—中三叠统隆务河组，与花岗闪长岩侵入。岩浆活动主要有印支第一次花岗岩及岩体裂隙发育，与隆务河组关系密切，克日岗岩体与地层的接触带上发现贵德县铜金矿（点）等	矿种：Cu、Au等；矿床类型：矽卡岩型、斑岩型	具有形成中型矿床的条件	对已知矿床（点）进行调查评价，扩大矿床规模，发现新矿体和新类型

续表 5-1

Ⅲ级成矿带	Ⅳ级成矿亚带	大地构造单元	成矿预测区	类别及编号	地理位置	面积(km²)	成矿地质条件及示矿信息	预测矿种及矿床类型	远景评价	工作建议
Ⅲ₁₇同德-泽库印支期汞、砷、铅、金、铜、锌（银、钨、钼、锡）成矿带			兴海县加吾金锑矿远景区	B₃₃	位于兴海县SE 112°方向 34km	407.77	出露地层为下—中三叠统隆务河组。断裂构造为北西向断裂，北西向长炭岩脉、破碎带多由石英脉及闪长岩脉充填，近东西向断裂，围岩蚀变角岩化、硅化、碳酸盐化等。已发现加吾、牧羊沟等金矿床（点）的深部成矿条件，具有形成中型以上金矿床的潜力	矿种：Au、Sb等；矿床类型：构造蚀变岩型	该区具有包括构造、岩浆等成矿金条件，具有形成中型以上金矿床的潜力	加强已知矿床（点）的深部和外围的评价工作，扩大矿床和矿带规模
	Ⅳ₂₉同仁印支期铅、锌、金、银、（银、锡）成矿亚带	泽库前陆盆地	泽库瓦勒根金锑铅矿远景区	A₂₈	位于泽库县NE 15°方向 43km	567.24	区内以大面积分布下—中三叠统为灰色、深灰色粗粒长石石英砂岩、粉砂岩、板岩、碳质板岩夹砾质灰岩及复成分砾岩透镜体。本区以岩浆侵入活动集中在印支晚期，岩性包括花岗闪长岩及斜长花岗岩斑岩。断裂构造发育，具区域性意义的有东西向、北西向、北东向4组。已发现瓦勒根金矿床、拉海藏铅矿点、那木加钨矿点等。存在Au、Cu、Mo、W等元素异常	矿种：Au、Sb、Pb等；矿床类型：构造蚀变岩型	瓦勒根深部和外围具有较大的找矿潜力	对瓦勒根金矿床及外围进行系统评价，扩大矿床规模和远景
			泽库县官秀铜矿远景区	C₅₃	位于泽库县NE 27°方向 21km	248.31	出露地层以上三叠统古浪堤组为主。印支期二长花岗岩侵入其中。已发现砂尔宗铜矿点	矿种：Cu、Au等；矿床类型：矽卡岩型、热液型	有一定的找矿潜力	对已知矿点进行评价
			同仁县夏卜浪铜铅锌锡矿远景区	B₃₄	位于同仁县EW 300°方向 18km	329.34	出露地层以上三叠统鄂拉山组和下—中三叠统隆务河组为主。构造以北西向正断裂为主要控矿构造，北东向逆断裂次之，南北向断裂及喀嘎大锡矿床斑状花岗岩及花岗闪长斑岩。已发现夏卜楞铅锌矿床、喀嘎黑锡铜矿点等。存在Cu、Ag、Pb、Sn元素异常	矿种：Cu、Pb、Zn、Sn等；矿床类型：陆相火山岩型、热液型	成矿条件良好，矿床、矿带规模有进一步扩大的可能	加强对鄂拉山组火山岩的综合性评价，同时开展与中酸性侵入岩有关的调查
			泽库县夺确壳神铅锌矿远景区	B₃₅	位于泽库县EW 297°方向 40km	570.96	区内出露地层主要有中三叠统古浪堤组，东部有印支期花岗闪长岩岩侵入其中。矿产地有泽库县夺确壳神金矿床、主要为金矿体产于上述岩体依沟接触带附近的蚀变花岗闪长岩碎裂岩中，矿体受断裂构造控制明显。区内断裂构造发育，控矿带整约矿体呈脉状是碎裂构造，另一种是脉状矿	矿种：Au、Pb、Zn、Ag等；矿床类型：构造蚀变岩型、热液型	该区具有形成中型以上规模矿床的潜力	对区内的矿床进行勘查工作，对已知矿点异常进行调查评价
			同仁县江龙牧业铅锌锑矿远景区	B₃₆	位于同仁县SE 140°方向 20km	306.35	区内广泛出露地层三叠系，其为一套碎屑岩夹少量碳酸盐岩的类复理石建造。断裂构造发育，以北东向断裂为主，区内发现长约22km，宽一般10～150m，部分地段发育宽度增至200m的Pb、Zn、Sb含矿岩，呈近北西向展布，分布于中细粒长石砂岩、黑色粉砂岩中，区内1：5万Pb、Zn、As、Ag、Sb等组合化探异常及弱磁异常带带相吻合	矿种：Pb、Zn、Sb等；矿床类型：热液型	该区已发现矿化带及良好的矿化与之匹配的化探异常，找矿前景良好	对已知矿床、矿体进行评价，了解矿体特征，评价矿体深部找矿前景

第五章 成矿预测

续表 5-1

Ⅲ级成矿带(区)	Ⅳ级成矿亚带(区)	大地构造单元	成矿预测区	类别及编号	地理位置	面积(km²)	成矿地质条件及示矿信息	预测矿种及矿床类型	远景评价	工作建议
Ⅲ17同德-泽库印支期印支期(金)成矿带	Ⅳ29同仁印支期铅、锌、金、砷、铜、铅、锌、钨、锑、锡)成矿亚带	泽库前陆盆地	泽库县老藏沟铅锌银矿远景区	B37	位于泽库县NE 60°方向53km	338.8	出露地层以上三叠统鄂拉山组和下-中三叠统隆务河组为主；岩浆活动强烈，主要为印支期中酸性侵入体，阿丰沟钼矿点等。老藏沟矿区外围已发现有脉状铅锌矿体，可见Cu,Pb,Zn化探异常以及辰砂等重砂异常点多处；在矿区北部龙那部火山机构上亦有物化探异常显示	矿种：Pb,Zn,Ag等；矿床类型：陆相火山岩型,热液型	该区成矿条件良好，具有良好的找矿潜力	对外围已发现的矿化线索及火山机构进行评价，具应针对性多的尚未出露的"盲矿体"加大勘查力度
	Ⅳ30古海-印支期母沟印支期(锑、金)汞、金成矿亚带		兴海县郎夯沟金锑矿远景区	C54	位于兴海县SW 207°方向77km	282.24	区内出露地层主要有下-中三叠统古浪堤组，岩性为千枚状粉砂质、泥质板岩和变粉砂岩互层，夹长石石英砂岩。北西向断裂构造发育。已发现郎夯沟锑矿化点、Sb异常突出，锑成矿可能性很大	矿种：Au,Sb等；矿床类型：构造蚀变岩型	具有一定找矿前景	对矿化点和Sb异常进行评价
			同德县穆黑沟金钨矿远景区	A29	位于同德县SE 156°方向38km	356.14	区内出露地层主要有下-中三叠统古浪堤组，岩性为千枚状粉砂质、泥质板岩和变粉砂岩互层，夹长石石英砂岩。浆活动微弱。江前复背斜构造及沿其轴部发育的北西东向大断裂构造带，次级褶皱纵贯全区，褶皱紧密，沿北西向褶皱带及断裂构造带，形成石墨黑沟、沙诺汞矿床及钨矿点的分布。承重砂异常，白钨矿异常发育	矿种：Au,Hg,W等；矿床类型：构造蚀变岩型,热液型	该区具有形成大型规模矿床的潜力	对区内的矿床(点)进行调查评价和异常查证
			同德县石藏寺金锑矿远景区	B38	位于同德县SE 152°方向75km	205.24	区内出露地层主要有下-中三叠统隆务河组和下-中三叠统古浪堤组，多呈东西向展布。岩浆活动不强烈，断层极为发育。已发现石藏沙金矿床，台钨达钨矿等。1:5万水系沉积物测量圈定以Au,As,Sb等组合异常8处	矿种：Au,Sb等；矿床类型：构造蚀变岩型	圈定的大部分异常与产有金矿床的矿产异常相似，具有良好的找矿前景	对区内的化探异常查证，寻找矿富集地段，扩大矿床和矿带规模
Ⅲ18西倾山印支期汞、金、锑、金成矿带	Ⅳ31西倾山印支期汞、锑、金、锑(金)成矿亚带	西倾山、南秦岭陆缘裂谷带	河南县格塔坡-藏尔汞金矿远景区	C55	位于河南县SE 144°方向52km	642.88	出露地层石炭系-二叠系芬海群，中泥盆系当斗杂阔组。区内出现As,Ag,Cd,Mo组合异常	矿种：Au,Sb,Hg等；矿床类型：构造蚀变岩型	与邻省甘肃地质条件相似，具有较好的找矿前景	在对区内汞矿评价的同时，对金的找矿进行评价
	Ⅳ32和生印支期钨、金成矿亚带	西倾山、南秦岭陆缘裂谷带	玛沁县肯定那钨矿远景区	C56	位于玛沁县SE 105°方向40km	334.41	区内二长花岗岩出露，斑状二长花岗岩，在接触带附近并有明显W,Sn元素异常存在	矿种：W,Sn等；矿床类型：砂岩型,热卡岩型,热液型	有找钨、锡矿前景	对W,Sn异常进行查证

续表 5-1

Ⅲ级成矿亚带(区)	Ⅳ级成矿亚带	大地构造单元	成矿预测区	类别及编号	地理位置	面积(km²)	成矿地质条件及示矿信息	预测矿种及矿床类型	远景评价	工作建议
Ⅲ₁₈ 西倾山印支期末金、锑成矿带	Ⅳ₃₂ 柯生印支期末金、锑(锑)成矿亚带	西倾山南秦岭陆缘裂谷带	河南县柯生金矿远景区	C₅₇	位于河南县SE 168°方向 63km	387.22	区内出露地层主要有下-中三叠统古浪堤组。产有鄂尔嘎斯铜金矿点。位于甘肃大水金矿西延部分	矿种：Au等；矿床类型：构造蚀变岩型	该区与甘肃大水金矿的成矿地质条件相似，工作程度低，有找矿前景	开展1:5万区域地质调查工作，对异常和中酸性岩体套合区进行查证
	Ⅳ₃₃ 布尔汉达印支期铜、钴、金(锑)成矿亚带	西大滩-布青山蛇绿混杂岩带	格尔木市黑海南铜钴金矿远景区	C₅₈	位于格尔木市SW 251°方向 173km	539.95	矿区出露地层为石炭系-二叠系树维门科组和三叠系下大武组。断层不甚发育。岩浆岩以印支期闪长岩为主。产有黑海南铜金矿点。化探异常为Cu、Sb、Sn等元素	矿种：Cu、Au、Sn等；矿床类型：构造蚀变岩型、热液型	该区工作程度低、具有形成铜金矿的条件，有找矿前景	开展1:5万区域地质矿产调查，对矿点进行评价
			都兰县红云鄂博-亚日何师亚铜钴铜矿远景区	C₅₉	位于都兰县SW 238°方向 147km	441.09	出露地层为二叠系马尔争组混杂岩系片岩、火山岩、变砂岩，乌拉苏屋矮铜矿(化)点。产有日何师亚日乌拉门金矿点。1:20万水系沉积物Cu、Cr、Ni异常，以及1:5万水系沉积物Cu、Co、Au异常，重砂铜、铅矿物分布在空间上与该套混杂岩系密切相伴	矿种：Cu、Co等；矿床类型：海相火山岩型、热液型	区内目前发现铜钴矿(化)点多和化探异常多、大多数未进行评价和异常查证，在深部工程验证有发现小型以上矿床的可能	对已知矿(化)点进行评价，并开展异常查证工作
			都兰县布青山铜钴金矿远景区	C₆₀	位于都兰县SW 190°方向 98km	516.66	出露地层主要为马尔争组中基性火山-沉积岩系。区内断裂构造主要发育北西向断裂和北东向断裂。区内超基性岩、中性、酸性岩侵入岩均有分布。区内可能有得力斯迪等马尼特铜矿点。1:5万化探异常与该处马尔争组以Cu、Co为主	矿种：Cu、Co等；矿床类型：海相火山岩型	区内目前发现铜钴矿(化)点多和化探异常多、大多数未处、在深部工程进行验证和异常查证	对已知矿(化)点进行评价，并开展异常查证工作
Ⅲ₁₉ 阿聊尼玛沁海西期铜、钼、钴、金、银成矿带	Ⅳ₃₄ 布尔山-积石山海西期铜、钴、锌、金(锑)成矿亚带	西大滩-布青山蛇绿混杂岩带	玛沁县霍勒沟-东倾沟铜钴矿远景区	C₆₁	位于玛沁县NW 278°方向 88km	458.71	出露地层主要为马尔争组中基性火山-沉积岩系。超基性、中性、酸性岩侵入岩组有Cr、Ni、Co等。1:5万水系沉积物测量资料显示，已发现德尔尼铜钴矿似矿体，反映地质高，有类似黄铁矿矿石、Cu、Co块状黄铁矿、Cu、Co矿石品位较高	矿种：Cu、Co等；矿床类型：海相火山岩型	该区与东部德尔尼铜钴矿床的地质条件相似，具有较好的找矿前景	对区内的矿化蚀变带和异常进行查证
			玛沁县德尔尼铜钴矿远景区	A₃₀	位于玛沁县SW 220°方向 15km	341.8	出露地层主要为马尔争组中基性火山岩系。超基性岩、基性岩发育。区内超基性、中基性、酸性侵入岩发育，有北西向和北东向断裂构造。已发现德尔尼铜钴矿床和多处矿(化)点及矿化线索。航磁异常明显，视模大、强度高，反映下部发育有规模的磁性地质体	矿种：Cu、Co等；矿床类型：海相火山岩型	德尔尼铜矿围西到东倾沟，哈格尔系统的找矿仍有较大的成矿潜力	在开展德尔尼矿区勘查的同时，加强东倾沟异常和哈格尔系统的调查评价

第五章 成矿预测

续表 5-1

Ⅲ级成矿带	Ⅳ级成矿亚带（区）	大地构造单元	成矿预测区	类别及编号	地理位置	面积（km²）	成矿地质条件及示矿信息	预测矿种及矿床类型	远景评价	工作建议
Ⅲ₂₀北巴颜喀拉印支期、燕山期金、锑、钨、锡、稀土、汞成矿带	Ⅳ₃₅加格龙达-昌台印支期、燕山期金、锑、钨（稀土、锡、汞）成矿亚带	玛多-玛沁增生楔	格尔木市巴拉大才钨锡矿远景区	C₆₂	位于格尔木市SW 221°方向117km	90.1	区内出露地层主要为下-中三叠统昌马河组。该区构造变形极为强烈，地层、岩浆岩及水系岩分布严格受到区域大断裂的控制，呈巴东西向分布。燕山期岩浆岩在巴拉大才东西向分布，赋存于下-中三叠统昌马河组砂岩段。1:5万水系沉积物异常有7处，呈北西向分布，元素组合以W、Sn为主，Au、Sb次之	矿种：W、Sn；矿床类型：高温热液（脉）型	是寻找与岩体有关的高温型钨、锡矿的有利区域	对1:5万水系异常，利用大比例尺地质、化探、槽探等手段，进行地表检查，圈定矿化体及找矿有利地段进行钻探验证
			格尔木市玉珠峰-东大滩金钨锡矿远景区	B₃₉	位于格尔木市SW 212°方向95km	234.2	区内出露地层主要为下-中三叠统昌马河组。该区构造变形极为强烈，地层、岩浆岩及水系岩分布严格受到区域大断裂的控制。已发现东大滩金矿床和西大滩的钨、锡矿化。1:5万水系沉积物异常有21处。异常整体形态于昆南断裂和青山活动断裂，严格受断裂构造控制，元素组合以Sb、As、Au为主，W、Sn次之	矿种：Au、Sb、W、Sn；矿床类型：构造蚀变岩、高温热液型	是寻找构造蚀变岩型金矿的有利地段	对1:5万水系异常，用大比例尺地质、物化探等手段，进一步缩小找矿范围，确定成矿有利地段，利用探槽工程对成矿（化）有利地段及揭露、圈定矿（化）体，并进行钻探验证，对已知矿（床、点）进行深部控制
			格尔木市黑刺沟金锑矿远景区	C₆₃	位于格尔木市S 188°方向84km	261	地层为青山群马争和三叠系巴颜喀拉山群，呈北西向、东西向展布。区内裂隙构造发育，呈北西向为主。1:5万以Au、Sb为主元素综合异常共有4处，已发现黑刺沟南金矿点和黑刺沟的综合线索，已发现黑刺沟金矿点和黑刺沟金矿化带	矿种：Au、Sb；矿床类型：构造蚀变岩型	该区成矿条件与大场金矿田类似，具有发现金矿床的条件	用大比例尺地质、物化探等手段，圈定成矿有利范围，利用探槽地表揭露，圈定矿（化）体，进行深部钻孔验证
			格尔木市西藏大沟金矿远景区	B₄₀	位于格尔木市SE 167°方向86km	177.75	出露地层主要为三叠系巴颜喀拉山群昌马河组、甘德组，二者呈断层接触。断裂以近东西向为主，主要为复理石建造浊流沉积岩系。区内石英脉大型、规模较小，分布受断裂构造的控制。1:5万水系沉积物断续测量圈定出7处以Au为主的异常，目前两个异常查证共圈出矿体15条	矿种：Au、Sb；矿床类型：构造蚀变岩型	评价区内具有较好的找矿前景	对已发现矿化带进行深部钻孔探控制；对其他1:5万异常地段进行土壤测量及地质草测，为深部工程布置提供依据
			曲麻莱县大场金锑矿远景区	A₃₁	位于曲麻莱县NE 18°方向145km	718.81	出露地层主要为三叠系巴颜喀拉山群昌马河组，为一套海相沉积的碎屑岩建造，主要为复理石建造浊流沉积岩系。甘德-玛多大型构造带通过该区，二叠系马尔争组中基性火山岩、碳酸盐岩，碎屑岩，派生的次级透性断裂、构造为矿液运移的通道，具成矿条件。扎家群，成矿展示有利的特点。甘德-玛多深大断裂沿甘德-玛多展布以加给陇洼为界，大东侧与该断裂裂北西向展布，扎同哪加给陇洼一带，西侧大场金矿点及深部多处砂金矿点，伴有Hg、Sb异常，东侧以Au异常为主，大致以加给陇洼为界，伴有Cu、Mo、Au、Sn、Bi等元素异常，Sb、As异常	矿种：Au、Sb；矿床类型：构造蚀变岩型	该区已探明为一超大型金矿田，矿深部及深部和外围仍有找矿空间	开展大场矿田深部、覆盖区及外围的调查评价工作

• 239 •

续表 5-1

Ⅲ级成矿带	Ⅳ级成矿亚带	大地构造单元	成矿预测区	类别及编号	地理位置	面积（km²）	成矿地质条件及示矿信息	预测矿种及矿床类型	远景评价	工作建议
Ⅲ₂₀北巴颜喀拉期、燕山期印支期金、锑（稀土、锡、钨、汞）成矿带	Ⅳ₃₅加格龙河－昌马期印支期、燕山期金、锑（稀土、锡、钨、汞）亚带	玛多－玛沁昌生楔	玛多县柯尔喀程-错尼金锑矿远景区	B₄₁	位于玛多县NW284°方向74km	449.14	出露地层主要为三叠系巴颜喀拉山群昌马河组、甘德组；甘德-玛多尔争组。二叠系马尔争组。甘德-玛多大型构造带通过该区。已发现昌尼金矿点及多处砂金矿点，1:5万化探Au,Sb,Cu异常发育	矿种：Au,Sb；矿床类型：构造蚀变岩型	该区与大场金矿地质条件相似，具有良好的找矿前景	沿甘德-玛多多次级断裂，对区内的金矿点和化探异常进行评价
			甘德县东吾乘公麻金钨锑铜矿远景区	B₄₂	位于甘德县NW324°方向54km	618.18	出露地层主要为三叠系巴颜喀拉山群昌马河组、昌马河组。一套海相沉积的碎屑岩建造，岩性为东吾乘公麻。已发现东吾乘公麻金矿床。1:20万东吾乘公麻有3个（吾合玛，南木它和东吾乘公麻），岩体分布与主体构造与三个异常带，由西往东分别命名为吾合玛、南木它和东吾乘公麻异常，具有W,Sn,U,Y,As等与中酸性岩侵入岩具有共同特点的多元素组合，异常位置和异常范围分别与吾合玛、南木它和东吾乘公麻3个燕山期侵入岩体的位置和范围相当	矿种：Au,W,Sn；矿床类型：构造蚀变岩型、高温热液型	该区内岩浆岩发育，有金矿点显示，化探异常套合好，工作有望进一步发现中型以上的矿床	对该区的化探异常和矿床进行查证和评价
			甘德县青木修金铜钨锡矿远景区	C₆₄	位于甘德县E90°方向47km	806.51	出露地层主要为三叠系巴颜喀拉山群昌马河组、昌马河组。一套海相沉积的碎屑岩建造，严格受北西向昌马纪马尔争组构造的控制。区内岩浆活动发育，侵入岩主要为三叠纪花岗闪长岩、以西北向构造为主。已发现甘德县青龙松日铜矿矿点等。1:20万化探Au,Sb,Cu,Mo,W等异常发育	矿种：Au,Cu,W；矿床类型：构造蚀变岩型、高温热液型	该区内岩浆岩发育，有金、铜、钨矿的有利地段	对该区的化探异常进行查证和评价
			久治县灯朗金矿预测区	C₆₅	位于久治县NW316°方向60km	430.75	出露地层主要为三叠系巴颜喀拉山群甘德组、昌马河组。一套海相沉积的碎屑岩建造，少量二叠灰岩、砂岩。区内断裂发育，以北西向构造为主，主要受区域断裂带顺层接触，地层受区域断裂带顺侵入岩时期侵入的二长花岗岩。已发现久治县灯朗金矿等Au异常发育	矿种：Au；矿床类型：构造蚀变岩型	预测区处在深大断裂带上，构造发育，是寻找金钨矿的有利地段	沿甘德-玛多多次级断裂，对区内的金矿点和金异常进行查证
			久治县西门错金钨矿远景区	C₆₆	位于久治县正西方向47km	644.36	该预测区内出露地层主要为三叠系岩岩组和查保马北部。甘德组为查岩马组，大面积分布于预测区南部。北部为查保马岩，二者为碎屑岩接触，地层受三叠纪时期发育，主构造以北西向为主。区内侵入岩等，区内侵入岩以北西向的二长花岗岩、二长岩等。区内化探1:20万化探Au,W,Ag等异常显著	矿种：Au,W等；矿床类型：构造蚀变岩型、高温热液型	区内岩浆活动频繁、断裂构造发育，成矿条件良好	对该区的化探异常进行查证和评价

续表 5-1

Ⅲ级成矿带	Ⅳ级成矿亚带(区)	大地构造单元	成矿预测区	类别及编号	地理位置	面积(km²)	成矿地质条件及示矿信息	预测矿种及矿床类型	远景评价	工作建议
Ⅲ₂₀北巴颜喀拉印支期、燕山期金（稀土、钨、锡、汞）成矿带	Ⅳ₃₆两湖-昌马河印支期、喜马拉雅期（稀土、钨、锡、汞）成矿亚带	可可西里-松潘前陆盆地	玛多县岗纳格玛错金矿远景区	C₆₇	位于达日县NW 306°方向133km	449.31	出露地层主要为三叠系巴颜喀拉山群甘德组。地区出露侏罗纪花岗闪长岩。1:20万水系沉积物异常以Au、Cu、W、Mo等元素为主，且套合较好，Au具有明显的浓集中心	矿种：Au，兼顾Cu、Mo、W等；矿床类型：构造蚀变岩型、高温热液型	区内成矿信息丰富，有较好的找矿前景	对该区的化探异常进行评价
			达日县格亚尔玛钨矿远景区	C₆₈	位于达日县NW 295°方向35km	380.69	出露地层主要为三叠系巴颜喀拉山群昌马河组。区性为板屑岩的碎屑岩建造。区内岩浆侵入活动频繁，大面积分布的是侏罗纪花岗闪长岩。1:20万水系沉积物中W异常显著	矿种：Au、W等；矿床类型：构造蚀变岩型、高温热液型	区内岩浆活动频繁，断裂构造发育，成矿条件良好	对该区的化探异常和矿床进行查证和评价
			达日县察日麻-莫坎金铜钨矿远景区	C₆₉	位于达日县SW 220°方向48km	684.85	出露地层主要为三叠系巴颜喀拉山群昌马河组，岩性为一套海相碎屑岩夹灰岩和火山岩，局部夹灰岩和火山岩。在昂仓一带有侏罗纪花岗岩分布，花岗岩产出一长岩、花岗闪长岩等。在借隆贡玛一带发现多处长一长岩、花岗闪长岩。已发现帮曲金矿（化）点，扎合铜矿点及Au、Ag、Cu、Sb、Sn、W、Mo等异常发育	矿种：Au、Cu、W等；矿床类型：构造蚀变岩型、高温热液型	区内岩浆活动强烈，断裂构造发育，成矿条件良好	对该区的化探异常和矿床进行查证和评价
			班玛县吉卡金矿远景区	C₇₀	位于班玛县W 267°方向51km	534.83	出露地层主要为三叠系巴颜喀拉山群夹砂岩，岩性为板屑为主的碎屑岩建造。目前发现的金矿就产在该地层中，为该地层的含矿地层。在吉卡一带有多条解绿岩脉产出，为成矿提供热源。区内北西西向断裂构造发育，已发现玛兴娃玛金矿点及多处砂金矿点。1:20万水系沉积物有Au、Ag、Cu、Sb、Sn、W、Nb、Be、As异常发育	矿种：Au等；矿床类型：构造蚀变岩型	该区成矿地质条件良好，有发现中型金矿的可能	开展1:5万地质矿调查，对该区异常和矿点进行查证和评价
	Ⅳ₃₇巴颜喀拉山口印支期金（铅、银）成矿亚带	可可西里-松潘前陆盆地	称多县多曲上游金锑矿远景区	C₇₁	位于称多县NW 338°方向157km	648.79	出露地层主要为三叠系巴颜喀拉山群清水河组和甘德组。区内构造发育，北西向断裂交汇，以板岩夹砂岩为主，局部见有火山岩。1:20万化探Au、Sb等异常突出，并见有砂金产地	矿种：Au、Sb等；矿床类型：构造蚀变岩型	该区是寻找金、锑矿的有利地段	对该区的化探异常进行查证和评价
Ⅲ₂₁可可西里-南巴颜喀拉印支期（金、钨、锡、稀有）成矿带		可可西里-松潘前陆盆地	治多县雪月山锡钨矿远景区	C₇₂	位于治多县NW 302°方向423km	385.39	区内出露地层单一，大面积分布三叠系巴颜喀拉山群清水河组，为砂相的碎屑岩建造。区内以板岩夹砂岩为主，局部见火山岩。区内有3处侏罗纪花岗闪长岩。1:20万化探中W异常发育，并且有Sn、W重砂异常	矿种：Sn、W等；矿床类型：高温热液型	具有形成锡、钨矿床的条件	对该区的异常进行查证

续表 5-1

Ⅲ级成矿带	Ⅳ亚带	大地构造单元	成矿预测区	类别及编号	地理位置	面积（km²）	成矿地质条件及示矿信息	预测矿种及矿床类型	远景评价	工作建议
Ⅲ21可可西里-南巴颜喀拉印支期（金、锡、钨、锑、稀有）成矿带		可可西里-松潘前陆盆地	千万尼唯西锡钨矿远景区	C73	位于格尔木市SW 212°方向68km	236.15	出露地层主要为三叠系巴颜喀拉山群清水河组。中间为一较大的中酸性岩体，为二叠纪二长花岗岩，岩体呈椭圆状。异常主元素为W、Sn，伴有Be、Li、Bi等元素组合。其中W异常面积达205km²，W、Sn重砂异常规模大	矿种：Sn、W等；矿床类型：高温热液型	具有形成锡钨矿床的良好条件	对区内的异常进行查证
			曲麻莱县牙扎曲锡锑矿远景区	B43	位于格尔木市SW 210°方向90km	140	出露地层主要为三叠系巴颜喀拉山群，岩性以砂板岩或砂板岩互层的砂岩为主，以北西西向为主。区内已发现3条长1km以上的金矿化带，并发现多条品位高的金矿体。区内有Au（As，Sb）综合异常发育	矿种：Au、Sb；矿床类型：构造蚀变岩型	该区成矿条件与大场金矿相似，具极好的找矿前景	对该区矿化带进行深部验证，择优进行深部评价
			曲麻莱县扎日尔构铝锌矿远景区	C74	位于格尔木市SW 207°方向171km	675.46	地层主要为三叠系巴颜喀拉山群清水河组。侵入岩主要为三叠纪石英闪长岩。区内存在2处化探异常，东部为Cu、Mo等元素，西部为Pb、Zn、稀土等元素	矿种：Pb、Zn、Cu、Mo等、稀土；矿床类型：热液型、斑岩型（？）	具有形成铅、锌、铜、钼矿床的良好条件	对该区的异常进行查证
			称多县保日卡玛锑矿远景区	C75	位于称多县NE 18°方向54km	303.53	地层主要为三叠系巴颜喀拉山群清水河组，大面积分布，是一套海相碎屑岩，岩性为板岩夹砂岩和灰岩。南段有一酸性岩体侵入。已发现日卡玛锑矿床。1:20万水系沉积物Au、Sb异常规模大，浓集异常明显	矿种：Au、Sb；矿床类型：构造蚀变岩型、热液型	该区是寻找金、锑矿的有利地段	对该区的化探异常进行查证评价
			称多县扎朵稀土矿远景区	C76	位于称多县NW 332°方向43km	682.27	地层主要为三叠系巴颜喀拉山群甘德组。区内已发现铍、铌、钽矿点，多处砂金矿点。中酸性岩零星分布。1:20万水系沉积物中Au、Sb、稀土异常发育，规模大，浓集分带明显	矿种：Au、Sb、稀土等；矿床类型：构造蚀变岩型、热液型	该区成矿条件良好，通过异常查证，有望发现成规模的矿床	对该区异常进行查证
			称多县莫洼涌金锑稀土矿远景区	C77	位于称多县NW 293°方向37km	427.06	区内出露地层单一，为一套海相碎屑岩建造，以砂岩夹板岩为主，局部有火山岩。自三叠纪至侏罗纪多期酸性岩入侵。发现莫洼涌砂金矿点。1:20万水系沉积物Au、Sb、稀土异常发育，规模大，浓集分带明显	矿种：Au、Sb、稀土等；矿床类型：构造蚀变岩型、热液型	通过异常查证，有望发现矿产地	对该区进行查证
			达日县上红科金矿远景区	C78	位于达日县SW 220°方向91km	318.74	区内出露地层为三叠系巴颜喀拉山群甘德组，为一套海相沉积夹火山岩。区内二长花岗岩侵入该地层，形成金矿床。1:20万水系沉积物Au、Sb异常好，已发现上红科金矿床	矿种：Au、Sb；矿床类型：构造蚀变岩型、热液型	区内岩浆岩多期侵入、构造发育，有成矿的优越条件	对该区的化探异常和矿床进行查证和评价

第五章　成矿预测

续表 5-1

Ⅲ级成矿带	Ⅳ级成矿亚带(区)	大地构造单元	成矿预测区	类别及编号	地理位置	面积(km²)	成矿地质条件及示矿信息	预测矿种及矿床类型	远景评价	工作建议
Ⅲ₂₂ 西金乌兰-玉树印支期,燕山期铜、铅、锌、银、金成矿带	Ⅳ₃₈ 西金乌兰-玉树燕山期铜、铅、锌、银、金成矿亚带	甘孜-理塘蛇绿混杂岩带	治多县东布里山东铜锌矿远景区	C₇₉	位于治多县 NW 295°方向 186km	232.7	出露地层主要为巴塘群第二岩组火山岩。岩体为三叠纪复合含奎合岩。Cu、Zn、Co、Ni、W、Sn等异常规模大,元素组合复杂,套合好	矿种:Cu、Zn;矿床类型:海相火山岩型	该区是青海省化探异常套合最好的地区之一,通过查证有望发现矿产地	对该区的异常进行查证
			治多县多彩乡北铜金矿远景区	C₈₀	位于治多县 W 270°方向 24km	358.46	出露地层主要为西金乌兰群碎屑岩夹灰岩、玄武岩、硅质岩。岩主要为石英闪长岩,侵入时代为印支晚期。1:20万水系沉积物中 Cu、Pb、Zn、Au 等元素异常发育	矿种:Cu、Zn、Pb;矿床类型:海相火山岩型、接触交代型	该区成矿条件较为有利,有发现矿床的可能	对异常进行查证
			治多县当江铜多金属矿远景区	C₈₁	位于治多县 SE 156°方向 17km	214.84	出露地层主要为巴塘群第二岩组火山岩和第一岩组碎屑岩。岩体主要为石英闪长岩、闪长岩,侵入时代为印支晚期。已发现当江铜多金属矿点及多处化探异常,矿化线索丰富。1:5万水系沉积物 Cu、Pb、Zn、Au、Ag 异常发育	矿种:Cu、Zn、Pb;矿床类型:海相火山岩型、接触交代型	目前所发现矿(化)体均与物化探异常吻合较好,矿化信息丰富,找矿空间较大	重点对当江铜多金属矿东段铁铜矿点和当江地区东段铁铜矿点进行勘查,扩大矿规模;对异常进行查证,寻找新的矿(化)体
			治多县立新铜铅锌矿远景区	C₈₂	位于治多县 SE 128°方向 60km	256.88	出露地层为西金乌兰群碎屑岩夹灰岩、玄武岩、硅质岩。新发现矿化带长约19km,宽20~500m,最宽大于50m,主要见硅化、黄铁矿化、黄铜矿化,沿走向延伸稳定、蚀变强烈、盖铜矿化等。1:5万水系沉积物和磁法测量圈定异常规模大,且三者吻合好。水系沉积物异常 Pb、Zn、Cu 等异常元素组合好,单元素峰值高	矿种:Cu、Zn、Pb;矿床类型:海相火山岩型	该区工作程度低,但地质条件具有较好的找矿前景	对含矿带、矿体线索异常进行评价,扩大矿体规模;对异常进行评价,评价本区铅、锌等矿产资源前景
			玉树县电协陇巴金锑矿远景区	C₈₃	位于玉树县 313°方向 44km	254.11	出露地层主要为中元古界宁多群闪片岩、阳起石片岩、大理岩,局部变质砾岩。海西期基性-超基性岩发育。已发现电陇巴铂砂金矿点	矿种:Au、Sb;矿床类型:构造蚀变岩型、岩浆型(?)	该区地质条件复杂,工作程度低,具有发现矿床的可能	对异常进一步查证;对基性、超基性岩的含矿性进行评价
	Ⅳ₃₉ 乌兰-风火山燕山期铜(银、铅、锌)成矿亚带	治多-江达-维西-绿春春陆缘弧带	治多县纠才多霸地区铅银矿远景区	C₈₄	位于治多县 NW 285°方向 173km	171.44	出露地层主要为风火山群和上三叠统巴塘群。区内断裂构造发育,主断层走向为北北西向。区内磁异常套合较好,浓集分带明显。水系沉积物 Pb、Ag 异常套合较好,浓集分带明显	矿种:Pb、Ag;矿床类型:海相火山岩型、热液型	从区内地层条件和化探异常分析,该区有一定的找矿潜力	开展1:5万地质矿产调查,并对异常进行查证

续表 5-1

Ⅲ级成矿带	Ⅳ级成矿亚带(区)	大地构造单元	成矿预测区	类别及编号	地理位置	面积(km²)	成矿地质条件及示矿信息	预测矿种及矿床类型	远景评价	工作建议
Ⅲ₂₂西金乌兰-玉树印支期铜、铅、锌、银(钨、锑、金、稀土)成矿带	Ⅳ₄₀曲茶卡-赵卡隆印支期铜、铅、锌、银(钨、锑、金、稀土)成矿亚带		治多县征毛涌铁铜铅锌矿远景区	C₈₅	位于治多县SE 168°方向35km	293.92	出露地层主要为上三叠统巴塘群,主要为石英砂岩、粉砂岩、板岩夹、安山岩玄武岩及中-中酸性火山碎屑岩、岩石破碎、片理较发育。已发现征毛涌铁铜矿点。1:5万水系沉积物Cu,Pb,Ba异常发育	矿种:Fe,Pb,Zn;矿床类型:海相火山岩型、热液型	该区成矿工作程度低、成矿条件良好,具有发现成型矿床的潜力	优选重点地区开展预查和异常查证
		治多-维西-达春陆缘绿弧带	治多县尕龙格玛铜铅锌矿远景区	A₃₂	位于治多县SW 264°方向33km	93.41	区内出露地层主要为上三叠统印支期东侧有印支期中酸性闪长岩产出,为一套中酸性火山-沉积岩系。区内十分发育。已发现尕龙格玛铜多金属矿床,其成矿特征与我国甘肃西成地区的小铁山多金属矿点、日本黑矿及我国甘肃白银厂的Cu,Pb,Zn,Au,Ag等多金属矿床极相似。1:5万水系沉积物Cu,Pb,Zn,Au,Ag等异常突出,规模大,浓集中心明显。近期在查浦地区发现多条铜铅多金属矿体	矿种:Cu,Zn,Pb;矿床类型:海相火山岩型、斑岩型	该区成矿地质条件优越,具有形成大型矿床规模可达大型	对尕龙格玛矿床进行勘查,同时对区内的异常进行查证;扩大矿床规模
	Ⅳ₄₁下拉秀印支期铜铅锌、金、稀土(钨、锑)成矿亚带		玉树县赵卡隆铁铜铅锌矿区	A₃₃	位于玉树县SE 132°方向58km	333.27	出露地层主要为上三叠统巴塘群中下部4个岩组,分别分布在预测区。大面积分布的岩组,火山岩及巴塘群变质砂岩夹板岩夹砂岩夹板岩夹灰岩组、碎屑岩互层组,少量下三叠统甲丕拉组变砂岩板岩夹板岩五层组。区内地层分布广,变砂岩断裂构造发育,为一套碎屑岩走向为北西向,控制着甲丕拉组岩系地层走向,主断层走向北西向为主,侵入岩不发育。产有赵卡隆铅锌矿床和挡格地锌矿点。1:5万磁异常和水系沉积物Cu,Pb,Zn,Au,Ag等异常突出	矿种:Fe,Zn,Pb,Ag,Cu;矿床类型:海相火山岩型、热液型	成矿地质背景好,成矿条件优越,具有形成大型矿床条件	对已知矿床(点)深部和外围进行评价,扩大矿床规模,对矿化探异常进行查证
			玉树县囡娜铜银铜矿远景区	C₈₆	位于玉树县SW 195°方向38km	569.19	区内出露地层为奥陶纪青泥洞组砂岩、板岩为喜马拉雅期二长花岗(斑)岩等。尕玛牙圾铜矿点、凶娜铅锌铜矿点、岗铁铜矿点等元素化探异常发育,Cu,Mo,Au等	矿种:Cu,Mo,Ag等;矿床类型:斑岩型、热液型	该区地质条件复杂,化探异常常发育,具有较好的成矿条件	对区内的矿点和异常进行检查,扩大矿床规模和远景
			玉树阿木寺铜铝锌矿远景区	B₄₄	位于玉树县NW 285°方向83km	150.65	矿区出露地层为以上三叠统结扎群滨海-浅海相砂屑岩夹灰岩、少量中三叠中统结隆结海-浅海相经变质的碎屑岩-碳酸盐岩建造,岩浆岩建造。出露雅长岩脉和少量闪长岩类。1:5万水系沉积物测量规模大,矿床规模大,发现阿永木寺铅矿床,矿化规模大,发现2处以主Pb为主矿元素的综合异常,面积大,浓度分带清楚	矿种:Zn,Pb,Cu;矿床类型:热液型	该区成矿信息丰富,有发现中型以上矿床的潜力	对区内的矿点和异常进行检查,扩大矿床规模和远景
Ⅲ₂₃下拉秀印支期铜铅、银锌、金、锡(钨、锑)成矿带	Ⅳ₄₂尕卡都印支期铜、铅、锌、金、锑(银稀土)成矿亚带	治多-维西-达春陆缘绿弧带	玉树县下拉秀铁铜矿远景区	C₈₇	位于玉树县SW 210°方向57km	354.65	主要出露上三叠统甲丕组碎屑岩夹灰岩、火山岩,西北部出露喜马拉雅期闪长岩、正长岩等。已发现均弄铜铁矿化点,白马寺铜矿化点、小佛寺铜矿化点,让甫拉铜矿化点。发育重晶石,Cu,Sn,自然金等异常	矿种:Cu,Fe;矿床类型:热液型	该区成矿条件较好,有一定的找矿潜力	对区内的矿点和异常进行检查,对成矿远景进行评价

第五章 成矿预测

续表 5-1

Ⅲ级成矿带	Ⅳ级成矿亚带	大地构造单元	成矿预测区	类别及编号	地理位置	面积（km²）	成矿地质条件及示矿信息	预测矿种及矿床类型	远景评价	工作建议
Ⅲ₂₃下拉秀印支期铅、锌、铜、钨、金、锑、银（稀有）成矿带	Ⅳ₄₂尕尔都印支期铅、锌、铜、钨、金、锑、银（稀有）成矿亚带	治多-江达-维西-绿春者陆缘弧带	玉树县劳关夹切金矿远景区	C₈₈	位于玉树县S 170°方向90km	250	出露地层为上三叠统波里组和巴贡组。侵入岩（斑）岩为燕山期钾长花岗（斑）岩，岩体中有金矿化。发现莫地通砂金矿床，日胆果金矿化点	矿种：Au；矿床类型：构造蚀变岩型	岩体中金矿化是应值得关注的成矿类型	开展1:5万地质矿产调查，并对矿点进行评价
			格尔木市扎木曲-扎拉夏格涌铅锌矿远景区	C₈₉	位于格尔木市SW 234°方向367km	312.1	区内出露地层主要为上三叠统夏里组和布曲组、日阿组和古近系沱河组，白垩系错居是该区的主要控矿构造。北西向断裂正长斑岩、花岗岩等为马拉雅期正长斑岩、细晶花岗岩等。已发现扎木曲和约铅锌矿。1:5万化探异常主要为Pb、Ag、Mo、Cu等，浓度分带明显，且含量较好	矿种：Cu、Zn、Pb；矿床类型：斑岩型、热液型	成矿地质条件良好，通过工作规模有望扩大	对区内的矿点和异常进行检查，扩大矿床规模和远景
			格尔木市扎木曲-开心岭铁铅锌矿远景区	B₄₅	位于格尔木市SW 224°方向343km	178.08	区内主要出露上三叠统扎结群、上三叠统开心岭群，古近系沱河组。区内古近系沱河组发育。区内已发现扎日根-开心岭铁矿床、开保东铅锌矿点，九十一道班铜矿点，诺日巴纳哈东三级浓度分布和浓集中心，具清晰的1:5万化探异常	矿种：Fe、Zn、Pb；矿床类型：海相火山-沉积型、热液型	该区成矿地质条件良好，具有形成中型矿床的潜力	对已知矿床（点）进行评价，扩大矿床规模
Ⅲ₂₄沱沱河海西期、喜马拉雅期铜、铅、锌、钼、银（稀有、钴）成矿带	Ⅳ₄₃乌丽-囊谦海西期、喜马拉雅期铜、铅、锌、钼、银、铁成矿亚带	昌都-兰坪双向弧后前陆盆地	雅西错铜铅锌矿远景区	C₉₀	位于治多县NW 278°方向256km	519.2	出露上三叠统结扎群、古近系沱河组。断裂构造发育。火山岩中发现多条铜矿体。1:5万水系沉积物测量圈定了8处以Pb、Zn、Cu、Ag为主元素的综合异常	矿种：Cu、Zn、Pb；矿床类型：海相火山岩型、热液型	该区成矿条件较为有利，找矿潜力较大	对已知矿体和异常进行调查评价，扩大矿体规模和发现新的矿化富集地段
			杂多县纳日贡玛铜钼矿远景区	A₃₄	位于杂多县NW 330°方向82km	462.72	该区出露地层有下一中二叠统开心岭群诺日巴尕日保组、石炭系杂加弄麦弄灰岩组。侵入岩为古近纪花岗斑岩。已发现日格铜钼矿床、杂多县打古贡卡铜钼矿床等。1:5万矿产调查地高精度磁法测量资料，圈出以Cu、Pb、Zn、Mo、Ag等为主元素的大量的基础地质矿产资料，水系综合异常多处	矿种：Cu、Mo、Zn、Pb等；矿床类型：斑岩型、热液型	该区成矿地质条件优良，具有大一超大型矿床的潜力	对已知矿床（点）和边部有矿化斑岩进行勘查，按矿系列开展外围的矿产评价
			杂多县然者涌铜铅锌矿远景区	B₄₆	位于杂多县正北方向40km	174.02	出露地层为下一中二叠统开心岭群诺日巴尕日保组碎屑岩段和上二叠统那雄组火山岩段。区内构造发育，两套地层之间为断层接触，主要断层走向近似北东向。1:5万化探异常（化）点为Cu(Sn、As、Pb、Ag、Zn)和Ag(Sn、Au)和Cu(Sn、As、Pb、Ag、Sb、Pb、Zn、As、Au)等异常处，异常元素组合较好，各元素异常面积大，异常浓集分带好，各元素综合异常套合较好	矿种：Cu、Zn、Pb等；矿床类型：热液型	该区成矿信息丰富，具有良好的找矿远景	分层次开展矿产勘查工作，查明矿床外围成矿规模及远景。对矿区外围开展查证工作，进一步发现新的矿产地

续表 5-1

Ⅲ级成矿带	大地构造单元	Ⅳ级成矿亚带（区）	成矿预测区	类别及编号	地理位置	面积（km²）	成矿地质条件及示矿信息	预测矿种及矿床类型	远景评价	工作建议
Ⅲ₂₄沱沱河-杂多海西期、喜马拉雅期铜、钼、铅、锌、银（稀有、稀土、铂、金）成矿带	昌都-兰坪双向孤后前陆盆地	Ⅳ₄₃乌丽-囊谦海西期、喜马拉雅期铜、钼、铅、锌、铁、银、钼、铁成矿亚带	杂多县吉龙铜矿远景区	B₄₇	位于杂多县SW 210°方向12km	490.84	出露地层为石炭系杂多群，二叠系诺日巴尕日保组、侏罗系雀莫错组和布曲组。区内分布多条北西向断层，西部出露雀个雅错期石英闪长岩岩株。已发现吉龙铜矿点，柠青阿依富铜矿点等。1:5万化探异常组合为Au(Cu,Ag,Mo),Mo(Cd,Cu,Sb,Au),Mo(Zn,Sb,Cd,As,Cu)等，各元素相互套合好，浓集中心基本吻合，显示与斑岩型矿床有关的一套元素组合	矿种：Cu,Mo,Ag等；矿床类型：斑岩型、热液型	该区成矿信息丰富，具有形成与斑岩有关的矿产的条件	以斑岩型为主，对区内的矿点和异常进行评价和查证
			杂多县东脚涌铜铅锌矿远景区	C₉₁	位于杂多县正北方向20km	384.99	出露地层主要为石炭系杂多群，二叠系诺日巴尕日保组碳酸盐岩段、上三叠系下-中二叠统甲丕拉组碎屑岩组、上三叠统结扎群甲丕拉组碳酸盐岩建造。已发现格吉上铅铜矿点，下吉沟铜矿点等多处矿化点。1:5万化探异常元素组合为Au,Zn,Pb,Cu,Ag,As,Cu等，均有明显的矿化浓度分带，套合较好	矿种：Cu,Zn,Pb等；矿床类型：热液型、斑岩型	矿化信息丰富，具有良好的找矿前景	对区内已知矿（化）点和异常进行评价，寻找矿化富集地段
			杂多县县赛铜钼矿远景区	C₉₂	位于杂多县SE 114°方向33km	488.3	出露地层为石炭系杂多群，二叠系诺日巴尕日保组。区内有燕山期（?）花岗岩岩体产出。Cu,Mo化探异常发育	矿种：Cu,Mo；矿床类型：斑岩型	具有形成与斑岩有关岩体的矿产的条件	以斑岩型为主，对区内的矿点和异常进行查证
			杂多县东莫扎抓铅锌矿远景区	A₃₅	位于杂多县NE 57°方向45km	288.39	出露地层主要为上三叠统结扎群甲丕拉组碎屑岩建造和下-中二叠统甲丕拉组碳酸盐岩段。区内发育两条近北西向断层。已发现东莫扎抓大型铅锌矿床。1:5万化探异常组合为Zn(As,Sb,Mo,Ag),Pb-Zn(Ag,As,Mo,Sb),Zn(Pb,Ag,Mo)。异常特征组合中各元素相互套合较好，浓集中心完全吻合	矿种：Pb,Zn等；矿床类型：热液型	该区成矿地质条件优越，具有大-超大型矿床的潜力	对大矿带进行控制，扩大矿体规模；总结控矿规律，寻找矿体；对区域异常进行查证
			杂多海拉亨铅锌矿远景区	A₃₆	位于杂多县东53km	315.37	出露地层为下石炭统杂多群碳酸盐岩组和碎屑岩组，东北部发育二条北西向海海拉组。1:5万化探异常组合为Zn-Cd(Pb,Ag,As),Zn(Pb,Ag,Cd,Hg,Ba)。异常特征组合中各元素相互套合较好、浓度分带、分带明显	矿种：Zn,Pb等；矿床类型：热液型	该区成矿地质条件优越，已发现的矿带规模大，找矿潜力大	对已知矿带进行评价，扩大矿体规模；对异常进行查证，评价其远景
			囊谦县觉拉铜铅锌矿远景区	C₉₃	位于囊谦县NW 325°方向42km	368.03	出露地层甲丕拉群石炭系杂多群，二叠系诺日巴尕日保组和三叠系结扎群甲丕拉组。已发现胶多铜多金属矿点，四条东西-重砂异常等。区内内存在Pb-萤石-Cu和Pb-Cu-Mo-辰砂-重砂异常	矿种：Cu,Pb等；矿床类型：沉积型、热液型	该区具有较好的成矿条件，有发现矿床的可能	开展1:5万地质矿产调查，并对矿点和异常进行评价及查证

第五章 成矿预测

续表 5-1

Ⅲ级成矿带	Ⅳ级成矿亚带（区）	大地构造单元	成矿预测区	类别及编号	地理位置	面积（km²）	成矿地质条件及示矿信息	预测矿种及矿床类型	远景评价	工作建议
Ⅲ₂₄沱沱河-杂多海西期、喜马拉雅期铜、铅、锌（稀有、稀土、钴、金）成矿带	Ⅳ₄₃马丽-囊谦海西期、喜马拉雅期铜、铅、锌、钼、银、铁（稀有、钴、金）成矿亚带	昌都-兰坪双向弧后前陆盆地	囊谦县冶金山铁铜铅锌矿远景区	C₉₄	位于囊谦县SW218°方向24km	239.75	区内出露地层中二叠统开心岭群诺日巴尕日保组、古近系沱沱河组、三叠系结扎群甲丕拉组，区内侵入岩为喜马拉雅期正长（斑）岩、二长斑岩等。已发现冶金山铁矿床（点）和Cu,Mo化探异常发育，套合较好	矿种：Fe,Pb,Zn；矿床类型：火山-沉积型、热液型	该区成矿条件良好，有良好的找矿前景	开展1:5万地质矿产调查，并对矿床（点）和异常进行查证
			杂多县日荣铜矿远景区	C₉₅	位于杂多县W275°方向117km	371.62	出露地层为石炭系杂多群和二叠系诺日巴尕日保组。已发现日荣海相火山岩型铜矿床。2012年在该区进行1:5万区域地质调查（146E01806）时发现左支铜矿点。矿产地安山玄武岩、火山角砾岩，局部为火山岩侵染状产出、新鲜面可见铜蓝、局部见黄铜矿。矿体总体走向南西向，可见长度大于50m，宽度20m。刻槽化学样分析结果表明该矿点Cu最高品位3.67%，平均品位1.66%。矿床类型为海相火山岩型。区内Cu,Mo,Pb,Au等异常发育	矿种：Cu；矿床类型：海相火山岩型	具有形成小-中型矿床的条件	对新发现的铜矿点进行调查评价
	Ⅳ₄₄日荣-东坝燕山期铜、铅、银（稀有、稀土、钴、金）成矿亚带	开心岭-杂多-景洪岩浆弧	杂多县昂青铜钼铅锌矿远景区	C₉₆	位于杂多县SW249°方向67km	617.63	出露地层有侏罗系雁石坪群和休罗系雁石坪群、二叠统那益雄组、古近系沱沱河组、布曲组等。侵入岩主要为喜马拉雅期碎斑岩岩体、白垩纪闪长岩和花岗岩和花岗闪长岩。化探异常主要为Cu,Mo,Pb等	矿种：Cu,Mo,Pb；矿床类型：沉积型、热液型、斑岩型	该区具有较好的成矿条件，有发现矿床的可能	开展1:5万地质矿产调查，并对异常进行查证
			囊谦县嘎陇解铜铅金矿远景区	A₃₇	位于囊谦县W264°方向82km	670.15	区内出露地层有石炭系杂多群碳酸盐岩岩组、雀莫错组、布曲组、夏里组等。侵入岩主要为喜马拉雅期的斑岩体、闪长岩、闪长玢岩等。花岗岩斑岩以北、花岗纪闪长玢岩主要以北北西向控矿。断裂走向北西向控南北向和北东向、走向囊谦县拉贡金矿，以及发现解嘎银铜铅矿床。已发现拉贡金矿床、囊谦县拉贡金矿床等，Cu,Mo,Pb,Zn,Au等化探异常、断裂发育	矿种：Cu,Mo,Pb,Au；矿床类型：沉积型、热液型、斑岩型	该区成矿条件优越，具有发现大型矿床的潜力	开展1:5万地质矿产调查，并对矿床（点）和异常进行评价和查证
	Ⅳ₄₅沱沱河喜马拉雅期铜、铅、锌（稀有、稀土、钴、金）成矿亚带	开心岭-杂多-景洪岩浆弧	扎仁多铅锌银远景区	C₉₇	位于囊谦县SW237°方向398km	367.18	出露地层主要是二叠统开心岭群、上三叠统结扎群，以及古近系沱沱河组，形成规模不等的构造破碎带，为主要的控矿构造。北西西向断裂构造发育、花岗斑岩、闪长玢岩、燕山期花岗岩等。已发现扎仁多玛铅锌矿化信息，1:5万Pb,Ag异常常面积大、强度高，组合好，分带明显	矿种：Pb,Zn,Ag；矿床类型：低温热液型	该区成矿条件有利，具有发现成型矿床的潜力	对已知矿化蚀变带进行评价，初步查明矿体规模

续表 5-1

Ⅲ级成矿带	Ⅳ级成矿亚带	大地构造单元	成矿预测区	类别及编号	地理位置	面积(km²)	成矿地质条件反应示矿信息	预测矿种及矿床类型	远景评价	工作建议
Ⅲ₂₄沱沱河-杂多海西期、燕山期、喜马拉雅期铜铅锌钼银(稀土、钴、有、金)成矿带	Ⅳ₄₅沱沱河燕山期、喜马拉雅期铜铅锌钼银(稀有、稀土、钴、有、金)成矿亚带	开心岭-杂多-景洪岩浆弧	宗陇巴铅锌矿远景区	B₄₈	位于囊谦县SW 230°方向363km	346.07	出露地层主要为二叠系九十道班组灰岩、古近系-新近系五道梁组泥灰岩等,古近系—新近系五道梁组灰岩东向,北西-南东向两组。区内岩浆活动微弱,仅有辉绿岩岩脉出露。已发现郭仓乐马、宗陇巴等铅锌矿床点。1:5万化探异常具有异常面积大,以 Zn 为主,伴有Pb,Cd,As,Co,Ag等元素	矿种:Pb,Zn,Ag;矿床类型:低温热液型	该区已多条矿化带,规模大,具有良好的找矿前景	对已发现的矿化带进行追索控制和深部评价
			多才马-巴斯湖铅锌矿远景区	A₃₈	位于格尔木市SW 226°方向375km	424.13	出露地层主要是二叠系开心岭群,古近系。断裂构造发育,分北西向与北东向两组,形成规模不等的构造破碎带,为主要的控矿构造。区内岩浆发育,为喜马拉雅期石英正长斑岩和闪长岩等产出,呈岩株分布。已发现多才玛、巴斯湖等矿床点。1:5万 Pb,Zn 异常多处,异常面积大,强度高,组合好,分带明显	矿种:Pb,Zn,Ag;矿床类型:低温热液型	该区成矿条件优越,具有形成超大型矿床的潜力	对已发现的矿化带进行追索控制和深部评价;对矿化富集规律进行分析,寻找富矿体
			布玛浪纳铅锌铜矿远景区	C₉₈	位于格尔木市SW 217°方向350km	535.41	出露地层是古近系沱河组。断裂构造发育,以北西西向北东向主要的控矿构造。区内岩浆发育,以西西向主要布浪纳,异常面积大,强度高,组合好,分带明显。1:5万 Pb,Ag,Cu化探异常多处,铜矿点1处	矿种:Pb,Cu,Ag;矿床类型:低温热液型	该区化探异常发育,有较好的成矿地质条件	对区内的矿点和异常进行评价和查证
			杂多县普桑木能通铜铅锌矿远景区	C₉₉	位于杂多县NW 288°方向199km	248.78	出露地层为二叠系诺日巴尕日保组亮晶灰岩、细粒长石石英砂岩。1:20万化探异常。2012年陕西省核工业地质调查院在该区进行1:5万区域地质调查(146E016014)时,在该异常中发现面积1~1.5km²的铁帽。拣块分析TFe最高为55.40%,Mn最高达2.25%,Cu品位可达0.24%,Zn品位0.27%	矿种:Cu,Pb,Zn,Ag;矿床类型:低温热液型	具有形成小型以上矿床的条件	面上对1:20万化探异常进行查证;利用填图地表工程对铁帽进行评价,选择有利地段进行钻探验证
Ⅲ₂₅雁石坪燕山期、喜马拉雅期铜铁铅锌银(钼、锡、锑)成矿亚带	Ⅳ₄₆纳保扎乃木日燕山期、喜马拉雅期铜铁铅锌银(钼、锡、锑)成矿亚带	羌北地块	格尔木市扎纳保日尼亚铜铅锌矿远景区	A₃₉	位于格尔木市SW 232°方向425km	491.42	区内含矿地层为三叠系甲丕拉组砂岩、砾岩、灰岩夹火山岩,新近系保扎马拉雅组火山岩和三叠系正长岩等。侵入岩主要有保马拉雅正长岩、灰长岩等。分别以北西-南东向和北东向为主,以北西-南东向的主要构造线,大体控制着区内地层的展布方向,那日尼亚铅锌矿床的主要构造密切,雀莫错铅锌矿床等,区内圈定9处1:5万水系沉积物异常,异常主要以 Zn,Pb,Cu,Ag元素为主	矿种:Cu,Pb,Zn,Ag;矿床类型:低温热液型	该区地质条件优越,找矿潜力大,多矿体都是单工程控制,进一步找矿空间还很大	对已知矿化带和矿体进行追索控制,扩大矿床规模

续表 5-1

Ⅲ级成矿带	Ⅳ级成矿亚带(区)	大地构造单元	成矿预测区	类别及编号	地理位置	面积(km²)	成矿地质条件及示矿信息	预测矿种及矿床类型	远景评价	工作建议
Ⅲ₂₅雁石坪燕山期、喜马拉雅期铅、锌、铜、铁(铋、锡、锑)成矿带	Ⅳ₄₆纳保扎陇-木乃燕山期、喜马拉雅期铅、锌、钨、铜银(锡、锑)成矿亚带		格尔木市南玛如错铜钼铅锌矿远景区	C₁₀₀	位于格尔木市SW 228°方向401km	417.2	区内出露地层为白垩系甲丕拉组和雪山组,侏罗系雀莫错组,三叠系甲丕拉组、二叠系诺日巴尕日保组等。侵入岩发育,主要为喜马拉雅期日尕正长岩。区内地层万化探异常组合复杂,以Cu,Pb,Zn,Mo等元素为主	矿种:Cu,Pb,Zn,Mo;矿床类型:低温热液型、斑岩型	该区成矿条件有利,化探异常组合复杂,具有形成与中酸性岩浆活动有关矿床的条件	对异常进行查证
			格尔木市小唐古拉山铅锌铁矿远景区	A₄₀	位于格尔木市SW 222°方向427km	309.94	出露地层主要为中侏罗统雁石坪群,下白垩系风火山群居日组。断裂居区域以近北西向断裂和北东向断裂为主,两类断裂复合派生的近东西向及近南北向断裂是主要的容矿构造。花岗细晶岩脉为主。主要岩性为石英正长斑岩脉、辉绿岩脉等。已发现小唐古拉山铁矿床、楚多曲铅锌银矿床。1:5万水系沉积物测量圈定4处,异常圈物测量圈定多条以Au,Pb,Zn等异常以Cd,Sb,Pb元素为主	矿种:Cu,Pb,Zn,Ag;矿床类型:低温热液型、矽卡岩型	区内矿化蚀变带规模大,具有发现大型矿床的潜力	对已知矿化带和矿体进行追索控制,扩大矿床规模
		羌北地块	直钦赛加玛铅锌金铜银矿远景区	B₄₉	位于格尔木市SW 216°方向397km	383.68	出露地层主要为中侏罗系雀莫错组、布曲组,夏里组等。带内北西向和近南北向断裂发育,多构成较大的含矿带破碎蚀变带。1:5万水系乙铜矿化带中,酸性岩体较为主。已发现木乃铜银矿床。1:5万水系沉积物测量圈定多条以Au,Pb,Zn等为主元素异常	矿种:Cu,Pb,Zn,Au,Ag;矿床类型:低温热液型、矽卡岩型	该区成矿信息丰富,成矿地质条件优越,具有发现中型以上规模矿床的潜力	对已知矿化带和矿体进行评价,扩大矿床规模;对区内的物化探异常进行查证
			格尔木市纳赤塘卡铜铁矿远景区	C₁₀₁	位于格尔木市SW 212°方向393km	518.38	出露地层主要为中侏罗统雀莫错组、布曲组。侵入岩有少量的中酸性岩石。1:5万水系异常以Pb,Zn,Ag为主,且异常强度高、规模大、套合好,通过地表工程控制,该区内发现蚀变岩铜矿点,圈定铅锌矿化体4条	矿种:Pb,Zn,Ag;矿床类型:低温热液型、矽卡岩型	该区具有良好的成矿条件,有发现大型矿床的潜力	对已知矿化带和矿体进行评价,扩大矿床规模;对区内的化探异常进行查证
	Ⅳ₄₇拉尕冷-波喀空印支期、燕山期铁、铜成矿亚带		格尔木市纳赤台铜铁矿远景区	C₁₀₂	位于格尔木市SW 228°方向463km	363.88	出露主要地层为晚白垩统布曲组和布曲组,侵入岩体以正长花岗岩等。产有谢隆沟铜矿点,切苏美那里铁矿点等	矿种:Fe,Cu,Pb,Zn;矿床类型:接触交代型	该区工作程度低,自然环境差,但有良好的成矿条件,有较好的找矿前景	开展1:5万地质矿产调查,并对矿点进行评价
		羌北地块	青海省赛岗日多浦铅银钼矿远景区	C₁₀₃	位于格尔木市SW 225°方向453km	275.27	区内地层主要地层为中侏罗统布曲组,其次是中侏罗统雀莫错组。侵入岩株,断裂以北西-南东向为主,主要为1:5万化探圈定了Ag(Mo,Bi,Cu,Pb,Zn,Ba),Bi(Ag,Mo,Cu),Ag-Pb(Zn,Cd,W,Au,Mn)等组合异常	矿种:Ag,Mo,Pb;矿床类型:热液型	该区地质信息丰富,具有较好的找矿潜力	对异常进行查证

续表 5-1

Ⅲ级成矿带	Ⅳ级成矿亚带(区)	大地构造单元	成矿预测区	类别及编号	地理位置	面积(km²)	成矿地质条件及示矿信息	预测矿种及矿床类型	远景评价	工作建议
Ⅲ₂₅雁石坪燕山期、喜马拉雅期铅、锌、铜、铁(铋、锡、锑)成矿带	Ⅲ⁴⁷拉汞冷波喜窦空印支期、燕山期铁、铜成矿亚带	羌北地块	青海龙亚拉钨铋矿远景区	C₁₀₄	位于格尔木市SW 216°方向440km	604.61	区内出露地层主要为布曲组和雀莫错组。燕山期岩岩、二长花岗岩岩体侵入岩发育。存在Cu、Mo、Pb、Zn、Bi等化探异常和3处W、Bi重砂异常	矿种：W、Bi等；矿床类型：热液型	该区具有形成中酸性岩浆活动的条件，具有良好的找矿条件	开展1∶5万地质矿产调查，对区内异常进行查证
		羌北地块	杂多县扎布恰约玛铁钨矿远景区	C₁₀₅	位于格尔木市SW 206°方向442km	162.39	区内出露地层主要为侏罗系雁石坪群雀莫错组、布曲组。侵入岩发育，主要是白垩纪英云闪长岩岩位于雀莫错组中。发现扎布恰约玛铁矿点，格尔木市扫加格曲铁矿点。存在Cu、Mo、Pb、Zn、Au等化探异常和W、Fe等重砂异常	矿种：Fe、W；矿床类型：矽卡岩型、斑岩型、沉积型	该区具有较好的成矿条件，找矿前景较好	开展1∶5万地质矿产调查，对区内异常进行查证
Ⅲ₂₆唐古拉山南坡燕山期铁(金)成矿带		羌北地块	格尔木市八字错铁矿远景区	C₁₀₆	位于格尔木市SW 216°方向471km	127.53	地层为侏罗系雁石坪群雀莫错组，岩性组合以中—厚层状岩屑石英砂岩、石英砂岩、粉砂岩为主。东部有燕山期花岗岩岩体产出。产有八字错铁矿点	矿种：Fe；矿床类型：沉积型	该区工作程度低，有一定的找矿潜力	开展1∶5万地质矿产调查，对区内的矿点进行评价

第六章 找矿工作思路及部署建议

第一节 选区总体思路和部署原则

一、总体思路

紧紧围绕区域经济社会发展和国家能源资源、生态保护需求,继续深入开展找矿突破战略行动,在青海柴达木盆地北缘、柴达木盆地、东昆仑等重要成矿区带,选择主要优势与战略性矿产中具有达到大—超大型矿床前景的新发现矿产地和近期有望形成重要矿产资源开发基地的成矿有利地段,开展公益性、基础性地质调查,进行矿产调查评价,同时进行重要矿床、矿集区的整装勘查工作,努力实现找矿重大突破;以科技创新为主线,加强地质理论研究与创新,开展重要成矿区带优势矿产成矿地质背景、成矿规律及找矿技术方法研究,推动地质科学进步,提高找矿效率和水平。

二、部署原则

1. 统一规划部署,统筹安排地质矿产调查工作

坚持地质工作规律和市场经济规律,注重地质勘查的经济效益、社会效益、资源效益、环境效益的协调统一,科学合理部署全省地质工作。坚持近期目标与长远目标相结合,统筹兼顾、协同部署地质调查任务。根据青海省的地质调查现状、地质矿产特征及勘查工作新进展,按照实际工作需要与地质工作规律、程序,统筹安排、统一规划部署地质矿产勘查工作;统筹中央财政资金、青海省地勘基金、州县财政资金以及社会资金投入等不同渠道的资金,分类管理,分工协作,有机衔接,发挥财政资金在地质找矿工作中的引领和示范作用,引导和带动社会资金共同投资,尽快形成一批可供开发的重要资源基地。

2. 以整装勘查(区)为重点,促进找矿重大突破

继续以柴达木盆地北缘、柴达木盆地、东昆仑等整装勘查区为重点,追踪控制已知重要矿床(点)、主要矿化带,扩大矿床规模与找矿前景,对国家紧缺矿产或新的重要矿床类型、具有较大资源远景规模和重要典型找矿意义的矿产地进行示范性综合勘查评价工作及专项地质填图,发现、评价一批重要矿床,快速形成重要资源勘查开发基地,为保障国家和区域经济社会发展提供资源支撑,构建青海省的资源勘查开发新格局。

3. 重视已有资料的二次开发,调查与数据更新相结合

加强地质、矿产、物化探、遥感等综合信息和资料的二次开发,运用新理论、新技术、新方法分析地球物理、地球化学背景及局部异常与地质矿产关系,充分发挥已有资料在找矿中的作用。注重调查与编图相结合、调查与数据更新相结合。对已开展过更大比例尺调查和矿产勘查工作的地区,开展综合编图、成矿预测、潜力评价及选区等工作。

4. 以主要矿产为主,注重综合调查和综合评价

围绕已形成的重要资源基地开展共(伴)生资源综合勘查与评价,在对主要矿种和矿床类型进行勘查评价的同时,对共(伴)生资源的可利用性、经济意义等进行研究评价,为综合开发、综合利用提供依据。

5. 坚持科技创新,加强协同攻关

积极推行产学研结合及调查、勘查与科研工作一体化。加大基础地质调查、矿产勘查中的科技进步与创新力度。大力推广和引进新理论、新技术、新方法在地质勘查中的应用。注重技术创新与常规、传统技术手段相结合,以及多学科、多方法集成评价和综合调查,提高矿产资源调查评价与勘查科技水平和地质勘查工作质量及效率。推动科研与地质勘查的有机结合,发挥科技的支撑和引领作用,促进地质找矿的重大突破。

三、找矿远景区优选

本书根据地质背景、物化探异常、成矿预测及找矿潜力等成果资料,结合当前矿产勘查主要进展与工作条件等因素,在青海共划定19个重要找矿远景区(表6-1)。其中祁连成矿带2个,柴北缘成矿带3个,柴达木盆地成矿区1个,东昆仑成矿带5个,秦岭成矿带2个,巴颜喀拉成矿带3个,三江北段成矿带3个。

表6-1 青海省找矿远景区一览表

矿带	重要找矿远景区名称	成矿预测区名称
祁连成矿带	走廊南山-大坂山铁铜铅锌金重要找矿远景区(YJ_1)	祁连县小沙龙-大沙龙铁远景区(A_2)、祁连县阴凹槽-川刺沟铁铜锌铅金远景区(B_2)、祁连县香子沟-下沟铜铅锌金银远景区(A_3)、门源红沟-松树南沟铜金锌铅远景区(B_3)、门源县浪力克-红腰仙铜铅锌金远景区(A_1)、门源县宁缠河铜铅钼远景区(C_1)
	天峻-乐都煤铁钨石英岩石灰岩天然气水合物重要找矿远景区(YJ_2)	天峻县琼果塔里金铜远景区(C_7)、互助县大峡钨矿远景区(C_8)
柴北缘成矿带	冷湖-大柴旦煤金铜铅锌页岩气重要找矿远景区(YJ_3)	大柴旦镇绿梁山-双口山金铜铅锌远景区(A_4)、大柴旦镇赛什腾山中段金铜铁远景区(B_9)、大柴旦镇滩间山-青龙沟金铜远景区(B_{10})、冷湖镇小赛什腾山金铜远景区(C_{20})、冷湖镇赛什腾山西段金铜远景区(C_{21})、大柴旦镇锡铁山铅锌金远景区(B_{11})、乌兰县布赫特山-阿母内可山南坡铜钨铅远景区(C_{19})
	布赫特山-沙柳河金铜铅锌锡钨矿重要找矿远景区(YJ_4)	大柴旦镇塔塔棱河金铜钼矿远景区(C_{18})、德令哈市蓄积山铅锌银远景区(C_{50})、乌兰县赛坝沟金铜远景区(C_{22})、都兰县沙柳河钨锡铅远景区(C_{23})
	大通沟南山-委盐场北山铜镍金稀有稀土石墨矿重要找矿远景区(YJ_5)	茫崖行委大通沟南山-牛鼻子梁铜镍钨稀有稀土远景区(B_8)、茫崖行委采石岭金矿远景区(C_{15})、冷湖行委俄博梁北山金铜多金属矿远景区(C_{16})、冷湖行委盐场北山铜镍多金属矿远景区(C_{17})
柴达木盆地成矿区	柴达木盆地油气盐湖页岩气重要找矿远景区(YJ_6)	
东昆仑成矿带	祁漫塔格铁铜多金属矿重要找矿远景区(YJ_7)	虎头崖铁铜铅锌钨矿远景区(A_5)、格尔木市野马泉铁铅锌远景区(A_6)、格尔木市尕林格铅锌钴远景区(A_7)、格尔木市四角羊-牛苦头铅锌铜铁远景区(A_8)、茫崖行委乌兰乌珠尔铜锡矿远景区(B_{13})、茫崖行委冰沟铜钼矿远景区(B_{14})、格尔木市肯德可克铁锌钴金远景区(B_{15})、格尔木市沙丘铁铅锌远景区(B_{16})、格尔木市卡而却卡铁锌铜钼远景区(A_{14})、格尔木市那西郭勒铁矿远景区(A_{15})、格尔木市喀雅克登-别里赛北铁锌铜锡钼远景区(B_{21})、青海省格尔木市肯德大湾铜铅锌远景区(B_{22})、格尔木市乌兰拜兴-云雾山铁铅钼矿远景区(C_{29})
	开木棋河铜镍铁多金属矿重要找矿远景区(YJ_8)	格尔木市夏日哈木镍铜钴铅锌矿远景区(A_{16})、格尔木市哈西亚图铁锌金矿调查评价(A_{17})、格尔木市小圆山-黑沙山铁铜铅锌远景区(B_{17})、格尔木市口口尔图-开木棋河铜铅钨远景区(B_{23})、格尔木市拉陵灶火铜钼远景区(B_{24})、格尔木市全红山铁铅锌矿远景区(C_{26})、格尔木市洪水河东铜金铜钨远景区(C_{30})、格尔木市开木棋河铁矿远景区(C_{31})、格尔木市拉陵高里钨钼远景区(C_{32})、格尔木市呼日格勒沟铜钼矿远景区(C_{33})、格尔木市德探沟-蒙牧沟铜稀有金属矿远景区(C_{34})

续表 6-1

矿带	重要找矿远景区名称	成矿预测区名称
	五龙沟-巴隆铁铜镍金矿重要找矿远景区（YJ_9）	都兰县五龙沟金铜铅锌矿远景区（A_{18}）、都兰县石头坑德铜镍金矿远景区（A_{19}）、都兰县鑫拓金铅锌铜钼矿远景区（B_{25}）、格尔木市白日其利金矿远景区（C_{36}）、格尔木市大水沟金矿远景区（C_{37}）、格尔木市大格勒沟脑金铜矿远景区（C_{47}）、都兰县双庆-大洪山铁矿远景区（B_{19}）、都兰县洪水河-清水河铁矿远景区（B_{26}）、都兰县清水河东铜钼矿远景区（C_{39}）、都兰县巴隆金矿远景区（C_{40}）、都兰县托克妥铜金铅锌矿远景区（C_{41}）、都兰县清水河-哈图沟铜矿远景区（C_{49}）
	都兰铁铜铅锌钼金矿重要找矿远景区（YJ_{10}）	都兰县小卧龙锡铁铜矿远景区（A_{10}）、都兰县柯柯赛铁铜钨矿预测区（A_{11}）、兴海县什多龙-加当根铜铅锌矿远景区（A_{12}）、都兰县下西台-白石崖铁矿远景区（A_{13}）、都兰县扎麻山铜钼矿远景区（B_{18}）、都兰县哈日扎-哈陇休玛铜钼矿远景区（B_{20}）、都兰县热水铜钼矿远景区（C_{27}）、都兰县阿斯哈-瓦勒尕金矿远景区（A_{20}）、都兰县那更康切银铅锌钨矿远景区（A_{21}）、都兰县果洛龙洼-按纳格金矿远景区（A_{22}）、玛多县坑得弄舍金铅锌矿远景区（A_{25}）、兴海县苦海汞铜矿远景区（A_{26}）
	昆仑河-开荒北金铜钴钨锡矿重要找矿远景区（YJ_{11}）	格尔木市黑海北铜金矿远景区（B_{27}）、格尔木市纳赤台铜金钴矿远景区（B_{28}）、格尔市向阳沟脑铜金矿远景区（C_{43}）、格尔木市窑洞山金矿远景区（C_{44}）、格尔木市一道沟-小南川金铜钨矿远景区（C_{45}）、格尔木市万宝沟金铜钨矿远景区（C_{46}）、格尔木市黑海南铜金锡矿远景区（C_{58}）
秦岭成矿带	大河坝-赛什塘铜铅锌金矿重要找矿远景区（YJ_{12}）	兴海县索拉沟铜铅锌银矿远景区（A_{24}）、共和县玛温根地区金铜矿远景区（B_{31}）、兴海县铜峪沟铜铅锌锡矿远景区（A_{27}）、兴海县加吾金锑矿远景区（B_{33}）
	同仁-泽库金铜铅锌矿重要找矿远景区（YJ_{13}）	同仁县恰冬地区铜金矿远景区（A_{23}）、循化县谢坑金铜钨矿远景区（B_{30}）、同仁县夏布楞铜铅锌锡矿远景区（B_{34}）、同仁县江龙牧业铅锌银矿远景区（B_{36}）、泽库县老藏沟铅锌银矿远景区（B_{37}）、同德县石藏寺金锑矿远景区（B_{38}）、河南县赫格楞-莫尔藏汞锑金矿远景区（C_{55}）、河南县柯生金矿远景区（C_{57}）
巴颜喀拉成矿带	马尼特-德尔尼铜钴金矿重要找矿远景区（YJ_{14}）	都兰县红云鄂博-亚日何师铜钴金矿远景区（C_{59}）、都兰县布青山铜钴金矿远景区（C_{60}）、玛沁县德尔尼铜钴矿远景区（A_{30}）
	西藏大沟-大场金锑矿重要找矿远景区（YJ_{15}）	格尔木市玉珠峰-东大滩金钨锡矿远景区（B_{39}）、格尔木市西藏大沟金锑矿远景区（B_{40}）、格尔木市巴拉大才钨锡矿远景区（C_{62}）、格尔木市黑刺沟金矿远景区（C_{63}）、曲麻莱县大场金锑矿远景区（A_{31}）
	果洛铜钴金锑矿重要找矿远景区（YJ_{16}）	甘德县东乘公麻金钨锡矿远景区（B_{42}）、甘德县青珍金铜钨矿远景区（C_{64}）、久治县灯朗金矿预测区（C_{65}）、达日县桑日麻-莫坎金钨锡矿远景区（C_{69}）、班玛县吉卡金矿远景区（C_{70}）、达日县上红科金矿远景区（C_{78}）
三江北段成矿带	沱沱河铁铅锌煤天然气水合物重要找矿远景区（YJ_{17}）	多才玛-巴斯湖铅锌矿远景区（A_{38}）、格尔木市纳保扎陇-那日尼亚铜铅锌矿远景区（A_{39}）、格尔木市小唐古拉山铅锌铁矿远景区（A_{40}）、格尔木市扎日根-开心岭铁铅锌矿远景区（B_{45}）、宗陇巴铅锌矿远景区（B_{48}）、青海木乃铜铅锌银矿远景区（B_{49}）、格尔木市扎木曲-扎拉夏格涌铅锌矿远景区（C_{89}）、雅西错铜铅锌矿远景区（C_{90}）、布玛浪纳铅锌矿远景区（C_{98}）、格尔木市玛如错南铜钼铅锌矿远景区（C_{100}）、直钦赛加玛铅锌矿远景区（C_{101}）
	多彩-赵卡隆铜铅锌铁矿重要找矿远景区（YJ_{18}）	治多县尕龙格玛铜铅锌矿远景区（A_{32}）、治多县多彩乡北铜金矿远景区（C_{80}）、治多县当江铜铅锌矿远景区（C_{81}）、治多县立新铜铅锌矿远景区（C_{82}）、治多县征毛涌铁铜铅锌矿远景区（C_{85}）、玉树县凶娜铜银钼矿远景区（C_{86}）
	纳日贡玛-莫海拉亨铜钼铅锌银煤矿重要找矿远景区（YJ_{19}）	杂多纳日贡玛铜钼矿远景区（A_{34}）、杂多县东莫扎抓铅锌矿远景区（A_{35}）、杂多县莫海拉亨铜铅锌矿远景区（A_{36}）、杂多县然者涌铜铅锌矿远景区（B_{46}）、杂多县东脚铜铅锌矿远景区（C_{91}）、囊谦县解嘎铜铅金矿远景区（A_{37}）、杂多县旦荣铜矿远景区（C_{95}）、杂多县昂滑结铜钼铅矿远景区（C_{96}）

(一)祁连成矿带

祁连成矿带划分出走廊南山-大坂山铁铜铅锌金和天峻-乐都煤铁钨石英岩石灰岩天然气水合物 2 个重要找矿远景区。

1. 走廊南山-大坂山铁铜铅锌金重要找矿远景区

该远景区北起青甘交界,南至中祁连北缘断裂,东起浪力克东,西至托勒,北西向长约 400km,北东向宽 40~50km,面积约为 15 630km²,行政区划隶属于海北藏族自治州(简称海北州)门源县、祁连县。

该远景区主体含矿地层为寒武纪—奥陶纪海相火山岩。区内矿产资源十分丰富,已发现的金属矿产有铁、铜、铅、锌、金、铬、锰、钨、锡、钼、钴、镍、锑、汞、铌、钽等,能源和非金属矿产有煤、石棉、蛇纹岩、滑石、菱镁矿、硫铁矿、玉石等。各类矿床(点)190 余处,其中铜多金属矿床 13 处,铁矿床 6 处,岩金矿床 7 处,砂金铂矿床 3 处,铬铁矿床 3 处;按规模划分,其中大型矿床 1 处,中型矿床 10 处,小型矿床 27 处。非金属矿产成型矿床不多,较重要的有石棉、蛇纹岩矿床 4 处,煤、硫铁矿矿床各 1 处。玉石沟-川刺沟 Cu、Zn、Co、Cr、Au、Hg、As 异常和大柳沟-尕大坂 Cu、Pb、Zn、Au、Ag 异常,巴拉哈图-松树南沟 Cu、Pb、Zn、Co、Au 异常规模大,强度高。具有较大找矿潜力的地段有大柳沟—弯阳河—下沟—尕大坂与中寒武世双峰式海相火山岩有关的铜及多金属矿,玉石沟—阴凹槽—铁目勒与早奥陶世洋脊型蛇绿岩有关的铜锌矿,红沟—浪力克产有与奥陶纪细碧角斑岩有关的铜铅锌金矿及斑岩型铜矿等。

该找矿远景区包括 6 个预测区(其中 A 类 3 个,B 类 2 个,C 类 1 个)。

2. 天峻-乐都煤铁钨石英岩石灰岩天然气水合物重要找矿远景区

该远景区北起青甘交界,南至中祁连北缘断裂,东起浪力克东,西至托勒,北西向长约 484km,北东向宽 15~50km,面积约为 17 706km²。行政区划隶属于海北州门源县、祁连县、海晏县、西宁市。

该区矿产资源比较丰富,金属矿产主要有铁、锰、钨、铅、锌、金、稀土等。能源和非金属矿产有煤、石灰岩、石英岩、天然气水合物等。成矿期次多,类型复杂。前寒武纪成矿期形成有变质型铁矿、石英岩、伟晶岩型稀土矿等;加里东成矿期形成接触交代型铁矿及热液型锰、钨、铌钽矿;第四纪形成砂金、砂铂矿等。晚三叠世和侏罗纪为本区重要的成煤期。区内已发现和探明的大中型煤矿 20 余处,是青海省经济社会发展最重要的煤炭供应基地。近年来,地勘工作在聚乎更煤矿区的西段、江仓煤矿区的东段、外力哈达滩地区等取得新进展,这些地段煤矿有望通过进一步勘查工作达到大型规模;在木里地区发现了可燃冰,使我国成为第三个在陆域发现可燃冰的国家。

该找矿远景区包括 2 个 C 类预测区。

(二)柴北缘成矿带

柴北缘成矿带划分出冷湖-大柴旦煤金铜铅锌页岩气、布赫特山-沙柳河金铜铅锌锡钨矿和大通沟南山-委盐场北山铜镍金稀有稀土石墨矿 3 个重要找矿远景区。

1. 冷湖-大柴旦煤金铜铅锌页岩气重要找矿远景区

该区东起托素湖西,西至青甘省界,南达马海河,北止苏干湖—达肯大坂,北西向长约 366km,北东向宽 42~70km,总面积约 17 951km²,行政区划隶属于海西州大柴旦行委、冷湖行委和德令哈市。

区内共发现各类矿床(点)248 处,主要矿种有煤炭、铅、锌、金及少量盐湖矿产,是青海省最重要的铅、锌、煤炭、岩金矿集区。地球化学异常显示 Pb、Zn、Au、Ag、Cd、Cr、Cu 等元素具有很好的找矿前景。其中西段的野骆驼泉-滩间山 Au、Ag 异常区和中段的绿梁山-双口山 Pb、Zn、Cu 异常区的异常规模大,强度高,是区内最具有找矿潜力的地区;东段的锡铁山铅锌矿床深部和外围近年来的地质工作取得突破性进展,共新增铅锌资源储量 130×10⁴t,继续找矿的潜力仍然很大。

本区煤矿有鱼卡、绿草山、西大滩、大煤沟、石灰沟等,含煤地层主要为下—中侏罗统大煤沟组、石门沟组。近年来在鱼卡煤矿的尕秀西段、东部井田煤矿勘查取得了很大的进展,仅初步工作就提交煤资源

储量 10×10^8 t。预测在石圈滩—赛什腾山—高泉、大煤沟煤矿外围煤炭资源潜力仍然很大，值得进一步工作。

该找矿远景区包括1个整装勘查区，7个预测区（其中A类1个，B类3个，C类3个）。

2. 布赫特山-沙柳河金铜铅锌锡钨矿重要找矿远景区

该区北起宗务隆山断裂，南至昆北断裂，西起德令哈—尕海，东至温泉断裂，北西向长150~160km，北东向宽约80km，总面积约为11 403km²，行政区划隶属于德令哈市。

本区矿产资源丰富，主要为金、铜、铅、锌、锡、钨等矿种。北部为布赫特山海西期钛、稀有、钨、锡（铋、稀土、宝玉石）成矿亚带，南部为沙柳河加里东期、印支期金、钨、锡、铜、铅、锌、锰成矿亚带。

北部矿产主要有高特拉蒙钛矿、乌兰县尕子黑钨矿、布赫特山南坡铜矿、尕子黑西沟铁矿、沙柳泉铌钽矿、阿移项铁铜矿。高特拉蒙钛矿床规模为中型，成矿时代为喜马拉雅期，矿床类型为风化壳型；尕子黑钨矿矿床为小型，矿床类型为矽卡岩型，成矿时代为海西期；布赫特山南坡铜矿规模为矿点，成矿时代为前寒武纪—加里东期，矿床类型为热液型；尕子黑西沟铁矿为矿点，成矿时代为印支期，矿床类型为热液；沙柳泉铌钽矿床规模为小型，成矿时代为海西期，矿床类型为岩浆型；阿移项铁铜矿床规模为小型，成矿时代为海西期—印支期，矿床类型为热液型。南部主要矿产有铅、锌、钨、锡、金等，见小型矿床6处，矿点26处，其中海相火山岩型的矿产为铅、锌、钨、锡，产于滩间山群中；热液型形成的矿产为钨，产于海西期的花岗岩体中。赛坝沟金矿床产于前寒武纪花岗闪长岩-英云闪长岩中，严格受北西向韧脆性剪切带控制，成矿时代为海西期，属石英脉型（张德全等，2001）。

该找矿远景区包括4个C类预测区。

3. 大通沟南山-委盐场北山铜镍金稀有稀土石墨矿重要找矿远景区

勘查区东起青甘省界，西至花土沟，北东向长约239.4km，北西向宽约18.4km，总面积6197km²，行政区划隶属海西州茫崖行委管辖。

区内出露地层主要为古元古界金水口岩群、寒武系—奥陶系滩间山群、侏罗系、新近系。区内岩浆活动频繁而剧烈。区内基性超基性和中酸性侵入岩产出。其中海西期岩浆岩分布广泛且规模较大，是区内的主要岩体。本区已发现牛鼻子梁铜镍矿、柴水沟铅（金、银）矿点、采石沟金矿、阿尔金黄矿山和大通沟南山石墨矿、交通社西北山铌钽和稀土矿等多处矿床、矿（化）点及矿化线索。

该找矿远景区包括4个预测区（其中B类1个，C类3个）。

（三）柴达木盆地成矿区

柴达木盆地划分出一个重要找矿远景区，即柴达木盆地油气盐湖页岩气找矿远景区。

该区东起霍鲁逊湖东，西至大浪滩，南达清水河，北止牛鼻子梁，北西向长约48km，北东向宽41~112km，总面积61 598km²，行政区划隶属海西州大柴旦行委、冷湖行委、茫崖行委、都兰县和格尔木市。

经对柴达木盆地西部南翼山地区4000km²范围的工作证明：在柴达木盆地中西部地区的第四纪现代盐湖的深部，广泛分布有新近系，其中存在有含钾、硼、锂、碘等多种有益组分的卤水。预测其中潜在的氯化钾资源总量达11×10^8 t，氯化锂1.21t，三氧化二硼4.05×10^8 t，碘4880×10^4 t，显示出盆地内有极大的找矿潜力。

该区是石油和天然气的富集区。近几年，区内石油天然气勘查取得重要进展。目前石油和天然气探明率分别为20.2%和12.2%，勘探潜力大。

该找矿远景区包括1个整装勘查区。

（四）东昆仑成矿带

在东昆仑成矿带划分出祁漫塔格铁铜多金属矿、开木棋河铜镍铁多金属矿、五龙沟-巴隆铁铜镍金矿、都兰铁铜铅锌钼金矿、昆仑河-开荒北金铜钴钨锡矿5个重要找矿远景区。

1. 祁漫塔格铁铜多金属矿重要找矿远景区

该区东起大灶火河,西至布伦台—骆驼峰一带,北起柴达木盆地南缘,南至昆中断裂边界。东西长130～150km,宽110～130km,总面积约18 155km^2,行政区划隶属于海西州茫崖行委和格尔木市。

区内出露地层主要有古元古界金水口岩群白沙河岩组、长城系小庙组和蓟县系狼牙山组,岩性为片麻岩、云母石英片岩、石英岩、角闪岩、大理岩、白云质灰岩等;奥陶系祁漫塔格群含碳酸盐岩火山-沉积岩系;泥盆系牦牛山组海陆交互相碎屑岩、碳酸盐岩及中酸性火山岩;石炭系大干沟组生物碎屑灰岩、复成分砾岩夹硅质岩,缔敖苏组近源滨浅海相碎屑岩-碳酸盐岩;上三叠统鄂拉山组陆相火山碎屑岩夹火山熔岩及不稳定碎屑岩。其中金水口岩群白沙河岩组、蓟县系狼牙山群、奥陶系祁漫塔格群、石炭系缔敖苏组和大干沟组为本区多金属矿床的重要赋矿围岩。

区内地球化学异常可大致划分出3个带,北带为乌兰乌珠尔-小盆地 Pb、Sn、Au、Cu、Co、La 异常带;中带为肯德可克-那陵郭勒河 Bi、Sn、Pb、Ag、Cd、Sb(Co、Cu、Zn)异常带;南带为喀雅克登塔格 Bi、Sn、W、Pb(Ag、Be、Y、F)异常带。其中,中部异常带规模最大,异常元素及矿产信息最多,显示其巨大的找矿前景。

本区已发现的金属矿产有铁、铜、镍、铅、锌、锡、钨、钼、铋、金、银、钴等,共有金属矿产地88处,已经发现中型以上的矿床有肯德可克铁钴铋金多金属矿、尕林格富铁矿、虎头崖铜多金属矿、四角羊铜多金属矿和卡而却卡铜矿等。矿产的分布总体上可分为南、北两个带:北带位于乌兰乌珠尔,以铜、金、锡成矿为主,与乌兰乌珠尔 Sn、Pb、Ag、Cu、Bi、Au 及稀土元素异常带相吻合,是寻找金、铜、锡、铅等矿产很有前景的地区;南带位于景忍—野马泉—石头沟一带,已知矿产以铁、锡、铅、锌、铜、钴为主,与肯德可克-那陵郭勒河 Bi、Sn、Pb、Ag、Cd、Sb(Co、Cu、Zn)异常带相吻合,是寻找铁、锡、铅、锌、铜、钴矿产的重点地区。

该区属大陆边缘活动带,成矿作用具有多期性和多样性的特点,主要矿床类型:一是与加里东期—印支中酸性侵入岩有关的斑岩型、矽卡岩型、热液型;二是与古元古界金水口岩群有关的沉积变质型铁矿;三是与基性—超基性岩有关的岩浆型铜镍矿。

该找矿远景区包含2个整装勘查区,13个预测区(其中A类6个,B类6个,C类1个)。

2. 开木棋河铜镍铁多金属矿重要找矿远景区

该找矿远景区位于青海省西部东昆仑山脉中西段,柴达木盆地南缘,面积约10 153km^2,行政区划隶属于青海省格尔木市。

该区主体位于东昆仑造山带,北接柴达木地块,是研究昆仑山带物质组成和构造演化的最佳地段。勘查区内构造受周边构造的控制,构成了大小不等的梯形格状特征,以北西西向断裂为主,北东东向、北北西向次之。构造单元格架清楚,以地层、沉积、岩浆、变质变形等地质记录丰富。总体上来看,区内地层出露较全,出露有古元古界金水口岩群、奥陶系祁漫塔格群、泥盆系牦牛山组、下石炭统石拐子组和大干沟组、上三叠统鄂拉山组和新近系雅西错组。

区内断裂极为发育,按规模大小有深大断裂和一般性质断裂。区域上以近东西向、北西-南东向和北西西向断裂最为发育,北东向、近南北向和北北西向断裂次之。总体上来看,前者多被后者交切,北东向与近南北向、北北西向断裂局部交切呈"X"形,近东西向、北西西向和北西-南东向断裂是区域性断裂,控制区内地层、层间构造及岩浆侵入活动与演化。

岩浆活动强,岩石类型复杂,包括基性超基性岩、中酸性侵入岩等。主体为晚加里东期和海西期、印支期,并有少量奥陶纪和侏罗纪花岗岩分布,呈规模不等的岩基、岩株状分布,形成了夏日哈木铜镍矿床、哈西亚图铁矿等。

区内分为两个元素组合异常带。北东异常带:主要以两个 Cu、Pb、Cr、Ni 元素异常群集中分布于开木棋—拉陵高里地区和拉陵灶火—苏海图区,以 Cu、Pb、Cr、Ni 为主元素,局部伴有 V、Mn 异常。南西异常带:主要分布于布伦台地区,以 W、Au、Hg、Ag 等元素为主,局部伴有 Bi 元素异常。

2008 年以来,勘查区找矿工作取得明显突破,发现的矿床(点)较多,以拉陵灶火中游铜钼矿床、夏日哈木铜镍矿床、黑沙山南多金属矿床、哈西亚图铁多金属矿床为典型代表。矿床成因复杂,类型众多,与该区复杂的构造背景有关。勘查区岩浆活动频繁,从晋宁期到燕山期均有分布,尤以早二叠世和晚三叠世侵入活动最强。岩石类型众多,与成矿关系密切的为超基性、中酸—酸性侵入岩。晋宁期侵入的超基性岩中形成规模较大的岩浆熔离型铜钴镍矿产(夏日哈木铜镍矿床),中酸—酸性岩体内形成斑岩型铜矿产(拉陵灶火中游铜钼矿床),在岩体与围岩(白沙河岩组、大干沟组、滩间山群)接触带上形成矽卡岩型铜多金属矿产(黑沙山南多金属矿床、哈西亚图铁多金属矿床),构成一套较为完整的与岩浆侵入有关的成矿系列,找矿前景广阔,资源潜力巨大。

该找矿远景区包含 1 个整装勘查区,11 个预测区(其中 A 类 2 个,B 类 3 个,C 类 6 个)。

3. 五龙沟-巴隆铁铜镍金矿重要找矿远景区

该找矿远景区西起清水泉—窑洞山一带,东至科日—乌斯特一带,北起昆北断裂南缘,南至东温泉—埃坑德勒斯特一带,面积约 12 500 km^2,行政区划隶属于青海省格尔木市、海西蒙古族藏族自治州都兰县。

该区出露地层较多,从元古宇至新生界均有不同程度的出露。有古元古界金水口岩群,中元古界长城系小庙组、狼牙山组,中新元古界青白口系丘吉东沟组,上泥盆统牦牛山组,石炭系大干沟组,上三叠统鄂拉山组,中—下侏罗统大煤沟组,新近系油砂山组和第四系等。其中金水口岩群、狼牙山组是该亚带的主要含矿地层。断裂构造十分发育,按其走向延伸大致可分为北西西—东西向、北西向、北东向及近南北向 4 组断裂构造。北西西—东西向断裂,具有切割深、延伸长、长期活动的深断裂特征,控制了区域地质构造演化及地层、岩浆岩、矿产的形成和分布,是构造单元的分界断层。广泛发育的脆、韧性断裂带则是金矿体的主要容矿构造。区内岩浆活动强烈,具有期次多(元古宙、寒武纪、泥盆纪、三叠纪)、类型全(超基性、基性、中酸性、酸性、碱性等岩类)等特征。以印支期为主的多期次岩浆-热液活动,为金矿集中区的形成提供了极为丰富的深部矿质来源。

该区已知矿产有铁、岩金、铜(镍)、锰、铅、锌、钼等矿产。已发现众多矿床(点),其中成型矿床有 10 处:磁铁山铁矿(小型)、石灰沟金矿(中型)、打柴沟金矿(小型)、红旗沟-深水潭金矿(中型)、中支沟金矿(小型)、跃进山铁铜矿(小型)、洪水河铁矿(中型)、清水河铁矿(中型)、巴隆金矿(小型)等。矿床类型有沉积变质型、构造蚀变岩型、岩浆型、矽卡岩型、斑岩型等,以前两者为主。成矿期主要为前寒武纪和印支期。与祁漫塔格铁铜多金属矿重要找矿远景区及开木棋河铜镍铁多金属矿重要找矿远景区相比,该区侵入岩体大面积出露,构造蚀变岩型金矿集中产出,沉积变质型铁矿主要产于中元古界,并以锰矿体产出为特征。

该找矿远景区包含 1 个整装勘查区,12 个预测区(其中 A 类 2 个,B 类 3 个,C 类 7 个)。

4. 都兰铁铜铅锌钼金矿重要找矿远景区

该区东起兴海县城,西至温泉断裂,北起柴达木北缘断裂,南至昆南断裂,东西向长 108~150 km,南北向宽 110~120 km,总面积 15 647 km^2,行政区隶属于海西州都兰县。

该区位于青藏北特提斯造山系斜截东昆仑晚加里东造山带的结合部,褶皱、断裂发育,岩浆活动强烈,成矿地质条件优越。该区由柴北缘缝合带、祁漫塔格-都兰岩浆弧带及其缝合带组成。区内出露的地层主要有金水口岩群、滩间山群、缔敖苏组、鄂拉山组。岩体主要形成于前寒武纪、加里东期、海西期、印支期及燕山期等,岩石类型主要有基性超基性岩、闪长岩、花岗闪长岩、斜长花岗(斑)岩、二长花岗岩、钾长花岗岩等。北西向、东西向构造及其派生的次级构造蚀变破碎带是矿体的良好储矿空间,寻找该类断裂构造是找矿的重要间接标志。

该区属于都兰-鄂拉山 Bi、W(Sn)、Ni、Cd(Pb)、Au(Ag)、Cu 异常亚区。已发现众多矿床(点)百余处,主要为金、铜、铅、锌、锡、钼、银等矿产。主要成矿类型有斑岩-矽卡岩-热液型铁、铜、铅、锌矿等以及构造蚀变岩-石英脉型金矿。本区规模较大的矿床有果洛龙洼大型金矿、按纳格金矿、阿斯哈金矿、什多龙中型铅锌矿、小卧龙钨锡矿、哈日扎铜铅锌矿、热水钼矿、督冷沟铜钴矿。

该找矿远景区包含1个整装勘查区，12个预测区（其中A类9个，B类2个，C类1个）。

5. 昆仑河-开荒北金铜钴钨锡矿重要找矿远景区

该区西起分水岭，东至埃坑德勒斯特，北起雪鞍山—沙拉乌松山，南至博卡雷克塔格，东西长约450km，南北宽15～40km，总面积约为14 342km²，行政区隶属于格尔木市。

该找矿远景区分为南、北两部分，南、北跨雪山峰-驼路沟加里东期、印支期金、铜、钴（钨、锡）、玉石成矿亚带和布喀达坂海西期铜、钴、金（锑）成矿亚带。

出露地层有中—新元古界万宝沟群、奥陶系纳赤台群、下—中三叠统闹仓坚沟组。区内以近东西向断裂构造为主。区内侵入岩分布零星，时代为加里东期、海西期、燕山期，岩性主要为花岗闪长岩及二长花岗岩等。

1：25万化探异常为Au、Cu、W、Bi、Sb、As等，浓集中心突出。异常区经1：5万查证后分解出5个子异常，异常重现性较好。

北部地处东昆仑南部，属活动区造山带，成矿期次多，类型复杂。加里东成矿期，本带发育有与海相中基性—酸性火山岩有关的铜、铅、锌、钴床成矿系列，矿床类型为火山喷气沉积型，以驼路沟钴（金）矿床等为代表。海西期—印支期是本带比较重要的成矿时期，矿化比较普遍，以金及多金属为主，但规模不大，多属矿点、矿化点。成矿与同造山期中酸性侵入岩关系密切，矿床类型为接触交代型、热液型及石英脉-构造蚀变岩型（金矿），此类矿床构成了与花岗岩类有关的金、铜、铅、锌、铁、稀土成矿系列。较重要的矿床（点）有开荒北金矿床、小干沟金矿床、纳赤台铜矿点等。南部地处于巴颜喀拉成矿带，目前发现的矿床（点）较少，有黑海南金矿等。

该找矿远景区包含1个整装勘查区，7个预测区（其中B类2个，C类5个）。

（五）秦岭成矿带

秦岭成矿带共划分出大河坝-赛什塘铜铅锌金和同仁-泽库金铜铅锌矿两个重要找矿远景区。

1. 大河坝-赛什塘铜铅锌金矿重要找矿远景区

该区东起同德县城—玛温根，西至温泉—在日以西，南达南木塘，北止祁加，南北向长约123km，东西向宽50～105km，总面积约为10 160km²。行政区隶属于海南藏族自治州（简称海南州）兴海县、共和县和同德县。

区内石炭系和下二叠统为碎屑岩、碳酸盐岩夹中基性—酸性火山岩的岩石组合，含超基性、基性侵入岩体和构造岩块。地层和岩石中的有色金属元素背景值普遍偏高，铜峪沟等铜矿床的成矿物源可能与此有关。早、中三叠世的活动型沉积为浊流相碎屑岩夹少量碳酸盐岩和层凝灰岩，晚三叠世具有由爆发到溢流的韵律旋回向次火山或潜火山过渡的演化特点，中酸性及酸性火山岩发育，多处出现火山机构，层中Au、Ag、Cu、Pb、Zn等元素背景值偏高。印支期和燕山期中—酸性岩浆侵入和火山喷发活动均较强烈。印支期有闪长岩、花岗闪长岩、二长花岗岩，燕山期有钾长花岗岩、碱长花岗岩。1：5万水系沉积物异常为S、Au、Bi、Sb、Pb、Cu、Zn、Hg等。已发现矿床（点）20多处，是青海省重要的铜、铅、锌、金矿产富集区，成矿类型主要有喷流沉积型铜、铅、锌、锡矿床，典型矿床有铜峪沟大型铜矿床、赛什塘、索拉沟中型铜铅锌矿和日龙沟中型锡矿床，印支期与陆相火山活动有关的铅、锌、铜、金、银矿，典型矿床有鄂拉山口银铅锌矿、满丈岗金矿、在日沟铜矿。

该远景区包括A类预测区2个，B类预测区2个。

2. 同仁-泽库金铜铅锌矿重要找矿远景区

该区东起青甘省界，西至夺确壳西，南达河南县城北，北止常牧北，北西西向长约145km，北东东向宽104～130km，总面积20 037km²，行政区划隶属于黄南藏族自治州（简称黄南州）同仁县、泽库县、河南县、尖扎县,海南州贵德县、贵南县。

区内已发现各类矿床(点)211处,主要矿种为铜、铅、锌、金、砷,主要类型为陆相火山岩型、喷流-沉积型、接触交代型和构造蚀变岩型。典型矿床有恰东铜矿、老藏沟铅锌矿、瓦勒根金矿和赫格楞汞锑矿。北部处于东端的泽库弧后前陆盆地中,主体为一规模巨大的早中三叠世复理石沉积盆地,印支期岩浆侵入活动和晚三叠世火山活动强烈,断裂构造发育,成矿条件优越。地球化学特征中Au、As、Sb、Cu、Pb、Zn异常规模大,强度高,异常呈不均匀分布,主要集中于北部,并受岩体的控制呈"半环"状分布,分为公钦隆瓦异常、夏德日-多朗尕日寨异常、老藏沟-多禾茂异常。南部是西倾山古陆块体,内部具三层结构,基底可能由蓟县系—青白口系组成;盖层为厚度不大的以碳酸盐岩为主的泥盆纪—三叠纪台型沉积,各系间皆为整合或不整合接触,中新生代局部下陷形成山间盆地,更新世初呈断块上升出露地表。该区Hg、Sb异常发育。该区向东与甘肃的大水金矿和忠曲金矿地质背景极为相似。

该远景区包括A类预测区1个,B类预测区5个,C类预测区2个。

(六)巴颜喀拉成矿带

巴颜喀拉成矿带共划分出马尼特-德尔尼铜钴金矿、西藏大沟-大场金锑矿、果洛铜钴金锑矿3个重要找矿远景区。

1. 马尼特-德尔尼铜钴金矿重要找矿远景区

该区北西起唐格乌拉山,南东至西科河南省界,北西向长约520km,南北向宽10～40km,总面积10 213km^2。行政区划隶属于海西州格尔木市、都兰县,玉树藏族自治州(简称玉树州)曲麻莱县和果洛藏族自治州(简称果洛州)玛多县、玛沁县。

区内主体为阿尼玛卿缝合带内的布青山-积石山海西期、印支期铜、钴、锌、金(锑)成矿亚带。区内二叠系马尔争组地层发育,为中基性火山-沉积岩系。区内断裂构造主要有两组:北西向断裂和北东向断裂。区内从超基性、基性、中性、酸性侵入岩均有分布。Cu、Co、Au等地球化学异常显著,集中了阿尼玛卿缝合带内大多数规模大且强度高的Cu、Co异常,矿床时代跨度大,矿床类型比较复杂。区内产有德尔尼大型铜钴矿、马尼特金矿、玛沁县扎喜拉让铜金矿等。

该远景区包括A类预测区1个,C类预测区2个。

2. 西藏大沟-大场金锑矿重要找矿远景区

该区东起园顶山,西至窑洞山南,南达昆仑山口—大场南,北止驼路沟南,东西向长约380km,南北向宽5～50km,总面积9934km^2,行政区划隶属于海西州格尔木市、玉树州曲麻莱县和果洛州玛多县。

区内主体为北巴颜喀拉成矿带内的加格陇洼-昌马河印支期、燕山期金、锑(稀土、钨、锡、汞)成矿亚带。出露地层较简单,主要为下—中三叠统巴颜喀拉山群昌马河组、甘德组,主要为复理石建造浊流相沉积岩系。二叠系马尔争组中基性火山岩、碳酸盐岩、碎屑岩断续沿断层带少量的分布。甘德-玛多大型构造带通过该区,派生的次级断裂大致与该断裂平行,呈北西-南东向展布,具成群、成束展布的特点。1:25万化探异常以金、锑为主。中酸性侵入岩以花岗闪长岩和二长花岗岩为主,多呈岩株和岩脉产出。矿床(点)众多,产有大场大型金矿床,加给陇洼、扎家同哪中型金矿,东大滩、西藏大沟小型金矿。

该找矿远景区包括A类预测区1个,B类预测区2个,C类预测区2个。

3. 果洛铜钴金锑矿重要找矿远景区

该重要找矿远景区位于青海省东南部,地跨中、南巴颜喀拉成矿带的东段。该区西起特合土,北起昌麻河,东和南均以青海省、四川省界(简称青川省界)为界,北西向长约180km,北东向宽约170km,总面积28 936km^2,行政区划隶属于果洛州甘德县、达日县、久治县、班玛县。

出露地层主要由巴颜喀拉山群下—中三叠统昌马河组、甘德组及上三叠统清水河组组成。昌马河组上部为砂岩、板岩互层夹灰岩,下部为砂岩夹砂砾岩,底部为砾岩,甘德组为砂岩夹板岩,偶夹火山岩、碎屑灰岩。岩体以酸性岩为主,主要为印支期,其次是燕山期。北西向断裂发育,区内已发现多卡、达卡和吉卡3处砂金矿床(点)，以及上红科、东乘公玛、青珍等金矿床(点)。化探异常元素组合为Au-Cu-As-Sb-Hg-Pb，以Au异常为主。金重砂异常发育。东乘公玛金矿异常已得到证实，该异常往西未封闭，含矿破碎带仍有延伸，东南部地表矿化平硐揭露品位增高，矿区深部仍有找矿潜力。

该找矿远景区包括B类预测区1个，C类预测区5个。

(七)三江北段成矿带

在三江北段成矿带划出沱沱河地区铁铅锌煤天然气水合物、多彩-赵卡隆铜铅锌铁矿、纳日贡玛-莫海拉亨铜钼铅锌银煤矿3个重要找矿远景区。

1. 沱沱河地区铁铅锌煤天然气水合物重要找矿远景区

该区东起唐古拉山东，西至岗钦扎伸，南达纳塘卡，北止多索岗日南-扎拉宁可，东西向长175~196km，南北向宽25~139km，总面积32 463km^2，行政区划隶属于海西州格尔木市。

该区是近年来随着大调查1∶20万化探扫面工作而逐步突显出来的一个崭新的成矿有利地区，位于青藏铁路沿线、长江上游沱沱河一带，青藏铁路从本区中东部通过，与以往相比，交通已大为改善，从而为本区矿产资源的勘查开发提供了极为便利的条件。

该区地处开心岭-杂多中晚二叠世岛弧带西段与雁石坪侏罗纪弧后前陆盆地的接合部位，以石炭系和二叠系的广泛出露为特征。其上叠覆了新生代陆内盆地，有上三叠统，中、上侏罗统，白垩系，古近系分布，以构造-热液成矿作用最具特色。

1∶20万化探在区内圈定了15处高强度、大规模的多元素综合异常，异常呈近东西向密集分布，构成了巨大的地球化学块体。化探异常元素组合以Zn、Pb、Ag、Cd、Ba为主，伴生有Mo、Mn、Cu、La、P等，主要异常自东向西有开心岭、宗陇巴、多才玛-茶曲帕查、那日尼亚曲、纳不才金、萨保、仓龙错切玛、雀莫错异常等。特别是沱沱河地球化学块体中的Pb1、Zn2块体规模大，浓集趋势显著，Pb1块体面积为18 621km^2，Zn2块体面积为11 548km^2，这些块体内初步工作均已发现铅锌矿化。

近几年的工作证实该区矿产资源丰富，矿化信息普遍，找矿潜力巨大，通过大调查及地质矿产调查发现的铅锌等金属矿点10余处，矿种以铅锌为主，以宗陇巴锌矿、多才玛-茶曲帕查铅锌矿、桑玛日铁锰矿、纳保扎陇铅锌矿、巴斯湖铅锌矿、扎木曲铅锌矿等为代表。成矿类型为热液型、矽卡岩型及斑岩型，成矿受构造带控制，构造带具一定规模，显示出大—超大型矿床的雏形。2011年在多才玛、巴斯湖发现了富铅锌矿体，只是目前地勘投入有限，工作程度低，大多数新发现的矿点尚未进行系统评价与深部验证，外圈异常尚未进行查证评价。

该远景区包括A类预测区3个，B类预测区3个，C类预测区5个。

2. 多彩-赵卡隆铜铅锌铁矿重要找矿远景区

该区北西起吓根龙，南东至赵卡隆，北西向长约300km，北东向宽40~60km，总面积12 664km^2，行政区划隶属于玉树州玉树县、治多县。

区内出露地层主要为上三叠统巴塘群，为一套中酸性火山-沉积岩系。少量的上三叠统甲丕拉组分布于区域东部，为一套碎屑岩夹灰岩，局部夹安山岩地层。区内断裂构造发育，主断层走向为北北西向，控制着地层分布。侵入岩不发育。

该区内金属矿产资源极为丰富，其中铜、铁、铅、锌矿等具有突出的优势，有望通过新一轮矿产勘查工作后，成为国家级有色金属矿产资源接替基地之一。

该区尕龙格玛、当江铜铅锌铁矿床等已具有一定规模，工作程度低，其成矿类型为火山-喷流型，可与邻区呷村多金属矿相类比。当江地区Cu、Pb、Zn、Ag、Ba等元素异常显示好，矿化信息丰富，为寻找呷村式多金属矿的重要靶区。赵卡隆喷流-沉积型铁铜铅锌银矿近两年找矿有重大进展，特别是发现了厚大铜矿体，显示其巨大的找矿潜力。

该远景区包括1个整装勘查区，A类预测区1个，C类预测区5个。

3. 纳日贡玛-莫海拉亨铜钼铅锌银煤矿重要找矿远景区

该区东起青藏-青川省界,西至纳日贡玛,南达青藏省界,北止纳日贡玛北—下拉秀,北西向长约270km,北东向宽约120km,总面积29 600km²,行政区划隶属于玉树州杂多县、囊谦县。

该区位于三江成矿带北段近南北向、近东西向转折部位,是青藏高原晚古生代以来具有独特演化历程的一个多岛弧碰撞造山带。印支晚期—喜马拉雅期的火山岩、与俯冲-碰撞作用有关的重熔、同熔型钙碱性岩浆岩广泛分布,尤其是喜马拉雅期含矿斑岩分布广泛,北西向、北东向构造纵横交错,拥有独特的成矿地质背景。区内金属矿产资源极为丰富,其中铜、钼、铅、锌、银、铁矿等具有突出的优势。该地区有望通过新一轮矿产勘查工作后,成为国家级有色金属矿产资源接替基地之一。

1∶20万和1∶5万化探Cu、Mo、Pb、Zn、Au、Ag、Cd多元素异常发育,异常规模巨大,尤其是Cu异常呈串珠状近东西向带状分布,延伸达100km,构成一巨型铜异常带。根据地球化学异常分布特征,划分为6处异常,即纳日贡玛-陆日格Cu、Mo(Pb、Zn、Ag)异常,众根涌Mo、W、Bi(Cu、Pb、Zn、Ag)异常,然者涌Pb、Zn、Ag、Cd(Cu、Mo)异常,东角涌-君乃涌Pb、Zn、Ag、Cd(Cu)异常,吉龙Cu、Mo(Pb、Zn、Ag、Cd)异常和东莫扎抓Pb、Zn、Ag、Cd异常。

该区北部成矿类型分为两类。一类是以斑岩型铜钼矿及其共生的矽卡岩型、热液型为特点,形成一个完整的斑岩成矿系列,典型矿床有纳日贡玛、陆日格、众根涌、打古贡卡等。勘查工作应以纳日贡玛斑岩铜钼矿床为突破口,与之呈等间距排列的打古贡卡、陆日格、哼赛青以及其周围的众根涌和乌葱察别为重要的找矿靶区。其南部吉龙地区亦有良好的Cu、Mo组合元素异常显示并发现一定规模的铜矿化,可作为该区重点找矿靶区之一。另一类以与岩浆-构造热液活动有关的铅锌银矿为重点,典型矿床有然者涌、东莫扎抓、莫海拉亨等。其中,然者涌、东莫扎抓具有超大型铅锌银矿床的潜力,与之成矿条件相似的莫海拉亨、卜忽卡、东角涌等可以作为重点找矿靶区。

南部解嘎—旦荣地区工作程度较低,通过初步异常检查即发现解嘎银多金属矿、旦荣、阿涌铜矿。其中火山-喷流型旦荣、喷流-沉积型扎查琼铜矿的找矿前景看好,外围新圈定的一批物化探异常尚未进行检查评价,找矿突破的空间极大。

该远景区包括A类预测区4个,B类预测区1个,C类预测区3个。

第二节 "十三五"工作部署建议

一、基础地质调查

1. 1∶25万区域地质调查(修测)

1∶25万区域地质调查(修测)主要部署在祁连山、三江北段、东昆仑地区。查明和更新区内地层、岩石(沉积岩、岩浆岩、变质岩、混杂岩)、古生物、构造、矿产以及其他各种地质体的特征,并研究其属性、形成时代、形成环境和发展历史等基础地质问题,为矿产资源评价及国土资源规划、管理、保护和合理利用等提供地学基础资料和依据,同时为社会公众提供公益性的基础地质信息。

2. 1∶25万区域重力测量

1∶25万区域重力测量主要安排在三江北段、巴颜喀拉、西秦岭和祁连等成矿带。通过区域重力调查,了解青海省的深部地质构造特征,为地质找矿和经济社会发展提供基础资料。

3. 1∶5万区域航空磁测

1∶5万区域航空磁测重点安排在东昆仑西段、祁连、巴颜喀拉、三江北段成矿带等地区,其目的是了解这些地区的磁场及磁异常特征,为矿产资源调查评价提供依据。

4. 1∶25万区域化探

1∶25万区域化探对省内进行了1∶50万区域化探的工作区、进行过1∶20万区域化探工作但由于各种历史因素而存在一定问题的图幅和区域化探空白区进行部署,为地质工作部署和矿产勘查等提供区域地球化学资料。

5. 区域综合物探调查

开展重要矿集区或矿田和浅覆区1∶5万重力、电法综合物探调查,对区内矿化集中区构造与控矿因素进行调查,结合地质、矿产资料,研究物探异常与矿产的关系,建立以重、磁、电综合信息为主的找矿标志,总结浅覆区填图方法。

6. 1∶5万地质矿产调查（矿产地质调查）

以整装勘查区和重要找矿远景区为重点,根据工作程度,部署1∶5万区域地质调查、1∶5万矿产地质调查,进一步查明重点成矿区带地质构造背景、成矿条件、成矿规律和资源潜力,圈定新的成矿远景区和找矿靶区。开展1∶5万专项地质填图,重点解决与成矿有关的基础地质问题以及研究各种找矿地质前提和间接标志,服务找矿工作。对20世纪90年代前完成的1∶5万区域地质（矿产）调查的成果资料进行更新。青海南部1∶5万区域地质矿产调查工作中的异常查证和矿产检查不安排槽探等山地工程,只开展地表地质矿产调查工作,同时增加水文地质、工程地质、环境地质调查等内容,为生态环境保护提供更多的基础资料和依据。

二、优势与重要矿产勘查

根据国家战略性矿产资源勘查和青海省成矿地质条件及优势产业发展需要,确定现阶段青海省矿产勘查主攻矿种为石油、天然气、煤炭、铁、铜、铅、锌、金、镍、钾盐,兼顾非常规油气、铀、锂、"三稀矿产"、高纯石英岩、晶质石墨、玉石等矿产。以柴达木盆地、东昆仑、柴北缘、阿尔金山等为主要地区,兼顾地方政府支持、群众意愿、生态环境承载力强、开发条件好的其他地区。

1. 金属及煤等矿产

金属及煤等矿产地质工作包括勘查和调查评价,主要部署在冷湖-大柴旦煤金铜铅锌页岩气重要找矿远景区、布赫特山-沙柳河金铜铅锌锡钨矿重要找矿远景区、大通沟南山-委盐场北山铜镍金稀有稀土石墨矿重要找矿远景区、柴达木盆地油气盐湖页岩气重要找矿远景区,祁漫塔格铁铜多金属矿重要找矿远景区,开木棋河铜镍铁多金属矿重要找矿远景区、五龙沟-巴隆铁铜镍金矿重要找矿远景区、都兰铁铜铅锌钼金矿重要找矿远景区、昆仑河-开荒北金铜钴钨锡矿重要找矿远景区。

矿产资源调查评价主要任务是对找矿靶区、矿致异常进行调查评价,提交新发现矿产地或矿点,发现新的重要成矿类型,重在发现、评价主要成矿远景区成矿潜力,带动商业勘查,包括矿产资源潜力评价、异常查证与矿点检查和成矿有利地区矿产资源预查。

矿产勘查（其中整装勘查见本章第三节）主要利用大比例尺地质和物化探测量等手段方法,配合地表探矿工程和深部钻探等重型工程,针对找矿远景区内重要矿床点、新发现矿产地开展普查、详查工作,提交主要矿产资源储量,提交一批大型以上矿床和可供进一步勘查的矿产资源基地。

2. 石油天然气

以柴达木盆地及周边为重点,兼顾共和、西宁盆地及羌塘盆地北部等地区。对柴达木盆地石油、天然气进行重点勘查,提交可供开发的地质储量;加强柴达木油气盆地综合评价,开展油钾兼探、油铀兼探;对共和、西宁盆地及羌塘盆地北部开展石油、天然气调查评价,寻找和发现石油天然气及其分布区域,为进一步勘查提供依据。

3. 页岩气

重点工作区位于青海省中北部,包括柴达木盆地及其邻区、共和盆地、西宁盆地。以侏罗系和石炭系为主要目的层,开展页岩气远景调查。

4. 天然气水合物

以祁连山为重点,查明祁连山冻土区天然气水合物的分布特征和资源潜力。开展沱沱河地区天然气水合物资源远景调查评价工作。

5. 战略性新兴产业矿产资源

锂等矿产以现代盐湖型矿床为主要类型,主要部署在柴达木盆地西北部;高纯石英主要部署在中祁连;晶质石墨主要部署在东昆仑和阿尔金南缘;"三稀"矿产主要部署在东昆仑、祁连和阿尔金南缘。

三、科技创新

以战略性矿产资源绿色勘查开发及现代地学、成矿理论、勘查开发技术应用为重点,促进科技与地质找矿紧密结合,充分发挥科技在找矿突破中的支撑引领作用,围绕制约找矿突破和资源绿色勘查开发等关键地质问题,开展专题调查和科技攻关,进一步总结青海省不同地区、不同矿种和不同矿床类型的勘查方法技术组合及勘查模型,探索适用于高寒山区的隐伏矿产的找矿技术方法。

第三节 整装勘查工作

整装勘查是实现找矿突破的重要平台和新机制的核心。根据全省地质调查与矿产勘查工作程度,本书整装勘查是指在一个构造成矿区带内,对成矿潜力大,成矿地质背景、物质成分和成因上相近的一系列矿田、矿床(点)或矿产资源分布集中区(至少存在一处大型远景规模的矿床或几处中型远景规模的矿床),按照"统一组织管理、统一规划部署、统一勘查进度、统一质量要求"的原则,集中人力、财力、物力等要素,运用成矿理论和有效的勘查技术手段,开展系统化、规模化的矿产勘查活动。整装勘查是实现快速找矿突破、发现和评价具有大型或超大型矿产资源勘查开发基地的一种重要的勘查方式。整装勘查对构建找矿新格局和落实找矿重大成果目标、形成重要资源勘查开发基地等有重要性、决定性意义。

一、主要工作部署思路

以国家战略性和青海省优势矿产为重点,选择成矿条件好、找矿潜力大、具备大—超大型远景规模的矿田或矿集区开展整装勘查工作。主要通过较系统的地表与深部探矿工程控制与大比例尺地质、物化探勘查等方法手段,以矿床点、矿化带、主要矿体为对象进行普查工作。在矿化带延伸地段及矿床点外围开展预查工作,扩大矿床点规模与找矿远景;适当选择重点矿床矿区主要矿体进行详查工作,为矿产资源开发提供基础资料。通过整装勘查,集中力量尽快查明重要矿床点的规模、资源储量及资源勘查开发前景等,为提交优势与战略性矿产资源开发基地奠定基础。

1. 整体推进,重点突破

以《全国找矿突破战略行动纲要》为依据,结合青海省经济社会发展需要、资源禀赋和勘查开发条件,科学组织实施整装勘查。以铁、金、铜、镍、铅锌、钾盐等优势矿产为主要矿种,在东昆仑、三江北段、柴北缘和柴达木盆地等成矿区带优选具有大型以上成矿潜力的矿田或在矿集区开展整装勘查,加快矿产资源勘查步伐,努力实现找矿重大突破。

2. 多元投入,统筹安排

多方位构建地质找矿投融资平台,拓展筹资渠道,保障整装勘查资金需求;统筹协调中央、省地勘基金,州地县资金和社会资金,充分发挥资金的聚合效应,形成中央、地方、企业多方参与,以政府投入为引导、企业投入为主体,多渠道投入的矿产勘查新机制,促进勘查投入的持续发展和良性循环。

3. 科学规划，统一部署

突出整体性：根据区内工作程度，系统开展基础地质调查及矿产预查、普查、详查、勘探、开发等工作。突出重点，分层次、分步骤推进勘查工作，实现有机衔接，有序转化。突出统一性：建立"统一组织管理、统一规划部署、统一预算标准、统一勘查进度、统一质量要求"的整装勘查工作机制，提高勘查效果和质量。突出综合性：运用地质、物化探、钻探等手段方法和专题研究等对整装勘查区综合勘查、全面评价。

4. 公益性和商业性有机结合，快速突破

发挥基础性公益性地质矿产调查的基础、先行作用，通过公益性地质工作提高基础地质工作程度，圈定更多的找矿异常，发现更多的找矿线索，提供更多的找矿靶区，发挥"四两拨千斤"的杠杆效应，引导和拉动后续商业性矿产勘查的跟进，加快勘查进程，快速突破。

二、整装勘查工作部署建议

根据整装勘查部署思路，2016—2020年将继续开展青龙沟-绿梁山-锡铁山、柴达木盆地、卡而却卡、野马泉、拉陵灶火、昆仑河、五龙沟、沟里、多彩等矿集区的整装勘查工作，并根据工作进展进行动态调整。

（一）青海省格尔木市卡而却卡地区铜多金属矿整装勘查

1. 位置与交通

勘查区位于柴达木盆地西南缘那陵郭勒河上游南、北两岸，行政区划隶属于格尔木市乌图美仁乡，勘查区距格尔木市约440km。勘查面积5963km²。其中西宁至格尔木780km为109国道，格尔木市至甘森240km为格芒公路，从甘森泵站至青海省格尔木市庆华公司100km为柏油路，路况较好。该勘查区为省级整装勘查区，是青海省祁漫塔格地区铁铜矿国家级整装勘查区的一部分。

2. 主攻矿种与成矿类型

主攻矿种：铜、钼、铅、锌、铁，兼顾钨、锡、金。
主攻类型：斑岩型、接触交代型、沉积变质型、热液型。

3. 勘查区地质背景及取得的主要成果

勘查区位于东昆仑祁漫塔格地区。区内出露主要地层有古元古界金水口岩群和寒武系—奥陶系滩间山群，北西西向断裂发育，另外海西期似斑状黑云母二长花岗岩、印支期花岗闪长岩等发育。该区作为特提斯洋的北部活动陆缘的组成部分，从古生代到中生代的陆缘弧、弧盆体系发育齐全，且保存相对完整，成矿地质条件优越，有形成大型矿床的地质条件（包括卡而却卡、喀雅克登-别里赛北、玛兴大湾-肯得大湾、莫日布拉格-那西郭勒4个子勘查区）。

2009年以来，发现和评价了卡而却卡铜多金属矿、莫日布拉格、那西郭勒铁矿等矿床（点），截至2014年底累计新增资源量铜多金属74×10^4t，钼金属2×10^4t，铁矿石0.6×10^8t。

4. 勘查工作部署

总体工作部署以寻找新类型（斑岩型、沉积变质型、与超基性岩有关的硫化物铜镍矿）拓展新工区，以卡而却卡重点勘查区为主导，以斑岩找矿为重点，加强控矿构造研究，由浅入深，从已知到未知；按照面上展开、点上突破、点面结合的原则，根据不同工作程度及矿化特征等，选择大比例尺地质填图、物探（磁法、电法、井中物探）、化探（水系沉积物测量、土壤、岩屑）、槽探、硐探和钻探等有效的方法手段，合理安排预查、普查与详查工作。根据成矿远景与成矿地质条件等信息，结合矿产勘查工作进展，优先选择近期能够形成大型或超大型矿床的有利地段，集中开展勘查评价工作。

重点对卡而却卡A区斑岩型铜矿和C区构造蚀变岩型金矿、莫日布拉格-那西郭勒沉积变质型铁

矿及与超基性岩有关的铜镍硫化物矿进行调查评价,对发现的主要矿体进行追索控制,扩大找矿成果,提交可供开发的矿产地和普查基地。

(二)青海省格尔木市野马泉地区铁多金属矿整装勘查

1. 位置与交通

野马泉整装勘查区位于格尔木市西,方位约285°,直线距离约280km,行政区划隶属于青海省格尔木市茫崖镇。整装勘查区范围大致以昆北断裂为界,北至乌兰乌珠尔南,东起它温查汉,西至青海省和新疆维吾尔自治区边界,面积4923.48km^2。沿格(格尔木)-茫(茫崖)公路从格尔木向北西行驶250km后,向南西分别行驶约90km、70km后,便分别抵达虎头崖—肯德可克一带和勘查区中部野马泉。该勘查区为省级整装勘查区,是青海省祁漫塔格地区铁铜矿国家级整装勘查区的一部分。

2. 主攻矿种与成矿类型

主攻矿种:铁、铅、锌、铜、钴。

主攻类型:接触交代型、SEDEX型、斑岩型。

3. 勘查区地质背景及取得的主要成果

野马泉整装勘查区位于柴达木准地台之南缘,跨越了祁漫塔格北坡岩浆弧带和祁漫塔格缝合带。区域地质构造演化经历了元古宙古陆形成、早古生代(加里东期)裂解及造山、晚古生代—早中生代(晚海西期—印支期)造山和晚中生代—新生代造山4个构造旋回,与成矿关系最为密切的是晚古生代—早中生代造山旋回。从目前掌握资料分析,已发现的矿床类型主要有两类,即矽卡岩型和热液(热液改造)型,其次为斑岩型、沉积变质型、风化淋滤型。发现的矿种多样,有铁、铜铅锌、钴、铋、钼、锡、钨及金、银。在上百千米的矿化带上分布有虎头崖-尕林格、肯德可克、野马泉、四角羊-牛苦头、它温查汉、它温查汉西等多处铁、铜、铅锌多金属重要矿床。

在区域地质矿产特征研究的基础上,将整装勘查区分为7个子勘查区,分别为虎头崖、野马泉、尕林格、四角羊-牛苦头、沙丘、肯德可克和冰沟。

2008年以来,评价和发现了尕林格大型铁矿床、野马泉铁多金属矿床、沙丘铁多金属矿、虎头崖铅锌矿床等,累计新增铁矿石资源量$2.5×10^8$t,铜铅锌资源量$232.94×10^4$t,钴资源量$1.5×10^4$t。

5. 勘查工作部署

整装勘查重点子勘查区为尕林格、沙丘、虎头崖和野马泉子勘查区,其次为冰沟子勘查区,再次为四角羊-牛苦头和肯德可克子勘查区。对完成工作程度较高的主要矿床勘查工作进入开发。对野马泉、虎头崖、沙丘等主要矿体进行控制,程度达到普查—详查,提交可供开发的矿产地和普查基地;依据前期找矿成果,合理选区,开展普查、详查及勘探工作,主要矿床阶梯式进入开发,提高控制程度,探索新类型和勘查区深部,为开发提供充足的后备基地。

(三)青海省格尔市拉陵灶火地区铜多金属矿整装勘查

1. 位置与交通

勘查区位于青海省西部东昆仑山脉西段,柴达木盆地南缘。行政区划隶属于青海省格尔木市乌图美仁乡,面积约8964km^2。勘查区北部有格(格尔木)-茫(茫崖)公路通过,区内大部分地段山高谷深,风成沙覆盖严重,车辆通行较困难。该勘查区为2012年新上的省级整装勘查区,是青海省祁漫塔格地区铁铜矿国家级整装勘查区的一部分。

2. 主攻矿种与成矿类型

主攻矿种:铁、铜、镍、铅锌、钼。

主攻类型:接触交代型、岩浆熔离型、斑岩型、海相火山喷流型。

3. 勘查区地质背景及取得的主要成果

勘查区主体位于东昆仑造山带,北接柴达木地块,是研究昆仑造山带物质组成和构造演化的最佳地段。勘查区内构造受周边构造的控制,形成了大小不等的梯形格状特征,以北西西向断裂为主,北东东向、北北西向次之。构造单元格架清楚,以地层、沉积、岩浆、变质变形等地质记录丰富。总体上来看,区内地层出露较齐全,构造变形强烈,断裂构造发育,岩浆活动主要由早二叠世、晚三叠世和少量早白垩世中酸性侵入岩组成,区域矿化多赋存于不同时代侵入岩的接触带附近。

勘查区岩浆活动频繁,从晋宁期—燕山期均有分布,尤以早二叠世和晚三叠世侵入活动最强。岩石类型众多,与成矿关系密切的为超基性、中酸—酸性侵入岩。晋宁期侵入的超基性岩中形成规模较大的岩浆熔离型铜钴镍矿产(夏日哈木铜镍矿床),中酸—酸性岩体内形成斑岩型铜矿产(拉陵灶火中游铜钼矿床),在岩体与围岩(白沙河岩组、大干沟、滩间山群)接触带上形成矽卡岩型铜多金属矿产(黑沙山南多金属矿床、哈西亚图铁多金属矿床),构成一套较为完整的与岩浆侵入有关的成矿系列,找矿前景广阔,资源潜力巨大。同时,勘查区内还广泛分布有寒武系—奥陶系滩间山群海相火山岩,区域上肯德可克铁多金属矿床就产于该地层中,成因为海相火山喷流型,因此海相火山喷流型多金属矿产也是区内的主要矿产类型。

勘查区内断层构造发育,多为规模巨大的区域性大断裂,以北西向和近东西向为主,金属矿化多与北西向和近东西向断层有关,目前发现的矿(床)点及各类异常多沿断裂构造呈带状产出。在多组构造交会部位金属矿化富集明显,如拉陵灶火中游铜钼矿床、夏日哈木铜镍矿床等,表明后期构造-热液叠加成矿作用在区内显著,找矿潜力大。2008年以来,勘查区找矿工作取得重大突破,发现了拉陵灶火中游铜钼矿床、夏日哈木铜镍矿床、黑沙山南多金属矿床、哈西亚图铁多金属矿床等。尤其是夏日哈木铜镍矿床的发现,具有开创性和示范作用,该矿床成为我国第二大镍矿床。截至2014年累计新提交铜镍资源量 130×10^4 t,铁矿石资源量 0.75×10^8 t,铅锌资源量 30×10^4 t。

5. 勘查工作部署

按5个层次进行工作部署,分别按不同的工作程度进行不同性质的工作。一是对目前工程控制程度较高的夏日哈木铜镍矿床主矿体地段开展勘探工作,为矿产开发提供基地;二是对找矿前景好的矿区(黑沙山南、拉陵灶火上游、夏日哈木及哈西亚图矿床外围、拉陵高里河沟脑、拉陵灶火中游等),较系统地进行普查或详查工作,加快勘查进度,提交详查地段;三是针对已圈定的矿化带及矿体,但工程控制不够或只进行稀疏深部工程验证的矿区开展矿产普查或预查工作,以大间距工程进行揭露、控制,初步查明各区内矿化规模,为进一步开展矿产勘查工作提供依据,同时加强地表找矿工作,扩大找矿远景,为开展普查工作提供依据;四是针对各矿区外围其他异常及多金属矿点等有利找矿区段进行预查工作,发现新的矿化信息,圈定矿化带,必要时进行深部稀疏的钻探验证,扩大资源远景,提交可供进一步工作的矿产地;五是以勘查区内前期发现的各类矿化信息为依托,选择成矿有利地段开展矿产远景调查、矿产调查评价工作,发现新的矿化信息,充分带动区内矿产勘查工作,达到"公益先行"的目的。

(四)青海省柴达木盆地深层卤水钾盐资源整装勘查

1. 位置与交通

青海省柴达木盆地深层卤水钾盐资源整装勘查区位于柴达木盆地西部、中部,行政区划隶属于青海省海西蒙古族藏族自治州茫崖镇、冷湖镇、大柴旦镇、格尔木市等,面积33 842 km²。勘查区内人口相对集中的城镇为花土沟镇、冷湖镇,由格尔木市至勘查区有国道215线、国道315线绿草山—黄瓜梁段及格茫公路通行,总体上交通较为方便,但勘查区内沙漠、盐壳广布,汽车行走十分困难。

3. 主攻矿种与成矿类型

主攻矿种:氯化钾,兼顾硼、锂。

主攻类型:第四纪浅部固液相钾(硼、锂)矿,第四纪、新近纪深层卤水型钾(硼、锂)矿。

4. 勘查区地质背景及取得的主要成果

整装勘查区背斜构造和向斜构造相间排列,成群成带出现。各构造区盐类矿产分布既有相同点又有各自特点,总体上第四系凹陷区浅部及近地表有固体盐类沉积,其中多含晶间卤水,工业意义较大。靠近盆地边缘的第四系深部有厚度不等的砂砾石层存在,是寻找孔隙卤水的理想场所。新近系狮子沟组、油砂山组和古近系—新近系干柴沟组形成伴随盆地的演化,地层中有盐类沉积,岩性、构造等有利地段富含富钾硼锂卤水。

本整装勘查区确定的深层卤水系指赋存于盆地西部、前人已经评价提交储量、矿层之下的高矿化度卤水矿层,主要组分以富含钾、硼、锂、碘为特点。依据油气井和盐湖钻井揭露分析,在柴达木盆地西部的背斜和向斜构造上均有深层卤水矿层的分布,横向上南自老茫崖北至牛鼻子梁,西起花土沟东至察尔汗,分布面积约48 088 km^2。纵向上渐新统—上新统至第四系上更新统均有分布,尤以中新统及中更新统的深层卤水矿层分布面积最大。深层卤水矿层埋深自几百米至上千米不等。

柴达木盆地西部深层卤水钾盐整装勘查项目自2012年实施以来,已经在尕斯库勒、大浪滩、察汗斯拉图、昆特依、马海等次级盆地内均新发现了大厚度富钾孔隙卤水矿层,开拓了柴达木盆地新的找矿空间,并展示了良好的找矿前景。新增氯化钾资源量$1.7×10^8$ t。

5. 勘查工作部署

在取得深层卤水重大突破的大浪滩-黑北凹地开展普查工作,在与大浪滩-黑北凹地有相似地质背景和沉积环境的尕斯库勒、察汗斯拉图、昆特依、马海等第四纪凹地开展深部深层卤水矿资源评价或预查工作,研究深层卤水矿的赋存规律。通过对大浪滩-黑北凹地深层卤水矿的重点解剖、指导其他凹地的深层卤水找矿工作;利用射孔、油井调查、地震资料解译分析等手段,对南翼山、狮子沟等有代表性的背斜构造区深层卤水矿赋存规律进行研究,重点对层状卤水层和断裂构造控制的带状卤水层的特征开展研究,在此基础上安排少量钻孔进行验证和控制。

(五)青海省沟里地区金多金属矿整装勘查

1. 位置与交通

勘查区位于青海省中部东昆仑东段,行政区划隶属于海西州都兰县、果洛州玛多县、海南州兴海县。勘查区西起都兰县香日德镇,东至兴海县温泉镇,北邻都兰热水乡,南至玛多县冬给措纳湖—苦海一带,总面积为4168 km^2。214国道和109国道分别从勘查区南北线通过,勘查区内各矿区间有简易公路相连,交通较为方便。该勘查区为2009年开展的青海省第一批国家级整装勘查区。

3. 主攻矿种与成矿类型

主攻矿种:以金、铜、铅、锌、银矿为主,兼顾钨、钼、钴、铁。
主攻类型:构造蚀变岩型、斑岩型、喷流沉积型。

4. 勘查区地质背景及取得的主要成果

整装勘查区位于柴达木地块东南缘。在大地构造位置上,其北以昆北断裂为界属东昆仑北坡花岗-变质岩带,南以昆南断裂为界属阿尼玛卿山消减带,中间昆中断裂横跨全区。整装勘查区以昆中大断裂为界分2个三级构造单元,北为昆中构造带(东昆仑前峰弧),南为东昆仑南坡构造消减带(东昆南混杂岩带)。

整装勘查区出露地层主要有古元古界白沙河岩组、中—新元古界万宝沟群、奥陶系纳赤台群、上石炭统浩特洛哇组、中二叠统马尔争组、下—中三叠统洪水川组、侏罗系—白垩系羊曲组及第四系。区内的断裂构造十分发育,以压性或压扭性断裂为主,构成主干构造,走向为北西西—近东西向。岩体较发育,有海西期花岗闪长岩、二长花岗岩、闪长岩。区内产出的主要矿床有果洛龙洼金矿、阿斯哈金矿、按纳格金矿、瓦勒尕金矿、园以金矿、督冷沟铜钴矿、坑得弄舍金多金属矿中—大型矿产地7处。

通过6年的工作,整装区内取得了较好的找矿成果,新发现可供规模开发的矿产地5处,其中大型矿床3处,中型矿床2处,同时新发现了一批具进一步工作价值的预查、普查基地,同时圈定出一批物化探异常。在区内圈出160多条以金为主的多金属矿体,累计估算金资源量124.82t,铅锌68.36×10^4t。

5. 勘查工作部署

对成矿地质条件优越、化探异常好,且有成矿信息的色德日、达里吉格塘、三岔口、也日更等勘查区进一步开展矿产普查工作,加大对已知矿体的控制。选择区内各类化探异常利用地化剖面和槽探进行检查验证,以期发现一批找矿线索,扩大本区找矿远景。对果洛龙洼金矿区外围及边部、坑得弄舍、瓦勒尕尔开展详查工作,在德龙、阿斯哈、加尕雀、按纳格等矿区局部开展详查及全区的普查工作,提高对矿体的控制程度,扩大矿区资源量。

(六)青海省多彩地区铜多金属矿整装勘查

1. 位置与交通

工作区位于青海省玉树藏族自治州多彩—宗可曲一带,属治多县、玉树县管辖,面积5395km^2。西宁到治多县有公路相通,工作区距西宁约1080km,工作区主要交通干线为青藏公路(G214),从玉树县至治多县有县级公路相通,县乡两级有简易公路相通,中部及南部局部交通条件较差,交通尚为便利。

2. 主攻矿种与成矿类型

主攻矿种:铜、钼、铅、铁,兼顾钨、锡、金。

主攻类型:斑岩型、接触交代型、沉积变质形、热液型。

3. 勘查区地质背景及取得的主要成果

整装勘查区处于"三江"成矿带之北西段,西金乌兰-义敦中生代弧后盆地西段,与东南的赠科-中甸火山盆地及盆地中的四川呷村铜多金属矿床同属一个成矿带,成矿环境、矿化类型极为相似,具有优越的地层、构造、岩浆岩等地质成矿条件。尤其是自晚古生代以来,经历了多次的裂解、俯冲、碰撞造山多旋回构造运动,具有优越的以铜、铅、锌为主的大型多金属矿的成矿地质条件。整装勘查区出露地层主要为巴塘群和结扎群,其中与成矿关系密切的为巴塘群第二岩组火山岩,目前已知的多处矿床(点)矿体均赋存于该岩性中,最具代表的是尕龙格玛铜多金属矿床。

通过近几年主要矿区的预查—普查工作,已发现了大型铜多金属矿床尕龙格玛,小型矿床查涌、多日茸,以及玛考才格、多彩龙墨、多彩地玛等多处矿点。整装勘查区新增铜铅锌资源量50×10^4t,目前累计铜铅锌资源量为150×10^4t。

4. 勘查工作部署

第一层次:以尕龙格玛、查涌、多日茸、玛考才格、多彩龙墨沟及多彩地玛等矿区为工作重点,采用探矿工程沿走向、倾向追索控制,旨在扩大矿体规模、增加铜铅锌多金属资源量、提高资源量类别及寻找富矿地段。

第二层次:在撒拉龙洼、曲尕日、堂龙宽、格仁涌等地段开展异常查证,利用地物化综合手段开展异常查证工作,寻找新的矿化线索,圈定矿化体,为进一步工作提供依据。

第三层次:对区域地物化综合异常择优开展异常查证工作,寻找新的矿化线索,圈定矿化体,为进一步工作提供依据。

(七)青海省五龙沟地区金矿整装勘查

1. 位置与交通

勘查区位于青海省柴达木盆地南缘、东昆仑中段北缘,行政区划隶属于青海省都兰县和格尔木市。面积约3805km^2。青藏公路109线从工区北侧通过,在其2624km里程碑处,汽车便道南行20km可达工作区北部,区内打柴沟、五龙沟、石灰沟可通行大小车辆,交通尚属方便。该勘查区为2009年开展的青海省第一批省级整装勘查区。

2. 主攻矿种与成矿类型

主攻矿种:金、铜、镍、铅、锌。

主攻类型:构造蚀变岩型、石英脉型金矿,岩浆型、矽卡岩型、热液脉型多金属矿。

3. 勘查区地质背景及取得的主要成果

整装勘查区位于昆中陆缘弧有色、贵金属成矿带中段。区内以大面积分布的前寒武纪变质岩系和各时代侵入杂岩带为特征,主要是古元古界高角闪岩相变质的金水口岩群构成的古陆壳基底,中元古界小庙组绿片岩-角闪岩相变质陆缘碎屑-碳酸盐岩建造,及新元古界丘吉东沟组绿片岩相火山-碎屑岩建造,另有零星分布的泥盆纪陆相火山岩和石炭纪稳定型海相火山-沉积岩系。侵入岩分布广泛,以花岗闪长岩、二长花岗岩分布面积最大,次为正长花岗岩、碱长花岗岩,有少量基性、超基性岩。岩浆活动从前兴凯期至燕山期均有发生,以晚海西期—印支期及加里东期陆缘弧中酸性岩浆侵入为主,为金矿集中区的形成提供了极为丰富的深部矿质来源。广泛发育的脆、韧性断裂带是金矿的主要容矿构造。

截至2014年,全区累计提交金资源量119.04t,铜多金属资源量$26.34×10^4$t。勘查区内产有石灰沟、红旗沟、中支沟、淡水沟、黑风口、白日其利等金矿床和矿(化)点,是青海省最具资源潜力的金成矿集中区之一。

4. 勘查工作部署

勘查工作分3个层次展开,一是开展矿产资源调查评价工作,开展石头坑德铜镍矿、大滩沟-希望沟金矿、鑫拓地区金多金属矿、白日其利地区金及多金属矿调查评价,评价该区的找矿资源潜力,为进一步普查提供依据;二是开展已知矿区的普查工作,评价该区的找矿远景,为详查工作提供靶区,安排部署无名沟-百吨沟金矿、鑫拓地区金多金属矿、哈西哇地区Ⅰ号矿带详查和外围普查、打柴沟金矿外围金矿、大水沟脑金矿、白日其利地区金矿、大格勒沟脑金矿、大格勒沟脑西支沟铜多金属矿等普查项目;三是对红旗沟-深水潭金矿深部开展潜力评价,查明该区的资源远景规模,为矿山建设开发提供依据。

(八)青海省格尔木市昆仑河地区金多金属矿整装勘查

1. 位置与交通

勘查区位于青藏高原东昆仑西段昆仑山南坡,地处柴达木盆地南缘,其范围跨南昆仑结合带和阿尼玛卿结合带,行政区划隶属于青海省格尔木市,面积约12 095km²。勘查区距格尔木市100~230km,国道109线(青藏公路)及青藏铁路穿越工区东部,沿野牛沟至黑海有便道,主干路交通较好。但调查区内南、北两侧地处昆仑山主脊,山势陡峻险要,交通条件较差。

2. 主攻矿种与成矿类型

主攻矿种:金、锡(兼顾铜、锑、钨)。

主攻类型:构造蚀变岩型金矿、高温热液型铜钨锡等(兼顾斑岩型、海相火山岩型、岩浆熔离型)。

3. 勘查区地质背景及取得的主要成果

勘查区横跨中昆仑岩浆弧和南昆仑结合带两大单元。区内地层主要有古元古界金水口岩群、中—新元古界万宝沟群、奥陶系纳赤台群、下—中三叠统洪水川组、下—中三叠统闹仓坚沟组。区内构造变形强烈,主要为昆中、昆南断裂两侧形成的大型韧性剪切带非常发育,同期或后期均有较多脆性断层叠加,成矿条件极为有利。岩浆岩沿着昆南断裂及两侧的次级断裂分布,其中海西期、燕山期岩浆活动与本区锡、钨成矿关系密切。区内的化探异常总体以Au、Cu、Sb、W等,异常总体具有明显的北西西向展布特征,与区域构造走向一致。

经初步统计,勘查区内目前发现各类矿(床)点65处,其中金属矿点60处(主要为金矿化点,少量的磁铁矿矿化等),非金属5处(其中玉石矿点3处,水晶1处,滑石1处)。区内的化探异常总体以Au、Sn、W、Sb为主要元素,As、Mo、Bi次之,异常总是沿着昆南断裂及其两侧呈串珠状分布,与区域构造吻合程度较高。目前区内已发现矿化信息自西向东主要有黑海南金矿点,巴拉大才钨锡矿点,二道沟钨矿床和金矿点,一道沟铜、钨矿化线索及东大滩锑金矿床,东大滩铜矿点,忠阳山铜矿点,驼路沟钴金矿床等。成矿类型较为复杂,如黑海南构造蚀变岩型金矿、斑岩型铜钼矿、巴拉大才云英岩型钨锡矿、驼路沟火山岩型钴金矿等具有一定的代表性。

在铜金山—黑海一带发现多处金铜锡钨矿床(点),显示了较好的找矿前景。其中,黑海北、黑刺沟、小红山、老道沟、没草沟、铜金山等地区圈定大量化探异常,通过检查发现较好的金、锡、钨、铜矿体,通过工作有望成为青海省内又一金多金属矿富集区。

4. 勘查工作部署

对大灶火-黑刺沟、黑刺沟HS_{25}异常区、黑海北、藏金沟、铜金山、二道沟、黑海南等找矿前景较好的矿区,选择矿化富集地段开展较系统的普查工作,提交资源基地;对巴拉大才、西藏大沟、西藏大沟北黑刺沟HS_{80}等异常区开展矿产资源调查评价或预查工作,初步查明各区内矿化特征及资源潜力,为进一步开展矿产勘查工作及靶区优选提供依据。

(九)青海省青龙沟-绿梁山-锡铁山金铅锌矿整装勘查

1. 位置与交通

整装勘查区北西起自赛什腾山西端,东至饮马峡火车站东,呈北西-南东向展布的狭长带状,行政区划属青海省海西蒙古族藏族自治州,面积约7938 km^2。勘查区北部有敦(敦煌)-格(格尔木)公路通过,其东段至大柴旦运距为90 km,其中简易公路10 km,距青藏铁路的锡铁山火车站约165 km,交通方便。

2. 主攻矿种与成矿类型

主攻矿种:金、铜、镍等多金属矿。

主攻类型:构造蚀变岩型、石英脉型金矿、喷流沉积型,兼顾榴辉岩型石榴石金红石矿、岩浆熔离型铜镍矿。

4. 勘查区地质背景及取得的主要成果

勘查区内从元古宙至新生代地层均有出露,从老到新依次有:古元古界达肯大坂岩群、中元古界万洞沟群、寒武系—奥陶系滩间山群、上泥盆统牦牛山组、下石炭统怀头他拉组、新近系—古近系路乐河组、第四系冲洪积松散堆积物,其中,与金及铜多金属矿关系密切的地层为万洞沟群、滩间山群和牦牛山组。区内发育高压—超高压榴辉岩带。构造线总体方向为北西-南东向,褶皱和断裂十分复杂。岩浆岩发育,主要为加里东期和海西期。勘查区内已发现滩间山构造蚀变岩型金矿床、锡铁山喷流沉积型铅锌矿、小赛什腾山斑岩型铜矿等多处矿床(点),是青海省金多金属矿的富集区之一。

截至2014年,全区累计提交金资源量81.55 t。

5. 勘查工作部署

加大细晶沟、金龙沟、青龙沟金矿详查区主矿体控制程度及外围二旦沟、青山、红柳泉、绿梁山三角顶等预普查区的地表找矿和深部验证工作,分析找矿前景,为下一步工作提供新的普查基地。对青龙滩、青山、鱼卡、双口山外围安排矿点检查及物化探异常查证,以及已有矿床深部及走向上的钻探验证、控制工作,着力寻找与海相火山岩有关的喷流沉积型铜多金属矿,圈定金及铜多金属矿(化)体,扩大面上找矿空间,提交新的普查基地。对新完成的1∶5万矿产地质调查圈定的物化探异常及异常检查时发现的矿(化)点进行调查评价,为下一步工作提供新的靶区。

第七章 结 论

在全面收集并分析整理青海省地质、矿产、物探、化探、遥感和科研工作所获得资料的基础上,通过野外地质调查和室内综合研究,本书在成矿规律、成矿预测等方面均取得了一系列重要进展和新认识。

一、取得的主要成果及认识

(1)进一步明确了青海省大地构造位置属特提斯构造域,大地构造是由一系列不同时代、不同造山机制的造山带和结合带以及被卷入的或经过强烈改造的地块(基底残块)镶嵌而成的复杂造山系。其自古元古代以来经历了长期而复杂的造山过程,北部祁连、秦岭、昆仑经历了原特提斯和古特提斯的演化历史,南部巴颜喀拉、西南三江北段经历了古特提斯和特提斯的演化历史。进一步将青海省境内划分为秦祁昆造山系和三江造山系 2 个一级构造单元,并划分出 12 个二级构造单元和 32 个三级构造单元。

(2)对重要矿区的中酸性侵入岩进行了岩石学和同位素年代学研究。对松树南沟金矿、滩间山金矿、小赛什腾山铜矿、卡而却卡铜多金属矿、野马泉铁多金属矿、尕林格铁矿、哈西亚图铁矿、五龙沟金矿、阿斯哈金矿、果洛龙洼金矿、瓦勒根金矿、纳日贡玛铜钼矿等矿区与成矿有关的中酸性侵入岩的岩石学和年代学进行了研究,认为其形成环境具多样性,包括俯冲、碰撞、陆内伸展、后碰撞等。获得了这些矿区精确的同位素年代学数据,其中首次确认了柴达木盆地北缘存在石炭纪岩浆活动。通过收集和研究大量前人关于青海省岩浆岩同位素年代学资料,认为三叠纪岩浆活动最为强烈,发生了大规模的成矿作用,成矿与中酸性侵入岩浆活动有关,形成了卡而却卡、尕林格、五龙沟、阿斯哈等一批矿床(点);其次是志留纪—泥盆纪、石炭纪—二叠纪、奥陶纪和古近纪。志留纪—泥盆纪碰撞后伸展期岩浆活动强烈,已发现夏日哈木铜镍矿、石头坑德铜镍矿、牛鼻子梁铜镍矿、大峡钨矿等,与志留纪—泥盆纪岩浆侵入活动有关的矿产具有良好的找矿前景,是青海省又一重要成矿期。石炭纪—二叠纪的岩浆活动形成了德尔尼铜钴矿、滩间山金矿、小赛什腾山铜矿等。奥陶纪岩浆活动形成了锡铁山铅锌矿、浪力克铜矿、松树南沟金矿等。古近纪岩浆活动形成了纳日贡玛铜钼矿、陆日格铜钼矿以及与岩浆活动有关的莫海拉亨、东莫扎抓、多才玛等矿床,具有巨大的找矿潜力。

(3)划分了金属矿产主要成矿类型,总结了典型矿床特征。根据成矿作用及控矿因素,将青海省金属矿产主要矿床划分为岩浆型、接触交代型、海相火山岩型、斑岩型、热液型、构造蚀变岩型、喷流沉积型、沉积型、沉积变质型 9 种类型;总结了夏日哈木铜镍矿床、卡而却卡铜多金属矿床、尕林格铁矿床、尕龙格玛铜多金属矿床、纳日贡玛铜钼矿床、松树南沟金矿床、滩间山金矿床、五龙沟金矿床、大场金矿床、瓦勒根金矿床、多才玛铅锌矿等重要矿床的特征。通过实地调查和综合分析认为,尕龙格玛铜多金属矿床成矿特征与甘肃白银厂小铁山和日本黑矿相似,矿区和外围有良好的找矿前景,提出了设立多彩整装区的建议,并被采纳;卡而却卡铜矿床和野马泉铁矿床成矿不仅与印支期岩体有关,也与海西期岩体有关,成矿至少有两期。

(4)通过区域控矿因素分析,提出沿区域深大断裂-岩浆岩带部署开展找矿工作的思路。通过对区域构造、岩浆活动及成矿作用的调查研究,提出按照构造-岩浆热液-成矿的观点,围绕岩浆活动和区域深大断裂带等主要控矿因素部署开展找矿工作,是青海省寻找新矿床和扩大资源潜力的有效途径为矿产勘查和整装勘查区的工作部署提供了新的思路。

(5)总结了青海省斑岩型矿床的时空分布规律。该类矿床在祁连、东昆仑(柴达木盆地南北缘)、三江北段均有产出,成矿元素主要有铜、钼、铅锌等,成矿时代有加里东期、印支期和喜马拉雅期,成矿与钙碱性和高钾钙碱性的浅成或超浅成相的中酸性斑岩体有关。根据成矿背景和成矿特征,划分出俯冲型和陆内造山(大陆碰撞)型两种类型。尤其是北祁连浪力克、松树南沟斑岩型矿床的厘定,说明祁连地区该类型的矿床具有形成斑岩铜矿的前提和找矿潜力,可作为祁连地区的主要矿床类型。

(6)依据矿床的地质特征、容矿岩石性质、金属元素组合、成矿环境和大地构造背景,将青海省的主要金属矿床分为10个系列:与海相火山活动有关的成矿系列、与陆相火山活动有关的成矿系列、与火山-沉积变质岩系有关的成矿系列、以沉积岩系为容矿岩石的喷气沉积成矿系列、与中酸性中浅成侵入活动有关的成矿系列、与中酸性浅成侵入活动有关的成矿系列、造山型金矿系列、与铁质基性—超基性岩浆侵入活动有关的成矿系列、与镁质基性—超基性岩有关的成矿系列、以碳酸盐岩为容矿岩石的热液成矿系列。

(7)研究和总结了青海省金属矿产成矿规律。在大地构造单元与成矿地质背景相结合的条件下,以逐级圈定、物化遥资料印证等原则,在综合全区地质、物探、化探、遥感资料的基础上,在青海省境内划分出秦祁昆和特提斯2个成矿域,祁连-阿尔金、昆仑、秦岭、巴颜喀拉、三江5个成矿省,26个Ⅲ级成矿带(区),47个Ⅳ级成矿亚带(区)。

(8)采用综合的方法,进行了成矿预测。在收集整理区内大量地质、矿产、物探、化探、遥感及潜力评价等资料的基础上,结合野外调研和室内的综合研究,对成矿预测区进行了圈定,全区共圈定195个预测区,其中A类40个,B类49个,C类106个。

(9)提出了青海省的下一步地质调查工作部署建议。根据地质背景、物化探异常、矿产分布特点及成矿预测等资料,优选出19个重要找矿远景区。根据项目组的研究成果、地质调查工作现状和工作进展,对青海省地质调查工作主要包括基础地质调查、矿产勘查、整装勘查等提出了部署建议。

二、存在的问题

(1)岩浆型铜镍多金属成矿机制研究及找矿勘查工作需要进一步深化。祁漫塔格地区发现夏日哈木铜镍矿以来,极大地带动了东昆仑等重要成矿带铜镍多金属找矿工作,为青海乃至西北地区实现铜镍找矿新的重大突破,创造了新的契机,指出了新的找矿方向。一方面,夏日哈木如何继续巩固、扩大找矿成果;另一方面,如何有效检查验证相关异常和线索,发现新的重要矿产地。前人把东昆仑地区出露的多处基性超基性岩厘定为蛇绿岩,因而需对该带的基性超基性岩重新认识,划分哪些是蛇绿岩、哪些是镁铁—超镁铁质杂岩体,这些是目前需要解决的关键问题。以夏日哈木为代表的铜镍成矿背景、控矿地质因素、评价标志仍不清楚,志留纪—泥盆纪构造作用性质及岩浆演化存在争议,制约了铜镍矿找矿工作。

(2)斑岩型铜多金属矿亟待实现新的重大突破。青海省具有形成斑岩铜矿的良好地质条件,目前发现了纳日贡玛、乌兰乌珠尔、卡而却卡、清水河、下得波利等多处斑岩铜钼矿床点,但矿床规模较小,成矿元素以钼为主。如何找到大型、超大型且以铜为主的斑岩型铜矿床是当前面临的重要问题之一。

(3)需要加强综合找矿及勘查部署研究工作。地质矿产调查资料与成果显示,在青海主要成矿带发育众多重要矿集区,具有形成大—超大型矿床或重要资源开发基地的前景及潜力;金属矿产具有多矿种聚合、组合分带以及多期次富集成矿等特征。加强综合找矿和统筹规划部署,是筹划找矿目标、落实工作任务、加强整装勘查和实现找矿突破的有效途径。

(4)需要加强与成矿作用有关的基础地质问题调查研究。找矿勘查工作依托于成矿条件研究,主要控矿因素的判定取决于对成矿作用及规律的研究认识。例如:构造蚀变岩型金矿控矿因素、矿体、矿化体、矿带在各类构造体系中的赋存位置和分布规律等问题依然是制约金矿找矿突破的关键;对于三江多彩地区火山岩系的时代、火山机构与成矿关系、矿体富集的层位及后期构造叠加改造的关系及找矿标志等,需要深入总结和研究;沱沱河地区铅锌矿床的富集规律、构造控矿作用、如何找到富且大的铅锌矿体是需要解决的地质问题;开展青海北祁连含铁岩系形成时代、含矿层位与甘肃含矿地层的对比研究,确定是早古生代还是长城纪,这对指导省内铁矿的找矿工作具有重要意义。

(5)青海大地构造演化与成矿关系研究需进一步深化和完善。

本次研究涉及范围大、资料多,有些资料没有进行系统的分析研究,加之研究者经验和水平所限,书中存在许多不足和疏漏,对一些问题处理未必适当,有些认识还有待进一步提高和完善,敬请给予指正。

主要参考文献

阿延寿.青海德尔尼硫化物矿床成因的新认识[J].青海地质,2001(1):40-44.
拜永山,常革红,谈生祥,等.东昆仑东段加里东造山旋回侵入岩特征研究[J].青海地质,2001(S1):28-35.
鲍佩声,王希斌.对大道尔吉铬铁矿床成因的新认识[J].矿床地质,1989(1):3-18.
边千韬,沙金庚.青海可可西里地区蛇绿岩的时代及形成环境[J].地质论评,1997(4):347-355.
常有英,李建放,张军,等.青海那陵郭勒河东晚三叠世侵入岩形成环境及年代学研究[J].西北地质,2009,42(1):57-65.
陈国超,裴先治,李瑞保,等.东昆仑洪水川地区科科鄂阿龙岩体锆石U-Pb年代学、地球化学及其地质意义[J].地质学报,2013,87(2):178-196.
陈静,王瑾,刘生军,等.青海省"四弧一楔一隆"的构造演化格局与成矿作用[J].青海国土经略,2012(1):48-50.
陈能松,何蕾,孙敏,等.东昆仑造山带早古生代变质峰期和逆冲构造变形年代的精确限定[J].科学通报,2002,47(8):628-631.
陈能松,李晓彦,张克信,等.东昆仑山香日德南部白沙河岩组的岩石组合特征和形成年代的锆石Pb-Pb定年启示[J].地质科技情报,2006,25(6):1-7.
陈能松,孙敏,张克信,等.东昆仑变闪长岩体的^{40}Ar-^{39}Ar和U-Pb年龄/角闪石过剩Ar和东昆仑早古生代岩浆岩带证据[J].科学通报,2000,45(21):2337-2342.
陈文,万渝生,李华芹,等.同位素地质年龄测定技术及应用[J].地质学报,2011,85(11):1917-1947.
陈文,张彦,陈克龙,等.青海玉树哈秀岩体成因及$^{40}Ar/^{39}Ar$年代学研究[J],岩石矿物学杂志,2005,24(5):393-396.
陈毓川,裴荣富,王登红.三论矿床的成矿系列问题[J].地质学报,2006,80(10):1501-1508.
谌宏伟,罗照华,莫宣学,等.东昆仑喀雅克登塔格杂岩体的SHRIMP年龄及其地质意义[J].岩石矿物学杂志,2006,25(1):25-32.
成都理工大学地质调查院.1:25万温泉兵站幅(I46C003002)区域地质调查报告及专题报告[R].成都:成都理工大学,2005.
成都理工大学地质调查院.1:25万乌兰乌拉湖幅(I46C002001)区域地质调查报告[R].成都:成都理工大学,2003.
程裕淇,陈毓川,赵一鸣,等.再论矿床的成矿系列问题[J].中国地质科学院院报,1983(6):1-64.
崔军文,唐哲民,邓晋福,等.阿尔金断裂系[M].北京:地质出版社,1999.
崔艳合,张德全,李大新,等.青海滩间山金矿床地质地球化学及成因机制[J].矿床地质,2000,19(3):211-222.
邓清录,周雁,杨巍然.拉脊山早古生代火山岩盆地开合演化岩石地球化学标志[J].西北地质科学,1995,16(1):84-91.
邓万明,郑锡澜,松本征夫.青海可可西里地区新生代火山岩的岩石特征与时代[J].岩石矿物学杂志,1996,15(4):289-298.
丁清峰,王冠,孙丰月,等.青海省曲麻莱县大场金矿床成矿流体演化:来自流体包裹体研究和毒砂地温计的证据[J].岩石学报,2010,26(12):3709-3719.
杜玉良,贾群子,韩生福.青海东昆仑成矿带中生代构造-岩浆-成矿作用及铜金多金属找矿研究[J].西北地质,2012,45(4):69-75.
段国莲.论德尔尼黄铁矿型铜钴矿床的成矿规律[J].化工矿产地质,1996,18(2):92-100.
段国莲.论德尔尼黄铁矿型铜-钴矿床的地质特征及其与塞浦路斯铜矿的区别[J].化工矿产地质,1998,20(4):287-294.
范立勇,王岳军,李晓勇.青海西秦岭地区晚中生代基性火山岩地球化学特征及构造意义[J].矿物岩石,2007,27(3):63-72.
丰成友,李东生,屈文俊,等.青海祁漫塔格索拉吉尔矽卡岩型铜钼矿床辉钼矿铼-锇同位素定年及其地质意义[J].岩矿测试,2009,28(3):223-227.

丰成友,王松,李国臣,等.青海祁漫塔格中晚三叠世花岗岩:年代学、地球化学及成矿意义[J].岩石学报,2011,28(2):665-678.

丰成友,王雪萍,舒晓峰,等.青海祁漫塔格虎头崖铅锌多金属矿区年代学研究及地质意义[J].吉林大学学报(地球科学版),2011,41(6):1806-1817.

丰成友,张德全,李大新,等.青海赛坝沟金矿地质特征及成矿时代[J].矿床地质,2002,21(1):45-52.

丰成友,张德全,屈文俊,等.青海格尔木驼路沟喷流沉积型钴(金)矿床的黄铁矿 Re-Os 定年[J].地质学报,2006,80(4):571-576.

丰成友,张德全,佘宏全,等.韧性剪切构造演化及其对金成矿的制约——以青海野骆驼泉金矿为例[J].矿床地质,2002(S1):582-585.

冯益民,何世平.祁连山大地构造与造山作用[M].北京:地质出版社,1996.

高延林,吴向农,左国朝.东昆仑山清水泉蛇绿岩特征及其大地构造意义[J].西北地质科学,1988,21(1):17-28.

高永宝,李文渊,马晓光,等.东昆仑尕林格铁矿床成因年代学及 Hf 同位素制约[J].兰州大学学报(自然科学版),2012,48(2):36-48.

高永宝,李文渊,钱兵,等.东昆仑野马泉铁矿相关花岗质岩体年代学、地球化学及 Hf 同位素特征[J].岩石学报,2014,30(6):1647-1665.

古凤宝.东昆仑地质特征及晚古生代—中生代构造演化[J].青海地质,1994,3(1):4-14.

管波,张晓娟,肖小强,等.青海坑得弄舍金多金属矿床地质特征及找矿方向[J].矿产勘查,2012,3(5):632-637.

郭通珍,刘荣,陈发彬,等.青海祁漫塔格山乌兰乌珠尔斑状正长花岗岩 LA-MC-ICP MS 锆石 U-Pb 定年及地质意义[J].地质通报,2011,30(8):1203-1211.

郭正府,邓晋福,许志琴,等.青藏东昆仑晚古生代末—中生代中酸性火成岩与陆内造山过程[J].现代地质,1998,12(3):344-352.

郭周平,赵辛敏,白赟,等.北祁连浪力克铜矿床锆石 U-Pb 和辉钼矿 Re-Os 年龄及其地质意义[J].中国地质,2015,42(3):691-701.

国家辉.滩间山金矿田岩浆岩特征及其与金矿化关系[J].贵金属地质,1998,7(2):96-103.

过磊,校培喜,高晓峰,等.东昆仑楚鲁套海酸性侵入体年代学及地球化学特征[J].西北地质,2010,43(4):159-166.

韩生福,李熙鑫,曾广文,等.青海省矿产资源勘查开发接替选区研究[M].北京:地震出版社,2012.

韩英善,彭琛.托莫尔日特蛇绿混杂岩带地质特征及其构造意义[J].青海国土经略,2000,9(1):18-25.

郝金华,陈建平,董庆吉,等.青海西南三江北段早古新世成岩、成矿事件:陆日格斑岩钼矿 LA-ICP-MS 锆石 U-Pb 和辉钼矿 Re-Os 定年[J].地质学报,2013,87(2):227-239.

何财富,张晓娟,范彦慧.青海坑得弄舍多金属矿床特征及控矿因素[J].矿产勘查,2012,3(6):790-794.

何鹏,李永胜,甄世民,等.赛什塘铜矿床地质特征与成矿模式浅析[J].矿物学报,2011(S1):954-955.

何鹏,严光生,祝新友,等.青海赛什塘铜矿床流体包裹体研究[J].中国地质,2013,40(2):580-593.

何书跃,李东生,李良林,等.青海东昆仑鸭子沟斑岩型铜(钼)矿区辉钼矿铼-锇同位素年龄及地质意义[J].大地构造与成矿学,2008,33(2):236-242.

侯增谦,王二七.印度-亚洲大陆碰撞成矿作用主要研究进展[J].地球学报,2008,29(3):275-292.

黄虎,杜远生,杨江海,等.北祁连民乐二道沟口中—下泥盆统老君山组砂岩化学组分特征及其地质意义[J].地质论评,2009,55(3):335-346.

黄汲清,任纪舜,姜春发,等.中国大地构造基本轮廓[J].地质学报,1977(2):117-135.

吉林大学地质调查研究院.东昆仑成矿带重大找矿疑难问题研究[R].长春:吉林大学,2009.

贾群子,杜玉良,赵子基,等.柴达木盆地北缘滩间山金矿区斜长花岗斑岩锆石 LA-MC-ICP MS 测年及其岩石地球化学特征[J].地质科技情报,2013,32:(1):87-93.

贾群子,杨忠堂,肖朝阳.祁连山铜金钨铅锌矿床成矿规律和成矿预测[M].北京:地质出版社,2007.

姜常义,凌锦兰,周伟,等.东昆仑夏日哈木镁铁质—超镁铁质岩体岩石成因与拉张型岛弧背景[J].岩石学报,2015,31(4):1117-1136.

姜春发,王宗起,李锦铁,等.中央造山带开合构造[M].北京:地质出版社,2000.

姜春发,杨经绥,冯秉贵,等.昆仑开合构造[M].北京:地质出版社,1992.

焦建刚,黄喜峰,袁海潮,等.青海德尔尼铜(钴)矿床研究新进展[J].地球科学与环境学报,2009,31(1):42-47.

焦建刚,鲁浩,孙亚莉,等.青海德尔尼铜(锌钴)矿床 Re-Os 年龄及地质意义[J].现代地质,2013,27(3):577-584.

解玉月.昆中断裂东段不同时代蛇绿岩特征及形成环境[J].青海国土经略,1998,7(1):27-36.

孔会磊,李金超,黄军,等.东昆仑小圆山铁多金属矿区斜长花岗斑岩锆石 U-Pb 测年、岩石地球化学及找矿意义[J].中国地质,2015,42(3):521-532.

孔会磊,李金超,栗亚芝,等.青海东昆仑东段按纳格闪长岩地球化学及锆石 U-Pb 年代学研究[J].地质科技情报,2014,33(6):11-17.

寇林林,罗明非,钟康惠,等.青海五龙沟金矿矿集区Ⅰ号韧性剪切带 $^{40}Ar/^{39}Ar$ 年龄及地质意义[J].新疆地质,2010,28(3):330-333.

雷时斌,齐金忠,朝银银.甘肃阳山金矿带中酸性岩脉成岩年龄与成矿时代[J].矿床地质,2010,29(5):869-880.

李春昱.板块构造讲稿[M].北京:中国地质科学院,1982.

李大新,张德全,崔艳合,等.小赛什腾山斑岩铜(钼)矿床根部带的特征[J].地球学报,2003,24(3):211-218.

李德威.青藏高原及邻区三阶段构造演化与成矿演化[J].地球科学——中国地质大学学报,2008,33(6):723-742.

李东生,奎明娟,古凤宝,等.青海赛什塘铜矿床的地质特征及成因探讨[J].地质学报,2009,83(5):719-730.

李东生.青海省东昆仑成矿带斑岩型矿床成矿规律及找矿前景[D].北京:中国地质大学(北京),2012.

李欢,奚小双,吴城明,等.青海玉树赵卡隆铁铜多金属矿床地质特征及成因探讨[J].地质与勘探,2011,47(3):380-387.

李惠民,陆松年,郑健康,等.阿尔金山东端花岗片麻岩中 3.6Ga 锆石的地质意义[J].矿物岩石地球化学通报,2001,20(4):259-262.

李继亮,孙枢,郝杰,等.碰撞造山带的碰撞事件时限的确定[J].岩石学报,1999,15(2):315-320.

李洁,陈文,雍拥,等.青海玉树地区扎喜科岩体形成时代、地球化学特征及构造意义研究[J].地球学报,2012,33(5):773-786.

李金超,杜玮,孔会磊,等.青海省东昆仑大水沟金矿英云闪长岩锆石 U-Pb 测年、岩石地球化学及其找矿意义[J].中国地质,2015,42(3):509-520.

李荣社,计文化,何世平,等.中国西部古亚洲与特提斯两大构造域划分问题讨论[J].新疆地质,2011,29(3):247-250.

李荣社,计文化,杨永成,等.昆仑山及邻区地质[M].北京:地质出版社,2008.

李世金,李东生,屈文俊,等.青海东昆仑鸭子沟多金属矿的成矿年代学研究[J].地质学报,2008,82(7):949-955.

李世金,孙丰月,高永旺,等.小岩体成大矿理论指导与实践——青海东昆仑夏日哈木铜镍矿找矿突破的启示及意义[J].西北地质,2012,45(4):185-191.

李王晔,李曙光,郭安林,等.青海东昆南构造带苦海辉长岩和德尔尼闪长岩的锆石 SHRIMP U-Pb 年龄及痕量元素地球化学[J].中国科学(D辑),2007,37(增刊):288-294.

李兴振,许效松,潘桂棠.泛华夏大陆群与东特提斯构造域演化[J].沉积与特提斯地质,1995,15(4):1-13.

李学虎,杨涛,程真.青海加吾矿区地层控矿作用及赋矿特征[J].矿产勘查,2013,4(2):146-153.

李学虎,张东林,高仁品.青海加吾金矿地质特征及找矿标志[J].矿产勘查,2010,1(4):354-359.

栗亚芝,宋忠宝,杜玉良,等.纳日贡玛斑岩型铜钼矿与玉龙斑岩铜矿成矿特征对比研究[J].西北地质,2012,45(1):149-158.

梁华英,莫济海,孙卫东,等.藏东玉龙超大型斑岩铜矿床成岩成矿系统时间跨度分析[J].岩石学报,2008,24(10):2352-2358.

刘成东,莫宣学,罗照华,等.东昆仑壳-幔岩浆混合作用:来自锆石 SHRIMP 年代学的证据[J].科学通报,2004,49(6):396-602.

刘会文,王雪萍,邵继,等.牛鼻子梁镁铁质—超镁铁质杂岩体岩石特征[J].矿床地质,2014,33(1):87-103.

刘敏,张作衡,向君峰,等.青海大黑山钨矿黑云二长花岗岩的锆石 U-Pb 同位素定年及岩石地球化学特征[J].岩石学报,2014,30(1):139-151.

刘世宝,张爱奎,刘光莲,等.东昆仑洪水河铁锰矿床特征及发现意义[J].西北地质,2016,49(1):197-205.

刘英超,侯增谦,杨竹森,等.青海玉树东莫扎抓类 MVT 铅锌矿床围岩蚀变和黄铁矿-闪锌矿矿物学特征[J].岩石矿物学杂志,2011,30(3):490-506.

刘英超,杨竹森,侯增谦,等.青海玉树东莫扎抓铅锌矿床地质特征及碳氢氧同位素地球化学研究[J].矿床地质,2009,28

(6):770-784.

刘云华,莫宣学,俞学惠,等.东昆仑野马泉地区景忍花岗岩锆石 SHRIMP U-Pb 定年及其地质意义[J].岩石学报, 2006,22(10):2457-2463.

刘云华,莫宣学,张雪亭,等.东昆仑野马泉地区矽卡岩矿床地球化学特征及其成因意义[J].华南地质与矿产,2006(3): 31-36.

刘增铁,任家琪,邬介人,等.青海铜矿[M].北京:地质出版社:2008.

刘战庆,裴先治,李瑞保,等.东昆仑南缘阿尼玛卿构造带布青山地区两期蛇绿岩的 LA-ICP-MS 锆石 U-Pb 定年及其构造意义[J].地质学报,2011,85(2):185-194.

刘战庆,裴先治,李瑞保,等.东昆仑南缘布青山构造混杂岩带早古生代白日切特中酸性岩浆活动:来自锆石 U-Pb 测年及岩石地球化学证据[J].中国地质,2011,38(5):1150-1167.

陆露,吴珍汉,胡道功,等.东昆仑牦牛山组流纹岩锆石 U-Pb 年龄及构造意义[J].岩石学报,2010,26(4):1150-1158.

陆松年,王惠初,李怀坤,等.柴达木盆地北缘"达肯大坂群"的再厘定[J].地质通报,2002,21(1):19-23.

罗照华,邓晋福,曹永清,等.青海省东昆仑地区晚古生代—早中生代火山活动与区域构造演化[J].现代地质,1999,13(1):51-56.

罗照华,邓晋福,李玉文,等.太行山构造岩浆带 K-Ar 法同位素年龄分析[J].现代地质,1996,10(3):344-349.

毛景文,张作衡,简平等,北祁连西段花岗质岩体的锆石 U-Pb 年龄报道[J].地质论评,2000,46(6):616-620.

莫宣学,邓晋福,董方浏,等.西南三江造山带火山岩-构造组合及其意义[J].高校地质学报,2001,7(2):121-138.

莫宣学,罗照华,邓晋福,等.东昆仑造山带花岗岩及地壳生长[J].高校地质学报,2007,13(3):403-414.

莫宣学,潘桂棠.从特提斯到青藏高原形成:构造-岩浆事件的约束[J].地学前缘,2006,13(6):43-51.

莫宣学.中华人民共和国地质矿产部地质专报[M].北京:地质出版社,1993.

穆志国,刘驰,黄宝玲,等.甘肃北山地区同位素定年与构造岩浆热事件[J].北京大学学报(自然科学版),1992,28(4):496-497.

南卡俄吾,贾群子,李文渊,等.青海东昆仑哈西亚图铁多金属矿区石英闪长岩 LA-ICP-MS 锆石 U-Pb 年龄和岩石地球化学特征[J].地质通报,2014,33(6):841-849.

潘桂棠,王立全,李荣社,等.多岛弧盆系构造模式:认识大陆地质的关键[J].沉积与特提斯地质,2012,32(3):1-20.

潘桂棠,肖庆辉,陆松年,等.中国大地构造单元划分[J].中国地质,2009,36(1):1-4.

潘桂棠.东特提斯地质构造形成演化[M].北京:地质出版社,1997.

潘彤,罗才让,伊有昌,等.青海省金属矿产成矿规律及成矿预测[M].北京:地质出版社,2006.

潘裕生,张玉泉.昆仑山早古生代地质特征与演化[J].中国科学(D辑),1996,6(4):302-307.

潘裕生.青藏高原的形成和隆升[J].地学前缘,1999,6(3):152-163.

齐金忠,袁士松,李莉,等.甘肃省文县阳山特大型金矿床地质特征及控矿因素分析[J].地质论评,2003,49(1):85-92.

祁生胜,邓晋福,陈健,等.青海省同仁地区早白垩世大陆裂谷环境火山岩的确定及意义[J].西北地质,2012,45(1):20-32.

祁生胜,邓晋福,叶占幅,等.青海祁漫塔格地区晚泥盆世辉绿岩墙群 LA-ICP-MS 锆石 U-Pb 年龄及其构造意义[J].地质通报,2013,32(9):1385-1393.

祁生胜,宋述光,史连昌,等.东昆仑西段夏日哈木—苏海图早古生代榴辉岩的发现及意义[J].岩石学报,2014,30(11):3345-3356.

青海省地质调查院.1:25万可可西里湖幅(146C001001)区调地质调查报告[R].西宁:青海省地质调查院,2003.

青海省地质调查院.1:25万库郎米其提幅(J46C003001)区域地质调查报告及专题报告[R].西宁:青海省地质调查院,2004.

青海省地质调查院.1:25万曲柔尕卡幅(I46C003004)区域地质调查报告[R].西宁:青海省地质调查院,2005.

青海省地质调查院.1:25万沱沱河幅(I46C002003)区域地质调查报告[R].2005.

青海省地质调查院.1:25万兴海县幅区域地质调查报告[R].西宁:青海省地质调查院,2001.

青海省地质调查院.1:5万多隆小学幅(J47E015020)、苏吉滩幅(J47E015021)、扎麻图幅(J47E016021)区调报告及说明书[R].西宁:青海省地质调查院,1999.

青海省地质调查院.1:5万青海万宝沟幅(J46E024018)、没草沟幅(I46E001017)、青办食宿站幅(I46E001018)区域地质调查报告及专题报告[R].西宁:青海省地质调查院,2003.

青海省地质调查院.1∶5万水泥厂幅(I46E001020)、忠阳山幅(I46E002019)、黑刺沟幅(I46E002020)区域地质调查报告及专题报告[R].西宁:青海省地质调查院,2004.

青海省地质调查院.1∶5万饮马峡站幅(J46E017024)、饮马峡站南幅(J46E018024)区域地质调查报告[R].西宁:青海省地质调查院,2002.

青海省地质调查院.1∶25万布喀达坂峰幅(J46C004001)区域地质调查报告及专题报告[R].西宁:青海省地质调查院,2004.

青海省地质调查院.祁漫塔格乌兰乌珠尔地区1∶5万冰沟幅、黑山幅、呼都森幅、景忍幅、狼牙山幅、马兴大湾幅、土房子幅、野马泉幅区域地质调查报告[R].西宁:青海省地质调查院,2010.

青海省地质调查院.青海1∶25万布伦台(J46C004002)、大灶火(J46C004003)幅区调修测报告[R].西宁:青海省地质调查院,2013.

青海省地质调查院.青海1∶25万杂多县幅(I46C004004)区域地质调查报告及专题报告[R].西宁:青海省地质调查院,2006.

青海省地质调查院.青海1∶25万治多县幅(I46C003004)区域地质调查报告及专题报告[R].西宁:青海省地质调查院,2006.

青海省地质调查院.青海1∶5万咯雅克登塔格地区5幅(J46E016005、J46E017005、J46E018005、J46E018006、J46E019006)区域地质调查报告[R].西宁:青海省地质调查院,2010.

青海省地质调查院.青海1∶5万滩北雪峰地区4幅(J46E014003、J46E014004、J46E015004、J46E015005)区域地质调查报告[R].西宁:青海省地质调查院,2011.

青海省地质调查院.青海拉陵灶火地区6幅(J46E020013、J46E020014、J46E021013、J46E021014、J46E022013、J46E022014)1∶5万地质矿产调查报告[R].西宁:青海省地质调查院,2012.

青海省地质调查院.青海省1∶5万沙松乌拉地区区域地质调查报告[R].西宁:青海省地质调查院,2012.

青海省地质调查院.青海省东昆仑斑岩及其成矿性探索研究[R].西宁:青海省地质调查院,2007.

青海省地质调查院.托莫尔日特幅、沃日格达瓦幅1∶5万区域地质调查报告[R].西宁:青海省地质调查院,1998.

青海省地质调查院.乌兰乌珠尔地区1∶5万冰沟幅、黑山幅、呼都森幅、景忍幅、狼牙山幅、马兴大湾幅、土房子幅、野马泉幅区域地质调查调查报告[R].西宁:青海省地质调查院,2011.

青海省地质局区测队.1∶20万乌兰幅区域地质测量报告书[R].西宁:青海省地质局区测队,1968.

青海省地质科学研究所.青海省构造体系与铁、铜铅锌矿产分布规律图说明书[R].西宁:青海省地质科学研究所,1984.

青海省地质科学研究所.青海省主要有色金属矿产成矿规律与成矿预测研究[R].西宁:青海省地质科学研究所,1986.

青海省地质矿产局第一区调大队.1∶20万德令哈幅区域地质调查报告[R].西宁:青海省地质矿产第一区市大队,1980.

青海省地质矿产局第一区调大队.1∶20万怀头他拉幅区域地质调查报告[R].西宁:青海省地质矿产第一区调大队,1980.

青海省地质矿产局第一区调大队.伯喀里克幅、那陵郭勒幅、乌图美仁幅1∶20万区域地质调查报告[R].西宁:青海省地质矿产第一区调大队,1985.

青海省地质矿产勘查开发局.1∶20万哈秀幅区域地质调查报告[R].西宁:青海省地质矿产局,1992.

青海省地质矿产勘查开发局.青海省第三轮成矿远景区划研究及找矿靶区预测[R].西宁:青海省地质矿产开发局,2003.

青海省地质矿产勘查开发局.青海省矿产资源潜力评价成矿地质背景研究报告[R].西宁:青海省地质矿产开发局,2013.

青海省地质矿产勘查开发局.青海省重要矿种区域成矿规律、矿产预测成果报告(下篇)[R].西宁:青海省地质矿产开发局,2013.

青海省第三地质队(即原第十地质队).青海省兴海县铜峪沟铜矿区详细普查报告[R].西宁:青海省第三地质队,1985.

青海省第一地质矿产勘查院.青海省泽库县瓦勒根地区金矿普查2011年工作方案[R].西宁:青海省第一地质矿产勘查院,2011.

青海省第一地质矿产勘查院.青海省泽库县瓦勒根金矿Ⅳ矿带详查报告[R].西宁:青海省第一地质矿产勘查院,2007.

青海省国土资源厅.青海省"十二五"地质勘查规划[R].西宁:青海省国土资源厅,2011.

青海省国土资源厅,西安地质调查中心.青藏高原地质矿产调查与评价专项(青海片区)总体部署方案》及《青海省整装勘查实施方案》[R].西宁:青海省国土资源厅,2009.

青海省国土资源厅,西安地质调查中心.青海省找矿突破战略行动实施方案(2011—2020)[R].西宁:青海省国土资源厅,2012.

青海省国土资源厅,西安地质调查中心.青海省找矿突破战略行动实施方案(2014—2020)[R].西宁:青海省国土资源厅,2014.

青海省区调综合大队.海德郭勒等8幅1:5万联测报告[M].北京:地质出版社,1996.

青海省区调综合地质队.1:20万塔鹤托坂日幅区域地质调查报告[R].西宁:青海省区调综合地质队,1992.

青海省区调综合地质队.开木棋陡里格幅1:20万区域地质调查报告[R].西宁:青海省区调综合地质队,1986.

青海省有色地质勘查局.青海省玛多县坑得弄舍地区金多金属矿产资源调查评价2012年工作方案,2012.

邱家骧,杨巍然,夏卫华.南祁连早古生代海相火山岩及铜、多金属矿床成矿条件及找矿方向[M]//夏林圻,夏祖春,任有祥,等.祁连山及邻区火山作用与成矿.北京:地质出版社,1998.

邱家骧,曾广策,王思源,等.拉脊山早古生代海相火山岩与成矿[M].北京:地质出版社,1997.

任二峰,张桂林,邱炜,等.东昆南马尔争地区加里东期花岗岩岩石地球化学特征及构造意义[J].现代地质,2012,26(1):36-44.

任纪舜.昆仑-秦岭造山系的几个问题[J].西北地质,2004,37(1):1-5.

任军虎,柳益群,冯乔,等.东昆仑清水泉辉绿岩脉地球化学及LA-ICP-MS锆石U-Pb定年[J].岩石学报,2008,25(5):1135-1145.

宋玉财,侯增谦,杨天南,等."三江"喜山期沉积岩容矿贱金属矿床基本特征与成因类型[J].岩石矿物学杂志,2011,30(3):355-380.

宋忠宝,贾群子,张占玉,等.东昆仑祁漫塔格地区野马泉铁铜矿床地质特征及成因探讨[J].西北地质,2010,43(4):209-217.

宋忠宝,栗亚芝,陈向阳,等.东昆仑德尔尼铜矿喷流岩-铁硅质岩的发现及其成矿意义[J].地质通报,2012,31(7):1170-1177.

宋忠宝,任有祥,陈向阳,等.青海德尔尼铜(钴)矿成矿类型及物探技术应用[M].北京:地质出版社,2010.

宋忠宝,张雨莲,陈向阳,等.东昆仑哈日扎含矿花岗闪长斑岩LA-ICP-MS锆石U-Pb定年及地质意义[J].矿床地质,2013,32(1):157-168.

天津地质矿产研究所,青海省地质调查院,中国地质大学(武汉).1:25万青海省都兰县幅(J47C004002)区域地质调查报告[R].2004.

天津地质矿产研究所,青海省地质调查院.青海1:5万鱼卡沟幅(J46E013020)、西泉幅(J46E013021)区域地质调查报告[R].天津:天津地质矿产研究的,西宁:青海省地质调查院,2005.

田承盛,丰成友,李军红,等.青海它温查汉铁多金属矿床$^{40}Ar/^{39}Ar$年代学研究及意义[J].矿床地质,2013,32(1):169-176.

田世洪,侯增谦,杨竹森,等.青海玉树莫海拉亨铅锌矿床S、Pb、Sr-Nd同位素组成:对成矿物质来源的指示——兼与东莫扎抓铅锌矿床的对比[J].岩石学报,2011b,27(9):2709-2720.

田世洪,杨竹森,侯增谦,等.青海玉树东莫扎抓和莫海拉亨铅锌矿床与逆冲推覆构造关系的确定——来自粗晶方解石Rb-Sr和Sm-Nd等时线年龄证据[J].岩石矿物学杂志,2011c,30(3):475-489.

田世洪,杨竹森,侯增谦,等.青海玉树东莫扎抓铅锌矿床S、Pb、Sr玉树东同位素组成:对成矿物质来源的指示[J].岩石学报,2011a,27(7):2173-2183.

田世洪,杨竹森,侯增谦,等.玉树地区东莫扎抓和莫海拉亨铅锌矿床Rb-Sr和Sm-Nd等时线年龄及其地质意义[J].矿床地质,2009,28(6):747-758.

王秉璋,罗照华,曾小平,等.青海三江北段治多地区印支期花岗岩的成因及锆石U-Pb定年[J].中国地质,2008,35(2):196-206.

王秉璋,张智勇,张森琦,等.东昆仑东端苦海—赛什塘地区晚古生代蛇绿岩的地质特征[J].地球科学——中国地质大学学报,2000,25(6):592-598.

王秉璋.祁漫塔格地质走廊域古生代—中生代火成岩岩石构造组合研究[D].北京:中国地质大学(北京),2011.

王风林,赵萍,何财富,等.青海坑得弄舍多金属矿地球化学异常特征及找矿远景分析[J].矿产勘查,2011,2(5):574-583.

王富春,陈静,谢志勇,等.东昆仑拉陵灶火钼多金属矿床地质特征及辉钼矿Re-Os同位素定年[J].中国地质,2013,40(4):1209-1217.

王冠,孙丰月,李碧乐,等.东昆仑夏日哈木矿区早泥盆世正长花岗岩锆石U-Pb年代学、地球化学及其动力学意义[J].大地构造与成矿学,2013,37(4):685-697.

王冠,孙丰月,李碧乐,等.东昆仑夏日哈木铜镍矿镁铁质—超镁铁质岩体岩相学、锆石U-Pb年代学、地球化学及其构造意义[J].地学前缘,2014,21(6):381-401.

王贵仁,宋玉财,邹公明,等.青海南部茶曲帕查Pb-Zn矿床的勘查历史、现状与下一步找矿方向[J].岩石矿物学杂志,2012,31(1):79-90.

王国灿,贾春兴,朱云海,等.阿拉克湖幅地质调查新成果及主要进展[J].地质通报,2004,23(5-6):549-554.

王国良,叶占福,祁生胜,等.北祁连龙王山晚志留世花岗岩LA-ICP-MS锆石U-Pb测年及其地球化学特征[J].矿产与地质,2013(6):462-470.

王怀超,焦革军.青海省智益-铜峪沟海西期铜铅锌锡成矿亚带[J].黄金科学技术,2006,14(3):11-15.

王惠初,袁桂邦,辛后田,等.柴达木盆地北缘滩间山群的构造属性及形成时代[J].地质通报,2003,22(7):487-493.

王剑.华南新元古代裂谷盆地演化——兼论与Rodinia解体的关系[M].北京:地质出版社,2000.

王可勇,姚书振,杨言辰,等.川西北马脑壳微细浸染型金矿床地质特征及矿床成因[J].矿床地质,2004,23(4):494-501.

王平安,陈毓川,裴荣富.秦岭造山带区域矿床成矿系列构造成矿旋回与演化[M].北京:地质出版社,1998.

王松,丰成友,李世金,等.青海祁漫塔格卡尔却卡铜多金属矿区花岗闪长岩锆石SHRIMP U-Pb测年及其地质意义[J].中国地质,2009,36(1):74-84.

王小丹,阳正熙,严兵.青海赛什塘铜矿床地质特征及找矿标志浅析[J].四川有色金属,2010,2(6):10-14.

王毅智,拜永山.青海天峻南山蛇绿岩的地质特征及其形成环境[J].青海地质,2001(1):29-35.

王玉往,秦克章.VAMSD矿床系列最基性端员——青海省德尔尼大型铜钴矿床的地质特征和成因类型[J].矿床地质,1997,16(1):1-10.

王召林,杨志明,杨竹森,等.纳日贡玛斑岩钼铜矿床:玉龙铜矿带的北延——来自辉钼矿Re-Os同位素年龄的证据[J].岩石学报,2008,24(3):503-510.

魏启荣,李德威,王国灿,等.青藏高原北部查保马组火山岩的锆石SHRIMP U-Pb定年和地球化学特点及其成因意义[J].岩石学报,2007b,23(11):2727-2736.

魏启荣,李德威,王国灿.东昆仑万宝沟群火山岩(Pt_2w)岩石地球化学特征及其构造背景[J].矿物岩石,2007a,27(1):97-106.

吴芳,张绪教,张永清,等.东昆仑闹仓坚沟组流纹质凝灰岩锆石U-Pb年龄及其地质意义[J].地质力学学报,2010,16(1):44-50.

吴廷祥.青海赛什塘铜矿床地质特征及成矿模式[J].矿产勘查,2010,1(2):140-144.

吴祥珂,孟繁聪,许虹,等.青海祁漫塔格玛兴大坂晚三叠世花岗岩年代学、地球化学及Nd-Hf同位素组成[J].岩石学报,2011,27(11):3380-3396.

西安地质调查中心,青藏专项青海项目办公室.青藏专项青海片区矿产资源调查评价成果总结(2008—2012)(内部资料)[R].西安:西安地质调查中心,2014.

西安地质调查中心.青海1:25万玉树县幅(I47C003001)区域地质调查报告及专题报告[R].西安:西安地质调查中心,2006.

西安地质矿产研究所.祁连成矿带成矿规律和找矿方向综合研究报告[R].西安:西安地质矿产研究所,2003.

夏林圻,夏祖春,徐学义,等.北祁连山构造-火山岩浆演化动力学[J].西北地质科学,1995,16(1):1-28.

夏林圻,夏祖春,徐学义.北祁连山海相火山岩岩石成因[M].北京:地质出版社,1996.

夏林圻,夏祖春.北祁连山早古生代洋脊-洋岛和弧后盆地火山作用[J].地质学报,1998(4):301-312.

夏林圻.北祁连山构造-火山岩浆-成矿动力学[M].北京:中国大地出版社,2001.

夏林圻.造山带火山岩研究[J].岩石矿物学杂志,2001,20(3):225-232.

肖静,薛培林.青海恰冬铜矿床地质特征及成因初探[J].矿产与地质,2006,20(6):636-639.

肖庆辉,邢作云,张昱,等.当代花岗岩研究的几个重要前沿[J].地学前缘,2003,10(3):221-229.

肖晓林,仲世新,张龙,等.青海省门源县松树南沟金矿床控制因素及找矿方向[J].四川地质学报,2012,32(增刊):116-121.

肖序常,王军,苏犁,等.再论西昆仑库地蛇绿岩及其构造意义[J].地质通报,2003,22(10):745-750.

肖晔,丰成友,刘建楠,等.青海肯德可克铁多金属矿区年代学及硫同位素特征[J].矿床地质,2013,32(1):177-186.

校培喜,高晓峰,胡云绪,等.阿尔金-东昆仑西段成矿带地质背景研究[M].北京:地质出版社,2013.

校培喜,高晓峰,康磊,等.西昆仑-阿尔金成矿带地层-岩石-构造时空格架及成矿地质背景新认识[J].中国地质调查,

2015,2(2):48-55.

校培喜,王永和,张汉文,等.阿尔金山中段高压—超高压带(含菱镁矿)石榴子石二辉橄榄岩的发现及其地质意义[J].西北地质,2001,34(4):67-74.

辛后田,王惠初,周世军.柴缘的大地构造演化及其地质事件群[J].地质调查与研究,2006,29(4):311-320.

熊富浩,马昌前,张金阳,等.东昆仑造山带早中生代镁铁质岩墙群LA-ICP-MS锆石U-Pb定年、元素和Sr-Nd-Hf同位素地球化学[J].岩石学报,2011,27(11):3350-3364.

许庆林.青海东昆仑造山带斑岩型矿床成矿作用研究[D].长春:吉林大学,2014.

许志琴,杨经绥,吴才来,等.柴达木北缘超高压变质带形成与折返的时限及机制[J].地质学报,2003,77(2):163-176.

闫家盼,张文华,张艳春,等.青海加吾金矿成矿条件及找矿远景浅谈[J].黄金科学技术,2011,19(2):35-40.

闫臻,王宗起,李继亮,等.西秦岭楔的构造属性及其增生造山过程[J].岩石学报,2012,28(6):1808-1828.

杨建军,朱红,邓晋福,等.柴达木北缘石榴石橄榄岩的发现及其意义[J].岩石矿物学杂志,1994,13(2):97-105.

杨志明,侯增谦,杨竹森,等.青海纳日贡玛斑岩钼(铜)矿床:岩石成因及构造控制[J].岩石学报,2008,24(3):489-502.

叶天竺.固体矿产预测评价方法技术[M].北京:中国大地出版社,2004.

伊海生,林金辉,黄继钧,等.乌兰乌拉湖幅地质调查新成果及主要进展[J].地质通报,2004,23(5):525-529.

宜昌地质矿产研究所.青海1:25万赤布张错幅区调报告[R].宜昌:宜昌地质矿产研究所,2003.

宜昌地质矿产研究所.青海1:25万曲麻莱县幅(I46C002004)区域地质调查报告及专题报告[R].宜昌:宜昌地质矿产研究所,2006.

宜昌地质矿产研究所.青海1:25万直根尕卡幅(I46C003003)区域地质调查报告及专题报告[R].宜昌:宜昌地质矿产研究所,2005.

殷鸿福,张克信,等.1:25万冬给错纳湖幅区域地质调查报告[M].武汉:中国地质大学出版社,2003.

殷鸿福,张克信.东昆仑造山带的一些特点[J].地球科学——中国地质大学学报,1997(4):339-342.

于淼,丰成友,刘洪川,等.青海尕林格矽卡岩型铁矿金云母$^{40}Ar-^{39}Ar$年代学及成矿地质意义[J].地质学报,2015,89(3):510-521.

余吉远,李向民,马中平,等.北祁连构造带冷龙岭地区火山岩地球化学特征及年代学[J].地质科技情报,2010,29(4):6-13.

余吉远,李向民,王国强,等.青海红沟地区哈曼大阪花岗岩体锆石LA-ICP-MS测年——对红沟铜矿床形成时代和成因的认识[J].地质与勘探,2010,45(4):592-598.

袁士松,金宝义,闫家盼,等.同德县加吾金矿床地质特征及矿床成因、成矿模式探讨[J].矿床地质,2010,29(增刊):1021-1022.

曾福基,李德彪,陶延林.青海省泽库县瓦勒根金矿床地质特征及找矿前景分析[J].青海大学学报(自然科学版),2009,27(5):7-13.

曾小华,周宗桂.青海省兴海县铜峪沟铜矿床成矿物质和流体来源的地球化学探讨[J].现代地质,2014,28(2):348-358.

张爱奎,刘光莲,丰成友,等.青海虎头崖多金属矿区地球化学特征及成矿-控矿因素研究[J].矿床地质,2013,32(1):94-108.

张德全,崔军合,丰成友,等.柴达木盆地北缘成矿地质环境及金多金属矿产预测[R].北京:中国地质科学院矿产资源研究所,2000.

张德全,党兴彦,佘宏全,等.柴北缘—东昆仑地区造山型金矿床的Ar-Ar测年及其地质意义[J].矿床地质,2005,24(2):87-98.

张德全,丰成友,李大新,等.柴北缘—东昆仑地区的造山型金矿床[J].矿床地质,2001,20(2):137-146.

张国伟,程顺有,郭安林,等.秦岭-大别中央造山系南缘勉略古缝合带的再认识——兼论中国大陆主体的拼合[J].地质通报,2004,23(9-10):846-853.

张汉文.青海铜峪沟铜矿床的矿化特征、形成环境和矿床类型[J].西北地质,2001,34(4):30-42.

张宏飞,陈岳龙,徐旺春,等.青海共和盆地周缘印支期花岗岩类成因及其构造意义[J].岩石学报,2006,22(12):2910-2922.

张旗.中国蛇绿岩研究中的几个问题[J].地质科学,1992,(A12):139-146.

张雪亭.中华人民共和国青海省地质图[M].北京:地质出版社,2007.

张耀玲,胡道功,石玉若,等.东昆仑造山带牦牛山组火山岩SHRIMP锆石U-Pb年龄及其构造意义[J].地质通报,

2010b,29(11):1614-1618.

张耀龄,张绪教,胡道功,等.东昆仑造山带纳赤台群流纹岩 SHRIMP 锆石 U-Pb 年龄[J].地质力学学报,2010a,16(1):21-27.

张以弗.青海可可西里地区地质演化[M].北京:科学出版社,1996.

张招崇,毛景文,杨建民,等.北祁连山西段早奥陶世阴沟群火山岩的构造背景[J].岩石矿物学杂志,1997,16(3):97-106.

张照伟,李文渊,高永宝,等.南祁连化隆微地块铜镍成矿地质条件及找矿方向[J].地质学报,2009,83(10):1483-1489.

张照伟,李文渊,钱兵,等.东昆仑夏日哈木岩浆铜镍硫化物矿床成矿时代的厘定及其找矿意义[J].中国地质,2015,42(3):438-451.

张智勇,王瑾,古凤宝,等.造山带花岗岩的特点[J].中国区域地质,1998(增刊):51-55.

章午生,陈杰.超基性岩中含铜、钴块状硫化物矿床——德尔尼铜矿成因新认识[J].青海地质,1996,5(1):37-52.

章午生.德尔尼铜矿地质[M].北京:地质出版社,1981.

章午生.块状硫化物矿床的一个特殊类型——德尔尼铜矿[J].甘肃地质学报,1995,4(2):22-31.

赵财胜,赵俊伟,孙丰月,等.青海大场金矿床地质特征及成因探讨[J].矿床地质,2009,28(3):345-356.

赵风清,郭进京,李怀坤.青海锡铁山地区滩间山群的地质特征及同位素年代学[J].地质通报,2003,22(1):28-31.

赵一鸣,丰成友,李大新,等.青海西部祁漫塔格地区主要矽卡岩铁多金属矿床成矿地质背景和矿化蚀变特征[J].矿床地质,2013,32(1):1-19.

赵重远,刘池洋.大陆地质构造特点及其研究方法的思路[J].西北大学学报,1991,21(2):55-63.

郑健康.东昆仑区域构造的发展演化[J].青海国土经略,1992(1):15-25.

中国地大(武汉)地质调查院.青海1:25万不冻泉幅(I46C001003)区域地质调查报告及专题报告[R].武汉:中国地质大学(武汉),2006.

中国地大(武汉)地质调查院.青海1:25万库赛湖幅(I46C001002)区域地质调查报告及专题报告[R].武汉:中国地质大学(武汉),2006.

中国地大(武汉)地质调查院.青海省地调院.1:25万阿拉克湖幅(I47C001001)区域地质调查报告[R].武汉:中国地质大学(武汉),2003.

中国地质大学(武汉)地质调查研究院.青海中灶火地区6幅1:5万区调区域地质调查报告[R].武汉:中国地质大学(武汉),2012.

中国人民武装警察部队黄金地质研究所.青海省同德县加吾矿区及外围金矿普查2010年度工作方案[R].廊坊:中国人民武装警察部队黄金地质研究所,2010.

周宾,郑有业,许荣科,等.青海柴达木山岩体 LA-ICP-MS 锆石 U-Pb 定年及 Hf 同位素特征[J].地质通报,2013,32(7):1027-1034.

周伟,汪帮耀,夏明哲,等.东昆仑石头坑德镁铁—超镁铁质岩体矿物学特征及成矿潜力分析[J].岩石矿物学杂志,2016,35(1):81-96.

朱小辉.柴达木盆地北缘滩间山群火山岩地球化学及年代学研究[D].西安:西北大学,2011.

朱云海,林启祥,贾春兴,等.东昆仑造山带早古生代火山岩锆石 SHRIMP 年龄及其地质意义[J].中国科学(D辑),2005,35(12):1112-1119.

朱云海,张克信,Pan Yuanming,等.东昆仑造山带不同蛇绿岩带的厘定及其构造意义[J].地球科学——中国地质大学学报,1999,24(2):134-138.

朱云海,朱耀生,林启祥,等.东昆仑造山带海德乌拉一带早侏罗世火山岩特征及其构造意义[J].地球科学——中国地质大学学报,2003,28(6):653-659.

左国朝,张淑玲,程建生,等.祁连地区蛇绿岩带划分及其构造意义[C].蛇绿岩与地球动力学研讨会论文集,1996.

Ballard R J, Palin M J, Williams S I. Two ages of porphyry intrusion resolved for the super-giant Chuquicamata copper deposit of northern Chile by LA-ICP-MS and SHRIMP[J]. Geology,2001(29):383-386.

Barbarin B. A review of the relationships between granitoid types, their origins and their geodynamic environments[J]. Lithos,1999(46):605-626.

Chapp B W, White A J R, Wyborn D. The importance of residual source material (restite) in granite petrogenesis[J]. Lithos,1987(46):531-555.

Claesson S, Vetrin V, Bayanova T. U-Pb zircon ages from a Devonian carbonatite dyke, Kola peninsula, Russia: Arecord of geological evolution from the Archaean to the Palaeozoic[J]. Lithos,2000(51):95 - 108.

Condie K C,Crow C. Geochemistry of basalts from the Kaapvaal craton South Africa:Evolution of mantle sources during the late 3 Ga. [J]. Abstracts of the 28th International Geological Congress,1989(1):320.

Doe B R,Zartman R E. Plumbotectonics, the phanerozoic[J]. Geochemistry of hydrothermal ore deposits,1979(2):22 - 70.

Horn I,Rudnick R L,McDonough W F. Precise elemental and isotope ratio determination by simultaneous solution nebulization and la - ser ablation - ICP - MS: Application to U - Pb geochronology[J]. Chemical Geology,2000(164): 281 - 401.

Kosler J,Fonneland H,Sylvester P. U - Pb dating of detrital zircons for sediment provenance studies:A comparison of laser ablation ICP MS and SIMS techniques[J]. Chemical Geology,2002(82):605 - 618.

Liang H Y,Campbell I H, Allen C,et al. Zircon Ce^{4+}/Ce^{3+} ratios and ages for Yulong ore - bearing porphyries in eastern Tibet[J]. Miner Deposita,2006(41):152 - 159.

Ludwig K R. Isoplot /Ex version 3. 00. A Geochronological Toolkit for Microsoft Excel [J]. Berkeley Geochronology Center Special Publication,2003(4):1 - 70.

Mania P D, Piccoli P M. Tectonic discrimination of granitoids[J]. Geological Society of America Bulletin,1989(101): 635 - 643.

Matte P,Tapponnier P,Arnaud N,et al. Tectonics of western Tibet,between the Tarim and the Indus[J]. Earth Planet. Sci. Lett,1996,142(3 - 4):311 - 330.

Middlemost E A K. Magmas and Magmatic Rocks [M]. London:Longman,1985.

Mo X X,Lu F,Deng J F,et al. Volcanism in Sanjiang Tethyan orogenic belt:New facts and concepts[J]. Journal of China Universityof Geosciences,1991,2(1):58 - 74.

Moore J M,Thompson P. The Flinton group:a late precambrian meta - sedimentary sequence in the Grenville province of eastern Ontario[J]. Canadian J. of Earth Science,1980(17):1685 - 1707.

Ohmoto H. Isotopes of sulfur and carbon[J]. Geochemistry of hydrothermal ore deposits,1979:509 - 567.

Pearce J A. Source and settings of granitic rocks[J]. Episodes,1996(19):120 - 125.

Peccerillo R,Taylor S R. Geochemistry of eocene calc - alkaline volcanic rocks from the Kastamonu area,Northern Turkey [J]. Contributions to Mineralogy and Petrology,1976(58):63 - 81.

Rudnick L R,Fountain M D. Nature and composition of the continental crust:A lower crustal perspective[J]. Reviews of Geophysics,1995(33):267 - 309.

Rye R O,Luhr J F,Wasserman M D. Sulfur and oxygen isotopic systematics of the 1982 eruptions of El Chichón Volcano, Chiapas,Mexico[J]. Journal of volcanology and geothermal research,1984,23(1): 109 - 123.

Salters,V J M,Hart,S R. The mantel sources of ocean ridges,islands and arcs :The Hf isotope connection[J]. Earth Planet . Sci. Lett,1991(104):364 - 380.

Sun S S,McDonough W F. Chemical and isotopic systematics of oceanic basalt: Implications for mantle composition and process [J]. Magmatism in the Ocean Basins. Spc. Publ. Geol. Soc. Lond,1989(42): 313 - 345.

Taylor S R,McLennan S M. The geochemical evolution of the continental crust[J]. Reviews of Geophysics,1995,33(2): 241 - 165.

Thode H G,Monster J,Dunford H B. Sulphur isotope geochemistry[J]. Geochimica et Cosmochimica Acta,1961,25(3): 159 - 174.

Wager L R,Brown G M. Layered Igneous Rocks[M]. San Francisco:Freeman WH & Co,1967.

Zartman R E,Doe B R. Plumbotectonics - the model[J]. Tectonophysics,1981,75(1):135 - 162.